Meinhard Kuna

Numerische Beanspruchungsanalyse von Rissen

Aus dem Programm Mechanik

Klausurentrainer Technische Mechanik I – III
von J. Berger

Lehrsystem Technische Mechanik
mit Lehrbuch, Aufgabensammlung, Lösungsbuch
sowie Formeln und Tabellen.
von A. Böge und W. Schlemmer

Technische Mechanik Statik
von G. Holzmann, H. Meyer und G. Schumpich

Technische Mechanik Festigkeitslehre
von G. Holzmann, H. Meyer und G. Schumpich

Technische Mechanik Kinematik und Kinetik
von G. Holzmann, H. Meyer und G. Schumpich

Grundlagen der Technischen Mechanik
von K. Magnus und H. H. Müller-Slany

Technische Mechanik. Statik
von H. A. Richard und M. Sander

Technische Mechanik. Festigkeitslehre
von H. A. Richard und M. Sander

Technische Mechanik. Dynamik
von H. A. Richard und M. Sander

Technische Mechanik kompakt
von P. Wriggers, U. Nackenhorst, S. Beuermann, H. Spiess
und S. Löhnert

www.viewegteubner.de

Meinhard Kuna

Numerische Beanspruchungsanalyse von Rissen

Finite Elemente in der Bruchmechanik

Mit 276 Abbildungen und zahlreichen Beispielen

STUDIUM

VIEWEG+
TEUBNER

Bibliografische Information der Deutschen Nationalbibliothek
Die Deutsche Nationalbibliothek verzeichnet diese Publikation in der
Deutschen Nationalbibliografie; detaillierte bibliografische Daten sind im Internet über
<http://dnb.d-nb.de> abrufbar.

Professor Dr. rer. nat. habil. Meinhard Kuna studierte Physik an der TU Magdeburg und promovierte 1978 an der Universität Halle, wo er sich 1991 mit dem Thema „Numerische Methoden der Bruchmechanik" habilitierte. Er war als Gruppenleiter an der Akademie der Wissenschaften (IFE Halle), als Abteilungsleiter am FhG Institut für Werkstoffmechanik Freiburg/Halle und an der MPA Stuttgart tätig. Seit 1997 ist er Universitätsprofessor für Festkörpermechanik an der TU Bergakademie Freiberg. Seine Arbeitsgebiete sind die Bruchmechanik, Schädigungsmechanik, Materialtheorie und die Entwicklung numerischer Berechnungsverfahren (FEM, BEM). Die Anwendungsbereiche erstrecken sich von der Sicherheitsbewertung technischer Konstruktionen über adaptive Materialien bis zur Zuverlässigkeit mikroelektronischer Strukturen. Professor Kuna leitete in den vergangenen vier Jahren als Obmann den DVM Arbeitskreis Bruchmechanik und ist Mitherausgeber internationaler Fachzeitschriften.

1. Auflage 2008

Alle Rechte vorbehalten
© Vieweg+Teubner | GWV Fachverlage GmbH, Wiesbaden 2008

Lektorat: Harald Wollstadt | Ellen Klabunde

Vieweg+Teubner ist Teil der Fachverlagsgruppe Springer Science+Business Media.
www.viewegteubner.de

Das Werk einschließlich aller seiner Teile ist urheberrechtlich geschützt. Jede Verwertung außerhalb der engen Grenzen des Urheberrechtsgesetzes ist ohne Zustimmung des Verlags unzulässig und strafbar. Das gilt insbesondere für Vervielfältigungen, Übersetzungen, Mikroverfilmungen und die Einspeicherung und Verarbeitung in elektronischen Systemen.

Die Wiedergabe von Gebrauchsnamen, Handelsnamen, Warenbezeichnungen usw. in diesem Werk berechtigt auch ohne besondere Kennzeichnung nicht zu der Annahme, dass solche Namen im Sinne der Warenzeichen- und Markenschutz-Gesetzgebung als frei zu betrachten wären und daher von jedermann benutzt werden dürften.

Umschlaggestaltung: KünkelLopka Medienentwicklung, Heidelberg
Druck und buchbinderische Verarbeitung: Strauss Offsetdruck, Mörlenbach
Gedruckt auf säurefreiem und chlorfrei gebleichtem Papier.
Printed in Germany

ISBN 978-3-8351-0097-8

Vorwort

Bei der Entwicklung und Auslegung technischer Konstruktion, Bauteile und Anlagen spielen die Bewertung und Vermeidung von Bruch- und Schädigungsprozessen eine wesentliche Rolle, um die technische Sicherheit, Lebensdauer und Zuverlässigkeit zu gewährleisten. Ingenieurtechnische Fehler auf diesem Gebiet können im Versagensfall katastrophale Folgen für das Leben von Menschen, die Umwelt aber auch die Volkswirtschaft haben. Da in vielen Konstruktionen und Werkstoffen herstellungs- oder betriebsbedingte Defekte nicht immer ausgeschlossen werden können, kommt der bruchmechanischen Bewertung von rissartigen Defekten eine große Bedeutung zu. Im Rahmen der technischen Überwachung und der Aufklärung von Schadensfällen ist neben der Werkstoffcharakterisierung vor allem die Analyse des mechanischen Beanspruchungszustandes an Rissen, Kerben und ähnlichen Defekten unter betrieblichen Einsatzbedingungen von Interesse.

Die *Bruchmechanik* hat sich in den letzten 50 Jahren als eigenständiges interdisziplinäres Wissenschaftsgebiet herausgebildet, das zwischen Technischer Mechanik (Festigkeitslehre), Werkstoffwissenschaften und Festkörperphysik angesiedelt ist. Die Bruchmechanik definiert Beanspruchungskenngrößen und Kriterien, um das Rissverhalten in Werkstoffen und Bauteilen unter statischen, dynamischen oder zyklischen Belastungen quantitativ beurteilen zu können.

Für die bruchmechanische Beanspruchungsanalyse werden heutzutage in verstärktem Maße numerische Verfahren der Festkörpermechanik eingesetzt. Die Finite-Elemente-Methode (FEM) hat sich in vielen Bereichen des Ingenieurwesens als universelles und leistungsfähiges Werkzeug des modernen Konstrukteurs und Berechnungsingenieurs etabliert. Es stehen zahlreiche Softwarepakete zur Verfügung, die mittlerweile neben Standardaufgaben der Strukturmechanik auch bruchmechanische Optionen anbieten. Allerdings erfordert die Behandlung von Rissproblemen spezielle theoretische Vorkenntnisse und numerische Algorithmen, die bisher nicht im notwendigen Umfang in die ingenieurtechnische Ausbildung und Praxis eingeflossen sind, sondern meistens »bruchmechanischen Spezialisten« vorbehalten blieben.

Das Anliegen der vorliegenden Monografie besteht darin, diese Lücke zu schließen. In der Einführung werden die wesentlichen theoretischen Grundlagen der Bruchmechanik vorgestellt, deren Kenngrößen mit der FEM zu bestimmen sind. Der Schwerpunkt der Ausführungen behandelt die speziellen numerischen Techniken zur Analyse von ebenen und räumlichen Rissproblemen in elastischen und plastischen Werkstoffen unter allen technisch relevanten Belastungen. Abschließend werden für jedes Gebiet Berechnungsbeispiele zur Lösung praktischer Aufgaben gegeben.

Das Lehrbuch wendet sich an Studenten ingenieurwissenschaftlicher Studiengänge im höheren Semester, vor allem des Maschinenbaus, Bauingenieurwesens, Fahrzeugbaus, den Werkstoffwissenschaften, der Luft- und Raumfahrt oder Computational Engineering. Es soll Absolventen und Doktoranden dieser Fachrichtungen eine Einführung in das Spezialgebiet geben und bei eigenen Forschungsarbeiten unterstützen. Darüber hinaus sehe ich als Zielgruppe Ingenieure in den Konstruktions- und Berechnungsabteilungen vieler Industriezweige und in den technischen Aufsichtsbehörden, die mit Fragen der Auslegung, Bewertung und Überwachung von Festigkeit und Lebensdauer technischer Konstruktionen konfrontiert sind. Gleichzeitig soll das Lehrbuch Materialwissenschaftlern und Werkstofftechnikern eine Brücke zur theoretischen Bruchmechanik bauen, um numerische Techniken für die Materialmodellierung zu nutzen oder die Werkstoff- und Bauteilprüfung durch rechnerische Analysen zu begleiten.

Für das Verständnis des Buches werden vom Leser Grundkenntnisse in der Festigkeitslehre, Kontinuumsmechanik, Materialtheorie und Finite-Elemente-Methode vorausgesetzt. Im Anhang sind die wesentlichen Grundlagen der Festigkeitslehre nochmals zusammengestellt.

An der Entstehung des Buches waren viele Personen beteiligt. Ein großes Dankeschön gebührt Frau M. Beer für die Anfertigung der vielen exzellenten Zeichnungen. Die zahlreichen numerischen Beispiele stammen u. a. aus gemeinsamen Arbeiten mit früheren und jetzigen Mitarbeitern meines Lehrstuhls, wofür ich mich besonders bei Dr. M. Abendroth, Dr. M. Enderlein, Dr. E. Kullig, Th. Leibelt, Ch. Ludwig, Dr. U. Mühlich, F. Rabold, Dr. B. N. Rao, Dr. A. Ricoeur, Dr. A. Rusakov und L. Sommer bedanken möchte. Bildmaterial für ergänzende Beispiele haben mir dankenswerterweise Dr. M. Fulland (Universität Paderborn) und Dr. I. Scheider (GKSS Geesthacht) überlassen. Ebenso konnte ich bei den praktischen Anwendungsfällen auf Forschungsergebnisse zurückgreifen, die in langjähriger fruchtbarer Kooperation mit den Kollegen Prof. G. Pusch und Dr. P. Hübner (IWT TU Bergakademie Freiberg) entstanden sind. Herr Prof. Pusch hat freundlicherweise auch die fraktografischen Aufnahmen zur Verfügung gestellt. Mein außerordentlicher Dank gilt Herrn Prof. W. Brocks (GKSS Geesthacht) für die Durchsicht des Manuskriptes und konstruktive Hinweise zur wissenschaftlichen Darstellung der Thematik. Durch sorgfältiges Korrekturlesen des Manuskriptes haben mich Th. Linse, Ch. Ludwig, Dr. M. Enderlein und L. Zybell unterstützt.

Sehr herzlich möchte ich mich bei meiner Frau, Christine Kuna, für das große Verständnis und ihre unendliche Geduld bedanken.

Nicht zuletzt gilt meine Anerkennung dem Vieweg+Teubner Verlag für die gute Zusammenarbeit.

Freiberg, im Mai 2008 *Meinhard Kuna*

Inhaltsverzeichnis

Glossar		**1**
1	**Einleitung**	**7**
1.1	Bruchvorgänge in Natur und Technik	7
1.2	Die Bruchmechanik	11
1.3	Berechnungsmethoden für Risse	15
2	**Einteilung der Bruchvorgänge**	**17**
2.1	Makroskopische Erscheinungsformen des Bruchs	17
2.2	Mikroskopische Erscheinungsformen des Bruchs	21
2.3	Klassifikation der Bruchvorgänge	22
3	**Grundlagen der Bruchmechanik**	**25**
3.1	Modellannahmen	25
3.2	Linear–elastische Bruchmechanik	27
3.2.1	Zweidimensionale Rissprobleme	27
3.2.2	Eigenfunktionen des Rissproblems	34
3.2.3	Dreidimensionale Rissprobleme	39
3.2.4	Spannungsintensitätsfaktoren — K–Konzept	42
3.2.5	Energiebilanz bei Rissausbreitung	46
3.2.6	Das J–Integral	54
3.2.7	Risse in anisotropen elastischen Körpern	58
3.2.8	Grenzflächenrisse	61
3.2.9	Risse in Platten und Schalen	65
3.2.10	Bruchmechanische Gewichtsfunktionen	68
3.2.11	Thermische und elektrische Felder	79
3.3	Elastisch-plastische Bruchmechanik	83
3.3.1	Einführung	83
3.3.2	Kleine plastische Zonen am Riss	84
3.3.3	Das DUGDALE-Modell	88
3.3.4	Rissöffnungsverschiebung CTOD	90
3.3.5	Failure Assessment Diagramm FAD	92
3.3.6	Rissspitzenfelder	94
3.3.7	Das J-Integral-Konzept	104
3.3.8	Duktile Rissausbreitung	109
3.4	Ermüdungsrisswachstum	117
3.4.1	Belastung mit konstanter Amplitude	117
3.4.2	Beanspruchungssituationen an der Rissspitze	121
3.4.3	Belastung mit variabler Amplitude	124

3.4.4 Bruchkriterien bei Mixed-Mode-Beanspruchung 127
3.4.5 Ermüdungsrissausbreitung bei Mixed-Mode-Beanspruchung 131
3.4.6 Vorhersage des Risspfades und seiner Stabilität 133
3.5 Dynamische Bruchvorgänge 135
3.5.1 Einführung 135
3.5.2 Elastodynamische Grundgleichungen 136
3.5.3 Stationäre Risse bei dynamischer Belastung 137
3.5.4 Dynamische Rissausbreitung 139
3.5.5 Energiebilanz und J-Integrale 144
3.5.6 Bruchkriterien 146

4 Methode der Finiten Elemente 149
4.1 Räumliche und zeitliche Diskretisierung der Randwertaufgabe 149
4.2 Energieprinzipien der Kontinuumsmechanik 152
 4.2.1 Variation der Verschiebungsgrößen 152
 4.2.2 Variation der Kraftgrößen 155
 4.2.3 Gemischte und hybride Variationsprinzipien 156
 4.2.4 Prinzip von HAMILTON 161
4.3 Grundgleichungen der FEM 162
 4.3.1 Aufbau der Steifigkeitsbeziehungen für ein Element 162
 4.3.2 Assemblierung und Lösung des Gesamtsystems 164
4.4 Numerische Realisierung der FEM 166
 4.4.1 Wahl der Verschiebungsansätze 166
 4.4.2 Isoparametrische Elementfamilie 167
 4.4.3 Numerische Integration der Elementmatrizen 170
 4.4.4 Numerische Interpolation der Ergebnisse 172
4.5 FEM für nichtlineare Randwertaufgaben 175
 4.5.1 Grundgleichungen 175
 4.5.2 Materielle Nichtlinearitäten 178
 4.5.3 Geometrische Nichtlinearitäten 181
4.6 Explizite FEM für dynamische Probleme 184
4.7 Arbeitsschritte bei der FEM–Analyse 186
 4.7.1 PRE-Prozessor 186
 4.7.2 FEM-Prozessor 186
 4.7.3 POST-Prozessor 186

5 FEM-Techniken zur Rissanalyse in linear-elastischen Strukturen 187
5.1 Auswertung der numerischen Lösung an der Rissspitze 187
5.2 Spezielle finite Elemente an der Rissspitze 191
 5.2.1 Entwicklung von Rissspitzenelementen 191
 5.2.2 Modifizierte isoparametrische Verschiebungselemente 192
 5.2.3 Berechnung der Intensitätsfaktoren aus Viertelpunktelementen 201
5.3 Hybride Rissspitzenelemente 205
 5.3.1 Entwicklung hybrider Rissspitzenelemente 205
 5.3.2 **2D** Rissspitzenelemente nach dem gemischten hybriden Modell 207

5.3.3 　3D Rissspitzenelemente nach dem hybriden Spannungsmodell 211
5.4 　Die Methode der globalen Energiefreisetzungsrate 217
　5.4.1 　Umsetzung im Rahmen der FEM 217
　5.4.2 　Die Methode der virtuellen Rissausbreitung 218
5.5 　Die Methode des Rissschließintegrals 220
　5.5.1 　Grundgleichungen der lokalen Energiemethode 220
　5.5.2 　Numerische Realisierung mit FEM 2D 222
　5.5.3 　Numerische Realisierung mit FEM 3D 227
　5.5.4 　Berücksichtigung von Rissufer-, Volumen- und thermischen Belastungen 232
5.6 　FEM-Berechnung des J-Linienintegrals 234
5.7 　FEM-Berechnung bruchmechanischer Gewichtsfunktionen 236
　5.7.1 　Einfache Ermittlung mit Einheitskräften 236
　5.7.2 　Bestimmung parametrisierter Einflussfunktionen 238
　5.7.3 　Berechnung aus der Verschiebungsableitung 240
　5.7.4 　Anwendung der J-VCE-Technik 243
　5.7.5 　Berechnung mit der BUECKNER-Singularität 244
5.8 　Beispiele 245
　5.8.1 　Scheibe mit Innenriss unter Zug 245
　5.8.2 　Halbelliptischer Oberflächenriss unter Zug 249

6 Numerische Berechnung verallgemeinerter Energiebilanzintegrale　253
6.1 　Verallgemeinerte Energiebilanzintegrale 253
6.2 　Erweiterung auf allgemeinere Belastungen 257
　6.2.1 　Voraussetzungen der Wegunabhängigkeit 257
　6.2.2 　Rissufer-, Volumen- und thermische Lasten 257
6.3 　Dreidimensionale Versionen 260
　6.3.1 　Das 3D-Scheibenintegral 260
　6.3.2 　Virtuelle Rissausbreitung 3D 262
6.4 　Numerische Berechnung als äquivalentes Gebietsintegral 264
　6.4.1 　Umwandlung in ein äquivalentes Gebietsintegral 2D 264
　6.4.2 　Umwandlung in ein äquivalentes Gebietsintegral 3D 267
　6.4.3 　Numerische Realisierung 268
6.5 　Berücksichtigung dynamischer Vorgänge 270
6.6 　Erweiterung auf inhomogene Strukturen 272
6.7 　Behandlung von Mixed-Mode-Rissproblemen 273
　6.7.1 　Aufspaltung in Rissöffnungsarten I und II 273
　6.7.2 　Interaction-Integral-Technik 276
6.8 　Berechnung der T-Spannungen 279
6.9 　Beispiele 282
　6.9.1 　Innenriss unter Rissuferbelastung 282
　6.9.2 　Kantenriss unter Thermoschock 283
　6.9.3 　Dynamisch belasteter Innenriss 286
　6.9.4 　Riss im Gradientenwerkstoff 288
6.10 　Zusammenfassende Bewertung 289

7 FEM-Techniken zur Rissanalyse in elastisch-plastischen Strukturen — 291
- 7.1 Elastisch-plastische Rissspitzenelemente 291
- 7.2 Auswertung der Rissöffnungsverschiebungen 293
- 7.3 Berechnung des J-Integrals und seine Bedeutung 295
  - 7.3.1 Elastisch-plastische Erweiterungen von J 295
  - 7.3.2 Anwendung auf ruhende Risse 300
  - 7.3.3 Anwendung auf bewegte Risse 301
- 7.4 Beispiele 303
  - 7.4.1 Kompakt-Zug-Probe 303
  - 7.4.2 Plattenzugversuche mit Oberflächenriss 307

8 Numerische Simulation des Risswachstums — 311
- 8.1 Technik der Knotentrennung 311
- 8.2 Techniken der Elementmodifikation 313
  - 8.2.1 Elementteilung 313
  - 8.2.2 Elementausfall 314
  - 8.2.3 Anpassung der Elementsteifigkeit 315
- 8.3 Mitbewegte Rissspitzenelemente 316
- 8.4 Adaptive Vernetzungsstrategien 319
  - 8.4.1 Fehlergesteuerte adaptive Vernetzung 319
  - 8.4.2 Simulation der Rissausbreitung 319
- 8.5 Kohäsivzonenmodelle 321
  - 8.5.1 Werkstoffmechanische Grundlagen 321
  - 8.5.2 Numerische Umsetzung 326
- 8.6 Schädigungsmechanische Modelle 329
- 8.7 Beispiele für Ermüdungsrisswachstum 331
  - 8.7.1 Querkraftbiegeprobe 331
  - 8.7.2 ICE-Radreifenbruch 333
- 8.8 Beispiele für duktiles Risswachstum 335
  - 8.8.1 Kohäsivzonenmodell für die CT-Probe 335
  - 8.8.2 Schädigungsmechanik für die SENB-Probe 338

9 Anwendungsbeispiele — 343
- 9.1 Lebensdauerbewertung eines Eisenbahnrades bei Ermüdungsrisswachstum . 343
  - 9.1.1 Bruchmechanische und konventionelle Kennwerte von ADI 343
  - 9.1.2 Finite-Elemente-Berechnungen des Rades 344
  - 9.1.3 Festlegung der Risspostulate 347
  - 9.1.4 Bruchmechanische Analyse 348
- 9.2 Sprödbruchbewertung eines Behälters unter Stoßbelastung 354
  - 9.2.1 FEM–Modell des Fallversuches 355
  - 9.2.2 Bruchmechanische Ergebnisse der Simulation 356
  - 9.2.3 Anwendung der Submodelltechnik 357
- 9.3 Zähbruchbewertung von Schweißverbindungen in Gasrohrleitungen . . 359
  - 9.3.1 Einleitung 359
  - 9.3.2 Bruchmechanisches Bewertungskonzept FAD 359

9.3.3	Bauteilversuch an einer Rohrleitung mit Schweißnahtrissen	363
9.3.4	FEM-Analyse des Bauteilversuchs	367

Anhang 371

A Grundlagen der Festigkeitslehre 373
- A.1 Mathematische Darstellung und Notation 373
- A.2 Verformungszustand 374
  - A.2.1 Kinematik der Verformungen 374
  - A.2.2 Deformationsgradient und Verzerrungstensoren 375
  - A.2.3 Deformationsgeschwindigkeiten 378
  - A.2.4 Linearisierung für kleine Deformationen 379
- A.3 Spannungszustand 382
  - A.3.1 Spannungsvektor und Spannungstensor 382
  - A.3.2 Spannungen in der Ausgangskonfiguration 385
  - A.3.3 Hauptachsentransformation 387
  - A.3.4 Gleichgewichtsbedingungen 389
- A.4 Materialgesetze 391
  - A.4.1 Elastische Materialgesetze 391
  - A.4.2 Elastisch-plastische Materialgesetze 397
- A.5 Randwertaufgaben der Festigkeitslehre 410
  - A.5.1 Definition der Randwertaufgabe 410
  - A.5.2 Ebene Randwertaufgaben 412
  - A.5.3 Methode der komplexen Spannungsfunktionen 415
  - A.5.4 Der nichtebene Schubspannungszustand 417
  - A.5.5 Platten 418

Literaturverzeichnis 421

Stichwortverzeichnis 441

Glossar

Symbole

α	Verfestigungskoeffizient
α_{cf}	plastischer Constraint-Faktor
α_d	Dilatationswellenverhältnis
α_{ij}	anisotrope elastische Konstanten
α_t	linearer thermischer Ausdehnungskoeffizient
$\boldsymbol{\alpha}^t, \alpha^t_{ij}$	Tensor der thermischen Ausdehnungskoeffizienten
α_s	Scherwellenverhältnis
β_T	Biaxialparameter
β_{ij}	thermische Spannungskoeffizienten
$\boldsymbol{\beta}, \boldsymbol{\beta}_B$	interne hybride Ansatzkoeffizienten
Γ	Integrationsweg
Γ^+, Γ^-	oberes, unteres Rissufer
Γ_ε	Integrationsweg Rissspitze
γ	Gleitung
γ	Materialkonstante
γ	spezifische Oberflächenenergie
γ_I	Hauptgleitungen
γ_{II}	"
γ_{III}	"
γ_d	Radienverhältnis Dilatation
γ_D	dynamische Oberflächenenergie
γ_s	Radienverhältnis Schub
γ_t	Rissöffnungswinkel
$\Delta\sigma$	Spannungsschwingbreite
ΔK	zyklischer Spannungsintensitätsfaktor
ΔK_{eff}	effektive zyklische Spannungsintensität
ΔK_{th}	Schwellenwert Ermüdung
δ	Variationssymbol
δ	Separation (Kohäsivzonenmodell)
δ_c	Dekohäsionslänge
δ_n	Separation (normal)
δ_s	Separation (transversal)
δ_t	Separation (tangential)
δ_t	Rissöffnungsverschiebung CTOD
δ_T	Separation Scherung total
$\boldsymbol{\delta} = [\![\boldsymbol{u}]\!]$	Separationsvektor (Kohäsivmodell)
ϵ	Dielektrizitätskonstante
ϵ	Bimaterialkonstante
ϵ_{ijk}	Permutationstensor Levi-Cevita
ε_0	Referenzdehnung ($\approx \sigma_F/E$)
ε_I	Hauptdehnungen
ε_{II}	"
ε_{III}	"
ε^H	Kugeltensor der Verzerrungen
ε^p_v	plastische Vergleichsdehnung
ε^p_M	plastische Matrix-Vergleichsdehnung
$\boldsymbol{\varepsilon}, \varepsilon_{ij}$	Verzerrungstensor
$\boldsymbol{\varepsilon}^D, \varepsilon^D_{ij}$	Verzerrungsdeviator
$\boldsymbol{\varepsilon}^e, \varepsilon^e_{ij}$	elastische Verzerrungen
$\boldsymbol{\varepsilon}^p, \varepsilon^p_{ij}$	plastische Verzerrungen
$\boldsymbol{\varepsilon}^t, \varepsilon^t_{ij}$	thermische Verzerrungen
$\boldsymbol{\varepsilon}$	Verzerrungsmatrix
$\boldsymbol{\varepsilon}^e$	elastische Verzerrungsmatrix
$\boldsymbol{\varepsilon}^p$	plastische Verzerrungsmatrix
$\boldsymbol{\varepsilon}^*$	Anfangsdehnungen
ζ	komplexe Variable
η	Verhältniszahl Schub/Zug (Kohäsivmodell)
η	Fehlerindikator FEM global
$\eta(x_1)$	Gradientenfunktion
$\eta(a/w)$	Geometriefunktion J_p-Integral
η_e	Fehlerindikator Element e
$\boldsymbol{\eta}, \eta_{mn}$	Euler-Almansi Verzerrungstensor
θ	Polarkoordinate, Winkel
θ_c	Rissausbreitungswinkel
θ_d	Winkel bei Dilatationswellen
θ_s	Winkel bei Scherwellen
ϑ	Wärmeübergangszahl
κ	elastische Konstante
$\varkappa$	Knotendistorsionsparameter
$\varkappa$	Rissspitzenposition
$\varkappa$	dynamischer Überhöhungsfaktor
Λ	plastischer Lagrangescher Multiplikator
λ	Exponent der komplexen Spannungsfunktion
λ	Lamesche Elastizitätskonstante
μ	Schubmodul
μ	Schubaufnahmefaktor
ν	Querkontraktionszahl
$\boldsymbol{\xi}, \xi_i$	natürliche Elementkoordinaten
$\boldsymbol{\xi}^g, \xi^g_i$	Koordinaten Integrationspunkte
Π_C	Prinzip der Komplementärenergie
Π_{CH}	hybrides Spannungsprinzip
Π_{GH}	hybrides gemischtes Prinzip
Π_{MH*}	vereinfachtes hybrides gemischtes Prinzip
Π_P	Prinzip der potenziellen Energie
Π_{PH}	hybrides Verschiebungsprinzip
Π_R	Hellinger-Reissner-Prinzip
Π_{ext}	Potenzial äußerer Lasten
Π_{int}	inneres mechanisches Potenzial
$\widehat{\Pi}_{ext}$	komplementäres äußeres Potenzial

Glossar

$\widehat{\Pi}_{\text{int}}$	komplementäres inneres Potenzial	A_B	Bruchprozesszone
ρ	Kerbradius	A_i	Koeffizienten Eigenfunktionen
ρ	Dichte (Momentankonfiguration)	$\mathbf{A}^{(e)}$	Zuordnungsmatrix (Inzidenzmatrix)
ρ_0	Dichte (Ausgangskonfiguration)	a	Oberfläche (Momentankonfiguration)
σ	Normalspannung (Kohäsivzonenmodell)	a	Risslänge
σ_c	Kohäsionsfestigkeit Zug	a	Halbachse von elliptischen Rissen
σ_0	Referenzspannung ($\approx \sigma_F$)	$\dot{a}$	Rissgeschwindigkeit
σ_F	Fließspannung	$\ddot{a}$	Rissbeschleunigung
σ_{F0}	Anfangsfließspannung	a_0	Anfangsrisslänge
σ^H	Kugeltensor der Spannungen	a_c	kritische Risslänge
σ_I	Hauptnormalspannungen	a_{eff}	effektive Risslänge
σ_{II}	"	a_i	Koeffizienten Eigenfunktionen
σ_{III}	"	a_{th}	Risslänge aus Schwellenwert
σ_c	kritische Spannungen	$\mathbf{a}, a_i$	Beschleunigungsvektor
σ_M	Matrixfließspannung		
σ_{max}	Oberspannung	**B**	
σ_{min}	Unterspannung	B	Probendicke
σ_n	Nennspannung Zug	B	komplexer Spannungskoeffizient
σ_v	v. Mises Vergleichsspannung	B_I	Bueckner-Singularität
$\boldsymbol{\sigma}, \sigma_{ij}$	Cauchyscher Spannungstensor	$\mathbf{B}$	Verzerrungs-Verschiebungs-Matrix
$\boldsymbol{\sigma}^D, \sigma_{ij}^D$	Spannungsdeviator	$\overline{\mathbf{B}}$	nichtlineare Verzerrungs-Verschiebungsmatrix
$\boldsymbol{\sigma}$	Cauchy-Spannungsmatrix		
τ	Schubspannung	$\widetilde{\mathbf{B}}$	hybride Elementmatrix
τ_c	Kohäsionsfestigkeit Schub	b	Ligamentlänge
τ_t	Schubspannung tangential	b_i	Koeffizienten Eigenfunktionen
τ_s	Schubspannung transversal	b_T	Biaxialparameter
τ_F	Schubfließspannung	$\mathbf{b}, b_{mn}$	linker Cauchy-Green Deformations-Tensor
τ_{F0}	Anfangsschubfließspannung		
τ_I	Hauptschubspannungen	$\bar{\mathbf{b}}, \bar{b}_i$	Volumenkraftvektor
τ_{II}	"		
τ_{III}	"	**C**	
τ_{ij}	Schubspannungskomponenten	C	geschlossener Integrationspfad
τ_n	Nennspannung Schub	C	komplexer Spannungskoeffizient
Φ	Fließbedingung, Dissipationsfunktion	C	Paris-Koeffizient
φ	elektrisches Potenzial	$\mathbf{C}, C_{MN}$	rechter Cauchy-Green Deformationstensor
φ	Winkelkoordinate bei elliptischen Rissen		
φ	Skalares Wellenpotenzial	$\mathbf{C}$	Matrix Materialtensor
$\phi(z)$	komplexe Spannungsfunktion	$\mathbf{C}^e$	Elastizitätsmatrix
$\chi(z)$	komplexe Spannungsfunktion	$\mathbf{C}^{ep}$	elastisch-plastische Materialmatrix
χ	Rissöffnungsfunktion	$C_{\alpha\beta}$	Elastizitätsmatrix
ψ	Phasenwinkel	$\mathbb{C}, C_{ijkl}$	Elastizitätstensor 4. Stufe
ψ_e	elastisches Potenzial	c	Halbachse von elliptischen Rissen
$\boldsymbol{\psi}, \psi_i$	vektorielles Wellenpotenzial	c_d	Dilatationswellengeschwindigkeit
$\Omega(z)$	komplexe Spannungsfunktion	c_i	Koeffizienten Eigenfunktionen
Ω	Integrationsgebiet J-Integral	c_R	Rayleigh-Wellengeschwindigkeit
$\overline{\Omega}$	Integrationsgebiet J-Integral	c_s	Scherwellengeschwindigkeit
ω	Schädigungsvariable	c_v	spezifische Wärmekapazität
$\bar{\omega}$	Oberflächenladungsdichte		
		D	
A		$\mathcal{D}$	Dissipationsenergie
A	komplexer Spannungskoeffizient	D	Plattensteifigkeit
A	Rissfläche	$D(\dot{a})$	Rayleigh-Funktion
A	Oberfläche (Ausgangskonfiguration)	$\mathbf{D}, D_i$	elektrische Flussdichte
A_I	Faktoren Energiefreisetzungsrate	$\mathbf{D}$	Differenziationsmatrix
A_{II}	"	d_p	Ausdehnung der plastischen Zone
A_{III}	"	dA	Flächenelement
A_σ	Spannungskoeffiezient	dS	Oberflächenelement

dV	Volumenelement	$\mathbf{H}$	Matrix Verfestigungsfunktion
ds	Linienelement	$\overline{\mathbf{H}}$	Matrix Verschiebungsgradient
$\mathbf{d}, d_{ij}$	Deformationsgeschwindigkeitstensor	h	Dicke (Platten, Scheiben)
		$\hbar$	Mehrachsigkeitszahl
E		h_α	Verfestigungsvariable
E	Elastizitätsmodul	$\mathbf{h}, h_i$	Wärmeflussvektor
$E(k)$	elliptisches Integral 2. Art	$\mathbf{h}$	Matrix Verfestigungsvariable
$\mathbf{E}, E_{MN}$	GREEN-LANGRANGE Verzerrungstensor		
$\mathbf{E}, E_i$	elektrische Feldstärke	**I**	
$\mathbf{E}$	GREEN-LAGRANGE Verzerrungsmatrix	I_1^A, I_2^A, I_3^A	Invariante des Tensors $\mathbf{A}$
$\mathbf{e}_i$	Basisvektoren	$\mathbf{I}, \delta_{ij}$	KRONECKER-Symbol, Einheitstensor
e	EULERsche Zahl e$\approx$ 2,718	$\mathbf{I}_p, I_{pi}$	Impulsvektor
		$\mathrm{i} = \sqrt{-1}$	imaginäre Einheit
F			
F	Einzelkraft	**J**	
$F(\boldsymbol{x})$	AIRYsche Spannungsfunktion	J	J-Integral
F_L	plastische Grenzlast (Traglast)	J	Determinante des Deformationsgradienten det $|\mathbf{F}|$
$\tilde{F}_i^{(n)}$	Eigenfunktionen I		
$\mathbf{F}, F_{mM}$	Deformationsgradient	J^*	dynamisches J-Integral (ruhender Riss)
$\mathbf{F}$	Systemlastvektor	J^dyn	dynamisches J-Integral (bewegter Riss)
$\mathcal{F}$	Flussintegral	$\hat{J}$	3D Scheibenintegral
f	Porenvolumenanteil	J_Ic	kritischer Werkstoffkennwert
f^*	modifizierter Porenvolumenanteil	$J_\mathrm{R}(\Delta a)$	Risswiderstandskurve (EPBM)
f_0	Anfangs-Porenvolumenanteil	J_e	elastischer J-Anteil
f_c	kritischer Porenvoumenanteil	J_p	plastischer J-Anteil
f_f	Porenvolumenanteil bei Versagen	$\mathbf{J}, J_k$	J-Integralvektor
f_N	Porenkeimdichte Nukleation	$\tilde{\mathbf{J}}, \tilde{J}_k$	elastisch-plastisches J-Integral
f_{ij}^L	Winkelfunktionen Rissspitzenfeld ($L = \mathrm{I, II, III}$)	$\mathbf{J}^\mathrm{te}, J_k^\mathrm{te}$	thermoelastisches J-Integral
		$\mathbf{J}$	JACOBIsche Funktionalmatrix
$\mathbf{f}$	Elementlastvektor		
		K	
G		$\mathcal{K}$	kinetische Energie
G	Schubmodul	K	Kompressionsmodul
G	Energiefreisetzungsrate	K_D	Intensitätsfaktor der dielektrischen Verschiebung
G_I	Energiefreisetzungsrate für Rissmodus I, II, III		
		K_I	Spannungsintensitätsfaktoren
G_II	"	K_II	"
G_III	"	K_III	"
G_c	kritische Energiefreisetzungsrate	K_I^d	dynamischer Spannungsintensitätsfaktor
G^dyn	dynamische Energiefreisetzungsrate	$K_\mathrm{Ic}, K_\mathrm{IIc}$	statische Bruchzähigkeit
$G_i^\mathrm{I}, G_i^\mathrm{II}$	bruchmechanische Gewichtsfunktionen	K_ID	dynamische Bruchzähigkeit (bewegter Riss)
$\tilde{G}_i^{(n)}$	Eigenfunktionen Modus II		
$\mathbf{G}$	hybride Elementmatrix	K_Id	dynamische Bruchzähigkeit (ruhender Riss)
$g(a, w)$	Geometriefunktion für K-Faktoren		
g_i^L	Winkelfunktionen Rissspitzenfeld ($L = \mathrm{I, II, III}$)	K_Ia	Rissarrestzähigkeit
		K_max	Maximum der Spannungsintensität
$\boldsymbol{g}, g_i$	Temperaturgradient	K_min	Minimum der Spannungsintensität
		K_op	Rissöffnungsintensitätsfaktor
H		K_v	Vergleichs-Spannungsintensitätsfaktor
H	Höhe Risselement	K_1, K_2	Spannungsintensitätsfaktoren Grenzflächenriss
$H(\tau)$	HEAVISIDE-Sprungfunktion		
H_α	Verfestigungsfunktion	$\tilde{K}$	komplexer Spannungsintensitätsfaktor
$H_i^\mathrm{I}, H_i^\mathrm{II}$	bruchmechanische Gewichtsfunktionen	$\mathbf{K}$	Systemsteifigkeitsmatrix
H_{ij}	IRWIN-Matrix Anisotropie	k	Probensteifigkeit
$\tilde{H}_3^{(n)}$	Eigenfunktionen Modus III	k	Wärmeleitkoeffizient
$\mathbf{H}$	hybride Elementmatrix	k_1, k_2	Spannungsintensitätsfaktoren bei Platten

Glossar

k	Element-Steifigkeitsmatrix	$q(x_1)$	Rissuferlasten
		q_1, q_2, q_3	Parameter GURSON-Modell
L		q_i	Querkräfte (Plattentheorie)
L	Länge Risselement	q_k	Wichtungsfunktion 3D
$\mathcal{L}(u, \dot{u}, t)$	LAGRANGE-Funktion		
$\tilde{L}_{ij}^{(n)}$	Eigenfunktionen Modus III	**R**	
L	hybride Verschiebungsmatrix	R	Spannungsverhältnis $K_{\min}/K_{\max}$
l, l_{ij}	Geschwindigkeitsgradient	$R(\varepsilon^{\mathrm{p}})$	isotrope Verfestigungsvariable
$\mathrm{d}L$	Linienelementlänge (Ausgangskonfiguration)	$R(\Delta a)$	Risswiderstandskurve (LEBM)
		$\mathbf{R}, R_{nM}$	Rotationstensor
$\mathrm{d}l$	Linienelementlänge (Momentankonfiguration)	**R**	hybride Randspannungsmatrix
		R	Residuenvektor
Δl_k	virtuelle Verrückung der Rissfront	r	Polarkoordinate, Radius
		r_{B}	Größe der Bruchprozesszone
M		r_{F}	Radius plastische Zone
$\tilde{M}_{ij}^{(n)}$	Eigenfunktionen Modus I	r_{J}	Gültigkeitsradius J-Feld
M	Systemmassenmatrix	r_{K}	Gültigkeitsradius K-Feld
m	PARIS-Exponent	r_{p}	Größe der plastischen Zone
m_i	Biegemomente (Plattentheorie)	r_{d}	Radius bei Dilatationswellen
m	Elementmassenmatrix	r_{s}	Radius bei Scherwellen
		$\mathbf{r}, r_{ij}$	Drehtransformationsmatrix
N			
N	Zahl der Lastzyklen	**S**	
N_{K}	Zahl aller Knoten des FEM-Systems	S	Oberfläche
$N_a(\xi_i)$	Formfunktionen	$\tilde{S}$	Interelementrand
N_{B}	Lastzyklen bis zum Bruch	$S(\theta)$	Energiedichtefaktor
$\tilde{N}_{ij}^{(n)}$	Eigenfunktionen Modus II	S^+, S^-	obere, untere Rissfläche
$\widehat{\mathbf{N}}, \widehat{N}_{ij}$	Normalenrichtung im Spannungsraum	S_ε	Oberfläche Rissschlauch
N	Matrix der Formfunktionen	S_{end}	Stirnflächen
n_{D}	Zahl der Dimensionen	S_t	Teilrand mit gegebenen $\bar{t}$
n_{E}	Zahl der finiten Elemente	S_u	Teilrand mit gegebenen $\bar{u}$
n_{G}	Zahl der GAUSS-Punkte	$\mathbf{S}, S_k$	Schnittkraft (Ausgangskonfiguration)
n_{H}	Zahl der Verfestigungsvariablen	$\mathbb{S}, S_{ijkl}$	elastischer Nachgiebigkeitstensor
n_{K}	Zahl der Knoten je Element	**S**	Nachgiebigkeitsmatrix
n_{L}	Zahl der Einzelkräfte	s	Bogenlänge
n_{f}	Zahl der Starrkörperfreiheitsgrade	$\mathbf{s}, s_k$	Schnittkraft (Momentankonfiguration)
$\mathbf{n}, n_i$	Normalenvektor		
		T	
P		T	Temperaturfeld
P	globaler Lastparameter	T_{ij}	Spannungskomponenten 2. Ordnung
P	Rissuferkräfte	T_k^*	verallgemeinertes Energieintegral
$\mathbf{P}, P_k$	generalisierte Konfigurationskraft	$\mathbf{T}, T_{MN}$	2. PIOLA-KIRCHHOFF Spannungstensor
$\mathbf{P}, P_{Mn}$	1. PIOLA-KIRCHHOFF Spannungstensor	**T**	2. PIOLA-KIRCHHOFF Spannungsmatrix
P	hybride Spannungsmatrix	t, t_i	Schnittspannungsvektor
$p(x_1)$	Rissuferlasten	$\bar{t}, \bar{t}_i$	Randspannungsvektor
$p(\mathbf{x})$	Flächenlast (Plattentheorie)	$\bar{\mathbf{t}}$	Randspannungsmatrix
$\mathbf{p}, p_i$	materieller Volumenkraftvektor	t	Randspannungsvektor (Kohäsivzonenmodell)
		t^c, t_i^c	Rissuferspannungen
Q			
$\mathcal{Q}$	thermische Energie	**U**	
Q	Constraint-Faktor (EPBM)	U	Formänderungsenergiedichte
Q	Rissuferkräfte	$\hat{U}$	Rissöffnungsfaktor
$\mathbf{Q}, Q_{ij}$	Energie-Impuls-Tensor	$\hat{U}$	komplementäre Formänderungsenergiedichte
q	Verschiebung des Kraftangriffspunktes		
q	Wichtungsfunktion 2D	$\check{U}$	spezifische Formänderungsarbeit

U^e	elastische Formänderungsenergiedichte	z	allgemeine FEM Ergebnisgröße
U^p	plastische Formänderungsarbeit		
$\check{U}^{te}$	thermoelastische Formänderungsenergiedichte		

Abkürzungen

U, U_{MN} rechter Strecktensor	
$\boldsymbol{u}, u_i$ Verschiebungsvektor	ASTM American Society Testing of Materials
$\tilde{\boldsymbol{u}}, \tilde{u}_i$ Elementrandverschiebung	ARWA Anfangsrandwertaufgabe
$\bar{\boldsymbol{u}}, \bar{u}_i$ Randverschiebungsvektor	CTE Crack Tip Element (Rissspitzenelement)
$\mathbf{u}$ Verschiebungsmatrix	CTOA Crack Tip Opening Angle
	CTOD Crack Tip Opening Displacement
V	DIM Displacement Interpretation Method (Verschiebungs-Auswertemethode)
V Kerböffnungsverschiebung COD	
V Volumen (Ausgangskonfiguration)	EDI Equivalent Domain Integral (äquivalentes Gebietsintegral)
$\boldsymbol{V}, V_{mn}$ linker Strecktensor	
$\mathbf{V}$ Systemknotenverschiebungen	EPBM elastisch-plastische Bruchmechanik
v Volumen (Momentankonfiguration)	ESZ ebener Spannungszustand
$\boldsymbol{v}, v_i$ Geschwindigkeitsvektor	EVZ ebener Verzerrungszustand
$\mathbf{v}$ Knotenverschiebungsvektor	ESIS European Structural Integrity Society
	FAD Failure Assessment Diagram
W	FEM Finite Elemente Methode
$\mathcal{W}_{ext}$ äußere mechanische Arbeit	LEBM linear-elastische Bruchmechanik
$\mathcal{W}_{int}$ innere mechanische Arbeit	LSY Large Scale Yielding
$\widetilde{\mathcal{W}}_{ext}$ komplementäre äußere Arbeit	MCCI Modified Crack Closure Integral (modifiziertes Rissschließintegral)
$\widetilde{\mathcal{W}}_{int}$ komplementäre innere Arbeit	
$\mathcal{W}_c$ Arbeit zur Rissöffnung	NES nichtebener Schubspannungszustand
$\mathcal{W}_B$ Arbeit Bruchprozesszone	PC Plastic Collapse
w Probenbreite	QPE Quarter-Point Elements (Viertelpunktelemente)
$w(\boldsymbol{x})$ Durchbiegung (Plattentheorie)	
w_g Gewichte Integrationsregel	RSE reguläre Standardelemente
$\boldsymbol{w}, w_{ij}$ Drehgeschwindigkeitstensor	RWA Randwertaufgabe
	SINTAP Structural Integrity Assessment Procedure
X	
$\boldsymbol{X}, X_M$ Koordinaten (materiell)	SSY Small Scale Yielding
$\boldsymbol{X}, X_{ij}$ kinematische Verfestigungsvariable	SZH Stretched Zone Height
$\boldsymbol{x}, x_m$ Koordinaten (räumlich)	VCE Virtual Crack Extension (Virtuelle Rissausbreitung)
$\mathbf{x}$ Elementkoordinatenmatrix	
$\hat{\mathbf{x}}$ Knotenkoordinatenmatrix	1D eindimensional
	2D zweidimensional
Z	3D dreidimensional
z komplexe Variable	

1 Einleitung

1.1 Bruchvorgänge in Natur und Technik

Das Wort »Bruch« bezeichnet die Trennung des Materialzusammenhalts in einem festen Körper. Es handelt sich um einen Vorgang, der den Körper entweder teilweise zertrennt, was zur Entstehung von Anrissen führt, oder auch seine vollständige Zerstörung bewirken kann. Der eigentliche Bruchvorgang geschieht lokal durch elementare Versagensprozesse auf der mikroskopischen Ebene der Werkstoffe und wird durch ihre physikalischen und mikrostrukturellen Eigenschaften festgelegt, wie das Beispiel von Bild 1.1 zeigt. Die globale Erscheinungsform des Bruchs auf makroskopischer Ebene besteht in der Bildung und Ausbreitung eines oder mehrerer Risse im Körper, wodurch schließlich das totale mechanische Versagen herbeigeführt wird. Auf dieser Ebene können Bruchvorgänge erfolgreich mit den Methoden der Festkörpermechanik und Festigkeitslehre beschrieben werden.

Bruchprozesse sind jedem aus Natur und Technik hinlänglich bekannt. Sehr beeindruckend sind Risse und Brüche natürlicher Materialien wie Gestein und Eis, vor allem wenn sie uns in großen geologischen Formationen als Felseinstürze, Gletscherspalten und Erdbeben begegnen, siehe Bild 1.2.

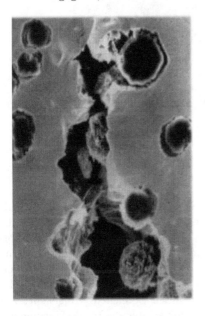

Bild 1.1: Mikroriss im Gefüge von duktilem Gusseisen

Bild 1.2: Makroriss (Spalte) im Fründelgletscher / Schweiz

Bild 1.3: ICE Eisenbahnunglück bei Eschede 1998 als Folge eines gebrochenen Radreifens

Bild 1.4: Brückeneinsturz bei einem Erdbeben in Northridge 1994 USA

Insbesondere waren und sind aber auch die technischen Produkte und Entwicklungen der Menschheit mit Problemen der Bruchsicherheit und Lebensdauer konfrontiert und stellten zu allen Zeiten eine Herausforderung für das Ingenieurwesen dar. Spontaner Bruch ist die gefährlichste Versagensart einer mechanisch beanspruchten Konstruktion! Heute dokumentieren kühne Bauwerke aus Beton und Stahl, zuverlässige Flugzeuge und Hochgeschwindigkeitszüge, crash-sichere Autos und festigkeitsoptimierte High-Tech-Werkstoffe den enormen technischen Fortschritt in diesen Bereichen. Umgekehrt zeugt eine beachtliche Zahl technischer Schadensfälle von den schmerzhaften Erfahrungen auf dem Wege dahin. Beispiele sind die Rissbildung in Bauwerken und Maschinenteilen, der vollständige Einsturz von Brücken, das Bersten von Apparaten oder das Zerbrechen von Fahrzeugkonstruktionen (siehe die Bilder 1.3 und 1.4).

Die Gründe sind meistens nicht entdeckte Material- oder Bauteilfehler, unzureichende Auslegung der Konstruktion gegenüber den wirklichen Lasten oder der Einsatz von Werkstoffen mit mangelhaften Festigkeitseigenschaften. Im modernen Industriezeitalter besitzt die Gewährleistung der technische Sicherheit, Lebensdauer und Zuverlässigkeit von technischen Konstruktionen, Bauteilen und Anlagen eine große Bedeutung. Ingenieurtechnische Fehler auf diesem Gebiet können im Versagensfall katastrophale Folgen für das Leben von Menschen, für die Umwelt aber auch für die Wirtschaftlichkeit und Verfügbarkeit der Produkte haben. Deshalb spielen wissenschaftliche Konzepte zur Bewertung und Vermeidung von Bruch- und Schädigungsprozessen eine erhebliche Rolle.

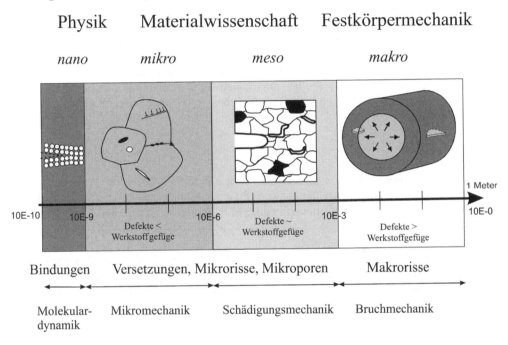

Bild 1.5: Bruchvorgänge auf unterschiedlichen Skalen und Betrachtungsebenen

Bruchvorgänge und Versagensprozesse laufen auf allen Größenskalen ab. Während der Ingenieur hauptsächlich die genannte makroskopische Betrachtungsweise bevorzugt, interessiert sich der Materialwissenschaftler stärker für die im Werkstoffgefüge ablaufenden mesoskopischen Prozesse oder die darunter liegenden mikroskopischen Phänomene in einzelnen Gefügekomponenten. Den Festkörperphysiker bewegen vorrangig die nanoskopischen Strukturen der atomaren Bindungen. Für das Verständnis der Festigkeitseigenschaften der Materialien und ihres Bruchverhaltens tragen alle in Bild 1.5 skizzierten Betrachtungsebenen bei, die sich vereinfacht durch das Verhältnis der Defektgröße zu den Gefügeabmessungen klassifizieren lassen. Heutzutage werden Modelle auf jeder Betrachtungsebene und skalenübergreifend mit Methoden der Molekulardynamik, Mikromechanik, Schädigungsmechanik und Bruchmechanik umgesetzt. Die numerische Simulation von Rissen und Defekten ist auf allen Modellierungsebenen ein unentbehrliches Werkzeug.

Verschiedene ingenieurtechnische Fachgebiete befassen sich mit der Bewertung der Bruchfestigkeit und Lebensdauer von Konstruktionen. Zum besseren Verständnis und zur Klärung der Begriffe soll hier eingangs eine Einordnung gegeben werden.

Die *klassische Festigkeitslehre* (engl. *theory of strength*) geht von deformierbaren Körpern gegebener Geometrie (G) aus, die frei von jeglichen Defekten sind und ein ideales Kontinuum darstellen. Mit den Berechnungsmethoden der Strukturmechanik werden die Spannungen und Verzerrungen im Bauteil als Folge der Einwirkung äußerer Belastungen (L) und unter Annahme des spezifischen Verformungsgesetzes (Elastizität, Plastizität usw.) des Materials (M) ermittelt. Anhand dieser Ergebnisse formuliert man Festigkeitshypothesen und berechnet Kenngrößen — meist in Form einer Vergleichsspannung σ_v —, die den Beanspruchungszustand in jedem Materialpunkt charakterisieren. Durch Versuche an einfachen Probekörpern mit elementaren Beanspruchungszuständen (z.B. Zugversuch) werden kritische Grenzwerte σ_c der Werkstofffestigkeit ermittelt, bei deren Überschreiten ein Versagen (z.B. Bruch) eintritt. Um die Sicherheit von Bauteilen zu gewährleisten, müssen die dort auftretenden maximalen Beanspruchungen stets unter diesen kritischen Festigkeitskennwerten bleiben, was in bekannter Form als Festigkeitskriterium dargestellt wird:

$$\sigma_\mathrm{v}(G, L, M) \leq \sigma_\mathrm{zul}(M) = \frac{\sigma_\mathrm{c}}{S} \quad .$$

Die zulässige Beanspruchung σ_zul bestimmt sich aus dem Werkstoffkennwert σ_c durch Abminderung mit einem Sicherheitsbeiwert $S > 1$. Dabei wird vorausgesetzt, dass die an Laborproben ermittelten Kennwerte tatsächlich reine (geometrieunabhängige) Werkstoffeigenschaften repräsentieren und somit auf die Bauteilgeometrie übertragen werden dürfen (*Prinzip der Übertragbarkeit*).

Die genannte Beziehung beschreibt eine *lokale* Festigkeitshypothese am Materialpunkt. Im Unterschied dazu kennt man auch *globale* Versagenskriterien wie z.B. die plastische Grenzlast F_L, die den Verlust der Tragfähigkeit des gesamten Bauteils quantifizieren. Ein lokales Versagen muss nicht sofort zum globalen Versagen führen, sondern in Abhängigkeit von Belastung und Geometrie kann die Konstruktion der Ausbreitung von Schädigungen noch begrenzt widerstehen. Dieses Verhalten wird mit den Begriffen *Sicherheitsreserven* und *Schadenstoleranz* gekennzeichnet.

Je nach ihrem zeitlichen Verlauf unterscheidet man statische, dynamische oder zyklische Belastungen. Für den praktisch häufigen Fall regelmäßiger zyklischer oder regelloser stochastischer Belastungen hat sich die *Betriebsfestigkeitslehre* als Teildisziplin herausgebildet.

Die traditionellen Festigkeitshypothesen und die darin verwendeten Werkstoffkennwerte für Festigkeit und Zähigkeit (Streckgrenze, Zugfestigkeit, Dauerschwingfestigkeit, Bruchdehnung, Kerbschlagarbeit) versagen jedoch häufig, wenn es um die Vorhersage und Vermeidung von Bruchvorgängen geht, wie die in der Praxis immer wieder auftretenden Schadensfälle zeigen. Ursache dafür ist, dass Bruchvorgänge vornehmlich von Stellen hoher Beanspruchungskonzentration an rissartigen Defekten ausgehen, wofür die klassische Festigkeitslehre keine verwertbaren quantitativen Zusammenhänge zwischen Beanspruchungssituation, Bauteilgeometrie und Werkstoffeigenschaften liefert.

Eine recht moderne Disziplin ist die *Schädigungsmechanik* (engl. *continuum damage mechanics*). Hier arbeitet man mit den gleichen Methoden wie in der klassischen Festigkeitslehre, jedoch wird im Unterschied dazu bei der Formulierung des Materialgesetzes angenommen, dass der Werkstoff mikroskopisch kleine, kontinuierlich verteilte Defekte besitzt, z. B. Mikrorisse oder Mikroporen. Diese Defekte werden aber nicht diskret einzeln abgebildet, sondern fließen nur implizit als gemittelte Defektdichte pro Volumen in homogenisierter Form in das Materialgesetz ein. Die Defektdichte stellt ein Maß für die Schädigung D des Werkstoffs dar und wird als interne Variable im Materialgesetz behandelt. Sie kann sich im Laufe der Belastung vergrößern, bis ein kritischer Grenzwert D_c der Schädigung erreicht wird, was auf makroskopischer Ebene der Bildung eines Anrisses entspricht. Ein schädigungsmechanisches Materialgesetz beschreibt demnach sowohl die Verformungs- als auch die Versagenseigenschaften des Werkstoffs in lokaler Form an jedem Materialpunkt der Struktur und enthält somit implizit ein *lokales* Festigkeitskriterium der Form:

$$D(G, L, M) \leq D_c(M) \quad .$$

Die Schädigungsmechanik eignet sich deshalb besonders für die Modellierung mikromechanischer Versagensprozesse in einem Werkstoff, bevor sich ein Makroriss bildet oder für die Modellierung der Bruchprozesszone an der Spitze eines Makrorisses.

1.2 Die Bruchmechanik

Als *Bruchmechanik* (engl. *fracture mechanics*) bezeichnet man das engere Fachgebiet, welches sich mit den Bruch- und Versagensprozessen in technischen Werkstoffen und Konstruktionen befasst. Im Unterschied zu den beiden oben genannten Fachgebieten geht man in der Bruchmechanik davon aus, dass jedes Bauteil und jeder reale Werkstoff unvermeidliche Fehlstellen bzw. Defekte aufweisen. Der Grund dafür ist, dass in vielen technischen Werkstoffen herstellungsbedingte Defekte (Anrisse, Poren, Materialinhomogenitäten, Delaminationen, Schwachstellen u. Ä.) vorhanden sind oder sich derartige Fehler infolge mechanischer, thermischer oder korrosiver Betriebsbelastungen bilden. Man weiß, dass die reale Festigkeit der Werkstoffe um mehrere Größenordnungen unterhalb der theoretisch möglichen Festigkeit bei defektfreien idealen Bindungsverhältnissen liegt. Ebenso können durch technologische Prozesse bei der Fertigung Defekte entstehen (Gussfehler, Härterisse, Bindefehler in Schweißnähten, u. Ä.), die zu einer Rissbildung führen. Oftmals lassen sich auch aufgrund der konstruktiven Anforderungen an ein Bauteil geometrische Kerben oder abrupte Werkstoffübergänge nicht vermeiden, die zu hohen örtliche Beanspruchungen führen. Hinzu kommt der wichtige Umstand, dass die Nachweismethoden der zerstörungsfreien Prüfung physikalische Auflösungsgrenzen haben, so dass herstellungs- oder betriebsbedingte Defekte nicht in jedem Fall zweifelsfrei ausgeschlossen werden können. Das bedeutet, man muss zumindest hypothetisch das Vorhandensein von Fehlern dieser Größenordnung annehmen! Unvermeidbare Fehler dieser Art können sich zu makroskopischen Rissen ausweiten und bilden die entscheidende Ursache für das Eintreten eines Bruchs.

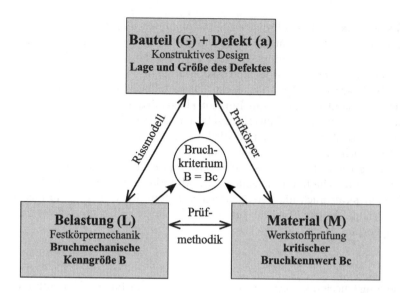

Bild 1.6: Schematische Darstellung des bruchmechanischen Bewertungskonzeptes

Aus diesen Gründen setzt man in der Bruchmechanik die Existenz derartiger Fehler voraus und bildet sie sicherheitstechnisch konservativ *explizit als Risse* der Größe a ab. Ein solcher diskreter Riss ist von einem defektfreien Material umgeben, welches mit den bekannten Materialgesetzen der Kontinuumsmechanik beschrieben wird. Mit den Berechnungsmethoden der Strukturmechanik untersucht man dann die Spannungs- und Verformungszustände am Riss. Es ist klar, dass sich an der Rissspitze sehr hohe, inhomogene Spannungs- und Verformungszustände ausbilden. Derartige Spannungskonzentrationen können jedoch nicht mit den klassischen Konzepten der Festigkeitslehre bewertet werden, sondern es müssen geeignete bruchmechanische Kenngrößen B gefunden werden, die den Beanspruchungszustand am Riss kennzeichnen. Diese werden dann mit bruchmechanischen Materialkennwerten B_c verglichen, die den spezifischen Widerstand gegenüber Rissausbreitung charakterisieren. Dazu werden spezielle bruchmechanische Werkstoffprüfverfahren eingesetzt, bei denen einfache Probenformen mit Riss bis zum Versagen belastet werden. Auf dieser Basis können dann quantitative Aussagen über das Verhalten eines Risses gewonnen werden, z. B. unter welchen Bedingungen er sich weiter ausbreitet bzw. was getan werden muss, um dies zu verhindern. Eine bruchmechanische Festigkeitshypothese hat dann in Analogie zu den oben genannten Kriterien die Form:

$$B(G, L, M, a) \leq B_c(M) \quad .$$

Diese konzeptionelle Vorgehensweise der Bruchmechanik ist in Bild 1.6 dargestellt. Eine wesentliche Erweiterung gegenüber klassischen Festigkeitshypothesen ist die Einführung einer zusätzlichen geometrischen Größe — nämlich der Risslänge a —, was bereits vermuten lässt, dass hier Größeneffekte eine Rolle spielen werden. Die Bruchmechanik stellt festigkeitstheoretisch also einen Zusammenhang her zwischen der Geometrie des Bauteils (G), der Lage und Größe (a) des rissartigen Defektes, der äußeren Belastung (L), der lokalen Rissbeanspruchung (B) und dem Werkstoffwiderstand gegen Rissausbreitung B_c. Je nachdem, welche dieser Größen als bekannt vorausgesetzt werden dürfen und welche Größen gefragt sind, bietet die Bruchmechanik entsprechende Möglichkeiten zur Bewertung der Festigkeit, Lebensdauer und Zuverlässigkeit von Bauteilen. Damit können in den nachfolgend genannten Phasen einer technischen Konstruktion, eines Bauteils oder einer Anlagenkomponente folgende Fragen beantwortet werden.

a) **In der Entwicklungsphase:**

- Wie muss die Konstruktion dimensioniert und die maximale Belastung festgelegt werden, damit unvermeidbare oder nicht detektierbare Defekte im Material oder Bauteil nicht weiter wachsen und zum Bruch führen?
- Welchen Werkstoff (Bruchwiderstand B_c) muss man auswählen, damit bei gegebenen Betriebsbelastungen Risse vorhandener Größe nicht kritisch werden können?
- Wie groß ist statistisch gesehen das verbleibende Risiko gegenüber Totalversagen?

b) **Während des Fertigungsprozesses:**

- Wie können technologisch Risse und Materialschädigungen vermieden werden?
- Wie können bei der Qualitätskontrolle bruchmechanisch nicht zulässige Fehlergrößen durch Methoden der zerstörungsfreien Werkstoffprüfung entdeckt werden?

c) **In der Betriebsphase:**

- Wie verringert sich die Tragfähigkeit des Bauteils, wenn ein Riss der Länge a entdeckt wird?
- Wie groß ist die kritische Risslänge a_c, bei der es unter den gegebenen Betriebsbelastungen zum Bruch kommt?
- Wie lange braucht ein Riss, um von seiner Anfangsgröße a_0 bis zur kritischen Länge a_c anzuwachsen?
- Wie muss man die Inspektionsintervalle festlegen, in denen eine Untersuchung auf Rissbildung und Rissausbreitung erforderlich ist?

d) **Nach einem technischen Schadensfall:**

- Was waren die Ursachen? Risse, die bei der Überwachung übersehen wurden? Fehlender bruchmechanischer Sicherheitsnachweis? Unzulässig hohe Betriebslasten? Falscher Werkstoffeinsatz oder negative Werkstoffveränderungen?
- Welche Abhilfemaßnahmen sind zukünftig notwendig und möglich?
- Wie viel Prozent einer Produktserie fielen durch Bruch aus - Zuverlässigkeit?

In vielen Industriebranchen und Technologiefeldern genügen die klassischen Festigkeitskriterien. Es gibt jedoch Einsatzbereiche, wo bruchmechanische Sicherheitsnachweise zusätzlich erforderlich sind und genehmigungsrechtlich vorgeschrieben werden:

- Konstruktionen und Anlagen mit extrem hohen sicherheitstechnischen Anforderungen zum Schutz von Menschen und Umwelt wie z. B. bei Kraftwerksanlagen, Gebäuden und Brücken, in der Kerntechnik oder der Luft- und Raumfahrt
- Bauteile, die eine hohe Zuverlässigkeit und Lebensdauer erfordern wie z. B. Eisenbahnräder, Maschinenteile, Autos, Turbinenschaufeln, Glühwendel oder mikroelektronische Systeme

Das wissenschaftliche Verständnis und die Beherrschung von Bruchvorgängen können aber auch Vorteile bringen, so z. B. auf folgenden Gebieten:

- Bei Prozessen und Technologien, wo der Bruchvorgang gewollt ist und gezielt vorgenommen wird, wie im Bergbau und der Geotechnik (Sprengung, Tunnelbau, Rohstoffabbau) oder in der Aufbereitungs- und Zerkleinerungstechnik (Brecher, Mühlen, Recycling), um die Maschinen, Werkzeuge und Verfahren zu optimieren und den Energieverbrauch zu minimieren.
- Bei der Entwicklung neuer Werkstoffe mit herausragenden Festigkeits- und Bruchzähigkeitseigenschaften können bruchmechanische Simulationen zur Optimierung des mikrostrukturellen Designs beitragen. Umgekehrt erfordern neuartige Werkstoffe die Bereitstellung spezifischer bruchmechanischer Festigkeitshypothesen für eine werkstoffgerechte Auslegung der Konstruktionen. Beispiele dafür sind Hochleistungskeramiken (Verbesserung der Zähigkeit), Faserverbundwerkstoffe (Delaminationsrisse, Anisotropie), Turbinenschaufeln aus einkristallinen Superlegierungen u. a. m.

Die Bruchmechanik hat sich in den letzten 50 Jahren als eigenständige wissenschaftliche Disziplin herausgebildet. Gemäß der Natur der Bruchvorgänge vereint die Bruchmechanik Erkenntnisse und Modellansätze der Technischen Mechanik, der Materialforschung und der Festkörperphysik. Sie stellt somit ein interdisziplinäres Fachgebiet dar, an dessen Weiterentwicklung Berechnungsingenieure, Kontinuumsmechaniker, Werkstofftechniker, Materialwissenschaftler und Physiker beteiligt sind. Die Beherrschung bruchmechanischer Kenntnisse gehört mittlerweile in vielen Industriebranchen zum Stand der Technik. Zahlreiche technische Regelwerke, Prüfvorschriften und staatliche Aufsichtsbehörden sorgen dafür, dass dieses Fachwissen im Interesse der technischen Sicherheit in die Praxis umgesetzt wird.

Die Bruchmechanik untergliedert sich in folgende Teilaufgaben:

- Analyse des mechanischen Beanspruchungszustandes an Rissen auf der Basis kontinuumsmechanischer Modelle mit Hilfe analytischer oder numerischer Berechnungsverfahren der Strukturmechanik.
- Ableitung von werkstoffphysikalisch begründeten Kenngrößen und bruchmechanischen Versagenskriterien für den Beginn und den Verlauf der Rissausbreitung.

- Entwicklung von Prüfmethoden zur experimentellen Bestimmung geeigneter Werkstoffkennwerte, die den Rissausbreitungswiderstand eines Materials kennzeichnen.

- Anwendung der bruchmechanischen Versagenskriterien und Konzepte auf rissbehaftete Konstruktionen, um quantitative Aussagen zur Bruchsicherheit und Restlebensdauer zu gewinnen.

1.3 Berechnungsmethoden für Risse

Für alle oben genannten Teilaufgaben der Bruchmechanik spielen die Methoden zur Berechnung von Rissmodellen eine zentrale Rolle. Historisch betrachtet, waren Entwicklung und Anwendung der Bruchmechanik eng an die Fortschritte der analytischen und numerischen Verfahren der Strukturmechanik und Kontinuumsmechanik gekoppelt. Es ist das Anliegen dieses Lehrbuches, den Leser mit den modernen numerischen Berechnungsverfahren vertraut zu machen, die gegenwärtig zur bruchmechanischen Analyse von Bauteilen mit Rissen eingesetzt werden. Zuvor soll jedoch ein historischer Rückblick gegeben werden.

Etwa um die Wende zum 20. Jahrhundert waren die Methoden der Elastizitätstheorie mathematisch soweit herangereift, dass erstmals ebene Probleme in homogenen, linearelastischen Scheiben mit Löchern oder Kerben berechnet werden konnten (KIRSCH, INGLIS). Bahnbrechend war die Entwicklung von komplexen Spannungsfunktionen durch KOLOSOV 1909, die in den 30er Jahren von MUSKELISHVILI, SAVIN, WESTERGAARD, FÖPPL und anderen zu einem leistungsstarken Werkzeug für Scheibenberechnungen ausgebaut wurden. Die erste Lösung für einen Riss in der Ebene stammt von INGLIS 1913. Sie bildete die Grundlage für das erste bruchmechanische Konzept der Energiefreisetzungsrate von GRIFFITH im Jahre 1921. WESTERGAARD setzte 1939 seine Methode der komplexen Spannungsfunktionen für Rissprobleme in Scheiben ein. 1946 gelang es SNEDDON, mit der Methode der Integraltransformationen die Lösung für kreisförmige und elliptische Risse im Raum zu finden. WILLIAMS berechnete 1957 die Eigenfunktionen für die Spannungsverteilung an Rissspitzen in der Ebene. IRWIN erkannte 1957, dass an allen scharfen Rissspitzen die Spannungen eine Singularität vom gleichen Typ aufweisen. Darauf begründete er dann das Konzept der Spannungsintensitätsfaktoren, das bis heute sehr erfolgreich in der Bruchmechanik angewandt wird. Als weitere semi-analytische Verfahren für ebene Rissprobleme sind singuläre Integralgleichungen zu erwähnen (MUSKHELISHVILI, ERDOGAN u. a.). Die bis dahin verfügbaren Berechnungsmethoden beschränkten sich auf zwei- und dreidimensionale isotrop-elastische Randwertaufgaben für einfache Risskonfigurationen zumeist in unendlichen Gebieten.

Erst mit der rasanten Entwicklung der elektronischen Rechentechnik ab den 60er Jahren des vorigen Jahrhunderts konnten numerische Berechnungsverfahren der Strukturmechanik (wie die Finite Differenzen Methode, Kollokationsmethoden, FOURIER-Transformationen) wirksam umgesetzt werden. All diese Methoden wurden anfänglich auch für Rissprobleme benutzt, aber bald durch die wesentlich universellere und leistungsfähigere *Methode der Finiten Elemente (FEM)* (engl. *Finite Element Method*) abgelöst. Pioniere auf dem Gebiet der FEM-Entwicklung für strukturmechanische Analysen waren u. a. ZIENKIEWICZ, ARGYRIS, WILSON und BATHE. Bald danach kam die *Methode der*

Randelemente (BEM) (engl. *Boundary Element Method*) auf, die vor allem von CRUSE und BREBBIA für Rissprobleme vorteilhaft umgesetzt wurde. Die erste internationale Konferenz über die Anwendung numerischer Methoden in der Bruchmechanik fand 1978 in Swansea/GB statt. Dank dieser Methoden wurden besonders in der Bruchmechanik duktiler Werkstoffe wesentliche Fortschritte erzielt. In der heutigen Zeit werden hauptsächlich die FEM und für Spezialaufgaben noch die BEM als unverzichtbare Berechnungswerkzeuge für kontinuumsmechanische Spannungsanalysen, werkstoffmechanische Modelle und numerische Simulationen in der Bruchforschung verwendet. Inzwischen ist es mit diesen Verfahren möglich, komplizierte Risskonfigurationen in realen technischen Strukturen unter komplexen Belastungen bei nichtlinearem Materialverhalten zu analysieren. Eine fast unübersehbare Anzahl von wissenschaftlichen Publikationen ist in den letzten Jahrzehnten erschienen, die sich mit der Weiterentwicklung und Anwendung dieser numerischen Verfahren in der Bruchforschung befassen. Inzwischen entstehen bereits neue numerische Methoden wie »netzfreie = mesh-free« FEM oder BEM, Diskrete-Element-Methoden (DEM), Partikel-Methoden und erweiterte (extended) X-FEM, die sich das Anwendungsgebiet der Bruchmechanik erobern.

2 Einteilung der Bruchvorgänge

Bruchvorgänge werden nach recht unterschiedlichen Gesichtspunkten eingeteilt. Die Gründe dafür liegen in der enormen Vielfalt, mit der Bruchvorgänge in Erscheinung treten, und in den verschiedenartigen Ursachen, die zum Versagen führen. In erster Linie hängt der Bruch von den Eigenschaften des betrachteten Werkstoffs ab, weshalb die auf mikrostruktureller Ebene ablaufenden Zerstörungsprozesse im Material die charakteristische Erscheinungsform bestimmen. Diese mikroskopischen Strukturen und Versagensmechanismen variieren innerhalb der Palette technischer Werkstoffe in vielfältiger Weise. Genauso bedeutsam für das Bruchverhalten ist jedoch auch die Art der äußeren Belastung des Bauteils. Nach dieser Kategorie kann man z. B. Brüche bei statischer, dynamischer oder zyklischer Belastung unterscheiden. Weitere wichtige Einflussgrößen auf den Bruchvorgang sind die Temperatur, die Mehrachsigkeit der Beanspruchung, die Verformungsgeschwindigkeit und die chemischen Umgebungsbedingungen.

2.1 Makroskopische Erscheinungsformen des Bruchs

Die makroskopische Einteilung der Bruchvorgänge entspringt der Sichtweise des Konstrukteurs und Berechnungsingenieurs. Der Bruch einer Struktur ist zwangsläufig mit der Ausbreitung eines oder mehrerer Risse verbunden, was letztendlich zur vollständigen Zertrennung und zum Verlust der Tragfähigkeit führen kann. Deshalb wird dem zeitlichen und räumlichen Verlauf des Risswachstums besondere Bedeutung beigemessen. In der Bruchmechanik geht man von der Existenz eines makroskopischen Risses aus. Dieser kann von Anfang an als Materialfehler oder bedingt durch die Bauteilherstellung vorhanden sein. Häufig entsteht ein Anriss erst infolge der Betriebsbelastungen durch Werkstoffermüdung, was Gegenstand der Betriebsfestigkeitslehre ist. Schließlich zählen hierzu auch hypothetische Risse, die zum Zwecke des Sicherheitsnachweises angenommen werden. Die makroskopischen, strukturmechanischen Aspekte des Bruchs können anhand der Belastungen und des Bruchverlaufs wie folgt kategorisiert werden.

a) Art der Belastung

Die mechanischen Belastungen werden entsprechend ihrem zeitlichen Verlauf in *statische*, *dynamische* und (periodisch-zyklisch oder stochastisch) *veränderliche* Lasten untergliedert, denen man entsprechende Brucharten zuordnen kann. Bruchvorgänge unter konstanter Last sind typisch für tragende Konstruktionen z. B. im Bauwesen. Stoß-, Fall- oder Crashvorgänge sind mit hochdynamischen beschleunigten Verformungen und Trägheitskräften gekoppelt. Große Aufmerksamkeit gilt im Maschinen- und Fahrzeugbau den veränderlichen Lasten, die im Vergleich zur statischen Belastung bei wesentlich geringeren Amplituden zur Rissbildung und Rissausbreitung führen. Etwa 60% aller technischen Schadensfälle sind auf Schwingungsbruch bzw. Ermüdungsrisswachstum zurückzuführen.

b) Lage der Bruchfläche zu den Hauptspannungen

Bereits aus der klassischen Festigkeitslehre ist bekannt, dass Versagen in den meisten Fällen vom lokalen Spannungszustand kontrolliert wird, der eindeutig durch die Hauptnormalspannungen σ_I, σ_{II} und σ_{III} und ihre Achsen festgelegt ist. Je nach Werkstoff kommen entweder die Hypothesen der maximalen Normalspannung (RANKINE), der maximalen Schubspannung (COULOMB) oder erweiterte gemischte Kriterien (MOHR) zum Einsatz. Das makroskopische Bild des Bruchs ist daher häufig von den Hauptspannungstrajektorien geprägt. Man unterscheidet zwei Brucharten:

- Der normalflächige Bruch oder *Trennbruch* liegt dann vor, wenn die Bruchflächen senkrecht zur Richtung der größten Hauptnormalspannung $\sigma_{\max} = \sigma_I$ liegen.

- Von scherflächigem Bruch oder *Gleitbruch* spricht man, wenn die Bruchflächen mit den Schnittebenen der maximalen Schubspannung $\tau_{\max} = (\sigma_I - \sigma_{III})/2$ zusammenfallen.

Die Situation ist für den einfachen Zugstab in Bild 2.1 skizziert, kann aber auf den lokalen Spannungszustand an jedem Punkt des Körpers übertragen werden. Bei einem Torsionsstab (Welle) würden die Bruchflächen dann senkrecht oder um 45° geneigt zur Achse verlaufen, je nach dem ob man Gleit- oder Trennbruch unterstellt.

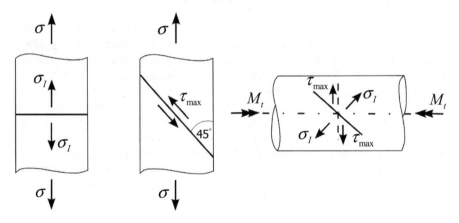

Bild 2.1: Orientierung der Bruchflächen zu den Hauptspannungsrichtungen

c) Stabilität der Rissausbreitung

Ein Riss besitzt in der Ausgangssituation eine bestimmte Größe und Gestalt. Solange sich diese nicht verändern, spricht man von einem ruhenden bzw. *stationären* Riss. Der Moment, wo aufgrund einer kritischen Beanspruchung die Rissausbreitung beginnt, wird Risseinleitung oder *Rissinitiierung* (engl. *crack initiation*) genannt. Die Rissgröße wächst nun und man bezeichnet den Riss als *instationär*.

Ein wichtiges Merkmal des Bruchs ist die Stabilität der Rissausbreitung. Der Bruchvorgang wird dann als *instabil* (engl. *unstable crack growth*) bezeichnet, wenn sich der Riss schlagartig ausbreitet, ohne dass die äußere Belastung erhöht werden muss. Der kritische Zustand wird erstmalig überschritten und bleibt ohne weitere Energiezufuhr bestehen. Ein typisches Beispiel ist der Riss in der amerikanischen Freiheitsglocke (Bild 2.2), der vermutlich ausgehend von einem Gussfehler aufgrund von Eigenspannungen urplötzlich (angeblich am Geburtstag von G. Washington) entstand. Im Gegensatz dazu spricht man von *stabiler Rissausbreitung* (engl. *stable crack growth*), wenn für ein weiteres Wachstum des Risses eine entsprechende Steigerung der äußeren Belastung notwendig ist, d. h. der kritische Zustand muss durch weitere Energiezufuhr immer wieder herbeigeführt werden. Maßgebend für die Stabilität der Rissausbreitung ist die Frage, wie sich infolge der Rissausbreitung die Beanspruchungssituation im Körper und am Riss selbst verändert. Stabile Rissausbreitung ist häufig mit plastischen, energiezehrenden Verformungen im Bauteil verbunden, was der Schadensfall eines Behälters (Bild 2.5) deutlich macht. Diese Verbindung ist aber keinesfalls zwingend, wie uns das Beispiel eines langsam wachsenden Risses in einer Autoscheibe aus sprödem Glas lehrt!

Kommt die Rissausbreitung innerhalb des Körpers zum Stillstand, so spricht man von Rissstop oder *Rissarrest* (engl. *crack arrest*).

d) Ausmaß der inelastischen Verformungen

Je nach Größe der inelastischen Verformungen bzw. der aufgebrachten Formänderungsarbeit im Körper, die dem Bruch vorausgehen bzw. ihn begleiten, unterscheidet man:

- Verformungsloser, verformungsarmer oder makroskopisch *spröder Bruch* (engl. *brittle fracture*). Die Nennspannungen liegen weit unterhalb der plastischen Fließgrenze, die plastischen oder viskoplastischen Zonen sind sehr klein und die Last-Verformungs-Kurve verläuft linear bis zum Bruch.

- Verformungsreicher, zäher oder makroskopisch *duktiler Bruch* (engl. *ductile fracture*) liegt dann vor, wenn der Bruchvorgang mit großen inelastischen Verformungen verbunden ist. Die Last-Verformungs-Kurve zeigt eine ausgeprägte Nichtlinearität und die inelastischen Bereiche erstrecken sich meist über den gesamten Querschnitt (plastische Grenzlast überschritten).

e) Unterkritische Rissausbreitung

Im Unterschied zu den genannten Rissausbreitungsarten findet man Bruchvorgänge, die weit unterhalb einer kritischen Beanspruchung mit sehr geringer Wachstumsgeschwindigkeit in stabiler Form ablaufen. Dafür wurde der Terminus unterkritische oder *subkritische* (engl. *subcritical*) *Rissausbreitung* eingeführt. Die wichtigste Erscheinungsform dieser Art ist das *Ermüdungsrisswachstum* (engl. *fatigue crack growth*), bei dem sich der Riss unter wechselnder Belastung schrittweise vergrößert. Einen charakteristischen Schadensfall an einer durch Umlaufbiegung wechselbelasteten Welle zeigt Bild 2.4. Bei unterkritischer konstanter Belastung kann es in Verbindung mit viskoplastischen Verformungen zum so genannten *Kriechbruch* (engl. *creep fracture*) kommen. Bei Einwirkung eines korrosiven Mediums auf den Rissspalt beobachtet man trotz subkritischer Belastung eine Rissausbreitung durch *Spannungsrisskorrosion* (engl. *stress corrosion cracking*).

20   2 Einteilung der Bruchvorgänge

Bild 2.2: Makroskopischer Sprödbruch der Liberty-Glocke, Philadelphia 1752

Bild 2.3: Schadensfall einer Gasrohrleitung mit dynamischer Rissausbreitung

Bild 2.4: Schadensfall durch Ermüdungsbruch an einer Welle

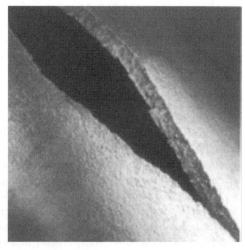

Bild 2.5: Makroskopischer Zähbruch eines Behälters aus Stahl

f) Geschwindigkeit der Rissausbreitung

Im Unterschied zur dynamischen, stoßartigen Belastung eines stationären Risses geht es hier um die Dynamik des Bruchvorganges selbst. In den meisten Fällen verläuft die Rissausbreitung so langsam, dass alle dynamischen Effekte in der Struktur vernachlässigt werden dürfen. Dann ist eine *quasistatische Analyse* opportun. Erreicht die Rissgeschwindigkeit jedoch die Größenordnung der Schallwellengeschwindigkeiten im Festkörper, so müssen die Beschleunigungsterme, Massenträgheitskräfte sowie die Wechselwirkung des Risses mit den Schallwellen Berücksichtigung finden. Hinzu kommt, dass die Versagensmechanismen im Werkstoff von der Dehnrate abhängen, was meist zu einer Versprödung bei schnellen Rissen führt. Auf diese Weise haben dynamische Rissausbreitungsvorgänge schon katastrophale Schadensfälle verursacht, wie das Beispiel einer Gasrohrleitung (Bild 2.3) zeigt.

Bild 2.6: Transkristalliner Sprödbruch eines Stahls bei Raumtemperatur

Bild 2.7: Interkristalliner Spaltbruch von Stahl St52 bei -196°C

2.2 Mikroskopische Erscheinungsformen des Bruchs

Zum Verständnis der werkstoffspezifischen Versagensmechanismen beim Bruch ist eine Besichtigung des »Tatorts« – der Bruchfläche – äußerst hilfreich, wozu man sich wegen ihrer Tiefenschärfe, der chemischen Elementanalyse und des Materialkontrastes bevorzugt der Rasterelektronenmikroskopie bedient. Ebenso ist es möglich, aus der mikroskopischen Gestalt der Bruchfläche auf die Ursachen des Schadens zu schließen (Fraktografie). Die verschiedenen Versagensmechanismen führen zu charakteristischen Strukturen der Bruchflächen und die typischen »Gesichter« der unterschiedlichen Brucharten sind in fraktografischen Atlanten katalogisiert, siehe z. B. [85]. Hier steht also die Sichtweise der Materialwissenschaftler und Schadensforscher im Vordergrund. Die wichtigsten mikroskopischen Erscheinungsformen des Bruchs sind:

- Der *spaltflächige* oder mikroskopisch spröde *Bruch* (engl. *cleavage fracture*) wird durch ebene Spaltflächen bei geringen Verformungen charakterisiert. Ursache hierfür sind Trennbrüche entlang bevorzugter kristallografischer Orientierungen aufgrund hoher Normalspannungen. Kubisch-raum-zentrierte Metalle bei niedrigen Temperaturen (Bild 2.7) und keramische Werkstoffe (Bild 2.8) neigen zum Sprödbruch.

- In polykristallinen keramischen und metallischen Werkstoffen beobachtet man charakteristische Unterschiede der Bruchflächen, je nachdem, ob der Bruch auf den Grenzen zwischen den einzelnen Körnern *interkristallin* verlaufen ist oder die Körner durch Spaltung *transkristallin* getrennt hat. Den Unterschied kann man sehr gut durch Vergleich der Bilder 2.6 und 2.7 erkennen.

- Beim *wabenartigen* oder mikroskopisch duktilen *Bruch* (engl. *dimple fracture*) geht der Versagensmechanismus mit großen plastischen Verformungen in der Prozesszone einher, wodurch sich mikroskopische Hohlräume bilden, wachsen und schließlich vereinigen, was zu der ausgeprägten Wabenstruktur der Bruchfläche führt. Bild 2.9 zeigt die typische Bruchfläche eines höherlegierten Stahls.

- Der *Ermüdungsbruch* ist wegen der geringen plastischen Verformungen recht glatt und mit feinen Schwingstreifen versetzt, wie die Übersichtsaufnahme Bild 2.4 zeigt. Er verläuft in der Regel transkristallin. Die mikroskopische Detailaufnahme der Bruchfläche Bild 2.10 lässt deutliche Spuren plastischer Wechselverformungen erkennen.

- *Kriechbruch* in Metallen geschieht häufig durch Schädigung der Korngrenzen, auf denen sich durch Diffusionsvorgänge Kriechporen bilden, was letztendlich zum interkristallinen Versagen führt. Bild 2.11 zeigt die Bruchfläche einer Aluminiumlegierung bei höheren Temperaturen.

Wie vielfältig die Versagensmechanismen sein können, verdeutlichen die fraktografischen Aufnahmen eines Bruchs infolge Spannungsrisskorrosion (Bild 2.12) und eines modernen faserverstärkten Glas-Composites (Bild 2.13).

Das Verständnis der mikrostrukturellen Versagensmechanismen beim Bruch ist nicht nur für Werkstoffwissenschaftler und Schadensforscher von Interesse, sondern liefert auch dem Kontinuumsmechaniker und Berechnungsingenieur wertvolle Informationen darüber, welche Spannungs- oder Verformungszustände den Mechanismus kontrollieren, um ihn dann durch makroskopische Kenngrößen und Kriterien beschreiben zu können.

2.3 Klassifikation der Bruchvorgänge

Zusammenfassend soll eine Einteilung der Bruchvorgänge angegeben werden, wie sie heute gebräuchlich ist. Die in Bild 2.14 gegebene Übersicht orientiert sich an den Verformungseigenschaften der Werkstoffe, auf die ausführlich im Anhang A eingegangen wird. Gemäß dieser Einteilung werden auch die folgenden bruchmechanischen Kapitel gegliedert.

2.3 Klassifikation der Bruchvorgänge

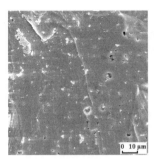

Bild 2.8: Bruchfläche einer spröden SiC-Sinterkeramik (transkristallin)

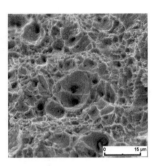

Bild 2.9: Duktiler Wabenbruch des hochlegierten Stahls 27MnSiVS6

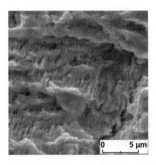

Bild 2.10: Fraktografische Aufnahme des Ermüdungsbruchs von Stahl C15

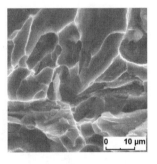

Bild 2.11: Bruchfläche eines Kriechbruchs in Aluminium AlSi10Mg bei 300°C

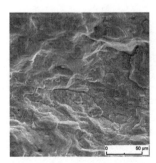

Bild 2.12: Bruchfläche bei Spannungsrisskorrosion in einer CuZn37-Legierung

Bild 2.13: Bruchfläche des Faserverbund-Werkstoffs Fortadur (SiC-Fasern in Duran-Glas)

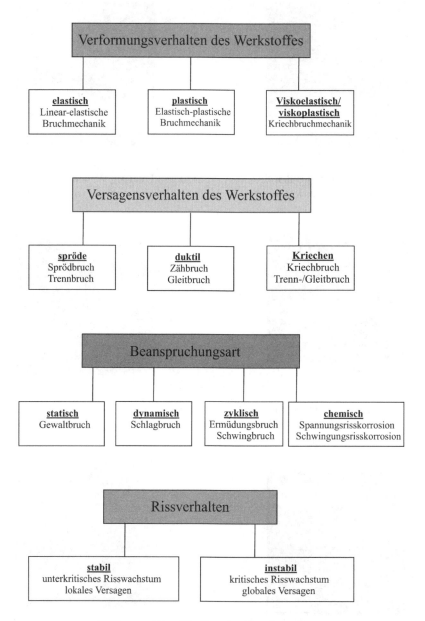

Bild 2.14: Klassifikation der Bruchvorgänge

3 Grundlagen der Bruchmechanik

In diesem Kapitel werden die theoretischen Grundlagen der Bruchmechanik dargelegt. Hauptanliegen ist die Beschreibung der verfügbaren kontinuumsmechanischen Lösungen für Risse. Auf der Grundlage der so ermittelten Spannungs- und Verformungszustände werden dann geeignete Kenngrößen ausgewählt, welche die Beanspruchungssituation an Rissen eindeutig beschreiben. Diese *Beanspruchungsparameter* bzw. *Bruchkenngrößen* bilden die Grundlage für die Formulierung von *Bruchkriterien*, womit das Verhalten der Risse quantitativ bewertet werden kann. Diese meist geschlossenen mathematischen Lösungen stellen die Voraussetzung dar, um die Bruchkenngrößen später mit numerischen Methoden berechnen zu können. Selbstverständlich basieren auch die experimentellen Prüfmethoden der Bruchmechanik zur Ermittlung der Werkstoffkennwerte auf dem Verständnis der Beanspruchungssituation.

3.1 Modellannahmen

In der Bruchmechanik wird das Verhalten von Rissen in Körpern aus makroskopischer Sicht im Rahmen der Kontinuumsmechanik beschrieben. Der Begriff »Körper« soll technische Konstruktionen, Bauteile und Anlagen, aber auch Werkstoffstrukturen auf allen Skalen umfassen. Dabei wird der Riss geometrisch als ein mathematischer Schnitt oder Schlitz in einem Körper in idealisierter Form aufgefasst. Das bedeutet erstens, dass man eine rein flächenhafte Auftrennung des Körpers annimmt, die zu zwei *Rissufern* (2D) bzw. zu zwei *Rissoberflächen* (3D) führt. Die Rissufer bzw. Rissoberflächen laufen an der *Rissspitze* (2D) bzw. *Rissfront* (3D) zusammen. Zweitens wird eine ideal scharfe Rissspitze mit einem Kerbradius $\rho = 0$ unterstellt. Tatsächlich haben die Spitzen physikalischer Risse natürlich immer einen endlichen Krümmungsradius, der jedoch im Vergleich zur Risslänge und den Körperabmessungen als unendlich klein betrachtet werden darf. Damit ist die Rissspitzenform eindeutig festgelegt, wodurch sich die Bruchmechanik von der Kerbspannungslehre abhebt. Hinsichtlich der Verformung des Risses unterscheidet man drei voneinander unabhängige Bewegungen der beiden Rissufer relativ zueinander. Diese so genannten *Rissöffnungsarten* oder *Rissöffnungsmoden* (engl. *crack opening modes*) sind in Bild 3.1 schematisch dargestellt und haben folgende Definition:

Modus I: Öffnungsmodus (engl. *opening mode*): Der Riss öffnet sich senkrecht zur Rissebene, was durch eine Zugbeanspruchung verursacht werden kann.

Modus II: Ebener Schermodus (engl. *sliding mode*): Die Rissufer verschieben sich in ihrer Ebene senkrecht zur Rissfront, was einer ebenen transversalen Schubbeanspruchung entspricht.

Modus III: Nichtebener Schermodus (engl. *tearing mode*): Die Rissufer verschieben sich in ihrer Ebene parallel zur Rissfront, was mit einer nichtebenen longitudinalen Schubbeanspruchung verbunden ist.

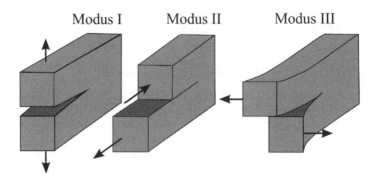

Bild 3.1: Definition der drei Rissöffnungsarten

Jede Art von Verformung des Risses kann als Überlagerung dieser drei grundlegenden kinematischen Moden angesehen werden. Im räumlichen Fall ist Bild 3.1 als lokaler Ausschnitt um ein Segment der Rissfront zu verstehen, wobei sich die Größe der Moden entlang der Rissfront verändern wird.

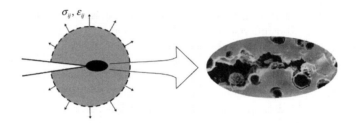

Bild 3.2: Prozesszone der mikromechanischen Bruchvorgänge an der Rissspitze

Die kontinuumsmechanische Modellierung von Rissen kann im allgemeinen *nicht* den physikalischen Bruchprozess der Materialtrennung wiedergeben ! Vielmehr werden — so wie auch in der klassischen Festigkeitslehre — die Spannungen und Verzerrungen im Körper unter Verwendung von *Verformungs*gesetzen der Werkstoffe (siehe Abschnitt A.4) ausgerechnet und mit diesen Ergebnissen anschließend Festigkeitshypothesen formuliert. Sie beschreiben gewissermaßen die »Randbedingungen«, unter denen die mikromechanischen Vorgänge in der *Bruchprozesszone* an einer Rissspitze ablaufen (Bild 3.2).Wollte man die Versagensphänomene mit in die kontinuumsmechanische Untersuchung einbeziehen, so wäre das Materialgesetz durch Modelle des Werkstoff*versagens* zu erweitern. Dieser Weg wird im Rahmen der Kontinuumsschädigungsmechanik und der Kohäsivzonenmodelle bestritten, den wir vorerst nicht weiter verfolgen wollen. Selbstverständlich kann man durch einen Wechsel auf die Meso- oder Mikroskala natürlich auch dort diskrete Risse, ihre Entstehung und Wechselwirkung in einer Bruchprozesszone kontinuumsmechanisch oder bruchmechanisch simulieren.

3.2 Linear–elastische Bruchmechanik

In der linear–elastischen Bruchmechanik werden Rissprobleme in Körpern untersucht, deren Verformungsverhalten im gesamten Gebiet als linear–elastisch nach dem verallgemeinerten HOOKEschen Gesetz (Abschnitt A.4.1) angenommen werden darf. Abgesehen von sehr spröden Werkstoffen gibt es in Wahrheit in fast allen Strukturen materielle oder geometrische Nichtlinearitäten, besonders im Bereich von Kerben und Rissspitzen. In sehr vielen Fällen sind die nichtlinearen Effekte auf kleine Gebiete begrenzt, die im Vergleich zur Rissgröße oder den Bauteilabmessungen vernachlässigt werden dürfen. Das elastische Materialverhalten kann grundsätzlich auch anisotrop sein. Vorerst beschränken wir uns auf den einfacheren Fall der Isotropie. Im Begriff Linearität sind auch kleine Verschiebungen und infinitesimale Verzerrungen (A.30) einbegriffen.

3.2.1 Zweidimensionale Rissprobleme

Riss unter Modus–I–Belastung

Untersucht werden soll ein schlitzförmiger gerader Riss der Länge $2a$ in einer unendlich ausgedehnten Scheibe mit isotropem linear–elastischem Material. Als Belastung wird eine konstante Zugspannung σ in senkrechter Richtung zum Riss angenommen, siehe Bild 3.3. Wir legen ein kartesisches Koordinatensystem mit dem Ursprung in die Mitte des Risses, so dass die Lage der Rissufer Γ^+ und Γ^- festgelegt ist durch

$$-a \leq x_1 \leq +a, \quad x_2 = \pm 0. \tag{3.1}$$

Zur Lösung dieser Randwertaufgabe der Elastizitätstheorie verwenden wir die im Anhang A.5.2 dargelegte Methode der komplexen Funktionen mit der komplexen Variablen $z = x_1 + ix_2$. Die Randbedingungen dieses Problems sind durch die Spannungsfreiheit $\bar{t}_i = 0$ der unbelasteten Rissufer Γ^+ und Γ^- gegeben, deren Normalenvektoren n_j nur in $\mp x_2$-Richtung weisen, ($n_1 = 0, n_2 = \mp 1$). Nach der CAUCHY–Formel gilt:

$$t_i = \sigma_{ij} n_j = \mp \sigma_{i2} = \bar{t}_i = 0 \quad \Rightarrow \tau_{12} = 0, \sigma_{22} = 0 \text{ auf } \Gamma^+ \text{ und } \Gamma^-. \tag{3.2}$$

Als weitere Randbedingung muss in unendlicher Entfernung vom Riss der ungestörte einachsige homogene Zugspannungszustand erreicht werden:

$$\sigma_{22} = \sigma, \quad \sigma_{11} = \tau_{12} = 0 \quad \text{für } |z| = \sqrt{x_1^2 + x_2^2} \to \infty. \tag{3.3}$$

Aus Platzgründen kann hier nicht der Lösungsweg angegeben werden (siehe [178]), sondern nur das Resultat in Form der komplexen Spannungsfunktionen $\phi(z)$ und $\chi(z)$:

$$\phi(z) = \frac{\sigma}{4} z + \frac{\sigma}{2}\left[\sqrt{z^2 - a^2} - z\right], \quad \chi'(z) = \frac{\sigma}{2} z - \frac{\sigma}{2} \frac{a^2}{\sqrt{z^2 - a^2}}. \tag{3.4}$$

Mit Hilfe der KOLOSOVschen Formeln (A.158) werden das Spannungs- und Verschiebungsfeld in der gesamten Scheibe hergeleitet. Man kann sich durch Einsetzen auch leicht

28   3 Grundlagen der Bruchmechanik

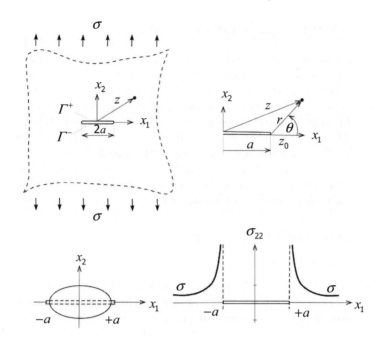

Bild 3.3: Riss in der unendlichen Scheibe unter Zugbelastung: oben) Koordinatensystem, unten) Rissöffnung und Spannungsverlauf

davon überzeugen, dass das Abklingverhalten nach (3.3) durch die beiden ersten Terme in (3.4) richtig wiedergegeben wird. Die zweiten Glieder in (3.4) verschwinden für $|z| \to \infty$ und beschreiben demnach die eigentliche Auswirkung des Risses auf die Spannungsverteilung in der Scheibe ($\Re(\ ) \,\widehat{=}\,$ Realteil, $\Im(\ ) \,\widehat{=}\,$ Imaginärteil).

$$S_1 := \sigma_{11} + \sigma_{22} = 4\Re\phi' = \sigma\Re\left[\frac{2z}{\sqrt{z^2-a^2}} - 1\right]$$

$$S_2 := \sigma_{22} - \sigma_{11} + 2\mathrm{i}\tau_{12} = 2\left[\bar{z}\phi'' + \chi''\right] = \sigma\left[1 + a^2\frac{z-\bar{z}}{(z^2-a^2)^{3/2}}\right] \quad (3.5)$$

$$\sigma_{11} = \frac{1}{2}\Re(S_1 - S_2), \quad \sigma_{22} = \frac{1}{2}\Re(S_1 + S_2), \quad \tau_{12} = \frac{1}{2}\Im(S_2)$$

Zuerst soll die Spannungsverteilung auf dem Ligament ($|x_1| \geq a$, $x_2 = 0$) analysiert werden. Wegen der Symmetrie bzgl. x_2 ist hier die Schubspannung $\tau_{12} \equiv 0$ und für die Normalspannungen folgt aus (3.5)

$$\sigma_{11} = \sigma\left[\frac{x_1}{\sqrt{x_1^2-a^2}} - 1\right], \quad \sigma_{22} = \sigma\frac{x_1}{\sqrt{x_1^2-a^2}}. \quad (3.6)$$

Das Ergebnis besagt, dass an den Rissspitzen ($x_1 \to \pm a$) die Normalspannungen un-

3.2 Linear–elastische Bruchmechanik

endlich groß werden (Bild 3.3). Die Auswertung von (3.5) auf den Rissufern $|x_1| < a$ bestätigt im Übrigen, dass die Randbedingungen (3.2) erfüllt sind.

Den Verformungszustand gewinnt man über die 3. KOLOSOVsche Formel (A.158)

$$2\mu(u_1 + \mathrm{i} u_2) = \frac{\sigma}{2}\left[\kappa\sqrt{z^2 - a^2} + \frac{a^2 - z\bar{z}}{\sqrt{z^2 - a^2}} - \frac{1}{2}(\kappa - 1)z - \bar{z}\right]. \tag{3.7}$$

Die Berechnung der Verschiebungen des oberen und unteren Rissufers ($|x_1| < a$, $x_2 = \pm 0$) ergibt, dass der geöffnete Riss die Form einer Ellipse (Bild 3.3) annimmt.

$$u_1 = \mp\frac{1+\kappa}{8\mu}\sigma x_1, \quad u_2 = \pm\frac{1+\kappa}{4\mu}\sigma\sqrt{a^2 - x_1^2}. \tag{3.8}$$

Hierbei bezeichnet μ den Schubmodul. Die elastische Konstante κ beträgt $\kappa = 3 - 4\nu$ im *ebenen Verzerrungszustand* (EVZ) und $\kappa = (3-\nu)/(1+\nu)$ im *ebenen Spannungszustand*(ESZ), siehe Anhang A.5.2.

Von besonderem Interesse ist die lokale Spannungsverteilung in unmittelbarer Nähe der Rissspitzen. Dazu führt man das in Bild 3.3 skizzierte Polarkoordinatensystem (r,θ) direkt an einer Rissspitze (hier bei $z = z_0 = +a$) ein:

$$z = a + r\mathrm{e}^{\mathrm{i}\theta}, \quad z - z_0 = r\mathrm{e}^{\mathrm{i}\theta} = a\zeta\mathrm{e}^{\mathrm{i}\theta} \quad \text{mit } \zeta = \frac{r}{a}. \tag{3.9}$$

Durch Einsetzen von z und $\bar{z}$ in die Gleichungen (3.5) erhält man die Ausdrücke

$$S_1 = \sigma\Re\left[\frac{2(1+\zeta\mathrm{e}^{\mathrm{i}\theta})}{\sqrt{2\zeta\mathrm{e}^{\mathrm{i}\theta} + \zeta^2\mathrm{e}^{2\mathrm{i}\theta}}} - 1\right], \quad S_2 = \sigma\left[1 + \frac{\zeta(\mathrm{e}^{\mathrm{i}\theta} - \mathrm{e}^{-\mathrm{i}\theta})}{(2\zeta\mathrm{e}^{\mathrm{i}\theta} + \zeta^2\mathrm{e}^{2\mathrm{i}\theta})^{3/2}}\right], \tag{3.10}$$

die für $\zeta = \frac{r}{a} \ll 1$ wie folgt approximiert werden können:

$$S_1 = \sigma_{11} + \sigma_{22} \approx \sigma\Re\left[\frac{2}{\sqrt{2\zeta\mathrm{e}^{\mathrm{i}\theta}}}\right] = \sigma\sqrt{\frac{a}{2r}}\,2\cos\frac{\theta}{2}$$

$$S_2 = \sigma_{22} - \sigma_{11} + 2\mathrm{i}\tau_{12} \approx \sigma\frac{\zeta 2\mathrm{i}\sin\theta}{(2\zeta\mathrm{e}^{\mathrm{i}\theta})^{3/2}} = \sigma\sqrt{\frac{a}{2r}}\,\mathrm{i}\sin\theta\,\mathrm{e}^{-\mathrm{i}3\theta/2}. \tag{3.11}$$

Daraus gewinnt man den Spannungszustand an der Rissspitze in Polarkoordinaten (r,θ). Dabei können wir den Faktor $\sigma\sqrt{\pi a} = K_\mathrm{I}$ abspalten.

$$\begin{Bmatrix} \sigma_{11} \\ \sigma_{22} \\ \tau_{12} \end{Bmatrix} = \frac{K_\mathrm{I}}{\sqrt{2\pi r}}\begin{Bmatrix} \cos\frac{\theta}{2}\left[1 - \sin\frac{\theta}{2}\sin\frac{3\theta}{2}\right] \\ \cos\frac{\theta}{2}\left[1 + \sin\frac{\theta}{2}\sin\frac{3\theta}{2}\right] \\ \sin\frac{\theta}{2}\cos\frac{\theta}{2}\cos\frac{3\theta}{2} \end{Bmatrix} = \frac{K_\mathrm{I}}{\sqrt{2\pi r}}\begin{Bmatrix} f_{11}^\mathrm{I}(\theta) \\ f_{22}^\mathrm{I}(\theta) \\ f_{12}^\mathrm{I}(\theta) \end{Bmatrix} \tag{3.12}$$

Die Spannungen σ_{33} in Dickenrichtung sind bei Annahme eines ESZ null und im EVZ:

$$\sigma_{33} = \nu(\sigma_{11} + \sigma_{22}) = \frac{K_\mathrm{I}}{\sqrt{2\pi r}} 2\nu \cos\frac{\theta}{2}. \tag{3.13}$$

Unter Verwendung des ebenen HOOKEschen Gesetzes (A.145) bzw. (A.150) berechnen sich daraus die Verzerrungskomponenten zu

$$\begin{Bmatrix} \varepsilon_{11} \\ \varepsilon_{22} \\ \gamma_{12} \end{Bmatrix} = \frac{K_\mathrm{I}}{2\mu\sqrt{2\pi r}} \begin{Bmatrix} \cos\frac{\theta}{2}\left[\frac{\kappa-1}{2} - \sin\frac{\theta}{2}\sin\frac{3\theta}{2}\right] \\ \cos\frac{\theta}{2}\left[\frac{\kappa-1}{2} + \sin\frac{\theta}{2}\sin\frac{3\theta}{2}\right] \\ 2\sin\frac{\theta}{2}\cos\frac{\theta}{2}\cos\frac{3\theta}{2} \end{Bmatrix} \tag{3.14}$$

Die Dehnungen in Dickenrichtung ε_{33} sind im EVZ definitionsgemäß null und im ESZ

$$\varepsilon_{33} = -\frac{K_\mathrm{I}}{\mu\sqrt{2\pi r}} \frac{\nu}{1+\nu} \cos\frac{\theta}{2}. \tag{3.15}$$

In ähnlicher Weise kann man das Verschiebungsfeld (3.7) mit dem Ansatz (3.9) in der Nähe der Rissspitze für $\zeta = \frac{r}{a} \ll 1$ entwickeln und erhält

$$\begin{Bmatrix} u_1 \\ u_2 \end{Bmatrix} = \frac{K_\mathrm{I}}{2\mu}\sqrt{\frac{r}{2\pi}} \begin{Bmatrix} \cos\frac{\theta}{2}[\kappa - \cos\theta] \\ \sin\frac{\theta}{2}[\kappa - \cos\theta] \end{Bmatrix} = \frac{K_\mathrm{I}}{2\mu}\sqrt{\frac{r}{2\pi}} \begin{Bmatrix} g_1^\mathrm{I}(\theta) \\ g_2^\mathrm{I}(\theta) \end{Bmatrix} \tag{3.16}$$

Mit Hilfe der durchgeführten asymptotischen Analyse ist es gelungen, die Verschiebungs-, Verzerrungs- und Spannungsfelder in der Rissspitzenumgebung zu bestimmen. Diese Lösung nennt man *Rissspitzenfeld* oder *asymptotisches Nahfeld*. Aus den Ergebnissen (3.12), (3.14) und (3.16) erkennt man folgende Charakteristika:

- Die Spannungen und Verzerrungen verhalten sich bei Annäherung an die Rissspitze $r \to 0$ singulär mit $1/\sqrt{r}$.

- Die Verschiebungsfelder sind proportional zur Wurzel aus dem Abstand zur Rissspitze $\sqrt{r}$, der Riss öffnet sich parabelförmig.

- Alle Feldgrößen an der Rissspitze sind proportional zu $K_\mathrm{I} = \sigma\sqrt{\pi a}$. Dieser Faktor K_I wird *Spannungsintensitätsfaktor* genannt. Der Index I steht hier für den Rissöffnungsmodus I.

- Die Intensität der Nahfeldlösung steigt nicht nur (wie erwartet) linear mit der Zugbelastung σ an, sondern hängt auch von der Länge a des Risses ab!

Mitunter ist die Darstellung der Nahfeldlösung in Zylinderkoordinaten von Vorteil, siehe Bild 3.4. Nach den üblichen Transformationsregeln (siehe (A.54)) erhält man aus

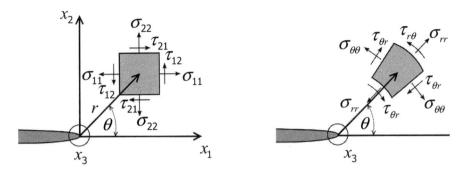

Bild 3.4: Spannungen an der Rissspitze in kartesischen und Zylinderkoordinaten

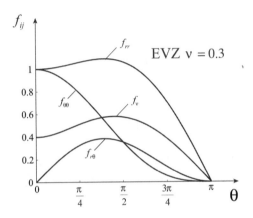

Bild 3.5: Winkelverteilung der Spannungen um die Rissspitze (Modus I)

(3.12), (3.14) und (3.16) die Verschiebungs-, Verzerrungs- und Spannungskomponenten im (r, θ, x_3)-System:

$$\begin{Bmatrix} \sigma_{rr} \\ \sigma_{\theta\theta} \\ \tau_{r\theta} \end{Bmatrix} = \frac{K_I}{4\sqrt{2\pi r}} \begin{Bmatrix} 5\cos\frac{\theta}{2} - \cos\frac{3\theta}{2} \\ 3\cos\frac{\theta}{2} + \cos\frac{3\theta}{2} \\ \sin\frac{\theta}{2} + \sin\frac{3\theta}{2} \end{Bmatrix} = \frac{K_I}{4\sqrt{2\pi r}} \begin{Bmatrix} f_{rr}(\theta) \\ f_{\theta\theta}(\theta) \\ f_{r\theta}(\theta) \end{Bmatrix} \qquad (3.17)$$

$$\begin{Bmatrix} \varepsilon_{rr} \\ \varepsilon_{\theta\theta} \\ \gamma_{r\theta} \end{Bmatrix} = \frac{K_I}{8\mu\sqrt{2\pi r}} \begin{Bmatrix} [2\kappa - 1]\cos\frac{\theta}{2} - \cos\frac{3\theta}{2} \\ [2\kappa - 3]\cos\frac{\theta}{2} + \cos\frac{3\theta}{2} \\ 2\sin\frac{\theta}{2} + 2\sin\frac{3\theta}{2} \end{Bmatrix} \qquad (3.18)$$

$$\left\{\begin{matrix}u_r\\u_\theta\end{matrix}\right\} = \frac{K_\mathrm{I}}{4\mu}\sqrt{\frac{r}{2\pi}}\left\{\begin{matrix}[2\kappa-1]\cos\dfrac{\theta}{2}-\cos\dfrac{3\theta}{2}\\-[2\kappa+1]\sin\dfrac{\theta}{2}+\sin\dfrac{3\theta}{2}\end{matrix}\right\} \qquad (3.19)$$

Die Dehnungen ε_{33} und Spannungen σ_{33} in Dickenrichtung bleiben bei dieser Transformation unverändert. Die Winkelabhängigkeit $f_{ij}(\theta)$ der Spannungen (3.17) sowie der v. Mises–Vergleichsspannung $f_\mathrm{v}(\theta)$ sind in Bild 3.5 wiedergegeben.

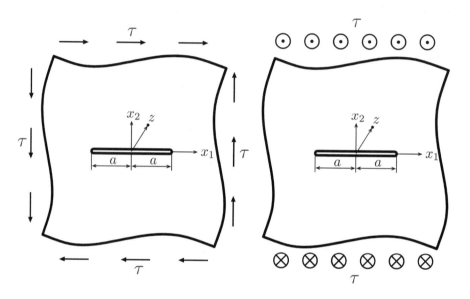

Bild 3.6: Riss in der unendlichen Scheibe unter a) ebener und b) nicht–ebener Schubbelastung

Riss unter Modus–II–Belastung

In ähnlicher Weise wie im vorigen Abschnitt kann man den Riss in der unendlichen Scheibe auch unter ebener Schubbelastung $\tau \mathrel{\hat=} \tau_{21}$ berechnen. Nur die Randbedingungen (3.3) unterscheiden sich vom Zugproblem durch die Form

$$\sigma_{11} = \sigma_{22} = 0, \quad \tau_{12} = \tau \quad \text{für } |z| = \sqrt{x_1^2 + x_2^2} \to \infty. \qquad (3.20)$$

Anhand von Bild 3.6 (links) erkennt man anschaulich sofort, dass die Lösung jetzt antimetrisch bzgl. der x_2–Koordinate sein muss. Die komplexen Spannungsfunktionen für diese RWA lauten

$$\phi(z) = \mathrm{i}\frac{\tau}{2}\sqrt{z^2-a^2}, \quad \chi'(z) = \mathrm{i}\frac{\tau}{2}\left[z + \frac{a^2}{\sqrt{z^2-a^2}}\right]. \qquad (3.21)$$

Es bleibt dem Leser als Übungsaufgabe überlassen, die entsprechenden Berechnungen der Feldgrößen $\sigma_{ij}(z), u_i(z)$ sowie die asymptotische Entwicklung für $r \to \pm a$ vorzunehmen. Hier soll nur das Ergebnis für das Rissspitzennahfeld angegeben werden. Dazu führen wir noch den *Spannungsintensitätsfaktor* K_{II} für Modus–II–Belastung ein, der für diese RWA folgenden Wert annimmt:

$$K_{\mathrm{II}} = \tau \sqrt{\pi a}\,. \tag{3.22}$$

$$\begin{Bmatrix} \sigma_{11} \\ \sigma_{22} \\ \tau_{12} \end{Bmatrix} = \frac{K_{\mathrm{II}}}{\sqrt{2\pi r}} \begin{Bmatrix} -\sin\dfrac{\theta}{2}\left[2+\cos\dfrac{\theta}{2}\cos\dfrac{3\theta}{2}\right] \\ \sin\dfrac{\theta}{2}\cos\dfrac{\theta}{2}\cos\dfrac{3\theta}{2} \\ \cos\dfrac{\theta}{2}\left[1-\sin\dfrac{\theta}{2}\sin\dfrac{3\theta}{2}\right] \end{Bmatrix} = \frac{K_{\mathrm{II}}}{\sqrt{2\pi r}} \begin{Bmatrix} f_{11}^{\mathrm{II}}(\theta) \\ f_{22}^{\mathrm{II}}(\theta) \\ f_{12}^{\mathrm{II}}(\theta) \end{Bmatrix} \tag{3.23}$$

und in Zylinderkoordinaten

$$\begin{Bmatrix} \sigma_{rr} \\ \sigma_{\theta\theta} \\ \tau_{r\theta} \end{Bmatrix} = \frac{K_{\mathrm{II}}}{4\sqrt{2\pi r}} \begin{Bmatrix} -5\sin\dfrac{\theta}{2} + 3\sin\dfrac{3\theta}{2} \\ -3\sin\dfrac{\theta}{2} - 3\sin\dfrac{3\theta}{2} \\ \cos\dfrac{\theta}{2} + 3\cos\dfrac{3\theta}{2} \end{Bmatrix}. \tag{3.24}$$

Die Verschiebungen in Rissspitzennähe lauten

$$\begin{Bmatrix} u_1 \\ u_2 \end{Bmatrix} = \frac{K_{\mathrm{II}}}{2\mu}\sqrt{\frac{r}{2\pi}} \begin{Bmatrix} \sin\dfrac{\theta}{2}[\kappa+2+\cos\theta] \\ -\cos\dfrac{\theta}{2}[\kappa-2+\cos\theta] \end{Bmatrix} = \frac{K_{\mathrm{II}}}{2\mu}\sqrt{\frac{r}{2\pi}} \begin{Bmatrix} g_1^{\mathrm{II}}(\theta) \\ g_2^{\mathrm{II}}(\theta) \end{Bmatrix} \tag{3.25}$$

$$\begin{Bmatrix} u_r \\ u_\theta \end{Bmatrix} = \frac{K_{\mathrm{II}}}{4\mu}\sqrt{\frac{r}{2\pi}} \begin{Bmatrix} -[2\kappa-1]\sin\dfrac{\theta}{2} + 3\sin\dfrac{3\theta}{2} \\ -[2\kappa+1]\cos\dfrac{\theta}{2} + 3\cos\dfrac{3\theta}{2} \end{Bmatrix}. \tag{3.26}$$

Riss unter Modus–III–Belastung

Abschließend soll noch der ebene Riss unter nichtebener Schubbelastung $\tau \,\hat{=}\, \tau_{23}$ untersucht werden, siehe Bild 3.6 (rechts). Die Spannungsrandbedingungen auf dem Riss und im Unendlichen lauten diesmal

$$\tau_{23} = 0 \quad \text{für } |x_1| \le a \quad \text{und} \quad \tau_{13}=0, \tau_{23}=\tau \quad \text{für } |z| \to \infty. \tag{3.27}$$

Im Anhang A.5 wird zur Lösung dieser Art RWA eine komplexe Spannungsfunktion $\Omega(z)$ eingeführt. Das Modus–III–Rissproblem wird mit dem Ansatz

$$\Omega(z) = -\mathrm{i}\tau\sqrt{z^2 - a^2} \tag{3.28}$$

gelöst. Die antimetrische Verschiebung u_3 der Rissufer gegeneinander hat wieder elliptische Gestalt

$$\mu u_3 = \Re\Omega(z) = \pm\tau\sqrt{a^2 - x_1^2} \quad \text{für } x_2 = \pm 0. \tag{3.29}$$

Die Auswertung der Schubspannungen gemäß (A.165) auf dem Ligament vor den Rissspitzen liefert auch hier eine Singularität

$$\tau_{23} = -\Im\Omega'(z) = \frac{\tau x_1}{\sqrt{x_1^2 - a^2}}, \quad \tau_{13} = \Re\Omega'(z) = 0 \text{ für } |x_1| > 0, \quad x_2 = 0. \tag{3.30}$$

Wird die Lösung in gleicher Weise wie bei Modus I um die Rissspitze $z = a + r\mathrm{e}^{\mathrm{i}\theta}$ entwickelt, so bekommt man

$$u_3 = \tau\sqrt{\pi a}\frac{2}{\mu}\sqrt{\frac{r}{2\pi}}\sin\frac{\theta}{2} = \frac{2K_{\text{III}}}{\mu}\sqrt{\frac{r}{2\pi}}\sin\frac{\theta}{2} = \frac{K_{\text{III}}}{2\mu}\sqrt{\frac{r}{2\pi}}\,g_3^{\text{III}}(\theta) \tag{3.31}$$

$$\begin{Bmatrix}\tau_{13}\\ \tau_{23}\end{Bmatrix} = \frac{K_{\text{III}}}{\sqrt{2\pi r}}\begin{Bmatrix}-\sin\dfrac{\theta}{2}\\ +\cos\dfrac{\theta}{2}\end{Bmatrix} = \frac{K_{\text{III}}}{\sqrt{2\pi r}}\begin{Bmatrix}f_{13}^{\text{III}}(\theta)\\ f_{23}^{\text{III}}(\theta)\end{Bmatrix}. \tag{3.32}$$

Hier bezeichnet $K_{\text{III}} = \tau\sqrt{\pi a}$ den Spannungsintensitätsfaktor für Modus III. Qualitativ liegt also dieselbe $1/\sqrt{r}$–Singularität der Spannungen und das $\sqrt{r}$–Verhalten der Verschiebungen an der Rissspitze vor wie bei Modus–I– und II–Beanspruchung.

3.2.2 Eigenfunktionen des Rissproblems

Im vorangegangenen Abschnitt haben wir die Spannungssingularität an der Rissspitze aus der vollständigen Lösung der RWA für die Scheibe mit Riss gewonnen. Offenkundig ist das singuläre Verhalten ursächlich mit der »unendlich scharfen« Rissspitze verbunden. Aus diesem Grunde soll die elastizitätstheoretische Lösung an einer isolierten Rissspitze in der unendlich ausgedehnten Ebene eingehender untersucht werden, siehe Bild 3.7. Zweckmäßigerweise legen wir dazu ein Polarkoordinatensystem (r, θ) in die Rissspitze. Zur Lösung dieser RWA werden die beiden komplexen Potenziale als einfache Potenzfunktionen angesetzt:

$$\phi(z) = Az^\lambda, \quad \chi(z) = Bz^{\lambda+1}, \quad z = r\mathrm{e}^{\mathrm{i}\theta}, \tag{3.33}$$

wobei die Koeffizienten A und B komplexe Zahlen sind. Der Exponent λ muss positiv reell bleiben, um unendliche Verschiebungen an der Rissspitze auszuschließen. Daraus berechnen sich die Spannungen in Polarkoordinaten nach (A.161), wobei die Umfangsspannung $\sigma_{\theta\theta}$ und die Schubspannung $\tau_{r\theta}$ besonders interessieren und durch Addition der ersten beiden KOLOSOVschen Gleichungen (A.158) gewonnen werden.

$$\begin{aligned}
\sigma_{\theta\theta} + i\tau_{r\theta} &= \phi'(z) + \overline{\phi'(z)} + \left(\bar{z}\phi''(z) + \chi''(z)\right)e^{2i\theta} \\
&= \lambda A z^{\lambda-1} + \lambda\overline{A}\bar{z}^{\lambda-1} + \left[\lambda(\lambda-1)A\bar{z}z^{\lambda-2} + \lambda(\lambda+1)Bz^{\lambda-1}\right]e^{2i\theta} \\
&= \lambda r^{\lambda-1}\left[Ae^{i(\lambda-1)\theta} + \overline{A}e^{-i(\lambda-1)\theta}\right. \\
&\quad\left. + A(\lambda-1)e^{i(\lambda-1)\theta} + (\lambda+1)Be^{i(\lambda+1)\theta}\right]
\end{aligned} \qquad (3.34)$$

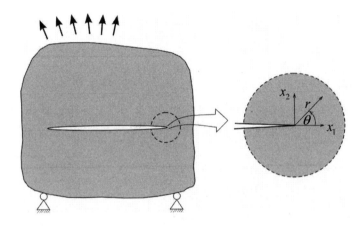

Bild 3.7: Analyse des Nahfeldes an der Rissspitze

Als einzige Randbedingungen müssen auf den lastfreien Rissufern $\theta = \pm\pi$ für alle r die Normal- und Schubspannungen null sein, d.h. $\sigma_{\theta\theta} + i\tau_{r\theta} = 0$. Deshalb fordern wir das Verschwinden des Ausdrucks in [ ]-Klammern:

$$\theta = +\pi: \quad A\lambda e^{i\lambda\pi} + \overline{A}e^{-i\lambda\pi} + (\lambda+1)Be^{i\lambda\pi} = 0 \qquad (3.35)$$

$$\theta = -\pi: \quad A\lambda e^{-i\lambda\pi} + \overline{A}e^{i\lambda\pi} + (\lambda+1)Be^{-i\lambda\pi} = 0 \qquad (3.36)$$

Diese Beziehungen bilden ein homogenes System von 2 komplexen (=4 reellen) Gleichungen für die gesuchten 2 komplexen (=4 reellen) Koeffizienten A und B. Als Bedingung für seine Lösbarkeit muss die Koeffizientendeterminante null gesetzt werden, woraus sich eine transzendente Gleichung für den Exponenten (Eigenwert) λ ergibt. Ein einfacherer Lösungsweg besteht darin, Gleichung (3.36) mit $e^{2i\lambda\pi}$ zu multiplizieren und mit (3.35) zu addieren, so dass man erhält:

$$\overline{A}(1 - e^{4i\lambda\pi}) = 0. \qquad (3.37)$$

Nullsetzen des Klammerausdrucks ergibt $\cos(4\lambda\pi) = 1$ bzw. $\sin(4\lambda\pi) = 0$, woraus der reelle Eigenwert λ folgt:

$$\lambda = \frac{n}{2} \quad \text{mit } n = 1, 2, 3 \ldots \tag{3.38}$$

Somit wurde gezeigt, dass unendlich viele Eigenwerte $\lambda = \frac{n}{2}$ existieren, zu denen aus dem Ansatz (3.33) die dazugehörigen Eigenfunktionen ermittelt werden können. Die Gesamtlösung der RWA besteht aus der Superposition dieser Eigenfunktionen mit unbestimmten Koeffizienten A_n und B_n.

$$\phi = \sum_{n=1}^{\infty} A_n z^{\frac{n}{2}}, \quad \chi = \sum_{n=1}^{\infty} B_n z^{\frac{n}{2}+1} \tag{3.39}$$

Die Beziehungen (3.35) oder (3.36) liefern jetzt noch den Zusammenhang

$$\frac{n}{2} A_n + (-1)^n \overline{A}_n + \left(\frac{n}{2} + 1\right) B_n = 0, \tag{3.40}$$

so dass man B_n durch den Koeffizienten $A_n = a_n + ib_n$ ersetzen kann.

Durch Einsetzen von (3.39) und (3.40) in die KOLOSOVschen Gleichungen (A.158) erhält man die Radius- und Winkelfunktionen für die n–te Eigenfunktion in reeller Darstellung, die erstmals von WILLIAMS [286] 1957 gefunden wurde:

$$\begin{aligned}
\sigma_{11}^{(n)}(r,\theta) &= r^{\frac{n}{2}-1}\{a_n \tilde{M}_{11}^{(n)}(\theta) + b_n \tilde{N}_{11}^{(n)}(\theta)\} \\
\sigma_{22}^{(n)}(r,\theta) &= r^{\frac{n}{2}-1}\{a_n \tilde{M}_{22}^{(n)}(\theta) + b_n \tilde{N}_{22}^{(n)}(\theta)\} \\
\tau_{12}^{(n)}(r,\theta) &= r^{\frac{n}{2}-1}\{a_n \tilde{M}_{12}^{(n)}(\theta) + b_n \tilde{N}_{12}^{(n)}(\theta)\}
\end{aligned} \tag{3.41}$$

mit

$$\begin{aligned}
\tilde{M}_{11}^{(n)} &= \frac{n}{2}\left\{\left[2+(-1)^n+\frac{n}{2}\right]\cos\left(\frac{n}{2}-1\right)\theta - \left(\frac{n}{2}-1\right)\cos\left(\frac{n}{2}-3\right)\theta\right\} \\
\tilde{N}_{11}^{(n)} &= \frac{n}{2}\left\{\left[-2+(-1)^n-\frac{n}{2}\right]\sin\left(\frac{n}{2}-1\right)\theta + \left(\frac{n}{2}-1\right)\sin\left(\frac{n}{2}-3\right)\theta\right\} \\
\tilde{M}_{22}^{(n)} &= \frac{n}{2}\left\{\left[2-(-1)^n-\frac{n}{2}\right]\cos\left(\frac{n}{2}-1\right)\theta + \left(\frac{n}{2}-1\right)\cos\left(\frac{n}{2}-3\right)\theta\right\} \\
\tilde{N}_{22}^{(n)} &= \frac{n}{2}\left\{\left[-2-(-1)^n+\frac{n}{2}\right]\sin\left(\frac{n}{2}-1\right)\theta - \left(\frac{n}{2}-1\right)\sin\left(\frac{n}{2}-3\right)\theta\right\} \\
\tilde{M}_{12}^{(n)} &= \frac{n}{2}\left\{\left(\frac{n}{2}-1\right)\sin\left(\frac{n}{2}-3\right)\theta - \left[\frac{n}{2}+(-1)^n\right]\sin\left(\frac{n}{2}-1\right)\theta\right\} \\
\tilde{N}_{12}^{(n)} &= \frac{n}{2}\left\{\left(\frac{n}{2}-1\right)\cos\left(\frac{n}{2}-3\right)\theta - \left[\frac{n}{2}-(-1)^n\right]\cos\left(\frac{n}{2}-1\right)\theta\right\}
\end{aligned} \tag{3.42}$$

und

$$\begin{aligned}
u_1^{(n)}(r,\theta) &= \frac{1}{2\mu} r^{\frac{n}{2}} \left\{a_n \tilde{F}_1^{(n)}(\theta) + b_n \tilde{G}_1^{(n)}(\theta)\right\} \\
u_2^{(n)}(r,\theta) &= \frac{1}{2\mu} r^{\frac{n}{2}} \left\{a_n \tilde{F}_2^{(n)}(\theta) + b_n \tilde{G}_2^{(n)}(\theta)\right\}
\end{aligned} \tag{3.43}$$

mit

$$\begin{aligned}
\tilde{F}_1^{(n)} &= \left[\kappa + (-1)^n + \frac{n}{2}\right]\cos\frac{n}{2}\theta - \frac{n}{2}\cos\left(\frac{n}{2}-2\right)\theta \\
\tilde{G}_1^{(n)} &= \left[-\kappa + (-1)^n - \frac{n}{2}\right]\sin\frac{n}{2}\theta + \frac{n}{2}\sin\left(\frac{n}{2}-2\right)\theta \\
\tilde{F}_2^{(n)} &= \left[\kappa - (-1)^n - \frac{n}{2}\right]\sin\frac{n}{2}\theta + \frac{n}{2}\sin\left(\frac{n}{2}-2\right)\theta \\
\tilde{G}_2^{(n)} &= \left[\kappa + (-1)^n - \frac{n}{2}\right]\cos\frac{n}{2}\theta + \frac{n}{2}\cos\left(\frac{n}{2}-2\right)\theta.
\end{aligned} \tag{3.44}$$

Die Glieder mit a_n entsprechen dem Rissöffnungsmodus I, während Modus II durch die Koeffizienten b_n repräsentiert wird. Für $n=1$ ergeben sich die bekannten singulären Lösungen (3.12) und (3.23) mit $r^{-1/2}$(Additionstheoreme anwenden!). Die *Spannungsintensitätsfaktoren* K_I und K_II stehen zu den Koeffizienten a_1, b_1 der 1. Eigenfunktion in folgender Beziehung

$$K_\text{I} - iK_\text{II} = \sqrt{2\pi}(a_1 + ib_1). \tag{3.45}$$

Eine besondere Bedeutung hat auch die 2. Eigenfunktion $n=2$, die lediglich einen konstanten Spannungszustand parallel zum Rissufer darstellt, die so genannte *T-Spannung*. (Die zu b_2 gehörenden Funktionen realisieren nur eine spannungsfreie Starrkörperdrehung des Gebiets.)

$$\begin{aligned}
\sigma_{11}^{(2)} &= r^0\, 4a_2 = T_{11} = \text{const.}, \quad \sigma_{22}^{(2)} \equiv \tau_{12}^{(2)} \equiv 0 \\
2\mu u_1^{(2)} &= a_2(\kappa+1)x_1, \quad 2\mu u_2^{(2)} = a_2(\kappa-3)x_2
\end{aligned} \tag{3.46}$$

Auch für die Modus–III–Belastung kann man Eigenfunktionen an der Rissspitze entwickeln, indem für die Spannungsfunktion Ω wieder ein Potenzansatz mit dem Exponenten $\lambda > 0$ und einem komplexen Koeffizienten C gemacht wird:

$$\Omega(z) = Cz^\lambda = Cr^\lambda e^{i\lambda\theta}. \tag{3.47}$$

Als Randbedingung muss auf den Rissufern $\theta = \pm\pi$ die Schubspannung τ_{23} verschwinden:

$$\tau_{23} = -\Im\Omega'(z) = \left(\overline{\Omega'(z)} - \Omega'(z)\right) \tag{3.48}$$

$$\begin{aligned}
\theta = +\pi: &\quad \lambda r^{\lambda-1}\left[\overline{C}e^{-i(\lambda-1)\pi} - Ce^{i(\lambda-1)\pi}\right] = 0 \\
\theta = -\pi: &\quad \lambda r^{\lambda-1}\left[\overline{C}e^{i(\lambda-1)\pi} - Ce^{-i(\lambda-1)\pi}\right] = 0.
\end{aligned} \tag{3.49}$$

Die Lösbarkeitsbedingung dieses homogenen Gleichungssystems für C und $\overline{C}$ erfordert das Nullsetzen der Koeffizientendeterminante, woraus die Eigenwertgleichung für λ folgt:

$$\sin(2\lambda\pi) = 0 \quad \Rightarrow \quad \lambda = \frac{n}{2} \quad n = 1, 2, 3, \ldots \tag{3.50}$$

Wir finden demnach die gleichen Eigenwerte wie bei Modus I und II vor. Die Gesamtlösung kann jetzt wiederum aus allen Eigenfunktionen mit den Koeffizienten C_n zusammengesetzt werden. Aus (3.49) folgt die Relation $\overline{C}_n = (-1)^n C_n$, d.h. die Koeffizienten sind alternierend rein reell oder imaginär.

$$\Omega(z) = \sum_{n=1}^{\infty} C_n z^{\frac{n}{2}}, \quad C_n = -\mathrm{i}^n c_n \tag{3.51}$$

Letztendlich können aus (3.47) die dazugehörigen Eigenfunktionen über die Beziehungen (A.165) berechnet werden.

$$u_3^{(n)}(r,\theta) = \frac{c_n}{2\mu} r^{\frac{n}{2}} \tilde{H}_3^{(n)}(\theta), \quad \tilde{H}_3^{(n)} = \begin{cases} 2\sin\frac{n}{2}\theta & \text{für } n = 1,3,\cdots \\ 2\cos\frac{n}{2}\theta & \text{für } n = 2,4,\cdots \end{cases} \tag{3.52}$$

$$\tau_{13}^{(n)}(r,\theta) = c_n r^{\frac{n}{2}-1} \tilde{L}_{13}^{(n)}(\theta), \quad \tilde{L}_{13}^{(n)} = \begin{cases} \frac{n}{2}\sin(\frac{n}{2}-1)\theta & \text{für } n = 1,3,\cdots \\ \frac{n}{2}\cos(\frac{n}{2}-1)\theta & \text{für } n = 2,4,\cdots \end{cases}$$

$$\tau_{23}^{(n)}(r,\theta) = c_n r^{\frac{n}{2}-1} \tilde{L}_{23}^{(n)}(\theta), \quad \tilde{L}_{23}^{(n)} = \begin{cases} \frac{n}{2}\cos(\frac{n}{2}-1)\theta & \text{für } n = 1,3,\cdots \\ -\frac{n}{2}\sin(\frac{n}{2}-1)\theta & \text{für } n = 2,4,\cdots \end{cases} \tag{3.53}$$

Für $n = 1$ reproduziert man genau die asymptotische Singularität nach (3.31) und (3.32), wobei der Zusammenhang $K_{\text{III}} = c_1 \sqrt{\pi/2}$ gilt. Die $n = 2$te Eigenfunktion entspricht einer konstanten Schubspannung $\tau_{13} = T_{13} = c_2$.

Die abgeleiteten Eigenfunktionen sind für alle ebenen elastischen Rissprobleme gültig. Somit kann die Lösung der RWA als vollständige Reihenentwicklung der Terme (3.41), (3.43), (3.52) und (3.53) angesetzt werden:

$$\sigma_{ij}(r,\theta) = \sum_{n=1}^{\infty} r^{\frac{n}{2}-1} \left[a_n \tilde{M}_{ij}^{(n)}(\theta) + b_n \tilde{N}_{ij}^{(n)}(\theta) + c_n \tilde{L}_{ij}^{(n)}(\theta) \right] \tag{3.54}$$

$$u_i(r,\theta) = \frac{1}{2\mu} \sum_{n=1}^{\infty} \left[a_n \tilde{F}_i^{(n)}(\theta) + b_n \tilde{G}_i^{(n)}(\theta) + c_n \tilde{H}_i^{(n)}(\theta) \right]. \tag{3.55}$$

Die unbekannten Koeffizienten a_n, b_n und c_n müssen aus den Randbedingungen des Rissproblems bestimmt werden und repräsentieren die Moden I, II und III.

Diese Eigenfunktionen bilden eine unentbehrliche Basis für viele numerische Verfahren zur Behandlung von Rissproblemen in endlichen Körpern — angefangen von den ersten Berechnungen mit der Randkollokationsmethode in den 60er Jahren [101] bis hin zu aktuellen Sonderelementen für Rissspitzen [291].

3.2.3 Dreidimensionale Rissprobleme

In vielen praktischen Fällen besitzt das Rissproblem dreidimensionalen Charakter, wenn z. B. eine flächenhafte Fehlstelle in einer räumlichen Struktur eingebettet ist, wobei i. Allg. krummlinige Rissfronten entstehen, siehe Bild 3.8 a). Ein dreidimensionales Rissproblem liegt selbst bei einer geraden Rissfront dann vor, wenn sich der Spannungszustand entlang des Risses ändert, was bei durchgehenden Rissen in Proben endlicher Dicke häufig auftritt, Bild 3.8 b). Von praktischer Bedeutung sind schließlich noch Oberflächenrisse, wo die Rissfront auf die Körperaußenfläche stößt wie es Bild 3.8 c) zeigt. Geschlossene Lösungen für räumliche Risskonfigurationen gibt es nur für wenige einfache Fälle, zumeist im unendlichen Gebiet.

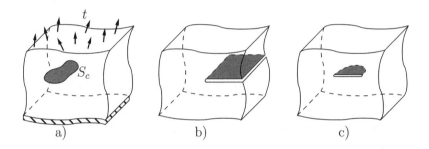

Bild 3.8: Räumliche Risskonfigurationen

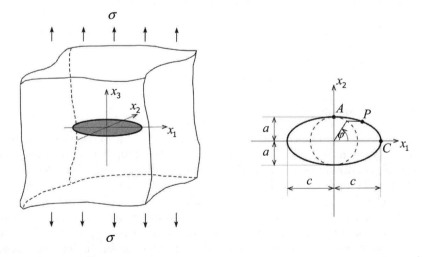

Bild 3.9: Elliptischer Innenriss im Vollraum mit Koordinatensystem

Elliptischer Innenriss unter Zugbelastung

Ein wichtiges Beispiel ist der elliptische ebene Innenriss im Vollraum, siehe Bild 3.9. Für diese Risskonfiguration konnten Lösungen unter verschiedenen Belastungen von SNEDDON [259] mittels Integraltransformationen und von FABRIKANT [93] durch Verwendung räumlicher Potenzialansätze gewonnen werden. Exemplarisch soll hier das Ergebnis für Zugbelastung σ senkrecht zur Rissebene angegeben werden. Der elliptische Riss hat die Halbachsen a und c. Ein Punkt P der Rissfront wird durch den Winkel φ über $x_1 = c\cos\varphi$ und $x_2 = a\sin\varphi$ festgelegt. Es handelt sich um eine reine Modus–I–Belastung mit einem veränderlichen K_I–Faktor entlang der Rissfront.

$$K_I = \frac{\sigma\sqrt{\pi a}}{E(k)} \left(\sin^2\varphi + \frac{a^2}{c^2}\cos^2\varphi\right)^{\frac{1}{4}} \tag{3.56}$$

$E(k)$ ist das vollständige elliptische Integral 2. Art von $k = \sqrt{1 - a^2/c^2}$

$$E(k) = \int_0^{\frac{\pi}{2}} \sqrt{1 - k^2 \sin^2\alpha}\, d\alpha \approx \sqrt{1 + 1{,}464\left(\frac{a}{c}\right)^{1{,}65}} \quad \text{für } (a \leq c). \tag{3.57}$$

Der Maximalwert von K_I wird am Scheitelpunkt A der kleinen Halbachse $(a < c)$ erreicht und das Minimum bei C.

$$K_{I\max} = K_{IA} = \frac{\sigma\sqrt{\pi a}}{E(k)}, \quad K_{I\min} = K_{IC} = K_{IA}\sqrt{\frac{a}{c}} \tag{3.58}$$

Im Sonderfall des kreisförmigen Risses hat der K_I–Faktor überall den gleichen Wert

$$K_I = \frac{2}{\pi}\sigma\sqrt{\pi a} \quad \text{für } c = a. \tag{3.59}$$

Räumliches Rissspitzenfeld

Mit Untersuchungen an elliptischen Innenrissen [259] und an durchgehenden Rissen in Scheiben mit geraden und gekrümmten Rissfronten [109, 110] konnte nachgewiesen werden, dass auch bei dreidimensionalen Rissproblemen prinzipiell dieselben Nahfelder existieren, wie wir sie im ebenen Fall kennengelernt haben. Allerdings gelten die asymptotischen Lösungen jetzt nur lokal in Bezug auf jeden Punkt der Rissfront. Deshalb führt man nach Bild 3.10 ein begleitendes kartesisches Koordinatensystem (n, v, t) entlang der Rissfront (Koordinate s) ein, bei dem $n \,\widehat{=}\, x_1$ normal zur Rissfront liegt, $t \,\widehat{=}\, x_3$ tangential zu ihr verläuft und $v \,\widehat{=}\, x_2$ senkrecht auf der Rissebene steht. In der Normalenebene (n, v) zur Rissfront findet man beim Grenzübergang $r \to 0$ die Nahfeldlösungen des Rissproblems für den ebenen Verzerrungszustand vor, die sich im allgemeinen Fall aus den Modus–I–, II– und III–Komponenten zusammensetzen.

3.2 Linear–elastische Bruchmechanik

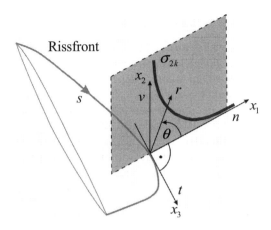

Bild 3.10: Koordinatensystem entlang einer Rissfront im Raum

Somit gilt für die Spannungen des Rissspitzenfeldes

$$\sigma_{ij}(r,\theta,s) = \frac{1}{\sqrt{2\pi r}} \left[K_{\mathrm{I}}(s) f_{ij}^{\mathrm{I}}(\theta) + K_{\mathrm{II}}(s) f_{ij}^{\mathrm{II}}(\theta) + K_{\mathrm{III}}(s) f_{ij}^{\mathrm{III}}(\theta) \right] + T_{ij}(s), \quad (3.60)$$

wobei die Winkelfunktionen $f_{ij}^{\mathrm{I,II,III}}$ den Ausdrücken (3.12), (3.23) und (3.32) entsprechen. Im Term T_{ij} sind alle Spannungkomponenten der $n = 2$ten Ordnung zusammengefasst, die konstante endliche Werte in der (x_1, x_3)-Rissebene verkörpern.

$$[T_{ij}] = \begin{bmatrix} T_{11} & 0 & T_{13} \\ 0 & 0 & 0 \\ T_{31} & 0 & T_{33} \end{bmatrix} \quad (3.61)$$

Ebenso kann man die asymptotischen Verschiebungsfelder der drei Moden (3.16), (3.25) und (3.31) mit den Winkelfunktionen $g_i^{\mathrm{I,II,III}}$ für den EVZ zusammenfassen:

$$u_i(r,\theta,s) = \frac{1}{2\mu} \sqrt{\frac{r}{2\pi}} \left[K_{\mathrm{I}}(s) g_i^{\mathrm{I}}(\theta) + K_{\mathrm{II}}(s) g_i^{\mathrm{II}}(\theta) + K_{\mathrm{III}}(s) g_i^{\mathrm{III}}(\theta) \right]. \quad (3.62)$$

Durch lokale Superposition der drei Moden mit den jeweiligen Spannungsintensitätsfaktoren als Koeffizienten ist durch diese Beziehungen das Nahfeld in der Umgebung der Rissfront eindeutig festgelegt. Die drei K-Faktoren und die T_{ij}-Spannungen sind hierbei veränderliche Funktionen der Rissfrontposition s.

Man kann zeigen, dass asymptotisch an jedem Punkt der Rissfront im Körperinneren ein EVZ vorherrscht. Besondere Betrachtungen sind für solche Punkte der Rissfront erforderlich, die zur Oberfläche durchstoßen, da hier ein dem ESZ ähnlicher Spannungszustand vorliegt und zumeist ein anderer Typ von Singularität auftritt.

3.2.4 Spannungsintensitätsfaktoren — K–Konzept

Für isotropes linear–elastisches Materialverhalten besitzen die asymptotischen Nahfeldlösungen an Rissspitzen immer die gleiche mathematische Form (3.60) und (3.62). Die Stärke dieses Rissspitzenfeldes wird einzig und allein durch die *Spannungsintensitätsfaktoren* K_I, K_II und K_III festgelegt, die gewissermaßen noch »freie Koeffizienten« darstellen. Die Größe der drei Spannungsintensitätsfaktoren muss aus der Lösung der konkreten Randwertaufgabe für den Körper mit Riss bestimmt werden. Somit hängen die K–Faktoren von der Geometrie des Körpers, der Größe und Lage des Risses sowie von der Belastung und den Lagerbedingungen ab. Zu ihrer Bestimmung muss man sich i. Allg. mit Hilfe analytischer oder numerischer Berechnungsverfahren zuerst die vollständige Lösung der RWA verschaffen und dann das Rissspitzennahfeld analysieren. Eine genaue Betrachtung der Spannungsfelder auf dem Ligament vor dem Riss ($\theta=0$) der drei Rissöffnungsmoden I (3.12), II (3.23) und III (3.32) zeigt, dass dort jeweils nur diejenige Spannungskomponente von null verschieden ist, die dem jeweiligen Rissmodus bzw. der Fernfeldbelastung entspricht, d. h. σ_{22} bei Modus I, τ_{21} bei Modus II und τ_{23} bei Modus III. Durch Umstellung der Beziehungen nach den Spannungsintensitätsfaktoren und Grenzübergang gegen die Rissspitze erhält man somit die Bestimmungsgleichungen

$$\begin{Bmatrix} K_\mathrm{I} \\ K_\mathrm{II} \\ K_\mathrm{III} \end{Bmatrix} = \lim_{r \to 0} \sqrt{2\pi r} \begin{Bmatrix} \sigma_{22}(r, \theta=0) \\ \tau_{21}(r, \theta=0) \\ \tau_{23}(r, \theta=0) \end{Bmatrix}. \tag{3.63}$$

In den folgenden Kapiteln des Buches werden wir uns ausführlich mit der Anwendung der Finite–Elemente–Methode zur Bestimmung der Spannungsintensitätsfaktoren befassen. Auf analytische Berechnungsverfahren für elastische Rissprobleme kann nicht näher eingegangen werden. Im Folgenden sollen nur die wichtigsten Methoden und die entsprechende Fachliteratur erwähnt werden (einen Überblick gibt [251]):

- Komplexe Funktionentheorie (konforme Abbildungen, Reihenentwicklungen): MUSKHELISHVILI [178], TAMUSZ [268]
- Integraltransformationen (LABLACE, HANKEL): SNEDDON und LOWENGRUB [259]
- Singuläre Integralgleichungen: ERDOGAN [86], MUSKHELISHVILI [178]
- Dreidimensionale Potenzialansätze: KASSIR und SIH [132], FABRIKANT [93].

Generell können die Spannungsintensitätsfaktoren für alle Rissprobleme in folgender Form geschrieben werden (Beispiel nur für K_I):

$$\begin{aligned} K_\mathrm{I} &= K_\mathrm{I}\,(\text{Geometrie, Riss, Belastung, Material}) \\ &= \sigma_\mathrm{n} \sqrt{\pi a}\ g\,(\text{Geometrie, Material}) \end{aligned} \tag{3.64}$$

wobei a die Risslänge ist, σ_n eine repräsentative Nennspannung bezeichnet und die Funktion g den Einfluss der Körper- und Rissgeometrie sowie u. U. der elastischen Materialeigenschaften beschreibt.

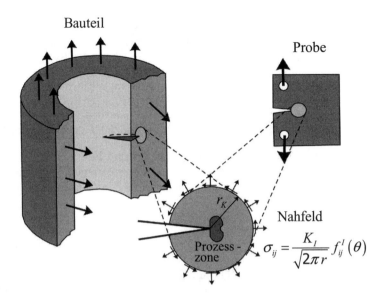

Bild 3.11: Dominanz der Nahfeldlösung an der Rissspitze in allen Prüfkörpern und Bauteilen

Anhand dieser Formel erkennt man sofort, dass in der Bruchmechanik die üblichen Ähnlichkeitsbetrachtungen der Festigkeitslehre nicht mehr gelten. Vergrößert man nämlich einen Körper mit Riss geometrisch um den Faktor β bei gleichbleibender Nennbelastung σ_n, so steigt der K_I-Wert um den Faktor $\sqrt{\beta}$ wegen der vergrößerten Risslänge! Die Spannungsintensitätsfaktoren besitzen die etwas gewöhnungsbedürftige Dimension [Spannung]·[Länge]$^{1/2}$ und werden in den Maßeinheiten Nmm$^{-3/2}$ oder MPa$\sqrt{m}$ angegeben.

In den letzten Jahrzehnten wurde eine Vielzahl von K-Faktor-Lösungen für die verschiedenen Risskonfigurationen und Belastungsarten auf unterschiedliche Weise berechnet und in Handbüchern zusammengestellt, siehe MURAKAMI [176], ROOKE & CARTWRIGHT [228], TADA, PARIS & IRWIN [267] und THEILIG & NICKEL [269].

Die Spannungsintensitätsfaktoren bilden eine ausgezeichnete Basis zur Formulierung von Bruchkriterien. Diese Idee stammt von IRWIN [127], der 1957 das *Konzept der Spannungsintensitätsfaktoren* vorschlug. Es beruht auf folgenden Überlegungen, die wir zunächst für den Modus–I–Fall darstellen:

- Die singuläre Rissspitzenlösung mit dem Koeffizienten K_I beschreibt die Beanspruchungssituation in einem endlichen Gebiet um die Rissspitze mit dem Radius r_K. In größerer Entfernung $r > r_K$ verliert sie ihre Dominanz, da weitere Reihenglieder von (3.39) an Einfluss gewinnen, siehe Bild 3.11.

- In der Realität (selbst bei sprödem Material) existiert natürlich die K_I-Singularität nicht bis $r \to 0$ zur Rissspitze, da sich hier eine Bruch–Prozesszone ausbildet und damit die Grenzen der Elastizitätstheorie erreicht sind, vgl. Bild 3.2. Wenn man jedoch voraussetzt, dass die Größe r_B der Prozesszone viel kleiner als der Gültigkeitsbereich

r_K der K_I–Lösung ist, so werden alle Bruchprozesse durch die »als Randbedingung« anliegende Nahfeldlösung kontrolliert. Bei gleichem K_I läuft der gleiche Vorgang ab, egal um welche Risskonfiguration es sich handelt, siehe Bild 3.11. Umgekehrt ist mit dieser Annahme sichergestellt, dass die Prozesszone nur vernachlässigbare Rückwirkungen auf die Nahfeldlösung hat.

- Mit diesem »Autonomieprinzip der Rissspitzensingularität« haben wir die gesamte Körpergeometrie und Belastung über (3.64) auf den K_I–Faktor zurückgeführt.

- Die Rissausbreitung wird genau dann einsetzen, wenn in der Prozesszone ein kritischer Materialzustand erreicht ist. Dieser materialspezifische Grenzwert der Beanspruchbarkeit wird als *Bruchzähigkeit* (engl. *fracture toughness*) K_Ic bezeichnet.

Somit liefert das Spannungsintensitätskonzept das Bruchkriterium

$$K_\mathrm{I} = K_\mathrm{Ic}. \tag{3.65}$$

Auf der linken Seite der Gleichung steht mit K_I die bruchmechanische Beanspruchungsgröße, während die Bruchzähigkeit K_Ic auf der rechten Seite den Werkstoffwiderstand gegen Rissinitiierung repräsentiert.

Die Einführung dieses *Spannungsintensitätskonzepts* war ein Meilenstein in der Entwicklung der Bruchmechanik. Bis heute hat sich das Konzept vielfach bewährt.

Die gleichen Überlegungen kann man auch auf die anderen Rissöffnungsarten übertragen, wenn sie jeweils für sich allein als reine Modus–II– bzw. Modus–III–Beanspruchungen auftreten:

$$K_\mathrm{II} = K_\mathrm{IIc} \quad \text{und} \quad K_\mathrm{III} = K_\mathrm{IIIc}, \tag{3.66}$$

wobei K_IIc und K_IIIc dann die zugeordneten Bruchzähigkeiten darstellen. Leider treten diese Mod selten isoliert auf. Im allgemeinen Fall liegt eine kombinierte Beanspruchung des Risses aus allen drei Mod vor, so dass der Bruchprozess durch K_I, K_II und K_III kontrolliert wird. Dann muss das Bruchkriterium durch eine verallgemeinerte Beanspruchungskenngröße B und einen zugeordneten Werkstoffkennwert B_c formuliert werden.

$$B(K_\mathrm{I}, K_\mathrm{II}, K_\mathrm{III}) = B_\mathrm{c} \tag{3.67}$$

Im Kapitel 3.4.4 werden entsprechende Kriterien vorgestellt.

Die *Bruchzähigkeit* K_Ic eines Werkstoffs muss experimentell durch einen definierten Bruchversuch an einem Prüfkörper mit Anriss ermittelt werden. Dafür wurden geeignete Probengeometrien entwickelt, von denen die bekanntesten im Bild 3.12 wiedergegeben sind. An der Kerbspitze wird ein Ermüdungsriss eingeschwungen, um einheitliche Ausgangsbedingungen zu erhalten. Danach wird die Probe in einer Prüfmaschine mit ansteigender Kraft F belastet und der Verformungsweg q des Lastangriffspunktes aufgezeichnet. Die Kraft-Verformungs-Kurve verläuft bei elastischem Materialverhalten linear bis zur Initiierung des Sprödbruchs bei der Kraft F_c. Aus dieser Kraft und der Risslänge

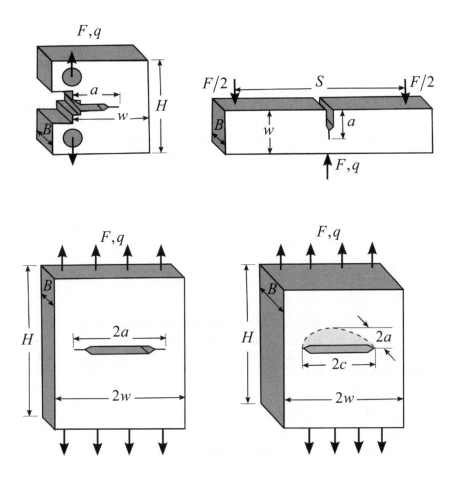

Bild 3.12: Gebräuchliche Probenformen für die Ermittlung bruchmechanischer Kenngrößen: Kompakt–Zug–Probe (CT), Dreipunkt–Biege–Probe (SENB), Zugprobe mit zentralem Innenriss (CCT) und Zugprobe mit halbelliptischem Oberflächenriss M(T)

a berechnet man mit Hilfe der bekannten Geometriefunktionen $g(a,w)$ der Proben den K-Faktor beim Bruch, der bei Einhaltung bestimmter Gültigkeitskriterien die Bruchzähigkeit K_{Ic} darstellt.

$$K_{Ic} = F_c\, g(a,w)\, \sqrt{\pi a} \qquad (3.68)$$

Die Probenpräparation, Versuchsdurchführung und Ergebnisauswertung von Versuchen zur Ermittlung von Werkstoffkennwerten der linear–elastischen Bruchmechanik wurde in technischen Prüfstandards genormt. Verbindliche Dokumente sind die internationale Norm ISO 12135 [130], die ESIS-P2 Norm [92] in Europa und die ASTM 1820 Vorschriften [12] in den USA. Ausführliche Informationen zur bruchmechanischen Werkstoffprüfung findet man z.B. in BLUMENAUER & PUSCH [41].

3.2.5 Energiebilanz bei Rissausbreitung

Globale Energiefreisetzungsrate

Es wird die Energiebilanz in einem Körper mit Riss während der Rissausbreitung untersucht. Dazu betrachten wir die in Bild 3.13 dargestellte Randwertaufgabe. Auf dem Teil S_t des Randes wirken äußere Flächenlasten $\bar{t}$, im Volumen V etwaige Volumenkräfte $\bar{b}$ und auf dem Teilrand S_u sind die Verschiebungen $\bar{u}$ vorgeschrieben. Die Anwendung des 1. Hauptsatzes der Thermodynamik auf einen deformierbaren Körper liefert die Bilanz der Energieänderung pro Zeit

$$\dot{\mathcal{W}}_{\text{ext}} + \dot{\mathcal{Q}} = \dot{\mathcal{W}}_{\text{int}} + \dot{\mathcal{K}} + \dot{\mathcal{D}}. \tag{3.69}$$

Auf der linken Seite steht die Energiezufuhr in den Körper pro Zeit infolge der Leistung der äußeren mechanischen Belastung

$$\dot{\mathcal{W}}_{\text{ext}} = \int_{S_t} \bar{t}_i \dot{u}_i \, \mathrm{d}S + \int_V \bar{b}_i \dot{u}_i \, \mathrm{d}V \tag{3.70}$$

und der Austausch thermischer Energie $\dot{\mathcal{Q}}$ durch Wärmefluss oder innere Wärmequellen. Auf der rechten Seite der Bilanzgleichung stehen die vom Körper pro Zeit aufgenommenen Energiearten, d. h. die innere Energie, welche im rein mechanischen Fall der Formänderungsenergie entspricht

$$\mathcal{W}_{\text{int}} = \int_V U \, \mathrm{d}V \,, \quad U(\varepsilon_{kl}) = \int_0^{\varepsilon_{kl}} \sigma_{ij}(\varepsilon_{mn}) \, \mathrm{d}\varepsilon_{ij} \,, \tag{3.71}$$

und die kinetische Energie $\mathcal{K}$ (mit der Dichte ρ)

$$\mathcal{K} = \frac{1}{2} \int_V \rho \, \dot{u}_i \dot{u}_i \, \mathrm{d}V \,. \tag{3.72}$$

Dazu kommt die bei Rissausbreitung in der Bruchprozesszone größtenteils dissipativ verbrauchte Energie $\mathcal{D}$. Da sie unmittelbar mit der Erzeugung neuer Oberflächen verbunden ist, wird dieser Term proportional zur Rissfläche A mit der Materialkonstanten γ angesetzt. Der Faktor 2 berücksichtigt dabei, dass beim Bruch zwei Oberflächen entstehen.

$$\mathcal{D} = 2\gamma A \tag{3.73}$$

In diesem Abschnitt beschränken wir uns auf statische Aufgaben, so dass $\mathcal{K} = 0$ ist. Bei rein elastischen Formänderungen $U = U^e$ hat die innere Energie den Charakter eines inneren Potenzials $\Pi_{\text{int}} = \mathcal{W}_{\text{int}}$. Des Weiteren soll der Körper ein adiabatisch abgeschlossenes System ohne innere Wärmequellen sein, womit auch $\dot{\mathcal{Q}} = 0$ wird. Schließlich sei vorausgesetzt, dass die äußeren Lasten konservative Kräfte (Schwerkraft, Federn) sind

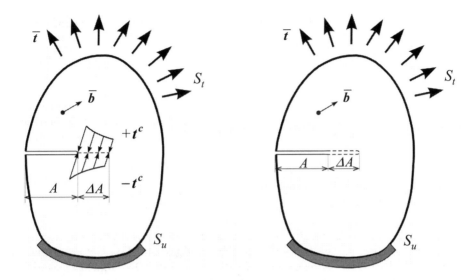

Bild 3.13: Energiebilanz bei Rissausbreitung um ΔA

und somit ein Potenzial Π_{ext} besitzen, das mit der geleisteten äußeren Arbeit abnimmt $\dot{\Pi}_{\text{ext}} = -\dot{\mathcal{W}}_{\text{ext}}$. Damit vereinfacht sich die Leistungsbilanz (3.69) zu

$$\dot{\mathcal{W}}_{\text{ext}} = \dot{\mathcal{W}}_{\text{int}} + \dot{\mathcal{D}}\,, \quad -\dot{\Pi}_{\text{ext}} = \dot{\Pi}_{\text{int}} + \dot{\mathcal{D}}. \tag{3.74}$$

Mit diesen Annahmen untersuchen wir jetzt die Ausbreitung eines Risses, der zum Zeitpunkt $t^{(1)}$ die Ausgangsgröße $A^{(1)} = A$ besitzt und sich in einem quasistatischen Prozess bis zum Zeitpunkt $t^{(2)} = t^{(1)} + \Delta t$ auf die Fläche $A^{(2)} = A + \Delta A$ vergrößert hat, siehe Bild 3.13. Damit besteht zwischen End- und Anfangszustand die folgende Energiedifferenz, die man auf das Zeitinkrement Δt oder gleichwertig auf die Änderung der Rissfläche ΔA beziehen kann:

$$\begin{aligned} \mathcal{W}_{\text{ext}}^{(2)} - \mathcal{W}_{\text{ext}}^{(1)} &= \mathcal{W}_{\text{int}}^{(2)} - \mathcal{W}_{\text{int}}^{(1)} + 2\gamma \Delta A \\ \Delta \mathcal{W}_{\text{ext}} &= \Delta \mathcal{W}_{\text{int}} + \Delta \mathcal{D} \implies \frac{\Delta \mathcal{W}_{\text{ext}}}{\Delta A} = \frac{\Delta \mathcal{W}_{\text{int}}}{\Delta A} + \frac{\Delta \mathcal{D}}{\Delta A}. \end{aligned} \tag{3.75}$$

Mit Einführung der inneren und äußeren Potenziale, die zum Gesamtpotenzial $\Pi = \Pi_{\text{int}} + \Pi_{\text{ext}}$ zusammengefasst werden können, erhält man daraus

$$\frac{\Delta(\mathcal{W}_{\text{ext}} - \mathcal{W}_{\text{int}})}{\Delta A} = -\frac{\Delta \Pi}{\Delta A} \stackrel{!}{=} \frac{\Delta \mathcal{D}}{\Delta A} = 2\gamma\,. \tag{3.76}$$

Physikalisch kann dieses Ergebnis wie folgt interpretiert werden: Die linke Seite beschreibt das verfügbare Angebot an potenzieller Energie $-\Delta\Pi$, welches durch die äußere Belastung und die elastisch gespeicherte innere Energie bei einem Rissfortschritt um ΔA zur Verfügung gestellt wird (das Minuszeichen bezeichnet die Abnahme der potenziellen Energie). Diese Größe wird deshalb als *Energiefreisetzungsrate* (engl. *energy release rate*) bezeichnet und ist für eine endliche oder infinitesimale Rissausbreitung definiert:

$$\overline{G} = -\frac{\Delta \Pi}{\Delta A}, \quad G = -\lim_{\Delta A \to 0} \frac{\Delta \Pi}{\Delta A} = -\frac{\mathrm{d}\Pi}{\mathrm{d}A}. \tag{3.77}$$

Die rechte Seite spiegelt die zur Materialtrennung und zur Bildung neuer Oberflächen $2\Delta A$ benötigte Bruchenergie wieder. Ihre Größe hängt vom Werkstoffverhalten ab und stellt einen kritischen Werkstoffkennwert $G_c = 2\gamma$ dar. Diese Energiebilanz bei Rissausbreitung wurde 1921 von A. A. GRIFFITH [100] aufgestellt und nach ihm benannt.

Energetisches Bruchkriterium nach GRIFFITH:

$$-\frac{\mathrm{d}\Pi}{\mathrm{d}A} = G = G_c = 2\gamma, \tag{3.78}$$

Es besagt: Zur Initiierung und zur Aufrechterhaltung einer quasistatischen Rissausbreitung in einem konservativen System muss die bereitgestellte Energiefreisetzungsrate größer als die dissipierte Bruchenergie pro Rissfläche sein. Die Dimension von G ist [Kraft*Länge/Länge²] und wird meist in J/m² oder N/m angegeben.

GRIFFITH bestimmte für einen Riss der Länge $2a$ in der Scheibe unter Zug (Bild 3.3) die Energiefreisetzungsrate $G = 2\pi\sigma^2 a/E' = 4\gamma$, woraus man bei gegebener Risslänge die kritische bruchauslösende Spannung gewinnt:

$$\sigma_c = \sqrt{\frac{2E'\gamma}{\pi a}} = \frac{K_{\mathrm{Ic}}}{\sqrt{\pi a}}. \tag{3.79}$$

Umgestellt nach a, liefert das Kriterium die kritische Risslänge a_c, die bei einer gegebenen Belastung σ für den Bruch notwendig ist:

$$a_c = \frac{2E'\gamma}{\pi\sigma^2} \quad \text{mit} \quad E' = E \text{ (ESZ)} \quad \text{und} \quad E' = E/(1-\nu)^2 \text{ (EVZ)}. \tag{3.80}$$

Das GRIFFITH-Kriterium ist auch für eine beliebig große endliche Rissausbreitung ΔA gültig und im Extremfall sogar für die Bildung eines Risses vom Ausgangszustand $A^{(1)} = 0$ zum Endzustand $A^{(2)} = A$.

Zum Abschluss soll der Zusammenhang zwischen der Energiefreisetzungsrate und der Kraft–Verformungs–Kurve eines Prüfkörpers mit Riss hergestellt werden. Man betrachte dazu Bild 3.14. In diesem Fall greift als äußere Last nur eine Einzelkraft F an, die eine Verschiebung $q = F/k(a)$ des Kraftangriffspunktes bewirkt, wenn $k(a)$ die risslängenabhängige Steifigkeit der Probe bedeutet. Die Formänderungsenergie in diesem elastischen Körper ist gleich der Fläche unter der linearen Kraft–Verformungs–Kurve:

$$\mathcal{W}_{\mathrm{int}} = \frac{1}{2}Fq = \frac{1}{2}kq^2 = \frac{1}{2}\frac{F^2}{k}. \tag{3.81}$$

Vergrößern wir nun die Risslänge um Δa, so sinkt die Steifigkeit der Probe wie in Bild 3.14 gezeigt. In Abhängigkeit davon, wie sich während des Risswachstums das äußere

3.2 Linear-elastische Bruchmechanik

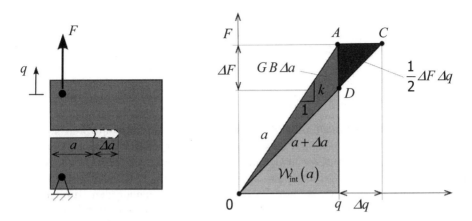

Bild 3.14: Zusammenhang zwischen Kraft–Verformungs–Kurve und Energiefreisetzungsrate

Belastungssystem verhält, unterscheidet man zwei Extremfälle:

a) Festgehaltene Randverschiebung $q = \text{const}$ (engl. *fixed grips*)

Das entspricht einer sehr steifen Lastvorrichtung. Die äußere Arbeit ist $dW_{\text{ext}} = F\, dq = 0$ und die potenzielle Energie für Rissausbreitung muss allein aus der gespeicherten Formänderungsenergie kommen, so dass (3.76) ergibt:

$$G = -\frac{d\Pi}{dA} = -\frac{dW_{\text{int}}}{dA} = -\frac{d}{B\,da}\left[\frac{1}{2}k(a)q^2\right] = -\frac{q^2}{2B}\frac{dk(a)}{da}$$
$$= -\frac{1}{2B}\frac{F^2}{k^2}\frac{dk(a)}{da} = -\frac{1}{2B\,da}q\,dF \quad (3.82)$$

b) Festgehaltene Kraft $F = \text{const}$ (Totlast (engl. *dead load*))

Dieser Fall wird durch ein Gewicht oder eine sehr weiche Lastvorrichtung realisiert, welche bei Risswachstum die äußere Arbeit $dW_{\text{ext}} = F\,dq(a) > 0$ verrichtet. Bei Verwendung des letzten Terms von (3.81) für W_{int} lautet die Energiefreisetzungsrate:

$$G = -\frac{d\Pi}{dA} = \frac{d}{B\,da}[W_{\text{ext}} - W_{\text{int}}] = \frac{1}{B}\left[F\frac{dq}{da} - \frac{1}{2}F^2\frac{d}{da}\left(\frac{1}{k(a)}\right)\right]$$
$$= \frac{1}{B}\left[F^2\frac{d}{da}\left(\frac{1}{k(a)}\right) - \frac{1}{2}F^2\frac{d}{da}\left(\frac{1}{k(a)}\right)\right] = -\frac{1}{2B}\frac{F^2}{k^2}\frac{dk(a)}{da} = -\frac{1}{2B\,da}F\,dq. \quad (3.83)$$

Der Vergleich der Ergebnisse (3.82) und (3.83) führt zu dem erstaunlichen Schluss, dass in beiden Fällen die Energiefreisetzungsrate G identisch ist und natürlich positiv (da $dk/da < 0$). Während im Fall (a) die risstreibende Energie nur aus der Abnahme von W_{int} herrührt, so wird sie bei (b) von der äußeren Arbeit gespeist, die zusätzlich die Formänderungsenergie W_{int} um den gleichen Betrag erhöht, vgl. Klammer [ ] in (3.83). Diese Aussage gilt generell für elastische Systeme mit Riss, weil nach dem Satz von CLAPEYRON $W_{\text{ext}} = 2W_{\text{int}}$ ist. Aus Bild 3.14 ist ersichtlich, dass die freigesetzte Energie

$-\mathrm{d}\Pi = GB\mathrm{d}a$ der Dreiecksfläche zwischen den zwei Kraft–Verformungs–Kurven von a und $a + \Delta a$ entspricht, wobei die Fläche OAD dem Fall (a) und die Fläche OAC dem Fall (b) zuzuordnen ist. Beide Flächen unterscheiden sich nur um das Dreieck $ACD \equiv \frac{1}{2}\Delta F \Delta q$, was für $\Delta a \to 0$ von höherer Ordnung verschwindet.

Lokale Energiefreisetzungsrate

Wir setzen die Überlegungen anhand von Bild 3.13 fort. Bei Rissausbreitung erfahren alle mechanischen Feldgrößen eine Änderung vom Ausgangszustand (1) zum Endzustand (2). Diesen Übergang führen wir in Gedanken wie folgt durch: Bei (1) wirken auf dem Ligament ΔA vor dem Riss Schnittspannungen $\boldsymbol{t}^c = \boldsymbol{t}^{c(1)}$, die definitionsgemäß auf beiden Ufern entgegengesetzt gleich sind: $t_i^c \,\widehat{=}\, t_i^{c+} = t_i^{c-}$. Wir schneiden den Riss entlang ΔA auf und ersetzen die Schnittspannungen durch gleich große äußere Randspannungen, so dass der Riss wie bei (1) geschlossen bleibt. Anschließend werden diese Randspannungen quasistatisch auf null abgesenkt, womit sich der Riss erweitert und auf ΔA den lastfreien Endzustand (2) erreicht. Die Relativverschiebungen $\Delta u_i = u_i^+ - u_i^-$ der Rissufer gehen dabei vom geschlossenen Riss ($\Delta u_i^{(1)} = 0$) in den geöffneten Zustand $\Delta u_i^{(2)}$ über. Bei diesem Vorgang verrichten die Spannungen Arbeit an den Rissuferverschiebungen: $t_i^{c+}\mathrm{d}u_i^+ + t_i^{c-}\mathrm{d}u_i^- = t_i^c(\mathrm{d}u_i^+ - \mathrm{d}u_i^-) = t_i^c \mathrm{d}\Delta u_i$, so dass die Gesamtarbeit zur Erweiterung des Risses um ΔA aus dem Intgral

$$\Delta \mathcal{W}_c = \int_{\Delta A} \int_{(1)}^{(2)} t_i^c \mathrm{d}\Delta u_i \mathrm{d}A \implies \int_{\Delta A} \frac{1}{2} t_i^c \Delta u_i^{(2)} \mathrm{d}A < 0 \qquad (3.84)$$

gebildet wird. Da das System hierbei Energie abgibt, muss sie negativ sein. Bei linear–elastischem Materialverhalten lässt sich das innere Integral sofort zu $t_i^c \Delta u_i^{(2)}/2$ auswerten und man erhält die rechte Formel.

Dieser Arbeitsterm $\Delta \mathcal{W}_c$ muss zur Gesamtbilanz der Energie pro Rissfortschritt hinzugefügt werden.

$$\frac{\Delta \mathcal{W}_{\text{ext}}}{\Delta A} - \frac{\Delta \mathcal{W}_{\text{int}}}{\Delta A} + \frac{\Delta \mathcal{W}_c}{\Delta A} = 0 \qquad (3.85)$$

Mit der Definition (3.76) der potenziellen Energie $\Pi = \Pi_{\text{ext}} + \Pi_{\text{int}} = -\mathcal{W}_{\text{ext}} + \mathcal{W}_{\text{int}}$ folgt schließlich die Energiefreisetzungsrate

$$G = -\frac{\Delta \Pi}{\Delta A} = \frac{\Delta \mathcal{W}_{\text{ext}}}{\Delta A} - \frac{\Delta \mathcal{W}_{\text{int}}}{\Delta A} = -\frac{\Delta \mathcal{W}_c}{\Delta A} \qquad (3.86)$$

Hiermit wurde gezeigt, dass die Änderung der potenziellen Energie des Systems (Körper plus Belastung) gleich der Arbeit ist, die zum »Freimachen« der neuen Rissfläche ΔA lokal erforderlich ist. Man beachte, dass es sich um einen virtuellen elastischen Entlastungsvorgang handelt, der nichts mit der Energiedissipation $\mathcal{D}$ beim Bruchprozess zu tun hat! Das Ergebnis (3.86) stellt demzufolge eine alternative Berechnungsmöglichkeit der Energiefreisetzungsrate — also der rissantreibenden Beanspruchung — dar. Auch

3.2 Linear–elastische Bruchmechanik   51

dieses Verfahren ist prinzipiell auf eine endliche Rissausbreitung ΔA anwendbar.

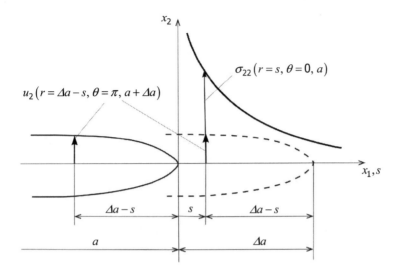

Bild 3.15: Entlastungsarbeit bei Rissausbreitung

Das Rissschließintegral

Im Folgenden wird diese Berechnungsmethode auf die asymptotische Rissspitzenlösung für isotrop–elastisches Material (Abschnitt 3.2.2) angewendet. Dies soll zuerst am Rissöffnungsmodus I erläutert werden. Dazu betrachten wir die Spitze eines Risses der Ausgangslänge a, die sich wie im Bild 3.15 dargestellt, bei Rissausbreitung um Δa verschiebt. Wir setzen voraus, dass der Vorgang im Gültigkeitsbereich der von K_I–dominierten Rissspitzenlösung (3.12), (3.16) abläuft, was immer erreicht werden kann, wenn man mit $r \to 0$ und $\Delta a \to 0$ nahe genug an die Rissspitze heran geht. Beim Modus I liegt ein symmetrischer Spannungs- und Verformungszustand bzgl. der Rissebene vor. Die Schnittspannungen auf dem Ligament Δa entsprechen den σ_{22}–Spannungen der Nahfeldlösung (3.12) für die Ausgangsrisslänge a:

$$-t_2^c(s) = \sigma_{22}(r=s,\,\theta=0,\,a) = \frac{K_I(a)}{\sqrt{2\pi s}}\,,\quad t_1^c = t_3^c = 0. \tag{3.87}$$

Nach der Rissausbreitung um Δa ergeben sich die Rissöffnungsverschiebungen aus (3.16) für die Endrisslänge $a + \Delta a$ zu:

$$u_2^\pm(r=\Delta a - s,\,\theta=\pm\pi,\,a+\Delta a) = \pm\frac{\kappa+1}{2\mu}K_I(a+\Delta a)\sqrt{\frac{\Delta a - s}{2\pi}}\,. \tag{3.88}$$

3 Grundlagen der Bruchmechanik

Die Arbeit der Schnittspannungen $t_2^c(s)$ beim virtuellen Entlastungsprozess mit den Verschiebungen $u_2(s)$ der Rissufer ergibt nach (3.84) bei linear–elastischem Verhalten:

$$\Delta \mathcal{W}_c = -\int_0^{\Delta a} \frac{1}{2}\sigma_{22}(u_2^+ - u_2^-)\mathrm{d}s = -\int_0^{\Delta a} \frac{K_{\mathrm{I}}(a)}{\sqrt{2\pi s}} \frac{\kappa+1}{2\mu} K_{\mathrm{I}}(a+\Delta a)\sqrt{\frac{\Delta a - s}{2\pi}}\mathrm{d}s$$

$$= -\frac{\kappa+1}{4\pi\mu} K_{\mathrm{I}}(a) K_{\mathrm{I}}(a+\Delta a) \int_0^{\Delta a} \sqrt{\frac{\Delta a - s}{s}}\mathrm{d}s. \tag{3.89}$$

Daraus kann die Energiefreisetzungsrate G (die wir im ebenen Problem jetzt pro Einheitsdicke $B = 1$ m auffassen) gemäß (3.86) berechnet werden. Zusätzlich führen wir noch den Grenzübergang zu einem differenziellen Rissfortschritt $\Delta a \to 0$ durch.

$$G = \lim_{\Delta a \to 0}\left(-\frac{\Delta \mathcal{W}_c}{B\Delta a}\right) = \frac{\kappa+1}{4\pi\mu} K_{\mathrm{I}}^2(a) \underbrace{\lim_{\Delta a \to 0} \frac{1}{\Delta a}\int_0^{\Delta a}\sqrt{\frac{\Delta a - s}{s}}\mathrm{d}s}_{\pi/2} \tag{3.90}$$

> Somit besteht folgender Zusammenhang zwischen der infinitesimalen Energiefreisetzungsrate G und dem Spannungsintensitätsfaktor K_{I}:
>
> $$G \mathrel{\hat=} G_{\mathrm{I}} = \frac{\kappa+1}{8\mu} K_{\mathrm{I}}^2 = K_{\mathrm{I}}^2/E'. \tag{3.91}$$
>
> Das bedeutet physikalisch, dass im Rahmen der linear–elastischen Bruchmechanik das Spannungsintensitätskonzept von IRWIN und das Energiekriterium von GRIFFITH gleichwertig sind und ineinander umgerechnet werden können.

Der hier abgeleitete Zusammenhang geht auf IRWIN [128] zurück, der die Arbeit bei einer virtuellen Rissschließung von $a + \Delta a$ zu a berechnete und dies *Rissschließintegral* nannte. Im Rahmen der Elastizitätstheorie sind Rissschließen und Risserweiterung aber gleichwertige reversible Prozesse, die zum selben Ergebnis führen. Bei nichtlinearem Materialverhalten gilt das jedoch nicht mehr, so dass man i. Allg. richtiger von einem *Rissöffnungsintegral* sprechen sollte.

Abschließend soll noch die Verallgemeinerung auf Modus II und III erfolgen. Beim Modus II haben die Schnittspannungen und Rissuferverschiebungen ausschließlich Komponenten in x_1-Richtung (beachte (3.23) und (3.25)) $t_1^c \mathrel{\hat=} \tau_{12}$, $u_1^\pm \neq 0$, die proportional zu K_{II} sind. Analoger Weise treten bei Modus III nur Komponenten in x_3-Richtung gemäß (3.31) und (3.32) mit dem K_{III}–Faktor auf, so dass man für die Energiefreisetzungsrate erhält:

Modus II: $G_{\mathrm{II}} = K_{\mathrm{II}}^2/E'$, Modus III: $G_{\mathrm{III}} = K_{\mathrm{III}}^2/2\mu = K_{\mathrm{III}}^2(1+\nu)/E$. (3.92)

Im Fall kombinierter Belastung aus Modus I, II und III berechnet sich die Energiefreisetzungsrate bei infinitesimaler Rissausbreitung in x_1-Richtung aus der Summe

$$G = G_\text{I} + G_\text{II} + G_\text{III} = \frac{1}{E'}\left(K_\text{I}^2 + K_\text{II}^2\right) + \frac{1+\nu}{E}K_\text{III}^2\,. \tag{3.93}$$

Stabilität der Rissausbreitung

Das Bruchkriterium von GRIFFITH (3.78) legt die energetischen Voraussetzungen fest, damit sich ein Riss überhaupt ausbreiten kann. Für die Beurteilung des weiteren Verlaufs des Risswachstums — insbesondere die Frage der Stabilität — ist ausschlaggebend, wie sich dabei die Bruchbedingung selbst verändert. Die Energiefreisetzungsrate G ist sowohl eine Funktion der Belastung, die kraft- (F) oder verschiebungs- (q) -kontrolliert sein kann, als auch der Risslänge a. Andererseits beobachtet man in einigen spröden Werkstoffen, dass der Rissausbreitungswiderstand G_c beim Risswachstum Δa von einem Initialwert G_c0 bis zu einem Sättigungswert ansteigt. Ursache dafür ist die Ausbildung der Prozesszone bis zu ihrer endgültigen Gestalt. Dieses materialspezifische Verhalten wird durch die *Risswiderstandskurve* $R(\Delta a)$ (engl. *crack resistance curve*) beschrieben (siehe Bild 3.16)

$$G_\text{c} = R(\Delta a) \quad (R\text{-}Kurve)\,, \tag{3.94}$$

die experimentell an Bruchversuchen mit stabil wachsenden Rissen gemessen wird.

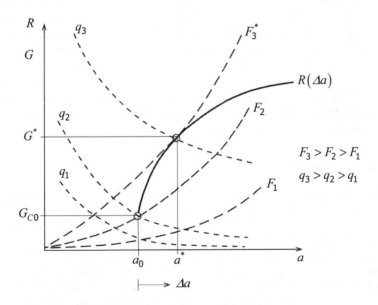

Bild 3.16: Zur Stabilität der Rissausbreitung

3 Grundlagen der Bruchmechanik

Beim Risswachstum muss nun das modifizierte Bruchkriterium erfüllt sein

$$G(F, q, a) = R(\Delta a),\qquad(3.95)$$

welches gewissermaßen einen Gleichgewichtszustand zwischen der Rissausbreitungskraft und dem Risswiderstand darstellt. Um die Stabilität des Bruchvorgangs beurteilen zu können, müssen wir nun die Veränderung beider Größen bei Rissausbreitung als Funktion der Risslänge gegenüberstellen, d. h.

$$\left.\frac{\partial G}{\partial a}\right|_{F,q} \lesseqgtr \frac{\partial R}{\partial a} \quad \begin{cases} \text{stabil} \\ \text{indifferent} \\ \text{instabil} \end{cases}\qquad(3.96)$$

wobei die Belastung (F oder q) festgehalten wird. Das Rissverhalten ist dann *stabil*, wenn der Risswiderstand R stärker als die antreibende Energiefreisetzungsrate G ansteigt. Man muss in diesem Fall die Belastung erhöhen, damit der Riss weiter wächst. Im Bild 3.16 ist neben der Risswiderstandskurve das Energieangebot für Rissausbreitung G als Funktion der Risslänge für eine Schar von äußeren Belastungen als Strichlinie abgebildet. Bei vorgegebener Kraft F besitzen diese Kurven einen monoton steigenden Verlauf mit a. Bei festgehaltenen Verschiebungen q zeigen die $G(a)$–Kurven eine fallende Tendenz, weil der Riss sich durch sein Wachstum selbst entlastet. Das Rissverhalten wird in dem Moment *instabil*, sobald das Energieangebot stärker zunimmt als der Risswiderstand. Dann wird der Anstieg des G–Verlaufs im Bild 3.16 gleich oder größer als derjenige der R–Kurve (mit * markierte Größen). Die überschüssige Energie führt zu einem beschleunigten, dynamischen Risswachstum. Betrachtet man im Bild 3.16 dagegen die G–Kurven für festgehaltene Verschiebungen, so wird klar, dass nach der Rissinitiierung bei q_2 trotz ansteigender Belastung der Riss nie instabil werden kann. Vom Holzspalten mit einem Keil kennt jeder dieses Verhalten, das aber ebenso bei dehnungskontrollierten thermischen Spannungen in einem Bauteil mit Riss vorkommen kann.

Zum Abschluss soll noch darauf hingewiesen werden, dass alle vorgestellten Überlegungen anhand von G und R in analoger Weise auf den Spannungsintensitätsfaktor K_I und eine risslängenabhängige Bruchzähigkeit $K_\text{c}(\Delta a)$ übertragen werden können, da beide Kriterien in der LEBM gleichwertig sind.

3.2.6 Das J–Integral

Unabhängig voneinander haben CHEREPANOV [64] 1967 und RICE [223] 1968 eine weitere bruchmechanische Beanspruchungskenngröße eingeführt — das J–Integral. Diese Kenngröße hat sich nicht nur in der LEBM außerordentlich bewährt, sondern konnte vor allem in der Bruchmechanik bei inelastischem Materialverhalten sehr erfolgreich eingesetzt werden. In der Folgezeit wurden vielfältige Erweiterungen des klassischen J–Integrals in Bezug auf Belastungsarten, Materialgesetze und Feldprobleme vorgenommen, worauf noch ausführlicher in Kapitel 6 eingegangen wird. Besondere Bedeutung kommt dem J–Integral gerade auch in Verbindung mit der numerischen Beanspruchungsanalyse von Rissen zu.

3.2 Linear–elastische Bruchmechanik

In diesem Abschnitt konzentrieren wir uns auf die Anwendung des J–Integrals auf elastische Materialien, die auch nichtlinear sein dürfen. Zum einfacheren Verständnis beschränken sich die Ausführungen auf infinitesimale Deformationen.

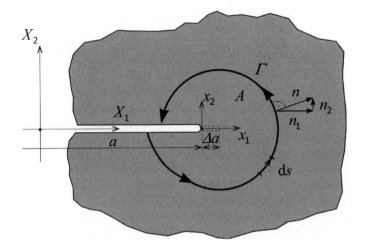

Bild 3.17: Definition von J als Linienintegral um die Rissspitze

Herleitung des J–Integrals

Im Folgenden soll bewiesen werden, dass die Änderung der potenziellen Energie bei infinitesimaler Rissausbreitung — also die Energiefreisetzungsrate $G = -\mathrm{d}\Pi/\mathrm{d}A$ — mit Hilfe eines wegunabhängigen Linienintegrals ausgedrückt werden kann. Die Abbildung 3.17 zeigt ein ebenes Rissproblem (Einheitsdicke B). Wir wählen ein beliebiges Gebiet A um die Rissspitze aus, das von der Kurve Γ berandet wird, die vom unteren zum oberen Rissufer in mathematisch positiver Richtung verläuft, mit dem nach außen gerichteten Normaleneinheitsvektor n_j. Zur Berechnung der potenziellen Energie des Systems müsste eigentlich der Gesamtkörper betrachtet werden, aber wir werden sehen, dass das Ergebnis von der Wahl des Gebietes unabhängig ist. Von Außen wirken auf Γ die Schnittspannungen $t_i = \sigma_{ij} n_j$, die bei Risswachstum $\mathrm{d}a$ unveränderlich bleiben sollen. Die Volumenkräfte seien null. Der Riss vergrößert sich in seiner Ursprungsrichtung um $\mathrm{d}a$ und das Gebiet A verschiebt sich mit ihm. Dabei verändern sich alle Feldgrößen direkt und implizit mit der Risslänge. Deshalb wird neben den körperfesten Koordinaten (X_1, X_2) ein an der Rissspitze mitbewegtes System $(x_1 = X_1 - a, x_2 = X_2)$ eingeführt, (siehe Bild 3.17), so dass für die totale Ableitung gilt:

$$\frac{\mathrm{d}(\cdot)}{\mathrm{d}a} = \frac{\partial(\cdot)}{\partial a} + \frac{\partial x_1}{\partial a}\frac{\partial(\cdot)}{\partial x_1} = \frac{\partial(\cdot)}{\partial a} - \frac{\partial(\cdot)}{\partial x_1}. \tag{3.97}$$

3 Grundlagen der Bruchmechanik

Damit differenzieren wir die potenzielle Energie, die eine Funktion des Verschiebungsfeldes u_i ist, nach der Risslänge:

$$-\frac{d\Pi(u_i)}{da} = \frac{d}{da}\{\mathcal{W}_{\text{ext}}(u_i) - \mathcal{W}_{\text{int}}(u_i)\} = \frac{d}{da}\left\{\int_\Gamma t_i u_i \, ds - \int_A U \, dA\right\}$$

$$= \int_A \frac{\partial U(u_i)}{\partial x_1} \, dA - \int_\Gamma t_i \frac{\partial u_i}{\partial x_1} \, ds + \left[-\int_A \frac{\partial U}{\partial a} \, dA + \int_\Gamma t_i \frac{\partial u_i}{\partial a} \, ds\right]. \tag{3.98}$$

Unter Verwendung von $\frac{\partial U}{\partial a} = \frac{\partial U}{\partial \varepsilon_{ij}} \frac{\partial \varepsilon_{ij}}{\partial a} = \sigma_{ij} \frac{\partial u_{i,j}}{\partial a}$, der Umwandlung des Linienintegrals in ein Gebietsintegral nach dem GAUSSschen Satz und mit den Gleichgewichtsbedingungen $\sigma_{ij,j} = 0$ verschwindet der Ausdruck in [ ] Klammern von (3.98). Das 1. Integral von (3.98) kann ebenfalls mit dem GAUSSschen Satz umgeformt werden (ds ist die Bogenlänge entlang Γ).

$$\int_A U_{,j} \, \delta_{1j} \, dA = \int_\Gamma U n_1 \, ds = \int_\Gamma U \, dx_2 \tag{3.99}$$

Somit kann die Energiefreisetzungsrate G durch ein Linienintegral entlang der Kurve Γ berechnet werden, was als J–Integral bezeichnet wird:

$$G = -\frac{d\Pi}{da} = J \equiv \int_\Gamma \left[U \, dx_2 - t_i \frac{\partial u_i}{\partial x_1} \, ds\right]. \tag{3.100}$$

Wegunabhängigkeit des J–Integrals

Um zu beweisen, dass J unabhängig von der Wahl des Gebiets A und dem Integrationspfad Γ ist, vergleichen wir zwei Pfade Γ_1 und Γ_2 um die Rissspitze (Bild 3.18). Die Pfade werden durch die Strecken Γ^+ und Γ^- entlang des oberen und unteren Rissufers ergänzt, womit man eine geschlossene Kurve $C = \Gamma_2 + \Gamma^+ - \Gamma_1 + \Gamma^-$ erhält. C umschließt vollständig die Differenzfläche $\bar{A} = A_2 - A_1$, die Rissspitze wurde dabei umgangen! Die Integrale über Γ^+ und Γ^- sind null, weil auf den Rissflanken $t_i = 0$ gilt und $dx_2 = 0$ ist. Bei der Auswertung von J entlang C wird nun das Linienintegral wieder in ein Gebietsintegral über $\bar{A}$ zurück verwandelt und das CAUCHY Theorem $t_i = \sigma_{ij} n_j$ benutzt:

$$\int_C \left[Un_1 - \sigma_{ij} n_j \frac{\partial u_i}{\partial x_1}\right] ds = \int_C \left[U\delta_{1j} - \sigma_{ij} \frac{\partial u_i}{\partial x_1}\right] n_j \, ds$$

$$= \int_{\bar{A}} \frac{\partial}{\partial x_j} \left[U\delta_{1j} - \sigma_{ij} \frac{\partial u_i}{\partial x_1}\right] d\bar{A}. \tag{3.101}$$

Die Formänderungsenergie U ist eine Funktion der Verzerrungen $\varepsilon_{ij} = (u_{i,j} + u_{j,i})/2$. Ihre Ableitung ergibt bei einem (nicht)linear–elastischen Material gemäß (A.74) gerade die Spannungen σ_{ij}. Damit liefert die Differenziation des Integranden von (3.101):

$$\frac{\partial U}{\partial \varepsilon_{ij}}\frac{\partial \varepsilon_{ij}}{\partial x_1} - \frac{\partial \sigma_{ij}}{\partial x_j}\frac{\partial u_i}{\partial x_1} - \sigma_{ij}\frac{\partial}{\partial x_1}\left(\frac{\partial u_i}{\partial x_j}\right) = \sigma_{ij}\frac{\partial \varepsilon_{ij}}{\partial x_1} - 0 - \sigma_{ij}\frac{\partial}{\partial x_1}\frac{1}{2}\left(\frac{\partial u_i}{\partial x_j} + \frac{\partial u_j}{\partial x_i}\right) = 0 \tag{3.102}$$

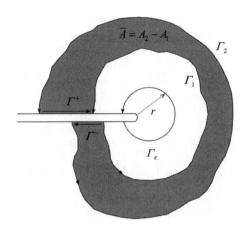

Bild 3.18: Zur Wegunabhängigkeit des J–Integrals

Wegen der Gleichgewichtsbedingungen (A.71) verschwindet der 2. Term, da Trägheits- und Volumenkräfte hier nicht berücksichtigt werden. Bei der Ergänzung im 3. Term wurde die Symmetrie $\sigma_{ji} = \sigma_{ij}$ benutzt, womit er gerade den 1. Term kompensiert. Als Ergebnis stellt sich heraus

$$\int_C (\cdot)\,\mathrm{d}s = \int_{\Gamma_1} (\cdot)\,\mathrm{d}s - \int_{\Gamma_2} (\cdot)\,\mathrm{d}s + \int_{\Gamma^+ + \Gamma^-} (\cdot)\,\mathrm{d}s = 0\,. \tag{3.103}$$

Da die Rissuferintegrale über $\Gamma^+ + \Gamma^-$ null sind, ist die Wegunabhängigkeit bewiesen

$$J_{\Gamma_1} = \int_{\Gamma_1} (\cdot)\,\mathrm{d}s = J_{\Gamma_2} = \int_{\Gamma_2} (\cdot)\,\mathrm{d}s\,. \tag{3.104}$$

Rückblickend stellen wir die Voraussetzungen zusammen, die für die Herleitung notwendig waren:

- Es gibt keine Volumenlasten $\bar{b}_i = 0$ und Trägheitskräfte $\rho \ddot{u}_i = 0$.
- Die Rissufer Γ^+ und Γ^- sind spannungsfrei $\bar{t}_i = 0$.
- Die elastische Formänderungsenergie U ist eine Potenzialfunktion: $\partial U / \partial \varepsilon_{ij} = \sigma_{ij}$.
- U hängt nicht explizit von x_1 ab, nur implizit über $\varepsilon_{ij}(x_1)$ (homogenes Material).

3.2.7 Risse in anisotropen elastischen Körpern

Viele moderne Werkstoffe im Leichtbau besitzen anisotrope elastische Eigenschaften. Dazu zählt die große Gruppe der faserverstärkten Kunststoffe und Metalle, bei denen hochfeste Fasern (Glas, Kohlenstoff, Wisker) entweder unidirektional orientiert oder als Fasermatten in mehreren Schichten unterschiedlicher Orientierung in einen Matrixwerkstoff zur Erhöhung der Festigkeit und Steifigkeit eingebettet werden. Neben diesen Compositen und Laminaten sind insbesondere metallische und keramische Werkstoffe mit anisotroper Kristallstruktur von Interesse, wie Nickelbasis–Einkristalle für Turbinenschaufeln oder Siliziumkomponenten in der Mikrosystemtechnik. Schließlich gehören auch rippen- und stringerverstärkte Bauteile des Stahlbaus, der Luftfahrt oder bewehrter Beton im Bauwesen zur Klasse der anisotropen Körper. Bei der Behandlung bruchmechanischer Probleme muss demzufolge die Anisotropie berücksichtigt werden. Wir untersuchen einen Riss in der unendlichen Ebene unter Modus–I–, II–, und III–Belastung, siehe Bild 3.19. Die Hauptachsen der Anisotropie werden durch das Materialkoordinatensystem $(\bar{x}_1, \bar{x}_2, \bar{x}_3)$ festgelegt, wobei wir uns auf Orthotropie beschränken und die $\bar{x}_3$–Achse parallel zur x_3–Koordinate verlaufen soll. Im Fall des ESZ ergibt sich aus (A.82) die anisotrope Nachgiebigkeitsmatrix in Ingenieurkonstanten in Materialkoordinaten

$$\begin{bmatrix} \bar{\varepsilon}_{11} \\ \bar{\varepsilon}_{22} \\ \bar{\gamma}_{12} \end{bmatrix} = \begin{bmatrix} \dfrac{1}{E_1} & -\dfrac{\nu_{21}}{E_2} & 0 \\ -\dfrac{\nu_{12}}{E_1} & \dfrac{1}{E_2} & 0 \\ 0 & 0 & \dfrac{1}{G_{12}} \end{bmatrix} \begin{bmatrix} \bar{\sigma}_{11} \\ \bar{\sigma}_{22} \\ \bar{\tau}_{12} \end{bmatrix}. \qquad (3.105)$$

Die Transformation dieser Beziehung in das globale Koordinatensystem mit der vom Winkel α abhängigen Drehmatrix **r** liefert nach den Regeln der Tensorrechnung eine voll besetzte Nachgiebigkeitsmatrix $[a_{\alpha\beta}] \mathrel{\widehat{=}} [S_{\alpha\beta}]$ mit $\alpha,\beta = \{1,2,6\}$

$$\begin{bmatrix} \varepsilon_{11} \\ \varepsilon_{22} \\ \gamma_{12} \end{bmatrix} = \begin{bmatrix} a_{11} & a_{12} & a_{16} \\ a_{12} & a_{22} & a_{26} \\ a_{16} & a_{26} & a_{66} \end{bmatrix} \begin{bmatrix} \sigma_{11} \\ \sigma_{22} \\ \tau_{12} \end{bmatrix}. \qquad (3.106)$$

Im EVZ lautet die Spannungs–Dehnungs–Relation mit modifizierten Konstanten $b_{\alpha\beta}$

$$\begin{bmatrix} \varepsilon_{11} \\ \varepsilon_{22} \\ \gamma_{12} \end{bmatrix} = \begin{bmatrix} b_{11} & b_{12} & b_{16} \\ b_{12} & b_{22} & b_{26} \\ b_{16} & b_{26} & b_{66} \end{bmatrix} \begin{bmatrix} \sigma_{11} \\ \sigma_{22} \\ \tau_{12} \end{bmatrix}, \quad b_{\alpha\beta} = a_{\alpha\beta} - \frac{a_{\alpha 3} a_{\beta 3}}{a_{33}}. \qquad (3.107)$$

Die Spannung in Dickenrichtung beträgt dann $\sigma_{33} = -(a_{13}\sigma_{11} + a_{23}\sigma_{22} + a_{26}\tau_{12})/a_{33}$. Ausführlichere Hinweise zur Materialmodellierung in Laminaten findet man in [6].

Für die Lösung anisotroper elastischer ebener RWA wurden von LEKHNITSKII [159] und STROH [262] verallgemeinerte komplexe Spannungsfunktionen entwickelt. Auf dieser Grundlage haben SIH, PARIS und IRWIN [254] erstmals Risslösungen gefunden, die hier wiedergegeben werden sollen. Die Spannungen und Verschiebungen ergeben sich jetzt aus

3.2 Linear–elastische Bruchmechanik

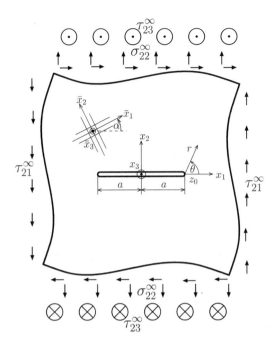

Bild 3.19: Riss in einer Scheibe aus anisotropem elastischem Material

zwei komplexen holomorphen Funktionen $\phi_k(z_k)$ ($k = \{1,2\}$) der komplexen Variablen $z_k = x_1 + s_k x_2$. Die komplexen Konstanten s_k gewinnt man aus den Nullstellen der charakteristischen Gleichung in Abhängigkeit von den elastischen Konstanten $a_{\alpha\beta}$

$$a_{11}s^4 - 2a_{16}s^3 + (2a_{12} + a_{66})s^2 - 2a_{26}s + a_{22} = 0, \tag{3.108}$$

was zwei konjugiert komplexe Lösungen liefert

$$s_1 = \gamma_1 + i\delta_1, \quad s_2 = \gamma_2 + i\delta_2, \quad s_3 = \bar{s}_1, \quad s_4 = \bar{s}_2. \tag{3.109}$$

Mit der gleichen Vorgehensweise, die bei isotropem Materialverhalten in Abschnitt 3.2.7 angewandt wurde, kann man nun die Rissspitzenfelder berechnen [254]. Das Ergebnis lautet in Polarkoordinaten (r, θ) um die Rissspitze:

Modus I

$$\begin{aligned}
\sigma_{11} &= \frac{K_{\mathrm{I}}}{\sqrt{2\pi r}} \Re\left[\frac{s_1 s_2}{s_1 - s_2}\left(\frac{s_2}{\sqrt{\cos\theta + s_2 \sin\theta}} - \frac{s_1}{\sqrt{\cos\theta + s_1 \sin\theta}}\right)\right] \\
\sigma_{22} &= \frac{K_{\mathrm{I}}}{\sqrt{2\pi r}} \Re\left[\frac{1}{s_1 - s_2}\left(\frac{s_1}{\sqrt{\cos\theta + s_2 \sin\theta}} - \frac{s_2}{\sqrt{\cos\theta + s_1 \sin\theta}}\right)\right] \\
\tau_{12} &= \frac{K_{\mathrm{I}}}{\sqrt{2\pi r}} \Re\left[\frac{s_1 s_2}{s_1 - s_2}\left(\frac{1}{\sqrt{\cos\theta + s_1 \sin\theta}} - \frac{1}{\sqrt{\cos\theta + s_2 \sin\theta}}\right)\right]
\end{aligned} \tag{3.110}$$

$$u_1 = K_\mathrm{I} \sqrt{\frac{2r}{\pi}} \Re \left[\frac{1}{s_1 - s_2} \left(s_1 p_2 \sqrt{\cos\theta + s_2 \sin\theta} - s_2 p_1 \sqrt{\cos\theta + s_1 \sin\theta} \right) \right]$$
$$u_2 = K_\mathrm{I} \sqrt{\frac{2r}{\pi}} \Re \left[\frac{1}{s_1 - s_2} \left(s_1 q_2 \sqrt{\cos\theta + s_2 \sin\theta} - s_2 q_1 \sqrt{\cos\theta + s_1 \sin\theta} \right) \right]$$
(3.111)

Modus II

$$\sigma_{11} = \frac{K_\mathrm{II}}{\sqrt{2\pi r}} \Re \left[\frac{1}{s_1 - s_2} \left(\frac{s_2^2}{\sqrt{\cos\theta + s_2 \sin\theta}} - \frac{s_1^2}{\sqrt{\cos\theta + s_1 \sin\theta}} \right) \right]$$
$$\sigma_{22} = \frac{K_\mathrm{II}}{\sqrt{2\pi r}} \Re \left[\frac{1}{s_1 - s_2} \left(\frac{1}{\sqrt{\cos\theta + s_2 \sin\theta}} - \frac{1}{\sqrt{\cos\theta + s_1 \sin\theta}} \right) \right]$$
$$\tau_{12} = \frac{K_\mathrm{II}}{\sqrt{2\pi r}} \Re \left[\frac{1}{s_1 - s_2} \left(\frac{s_1}{\sqrt{\cos\theta + s_1 \sin\theta}} - \frac{s_2}{\sqrt{\cos\theta + s_2 \sin\theta}} \right) \right]$$
(3.112)

$$u_1 = K_\mathrm{II} \sqrt{\frac{2r}{\pi}} \Re \left[\frac{1}{s_1 - s_2} \left(p_2 \sqrt{\cos\theta + s_2 \sin\theta} - p_1 \sqrt{\cos\theta + s_1 \sin\theta} \right) \right]$$
$$u_2 = K_\mathrm{II} \sqrt{\frac{2r}{\pi}} \Re \left[\frac{1}{s_1 - s_2} \left(q_2 \sqrt{\cos\theta + s_2 \sin\theta} - q_1 \sqrt{\cos\theta + s_1 \sin\theta} \right) \right]$$
(3.113)

mit den materialabhängigen Konstanten ($k = \{1,2\}$):

$$p_k = a_{11} s_k^2 + a_{12} - a_{16} s_k \quad \text{und} \quad q_k = a_{12} s_k + \frac{a_{22}}{s_k} - a_{26}$$
(3.114)

Das Modus–III–Problem bei nichtebenem Schub τ_{23}^∞ bleibt bei Orthotropie von der ebenen Aufgabe entkoppelt, d.h. es stellen sich lediglich die Schubspannungen τ_{13} und τ_{23} sowie eine u_3–Verschiebung als Funktionen von (x_1, x_2) ein:

$$\tau_{13} = -\frac{K_\mathrm{III}}{\sqrt{2\pi r}} \Re \left[\frac{s_3}{\sqrt{\cos\theta + s_3 \sin\theta}} \right], \quad \tau_{23} = \frac{K_\mathrm{III}}{\sqrt{2\pi r}} \Re \left[\frac{1}{\sqrt{\cos\theta + s_3 \sin\theta}} \right]$$
(3.115)

$$u_3 = K_\mathrm{III} \sqrt{\frac{2r}{\pi}} \Re \left[\sqrt{\cos\theta + s_3 \sin\theta}/(c_{45} + s_3 c_{44}) \right],$$
(3.116)

wobei $s_3, \bar{s}_3$ die Wurzeln von

$$c_{44} s^2 + 2 c_{45} s + c_{55} = 0$$
(3.117)

sind mit den materialabhängigen Konstanten ($\alpha, \beta = \{4,5\}$)

$$c_{\alpha\beta} = \begin{cases} -\dfrac{a_{\alpha\beta}}{c} & (\alpha \neq \beta) \\ \dfrac{a_{44} a_{55}}{a_{\alpha\beta} c} & (\alpha = \beta) \end{cases} \quad \text{und} \quad c = a_{44} a_{55} - a_{45}^2.$$
(3.118)

Die Definition der Spannungsintensitätsfaktoren K_I, K_II und K_III ändert sich gegenüber dem isotropen Fall nicht. Sie werden durch Extrapolation des singulären Spannungsverlaufs auf dem Ligament vor dem Riss mit (3.63) bestimmt. Für die unendliche Scheibe besteht der gleiche Zusammenhang mit den Fernfeldbelastungen wie im Isotropen:

$$K_\mathrm{I} = \sigma_{22}^\infty \sqrt{\pi a}, \quad K_\mathrm{II} = \tau_{21}^\infty \sqrt{\pi a}, \quad K_\mathrm{III} = \tau_{23}^\infty \sqrt{\pi a}. \tag{3.119}$$

Das radiale Verhalten des anisotropen Rissspitzenfeldes wird somit durch dieselbe $1/\sqrt{r}$-Singularität in den Spannungen und Verzerrungen sowie der $\sqrt{r}$-Abhängigkeit der Verschiebungen gekennzeichnet wie beim isotropen elastischen Fall. Der Unterschied besteht ausschließlich in den Winkelfunktionen von (3.110) – (3.116). Die Auswertung der Realteile führt zu recht komplizierten mathematischen Ausdrücken, ist aber prinzipiell möglich. Abschließend soll noch die Beziehung zwischen der Energiefreisetzungsrate (bei selbstähnlicher Rissausbreitung) und den Spannungsintensitätsfaktoren angegeben werden, die man mit Hilfe des IRWINschen Rissschließintegrals aus der asymptotischen Lösung erzielt:

$$G_\mathrm{I} = -\frac{a_{22}}{2} K_\mathrm{I} \Im \left[\frac{K_\mathrm{I}(s_1+s_2) + K_\mathrm{II}}{s_1 s_2} \right], \quad G_\mathrm{III} = K_\mathrm{III}^2 \Im \left[\frac{c_{45} + s_3 c_{44}}{2 c_{44} c_{55}} \right]$$
$$G_\mathrm{II} = \frac{a_{11}}{2} K_\mathrm{II} \Im \left[K_\mathrm{II}(s_1+s_2) + K_\mathrm{I} s_1 s_2 \right]. \tag{3.120}$$

Im Spezialfall, wenn der Riss mit einer Symmetrieebene der Orthotropie zusammenfällt ($\alpha = 0$ in Bild 3.19), erhält man die reellen Ausdrücke:

$$G = G_\mathrm{I} + G_\mathrm{II} + G_\mathrm{III}, \quad G_\mathrm{I} = K_\mathrm{I}^2 \sqrt{\frac{a_{11}a_{22}}{2}} \left[\sqrt{\frac{a_{22}}{a_{11}}} + \frac{2a_{12} + a_{66}}{2a_{11}} \right]^{1/2}$$
$$G_\mathrm{II} = K_\mathrm{II}^2 \frac{a_{11}}{\sqrt{2}} \left[\sqrt{\frac{a_{22}}{a_{11}}} + \frac{2a_{12} + a_{66}}{2a_{11}} \right]^{1/2}, \quad G_\mathrm{III} = K_\mathrm{III}^2 \frac{1}{2\sqrt{c_{44}c_{55}}}. \tag{3.121}$$

3.2.8 Grenzflächenrisse

Häufig liegen Risse in der Grenzfläche zwischen zwei Materialien mit unterschiedlichen mechanischen Eigenschaften. Solche Risse bezeichnet man als Grenzflächenrisse (engl. *interface cracks*), siehe [65]. Grenzflächenrisse sind insbesondere in Fügeverbindungen (Kleben, Schweißen, Löten, Bonden) anzutreffen, weil die Festigkeit der Materialverbindung oft geringer ist als diejenige der beiden Fügepartner. Große Bedeutung besitzen Grenzflächenrisse auch für Verbundwerkstoffe (z. B. faserverstärkte Laminatwerkstoffe), Schichtsysteme oder Beschichtungen aller Art, wo Rissausbreitung zur Delamination der Schichten führt. Schließlich wird auch die Festigkeit vieler Konstruktionswerkstoffe durch Versagensmechanismen an inneren Grenzflächen (Korngrenzen, Phasengrenzen u. ä.) maßgeblich beeinflusst.

Im Weiteren soll auf die Beanspruchungssituation an einem Grenzflächenriss zwischen zwei isotropen elastischen Materialien und die bruchmechanischen Parameter eingegangen werden. Untersucht wird die Nahfeldlösung an der Spitze eines Risses in einer unendlichen Scheibe, der sich in der Grenzfläche zwischen den Materialien (1) und (2) mit den elastischen Konstanten E_1, ν_1 und E_2, ν_2 befindet, siehe Bild 3.20. Der Unterschied zwischen den elastischen Eigenschaften beider Materialien wird durch den Parameter ϵ

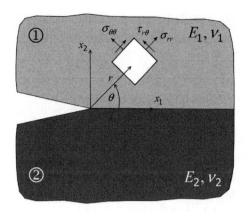

Bild 3.20: Riss in der Grenzfläche zwischen zwei verschiedenen Materialien

(Bi–Materialkonstante) ausgedrückt:

$$\epsilon = \frac{1}{2\pi} \ln \frac{\mu_2 \kappa_1 + \mu_1}{\mu_1 \kappa_2 + \mu_2}, \quad 0 \leq |\epsilon| \leq 0{,}175, \tag{3.122}$$

der für den Grenzfall gleicher Materialien (1)=(2) null wird ($\mu_m = E_m/2(1+\nu_m)$ und $\kappa_m = 3 - 4\nu_m$ für $m = 1, 2$). In Analogie zum Riss im homogenen Material (Abschnitt 3.3.2) wenden wir die Methode der komplexen Funktionen an. Zur Berechnung der Eigenfunktionen an der Rissspitze wird wie in (3.33) ein Reihenansatz für $\phi^{(m)}(z)$ und $\chi^{(m)}(z)$ gemacht, der sich jedoch für die beiden Materialien $m = 1, 2$ in der oberen und unteren Halbebene unterscheiden muss.

$$\phi^{(m)}(z) = A^{(m)} z^\lambda, \quad \chi^{(m)}(z) = B^{(m)} z^{\lambda+1}, \quad z = re^{i\theta} \tag{3.123}$$

Auf den Rissufern sind die Randspannungen null

$$\theta = \pi: \quad \sigma^{(1)}_{\theta\theta} + i\tau^{(1)}_{r\theta} = 0, \quad \theta = -\pi: \quad \sigma^{(2)}_{\theta\theta} + i\tau^{(2)}_{r\theta} = 0 \tag{3.124}$$

und auf der Grenzfläche vor dem Riss müssen die Verschiebungen und die Schnittspannungen beider Regionen stetig sein

$$\theta = 0: \quad u^{(1)}_1 + iu^{(1)}_2 = u^{(2)}_1 + iu^{(2)}_2, \quad \sigma^{(1)}_{\theta\theta} + i\tau^{(1)}_{r\theta} = \sigma^{(2)}_{\theta\theta} + i\tau^{(2)}_{r\theta}. \tag{3.125}$$

Drückt man diese vier Rand- und Übergangsbedingungen durch die komplexen Funktionen aus (siehe (3.34) und (A.161)), so erhält man ein homogenes Gleichungssystem für die 4 komplexen (8 reellen) Ansatzkoeffizienten $A^{(m)}$, $B^{(m)}$. Das charakteristische Polynom dieses Eigenwertsystems liefert die Bestimmungsgleichung für den Exponenten λ, der folgende Eigenwerte annehmen kann

$$\lambda = -\frac{1}{2} + n + i\epsilon \quad \text{mit} \quad n = 1, 2, 3, \ldots \tag{3.126}$$

Im Unterschied zum homogenen Fall sind die Eigenwerte $\lambda(n)$ komplexe Zahlen mit positivem Realteil. Zur Beschreibung des Nahfeldes $r \to 0$ interessiert nur der dominierende Lösungsterm, welcher mit dem kleinsten Eigenwert

$$\lambda(n=1) = \frac{1}{2} + i\epsilon \qquad (3.127)$$

verknüpft ist. Setzt man (3.123) mit (3.127) in die KOLOSOVschen Formeln (A.161) ein, so erhält man die kompletten Verschiebungs- und Spannungsfelder in Polarkoordinaten an der Rissspitze (siehe [222]). Die Intensität dieser Felder wird durch den Koeffizienten der $n = 1$ten Eigenfunktion bestimmt, der von RICE [219] als komplexer Spannungsintensitätsfaktor eingeführt wurde:

$$\widetilde{K} = K_1 + iK_2 = |\widetilde{K}|e^{i\psi}/l^{i\epsilon}, \quad |\widetilde{K}| = \sqrt{K_1^2 + K_2^2}, \quad \psi = \arctan(K_2/K_1). \qquad (3.128)$$

Hier bedeutet l eine Referenzlänge (z. B. Risslänge a) und der Phasenwinkel ψ gibt das Verhältnis der Rissöffnungsmoden an. Damit lassen sich die Spannungen vor dem Riss und die Verschiebungssprünge $\Delta u_i = u_i^{(1)}(r, \pi) - u_i^{(2)}(r, -\pi)$ über die Rissufer in folgender Form schreiben (Winkelfunktionen werden bei $\theta = 0$ auf 1 normiert.):

$$\sigma_{22}(r, 0) + i\tau_{12}(r, 0) = \frac{\widetilde{K}}{\sqrt{2\pi r}} r^{i\epsilon}$$

$$\Delta u_2(r) + i\Delta u_1(r) = \frac{8}{1+2i\epsilon} \frac{\widetilde{K}}{E^* \cosh(\pi\epsilon)} \sqrt{\frac{r}{2\pi}} r^{i\epsilon}. \qquad (3.129)$$

E^* ist der gemittelte Elastizitätsmodul $1/E^* = (1/E_1' + 1/E_2')/2$ im EVZ.

Wir finden also wie bei homogenen Werkstoffen radiale Abhängigkeiten vom Typ $1/\sqrt{r}$ bzw. $\sqrt{r}$ vor, die jedoch aufgrund des Imaginärteils von (3.127) eine Erweiterung mit

$$r^{i\epsilon} = e^{i\epsilon \ln r} = \cos(\epsilon \ln r) + i\sin(\epsilon \ln r) \qquad (3.130)$$

erfahren, was zwei Konsequenzen zur Folge hat:

Erstens treten die Rissöffnungsmoden I und II immer gekoppelt auf. Aufgrund des komplexen Produktes $\widetilde{K}r^{i\epsilon}$ lassen sich die Rissspitzenfelder nicht mehr wie im homogenen Fall (3.45) in separate Funktionen mit eigenen Koeffizienten K_I und K_II zerlegen, weshalb hier die neuen Bezeichnungen K_1 und K_2 verwendet werden. So kann man z. B. die Rissuferverschiebungen u_2 und u_1 oder die Spannungen σ_{22} und τ_{12} vor dem Riss nicht mehr eindeutig den Moden I oder II zuordnen, ja ihr Verhältnis ändert sich sogar mit dem Abstand r! Das erkennt man sehr schön, wenn die Rissöffnungsverschiebungen von (3.129) in reeller Darstellung aufgeschrieben werden:

$$\left\{ \begin{array}{c} \Delta u_1(r) \\ \Delta u_2(r) \end{array} \right\} = \sqrt{\frac{r}{2\pi}} \frac{8}{(1+2i\epsilon)E^* \cosh(\pi\epsilon)} \left\{ \begin{array}{c} K_1 \sin(\epsilon \ln r) + K_2 \cos(\epsilon \ln r) \\ K_1 \cos(\epsilon \ln r) + K_2 \sin(\epsilon \ln r) \end{array} \right\}. \qquad (3.131)$$

3 Grundlagen der Bruchmechanik

Im homogenen Fall ($\epsilon = 0$) gehen diese Beziehungen in die entsprechenden Gleichungen (3.16) (3.25) über mit der Identität $K_1 = K_I$ und $K_2 = K_{II}$.

Zweitens erkennt man aus (3.129) und (3.130), dass die Spannungen und Verschiebungen aufgrund der Winkelfunktionen zwischen $[-1, +1]$ oszillieren und zwar bei Annäherung an die Rissspitze immer schneller, da $\ln r \to -\infty$ geht. Diese Oszillationen führen zu dem physikalisch unsinnigen Ergebnis einer gegenseitigen Durchdringung der Rissufer. Um diese oszillierende Singularität zu vermeiden, wurden Kontaktzonen–Modelle [65] vorgeschlagen. In der Ingenieurpraxis hat sich jedoch der RICEsche Ansatz durchgesetzt und bewährt. Der Grund dafür ist, dass bei den praktisch relevanten Materialpaarungen die Bi-Materialkonstanten ($\epsilon < 0{,}05$) recht klein sind. Eine Abschätzung des größten Radius r_c, wo erstmalig Rissuferkontakt auftritt, führt auf die Beziehung $r_c/l = \exp(-(\psi + \pi/2)/\epsilon)$ [219]. Bei einem Mixed–Mode–Verhältnis von $K_2/K_1 = 1$ ($\psi = -\pi/4$) und $\epsilon = 0{,}05$ ergibt sich damit $r_c \approx 2 \cdot 10^{-9} l$. Wählt man als Referenzlänge $l = 2a$ die Risslänge, so ist das Oszillationsgebiet also vernachlässigbar klein und wird außerhalb der Kontaktzone durch $\widetilde{K}$ quantifiziert.

Der komplexe Spannungsintensitätsfaktor $\widetilde{K}$ muss als Funktion der Geometrie, Risslänge und Belastung bestimmt werden. Für den Grenzflächenriss der Länge $l = 2a$ in der unendlichen Scheibe unter kombinierter Zug- und Schubbelastung durch die Normalspannung σ und Schubspannung τ ist die Lösung bekannt

$$\widetilde{K} = K_1 + iK_2 = (\sigma + i\tau)\sqrt{\pi a}(2a)^{-i\epsilon}(1 + 2i\epsilon). \tag{3.132}$$

Generell besitzt $\widetilde{K}$ für Grenzflächenrisse diese generische Form

$$\widetilde{K} = (\sigma_n + i\tau_n)\sqrt{\pi a}(2a)^{-i\epsilon} g(a, w, \epsilon). \tag{3.133}$$

wobei σ_n und τ_n Nennspannungen bedeuten und die Funktion g die Abhängigkeit von der Geometrie und Materialpaarung wiedergibt. Aus der Beziehung (3.132) ersieht man, dass eine globale Zugbelastung σ auch eine Schubbeanspruchung $K_2 \approx 2\epsilon K_1$ bewirkt und umgekehrt! Außerdem verändert sich das Mixed–Mode–Verhältnis $K_2/K_1 = \tan \psi$ mit der Risslänge aufgrund des komplexen Terms $(2a)^{-i\epsilon}$.

Die Formulierung eines Bruchkriteriums für Grenzflächenrisse auf der Basis von $\widetilde{K}$ — ähnlich dem K_I-Konzept für homogene Risskonfigurationen — bereitet allerdings verschiedene prinzipielle Schwierigkeiten. Als erstes besitzt $\widetilde{K}$ nach (3.128) eine schwer verständliche komplexe Dimension MPa $\cdot$ m$^{-i\epsilon}$. Zum zweiten hängt der kritische Wert von $\widetilde{K}$ nicht nur vom Betrag $|\widetilde{K}|$ sondern auch vom Phasenwinkel ψ ab, der im Prüfkörper vorliegt, d. h. wir benötigen ein zweiparametriges Kriterium $\widetilde{K}_c = K_c e^{i\psi_c}$ oder $K_{Ic}(\psi)$. Drittens müssten bei der Übertragung von der Probe (Fall 1) auf ein Bauteil (Fall 2) nicht nur die Beträge der Intensitätsfaktoren übereinstimmen, sondern auch ihre Phasenwinkel umgerechnet werden

$$\begin{aligned}\widetilde{K}_1 &= |\widetilde{K}_1|e^{i\psi_1}(2a_1)^{-i\epsilon} = |\widetilde{K}_2|e^{i\psi_2}(2a_2)^{-i\epsilon} = \widetilde{K}_2 \\ |\widetilde{K}_1| &= |\widetilde{K}_2| \quad \text{und} \quad \psi_2 = \psi_1 - \epsilon \ln(a_1/a_2),\end{aligned} \tag{3.134}$$

damit die gleiche Rissspitzenbeanspruchung vorliegt.

Ein pragmatischer Ausweg aus diesen Komplikationen wurde von RICE [219] vorgeschlagen: Die Beziehungen (3.129) können in die klassische (homogene) Form überführt werden, wenn man die Beanspruchung auf einen bestimmten Abstand $\hat{r}$ fixiert

$$K_{\text{I}} + \text{i}K_{\text{II}} = \widetilde{K}\hat{r}^{\text{i}\epsilon} = (K_1 + \text{i}K_2)\hat{r}^{\text{i}\epsilon}\,, \tag{3.135}$$

d. h. man übernimmt genau dasjenige Modenverhältnis, was in der Grenzflächenlösung bei $\hat{r}$ mit dem Phasenwinkel $\hat{\psi} = \psi + \epsilon \ln(\hat{r}/a)$ existiert. Aus physikalischen Gründen ist es vernünftig, für $\hat{r}$ gerade die materialspezifische Größe der Bruchprozesszone zu wählen, die viel kleiner als die Risslänge a und größer als der Oszillationsbereich r_c sein sollte $r_\text{c} < \hat{r} \ll a$.

Alternativ kann man als bruchmechanische Kenngröße die Energiefreisetzungsrate G für den Grenzflächenriss verwenden. Mit Hilfe der Nahfeldlösung (3.129) ist es möglich, das Rissschließintegral (3.89) zu berechnen, woraus sich folgender Zusammenhang ergibt

$$G = -\lim_{\Delta a \to 0} \frac{\Delta \Pi}{\Delta a} = \frac{K_1^2 + K_2^2}{E^* \cosh^2(\pi \epsilon)}\,. \tag{3.136}$$

Erfreulicherweise verschwinden bei der energetischen Betrachtung die Oszillationen und die Abhängigkeit von der Referenzlänge l. Es bleiben der Einfluss der Bi-Materialkonstanten ϵ und des Modenverhältnisses K_2/K_1. Ohne Kenntnis des Phasenwinkels ψ kann aus (3.136) nicht auf beide Intensitätsfaktoren zurückgeschlossen werden. Über energetische Bruchkriterien für Grenzflächen und deren experimentelle Bestätigung informiert [20].

Theoretische Untersuchungen für Grenzflächenrisse zwischen *anisotropen* elastischen Materialien wurden von QU & BASSANI [208], SUO [265] und BEOM & ATLURI [37] auf der Basis des STROH–LEKHNITSKI-Formalismus durchgeführt. Die mathematische Struktur der Lösungen ist naturgemäß komplizierter als im isotropen Fall und weist meistens oszillierende Singularitäten auf. Für zahlreiche Anwendungen auf kristallografische Grenzflächen, faserverstärkte Laminate und mikroelektronische Schichtsysteme spielt die Anisotropie jedoch eine wichtige Rolle.

3.2.9 Risse in Platten und Schalen

Dünnwandige Platten- und Schalenstrukturen treten insbesondere bei Luft- und Raumfahrt-Konstruktionen auf, wo aufgrund der Betriebsbelastungen Ermüdungsrisse eine besondere Rolle spielen. Neben den Membranspannungen, die einen Spannungszustand an der Rissspitze wie bei Scheiben erzeugen, verursachen die Biege- und Torsionsmomente ein zusätzliches, andersartiges Nahfeld an der Rissspitze.

Auf der Grundlage der KIRCHHOFFschen Theorie dünner schubstarrer Platten, die im Anhang A.5.5 erläutert ist, konnte WILLIAMS [287] die Eigenfunktionen um die Rissspitze in der unendlich ausgedehnten Platte durch Reihenansatz für die Durchbiegungsfunktion $w(x_1, x_2)$ berechnen. Von SIH u. a. [253] wurden dann die Spannungsintensitätsfaktoren k_1 und k_2 für Plattenbiegung bzw. Plattentorsion in einer Form eingeführt, die mit der Rissbeanspruchung durch K_I und K_II bei Scheibenaufgaben insofern konsistent ist, dass sie ebenfalls den Normal- und Schubspannungen σ_{22} bzw. τ_{12} vor dem Riss zuzuordnen sind. Bild 3.21 veranschaulicht alle vier Rissöffnungsarten, die bei Schalen gleichzeitig

66 3 Grundlagen der Bruchmechanik

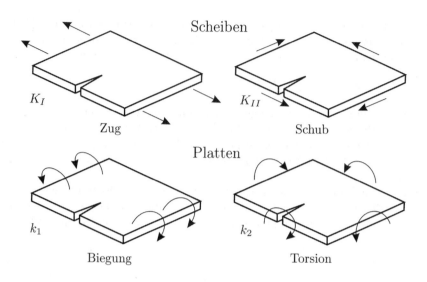

Bild 3.21: Rißöffnungsarten bei Scheiben, Platten und Schalen aufgrund der Membranspannungen, Biege- und Torsionsmomente

auftreten können. Bezeichnet man mit $z \hat{=} x_3$ die Koordinate in Richtung der Plattendicke h, siehe Bild 3.22, so hat die asymptotische Lösung am Riss in Zylinderkoordinaten (r,θ,z) folgende Form:

$$\begin{Bmatrix} \sigma_{rr}^b \\ \sigma_{\theta\theta}^b \\ \tau_{r\theta}^b \end{Bmatrix} = \frac{k_1}{(3+\nu)\sqrt{2r}}\frac{z}{2h} \begin{Bmatrix} (3+5\nu)\cos\frac{\theta}{2} - (7+\nu)\cos\frac{3\theta}{2} \\ (5+3\nu)\cos\frac{\theta}{2} - (7+\nu)\cos\frac{3\theta}{2} \\ -(1-\nu)\sin\frac{\theta}{2} + (7+\nu)\sin\frac{3\theta}{2} \end{Bmatrix} + \\ + \frac{k_2}{(3+\nu)\sqrt{2r}}\frac{z}{2h} \begin{Bmatrix} -(3+5\nu)\sin\frac{\theta}{2} + (5+3\nu)\sin\frac{3\theta}{2} \\ -2(5+3\nu)\cos\frac{\theta}{2}\sin\theta \\ -(1-\nu)\cos\frac{\theta}{2} + (5+3\nu)\cos\frac{3\theta}{2} \end{Bmatrix} \quad (3.137)$$

$$\begin{Bmatrix} \tau_{rz}^b \\ \tau_{\theta z}^b \end{Bmatrix} = \frac{[1-(2z/h)^2]}{(3+\nu)(2r)^{\frac{3}{2}}}\frac{h}{2} \begin{Bmatrix} -k_1\cos\frac{\theta}{2} + k_2\sin\frac{\theta}{2} \\ -k_1\sin\frac{\theta}{2} - k_2\cos\frac{\theta}{2} \end{Bmatrix}. \quad (3.138)$$

Die Biege- und Schubspannungen in der Plattenebene (x_1,x_2) bzw. (r,θ) verhalten sich

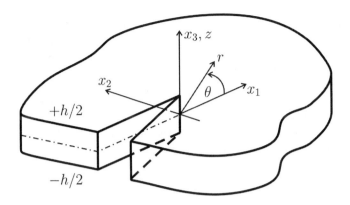

Bild 3.22: Koordinatensystem an der Rissfront bei Platten und Schalen

wiederum singulär mit $1/\sqrt{r}$. Die $r^{-3/2}$-Singularität der Schubspannungen senkrecht zur Plattenebene ist eine Folge des schubstarren Plattenmodells, das die Spannungsfreiheit auf den Rissufern nur approximativ durch eine Ersatzquerkraft erfüllt. Die Biegespannungen verlaufen nach der Plattentheorie linear mit z über die Dicke h. Entlang der Rissfront wechseln die Spannungen somit von Zug auf Druck und nehmen an der Ober- und Unterseite ($z = \pm h/2$) Maxima mit entgegengesetzten Vorzeichen an. In der neutralen Ebene ($z = 0$) wird der Riss gar nicht belastet. Ein etwaiger Kontakt der Rissufer kann jedoch im Rahmen der Plattentheorie nicht berücksichtigt werden. Der Dominanzbereich des k-kontrollierten Nahfeldes beträgt etwa $a/10$.

Die Durchbiegungsfunktion $w(r, \theta)$ der Plattenmittelfläche besitzt an der Rissspitze (Bild 3.22) folgende Asymptotik:

$$w = \frac{(2r)^{\frac{3}{2}}(1-\nu^2)}{2Eh(3+\nu)} \left(k_1 \left[\frac{1}{3}\frac{7+\nu}{1-\nu}\cos\frac{3\theta}{2} - \cos\frac{\theta}{2} \right] + k_2 \left[\frac{1}{3}\frac{5+3\nu}{1-\nu}\sin\frac{3\theta}{2} - \sin\frac{\theta}{2} \right] \right). \tag{3.139}$$

Weil die Spannungen und Schnittgrößen m_{ij}, q_i aus w durch zweifache Ableitung gebildet werden (siehe (A.167)), muss r in der Potenz 3/2 stehen. Die DGL der KIRCHHOFFschen Platte besitzt große Verwandschaft mit der Bipotenzialgleichung der Scheibe, so dass sich die komplexen Lösungsmethoden aus Abschnitt 3.2.2 häufig übertragen lassen [253]. So erhält man die Spannungsintensitätsfaktoren aus der komplexen Spannungsfunktion ϕ von Gleichung (A.171) als Grenzübergang für $z \to z_0$ an die Rissspitze

$$k_1 - ik_2 = -\frac{\sqrt{2}Eh(3+\nu)}{1-\nu^2} \lim_{z \to z_0} \sqrt{z - z_0}\, \phi'(z). \tag{3.140}$$

Für die unendliche Platte unter allseitiger konstanter Biegung m_0 ergibt sich z. B.

$$k_1 = \frac{6m_0}{h^2}\sqrt{a}, \qquad k_2 = 0. \tag{3.141}$$

Benutzt man die REISSNERsche Theorie für dicke Platten mit Schubverformung [108], so erhält man erwartungsgemäß dieselbe Asymptotik wie im EVZ, wobei die K_{I}-, K_{II}-Faktoren linear mit z entlang der Rissfront verlaufen. Da dieses Rissspitzenfeld nur im Gebiet $r < h/10$ Gültigkeit hat, liegt es somit innerhalb der KIRCHHOFF–Asymptotik und wird von ihr eindeutig bestimmt [117]. Deshalb genügt bei bruchmechanischen Platten- und Schalenberechnungen i. Allg. die KIRCHHOFF–Theorie, die auch wegen des geringeren Diskretisierungsaufwandes bevorzugt wird.

Von HUI & ZEHNDER [117] wurde der Zusammenhang zwischen den Energiefreisetzungsraten und den KIRCHHOFFschen Spannungsintensitätsfaktoren hergestellt

$$G_1 = \frac{k_1^2 \pi (1+\nu)}{3E(3+\nu)}, \quad G_2 = \frac{k_2^2 \pi (1+\nu)}{3E(3+\nu)}. \tag{3.142}$$

3.2.10 Bruchmechanische Gewichtsfunktionen

In diesem Abschnitt soll eine recht nützliche halbanalytische Methode zur Berechnung von Spannungsintensitätsfaktoren für linear–elastische, statische Rissprobleme vorgestellt werden. Ausgehend von gewissen Basislösungen für die betreffende geometrische Risskonfiguration lassen sich damit K–Faktoren für weitere, beliebig geartete Belastungssituationen derselben Risskonfiguration gewinnen. Dahinter verbirgt sich die faszinierende Tatsache, dass in der Lösung *einer* speziellen RWA die Mannigfaltigkeit aller möglichen Lösungen desselben Rissproblems steckt. Den Schlüssel dazu bilden die *bruchmechanischen Gewichtsfunktionen* (engl. *crack weight functions*).

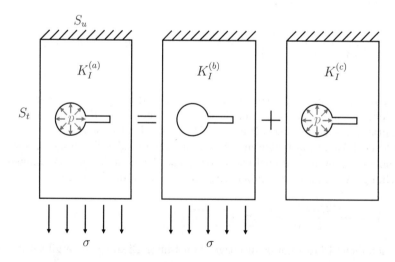

Bild 3.23: Beispiel für die Anwendung des Superpositionsprinzips

Das Superpositionsprinzip

Für die Elastostatik gilt wie für alle RWA von linearen partiellen DGL das *Superpositionsprinzip*. Es besagt, dass Lösungen für unterschiedliche Randwerte additiv zu einer Gesamtlösung zusammengesetzt werden dürfen, die dann genau die Lösung der RWA für die Summe der Randbedingungen darstellt. Voraussetzung ist hierbei, dass die Geometrie des Körpers sowie die Aufteilung des Randes in DIRICHLETsche S_u und NEUMANNsche S_t Randbedingungen stets dieselben sind, siehe Bild A.16. Damit ist es möglich, komplexe Belastungen einer Risskonfiguration auf die Kombination einer Reihe bekannter Lösungen mit einfacheren Teilbelastungen zurückzuführen. Als Beispiel betrachten wir die in Bild 3.23 skizzierte gelochte Scheibe mit Anriss, die am unteren Rand durch eine Flächenlast σ und im Loch durch Innendruck p belastet ist. Den resultierenden Spannungsintensitätsfaktor erhält man aus der Überlagerung der beiden Teilaufgaben $K_I^{(a)} = K_I^{(b)} + K_I^{(c)}$. Das Superpositionsprinzip behält auch für thermische Belastungen und Volumenkräfte seine Gültigkeit.

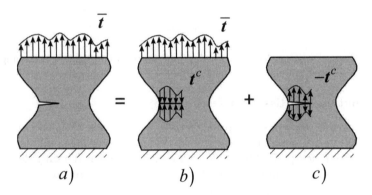

Bild 3.24: Umwandlung äußerer Belastungen in äquivalente Rissuferlasten

Sehr vorteilhaft ist auch folgende Technik, bei der das Schnittprinzip gemeinsam mit dem Superpositionsprinzip genutzt wird. Gegeben sei eine Risskonfiguration unter äußerer Belastung wie die im Bild 3.24 gezeigte zugbeanspruchte Scheibe mit Kantenriss. Die RWA können wir in ein Teilproblem (b) ohne Riss und ein Teilproblem (c) mit reiner Rissuferbelastung zerlegen. Dazu berechnen wir die Schnittspannungen am Ort des Risses S_c in der ungerissenen Konfiguration (b) aus den dort herrschenden Spannungen $t_i^c = \pm \sigma_{ij} n_j$. Dann schneiden wir gedanklich den Riss auf, lassen an seinen Ufern aber die Schnittspannungen angreifen, so dass der Riss geschlossen bleibt wie vorher. Nun werden im Lastfall (c) diese Schnittspannungen t_i^c genau mit entgegengesetztem Vorzeichen angetragen. Wie man sich am Bild 3.24 überzeugen kann, addieren sich die Randbedingungen von (b) und (c) genau zum Ausgangsproblem (a). Da das Teilproblem (b) defacto keinen Riss enthält ($K^{(b)} = 0$), ist der Spannungsintensitätsfaktor des betrachteten Problems (a) demjenigen der RWA (c) identisch

$$K_I^{(a)} = K_I^{(c)}. \tag{3.143}$$

Auf diese Weise lässt sich jede beliebige Belastung (Randspannungen, Volumenlasten, Temperaturfelder) eines Risses in eine äquivalente Rissuferbelastung umwandeln, wodurch eine systematische, vereinheitlichte Berechnung der Spannungsintensitätsfaktoren möglich wird.

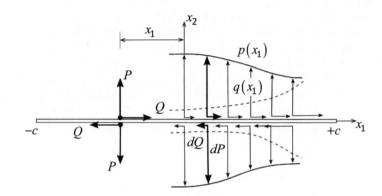

Bild 3.25: Anwendungsbeispiel für die Superposition von Rissuferbelastungen

Gewichtsfunktion für Rissuferbelastungen

Die Anwendung des Superpositionsprinzips soll am einfachen Beispiel eines GRIFFITH–Risses der Länge $2c$ demonstriert werden, siehe Bild 3.25. Ausgangspunkt ist die bekannte Lösung (z. B. Handbuch [267]) für die K–Faktoren infolge der Wirkung der Kräftepaare P und Q (pro Dicke), die am oberen und unteren Rissufer angreifen:

$$\begin{Bmatrix} K_{\mathrm{I}}^{\pm} \\ K_{\mathrm{II}}^{\pm} \end{Bmatrix} = \frac{1}{\sqrt{\pi c}} \sqrt{\frac{c \pm x_1}{c \mp x_1}} \begin{Bmatrix} P \\ Q \end{Bmatrix} \qquad (3.144)$$

Aus Bild 3.25 ist ersichtlich, dass P aufgrund der Symmetrie eine Modus–I–Belastung erzeugt und die Antimetrie von Q zum Modus II führt. Die K-Faktoren und Vorzeichen beziehen sich auf die positive ($x_1 = +c$) und negative ($x_1 = -c$) Rissspitze.

Diese Lösung wird auch als GREENsche Funktion für die Rissufer bezeichnet, denn aus ihr kann man die Spannungsintensitätsfaktoren für beliebig verteilte Linienlasten $p(x_1)$ bzw. $q(x_1)$ entlang der Rissufer berechnen. Zu diesem Zweck modellieren wir die Linienlasten als kontinuierliche infinitesimale Einzelkräfte $\mathrm{d}P = p(x_1)\,\mathrm{d}x_1$ bzw. $\mathrm{d}Q = q(x_1)\,\mathrm{d}x_1$, deren Überlagerung auf folgendes Integral für die K-Faktoren führt:

$$\begin{Bmatrix} K_{\mathrm{I}}^{\pm} \\ K_{\mathrm{II}}^{\pm} \end{Bmatrix} = \frac{1}{\sqrt{\pi c}} \int_{-c}^{+c} \sqrt{\frac{c \pm x_1}{c \mp x_1}} \begin{Bmatrix} p(x_1) \\ q(x_1) \end{Bmatrix} \mathrm{d}x_1 \,. \qquad (3.145)$$

Soll zum Beispiel der K_{I}-Faktor für eine konstante Druckbelastung $p(x_1) = -\sigma_{\mathrm{F}}$ im Bereich der Rissenden $a \leq |x_1| \leq a + d = c$ ermittelt werden, was in Abschnitt 3.3.3

benötigt wird (siehe dazu Bild 3.34), dann ergibt die Anwendung von (3.145):

$$K_\mathrm{I}^+ = K_\mathrm{I}^- = \frac{-\sigma_\mathrm{F}}{\sqrt{\pi c}} \left[\int_{-c}^{-a} \sqrt{\frac{c+x_1}{c-x_1}} \, \mathrm{d}x_1 + \int_a^c \sqrt{\frac{c+x_1}{c-x_1}} \, \mathrm{d}x_1 \right]$$

$$= \frac{-\sigma_\mathrm{F}}{\sqrt{\pi c}} \int_a^c \frac{2c}{\sqrt{c^2-x_1^2}} \, \mathrm{d}x_1 = -2\sigma_F \sqrt{\frac{c}{\pi}} \arccos\left(\frac{a}{c}\right) . \qquad (3.146)$$

Allgemeine Gewichtsfunktionen

Die Verallgemeinerung der soeben erkärten Berechnungsmethode auf beliebige Belastungen einer Risskonfiguration mit Flächenlasten $\bar{t}$ auf dem Rand S_t und Volumenlasten $\bar{b}$ im Körper V führt zu den eigentlichen *bruchmechanischen Gewichtsfunktionen*.

Die bruchmechanische Gewichtsfunktion $H_i^\mathrm{I}(\boldsymbol{x},a)$ beschreibt die Wirkung einer Einheitskraft $\boldsymbol{F} = F_i \boldsymbol{e}_i$ vom Betrag $|\boldsymbol{F}| = 1$ am Ort $\boldsymbol{x}$ auf den Spannungsintensitätsfaktor $K_\mathrm{I}(a)$ für einen Riss der Länge a im betrachteten Körper. Damit kann der Spannungsintensitätsfaktor für diese Risskonfiguration bei einer beliebigen Belastung $\bar{t}$ und $\bar{b}$ durch einfache Integration bestimmt werden:

$$K_\mathrm{I}(a) = \int_{S_t} \bar{t}_i(\boldsymbol{x}) H_i^\mathrm{I}(\boldsymbol{x},a) \, \mathrm{d}S + \int_V \bar{b}_i(\boldsymbol{x}) H_i^\mathrm{I}(\boldsymbol{x},a) \, \mathrm{d}V . \qquad (3.147)$$

$H_i^\mathrm{I}(\boldsymbol{x},a)$ hängt von der Körper- und Rissgeometrie, der Zuordnung der Randbereiche in S_t und S_u und den elastischen Materialeigenschaften ab.

Im Folgenden wird die auf RICE [216] zurück gehende Methode zur Berechnung bruchmechanischer Gewichtsfunktionen erläutert. Dazu betrachten wir eine Risskonfiguration unter zwei verschiedenen Belastungszuständen (1) und (2), was in Bild 3.26 für einen Kantenriss der Größe a demonstriert wird. Der Lastfall (1) soll diejenige Rissbeanspruchung bezeichnen, für die wir die K–Faktoren suchen, während Lastfall (2) eine bereits bekannte Lösung repräsentiert. Die zugehörigen Verschiebungsfelder $u_i^{(m)}$, Randspannungen $t_i^{(m)}$ (Überstrich wird im Weiteren weggelassen) und K–Faktoren $K_\mathrm{I}^{(m)}$, $K_\mathrm{II}^{(m)}$ beider Lastfälle $m = 1, 2$ werden durch hochgestellte Indizes markiert. Nun führen wir eine virtuelle Risserweiterung um den Betrag Δa aus, bei der die Randlasten $t_i^{(m)}$ konstant gehalten werden. Der Verschiebungszustand im Körper ändert sich jedoch wie folgt:

$$u_i^{(m)}(\boldsymbol{x}, a+\Delta a) = u_i^{(m)}(\boldsymbol{x}, a) + \Delta u_i^{(m)} , \quad \Delta u_i^{(m)} = \frac{\partial u_i^{(m)}}{\partial a} \Delta a . \qquad (3.148)$$

Nach Abschnitt 3.2.5 entspricht die bei diesem Vorgang freigesetzte potenzielle Energie gerade der halben Arbeit der äußeren Lasten $t_i^{(m)}$ an den Verschiebungsänderungen $\Delta u_i^{(m)}$ und ist somit gleich der Energiefreisetzungsrate $G = \Delta \mathcal{W}_\mathrm{ext}/\Delta a$. Andererseits ist

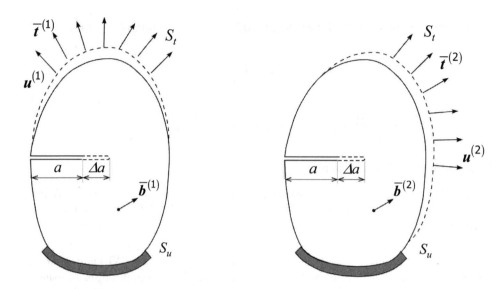

Bild 3.26: Zur Herleitung allgemeiner bruchmechanischer Gewichtsfunktionen

die Energiefreisetzungsrate G über die Beziehung (3.93) mit den Intensitätsfaktoren K_I und K_II verknüpft. Damit erhält man für beide Lastfälle:

$$\begin{aligned}\Delta W_\text{ext}^{(1)} &= \frac{1}{2}\int_{S_t} t_i^{(1)}\Delta u_i^{(1)}\mathrm{d}S = G^{(1)}\Delta a = \frac{1}{E'}\left[\left(K_\mathrm{I}^{(1)}\right)^2 + \left(K_\mathrm{II}^{(1)}\right)^2\right]\Delta a \\ \Delta W_\text{ext}^{(2)} &= \frac{1}{2}\int_{S_t} t_i^{(2)}\Delta u_i^{(2)}\mathrm{d}S = G^{(2)}\Delta a = \frac{1}{E'}\left[\left(K_\mathrm{I}^{(2)}\right)^2 + \left(K_\mathrm{II}^{(2)}\right)^2\right]\Delta a\,.\end{aligned} \quad (3.149)$$

Bei der Superposition beider Lastfälle (1) und (2) addieren sich die K–Faktoren $K_L = K_L^{(1)} + K_L^{(2)}$ ($L = \mathrm{I}, \mathrm{II}$). Bei den Randintegralen ist die Arbeit am jeweils anderen Lastfall zu berücksichtigen. Somit beträgt die Energiefreisetzung für den Gesamtzustand:

$$\begin{aligned}G^{(1+2)}\Delta a &= \frac{1}{E'}\left[\left(K_\mathrm{I}^{(1)} + K_\mathrm{I}^{(2)}\right)^2 + \left(K_\mathrm{II}^{(1)} + K_\mathrm{II}^{(2)}\right)^2\right]\Delta a \\ &= \frac{1}{2}\int_{S_t} t_i^{(1)}\left(\Delta u_i^{(1)} + \Delta u_i^{(2)}\right)\mathrm{d}S + \frac{1}{2}\int_{S_t} t_i^{(2)}\left(\Delta u_i^{(2)} + \Delta u_i^{(1)}\right)\mathrm{d}S\,.\end{aligned} \quad (3.150)$$

Die Differenz der Gleichungen (3.150) und (3.149) beschreibt die Wechselwirkungsenergie zwischen beiden Lastfällen

$$\frac{2}{E'}\left[K_\mathrm{I}^{(1)}K_\mathrm{I}^{(2)} + K_\mathrm{II}^{(1)}K_\mathrm{II}^{(2)}\right]\Delta a = \frac{1}{2}\int_{S_t} t_i^{(1)}\Delta u_i^{(2)}\mathrm{d}S + \frac{1}{2}\int_{S_t} t_i^{(2)}\Delta u_i^{(1)}\mathrm{d}S\,. \quad (3.151)$$

Nach dem Satz von BETTI (siehe z. B. [260]) sind die Arbeiten der Randspannungen des einen Lastfalls an den Verschiebungen des anderen Lastfalls miteinander identisch:

$$\int_{S_t} t_i^{(1)} u_i^{(2)} \mathrm{d}S = \int_{S_t} t_i^{(2)} u_i^{(1)} \mathrm{d}S, \quad (\textit{Reziprozitätstheorem}) \tag{3.152}$$

was ebenso auf die Situation nach Risserweiterung $a + \Delta a$ angewandt werden kann:

$$\int_{S_t} t_i^{(1)} \left(u_i^{(2)} + \Delta u_i^{(2)} \right) \mathrm{d}S = \int_{S_t} t_i^{(2)} \left(u_i^{(1)} + \Delta u_i^{(1)} \right) \mathrm{d}S. \tag{3.153}$$

Subtraktion von (3.152) und (3.153) ergibt

$$\int_{S_t} t_i^{(1)} \Delta u_i^{(2)} \mathrm{d}S = \int_{S_t} t_i^{(2)} \Delta u_i^{(1)} \mathrm{d}S. \tag{3.154}$$

Damit kann in (3.151) das 2. Integral durch das 1. ersetzt werden. Schließlich ziehen wir den Differenzenquotienten $\Delta u_i^{(2)}/\Delta a$ unter das Integral ($t_i^{(1)}$ ist von Δa nicht abhängig) und bilden mit (3.148) den Grenzübergang $\Delta a \to 0$:

$$K_{\mathrm{I}}^{(1)} K_{\mathrm{I}}^{(2)} + K_{\mathrm{II}}^{(1)} K_{\mathrm{II}}^{(2)} = \frac{E'}{2} \int_{S_t} t_i^{(1)} \frac{\partial u_i^{(2)}}{\partial a} \mathrm{d}S. \tag{3.155}$$

Diese allgemein gültige Beziehung können wir in verschiedener Hinsicht spezialisieren.

a) Reine Modus–I–Belastung

In diesem Spezialfall symmetrischer Geometrie und Belastung sind $K_{\mathrm{II}}^{(1)} = K_{\mathrm{II}}^{(2)} = 0$. Man kann (3.155) nach dem gesuchten Spannungsintensitätsfaktor für Lastfall (1) auflösen:

$$K_{\mathrm{I}}^{(1)}(a) = \frac{E'}{2K_{\mathrm{I}}^{(2)}(a)} \int_{S_t} t_i^{(1)}(\boldsymbol{x}) \frac{\partial u_i^{(2)}(\boldsymbol{x}, a)}{\partial a} \mathrm{d}S. \tag{3.156}$$

Ein Vergleich mit (3.147) zeigt, dass die Gewichtsfunktion H_i^{I} genau proportional der Änderung des Verschiebungsfeldes am Ort $\boldsymbol{x}$ des Randes S_t bei Risserweiterung ist:

$$H_i^{\mathrm{I}}(\boldsymbol{x}, a) = \frac{E'}{2K_{\mathrm{I}}^{(2)}(a)} \frac{\partial u_i^{(2)}(\boldsymbol{x}, a)}{\partial a}. \tag{3.157}$$

Somit kann aus jeder bekannten Referenzlösung $u_i^{(2)}$ und $K_{\mathrm{I}}^{(2)}$ des Rissproblems die (gleiche) Gewichtsfunktion für diese Konfiguration berechnet werden.

b) Reine Rissufer–Belastung

Da jede äußere Belastung $\bar{t}_i$ in eine äquivalente Rissuferbelastung t_i^c umgewandelt werden kann, darf in Gleichung (3.156) anstelle von S_t auch der gesamte Riss S_c eingesetzt werden, auf dessen Rand gerade diese Schnittspannungen t_i^c angreifen. Damit wird der Ort $\boldsymbol{x} \in S_c$ zur Bestimmung und Anwendung der Gewichtsfunktionen auf den Riss selbst begrenzt → *Rissufer–Gewichtsfunktionen* (engl. *crack face weight functions*).

c) Mixed–Mode–Belastung

In diesem Fall benötigt man zwei Referenzlösungen (2), die mit (2a) und (2b) bezeichnet werden sollen. Die Anwendung von (3.155) liefert dann ein lineares Gleichungssystem

$$K_{\mathrm{I}}^{(1)} K_{\mathrm{I}}^{(2\mathrm{a})} + K_{\mathrm{II}}^{(1)} K_{\mathrm{II}}^{(2\mathrm{a})} = \frac{E'}{2} \int_{S_t} t_i^{(1)} \frac{\partial u_i^{(2\mathrm{a})}}{\partial a}\, \mathrm{d}S$$

$$K_{\mathrm{I}}^{(1)} K_{\mathrm{I}}^{(2\mathrm{b})} + K_{\mathrm{II}}^{(1)} K_{\mathrm{II}}^{(2\mathrm{b})} = \frac{E'}{2} \int_{S_t} t_i^{(1)} \frac{\partial u_i^{(2\mathrm{b})}}{\partial a}\, \mathrm{d}S, \quad (3.158)$$

dessen Auflösung die gewünschten K–Faktoren des betrachteten Lastfalls (1) ergibt:

$$K_{\mathrm{I}}^{(1)} = \frac{E'}{2K^2} \left[K_{\mathrm{II}}^{(2\mathrm{a})} \int_{S_t} t_i^{(1)} \frac{\partial u_i^{(2\mathrm{b})}}{\partial a}\, \mathrm{d}S - K_{\mathrm{II}}^{(2\mathrm{b})} \int_{S_t} t_i^{(1)} \frac{\partial u_i^{(2\mathrm{a})}}{\partial a}\, \mathrm{d}S \right]$$

$$K_{\mathrm{II}}^{(1)} = \frac{E'}{2K^2} \left[K_{\mathrm{I}}^{(2\mathrm{b})} \int_{S_t} t_i^{(1)} \frac{\partial u_i^{(2\mathrm{a})}}{\partial a}\, \mathrm{d}S - K_{\mathrm{I}}^{(2\mathrm{a})} \int_{S_t} t_i^{(1)} \frac{\partial u_i^{(2\mathrm{b})}}{\partial a}\, \mathrm{d}S \right] \quad (3.159)$$

$$\text{mit} \quad K^2 = K_{\mathrm{I}}^{(2\mathrm{b})} K_{\mathrm{II}}^{(2\mathrm{a})} - K_{\mathrm{I}}^{(2\mathrm{a})} K_{\mathrm{II}}^{(2\mathrm{b})}\ .$$

Die beiden Referenzlösungen dürfen nicht ausschließlich Modus I oder Modus II sein, weil sonst das Gleichungssystem indefinit wird ($K = 0$!). Idealerweise verwendet man für (2a) eine reine Modus–I–Lösung ($K_{\mathrm{II}}^{(2\mathrm{a})} = 0$) und für (2b) einen Modus–II–Fall ($K_{\mathrm{I}}^{(2\mathrm{b})} = 0$), wodurch sich (3.158) entkoppelt.

Aus (3.159) extrahiert man die Gewichtsfunktionen für gemischte Belastung ebener Rissprobleme:

$$H_i^{\mathrm{I}}(\boldsymbol{x}, a) = \frac{E'}{2K^2(a)} \left[K_{\mathrm{II}}^{(2\mathrm{a})}(a) \frac{\partial u_i^{(2\mathrm{b})}(\boldsymbol{x}, a)}{\partial a} - K_{\mathrm{II}}^{(2\mathrm{b})}(a) \frac{\partial u_i^{(2\mathrm{a})}(\boldsymbol{x}, a)}{\partial a} \right]$$

$$H_i^{\mathrm{II}}(\boldsymbol{x}, a) = \frac{E'}{2K^2(a)} \left[K_{\mathrm{I}}^{(2\mathrm{b})}(a) \frac{\partial u_i^{(2\mathrm{a})}(\boldsymbol{x}, a)}{\partial a} - K_{\mathrm{I}}^{(2\mathrm{a})}(a) \frac{\partial u_i^{(2\mathrm{b})}(\boldsymbol{x}, a)}{\partial a} \right]. \quad (3.160)$$

3.2 Linear–elastische Bruchmechanik

Die Anwendung dieser vier Funktionen H_i^L ($i = 1, 2$; $L = $ I, II) sieht dann wie folgt aus:

$$K_{\mathrm{I}}^{(1)}(a) = \int\limits_{S_t} t_i^{(1)}(\boldsymbol{x})\, H_i^{\mathrm{I}}(\boldsymbol{x},a)\, \mathrm{d}S\,, \quad K_{\mathrm{II}}^{(1)}(a) = \int\limits_{S_t} t_i^{(1)}(\boldsymbol{x})\, H_i^{\mathrm{II}}(\boldsymbol{x},a)\, \mathrm{d}S\,. \tag{3.161}$$

Selbstverständlich können auch diese Gewichtsfunktionen auf den Rissort $\boldsymbol{x} \in S_c$ beschränkt werden.

Anstelle der Randlasten $\boldsymbol{t}^{(m)}$ (oder zusätzlich) hätte die obige Herleitung auch für beliebig verteilte Volumenlasten $\boldsymbol{b}^{(m)}$ durchgeführt werden können, woraus sich die Gewichtsfunktionen $H_i^{\mathrm{I,II}}(\boldsymbol{x},a)$ für innere Punkte $x \in V$ ergeben, siehe Gleichung (3.147).

Bisher wurden identische Verschiebungsrandbedingungen $\bar{\boldsymbol{u}}$ der Lastfälle (1) und (2) auf dem Randbereich S_u unterstellt. Es treten aber auch Situationen auf, wo der Körper nur durch aufgezwungene Randverschiebungen $\bar{\boldsymbol{u}}^{(m)}$ auf S_u belastet wird, deren Auswirkungen auf die K-Faktoren man gerne wissen möchte. Auch dafür lassen sich in komplementärer Weise bruchmechanische Gewichtsfunktionen ableiten [63]. Anstelle von (3.148) müssen jetzt die Änderungen der Reaktionsspannungen $\Delta t_i^{(m)}$ auf dem Verschiebungsrand S_u bei virtueller Rissausbreitung betrachtet werden, deren Arbeit mit den aufgeprägten Verschiebungen $u_i^{(m)}$ die Energiefreisetzungsrate $G = -\Delta W_{\mathrm{int}}/\Delta a$ darstellt, die bei festgehaltenen Verschiebungen dem inneren Energieverlust entspricht. Damit lautet das Pendant zu (3.149) für $m = 1, 2$:

$$-\Delta \mathcal{W}_{\mathrm{int}}^{(m)} = -\frac{1}{2} \int\limits_{S_u} u_i^{(m)} \Delta t_i^{(m)}\, \mathrm{d}S = G^{(m)} \Delta a\,. \tag{3.162}$$

Analoge Überlegungen wie oben führen dann auf die Gewichtsfunktionen G_i^L ($L = $ I, II) für Verschiebungsrandbedingungen, woraus die gesuchten Spannungsintensitätsfaktoren des Lastfalls (1) durch einfache Integration mit den Randverschiebungen $\bar{u}_i^{(1)} \cong \bar{u}_i$ berechnet werden können. Angegeben werden nur die zu (3.147) und (3.157) äquivalenten Beziehungen für Modus I:

$$K_{\mathrm{I}}(a) = \int\limits_{S_u} \bar{u}_i(\boldsymbol{x})\, G_i^{\mathrm{I}}(\boldsymbol{x},a)\, \mathrm{d}S\,, \quad G_i^{\mathrm{I}}(\boldsymbol{x},a) = \frac{E'}{2K_{\mathrm{I}}^{(2)}(a)} \frac{\partial t_i^{(2)}(\boldsymbol{x},a)}{\partial a}\,. \tag{3.163}$$

Die Verallgemeinerung auf Mixed-Mode-Belastung gemäß (3.160) und (3.161) bleibt dem Leser zur Übung überlassen.

Im allgemeinsten Fall liegen gemischte Randbedingungen $\boldsymbol{t}^{(m)}$ und $\boldsymbol{u}^{(m)}$ auf den Randbereichen S_t und S_u vor (bereits in Bild 3.26 angedeutet). Hierfür soll nur das Ergebnis angegeben werden, welches eine Erweiterung der Beziehungen (3.155) darstellt:

$$K_{\mathrm{I}}^{(1)} K_{\mathrm{I}}^{(2)} + K_{\mathrm{II}}^{(1)} K_{\mathrm{II}}^{(2)} = \frac{E'}{2} \left[\int\limits_{S_t} t_i^{(1)} \frac{\partial u_i^{(2)}}{\partial a}\, \mathrm{d}S - \int\limits_{S_u} u_i^{(1)} \frac{\partial t_i^{(2)}}{\partial a}\, \mathrm{d}S \right]\,. \tag{3.164}$$

BUECKNER–Singularität

Von BUECKNER [52] stammt ein ganz anderer Zugang zu den Gewichtsfunktionen, der von »fundamentalen Feldlösungen« eines Rissproblems Gebrauch macht, die sich aus der speziellen Belastung der Rissspitze durch Kräftepaare ergeben. Ausgangspunkt sind wiederum zwei Lastfälle ein und derselben (zweidimensionalen) Risskonfiguration: Lastfall (1) ist wieder eine beliebige Randbelastung $t_i^{(1)}$, für die die K–Faktoren gesucht werden, siehe Bild 3.27 (a). Das dazugehörige Verschiebungsfeld $u_i^{(1)}(\boldsymbol{x})$ im Körper ist nicht bekannt, aber wir wissen, dass das Nahfeld an der Rissspitze existieren muss und durch die noch unbekannten Spannungsintensitätsfaktoren $K_\mathrm{I}^{(1)}$ und $K_\mathrm{II}^{(1)}$ bestimmt wird. Anhand der Gleichungen (3.16) für Modus I und (3.25) für Modus II findet man die Rissuferverschiebungen ($\theta = \pm\pi$):

$$u_1^{(1)}(r) = \pm\frac{\kappa+1}{2\mu}\sqrt{\frac{r}{2\pi}}K_\mathrm{II}^{(1)}, \quad u_2^{(1)}(r) = \pm\frac{\kappa+1}{2\mu}\sqrt{\frac{r}{2\pi}}K_\mathrm{I}^{(1)}. \tag{3.165}$$

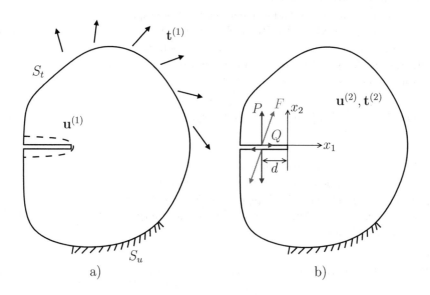

Bild 3.27: Zur Herleitung der Gewichtsfunktion nach BUECKNER

Lastfall (2) stellt die Lösung für die Wirkung eines Kräftepaars $\pm\boldsymbol{F} = \pm Q\boldsymbol{e}_1 \pm P\boldsymbol{e}_2$ auf den Rissufern dar. Im Gegensatz zu Bild 3.25 betrachten wir hier jedoch einen Riss im endlichen Körper gemäß Bild 3.27 (b). Diese Punktkräfte (pro Dicke) im Abstand $r = d$ zur Rissspitze können mit Hilfe der DIRACschen Deltafunktion als Randspannungsvektor des Lastfalls (2) umgeschrieben werden $\boldsymbol{t}^{(2)} = t_i^{(2)}\boldsymbol{e}_i$:

$$\boldsymbol{t}^{(2)}(\boldsymbol{x}) = \delta(r-d)\boldsymbol{F}, \quad t_1^{(2)} = \delta(r-d)Q, \quad t_2^{(2)} = \delta(r-d)P. \tag{3.166}$$

Das dazugehörige Verschiebungsfeld lautet $u_i^{(2)}(\boldsymbol{x})$.

Jetzt wenden wir wieder den Satz von BETTI auf diese beiden Lastfälle an, womit die reziproken Wechselwirkungsenergien gleichgesetzt werden:

$$\int_S t_i^{(2)} u_i^{(1)} \mathrm{d}S = \int_S t_i^{(1)} u_i^{(2)} \mathrm{d}S. \tag{3.167}$$

Das Integral auf der linken Seite enthält bekannte Funktionen (3.165) und (3.166) und kann über die Randkontur S einschließlich der beiden Rissufer ausgeführt werden:

$$\int_S \delta(r-d) F_i u_i^{(1)} \mathrm{d}S = 2 F_i u_i^{(1)}(d) = 2 \frac{\kappa+1}{2\mu} \sqrt{\frac{d}{2\pi}} \left[P K_{\mathrm{I}}^{(1)} + Q K_{\mathrm{II}}^{(1)} \right]. \tag{3.168}$$

Gleichsetzen mit der rechten Seite von (3.167) ergibt

$$\frac{\sqrt{d}}{\pi} \left[P K_{\mathrm{I}}^{(1)} + Q K_{\mathrm{II}}^{(1)} \right] = \frac{2\mu}{\kappa+1} \frac{1}{\sqrt{2\pi}} \int_S t_i^{(1)} u_i^{(2)} \mathrm{d}S. \tag{3.169}$$

Zum leichteren Verständnis beschränken wir uns im Weiteren auf Modus I, d. h. $Q = 0$ und $K_{\mathrm{II}}^{(1)} = 0$ verschwinden. Jetzt verschieben wir das Kräftepaar $\pm P$ direkt in die Rissspitze, d. h. Grenzübergang $d \to 0$, was eine besondere Singularität erzeugt. Ihre Intensität soll dabei unverändert bleiben, weshalb die Größe

$$B_{\mathrm{I}} = \lim_{d \to 0} \left(\frac{P\sqrt{d}}{\pi} \right) = \mathrm{const} \tag{3.170}$$

eingeführt wird. Damit kann (3.169) nach dem gesuchten Spannungsintensitätsfaktor $K_{\mathrm{I}}^{(1)}$ umgestellt werden.

$$K_{\mathrm{I}}^{(1)} = \frac{2\mu}{\kappa+1} \frac{1}{\sqrt{2\pi}} \frac{1}{B_{\mathrm{I}}} \int_S t_i^{(1)} u_i^{(2)} \mathrm{d}S. \tag{3.171}$$

Ein Vergleich mit (3.147) offenbart die Struktur der Gewichtsfunktion

$$H_i^{\mathrm{I}}(\boldsymbol{x}, a) = \frac{2\mu}{\kappa+1} \frac{1}{\sqrt{2\pi}} \frac{u_i^{(2)}(\boldsymbol{x})}{B_{\mathrm{I}}}, \tag{3.172}$$

die sich aus dem Verschiebungsfeld $u_i^{(2)}(\boldsymbol{x})$ berechnet, das durch die Wirkung des Kräftepaars an der Rissspitze entsteht. Derartige Verschiebungsfelder wurden von BUECKNER als *Fundamentalfelder* (engl. *fundamental fields*) bezeichnet (Nicht mit der Fundamentallösung einer DGL zu verwechseln!).

Wie sieht nun dieses fundamentale Verschiebungsfeld aus? Aus Gleichung (3.144) und Bild 3.25 erkennt man, dass die Spannungsintensitätsfaktoren unendlich groß werden, wenn das Kräftepaar P bzw. Q direkt in die Rissspitze verschoben wird, d. h. $d = c - x_1 \to 0$ geht. Es entsteht also eine noch stärkere Spannungssingularität als $1/\sqrt{r}$! Fundamentalfelder konnten für einfache zweidimensionale [52, 198] und dreidimensionale [53, 54] Risskonfigurationen analytisch berechnet werden. Für den halbunendlichen Riss in einer unendlich ausgedehnten Scheibe (siehe Bild 3.7 rechts) wurden in Abschnitt 3.2.2 Eigenfunktionen (3.38) – (3.41) hergeleitet. Die BUECKNER–Singularität entspricht gerade der Eigenfunktion für den Eigenwert $\lambda = -1/2$ bzw. $n = -1$. Die Verschiebungen an der Rissspitze werden dabei singulär mit $r^{-1/2}$ und die Spannungen mit $r^{-3/2}$. Auch die Formänderungsenergie würde wegen $u = \frac{1}{2}\sigma_{ij}\varepsilon_{ij} \sim r^{-3}$ in einem endlichen Gebiet singulär (vgl. Abschnitt 3.3.6). Aus diesen Gründen darf die BUECKNER–Singularität nicht als reale physikalische Lösung zugelassen und verstanden werden. Sie stellt aber eine mathematisch korrekte Lösung der RWA dar und hat als Gewichtsfunktion vollauf ihre Berechtigung. Der Koeffizient der (-1)ten Eigenfunktion hängt direkt mit der Intensität der BUECKNER–Singularität zusammen $\Re A_{(-1)} = -4B_\mathrm{I}$. Damit ergeben sich aus (3.41) mit $n = -1$ die Verschiebungs- und Spannungsfelder für Modus I im EVZ zu:

$$\begin{Bmatrix} u_1 \\ u_2 \end{Bmatrix} = \frac{B_\mathrm{I}}{\mu\sqrt{r}} \begin{Bmatrix} \cos\dfrac{\theta}{2}\left[(2\nu - 1) + \sin\dfrac{\theta}{2}\sin\dfrac{3\theta}{2}\right] \\ \sin\dfrac{\theta}{2}\left[(2 - 2\nu) + \cos\dfrac{\theta}{2}\cos\dfrac{3\theta}{2}\right] \end{Bmatrix} \tag{3.173}$$

$$\begin{Bmatrix} \sigma_{11} \\ \sigma_{22} \\ \tau_{12} \end{Bmatrix} = B_\mathrm{I} r^{-\frac{3}{2}} \begin{Bmatrix} \cos\dfrac{3\theta}{2} - \dfrac{3}{2}\sin\theta\sin\dfrac{5\theta}{2} \\ \cos\dfrac{3\theta}{2} + \dfrac{3}{2}\sin\theta\sin\dfrac{5\theta}{2} \\ \dfrac{3}{2}\sin\theta\cos\dfrac{5\theta}{2} \end{Bmatrix} . \tag{3.174}$$

Durch Einsetzen von (3.173) als $u_i^{(2)}$ in (3.172) bekommt man direkt die Gewichtsfunktionen auf den Rissufern ($\theta = \pm\pi$):

$$H_1^\mathrm{I}(r,\pm\pi) = 0, \quad H_2^\mathrm{I}(r,\pm\pi) = \frac{\pm 1}{\sqrt{2\pi r}} . \tag{3.175}$$

Da eine tangentiale Kraft Q keinen Intensitätsfaktor K_I erzeugt, muss H_1^I null sein. H_2^I entspricht genau der Wirkung einer vertikalen Einzelkraft P im Abstand r auf K_I. Gewichtsfunktionen nach BUECKNER können auch auf Mixed–Mode–Probleme und gemischte Randwertprobleme erweitert werden.

Vergleicht man die Ausdrücke für die Gewichtsfunktionen nach BUECKNER (3.172) mit denjenigen nach RICE (3.157), so wird der Unterschied klar: Hier benutzen wir ein fundamentales singuläres Verschiebungsfeld, wohingegen dort eine reguläre Verschiebungslösung differenziert wird. Für den oben betrachteten halbunendlichen Riss könnte man das Nahfeld (3.16) für die RICEsche Methode benutzen. In der Tat ergibt die Ableitung von (3.16) mit $\frac{\partial}{\partial a} = -\frac{\partial}{\partial x} = -\cos\theta\frac{\partial}{\partial r} + \frac{\sin\theta}{r}\frac{\partial}{\partial\varphi}$ gerade das Fundamentalfeld (3.173).

Abschließend soll hervorgehoben werden, dass insbesondere die Gewichtsfunktionen für Rissufer ein sehr effizientes Berechnungsverfahren für K–Faktoren bieten, weil man die Schnittspannungen am Rissort aus jeder konventionellen Festigkeitsanalyse des betrachteten Bauteils erhält und sich somit eine Berechnung mit explizitem Riss erspart. In Abschnitt 5.6 wird deshalb die numerische Berechnung von Gewichtsfunktionen mit FEM ausführlich abgehandelt.

Als weiterführende Literatur zu Gewichtsfunktionen werden das Buch von FETT & MUNZ [95] und die Artikel zu Mixed–Mode–Belastungen [42, 63, 198] und dreidimensionalen Risskonfigurationen [53, 54, 99, 218] empfohlen.

3.2.11 Thermische und elektrische Felder

In wachsendem Maße gewinnen technische Probleme an Interesse, bei denen die Wechselwirkung von Rissen mit anderen physikalischen Feldern als nur mechanischen Größen von Bedeutung ist. Relativ bekannt ist die Problematik thermisch induzierter Spannungen in Bauteilen mit Rissen, die als Folge inhomogener Temperaturfelder entstehen und vor allem bei Anlagen und Komponenten von Kraftwerken sowie bei Gussteilen eine Rolle spielen. Neuerdings tauchen Fragestellungen auf, wie ein Riss das elektrische Feld (z. B. in einem Kondensator, elektrischen Leiter oder mikroelektronischen Bauelement) beeinflusst oder welche magnetischen Feldkonzentrationen (in Motoren, Transformatoren) durch Materialfehler verursacht werden können. Insbesondere wirft der Einsatz neuer multifunktionaler Werkstoffe mit piezoelektrischen, magnetostriktiven u. a. Eigenschaften in der Mechatronik, Adaptronik und Mikrosystemtechnik Probleme der Festigkeit und Zuverlässigkeit auf, zu deren Lösung Risse unter gekoppelten thermischen, elektrischen, magnetischen und mechanischen Feldern beurteilt werden müssen. Im Rahmen dieses Buches sollen zum Verständnis zwei einfache Feldprobleme mit Rissen behandelt werden:

Riss in einem stationären Temperaturfeld

Das *Temperaturfeld* $T(x_1, x_2)$ in einem ebenen isotropen Körper mit Riss erhält man aus der Lösung des stationären Wärmeleitungsproblems. Der Wärmefluss $\boldsymbol{h}$ im Körper ist proportional zum negativen Temperaturgradienten (von heiß nach kalt) $\boldsymbol{g} = -\boldsymbol{\nabla} T$ und wird durch das FOURIERsche Gesetz mit dem Wärmeleitkoeffizienten k beschrieben:

$$\boldsymbol{h} = -k\boldsymbol{\nabla} T \quad \text{bzw.} \quad h_i = -k\frac{\partial T}{\partial x_i}. \tag{3.176}$$

Nach dem 1. Hauptsatz der Thermodynamik muss die Divergenz des Wärmeflussvektors $\boldsymbol{h}$ null sein, wenn keine inneren Wärmequellen vorliegen:

$$\boldsymbol{\nabla} \cdot \boldsymbol{h} = -k\,\Delta T(x_1, x_2) = 0 \quad \text{bzw.} \quad -k\left(\frac{\partial^2 T}{\partial x_1^2} + \frac{\partial^2 T}{\partial x_2^2}\right) = 0. \tag{3.177}$$

Das gesuchte Temperaturfeld $T(x_1, x_2)$ in der Rissebene muss demzufolge der LAPLACE–Gleichung genügen (Potenzialfunktion). Ist auf dem Rand (Normalenvektor n_i) ein bestimmter Wärmefluss $\bar{h}$ in die Umgebung vorgeschrieben, so fordert die Wärmebilanz

$$h_i n_i = -\bar{h}. \tag{3.178}$$

Im konkreten Fall nehmen wir an, dass der Körper einem konstanten Wärmefluss in Richtung der x_2-Achse infolge eines Temperaturgefälles ausgesetzt ist, d. h.

$$h_2 = \bar{h}_2 = h, \quad h_1 = 0 \quad \text{bei} \quad |z| \to \infty. \tag{3.179}$$

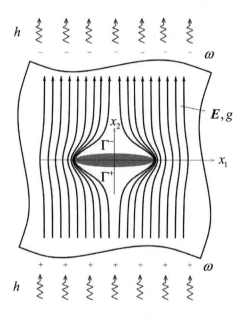

Bild 3.28: Konzentration von thermischen und elektrischen Feldern am Riss

Die Oberfläche des Risses sei wärmeundurchlässig, so dass die Flusslinien wie in Bild 3.28 gezeigt den Riss umgehen müssen, was zu einer Konzentration der Feldlinien an der Rissspitze führt. Die thermische Randbedingung auf den Rissufern lautet mit $n_i = \mp e_2$

$$h_i n_i = \mp h_2 = 0. \tag{3.180}$$

Diese RWA für das Temperaturfeld T ist mathematisch vollkommen identisch mit derjenigen für das Verschiebungsfeld u_3 bei nichtebener Schubbeanspruchung, man vergleiche Anhang A.5.4 und Abschnitt 3.3.1. In beiden Fällen muss die LAPLACE-Gleichung erfüllt werden, dem Wärmefluss entspricht dort die Schubspannungskomponente $h_i \stackrel{\wedge}{=} \tau_{i3}$, und auch die Randbedingungen (3.20) sind analog. Somit kann die Lösung mit denselben komplexen Funktionen wie in (A.165) formuliert werden:

$$T(x_1, x_2) = -\Re \Omega(z)/k, \quad h_1 - ih_2 = \Omega'(z). \tag{3.181}$$

Wir erhalten in Analogie zu (3.28)–(3.32) folgende thermische Lösung an der Rissspitze:

$$T(r,\theta) = h\sqrt{\pi a}\left(-\frac{2}{k}\right)\sqrt{\frac{r}{2\pi}}\sin\frac{\theta}{2}$$

$$\begin{Bmatrix} h_1 \\ h_2 \end{Bmatrix} = h\sqrt{\pi a}\frac{(-1)}{\sqrt{2\pi r}}\begin{Bmatrix} -\sin\frac{\theta}{2} \\ +\cos\frac{\theta}{2} \end{Bmatrix}. \quad (3.182)$$

Man sieht, dass sich das Temperaturfeld (wie die Verschiebungen in der Mechanik) mit $\sqrt{r}$ verhält und der Wärmefluss (analog zu den Spannungen) mit $1/\sqrt{r}$ an der Rissspitze singulär wird! Der Koeffizient aus thermischer Belastung und Risslänge spielt die gleiche Rolle wie K_{III} und wäre als »Wärmefluss–Intensitätsfaktor« K_h zu bezeichnen.

$$h\sqrt{\pi a} = K_\mathrm{h} \quad [\mathrm{W\ m^{-3/2}}] \quad (3.183)$$

Riss in einem elektrostatischen Feld

Gesucht ist das *elektrische Feld* $\boldsymbol{E}(x_1, x_2)$ in einem rissbehafteten Körper aus dielektrischem isotropen Material. Der Lösungsweg ist de facto identisch mit dem vorangegangenen thermischen Beispiel. Die primäre Feldgröße in der Elektrostatik ist das elektrische Potenzial $\varphi(x_1, x_2)$, woraus sich der Vektor der elektrischen Feldstärke als negativer Gradient berechnet $\boldsymbol{E} = -\boldsymbol{\nabla}\varphi$. Über das Materialgesetz ist $\boldsymbol{E}$ mit dem dielektrischen Verschiebungsvektor $\boldsymbol{D}$ verknüpft:

$$\boldsymbol{D} = \epsilon\,\boldsymbol{E} \quad \text{bzw.} \quad D_i = \epsilon\,E_i \quad (\epsilon\text{–Dielektrizitätskonstante}). \quad (3.184)$$

Das GAUSSsche Gesetz fordert die Bilanz der elektrischen Ladungsdichte im Volumen

$$\boldsymbol{\nabla}\cdot\boldsymbol{D} = -\epsilon\Delta\varphi = 0 \quad \text{bzw.} \quad -\epsilon\left(\frac{\partial^2\varphi}{\partial x_1^2} + \frac{\partial^2\varphi}{\partial x_2^2}\right) = 0 \quad (3.185)$$

und auf dem Rand bei vorgegebener Oberflächenladungsdichte $\bar{\omega}$

$$D_i n_i = -\bar{\omega}\,. \quad (3.186)$$

Damit bietet sich derselbe Lösungsansatz für die elektrostatische RWA an:

$$\varphi(x_1, x_2) = -\Re\Omega(z)/\epsilon\,, \quad D_1 - \mathrm{i}D_2 = \Omega'(z)\,. \quad (3.187)$$

Betrachten wir jetzt einen Riss in der unendlichen Ebene (Bild 3.28), an die ein externes vertikales elektrisches Feld durch Vorgabe der Ladungsdichte

$$D_2 = \omega \quad (3.188)$$

angelegt wird. Der Riss soll für das elektrische Feld undurchdringbar (impermeabel) sein, was durch eine verschwindende elektrische Ladung $D_i n_i = \mp\omega = 0$ auf den Rissufern ausgedrückt wird. Die mathematische Lösung erfolgt völlig analog zum vorherigen thermischen Beispiel und wir erhalten das elektrische Rissspitzenfeld:

$$\varphi(r,\theta) = K_D \left(-\frac{2}{\epsilon}\right) \sqrt{\frac{r}{2\pi}} \sin\frac{\theta}{2}$$

$$\left\{\begin{array}{c} D_1 \\ D_2 \end{array}\right\} = \epsilon \left\{\begin{array}{c} E_1 \\ E_2 \end{array}\right\} = K_D \frac{(-1)}{\sqrt{2\pi r}} \left\{\begin{array}{c} -\sin\frac{\theta}{2} \\ +\cos\frac{\theta}{2} \end{array}\right\}. \tag{3.189}$$

Es enststeht also eine Singularität der elektrischen Felder $\boldsymbol{D}$ und $\boldsymbol{E}$ an der Rissspitze, die durch einen »Intensitätsfaktor der dielektrischen Verschiebung« K_D quantifiziert wird.

$$K_D = \omega\sqrt{\pi a} \quad [\text{C m}^{-3/2}] \tag{3.190}$$

Die Parallelen zwischen mechanischem (nichtebener Schub), thermischem und elektrischem Feldproblem sind in Tabelle 3.1 nochmals zusammengestellt. Daraus folgt, dass alle bisher verfügbaren mechanischen Lösungen für Risse unter Modus–III–Belastung mit den entsprechenden Zuordnungen auf RWA der stationären Wärmeleitung oder der Elektrostatik übertragen werden dürfen.

Tabelle 3.1: Analogie mechanischer, thermischer und elektrischer Feldgrößen für bruchmechanische Aufgaben

	Mechanik	Wärmeleitung	Elektrostatik
primäre Feldgröße	Verschiebung u_3	Temperatur T	el. Potenzial φ
abgeleitete Feldgröße	Verzerrungen $\gamma_{i3} = u_{3,i}$	Temperaturgradient $g_i = T_{,i}$	el. Feldstärke $E_i = -\varphi_{,i}$
duale Feldgrößen Materialgesetz	Spannungen $\tau_{i3} = \mu\gamma_{i3}$	Wärmefluss $h_i = -kg_i$	el. Verschiebung $D_i = \epsilon E_i$
Bilanzgleichung in V	Gleichgewicht $\tau_{i3,i} = 0$	Wärmeenergie $h_{i,i} = 0$	Ladungsdichte $D_{i,i} = 0$
Bilanzgleichung auf S	$\tau_{i3}n_i = \bar{t}_3$	$h_i n_i = -\bar{h}$	$D_i n_i = -\bar{\omega}$

In den genannten Beispielen waren die jeweiligen Feldprobleme für sich isoliert. Noch interessanter wird die Aufgabe, wenn durch die Materialgesetze eine direkte Kopplung zwischen verschiedenen physikalischen Feldern zustande kommt. So verursacht z. B. bei piezoelektrischen Werkstoffen eine mechanische Belastung elektrische Feldsingularitäten an der Rissspitze und umgekehrt. Abhandlungen zur Bruchmechanik von Piezoelektrika und ihrer numerischen Analyse findet man z. B. bei QIN [207] und KUNA [148].

3.3 Elastisch-plastische Bruchmechanik

3.3.1 Einführung

Viele Konstruktionswerkstoffe (Metalle, Kunststoffe u. a.) verformen sich elastisch-plastisch. Deshalb sind der Anwendung der linear-elastischen Bruchmechanik (LEBM) Grenzen gesetzt. In der Realität wird schon bei geringen äußeren Belastungen aufgrund der Spannungskonzentration an der Rissspitze die Fließgrenze des Werkstoffs überschritten, so dass sich dort eine kleine *plastische Zone* ausbildet. Mit steigender Belastung wächst die plastische Zone und dehnt sich weiter in den Körper aus. Sie hat eine Umlagerung der Spannungs- und Verzerrungsfelder zur Folge und bedingt eine Abstumpfung der Rissspitze. Zunächst sind die plastifizierten Bereiche noch von elastischem Gebiet umgeben. In der Plastizitätstheorie nennt man diesen Zustand »eingeschränktes plastisches Fließen«. Im weiteren Verlauf können die plastischen Gebiete die Grenzen des Körpers erreichen und man gelangt zum »vollplastischen Zustand«. Bei einem ideal-plastischen Werkstoff wäre in der Struktur die *plastische Grenzlast* F_L (engl. *limit load*) erreicht, d. h. es käme bei diesem Lastniveau zu unbegrenzten plastischen Verformungen. Reale Werkstoffe verfügen noch über Sicherheitsreserven aufgrund ihrer Verfestigung.

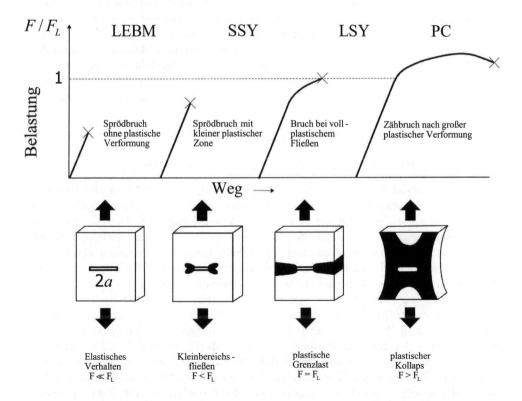

Bild 3.29: Stadien der plastischen Verformung in Körpern mit Riss

Diese Stadien der Plastifizierung eines Körpers mit Riss sind schematisch im Bild 3.29 dargestellt. Mit zunehmender Plastifizierung verstärkt sich die Nichtlinearität der globalen Kraft-Verformungs-Kurven. Es hängt jetzt von den Werkstoffeigenschaften und der Belastungssituation ab, wie groß eine plastische Zone werden kann, bevor es zur Initiierung des Risses – dem Beginn des Bruchvorgangs kommt. Je größer das Verhältnis von Bruchzähigkeit und Fließgrenze des Materials ist, desto größere Ausmaße hat die Plastifizierung vor dem Bruch. Außerdem ist zu beachten, dass mit der plastischen Verformung eine erhebliche Energiedissipation im Körper verbunden ist, die im Vergleich zum Energieverbrauch beim Risswachstum recht groß werden kann und von diesem deutlich zu unterscheiden ist.

Es ist ganz offensichtlich, dass die plastischen Verformungen die Situation am Riss und im Körper erheblich verändern. Deshalb müssen für Bruchvorgänge mit vorangehenden oder begleitenden elastisch-plastischen Verformungen besondere Versagenskriterien und Bewertungskonzepte aufgestellt werden. Dieser Aufgabe widmet sich die *elastischplastische Bruchmechanik (EPBM)* (engl. *elastic-plastic fracture mechanics*), die auch als *Zähbruchmechanik* bezeichnet wird.

Aufgrund des nichtlinearen, lastpfadabhängigen Materialverhaltens wird die Lösung von RWA der Plastizitätstheorie für rissbehaftete Körper recht schwierig. Von daher sind die analytischen Lösungsmethoden der EPBM sehr begrenzt und beschränken sich auf einfache Materialmodelle, ebene Risskonfigurationen und zumeist monotone Belastung. Erst durch die Verfügbarkeit leistungsfähigerer numerischer Lösungsverfahren eröffneten sich neue Möglichkeiten in der EPBM. Im Folgenden sollen die wichtigsten bruchmechanischen Kenngrößen und Konzepte der Zähbruchmechanik vorgestellt werden, die sich bisher bewährt haben. Die Anwendung auf reale Risskonfigurationen in Bauteilen verlangt jedoch in den meisten Fällen entsprechende numerische Berechnungen der Kenngrößen.

3.3.2 Kleine plastische Zonen am Riss

Abschätzung der Größe und Form der plastischen Zonen

Wenn die Größe der plastischen Zone klein ist im Vergleich zur Länge des Risses und allen anderen Abmessungen der Struktur, so spricht man von *Kleinbereichsfließen* (engl. *small scale yielding*), was üblicher Weise mit SSY abgekürzt wird. Diesem Modell liegt die Vorstellung zugrunde, dass sich die plastische Zone innerhalb der elastischen Rissspitzenlösung befindet, die wir im Abschnitt 3.2.2 bereits kennengelernt haben. Das bedeutet, die Plastifizierung an der Rissspitze wird durch die Spannungen und Verzerrungen der sie umgebenden elastischen Felder kontrolliert, die wiederum eindeutig durch die Spannungsintensitätsfaktoren festgelegt sind. Voraussetzung dafür ist, dass der Radius der plastischen Zone r_p wesentlich kleiner als der Radius r_K der Gültigkeitsgrenzen der Nahfeldlösung bleibt, was in Bild 3.30 skizziert ist. Da der Gültigkeitsbereich $r_K \approx 0{,}02 - 0{,}10\,a$ selbst nur einen Bruchteil der Risslänge beträgt, verlangt die SSY-Annahme somit sehr kleine plastische Zonen. Trotzdem führt das Modell des Kleinbereichsfließens zu ersten interessanten Erkenntnissen. Die Darlegungen dieses Abschnittes beschränken sich auf Modus-I-Belastung, könnten aber sinngemäß auf die beiden anderen Rissöffnungsarten übertragen werden (siehe SÄHN & GÖLDNER [232]).

3.3 Elastisch-plastische Bruchmechanik

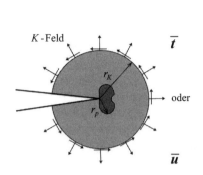

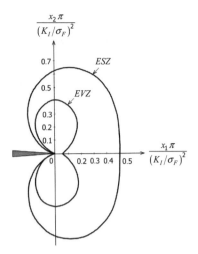

Bild 3.30: Modell des Kleinbereichsfließens SSY

Bild 3.31: Gestalt der plastischen Zone beim Kleinbereichsfließen

Als einfachster Fall wird ideal-plastisches Materialverhalten mit der Anfangsfließspannung σ_F angenommen. Um die plastischen Zonen in erster Approximation zu berechnen, werden die Spannungen der elastischen Rissspitzenlösung (3.12) in die Fließbedingung nach v. MISES (A.102) eingesetzt. Dazu bestimmen wir aus (3.12) gemäß Anhang A.3.3 die maximalen Hauptnormalspannungen in der (x_1, x_2)-Ebene und die entsprechenden Hauptrichtungswinkel θ_0:

$$\left\{\begin{matrix}\sigma_\mathrm{I}\\ \sigma_\mathrm{II}\end{matrix}\right\} = \frac{K_\mathrm{I}}{\sqrt{2\pi r}} \cos\frac{\theta}{2} \left\{\begin{matrix}1+\sin\frac{\theta}{2}\\ 1-\sin\frac{\theta}{2}\end{matrix}\right\}, \quad \theta_0 = \pm\frac{\pi}{4} + \frac{3}{4}\theta. \tag{3.191}$$

Die dritte Hauptspannung wird durch σ_{33} gebildet, siehe Abschnitt A.5.2:

$$\sigma_\mathrm{III} = 0 \quad (\text{ESZ}), \quad \sigma_\mathrm{III} = \nu(\sigma_\mathrm{I} + \sigma_\mathrm{II}) = 2\nu\frac{K_\mathrm{I}}{\sqrt{2\pi r}}\cos\frac{\theta}{2} \quad (\text{EVZ}). \tag{3.192}$$

Einsetzen in die Fließbedingung (A.102) liefert den Radius $r_\mathrm{p}(\theta)$ der plastischen Zone als Funktion des Polarwinkels θ. Dabei wird zwischen den Modellen für den EVZ und den ESZ differenziert.

$$r_\mathrm{p}(\theta) = \frac{1}{2\pi}\left(\frac{K_\mathrm{I}}{\sigma_\mathrm{F}}\right)^2 \cos^2\frac{\theta}{2}\left\{\begin{matrix}3\sin^2\frac{\theta}{2}+1 & \text{ESZ}\\ 3\sin^2\frac{\theta}{2}+(1-2\nu)^2 & \text{EVZ}.\end{matrix}\right. \tag{3.193}$$

Bild 3.31 gibt die daraus resultierenden Formen der plastischen Zonen für $\nu = 1/3$ wieder.

86   3 Grundlagen der Bruchmechanik

Die plastische Zone ist beim EVZ deutlich kleiner als beim ESZ. Ihre Gestalt erstreckt sich seitlich zur Rissrichtung, wohingegen sie im ESZ stärker nach vorne orientiert ist.

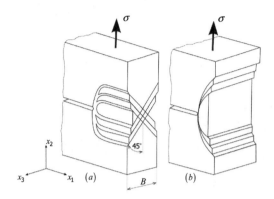

Bild 3.32: Gleitebenen maximaler Schubspannungen im ebenen Spannungs- (a) und ebenen Verzerrungszustand (b)

Plastische Verformung in Metallen läuft in Gleitbändern ab, die sich in Ebenen der maximalen Schubspannung formieren. Um die Orientierungen der Gleitprozesse an der Rissspitze zu bestimmen, berechnen wir anhand der Nahfeldlösung (3.191), (3.192) die Hauptschubspannungen $\tau_{\max} = (\sigma_{\max} - \sigma_{\min})/2$ gemäß der Beziehung (A.64) für den Winkelbereich $\theta \approx \pm 45°$ vor der Rissspitze. Hierbei gibt es signifikante Unterschiede zwischen den Modellen des ESZ und EVZ:

$$\text{ESZ:} \quad \tau_{\max} = \frac{\sigma_{\text{I}} - \sigma_{\text{III}}}{2} = \frac{\sigma_{\text{I}}}{2}$$
$$\text{EVZ:} \quad \tau_{\max} = \frac{\sigma_{\text{I}} - \sigma_{\text{II}}}{2} = \frac{K_{\text{I}}}{\sqrt{2\pi r}} \cos\frac{\theta}{2} \sin\frac{\theta}{2}. \tag{3.194}$$

Im ESZ liegt $\tau_{\max}$ in Schnittebenen vor, die um 45° gegenüber der (x_1, x_2)-Ebene geneigt sind. Die Annahme ESZ gilt für dünnwandige Strukturen, so dass hier die Gleitbänder schräg zur Dickenrichtung nach Bild 3.32 (a) verlaufen. Das führt zu einer Einschnürung des Querschnittes entlang eines schmalen Streifens vor der Rissspitze. Beim EVZ werden die größten Schubspannungen durch die Hauptspannungen in der (x_1, x_2)-Ebene verursacht, weshalb die Gleitprozesse in Ebenen auftreten, die parallel zur x_3-Achse liegen, wie es Bild 3.32 (b) darstellt. Diese scharnierartige plastische Verformung führt zu einer Abstumpfung der ursprünglich scharfen Rissspitze. Die qualitativen Unterschiede in der plastischen Verformungskinematik werden durch experimentelle Befunde an dünnen (ESZ) bzw. dicken (EVZ) Strukturen bestätigt, wobei das Ausmaß der Dehnungsbehinderung in x_3-Richtung maßgeblich von der Größe der plastischen Zone r_p relativ zur Dicke B abhängt:

$$\text{ESZ:} \quad r_\text{p} \gg B \qquad \text{EVZ:} \quad r_\text{p} \ll B. \tag{3.195}$$

IRWINsche Risslängenkorrektur für kleine plastische Zonen

Grundlage der Betrachtungen sind die Spannungen in der Rissebene (r, $\theta = 0$), deren Werte sich aus der Rissspitzenlösung (3.12) wie folgt errechnen:

$$\sigma_{11} = \sigma_{22} = \frac{K_\mathrm{I}}{\sqrt{2\pi r}}, \qquad \tau_{12} = 0, \qquad \sigma_{33} = \begin{cases} 0 & \text{ESZ} \\ 2\nu\sigma_{22} & \text{EVZ.} \end{cases} \qquad (3.196)$$

Den Verlauf der rissöffnenden Spannung $\sigma_{22}(r)$ zeigt Bild 3.33. Die Form der plastischen Zone bei ideal-plastischem Material wurde mit Hilfe der v. MISESschen Fließbedingung bereits in (3.193) berechnet. Ihre Ausdehnung r_F entlang der x_1-Achse beträgt demnach

$$r_\mathrm{F} = r_\mathrm{p}(\theta = 0) = \frac{1}{2\pi}\left(\frac{K_\mathrm{I}}{\sigma_\mathrm{F}}\right)^2 \begin{cases} 1 & \text{ESZ} \\ (1-2\nu)^2 & \text{EVZ} \end{cases}. \qquad (3.197)$$

Im ESZ wird r_F gerade durch den Schnittpunkt der σ_{22}-Kurve mit der Fließspannung σ_F festgelegt, da $\sigma_\mathrm{v} = \sigma_{22}(r_\mathrm{F}, 0) = \sigma_\mathrm{F}$ gilt. Für den EVZ verringert sich die Fließbedingung wegen der Spannungskomponente σ_{33} auf $\sigma_\mathrm{v} = (1-2\nu)\sigma_{22}(r_\mathrm{F}, 0) = \sigma_\mathrm{F}$, d. h. die wirkende Normalspannung σ_{22} muss um den Faktor $1/(1-2\nu)$ (etwa 3 bei $\nu = 1/3$) größer sein. Diese Spannungserhöhung infolge der Dehnungsbehinderung (Mehrachsigkeit) wird durch den *plastischen Constraintfaktor* (engl. *plastic constraint factor*) quantifiziert:

$$\alpha_\mathrm{cf} = \frac{\sigma_{22}}{\sigma_\mathrm{F}} = \begin{cases} 1 & \text{ESZ} \\ 1/(1-2\nu) \approx 3 \text{ bei } \nu = 1/3 & \text{EVZ} \end{cases}. \qquad (3.198)$$

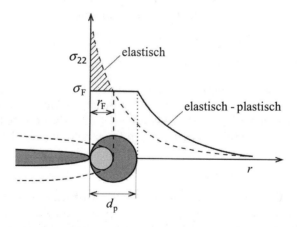

Bild 3.33: Abschätzung der plastischen Zone an der Rissspitze nach IRWIN

Durch das Abschneiden des Spannungsverlaufs bei $\sigma = \sigma_\mathrm{F}$ (schraffierte Fläche in Bild 3.33) wird jedoch die resultierende Kraft in x_2-Richtung verfälscht. Um das Kräftegleichgewicht wieder herzustellen, müssen diese Spannungen auf das Ligament umverteilt werden, indem die plastische Zone eine größere Ausdehnung d_p erhält. Aus der Bedingung, dass der Flächeninhalt unter der elastischen Kurve (Strichlinie) mit demjenigen unter der elastisch-plastischen (Volllinie) äquivalent ist, kann man die Länge $d_\mathrm{p} = 2r_\mathrm{F}$ ausrechnen. Die Größe der schraffierten Fläche beträgt unter Benutzung von (3.197)

$$\int_0^{r_\mathrm{F}} \frac{K_\mathrm{I}}{\sqrt{2\pi r}}\, \mathrm{d}r - \sigma_\mathrm{F}\, r_\mathrm{F} = \sigma_\mathrm{F} r_\mathrm{F} \stackrel{!}{=} \sigma_\mathrm{F}\, (d_\mathrm{p} - r_\mathrm{F}). \tag{3.199}$$

Nach IRWIN [126] wird diese Fläche genau dadurch kompensiert, indem man den Riss effektiv um r_F vergrößert (gestrichelte Risskontur), wodurch die Hälfte der Fläche $\sigma_\mathrm{F}\, d_\mathrm{p}$ entlastet wird. Das führt zur Korrektur der plastischen Zonengröße auf den doppelten Wert (großer Kreis im Bild 3.33):

$$d_\mathrm{p} \widehat{=} 2r_\mathrm{p} = 2r_\mathrm{F}, \qquad d_\mathrm{p} = \frac{1}{\pi}\left(\frac{K_\mathrm{I}}{\sigma_\mathrm{F}}\right)^2 \begin{cases} 1 & \text{ESZ} \\ (1-2\nu)^2 & \text{EVZ} \end{cases}. \tag{3.200}$$

Die effektive Risslänge und der zugehörige Spannungsintensitätsfaktor (3.64) betragen dann:

$$a_\mathrm{eff} = a + r_\mathrm{p}, \qquad K_\mathrm{Ieff} = \sigma\sqrt{\pi a_\mathrm{eff}}\, g\left(\frac{a_\mathrm{eff}}{w}.\right) \tag{3.201}$$

Anhand der Größe der plastischen Zonen können die Gültigkeitsgrenzen für eine linearelastische Bewertung von Rissen festgelegt werden. So wird in bruchmechanischen Prüfvorschriften ([12, 49]) gefordert, dass d_p wesentlich kleiner als alle relevanten Proben- oder Bauteilabmessungen sein muss. Danach müssen die Probendicke B, die Risslänge a und das Restligament $(w - a)$ im EVZ die folgende Bedingung erfüllen:

$$B,\, a,\, (w-a) \geq 2{,}5 \left(\frac{K_\mathrm{Ic}}{\sigma_\mathrm{F}}\right)^2. \tag{3.202}$$

Der Ausdruck auf der rechten Seite ist proportional zur Größe der plastischen Zone beim Bruch. Ist eines dieser Gültigkeitskriterien verletzt, so ist die Anwendbarkeit der LEBM in Frage gestellt. Bei Bruchmechanikversuchen bedeutet dies, die ermittelte Bruchzähigkeit K_Ic entspricht nicht dem unteren, konservativen Grenzwert K_Ic des EVZ.

3.3.3 Das DUGDALE-Modell

DUGDALE [79] wurde zu diesem Modell durch die Beobachtung streifenförmiger plastischer Zonen vor der Rissspitze in dünnen Metallproben im Zugversuch angeregt. Wie bereits erläutert, kommt es unter den Bedingungen des ESZ zu einer Einschnürung durch plastisches Fließen auf 45°-Ebenen (Bild 3.32 (a)), was die Höhe der plastischen Zone etwa auf die Dicke B begrenzt. Dem Modell liegen folgende Annahmen zugrunde.

- Die gesamte plastische Verformung konzentriert sich auf einen Streifen (mathematisch Linie) der Länge d, woher der Name (engl. *strip yield model*) stammt.

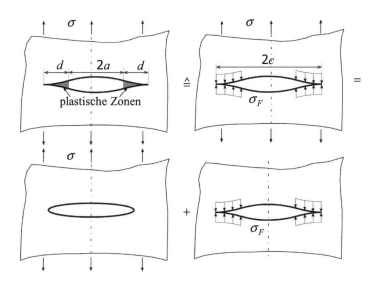

Bild 3.34: DUGDALE-Modell für streifenförmige plastische Zone

- Das Material im Fließstreifen verhält sich ideal-plastisch. Es gelte der ESZ, so dass Fließen bei $\sigma_{22} = \sigma_F$ einsetzt. Bei Anwendung auf den EVZ wäre die Spannungserhöhung bei Fließbeginn durch den Constraintfaktor (3.198) zu modifizieren $\sigma_{22} = \alpha_{cf}\sigma_F$.

- Das Problem wird auf eine RWA für einen hypothetischen Riss der Länge $2(a + d) = 2c$ in einem elastischen Körper zurückgeführt. Das Rissmodell kann man sich entsprechend Bild 3.34 dann als Überlagerung der folgenden zwei Lastfälle vorstellen:

  (1) Riss in der unendlichen Ebene unter konstantem Zug σ.

  (2) Die Stützwirkung des plastifizierten Materials im Fließbereich $a \leq |x_1| \leq a+d$ wird durch Randspannungen $t_2^c = \sigma_F$ simuliert, die den Riss zusammendrücken.

Für das Problem (1) ist der Spannungsintensitätsfaktor aus Abschnitt 3.2.2 bekannt:

$$K_I^{(1)} = \sigma\sqrt{\pi(a+d)}. \tag{3.203}$$

Für die Belastung (2) wurde der K-Faktor im Abschnitt (3.2.10) berechnet:

$$K_I^{(2)} = -2\sigma_F \sqrt{\frac{a+d}{\pi}} \arccos\left(\frac{a}{a+d}\right). \tag{3.204}$$

Es wird gefordert, dass an den Enden des hypothetischen Risses $|x_1| = \pm c$ keine Spannungssingularitäten auftreten. Deshalb müssen sich die Spannungsintensitätsfaktoren beider Teilprobleme (1) und (2) gerade aufheben:

$$K_I = K_I^{(1)} + K_I^{(2)} = 0. \tag{3.205}$$

Aus dieser Beziehung folgt für die Ausdehnung d der plastischen Zone:

$$\frac{a}{a+d} = \cos\left(\frac{\pi\sigma}{2\sigma_\text{F}}\right), \quad d = a\left[\left(\cos\frac{\pi\sigma}{2\sigma_\text{F}}\right)^{-1} - 1\right]. \tag{3.206}$$

Wie erwartet, tritt nach dieser Beziehung ohne Belastung ($\sigma = 0$) auch keine plastische Zone auf, $d = 0$. Interessant ist jedoch, dass d unendlich groß werden kann, wenn sich die Spannung der Fließgrenze nähert $\sigma \to \sigma_\text{F}$. In diesem Fall wird nämlich die plastische Grenzlast der Scheibe erreicht, so dass der gesamte Nettoquerschnitt plastisch fließt.

Für Kleinbereichsfließen $\sigma \ll \sigma_\text{F}$ kann die Kosinusfunktion als Reihe

$$\left(\cos\frac{\pi\sigma}{2\sigma_\text{F}}\right)^{-1} \approx 1 + \frac{1}{2}\left(\frac{\pi\sigma}{2\sigma_\text{F}}\right)^2 \tag{3.207}$$

approximiert werden und über die Beziehung $\sigma\sqrt{\pi a} = K_\text{I}$ ergibt sich:

$$d \approx \frac{a\pi^2\sigma^2}{8\sigma_\text{F}^2} = \frac{\pi}{8}\left(\frac{K_\text{I}}{\sigma_\text{F}}\right)^2. \tag{3.208}$$

Vergleicht man das Ergebnis des DUGDALE-Modells (3.208) mit der plastischen Zonenkorrektur nach IRWIN, Gl. (3.200), so zeigt sich, dass beide Modelle ähnliche Beziehungen liefern und sich nur durch die Vorfaktoren $1/\pi = 0{,}318$ bzw. $\pi/8 = 0{,}392$ unterscheiden.

3.3.4 Rissöffnungsverschiebung CTOD

Belastet man Bruchmechanikproben aus Werkstoffen mit hoher Duktilität, so ist zu beobachten, dass sich die Spitze des ursprünglich scharfen Anrisses aufgrund plastischer Verformung stark aufweitet und abstumpft, noch bevor die Rissinitiierung einsetzt, Bild 3.35. Diese irreversible Öffnungsverschiebung der Rissflanken gegeneinander übersteigt bei weitem die Rissöffnung infolge rein elastischer Verformungen und kann als ein lokales Maß für die plastischen Verzerrungen in der Umgebung der Rissspitze betrachtet werden. Sie wird als *Rissöffnungsverschiebung* δ_t (engl. *crack tip opening displacement*) CTOD bezeichnet. Von WELLS [282] und BURDEKIN & STONE [55] wurde deshalb ein Bruchkonzept vorgeschlagen, das die Rissöffnungsverschiebung δ_t als charakteristische Beanspruchungskenngröße verwendet.

Das CTOD-Kriterium besagt, dass in duktilen Werkstoffen genau dann die Rissinitiierung beginnt, wenn die Rissöffnungsverschiebung δ_t einen kritischen, materialspezifischen Grenzwert δ_tc übersteigt.

$$\delta_\text{t} = \delta_\text{tc} \tag{3.209}$$

Zur Umsetzung des Konzeptes ist ein quantitativer Zusammenhang zwischen δ_t und den äußeren Belastungen notwendig. Eine Berechnungsmöglichkeit ist mit Hilfe des DUGDALE-Modells gegeben. Hierbei wird die Rissöffnungsverschiebung an der Spitze des physi-

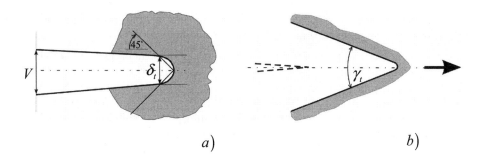

Bild 3.35: Definition der Rissöffnungsverschiebung δ_t (CTOD) am ruhenden Riss und des Rissspitzenöffnungswinkels γ_t (CTOA) am bewegten Riss

kalischen Risses bei $|x_1| = a$ definiert, vgl. Bild 3.34, und beträgt an dieser Stelle

$$\delta_t = (u_2^+ - u_2^-) = 2u_2(a) = \frac{8\sigma_F\, a}{\pi E}\ln\left(\cos\frac{\pi\sigma}{2\sigma_F}\right)^{-1}. \qquad (3.210)$$

Für sehr kleine Belastungen darf wieder die Reihenentwicklung (3.207) benutzt werden, womit sich im SSY-Fall die Verbindung zu K_I ergibt:

$$\delta_t = \frac{K_I^{\,2}}{\sigma_F\, E}. \qquad (3.211)$$

Auch die plastische Zonenkorrektur nach IRWIN führt zu einer Bewertung der Rissöffnungsverschiebung. Dabei wird δ_t an der Stelle ausgewertet, wo die plastische Zone auf den Flanken des effektiven Risses endet, d. h. bei $x_1 = -r_p$ im Bild 3.33. Einsetzen in das Verschiebungsfeld (3.16) der linear-elastischen Lösung ($\theta = \pi$) liefert

$$u_2(r_p) = \frac{4}{E}K_I\sqrt{\frac{r_p}{2\pi}} \quad \text{(ebener Spannungszustand ESZ)}, \qquad (3.212)$$

woraus mit dem bekannten Wert von r_p aus (3.200) folgt:

$$\delta_t = 2u_2 = 2\frac{4}{E}K_I\sqrt{\frac{K_I^2}{(2\pi)^2\sigma_F^2}} = \frac{4}{\pi}\frac{K_I^2}{E\,\sigma_F} = \frac{4}{\pi}\frac{G}{\sigma_F}. \qquad (3.213)$$

Bei kleinen plastischen Zonen (SSY) besteht somit eine Beziehung zwischen der Rissöffnungsverschiebung δ_t und der Energiefreisetzungsrate G. In Abhängigkeit von der Dehnungsbehinderung in der realen Struktur und der Werkstoffverfestigung kann der empirische Ansatz

$$\delta_t = \frac{K_I^2}{m\,\sigma_F\, E} \quad \text{im ESZ und} \quad \delta_t = \frac{K_I^2(1-\nu^2)}{m\,\sigma_F\, E} \quad \text{im EVZ} \qquad (3.214)$$

gemacht werden, wobei der Faktor $m \approx 1$ für den ebenen Spannungszustand (ESZ) gilt und im ebenen Verzerrungszustand (EVZ) $m \approx 2$ beträgt.

Eine allgemein anerkannte Definition der Rissöffnungsverschiebung δ_t, die unabhängig von einem speziellen Modell ist, wird in Bild 3.35 gezeigt. Hierbei werden zwei Sekanten im Winkel von $\pm 45°$ in die abgestumpfte Rissspitze gelegt und δ_t aus den Schnittpunkten mit der Rissfront bestimmt. Diese Definition ist sehr geeignet für die Auswertung numerischer Analysen. Die experimentelle Ermittlung der Rissöffnungsverschiebung δ_t an einer Probe oder einem Bauteil gestaltet sich schwieriger, da der unmittelbare Rissspitzenbereich einer direkten Messung nur schwer zugänglich ist. Deshalb wird meist die *Rissöffnung V* (engl. *crack opening displacement*) COD an der Probenoberfläche gemessen und mit Hilfe geometrischer Annahmen (z. B. Strahlensatz bei Drehung um ein plastisches Fließgelenk) auf die Rissspitze extrapoliert. Eine physikalisch begründete Bestimmung von δ_t ist über die stereoskopische Vermessung der »Stretchzonenhöhe« (engl. *stretched zone height*) SZH möglich, allerdings erst nach dem Versagen. Hier soll der Hinweis auf die Literatur [41, 239] und einschlägige Prüfstandards [11, 50] genügen.

3.3.5 Failure Assessment Diagramm FAD

Auf der Grundlage des Rissmodells von DUGDALE wurde von HARRISON [107] 1976 eine Methode zur ingenieurmäßigen Bewertung der Bauteilsicherheit entwickelt. Sie trägt die englische Bezeichnung *Failure Assessment Diagram* (FAD)– *Versagensbewertungsdiagramm* – oder auch »Zwei-Kriterien-Methode«. Dieses Konzept verbindet die beiden Grenzfälle des Versagens durch Sprödbruch auf der einen Seite und plastischen Kollaps beim Erreichen der plastischen Grenzlast andererseits. Für den dazwischen liegenden Übergangsbereich elastisch-plastischen Versagens rissbehafteter Bauteile wird aus beiden Konzepten eine geometrieunabhängige Versagensgrenzkurve abgeleitet. Im Folgenden soll die Grundidee vermittelt werden.

Für große Plastifizierungen bis hin zur plastischen Grenzlast bietet das DUGDALE-Modell (3.210) in Verbindung mit dem CTOD-Kriterium (3.209) eine geeignete Basis:

$$a \frac{8\sigma_F}{\pi E} \ln \left(\cos \frac{\pi \sigma}{2\sigma_F} \right)^{-1} = \delta_t \stackrel{!}{=} \delta_{tc}. \quad (3.215)$$

Umgestellt nach σ, bestimmt diese Gleichung die kritische Spannung bei einer gegebenen Risslänge a:

$$\sigma_c = \frac{2}{\pi} \sigma_F \arccos \left[\exp \left(-\frac{\pi E \delta_{tc}}{8 \sigma_F a} \right) \right]. \quad (3.216)$$

Für verschwindend kleine Risse $a \to 0$ ergibt sich $\sigma_c = \sigma_F$, d. h. die Festigkeit wird durch den plastischen Kollaps limitiert – wir haben den Fall sehr großer plastischer Zonen LSY (engl. *large scale yielding*).

Im entgegengesetzten Extremfall der LEBM bzw. bei SSY verfügen wir durch das

DUGDALE-Modell (3.211) über eine Relation zu K_I

$$\frac{K_I^2}{E\sigma_F} = a\frac{\pi\left(\sigma_c^{LEBM}\right)^2}{E\sigma_F} = \delta_t \stackrel{!}{=} \delta_{tc}, \qquad (3.217)$$

woraus man mit $K_I = \sigma\sqrt{\pi a}$ die kritische Spannung σ_c^{LEBM} der LEBM bekommt

$$\sigma_c^{LEBM} = \sqrt{\frac{E\sigma_F\delta_{tc}}{\pi a}}, \qquad (3.218)$$

die für kleine Risse $a \to 0$ unendlich hohe Festigkeit $\sigma_F \to \infty$ voraussagt. Durch Gleichsetzen von (3.217) mit (3.215) wird die Risslänge eliminiert

$$\left(\frac{\sigma_c^{LEBM}}{\sigma_F}\right)^2 = \frac{8}{\pi^2}\ln\left[\cos\frac{\pi\sigma}{2\sigma_F}\right]^{-1}. \qquad (3.219)$$

Abschließend führen wir noch auf [0,1] normierte Lastparameter K_r und S_r ein:

$$\begin{aligned}\frac{\sigma}{\sigma_c^{LEBM}} &\stackrel{\wedge}{=} \frac{K_I}{K_{Ic}} = K_r \quad \text{für Sprödbruch LEBM} \\ \frac{\sigma}{\sigma_F} &\stackrel{\wedge}{=} \frac{F}{F_L} = S_r \qquad \text{für plastisches Versagen}\end{aligned} \qquad (3.220)$$

$$K_r = S_r\left[\frac{8}{\pi^2}\ln\left(\cos\frac{\pi}{2}S_r\right)^{-1}\right]^{-1/2}. \qquad (3.221)$$

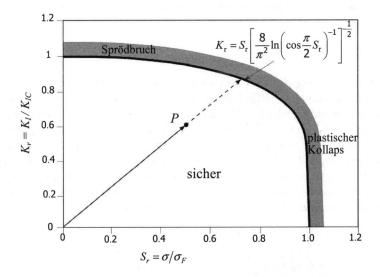

Bild 3.36: Versagensgrenzkurve des Fehlerbewertungsdiagramms FAD

Im FAD-Diagramm wird K_r auf der Ordinate und S_r auf der Abszisse aufgetragen, siehe Bild 3.36. Gleichung (3.221) bildet dann eine Versagensgrenzkurve, die zwischen sprödem und duktilem Versagen interpoliert. Für ein Bauteil mit Riss a unter der Last σ erhält man im FAD einen Punkt $P(K_r, S_r)$. Liegt der Punkt innerhalb der Grenzkurve, so ist die Sicherheit gegeben. Eine steigende Belastung σ bewirkt eine proportionale Zunahme von K_r und S_r, so dass sich der Punkt entlang eines Radiusstrahls nach außen verschiebt. Bei Erreichen der Grenzkurve tritt Versagen ein. Für die Anwendung benötigt man neben den Werkstoffkennwerten K_{Ic} und σ_F analytische oder numerische Lösungen für den Spannungsintensitätsfaktor K_I und die plastische Grenzlast F_L des Bauteils mit Riss. Obwohl das FAD-Konzept am DUGDALE-Modell für den Riss in einer Scheibe hergeleitet wurde, hat sich seine Verallgemeinerung auf beliebige Risskonfigurationen bewährt. Die Grenzkurve ist allerdings werkstoffspezifisch. Inzwischen wurde das Konzept in überarbeiteten Fassungen auf Werkstoffe mit Verfestigung [172], Sekundärspannungen, Risswachstum u. a. m. erweitert. Einen aktuellen Überblick bieten die Europäischen Regelwerke SINTAP [298] und FITNET [141] zur bruchmechanischen Fehlerbewertung.

3.3.6 Rissspitzenfelder

Im Rahmen der plastischen Fließtheorie konnten bisher keine analytischen Lösungen für Rissprobleme gefunden werden, selbst nicht für den einfachen Fall eines Risses in der unendlichen Ebene. Geschlossene Lösungen sind nur für den asymptotischen Grenzfall $r \to 0$ an der Rissspitze unter vereinfachten Annahmen über das plastische Materialverhalten bekannt. Das bedeutet, wir untersuchen die Beanspruchung im Inneren der plastischen Zone an einer Rissspitze in der unendlichen Scheibe. Angaben über die Größe und Form der plastischen Zone sind damit nicht möglich. Die wichtigsten plastischen Rissspitzenfelder sollen im Weiteren für den Rissöffnungsmodus I dargelegt werden.

Ideal-plastisches Material

Unter der Voraussetzung eines starr-ideal-plastischen Materials kann das Rissspitzenfeld mit Hilfe der so genannten Gleitlinientheorie gefunden werden. Dabei wird ein hyperbolisches DGL-System anhand der Gleichgewichtsbedingungen und der Fließbedingung in der Ebene aufgestellt, dessen Charakteristiken die Gleitlinien sind. Das orthogonale Netz von Gleitlinien repräsentiert in jedem Punkt die Richtungen der Hauptschubspannungen und plastischen Gleitungen. Das Material ist inkompressibel plastisch, d. h. Querkontraktionszahl $\nu = 1/2$ und $\sigma_{33} = (\sigma_{11} + \sigma_{22})/2$ im EVZ. Für den EVZ besteht die Gleitlinienlösung an der Rissspitze aus den drei in Bild 3.37 gezeigten Bereichen A, B und C, in denen der folgende Spannungszustand vorliegt, siehe z. B. [102, 232]:

$$\begin{aligned} A:\quad & \sigma_{11} = \tau_F \pi, \quad \sigma_{22} = \tau_F(2+\pi), \quad \tau_{12} = 0 \\ B:\quad & \sigma_{rr} = \sigma_{\theta\theta} = \tau_F\left(1 + \frac{3}{2}\pi - 2\theta\right), \quad \tau_{r\theta} = \tau_F \\ C:\quad & \sigma_{11} = 2\tau_F, \quad \sigma_{22} = \tau_{12} = 0 \text{ (Riss-Randbedingung)} \end{aligned} \quad (3.222)$$

Bild 3.38 gibt die Spannungsverteilung nochmals grafisch wieder. Alle Spanungen sind proportional der Schubfließspannung $\tau_F = \sigma_F/\sqrt{3}$. In A und C herrschen konstante Spannungszustände. Vor dem Riss (A) beträgt die Normalspannung $\sigma_{22} \approx 3\sigma_F$ und die Mehrachsigkeit $\hbar = \sigma^H/\sigma_v = (1+\pi)/\sqrt{3} \approx 2{,}4$! Im Bereich B verlaufen die Gleitlinien fächerförmig in die Rissspitze hinein, weshalb hier die plastischen Gleitungen $\varepsilon_{r\theta}$ singulär werden müssen

$$\varepsilon_{r\theta} \sim \frac{1}{r} f(\theta). \tag{3.223}$$

Weitere Gleitlinienlösungen für den ESZ und den Rissmodus II findet man in [247].

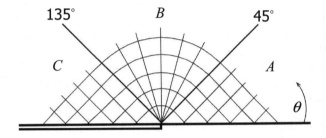

Bild 3.37: Gleitlinienfeld an der Rissspitze bei starr-ideal-plastischem Material (EVZ)

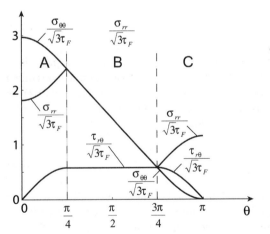

Bild 3.38: Spannungsverteilung an der Rissspitze bei starr-ideal-plastischem Material (EVZ)

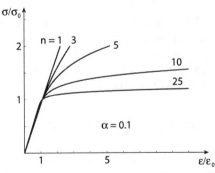

Bild 3.39: RAMBERG-OSGOOD Potenzgesetz-Verfestigung

Potenzgesetz-Verfestigung

Die Spannungs-Dehnungs-Kurve elastisch-plastischer Materialien kann oft in guter Näherung durch das Potenzgesetz nach RAMBERG-OSGOOD (A.118) wiedergegeben werden

$$\frac{\varepsilon}{\varepsilon_0} = \frac{\varepsilon^\mathrm{e}}{\varepsilon_0} + \frac{\varepsilon^\mathrm{p}}{\varepsilon_0} = \frac{\sigma}{\sigma_0} + \alpha \left(\frac{\sigma}{\sigma_0}\right)^n, \qquad (3.224)$$

mit dem Materialparameter α, dem Verfestigungsexponenten n, der Bezugsspannung σ_0 ($\approx$ Anfangsfließspannung σ_F0) und der Normierungsgröße $\varepsilon_0 = \sigma_0/E$. Durch Wahl von n kann das Materialverhalten im gesamten Bereich von linear-elastisch ($n = 1$) bis zu ideal-plastisch ($n \to \infty$) variiert werden, siehe Bild 3.39. Unter Voraussetzung der plastischen Deformationstheorie und Annahme dieses Potenzgesetzes konnte von HUTCHINSON [120, 121] und RICE & ROSENGREEN [221] das Rissspitzenfeld hergeleitet werden. Diese Lösung wird in der Bruchmechanik nach den Autoren als HRR-Feld bezeichnet, siehe auch [102, 232]. Die Deformationstheorie und ihre Einschränkungen werden ausführlich im Anhang A.4.2 erklärt.

Der Lösungsweg kann im Folgenden nur skizziert werden. Er offenbart aber wichtige Zusammenhänge und Erkenntnisse. Wir legen, wie bei Nahfeldlösungen üblich, ein Polarkoordinatensystem (r, θ) an die Rissspitze in der unendlichen Ebene, siehe Bild 3.7. Laut Beziehung (A.135) hat der plastische Anteil des Materialgesetzes im mehrachsigen Beanspruchungsfall die Gestalt

$$\frac{\varepsilon^\mathrm{p}_{ij}}{\varepsilon_0} = \frac{3}{2}\alpha \left(\frac{\sigma_\mathrm{v}}{\sigma_0}\right)^{n-1} \frac{\sigma^\mathrm{D}_{ij}}{\sigma_0} \approx \frac{\varepsilon_{ij}}{\varepsilon_0}. \qquad (3.225)$$

Im Hinblick auf das asymptotische Lösungsverhalten für $r \to 0$ an der Rissspitze kann man mit guter Berechtigung annehmen, dass die nichtlinearen plastischen Verzerrungen $\varepsilon^\mathrm{p}_{ij}$ weitaus größer als die elastischen Anteile $\varepsilon^\mathrm{e}_{ij}$ sind, womit letztere vernachlässigt werden dürfen. Die v. MISES-Vergleichsspannung berechnet sich aus den Spannungskomponenten in Polarkoordinaten im EVZ ($\sigma_{33} = (\sigma_{rr} + \sigma_{\theta\theta})/2$) zu

$$\sigma_\mathrm{v} = \sqrt{\frac{3}{4}(\sigma_{rr} - \sigma_{\theta\theta})^2 + 3\tau^2_{r\theta}}. \qquad (3.226)$$

Der Spannungszustand muss außerdem die Gleichgewichtsbedingungen erfüllen, was man am einfachsten durch Einführung der AIRYschen Spannungsfunktion (A.153) $F(r,\theta)$ realisiert. Daraus leiten sich die Spannungen in Polarkoordinaten wie folgt ab:

$$\sigma_{rr} = \frac{1}{r}F_{,r} + \frac{1}{r^2}F_{,\theta\theta}, \quad \sigma_{\theta\theta} = F_{,rr}, \quad \tau_{r\theta} = -\left(\frac{1}{r}F_{,\theta}\right)_{,r}. \qquad (3.227)$$

(Es gilt $(\cdot)_{,r} = \frac{\partial(\cdot)}{\partial r}$, $(\cdot)_{,\theta} = \frac{\partial(\cdot)}{\partial \theta}$.) Außerdem muss der rein plastische inkompressible Verzerrungszustand an der Rissspitze den Kompatibilitätsbedingungen (A.140) gehorchen,

3.3 Elastisch-plastische Bruchmechanik

die in Polarkoordinaten beim EVZ lauten:

$$\frac{1}{r}(r\varepsilon_{\theta\theta})_{,rr} + \frac{1}{r^2}\varepsilon_{rr,\theta\theta} - \frac{1}{r}\varepsilon_{r,r} - \frac{2}{r^2}(r\varepsilon_{r\theta,\theta})_{,r} = 0. \qquad (3.228)$$

Aufgrund der asymptotischen Analyse lässt sich das Nahfeld multiplikativ in eine radiale und eine winkelabhängige Funktion zerlegen, so dass die Selbstähnlichkeit bei $r \to 0$ gewährleistet ist. Deshalb machen wir für die AIRYsche Spannungsfunktion den Separationsansatz

$$F(r,\theta) = A r^s \tilde{F}(\theta) \qquad (3.229)$$

mit unbekanntem Faktor A, Exponenten s und der Winkelfunktion $\tilde{F}(\theta)$. Daraus ergeben sich für die Spannungen nach (3.227) Ausdrücke der Form

$$\sigma_{ij}(r,\theta) = A_\sigma r^{s-2} \tilde{\sigma}_{ij}(\theta), \qquad (3.230)$$

mit dem Spannungskoeffizienten A_σ sowie ähnliche Terme für die Deviatoren σ_{ij}^{D} und die Vergleichsspannung σ_{v} (3.226). Anhand des Materialgesetzes (3.225) findet man die Struktur des Verzerrungsfeldes mit den dazugehörigen Winkelverteilungen $\varepsilon_{ij}(\theta)$ und Vorfaktoren:

$$\varepsilon_{ij}(\theta) = \alpha \varepsilon_0 \left(\frac{A_\sigma}{\sigma_0} \right)^n r^{(s-2)n} \tilde{\varepsilon}_{ij}(\theta). \qquad (3.231)$$

Den Zusammenhang zwischen dem Exponenten s aus (3.229) und dem Verfestigungsexponenten n kann man durch folgende Überlegungen herstellen. Wir werten das J-Integral (3.100) auf einem kreisförmigen Integrationspfad mit dem Radius $r = \text{const}$, der Bogenlänge $\mathrm{d}s = r\mathrm{d}\theta$ und $\mathrm{d}x_2 = \cos\theta\mathrm{d}\theta$ aus:

$$J = \int\limits_{-\pi}^{+\pi} [U\cos\theta - \sigma_{ij}u_{i,1}]r\mathrm{d}\theta = \int\limits_{-\pi}^{+\pi} I(r,\theta)r\mathrm{d}\theta. \qquad (3.232)$$

Die Formänderungsenergiedichte U (A.136) und der Ausdruck $\sigma_{ij}u_{i,1}$ haben die Dimension von $\sigma_{ij}\varepsilon_{ij}$, d.h. der Integralkern $I(r,\theta)$ besitzt die radiale Abhängigkeit

$$I(r,\theta) \sim \sigma_{ij}\varepsilon_{ij} \sim \alpha\varepsilon_0 \frac{A_\sigma^{n+1}}{\sigma_0^n} r^{(s-2)(n+1)} \tilde{I}(\theta,n). \qquad (3.233)$$

Im Rahmen der Deformationstheorie, die im Prinzip einer nichtlinearen Elastizitätstheorie äquivalent ist, muss das J-Integral aber vom Integrationsweg Γ unabhängig sein. Das Ergebnis darf also nicht vom gewählten Radius r abhängen! Damit dies gewährleistet ist, muss sich $I(r,\theta)$ genau wie r^{-1} verhalten, woraus $(s-2)(n+1) = -1$ folgt und

$$s = \frac{2n+1}{n+1} \qquad (3.234)$$

gilt. Aus diesem Ergebnis folgen die radialen Abhängigkeiten der einzelnen Feldgrößen in der Form

$$\sigma_{ij} \sim r^{-\frac{1}{n+1}}, \quad \varepsilon_{ij} \sim r^{-\frac{n}{n+1}}, \quad U \sim r^{-1}. \tag{3.235}$$

Um die unbekannten Winkelfunktionen $\tilde{F}(\theta)$, $\tilde{\sigma}_{ij}(\theta)$ und $\tilde{\varepsilon}_{ij}(\theta)$ der Ansätze (3.229), (3.230) und (3.231) zu bestimmen, werden mit (3.227) die Spannungen in das Materialgesetz (3.225) eingesetzt und darauf die Kompatibilitätsbedingungen (3.228) angewandt, womit sich eine nichtlineare gewöhnliche Differenzialgleichung für $\tilde{F}(\theta)$ ergibt (siehe [120, 221]). Diese muss numerisch gelöst werden, wobei als Randbedingungen die Spannungsfreiheit auf den Rissufern $\tilde{\sigma}_{\theta\theta}(\pm\pi) = \tilde{\tau}_{r\theta}(\pm\pi) = 0$ und bei Modus I die Symmetrie von $\tilde{\sigma}_{\theta\theta}, \tilde{\sigma}_{rr}$ und die Antimetrie von $\tilde{\tau}_{r\theta}$ bezüglich θ genutzt werden. Aus $\tilde{F}(\theta)$ gewinnt man durch Einsetzen in (3.227) und (3.225) schließlich auch die Winkelfunktionen $\tilde{\sigma}_{ij}(\theta)$ und $\tilde{\varepsilon}_{ij}(\theta)$. Das Ergebnis ist für die Spannungen in Polarkoordinaten in Bild 3.40 dargestellt. Als Beispiel wurden die Verfestigungsexponenten $n = 3$ und $n = 10$ ausgewählt. Ein Vergleich mit Bild 3.5 und Bild 3.38 lässt recht gut den Übergang vom linear-elastischen zum ideal-plastischen Rissspitzenfeld im Charakter der Winkelfunktionen erkennen.

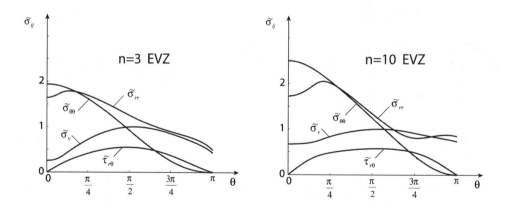

Bild 3.40: Spannungsverteilung an der Rissspitze nach der HRR-Lösung für die Verfestigungsexponenten $n = 3$ (links) und $n = 10$ (rechts)

Zu guter Letzt verbleibt die Frage nach den unbekannten Koeffizienten A und A_σ. Hierfür kann man vorteilhaft die Wegunabhängigkeit des J-Integrals nutzen. Zur Berechnung von J wählen wir als erstes einen Integrationsweg Γ, der weit entfernt von der Rissspitze und außerhalb der plastischen Zone liegt. Einen zweiten kreisförmigen Integrationsweg Γ_ε legen wir in den Geltungsbereich der Rissspitzenlösung $r \ll r_\mathrm{p}$, siehe Bild 3.18. Somit gilt unter Berücksichtigung von (3.232), (3.233) und (3.234)

$$J(\Gamma) = J(\Gamma_\varepsilon) = \alpha \varepsilon_0 \sigma_0 \left(\frac{A_\sigma}{\sigma_0}\right)^{n+1} \underbrace{\int_{-\pi}^{+\pi} \tilde{I}(\theta, n) \mathrm{d}\theta}_{I_n} \quad (3.236)$$

. Das Integral setzt sich nur aus Beiträgen der Winkelfunktionen $\tilde{\sigma}_{ij}, \tilde{\varepsilon}_{ij}$ und des Exponenten n zusammen und ergibt eine Konstante $I_n(n)$

$$I_n(n) = 5{,}188 + 0{,}611 n - 0{,}240 n^2 + 0{,}027 n^3 \quad \text{(EVZ)}. \quad (3.237)$$

Die Umstellung von (3.236) liefert den gesuchten Spannungskoeffizienten A_σ, so dass mit Hilfe des J-Wertes die Spannungen (3.230) und Verzerrungen (3.231) wie folgt angeschrieben werden können:

$$\sigma_{ij} = \sigma_0 \left[\frac{J}{\alpha \varepsilon_0 \sigma_0 I_n} \frac{1}{r}\right]^{\frac{1}{n+1}} \tilde{\sigma}_{ij}(\theta, n) \quad (3.238\text{a})$$

$$\varepsilon_{ij} = \alpha \varepsilon_0 \left[\frac{J}{\alpha \varepsilon_0 \sigma_0 I_n} \frac{1}{r}\right]^{\frac{n}{n+1}} \tilde{\varepsilon}_{ij}(\theta, n) \quad (3.238\text{b})$$

und nach Integration von ε_{ij} die Verschiebungen

$$u_i = \alpha \varepsilon_0 \left[\frac{J}{\alpha \varepsilon_0 \sigma_0 I_n}\right]^{\frac{n}{n+1}} r^{\frac{1}{n+1}} \tilde{u}_i(\theta, n) \quad (3.238\text{c})$$

Diese Beziehungen beschreiben das HRR-Rissspitzenfeld für ein elastisch-plastisches Material mit dem Verfestigungsexponenten $1 \leq n \leq \infty$. Das radiale Verhalten von Spannungen und Verzerrungen ist singulär bei $r \to 0$. Die »Intensität« der Rissspitzenfelder wird durch den Wert des J-Integrals quantifiziert.

Die Form des geöffneten Risses $u_2(r)$ entspricht einer Wurzelfunktion $(n+1)$-ten Grades und wird mit wachsendem n immer abgestumpfter. Die Auswertung der Rissöffnungsverschiebung δ_t aus der HRR-Lösung (3.238c) gemäß der Definition von Bild 3.35 liefert eine lineare Beziehung zum J-Integral, wobei $D_n(n)$ Werte zwischen 1,72 und 0,79 im (EVZ) annimmt

$$\delta_\mathrm{t} = (\alpha \varepsilon_0)^{1/n} \frac{D_n}{\sigma_0} J. \quad (3.239)$$

Die Winkelfunktionen $\tilde{\sigma}_{ij}, \tilde{\varepsilon}_{ij}$ und $\tilde{u}_i$ aus (3.238) wurden in [279] als FOURIER-Reihen approximiert und somit in einfach handhabbarer Form zur Verfügung gestellt.

Ergänzungsterme höherer Ordnung

Die HRR-Lösung entspricht der stärksten Singularität der elastisch-plastischen Nahfeldlösung und stellt somit eine Theorie 1. Ordnung dar. Aufgrund der Nichtlinearität ist es weitaus schwieriger als in der LEBM, sich die nächsten Glieder einer Reihenentwicklung zu beschaffen (vgl. Abschnitt 3.3.2). Andererseits hat sich gerade in der EPBM gezeigt, dass das Bruchverhalten unterschiedlicher Risskonfigurationen erheblich voneinander abweichen kann, obwohl bei allen die gleiche Intensität der HRR-Lösung besteht. Der Grund liegt in unterschiedlichen plastischen Zonen, deren Größe und Form empfindlich von der *Mehrachsigkeit* (engl. *triaxiality*) des Spannungszustandes abhängen, siehe Bild 3.41.

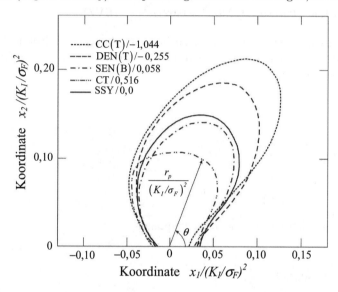

Bild 3.41: Einfluss der Mehrachsigkeit auf die Form der plastischen Zonen an der Rissspitze in verschiedenen Proben [157]. Biaxialparameter $\beta_T = T_{11}\sqrt{\pi a}/K_I$

Die Mehrachsigkeitszahl $\hbar$ wird üblicherweise als das Verhältnis von hydrostatischer Spannung σ^H (A.66) zur v. MISES-Vergleichsspannung σ_V (A.101) definiert:

$$\hbar = \frac{\sigma^H}{\sigma_V} \quad \text{Mehrachsigkeitszahl} \tag{3.240}$$

Bereits aus der klassischen Festigkeitslehre ist bekannt, dass mit zunehmender Mehrachsigkeit die Tendenz eines Werkstoffes zum Sprödbruch wächst (HENCKY-Diagramm) [131]. Während bei spröden Werkstoffen allein das Maximum der rissöffnenden Spannung σ_{22} entscheidend ist, hat auf das Versagensverhalten duktiler Werkstoffe die hydrostatische Spannung erheblichen Einfluss. Aus diesem Grunde ist es erforderlich, die Mehrachsigkeit des Spannungszustandes am Riss durch zusätzliche Terme gegenüber der HRR-Lösung zu quantifizieren.

3.3 Elastisch-plastische Bruchmechanik

Des Weiteren ist zu beachten, dass die HRR-Lösung unter der Voraussetzung infinitesimaler Deformationen hergeleitet wurde. FEM-Rechnungen von MCMEEKING & PARKS [167] haben erstmals gezeigt, dass bei Annahme *finiter* Deformationen die Spannungen an der Rissspitze endlich bleiben, weil sich die Singularität infolge der realistisch modellierten Rissabstumpfung abbaut, wohingegen die Verzerrungen nach wie vor unendlich groß werden. Durch zahlreiche FEM-Analysen anderer Autoren wurde dieses Ergebnis bestätigt und das Nahfeld weiter untersucht. In Bild 3.42 sind die Spannungen σ_{rr} und $\sigma_{\theta\theta}$ auf der x_1-Achse vor dem Riss über dem normierten Abstand $r/(J/\sigma_0)$ nach YUAN [296] dargestellt. Die FEM-Lösung für kleine Deformationen stimmt mit dem HRR-Feld (Symbole) für $r \to 0$ gut überein. Bei großen Deformationen fallen die Spannungen unterhalb $r < 2J/\sigma_0$ stark ab, σ_{rr} muss an der Kerböffnung sogar null werden. Die Größe dieses Bereichs, wo große Deformationen merklichen Einfluss haben, entspricht verständlicher Weise etwa dem CTOD-Wert $\delta_t \sim 2J/\sigma_0$ nach (3.239). Ab $r > 2\delta_t \approx 4J/\sigma_0$ unterscheiden sich die Resultate für große und kleine Deformationen kaum noch.

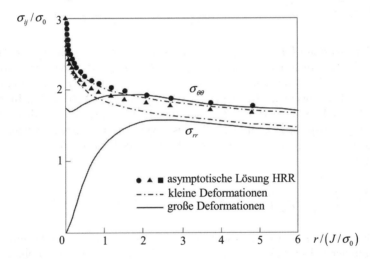

Bild 3.42: Vergleich der numerischen Rissspitzen-Lösungen bei kleinen und großen Deformationen mit dem analytischen HRR-Feld, EVZ, $n = 10$ [296]

Zur Ergänzung der HRR-Lösung und zur Berücksichtigung der Mehrachsigkeit wurden verschiedene Ansätze gemacht. Im Bereich des Kleinbereichsfließens SSY wird die plastische Zone durch die K-Faktoren und die *T-Spannungen* nach (3.60) und (3.61) kontrolliert. Bei ebenen Rissproblemen existiert nur die T_{11}-Komponente parallel zum Riss. Ihre Größe hängt von der Risskonfiguration und Belastung ab und steht in Handbüchern [94, 246] zur Verfügung. Für den GRIFFITH-Riss unter Zugbelastung σ_{22}^∞ entspricht $\sigma_{11} = T_{11} = -\sigma_{22}^\infty < 0$ (siehe (3.6)) einer gleichgroßen Druckspannung. Im Unterschied dazu herrschen bei Biegeproben $T_{11} > 0$ Zugspannungen parallel zum Riss. Die Auswirkungen der T_{11}-Spannung auf die plastischen Zonen in unterschiedlichen Prüfkörpern trotz gleicher K_{I}-Werte zeigen die in Bild 3.41 wiedergegebenen FEM-Ergebnisse von [157, 217].

Die hydrostatische Spannung am Riss wird durch T_{11} gegenüber dem singulären K_I-Nahfeld (3.12) (3.60) wie folgt verändert:

$$\sigma^\mathrm{H} = \frac{1}{3}\sigma_{kk} = \frac{K_\mathrm{I}}{\sqrt{2\pi r}}\frac{1}{3}f^\mathrm{I}_{kk}(\theta) + \frac{1}{3}T_{11}. \qquad (3.241)$$

Betrachten wir den Spannungszustand (3.12) vor dem Riss ($\theta = 0$), so gilt

$$\frac{1}{3}f^\mathrm{I}_{kk}(0) = \begin{cases} \frac{2}{3} & \text{ESZ} \\ \frac{2}{3}(1+\nu) & \text{EVZ} \end{cases} \qquad (3.242)$$

und am Rand r_p der plastischen Zone (3.200) (mit $\sigma_\mathrm{F} \mathrel{\hat=} \sigma_0$) nimmt die Mehrachsigkeit folgende Werte an:

$$\hbar(r_\mathrm{p},0) = \frac{\sigma^\mathrm{H}}{\sigma_0} = \frac{1}{3}\frac{T_{11}}{\sigma_0} + \frac{2}{3}\begin{cases} 1 & \text{ESZ} \\ (1+\nu)/(1-2\nu) & \text{EVZ} : \end{cases} \qquad (3.243)$$

Aufgrund der *Dehnungsbehinderung* im EVZ ($\varepsilon_{33} = 0, \sigma_{33} > 0$) steigt die Mehrachsigkeit beachtlich, was auch als »Out-of-plane« *constraint-Effekt* bezeichnet wird. Mit T_{11} wird hingegen der »in-plane« constraint charakterisiert. Auf den T_{11}-Spannungen beruht das erweiterte Bruchmechanik-Konzept von BETEGON & HANCOCK [38]. Im Fall großer plastischer Zonen LSY verliert die T_{11}-Spannung ihre Gültigkeit, so dass auf der Basis der Deformationsplastizität und Potenzgesetzverfestigung Erweiterungen gegenüber der HRR-Lösung gesucht wurden. SHARMA & ARAVAS [245] fanden einen 2. Term der Nahfeldlösung in der Form

$$\frac{\sigma_{ij}(r,\theta)}{\sigma_0} = \left(\frac{J}{\alpha\varepsilon_0\sigma_0 I_n r}\right)^{\frac{1}{n+1}} \tilde{\sigma}_{ij}(\theta) + Q\left(\frac{r\sigma_0}{J}\right)^q \hat{\sigma}_{ij}(\theta), \qquad (3.244)$$

wobei der Exponent q (> 0) und die Winkelfunktionen $\hat{\sigma}_{ij}(\theta)$ vom Verfestigungsexponenten n abhängen. Der Faktor Q ist neben J ein zweiter geometrieabhängiger Belastungsparameter! Eine Entwicklung bis zum 3. Term [294, 186] gab keine merkliche Verbesserung und konnte auf einen zusätzlichen Parameter A_2 ähnlich Q reduziert werden. In Bild 3.43 sind die Winkelverteilungen $\sigma_{ij}(\theta)$ der Spannungen der verschiedenen Ansätze untereinander und mit FEM-Rechnungen verglichen [186]. Alle Lösungen stimmen in einem Winkelbereich $|\theta| < \pi/2$ gut überein, während das HRR-Feld um einen nahezu konstanten Betrag davon abweicht. Dieser durch detaillierte FEM-Analysen erhärtete Befund hat O'DOWD & SHIH [192, 193] dazu veranlasst, eine Vereinfachung des 2. Terms einzuführen. Dabei wurde die schwache r-Abhängigkeit in (3.244) mit $q \approx 0$ konstant gesetzt und die Winkelfunktionen $\hat{\sigma}_{ij}(\theta)$ durch den Einheitstensor δ_{ij} approximiert:

$$\sigma_{ij}(r,\theta) = [\sigma_{ij}(r,\theta)]^\mathrm{HRR} + Q\sigma_0\delta_{ij} \quad \text{bei } |\theta| < \pi/2. \qquad (3.245)$$

Zur Bestimmung des *Q-Parameters* wurde festgelegt, die Differenz der wahren (FEM)-Spannungen zur HRR-Lösung vor dem Riss im Abstand r_0 auszuwerten:

$$Q = \frac{\sigma_{\theta\theta}^{\text{FEM}} - \sigma_{\theta\theta}^{\text{HRR}}}{\sigma_0} \quad \text{bei } \theta = 0, \quad r_0 = \frac{2J}{\sigma_0} \approx 4\delta_t. \tag{3.246}$$

Der feste Abstand $r_0 = 2J/\sigma_0$ wurde bewusst so gewählt, um den Einflussbereich der Rissabstumpfung zu verlassen. Somit würden auch FEM-Rechnungen mit infinitesimalen Deformationen zur Ermittlung von Q genügen, man vergleiche Bild 3.42. Gemäß dieser vereinfachten Definition beschreibt der *Q-Parameter* eine mittlere hydrostatische Spannung (bezogen auf die Fließspannung σ_0) vor der Rissspitze, um die sich der Spannungszustand in einer realen Risskonfiguration vom HRR-Feld in 1. Näherung unterscheidet. Q charakterisiert damit die geometrie- und lastabhängige Mehrachsigkeit des Spannungszustandes in bruchmechanischen Prüfkörpern und Bauteilen unter großen plastischen Zonen. Einsetzen von $r_0 = 2J/\sigma_0$ in die HRR-Lösung macht nochmals deutlich, dass der dimensionslose Parameter Q unmittelbar die Veränderung von $\hbar$ nach (3.240) angibt:

$$\hbar(r_0,0) = \frac{\sigma^{\text{H}}}{\sigma_0} = \frac{1}{3}\left(\frac{1}{2\alpha\varepsilon_0 I_n}\right)^{\frac{1}{n+1}} \tilde{\sigma}_{kk}(0) + Q. \tag{3.247}$$

Basierend auf diesen Analysen wurde in den USA ein zähbruchmechanisches Bewertungskonzept unter Anwendung der zwei Beanspruchungsparameter J und Q von SHIH, O'DOWD, DODDS und ANDERSON [74, 75, 138, 193] entwickelt. Weiterführende Literatur zu dieser Thematik findet man in [46, 296].

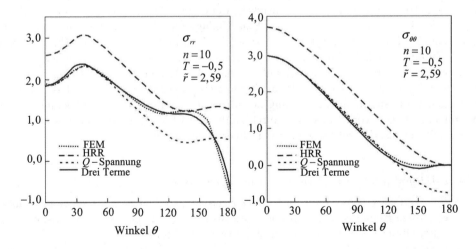

Bild 3.43: Vergleich der Ergänzungsterme höherer Ordnung mit dem analytischen HRR-Feld, EVZ, $n = 10, \hbar = -0,5$ [186]

3.3.7 Das J-Integral-Konzept

J als Bruchkenngröße

Das *J-Integral* bietet geeignete Voraussetzungen zur Formulierung eines Bruchkriteriums im Rahmen der elastisch-plastischen Bruchmechanik (EPBM). Nach Abschnitt 3.3.6 beschreibt die Größe J die Intensität des Rissspitzenfeldes in einem (mit variablen Exponenten) verfestigenden elastisch-plastischen Material im Inneren der plastischen Zone. Alle Spannungen, Verzerrungen und Verschiebungen sind nach (3.238) durch die HRR-Lösung festgelegt und proportional zum J-Wert. Damit wird durch den Parameter J der mechanische Beanspruchungszustand an der Rissspitze kontrolliert, unter dem die mikromechanischen Versagensvorgänge in der Bruchprozesszone ablaufen. Die Kenngröße J spielt somit in der EPBM eine vergleichbare Rolle wie der Spannungsintensitätsfaktor K_I in der LEBM. Eine notwendige Bedingung dafür ist wiederum, dass das HRR-Feld in einem ausreichend großen Bereich mit dem Radius r_J um die Rissspitze dominiert. Damit können alle Erscheinungen, die von der plastischen Deformationstheorie nicht wiedergegeben werden, wie große Verzerrungen, lokale Entlastungen oder physikalische Bruchmechanismen, in eine kleine »Prozesszone« der Größe $r_B \ll r_J$ verbannt werden. Außerhalb des Radius r_J gewinnen höhere Terme der plastischen Rissfelder an Bedeutung und in noch größerer Entfernung werden die Einflüsse der Körperbegrenzungen und Randbedingungen auf das plastische Verhalten wirksam. Von daher besteht die obere Schranke $r_J \ll a, B, (w-a)$.

Weitaus gravierendere Einschränkungen für die Verwendbarkeit von J als Bruchkriterium entspringen seiner werkstoffmechanischen Grundlage – der plastischen Deformationstheorie. Auf die Anwendungsgrenzen der Deformationstheorie zur Beschreibung realer plastischer Fließprozesse wird im Anhang A.4.2 hingewiesen. Demnach verliert das J-Integral streng genommen seine Gültigkeit, wenn die Belastung nicht monoton auf proportionalen Belastungspfaden ansteigt. Eine Umlagerung des Spannungszustandes oder erst recht eine Entlastung führen zum Verlust der Wegunabhängigkeit und Eindeutigkeit von J. Zumindest lokale Entlastungsvorgänge treten an der Rissspitze bei Risswachstum oder wechselnder Belastung immer auf, weshalb die Anwendung des J-Konzeptes auf stationäre Risse unter monotoner Belastung begrenzt werden muss. Unter diesen Voraussetzungen wirkt sich eine Abweichung zur strengen Lastproportionalität kaum auf die Wegunabhängigkeit von J aus, was durch zahlreiche FEM-Analysen von Risskonfigurationen mit der plastischen Fließtheorie nachgewiesen wurde.

Das *J-Integral-Konzept* als Bruchkriterium der EPBM:
- Für stationäre Risse unter monotoner Belastung stellt J eine bewährte bruchmechanische Kenngröße dar, die den Beanspruchungszustand an der Rissspitze in elastisch-plastischen Materialien quantitativ beschreibt.
- Erreicht die Beanspruchung im Rissspitzenbereich einen kritischen materialspezifischen Wert J_Ic, dann setzt Rissinitiierung ein. Das Bruchkriterium lautet

$$J = J_\text{Ic}. \tag{3.248}$$

3.3 Elastisch-plastische Bruchmechanik

Bei (nichtlinearem) elastischem Materialverhalten ist dass das J-Integral mit der potenziellen Energiefreisetzungsrate identisch, vgl. Abschnitt 3.2.6. Theoretisch trifft das für die plastische Deformationstheorie zwar auch zu, praktisch ist jedoch der Anteil der plastischen Formänderungsarbeit dissipiert und steht nicht mehr als risstreibende Energie zur Verfügung. Damit verliert J seine energetische Interpretation und Bedeutung in der EPBM.

Wie kommt man nun zum Wert des Beanspruchungsparameters J für eine gegebene Risskonfiguration als Funktion des Belastungsverlaufs und des speziellen elastischplastischen Materialgesetzes? Abgesehen von einfachsten Geometrien und Abschätzungen auf der Basis ideal-plastischer Traglastlösungen ist dafür der Einsatz numerischer Berechnungsverfahren, vor allem der FEM, unverzichtbar, worauf ausführlich in Kapitel 7 eingegangen wird. Teilweise stehen auch schon tabellierte Handbücher [144] zur Verfügung. Der wesentliche Vorteil der numerischen Berechnungsmethoden besteht darin, dass die eigentliche Definition von J als Linienintegral (3.100) verwendet werden kann, siehe Kapitel 6.

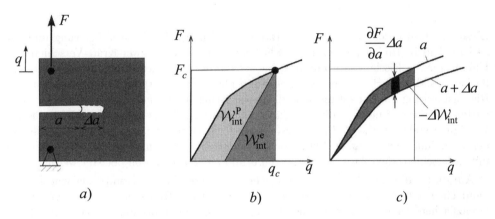

Bild 3.44: Zur experimentellen Ermittlung von J_{Ic} nach der Ein- und Mehrprobenmethode

Experimentelle Ermittlung der Bruchzähigkeit J_{Ic}

Zur Bestimmung des kritischen Werkstoffkennwertes J_{Ic} bei duktilem Bruch benutzt man die gleichen bruchmechanischen Prüfkörper wie für die Ermittlung von K_{Ic} in der LEBM, siehe Bild 3.12. Die Prüfmethodik und Auswertung unterliegt standardisierten Vorschriften [12, 92, 130]. Bei monotoner Belastung wird die Kraft-Verschiebungs-Kurve F-q des Kraftangriffspunktes der Probe aufgenommen, die aufgrund der großen Plastifizierung stark nichtlinear ist. Bild 3.44 zeigt dies schematisch am Beispiel einer CT-Probe. Am Punkt (F_c, q_c), wo die Rissinitiierung einsetzt, ist an der Rissspitze $J = J_{Ic}$ erreicht. Weil dieser Punkt experimentell nicht so einfach feststellbar ist, erlaubt man noch einen gewissen Bereich stabilen duktilen Risswachstums und nimmt dabei eine *duktile Risswiderstandskurve* $J_R(\Delta a)$ auf.

Zur Auswertung des Versuchs benötigt man den Zusammenhang zwischen der Kraft-Verschiebungs-Kurve und dem Wert von J. Dazu machen wir von der energetischen Bedeutung des J-Integrals im Rahmen der Deformationsplastizität Gebrauch. Die Fläche unter der F-q-Kurve entspricht der äußeren Arbeit $\mathcal{W}_{\text{ext}}$ an der Probe, die in Formänderungsarbeit $\mathcal{W}_{\text{int}}$ umgesetzt wurde und im Modell potenzielle Energie Π_{int} darstellt:

$$\Pi_{\text{int}}(q, a) = \mathcal{W}_{\text{int}}(q, a) = \int_0^q F(\bar{q}, a) \mathrm{d}\bar{q}. \tag{3.249}$$

Diese Energie ist eine Funktion der Risslänge a und unter Voraussetzung festgehaltener Verschiebungen ($q = $ const.) leistet die Kraft F keine Arbeit bei einer Veränderung der Risslänge um da (d$\Pi_{\text{ext}} = 0$). Dann führt die Energiefreisetzungsrate auf

$$J = -\frac{\mathrm{d}\Pi}{\mathrm{d}a} = -\left.\frac{\partial \Pi_{\text{int}}}{\partial a}\right|_q = -\int_0^q \left.\frac{\partial F(\bar{q}, a)}{\partial a}\right|_{\bar{q}} \mathrm{d}\bar{q}. \tag{3.250}$$

Dieses Integral beschreibt die freigesetzte innere Energie bei Rissverlängerung und entspricht dem in Bild 3.44c gezeigten Flächeninhalt zwischen zwei Kraft-Verschiebungs-Kurven für die Risslängen a und $a + \Delta a$. Es ist das nichtlineare Pendant zur Dreiecksfläche in Bild 3.14. Bei einem realen elastisch-plastischen Material kommt es erstens bei Rissausbreitung zu Entlastungen und zweitens enthält die Formänderungsarbeit dissipative plastische Anteile – die also *nicht* als »potenzielle rissantreibende Energie« zur Verfügung stehen ($\mathcal{W}_{\text{int}} \neq \Pi_{\text{int}}$). Deshalb darf die Beziehung (3.249) nur als Differenz der Formänderungsenergien $\Delta \mathcal{W}_{\text{int}}$ zweier identischer Proben interpretiert werden, die mit unterschiedlichen Ausgangsrisslängen a und $a + \Delta a$ monoton belastet werden.

Auf dieser Idee beruht das ursprüngliche Verfahren [33] zur Ermittlung von J_{Ic}. Anhand einer Versuchsreihe mit Proben unterschiedlicher Risslängen a_j müssen die Differenzflächen der Kraft-Verformungs-Kurven $F(q, a_j)$ als Funktion der Verformungen q ermittelt werden. Aus der Funktion $J(q, a_j)$ gewinnt man die *Bruchzähigkeit* J_{Ic} durch Einsetzen der kritischen Werte bei Rissinitiierung. Diese so genannte »Mehrprobenmethode« hat sich aufgrund des hohen experimentellen Aufwandes nicht durchgesetzt.

Statt desse wurden alternative Methoden entwickelt, bei denen die Versuchsergebnisse an *einer einzigen* Probe zur J_{Ic}-Bestimmung ausreichen [220]. Dem liegt die Idee zugrunde, eine Korrelation zwischen J und der Formänderungsarbeit $\mathcal{W}_{\text{int}}$ selbst (Fläche unter der F-q-Kurve in Bild 3.44 b) herzustellen.

Mit Hilfe umfangreicher analytischer und numerischer Berechnungen ist es gelungen, Auswerteformeln für den elastischen J_{e} und plastischen J_{p} Anteil des J-Integrals auszuarbeiten:

$$J = J_{\text{e}} + J_{\text{p}} = \frac{K_{\text{I}}^2(F, a)}{E'} + \frac{\eta}{B(w - a)} \int_0^{q_{\text{p}}} F(\bar{q}_{\text{p}}, a) \mathrm{d}\bar{q}_{\text{p}}. \tag{3.251}$$

Die beiden Terme entsprechen der elastischen bzw. plastischen Formänderungsarbeit $\mathcal{W}_{\text{int}}^{\text{e}}$

und $W_{\text{int}}^{\text{p}}$, bezogen auf die Querschnittsfläche $B(w-a)$ des Ligamentes, siehe Bild 3.44 b. Sie werden aus den reversiblen q_{e} und irreversiblen q_{p} Verformungswegen des Lastangriffspunktes bestimmt. Damit kann J_{Ic} in einfacher Weise aus einem Versuch gewonnen werden, indem man (3.251) am Initiierungspunkt (F_{c}, a) auswertet. Beziehungen der Form (3.251) lassen sich prinzipiell für die meisten Prüfkörper und Bauteile finden. Neben der K-Faktor-Lösung benötigt man zusätzlich die geometrie- und verfestigungsabhängige Korrekturfunktion $\eta(a/w, n)$. Die Funktionen η wurden inzwischen durch umfangreiche elastisch-plastische FEM-Rechnungen für die wichtigsten Probengeometrien berechnet und bilden die Grundlage für standardisierte J_{Ic}-Auswertungen [12, 92, 130].

Ähnlich wie in der LEBM müssen bei der J_{Ic}-Ermittlung bestimmte Größenrelationen eingehalten werden, damit das J-kontrollierte Nahfeld (ausgedrückt in $\delta_{\text{tc}} \sim J_{\text{Ic}}/\sigma_{\text{F}}$) klein gegenüber allen Abmessungen der Prüfkörper bleibt und die Versuche geometrieunabhängige Materialkennwerte liefern:

$$B, (w-a) \geq 25 J_{\text{Ic}}/\sigma_{\text{F}}. \tag{3.252}$$

In der Praxis bedeutet das eine Reduzierung der Probengrößen um 1–2 Größenordnungen gegenüber den Vorgaben (3.202) beim K_{Ic}-Versuch. Zum Abschluss muss nochmals deutlich darauf hingewiesen werden, dass die Berechtigung von J in der EPBM einzig und allein auf seiner Bedeutung als Intensitätsparameter beruht und nicht auf einer energetischen Aussage, obwohl die experimentellen Bestimmungsmethoden diesen Anschein erwecken!

Engineering Approach nach EPRI

Beim *Engineering Approach* handelt es sich um ein ingenieurmäßiges Konzept zur praktischen Anwendung der EPBM auf rissbehaftete Bauteile, dass am Electric Power Research Institute in den USA entwickelt wurde [144]. Das Konzept beruht auf dem J-Integral als Bruchkenngröße. Die Werkstoffkennwerte werden aus den J_{Ic}-Prüfstandards wie im vorangegangenen Abschnitt dargelegt übernommen. Der wesentliche Fortschritt besteht in der Bereitstellung von J als Beanspruchungskenngröße in einer vereinfachten, für alle Anwender verfügbaren Form und eines darauf aufbauenden Bewertungskonzeptes. Hintergrund ist, dass numerische FEM-Analysen erstens nicht für jedermann durchführbar sind und zweitens nach wie vor einen erheblichen Zeit- und Kostenaufwand bedeuten.

Deshalb wurde ein Katalog von Lösungen für zahlreiche wichtige Risskonfigurationen unter vollplastischen Bedingungen zusammengestellt. Diese Handbuch-Lösungen wurden durch systematische FEM-Rechnungen unter der vereinfachenden Annahme der Deformationsplastizität mit Potenzgesetz-Verfestigung nach (3.224) erzeugt. Das bietet den Vorteil, dass sich die (nichtlinear-elastischen) Lösungen bezüglich der Belastung parametrisieren lassen, also nur *eine* vollplastische Lösung anstatt der gesamten Lastgeschichte notwendig ist. Wenn P einen globalen Lastparameter (Kraft, Moment, Flächenlasten, ...) bei monotoner Belastung bezeichnet, so ergeben sich die dazugehörigen Spannungs- und Verzerrungsfelder durch folgende Skalierung:

$$\sigma_{ij}(P) = \frac{P}{P_L}\sigma_{ij}^*(P_L), \quad \varepsilon_{ij}(P) = \left(\frac{P}{P_L}\right)^n \varepsilon_{ij}^*(P_L). \tag{3.253}$$

Dabei sind σ_{ij}^* und ε_{ij}^* die Referenzlösungen bei Erreichen der plastischen Grenzlast P_L. Unter Verwendung von (3.238a) skaliert sich das J-Integral demnach zu:

$$J(P) = \alpha \varepsilon_0 \sigma_0 I_n r \left(\frac{\sigma_{ij}}{\sigma_0}\right)^{n+1} \tilde{\sigma}_{ij}^{n+1}(\theta; n) = \left(\frac{P}{P_L}\right)^{n+1} J^*(P_L). \tag{3.254}$$

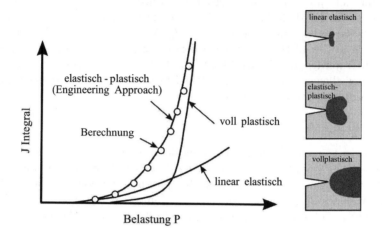

Bild 3.45: J-Abschätzung nach dem Engineering Approach

Auf diese Weise wurden für einschlägige Risskonfigurationen der plastische J-Integral-Anteil J_p und die globale Verformungsgröße q_p berechnet und katalogisiert [144], wobei die Funktionen h_i das geometrie- und verfestigungsabhängige Ergebnis darstellen:

$$J_\mathrm{p} = \alpha \varepsilon_0 b\, h_1\left(\frac{a}{w}, n\right) \left(\frac{P}{P_L}\right)^{n+1}, \quad q_\mathrm{p} = \alpha \varepsilon_0 a\, h_2\left(\frac{a}{w}, n\right) \left(\frac{P}{P_L}\right)^{n} \tag{3.255}$$

Der elastische Anteil J_e wird wie in (3.251) aus dem K_I-Faktor der Risskonfiguration $K_\mathrm{I}(P,a) \sim \sqrt{a} P g(a/w)$ mit der tabellierten Geometriefunktion g berechnet

$$J_\mathrm{e} = \varepsilon_0 \sigma_0 a \left(\frac{P}{P_L}\right)^2 g^2\left(\frac{a}{w}\right). \tag{3.256}$$

Unter Benutzung der IRWINschen plastischen Risslängenkorrektur a_eff (3.200) gewinnt man das J-Integral aus der Überlagerung von elastischem und plastischem Anteil

$$J\left(\frac{P}{P_L}, \frac{a}{w}, n\right) = J_\mathrm{e}(a_\mathrm{eff}) + J_\mathrm{p}\left(\frac{a}{w}, n\right). \tag{3.257}$$

Bild 3.45 veranschaulicht noch einmal grafisch, dass die Superposition von elastischer und vollplastischer Lösung nach dem Engineering Approach J-Werte liefert, die sehr gut mit vollwertigen elastisch-plastischen FEM-Rechnungen übereinstimmen.

3.3.8 Duktile Rissausbreitung

Risswiderstandskurven

Die meisten duktilen Werkstoffe versagen aufgrund ihrer hohen Zähigkeit nicht spontan beim kritischen J_{Ic}-Wert, sondern entwickeln nach der Risseinleitung einen beträchtlichen Widerstand gegen Rissausbreitung, d. h. das anschließende stabile duktile Risswachstum kann nur durch Steigerung der Belastung erreicht werden. Im Experiment beobachtet man dann eine typische duktile *Risswiderstandskurve*

$$J = J_{\text{R}}(\Delta a), \tag{3.258}$$

siehe Bild 3.46. In der Anfangsphase verläuft die J_{R}-Kurve recht steil und nahezu linear. Mit der Rissabstumpfung ist ein geringfügiges Risswachstum verbunden, welches durch die so genannte »blunting line« (Abstumpfungsgerade) beschrieben wird. Unterstellt man eine kreisförmige Ausrundung durch plastische Deformationen (Bild 3.35), so beträgt $\Delta a \sim \delta_{\text{t}}/2$, woraus mit (3.239) eine lineare Beziehung zum J-Integral folgt:

$$J(\Delta a) \approx 2\sigma_{\text{F}}\Delta a \qquad blunting\ line. \tag{3.259}$$

Mit steigender Belastung kommt es bei J_{i} zur eigentlichen physikalischen Rissinitiierung, d. h. dem Aufreißen vor dem abgestumpften Riss. Dieser Punkt lässt sich messtechnisch nur schwer erfassen. Deshalb benötigt man zur Definition der Rissinitiierung ein Mindestmaß an Risswachstum (z. B. $\Delta a = 0{,}2$ mm) und legt den technischen Wert J_{Ic} durch den Schnittpunkt der $J_{\text{R}}(\Delta a)$-Kurve mit der parallel verschobenen blunting line, siehe Bild 3.46. Diese pragmatische Festlegung hat Ähnlichkeit mit der R_{p02}-Definition der Streckgrenze. Oberhalb $J > J_{\text{Ic}}$ stellt sich dann eine ausgeprägte Risswiderstandskurve ein. Sie wird nach ASTM-Standard [12] einfach als Potenzgesetz $J = C_1(\Delta a)^{C_2}$ gefittet und mit der versetzten blunting line zum Schnitt gebracht. Um im laufenden Versuch die momentane Risslänge $a = a_0 + \Delta a$ in der Probe zu bestimmen, wurden verschiedene Messtechniken entwickelt (Teilentlastungsverfahren, Gleichstrom-Potenzialsonde). Die J-Auswertung geschieht nach (3.251) aus der Formänderungsarbeit bis zum aktuellen Lastniveau, bezogen auf die Ligamentfläche.

Da während der stabilen Rissausbreitung immer das Bruchkriterium erfüllt wird, sollte die duktile Risswiderstandskurve $J = J_{\text{R}}(\Delta a)$ eigentlich eine materialspezifische Kennlinie sein. Leider gilt diese Aussage nur mit Einschränkungen:

Erstens wissen wir, dass bei Risswachstum Bereiche der plastischen Zone hinter der Rissspitze entlastet werden und das Gebiet vor der Rissspitze eine nichtproportionale Belastung durchwandert, womit das J-Integral seine Berechtigung als Bruchkenngröße einbüßt. Damit das Risswachstum dennoch J-kontrolliert bleibt, müssen die Bereiche elastischer Entlastung und nichtproportionaler plastischer Belastung – also das Rissinkrement Δa selbst – in die Zone der J-Dominanz $\Delta a < r < r_{\text{J}}$ eingebettet sein. Unter SSY-Bedingungen wird die plastische Zone von K_{I} und gleichwertig dazu auch von J kontrolliert, so dass in diesem Fall die $J_{\text{R}}(\Delta a)$-Kurve eine geometrieunabhängige Materialkennlinie darstellt. Allerdings ist die SSY-Voraussetzung nur selten bei üblichen Probengrößen und duktilen Werkstoffen erfüllt. Im LSY-Bereich hat man versucht, aus

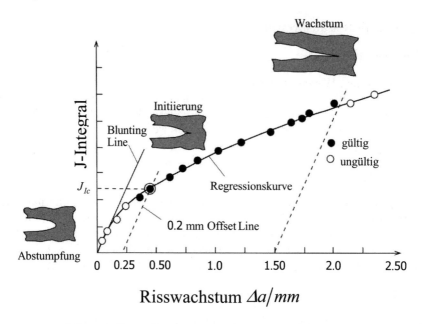

Bild 3.46: Darstellung der duktilen Risswiderstandskurve

der HRR-Lösung die Bedingungen für J-kontrolliertes Risswachstum abzuschätzen [122]. Damit ein Punkt in der Rissspitzenumgebung eine proportionale Spannungserhöhung erfährt, muss der Einfluss des Zuwachses von dJ gegenüber dem entlastenden Term infolge Rissausbreitung da vorherrschen. Das führt auf die Bedingung $dJ/J \gg da/r$, woraus sich für vollplastifizierte Proben $r \approx w - a$ die eingrenzende Relation

$$\frac{w-a}{J}\frac{dJ}{da} = \varpi \gg 1 \tag{3.260}$$

ergibt. Durch FEM-Analysen [248] wurde herausgefunden, dass in Proben mit vorwiegend Biegebeanspruchung ein J-kontrolliertes Risswachstum Δa bis zu 6 % des Ligamentes $(w - a)$ erlaubt ist ($\varpi = 10$). In den Prüfvorschriften für J_R-Kurven wird aus diesen Gründen der zulässige Auswertebereich auf eine maximale Rissausbreitung von $\Delta a_{max} \leq 0{,}10(w - a)$ begrenzt, siehe Bild 3.46.

Zweitens hat sich herausgestellt, dass die Risswiderstandskurven stark von der Geometrie (Form, Dicke, Risstiefe) der Proben abhängen, womit sie ihren Sinn als Materialkennlinien verlieren. Gleichzeitig ist damit auch die Übertragbarkeit auf Risse in Bauteilen in Frage gestellt. Bild 3.47 repräsentiert $J_R(\Delta a)$-Kurven desselben Werkstoffs. Der Rissinitiierungswert J_i ist bei allen Proben gleich, danach unterscheiden sich die Anstiege dJ/da der Kurven erheblich. Deshalb wurde vorgeschlagen, den physikalischen Initiierungswert J_i als verbindlichen Werkstoffkennwert zu verwenden, was jedoch eine sehr konservative Sicherheitsbewertung zur Folge hätte, welche die Reserven des ansteigenden Risswiderstandes unberücksichtigt lässt. Die Ursachen für die Geometrieabhängigkeit der Risswiderstandskurven liegen im Einfluss der *Mehrachsigkeit* $\hbar$ des Spannungszustandes

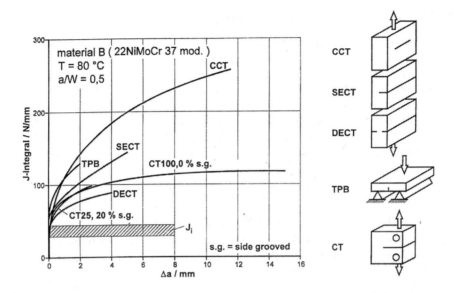

Bild 3.47: Risswiderstandskurven und Rissinitiierungswerte für unterschiedliche Probengeometrien des Stahls 22NiMoCr37 [156]

begründet. Je größer die Mehrachsigkeit ist, desto flacher verlaufen die J_R-Kurven, d. h. der duktile Bruch wird unterstützt. Bei hoher Mehrachsigkeit steht vom Zufluss der äußeren Arbeit (J-Wert) in die Struktur mehr potenzielle elastische Energie $\mathcal{W}_{\text{int}}^e$ zur Verfügung als bei geringer Mehrachsigkeit, wo ein relativ großer Anteil durch plastische Formänderungsarbeit $\mathcal{W}_{\text{int}}^p$ verbraucht wird. Hinzu kommt auf der Werkstoffseite, dass der Mechanismus des duktilen Wabenbruchs durch hohe Mehrachsigkeit begünstigt wird, was den Bruchwiderstand reduziert. Im Grunde benötigte man für jeden Werkstoff eine ganze Schar von Risswiderstandskurven $J_R(\Delta a, \hbar)$, die als Funktion von $\hbar$ aufzunehmen wären. Dann kann das duktile Risswachstum in einer anderen Struktur vorausberechnet werden, wenn man neben der Beanspruchung J noch den dort auftretenden Wert $\hbar$ der Mehrachsigkeit kennt und die zugehörige J_R-Kurve auswählt. Da sich aufgrund unterschiedlicher Dehnungsbehinderung die Mehrachsigkeit entlang der Rissfront verändert, muss diese Methodik der angepassten Risswiderstandskurve somit lokal eingesetzt werden. Auf diese Weise konnten durch FEM-Rechnungen sehr gute Prognosen über den Verlauf der Vergrößerung eines halbelliptischen Oberflächenrisses in einer Zugprobe aus duktilem Stahl erzielt werden [143].

Im Abschnitt 3.3.6 wurden die T- und Q-Spannungen als Ergänzungsterme zu den elastisch-plastischen Rissspitzenfeldern vorgestellt. Sie beeinflussen maßgeblich die Mehrachsigkeit des lokalen Spannungszustandes über die Beziehungen (3.243) (3.247) und besitzen somit ähnliche Bedeutung für die Risswiderstandskurven wie $\hbar$ selbst. Es ist deshalb eine vordringliche Aufgabe der numerischen Analysen, diese beiden Parameter in effizienter Weise für eine gegebene Risskonfiguration zu bestimmen.

Nahfeldlösungen bei stationärer Rissausbreitung

Für einen Riss, der sich mit konstanter Geschwindigkeit $\dot{a}$ quasistatisch in einem idealplastischen Material ausbreitet, wurden die asymptotischen Spannungs- und Verzerrungsfelder von SLEPYAN [257] (TRESCAsche Fließbedingung, EVZ), DRUGAN, RICE & SHAM [77], sowie von CASTANEDA [59] (V.-MISESsche Fließbedingung, ESZ) gefunden. Die mit der Gleitlinientheorie erhaltenen Lösungen für Modus I und II unterteilen sich ähnlich wie beim ruhenden Riss (Bilder 3.37 und 3.38) in verschiedene Sektoren. Während die Spannungen überall beschränkt bleiben, weisen die Gleitungen im zentralen Sektor B eine logarithmische Singularität für $r \to 0$ auf (Normierungslänge $R \approx$ plastische Zone):

$$\varepsilon_{r\theta}(r,\theta) = \frac{2(1-\nu^2)\sigma_F}{\sqrt{3}E} \ln\frac{R}{r} \tilde{\varepsilon}_{r\theta}(\theta). \tag{3.261}$$

Unter SSY-Bedingungen folgt aus der Lösung eine Ratenbeziehung zwischen der Rissöffnungsverschiebung $\dot{\delta}_t$, der Fernfeldbelastung $\dot{J}$ und der Rissgeschwindigkeit $\dot{a}$ mit den Konstanten c_1 und c_2

$$\dot{\delta}_t = c_1 \frac{\dot{J}}{\sigma_F} + c_2 \frac{\sigma_F}{E} \dot{a} \ln\left(\frac{R}{r}\right). \tag{3.262}$$

Die Integration liefert bei stationären Verhältnissen am bewegten Riss eine Rissöffnungsverschiebung, die proportional dem Abstand r zur Rissspitze ist. Die Rissufer verlaufen somit geradlinig unter dem *Rissspitzenöffnungswinkel* γ_t = CTOA (engl. *crack tip opening angle*), wie es Bild 3.35 zeigt:

$$\frac{\delta_t}{r} = \frac{c_1}{\sigma_F} \frac{dJ}{da} + \frac{c_2 \sigma_F}{E} \ln(e\frac{R}{r}) = \tan \gamma_t. \tag{3.263}$$

In Experimenten mit größerem duktilen Risswachstum stellt sich ein konstanter Winkel CTOA_c ein, weshalb folgendes Rissausbreitungskriterium vorgeschlagen wurde

$$\arctan \frac{\delta_{tc}}{r_t} = \text{CTOA}_c = \text{const}. \tag{3.264}$$

Energetische Betrachtungen

Die Energiebilanz bei duktiler Rissausbreitung $a(t)$ soll am zweidimensionalen Rissproblem untersucht werden. Wir nehmen an, dass sich an der Rissspitze eine Bruchprozesszone A_B ausgebildet hat und mit ihr bewegt. Die Prozesszone besitzt eine werkstofftypische Form und Struktur. $\dot{\mathcal{W}}_{\text{ext}}$ bezeichnet die Leistung der äußeren Lasten $\bar{t}_i$ auf dem Körperrand S_t (zur Vereinfachung sei $\bar{b}_i = 0$), die in innere Energie $\mathcal{W}_{\text{int}}$ umgewandelt wird und den Energieverbrauch $\mathcal{D}$ in der Prozesszone speist, siehe Bild 3.48 links.

$$\dot{\mathcal{W}}_{\text{ext}} = \int_{S_t} \bar{t}_i \dot{u}_i \, ds \tag{3.265}$$

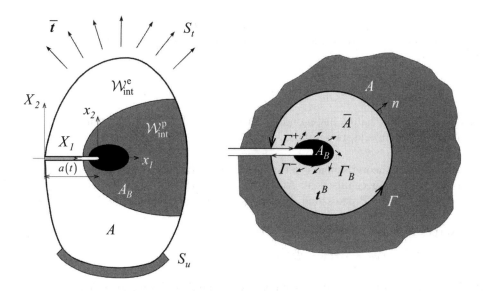

Bild 3.48: Zur Energiebilanz bei duktilem Risswachstum

Im Unterschied zur LEBM (Abschnitt 3.2.5) setzt sich die innere Energie (3.71) aus elastischer und plastischer Formänderungsarbeit $\mathcal{W}_{\text{int}}^{\text{e}}$ und $\mathcal{W}_{\text{int}}^{\text{p}}$ zusammen:

$$\mathcal{W}_{\text{int}} = \mathcal{W}_{\text{int}}^{\text{e}} + \mathcal{W}_{\text{int}}^{\text{p}} = \int_V (U^{\text{e}} + U^{\text{p}})\, dV\,, \quad U^{\text{e}} + U^{\text{p}} = \int_0^{\varepsilon_{kl}^{\text{e}}} \sigma_{ij}\, d\varepsilon_{ij}^{\text{e}} + \int_0^{\varepsilon_{kl}^{\text{p}}} \sigma_{ij}\, d\varepsilon_{ij}^{\text{p}}. \quad (3.266)$$

Da die plastische Arbeit $\mathcal{W}_{\text{int}}^{\text{p}}$ als Wärme oder Strukturbildung dissipiert wird, steht für Rissausbreitung nur die potenzielle Energie des elastischen Anteils $\mathcal{W}_{\text{int}}^{\text{e}}$ zur Verfügung. Somit lautet die globale Energiebilanz bei Rissausbreitung pro Zeit t bzw. Rissfortschritt $da = \dot{a}\, dt$:

$$\dot{\mathcal{W}}_{\text{ext}} = \dot{\mathcal{W}}_{\text{int}}^{\text{e}} + \dot{\mathcal{W}}_{\text{int}}^{\text{p}} + \dot{\mathcal{D}}. \quad (3.267)$$

Bringt man alle potenziellen Energieanteile $\dot{\Pi}_{\text{ext}} = -\dot{\mathcal{W}}_{\text{ext}}$ und $\dot{\Pi}_{\text{int}} = \dot{\mathcal{W}}_{\text{int}}^{\text{e}}$ auf die linke Seite, so erhält man die Erweiterung der GRIFFITHschen Energiefreisetzungsrate (3.76) auf duktilen Bruch:

$$G = -\frac{d\Pi}{da} = \frac{d\mathcal{W}_{\text{ext}}}{da} - \frac{d\mathcal{W}_{\text{int}}^{\text{e}}}{da} = \frac{d\mathcal{W}_{\text{int}}^{\text{p}}}{da} + \frac{d\mathcal{D}}{da} \quad (3.268)$$

Die freigesetzte potenzielle Energie G steht also nicht allein für die Materialtrennung als spezifische Bruchenergie $d\mathcal{D}/da = 2\gamma$ oder Risswiderstandskurve $d\mathcal{D}/da = J_{\text{R}}(\Delta a)$ zur Verfügung, sondern wird zum überwiegenden Teil als plastische Verformung verbraucht. Die große Schwierigkeit in der EPBM besteht gerade darin, dass man experimentell diese beiden Anteile nur schwer trennen kann. Als Folge davon wird die gesamte rechte Seite von (3.268), die Dissipationsrate bei Rissausbreitung, als Bruchwiderstand interpretiert. Deshalb beinhalten die Risswiderstandskurven die geometrieabhängige plastische Arbeit in der Probe:

$$J = -\frac{\mathrm{d}\Pi}{\mathrm{d}a} = \frac{\mathrm{d}\mathcal{W}^{\mathrm{p}}_{\mathrm{int}}}{\mathrm{d}a} + \frac{\mathrm{d}\mathcal{D}}{\mathrm{d}a} = J_{\mathrm{R}}(\Delta a) \qquad (3.269)$$

Auf diesen Konflikt haben insbesondere TURNER [275], BROCKS [168] und COTTERELL & ATKINS [66] aufmerksam gemacht.

Zum besseren theoretischen Verständnis ist es nützlich, die Energiebetrachtungen in einen »kontinuumsmechanischen« Anteil für den Körper A und einen »werkstoffspezifischen« Anteil für die Prozesszone A_{B} aufzuspalten. Damit lauten die Energiebilanzen:

$$\text{Körper } A: \quad \dot{\mathcal{W}}_{\mathrm{ext}} + \dot{\overline{\mathcal{W}}}_{\mathrm{B}} = \dot{\mathcal{W}}^{\mathrm{e}}_{\mathrm{int}} + \dot{\mathcal{W}}^{\mathrm{p}}_{\mathrm{int}} \qquad (3.270)$$

$$A_{\mathrm{B}}: \quad \dot{\mathcal{W}}_{\mathrm{B}} = -\dot{\overline{\mathcal{W}}}_{\mathrm{B}} = \dot{\mathcal{D}}. \qquad (3.271)$$

$\dot{\mathcal{W}}_{\mathrm{B}}$ beschreibt den Energiezufluss vom Körper in die Prozesszone über den Rand Γ_{B}, was der Leistung der Schnittspannungen $t_i^B = \sigma_{ij} n_j$ mit den Verschiebungsgeschwindigkeiten entspricht.

$$\dot{\mathcal{W}}_{\mathrm{B}} = \int_{\Gamma_{\mathrm{B}}} t_i^B \dot{u}_i \mathrm{d}s \qquad (3.272)$$

Wie diese Energie innerhalb von A_{B} zur Materialtrennung umgesetzt wird, bleibt eine »black box«. Denselben Energiebetrag entzieht die Prozesszone dem Körper, weshalb er mit entgegengesetztem Vorzeichen als zusätzliche äußere Arbeit $\overline{\mathcal{W}}_B$ am Rand Γ_{B} aufgefasst werden kann. Die Summe der Bilanzen (3.270) und (3.271) ergibt natürlich wieder (3.267). Der *Energiefluss* $\mathrm{d}\mathcal{W}_{\mathrm{B}}$ pro Rissfortschritt $\mathrm{d}a$ in die Prozesszone soll im Weiteren mit $\mathcal{F}$ bezeichnet werden. Mit (3.270) erhält man:

$$\mathcal{F} = \frac{\mathrm{d}\mathcal{W}_{\mathrm{B}}}{\mathrm{d}a} = \frac{1}{\dot{a}}\dot{\mathcal{W}}_{\mathrm{B}} = \frac{1}{\dot{a}}\left[\int_{S_t} \bar{t}_i \dot{u} \mathrm{d}s - \frac{\mathrm{d}}{\mathrm{d}t}\int_A U \mathrm{d}A\right]. \qquad (3.273)$$

Nun führen wir ein Koordinatensystem (x_1, x_2) ein, das sich im Sinne der EULERschen Betrachtungsweise mit der Rissspitze bewegt. Mit (X_1, X_2) bezeichnen wir dagegen das LAGRANGEsche Koordinatensystem, das mit den Teilchen verbunden ist, siehe Bild 3.48.

$$x_1 = X_1 - a(t), \qquad x_2 = X_2 \qquad (3.274)$$

Die materielle Zeitableitung einer beliebigen Feldgröße $f[\boldsymbol{x}(\boldsymbol{X}, t), t]$ am Teilchen bei $\boldsymbol{X}$ ergibt sich bekanntermaßen zu

$$\dot{f} = \left.\frac{\mathrm{d}f}{\mathrm{d}t}\right|_{\boldsymbol{X}} = \left.\frac{\partial f}{\partial t}\right|_{\boldsymbol{x}} + \frac{\partial \boldsymbol{x}}{\partial t}\frac{\partial f}{\partial \boldsymbol{x}} \quad \text{mit} \quad \frac{\partial \boldsymbol{x}}{\partial t} = \boldsymbol{v} = -\dot{a}\boldsymbol{e}_1. \qquad (3.275)$$

3.3 Elastisch-plastische Bruchmechanik

Im Spezialfall eines stationären Zustandes im mitbewegten Koordinatensystem wird die partielle Zeitableitung null, d. h. jede zeitliche Änderung ist proportional zum Gradienten

$$\dot{f} = -\dot{a}\frac{\partial f}{\partial x_1}. \tag{3.276}$$

Die Geschwindigkeit $\dot{u}_i$ auf Γ_B wäre mit (3.276) in das mitbewegte Koordinatensystem $\boldsymbol{x}$ zu transformieren. Wenn das Verschiebungsfeld $u_i(\boldsymbol{x},t)$ an der Rissspitze stetig und beschränkt ist und nur seine Gradienten (Verzerrungen) singulär werden, was man voraussetzen darf, so überwiegt in (3.275) der konvektive 2. Term auf der rechten Seite:

$$\frac{\mathrm{d}u_i(\boldsymbol{x},t)}{\mathrm{d}t} = \frac{\partial u_i}{\partial t} - \dot{a}\frac{\partial u_i}{\partial x_1} \approx -\dot{a}\, u_{i,1}. \tag{3.277}$$

Bei der materiellen Zeitableitung des 2. Integrals von (3.273) muss berücksichtigt werden, dass sich das Gebiet $A(t)$ zwischen äußerem Rand S und der mitbewegten Prozesszone Γ_B zeitlich verändert. Im EULERschen Koordinatensystem $\boldsymbol{x}$ ist deshalb das REYNOLDsche Transporttheorem anzuwenden (siehe [35, 174]) mit $\boldsymbol{v} = -\dot{a}\boldsymbol{e}_1$:

$$\frac{\mathrm{d}}{\mathrm{d}t}\int_A U\,\mathrm{d}A = \int_A \frac{\partial}{\partial t}U\,\mathrm{d}A - \dot{a}\int_{\Gamma_B} U n_1\,\mathrm{d}s. \tag{3.278}$$

Das Flächenintegral auf der rechten Seite kann ähnlich wie in Abschnitt 3.2.6 in ein Linienintegral über die geschlossene Kontur $C = S + \Gamma^+ + \Gamma^- - \Gamma_B$ umgewandelt werden. Dazu formen wir $\partial U/\partial t = \sigma_{ij}\dot{\varepsilon}_{ij} = \sigma_{ij}\dot{u}_{i,j}$ in $\partial U/\partial t = (\sigma_{ij}\dot{u}_i)_{,j} - \sigma_{ij,j}\dot{u}_i$ um, wobei wegen der Gleichgewichtsbedingungen $\sigma_{ij,j} = 0$ der 2. Term entfällt. Auf den 1. Term wird der GAUSSsche Integralsatz angewandt:

$$\begin{aligned}\frac{\mathrm{d}}{\mathrm{d}t}\int_A U\,\mathrm{d}A &= \int_A (\sigma_{ij}\dot{u}_i)_{,j}\,\mathrm{d}A - \dot{a}\int_{\Gamma_B} U\delta_{1j}n_j\,\mathrm{d}s \\ &= \int_S \sigma_{ij}\dot{u}_i n_j\,\mathrm{d}s - \int_{\Gamma_B}\sigma_{ij}\dot{u}_i n_j\,\mathrm{d}s - \dot{a}\int_{\Gamma_B} U\delta_{1j}n_j\,\mathrm{d}s.\end{aligned} \tag{3.279}$$

Die spannungsfreien Rissufer Γ^+ und Γ^- liefern wegen $\sigma_{ij}n_j = t_i = 0$ keinen Beitrag. Auf Γ_B benutzen wir für die Geschwindigkeit (3.277). Beim Einsetzen in die Beziehung (3.273) hebt sich das Integral über S auf, so dass wir für den Energiefluss in die Prozesszone schließlich den Ausdruck erhalten:

$$\mathcal{F} = \int_{\Gamma_B} [U\delta_{1j} - \sigma_{ij}u_{i,1}]n_j\,\mathrm{d}s = \int_{\Gamma_B} [Un_1 - t_i u_{i,1}]\,\mathrm{d}s. \tag{3.280}$$

Die Ähnlichkeit dieses *Energieflussintegrals* mit dem J-Integral (3.100) ist auffällig, es bestehen jedoch zwei wesentliche Unterschiede: Erstens beschreibt U jetzt die Formänderungsarbeit für ein beliebiges elastisch-plastisches Materialgesetz. Zweitens ist das Integral auf die Berandung der Prozesszone festgelegt, über die noch keine konkreten Annahmen getroffen wurden.

Um (zumindest formal) die Wegunabhängigkeit des Integrals zu erreichen, führen wir außerhalb der Prozesszone A_B eine beliebige geschlossene Kontur Γ um die Rissspitze ein, siehe Bild 3.48 rechts. Das reguläre Gebiet $\bar{A}$ zwischen Γ und Γ_B wird durch die zusammenhängende Berandung $\bar{C} = \Gamma + \Gamma^+ + \Gamma^- - \Gamma_\text{B}$ umschlossen. Die Anwendung des GAUSSschen Satzes in entgegengesetzte Richtung liefert dann (Rissuferterme Γ^+, Γ^- verschwinden), wenn [ ] den Integranden von (3.280) bezeichnet:

$$\mathcal{F} = \int_{\Gamma_\text{B}} [\ ]n_j\, \text{d}s = \int_{\Gamma} [\ ]n_j\, \text{d}s - \int_{\Gamma - \Gamma_\text{B}} [\ ]n_j\, \text{d}s = \int_{\Gamma} [\ ]n_j\, \text{d}s - \int_{\bar{A}} \frac{\partial}{\partial x_j}[\ ]\, \text{d}A, \qquad (3.281)$$

$$\mathcal{F} = \int_{\Gamma} [U\delta_{1j} - \sigma_{ij}u_{i,1}]n_j\, \text{d}s - \int_{\bar{A}} [U_{,1} - \sigma_{ij}u_{i,j1}]\, \text{d}A. \qquad (3.282)$$

Das Ergebnis bedeutet: Bei elastisch-plastischem Materialverhalten kann der Energiefluss in die Prozesszone *nicht* durch ein wegunabhängiges Linienintegral allein ausgedrückt werden (1. Term), sondern es ist zusätzlich ein Gebietsintegral erforderlich. Die Beziehung (3.282) stellt somit eine modifizierte Berechnungsmöglichkeit für das eigentliche Energieflussintegral über Γ_B dar, die von der Wahl der Kontur Γ und des eingeschlossenen Gebiets $\bar{A}$ unabhängig ist. Das ist zumindest für die numerische Berechnung ein Vorteil. Selbstverständlich geht sie bei $\Gamma \to \Gamma_\text{B}$ in (3.280) über, da das Gebietsintegral verschwindet. Unter Benutzung von (3.275) kann man leicht zeigen, dass unter stationären Verhältnissen an der sich ausbreitenden Rissspitze das Gebietsintegral null wird.

Zum Schluss wollen wir uns der Modellierung der Prozesszone zuwenden:
Als einfachste Variante kann man sich A_B auf einen Punkt an der Rissspitze zusammen gezogen vorstellen, der von der Kontinuumslösung umgeben ist, was der im vorangegangenen Abschnitt behandelten Nahfeldlösung (3.261) entspricht. Hierbei stellt sich für die Verzerrungen die schwächere logarithmische Singularität ($\varepsilon_{ij} \sim 1/\ln r$) im Vergleich zum ruhenden Riss ($\varepsilon_{ij} \sim 1/r$) ein, wodurch bei beschränkten Spannungen $\sigma_{ij} \sim \sigma_\text{F}$ das Energieflussintegral (3.280) null wird! Das führt zu dem widersprüchlichen Resultat, dass bei ideal-plastischem Material keine Energie in die Rissspitze transportiert wird [185]. Der eigentliche Grund ist jedoch in einer zu sehr vereinfachten punktförmigen Prozesszone zu suchen. Die richtige Schlussfolgerung lautet: *Ohne bessere und realistischere Modelle der Bruchprozesszone können in der EPBM keine Aussagen über das duktile Risswachstum gemacht werden.* Diese Erkenntnis bildete den Ausgangspunkt für die Entwicklung von Kohäsivzonenmodellen und schädigungsmechanischen Modellen der Prozesszone. Weiterführende Informationen findet man bei [66, 102, 174, 297].

3.4 Ermüdungsrisswachstum

Unter wechselnder Belastung können sich Risse stabil ausbreiten, obwohl der Spannungsintensitätsfaktor weit unterhalb der statischen Bruchzähigkeit liegt. Dieses Phänomen unterkritischer Rissausbreitung wird als *Ermüdungsrisswachstum* (engl. *fatigue crack growth*) oder als *Schwingbruch* bezeichnet. Ermüdungsbruch ist die häufigste Schadensursache bei Maschinen, Fahrzeugen, Flugzeugen u. a. Konstruktionen, die zeitlich veränderlichen Betriebsbelastungen ausgesetzt sind. Je nach ihrem Verlauf kann man periodische (zyklische) oder stochastische Belastungen mit konstanter oder veränderlicher Amplitude unterscheiden.

Bei der Ermüdung von Werkstoffen lässt sich folgender Schädigungsablauf beobachten. Als Folge mikroplastischer Wechselverformungen (Versetzungen, Gleitbänder) bilden sich zuerst *Mikrorisse* an der Oberfläche oder an Gefügeinhomogenitäten (Einschlüsse, Korngrenzen) im Inneren. Die so entstandenen »mikrostrukturell kurzen Risse« werden in ihrem Ausbreitungsverhalten sehr stark vom umgebenden Gefüge beeinflusst und unterliegen eigenen Gesetzmäßigkeiten. Erst ab einer Risslänge von ca. 10 Korndurchmessern spricht man von einem *technischen Anriss* bzw. *Makroriss*, dessen Verhalten mit den Methoden der klassischen Bruchmechanik beschrieben werden kann. Makroskopisch gesehen treten nur geringe, vernachlässigbare plastische Verformungen auf und der Ermüdungsbruch läuft im K-kontrollierten Nahfeld ab, so dass die LEBM anwendbar ist.

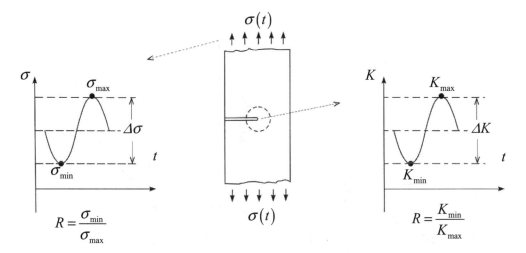

Bild 3.49: Zusammenhang zwischen Wechselbelastung und Spannungsintensitätsfaktor

3.4.1 Belastung mit konstanter Amplitude

Bei schwingender Belastung sind sowohl die äußeren Lasten, die Spannungsverteilung am Riss als auch der Spannungsintensitätsfaktor zeitabhängig. Aufgrund des linearen

Zusammenhangs verlaufen sie synchron mit der gleichen Zeitfunktion:

$$K_I(t) = \sigma(t)\sqrt{\pi a}\, g(a,w), \quad \sigma_{ij}(t) = \frac{K_I(t)}{\sqrt{2\pi r}} f_{ij}^I(\theta). \tag{3.283}$$

Eine zyklische Beanspruchung $\sigma(t)$ des Bauteils mit konstanter Frequenz wird durch ihre Schwingbreite $\Delta\sigma$ (doppelte Amplitude), die Mittelspannung σ_m und das Spannungsverhältnis R charakterisiert:

$$\Delta\sigma = \sigma_{max} - \sigma_{min}, \quad \sigma_m = (\sigma_{max} + \sigma_{min})/2, \quad R = \sigma_{min}/\sigma_{max}. \tag{3.284}$$

Daraus ergibt sich die Schwingbreite ΔK_I, die auch als *zyklischer Spannungsintensitätsfaktor* bezeichnet wird (um allgemein zu bleiben, wird der Index für den Rissöffnungsmodus weggelassen):

$$\Delta K = K_{max} - K_{min} = \Delta\sigma\sqrt{\pi a}\, g(a,w). \tag{3.285}$$

Dieser Zusammenhang ist in Bild 3.49 dargestellt. Mit der Definition des Spannungsverhältnisses R folgt für ΔK:

$$\Delta K = (1-R)K_{max}, \quad R = K_{min}/K_{max}. \tag{3.286}$$

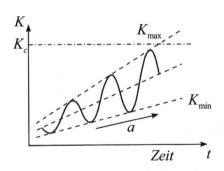

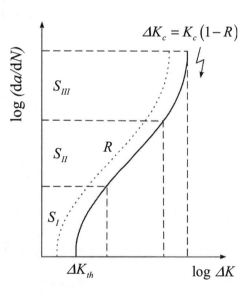

Bild 3.50: Verlauf der Spannungsintensität mit zunehmender Risslänge a als Funktion der Zeit t bzw. der Lastwechsel N

Bild 3.51: Risswachstumsgeschwindigkeit als Funktion der Schwingbreite des Spannungsintensitätsfaktors

Selbst wenn sich die äußere Belastung mit der Schwingbreite $\Delta\sigma$ und der Mittelspannung σ_{m} nicht ändert, so steigt der Spannungsintensitätsfaktor i. Allg. dennoch aufgrund der wachsenden Risslänge wegen $\sqrt{\pi a}\,g(a,w)$ in (3.285), so dass sich der in Bild 3.50 dargestellte Verlauf ergibt. Hat $K_{\max}$ den kritischen Kennwert K_{c} erreicht, so kommt es zum instabilen Sprödbruch.

Das Ermüdungsrisswachstum wird durch den Rissfortschritt da pro Lastwechsel quantifiziert. Die *Risswachstumsgeschwindigkeit* bzw. *Risswachstumsrate* (engl. *crack growth rate*) ist als das Verhältnis da/dN definiert, wobei N die Lastspielzahl bedeutet. Trägt man die experimentell ermittelte Rissgeschwindigkeit da/dN doppeltlogarithmisch als Funktion des zyklischen Spannungsintensitätsfaktors ΔK auf, so erhält man die *Risswachstumskurve*. Sie hat qualitativ den in Bild 3.51 gezeigten Verlauf. Die untere Grenze der Kurve wird durch den *Schwellenwert* der Spannungsintensität (engl. *threshold value*) ΔK_{th} festgelegt. Befindet sich die zyklische Spannungsintensität ΔK unterhalb dieses Schwellenwertes, so ist der Ermüdungsriss nicht ausbreitungsfähig. K_{th} beschreibt gewissermaßen die »bruchmechanische Dauerfestigkeit« und beträgt für Metalle etwa $K_{\mathrm{c}}/10$. Während der Anfangsbereich S_{I} empfindlich auf mikrostrukturelle Effekte reagiert, dominiert im anschließenden Bereich S_{II} der Einfluss der Belastung. In diesem Bereich ist ein linearer Verlauf der Risswachstumskurve zu beobachten. Er kann durch das Gesetz von PARIS-ERDOGAN [199] approximiert werden:

$$\frac{\mathrm{d}a}{\mathrm{d}N} = C(\Delta K)^m \quad \text{PARIS-Gleichung} \tag{3.287}$$

Der Exponent m und der Faktor C sind werkstoffabhängige Größen. C hat eine relativ unanschauliche Dimension, die vom Exponenten m des Risswachstumsgesetzes abhängt. Für Metalle beträgt der Exponent $m \approx 2-7$, während sich für keramische Werkstoffe sehr viel höhere Werte ($m \approx 20-100$) ergeben. Bereich S_{III} kennzeichnet den Übergang zum spröden Gewaltbruch. Die obere Grenze ΔK_{c} gibt die Beanspruchung an, ab der die Rissausbreitung instabil wird. Als Bedingung gilt $K_{\max} = K_{\mathrm{c}}$ bzw. $K_{\max} = \Delta K_{\mathrm{c}}/(1-R)$.

Der Verlauf der Risswachstumskurve hängt vom Werkstoff ab und wird durch zahlreiche Faktoren wie z. B. die Mikrostruktur, die Temperatur, die umgebenden Medien oder das R-Verhältnis beeinflusst. Mit zunehmendem R-Verhältnis steigt i. Allg. die Rissgeschwindigkeit da/dN und der Schwellenwert K_{th} wird geringer.

Ein Ansatz zur Beschreibung aller drei Bereiche des Kurvenverlaufs wurde erstmals von ERDOGAN und RATWANI [87] vorgeschlagen:

$$\frac{\mathrm{d}a}{\mathrm{d}N} = \frac{C(\Delta K - \Delta K_{\mathrm{th}})^m}{(1-R)K - \Delta K}. \tag{3.288}$$

Mittlerweile gibt es viele Varianten von *Risswachstumsgesetzen*. Als Beispiel wird die sehr ausgereifte Version des Programms ESACRACK [89] angeführt, die auf einer erweiterten PARIS-Gleichung beruht, mit der die gesamte Risswachstumskurve in Abhängigkeit vom

Spannungsverhältnis R bei konstanter Lastamplitude beschrieben werden kann:

$$\frac{\mathrm{d}a}{\mathrm{d}N} = C^* \left[\left(\frac{1-\chi}{1-R} \right) \Delta K \right]^{m^*} \frac{(1 - \Delta K_{\mathrm{th}}/\Delta K)^p}{(1 - K_{\max}/K_c)^q}$$

$$\chi = \frac{K_{\mathrm{op}}}{K_{\max}} = \begin{cases} \max(R, A_0 + A_1 R + A_2 R^2 + A_3 R^3) & \text{für } 0 \leq R \\ A_0 + A_1 R & \text{für } -1 \leq R < 0 \end{cases} \quad (3.289)$$

$$A_0 = (0{,}825 - 0{,}34\alpha_{\mathrm{cf}} + 0{,}05\alpha_{\mathrm{cf}}^2) \left[\cos\left(\frac{\pi \sigma_{\max}}{2\sigma_{\mathrm{F}}} \right) \right]^{1/\alpha_{\mathrm{cf}}}$$

$$A_1 = (0{,}415 - 0{,}071\alpha_{\mathrm{cf}})\sigma_{\max}/\sigma_{\mathrm{F}}$$

$$A_2 = 1 - A_0 - A_1 - A_3, \quad A_3 = 2A_0 + A_1 - 1$$

Hierbei sind p und q Fitkonstanten, die den Übergang in den Bereich I bzw. III anpassen und χ die R-abhängige Rissöffnungsfunktion nach NEWMAN [183]. C^* und m^* sind modifizierte Konstanten der PARIS-Gleichung (3.287), die für $p = 0$ und $q = 0$ sowie für $\chi = R$ aus Gleichung (3.289) folgt. Die Abhängigkeit der Risswachstumskurve vom Spannungsverhältnis R wird zusätzlich über die Rissöffnungsfunktion χ beschrieben, die das Verhältnis zwischen Rissöffnungsspannungsintensität K_{op} und der maximalen Spannungsintensität $K_{\max}$ während eines Schwingspiels darstellt, vgl. (3.294). Die Konstanten A_0 bis A_3 hängen erstens von der Größe der plastischen Zone ab, die nach dem DUGDALE-Modell aus dem Verhältnis der maximalen nominellen Zugspannung $\sigma_{\max}$ zur Fließgrenze σ_{F} abgeschätzt wird. Zweitens werden sie von der Dehnungsbehinderung beeinflusst, die man durch den Constraintfaktor α_{cf} berücksichtigt. Nach (3.198) nimmt α_{cf} Werte zwischen 1 (ESZ) und 3 (EVZ) an und ist eine Funktion der Bauteildicke. Bei Stählen führen die Werte $\alpha_{\mathrm{cf}} = 2{,}5$ und $\sigma_{\max}/\sigma_{\mathrm{F}} = 0{,}3$ zu einer guten Anpassung experimenteller Daten.

Mit Hilfe derartiger Risswachstumsgesetze ist es möglich, das Wachstum eines Risses der Ausgangslänge a_0 bei einer gegebenen Lastspielzahl N durch Integration zu ermitteln. Für das einfache PARIS-ERDOGAN-Gesetz erhält man bei konstanter Lastamplitude:

$$\Delta a = a(N) - a_0 = C \int_0^N [\Delta K(a)]^m \, \mathrm{d}N = C \Delta\sigma^m \int_0^N \left[\sqrt{\pi a}\, g(a, w) \right]^m \mathrm{d}N. \quad (3.290)$$

Durch Umstellung des Risswachstumsgesetzes nach $\mathrm{d}N$ und Integration bzgl. $\mathrm{d}a$ kann man umgekehrt die Lastspielzahl N berechnen, die bis zum Erreichen der Risslänge a erforderlich ist:

$$\begin{aligned} N(a) &= \frac{1}{C\Delta\sigma^m} \int_{a_0}^{a} \frac{\mathrm{d}\bar{a}}{\left[\sqrt{\pi \bar{a}}\, g(\bar{a}, w) \right]^m} \\ &\approx \frac{2a_0}{C(m-2) \left[\sqrt{\pi a_0}\, g(a_0) \Delta\sigma \right]^m} \left[1 - \left(\frac{a_0}{a} \right)^{\frac{m}{2}-1} \right] \quad \text{für } m \neq 2. \end{aligned} \quad (3.291)$$

Vernachlässigt man die Risslängenabhängigkeit der Geometriefunktion, so ergibt sich die (nicht konservative!) Näherungsformel. Setzt man für a die aus einem Bruchkriterium folgende kritische Risslänge a_c ein, so ergibt (3.291) die Anzahl der Lastwechsel N_B bis zum Bruch. Auf diese Weise kann man die restliche Lebensdauer eines Bauteils mit Riss unter Betriebsbedingungen vorhersagen bzw. die nutzbaren Lastwechsel, bis der Riss auf seine kritische Größe a_c angewachsen ist. Dies ist Bestandteil einer schadenstoleranten Auslegung, bei der man unvermeidbare rissartige Fehler in einem Bauteil zulässt, jedoch mit Hilfe zerstörungsfreier Prüfmethoden detektiert und in ausreichenden Abständen überwacht. Durch entsprechende bruchmechanische Überlegungen wird sichergestellt, dass diese Risse nicht kritisch werden bzw. ab welcher Größe sie unbedingt beseitigt werden müssen.

3.4.2 Beanspruchungssituationen an der Rissspitze

Im Folgenden sollen einige Besonderheiten der Rissbeanspruchung bei Ermüdung dargestellt werden, die sich vom Fall monotoner Belastung grundsätzlich unterscheiden und als Ursache für Reihenfolgeeffekte nach einem Wechsel der Belastungsamplitude gelten.

Wechsel-Plastifizierung

Bei zyklischer Belastung treten in der kleinen plastischen Zone an der Spitze des Ermüdungsrisses wechselnde plastische Verformungen auf. Jeder materielle Punkt durchläuft eine σ-ε-Hysterese, wie sie in Bild A.10 schematisch dargestellt ist. Die zu einer vorgegebenen Spannungsschwingbreite $\Delta\sigma$ gehörende Dehnungsschwingbreite $\Delta\varepsilon$ hängt maßgeblich vom Verfestigungsverhalten und von der Belastungsgeschichte ab. Bei Ermüdungsrisswachstum unterscheidet man die primäre, die sekundäre und die zyklische plastische Zone. Die primäre plastische Zone entsteht beim ersten Erreichen der maximalen Last, die sekundäre oder »Umkehrzone« bei minimaler Last und die zyklische Zone stellt sich nach einer Reihe von Lastwechseln ein. Abschätzungen für die primäre plastische Zone haben wir für SSY in Abschnitt 3.3 kennengelernt.

Ausgehend vom DUGDALE-Modell entwickelte RICE [215] eine Abschätzung der plastischen Zonen unter Ermüdungsbelastung. Dabei wird elastisch-idealplastisches Materialverhalten angenommen, d. h. die Fließgrenzen sind im Zug- und Druckbereich betragsmäßig gleich groß $\pm\sigma_F$. Durch die erstmalige Belastung auf K_{max} (Bild 3.52 Kurve 1) wird eine primäre plastische Zone der Größe $r_{p\,max}$ gemäß Formel (3.193) bzw. (3.197) erzeugt. Die anschließende Entlastung um ΔK auf K_{min} (Bild 3.52 Kurve 2) wird als Belastung in negative Richtung angesehen. Aufgrund der Belastungsumkehr muss zum Erreichen der Druck-Fließbedingung hierfür die doppelte Fließgrenze (von $+\sigma_F$ auf $-\sigma_F$) angesetzt werden, um mit (3.193) die Größe der sekundären plastischen Zone $r_{p\,min}$ zu bestimmen.

$$r_{p\,max} = \frac{\pi}{8}\left(\frac{K_{max}}{\sigma_F}\right)^2, \quad r_{p\,min} = \frac{\pi}{8}\left(\frac{-\Delta K}{2\sigma_F}\right)^2 \implies \frac{r_{p\,min}}{r_{p\,max}} = \frac{1}{4}(1-R)^2 \quad (3.292)$$

Durch Superposition der statischen Lösungen für K_{max} und $-\Delta K$ entsteht der in Bild 3.52 (Kurve 1+2) gezeigte Spannungsverlauf bei K_{min}. Wie man sieht, wird die sekundäre

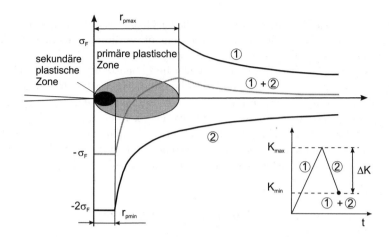

Bild 3.52: Entstehung der plastischen Zonen am Ermüdungsriss

plastische Zone durch Druckspannungen formiert, die aufgrund der negativen Rückverformung (Stauchung) der positiven plastischen Verzerrungen aus der Erstbelastung K_{max} entstehen. Dazu muss K_{min} nicht notwendigerweise im Druckbereich liegen! Mit (3.292) erhält man das Größenverhältnis der plastischen Zonen bei K_{min} und K_{max} unter Berücksichtigung des R-Verhältnisses. In diesem einfachen idealplastischen Modell ändert sich der Spannungszustand bei weiteren Lastwechseln nicht mehr, so dass das Ergebnis von Bild 3.52 auch der zyklischen plastischen Zone entspricht.

Bei Annahme isotroper Verfestigung würde sich der elastische Bereich während der ersten Lastwechsel so weit vergrößern, bis keine plastischen Wechselverformungen mehr auftreten. Nach dem kinematischen Verfestigungsmodell stellt sich bald eine stabilisierte Hysterese ein, die bei jedem Zyklus durchfahren wird und periodische plastische Verzerrungen $\pm\Delta\varepsilon_{ij}^p$ mit einer Akkumulation der plastischen Vergleichsdehnung ε_v^p zur Folge hätte. Die realen Verhältnisse sind weitaus komplizierter, da kombinierte Verfestigung und ein mehrachsiger Beanspruchungszustand in der plastischen Zone vorliegen. Außerdem bewegt sich die plastische Zone mit dem Riss in ständig neue Materialbereiche.

Eigenspannungen

Wie die Überlegungen des vorigen Abschnitts gezeigt haben, entstehen bei Ermüdungsbruch infolge der plastischen Wechselverformungen unmittelbar vor der Rissspitze Druckeigenspannungen (Bild 3.52). Mit einem gewissen Abstand zur Rissspitze erfolgt im Ligament ein Wechsel von Druckeigenspannungen zu Zugeigenspannungen.

Anhand von (3.292) sieht man, dass $r_{p\,max}$ quadratisch mit dem maximalen K_{max}-Faktor wächst. Tritt z. B. eine einmalige Überlast der Höhe $K_{ol} = \beta K_{max}$ auf, so bildet sich eine um β^2 größere plastische Zone $r_{p\,ol}$ mit einem entsprechenden Druckeigenspannungsgebiet aus. Das führt bei den anschließenden normalen Lastamplituden so lange zu einer Behinderung der Ermüdungsrissausbreitung, bis dieses Druckgebiet durchschritten wurde [285].

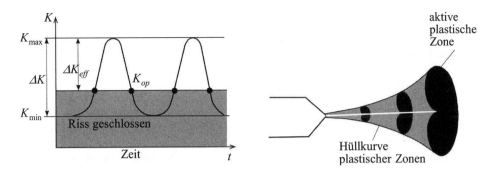

Bild 3.53: Rissschließeffekt (links) als Folge plastischer Verformungen der Rissufer (rechts)

Druckeigenspannungen treten jedoch nicht nur vor der Rissspitze auf, sondern auch entlang der Rissflanken in Rissspitzennähe, was durch experimentelle und numerische Untersuchungen nachgewiesen wurde.

Rissschließeffekt

Der *Rissschließeffekt* (engl. *crack closure effect*) wurde zuerst von ELBER [82] entdeckt. Er konnte zeigen, dass bei einer zyklischen Zug-Schwell-Belastung ($R = 0$) mit konstanter Amplitude der Ermüdungsriss sich beim Entlasten schon vor Erreichen der Minimallast schließt bzw. dass der Riss in der Belastungsphase noch bis zu einem gewissen Lastniveau – der *Rissöffnungsintensität* K_{op} – geschlossen bleibt (Bild 3.53 links). Der Mechanismus des Rissschließens führt dazu, dass nicht die komplette Belastung ΔK zur Ausbreitung des Risses beiträgt, sondern nur eine *effektive zyklische Spannungsintensität* ΔK_{eff} während der tatsächlichen Rissöffnungsphase wirksam wird.

$$\Delta K_{\text{eff}} = K_{\max} - K_{op} \leq \Delta K \tag{3.293}$$

Der Quotient aus wirksamer und scheinbarer äußerer Schwingbreite der K-Faktoren wird durch den empirischen Rissöffnungsfaktor U oder die Verhältniszahl χ beschrieben:

$$U = \frac{\Delta K_{\text{eff}}}{\Delta K}, \quad \chi = \frac{K_{op}}{K_{\max}} = 1 - (1 - R)U. \tag{3.294}$$

Die Ursachen für Rissschließen können sehr unterschiedlich sein [266]. Als der wichtigste Mechanismus wird das plastizitätsinduzierte Rissschließen angesehen, der im Bereich II der Risswachstumskurve vorherrscht. Das vorzeitige Rissschließen wird durch plastisch verformte Materialbereiche an den Rissflanken hervorgerufen, die dadurch entstehen, dass sich am Ermüdungsriss ständig plastische Zonen ausbilden, die dann bei Rissausbreitung durchtrennt werden, siehe Bild 3.53 (rechts). Diese plastisch aufgeweiteten Ränder führen dazu, dass die beiden Rissflanken nicht mehr kompatibel zueinander sind und so eine vollständige Rückverformung bei der Entlastung behindert wird.

Verschärft wird das plastizitätsinduzierte Rissschließen noch durch eine Belastung mit variabler Amplitude. Sie führt zu einer größeren plastischen Zone und zu einem höheren

Plastifizierungsgrad, was wiederum das Rissschließen und somit auch ΔK_{eff} beeinflusst. Vorzeitiges Rissschließen wird auch durch kleine Partikel oder Fluide im Rissspalt, durch die Rauhigkeit der Bruchflächen oder durch Phasenumwandlungen induziert.

3.4.3 Belastung mit variabler Amplitude

Der Fall des Ermüdungsrisswachstums mit konstanter Belastungsamplitude ist in der technischen Praxis nur selten vorzufinden. Häufig sind Maschinen, Anlagen und Fahrzeuge im betrieblichen Einsatz einer zeitlich veränderlichen Belastung ausgesetzt. Die Belastungen mit variabler Amplitude kann man in drei Kategorien einteilen:

- einzelne Über- oder Unterlasten

- stufenartige Veränderungen der Amplitude: Blocklasten (z. B. Motoren, Turbinen)

- regelloser Belastungsverlauf: Betriebslastspektren (z. B. Fahrzeuge, Windkraftanlagen)

Zusätzlich zur zeitlich veränderlichen Belastungshöhe kann sich während des Einsatzes eines Bauteils auch die Belastungsart verändern (Zug, Schub, Biegung, Torsion). Für einen Riss hat dies einen Wechsel der Beanspruchungsarten Modus I, II und III zur Folge, weshalb der Untersuchung von Mixed–Mode–Belastungen besondere Bedeutung zukommt.

Im Gegensatz zum Ermüdungsrisswachstum bei konstanter Amplitude ist der Rissfortschritt bei variable Amplitude nicht allein von der aktuellen Belastung ΔK und R abhängig, sondern wird von der zeitlichen Abfolge der Belastungen bestimmt. Dieses Phänomen wird als *Reihenfolgeeffekt* bezeichnet. Aufgrund dieser Tatsache können Belastungen mit variabler Amplitude sowohl zu beschleunigtem als auch zu verzögertem Risswachstum führen (Bild 3.54), d.h. sie wirken sich auf die Lebensdauer entweder mindernd oder verlängernd aus. Während man bei konstanten Beanspruchungskenngrößen die Lebensdauer durch Integration der Risswachstumskurve ermitteln kann, müssen im Fall einer variablen Belastung die Reihenfolgeeinflüsse unbedingt berücksichtigt werden, was erhebliche Schwierigkeiten mit sich bringt.

Eine wichtige Voraussetzung ist die Kenntnis der Betriebsbelastungen überhaupt. Für die quantitative Analyse führt man sogenannte Betriebslastmessungen durch, bei denen am Bauteil unter realen Belastungssituationen in Abhängigkeit vom Einsatzprofil Lastdaten aufgezeichnet werden. Inzwischen gibt es für viele Bauteile (insbesondere in der Automobil- und Luftfahrtindustrie) standardisierte, bewährte Belastungsspektren. Auf ihrer Basis können anstelle des Feldversuches die Konstruktionen oder Komponenten auch auf Prüfständen im Labor oder durch numerische Spannungsanalysen untersucht werden.

Diese Betriebslastmessungen bilden auch für die bruchmechanische Bewertung des Rissausbreitungsverhaltens eine wichtige Eingangsinformation. Zur Reduktion der umfangreichen Daten werden sie nach gebräuchlichen Zählverfahren (z. B. Rainflow-Methode) der Betriebsfestigkeitslehre klassiert [284].

Die einfachste Methode zur Ermüdungsbruchbeurteilung bei variablen Amplituden besteht darin, die statistischen Daten eines Lastspektrums auf einen einzigen gemittelten

3.4 Ermüdungsrisswachstum 125

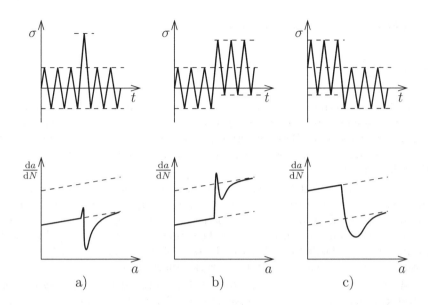

Bild 3.54: Reihenfolgeeffekt nach a) einer einzelnen Überlast, b) einer low-high Blocklast und c) einer high-low Blocklast

Wert des zyklischen Spannungsintensitätsfaktors zu reduzieren. Von BARSOM (siehe [76]) stammt der Vorschlag, einen integralen Effektivwert ΔK_{rms} als quadratisches Mittel aus den Schwingbreiten ΔK_n aller N erfassten Lastwechsel zu berechnen:

$$\Delta K_{\text{rms}} = \sqrt{\frac{1}{N} \sum_{n=1}^{N} (\Delta K_n)^2}. \qquad (3.295)$$

Der Effektivwert wird in ein Risswachstumsgesetz für konstante Amplituden eingesetzt, woraus man eine gemittelte Risswachstumsrate für dieses Lastspektrum abschätzen kann. Diese sogenannte *globale Analyse* liefert also lediglich integrale Werte (ohne zeitliche Auflösung) und vernachlässigt jegliche Reihenfolgeeffekte auf die Rissausbreitung.

Ein verbesserter Ansatz berücksichtigt die zeitliche Abfolge der Lastwechsel. Vorausgesetzt, man verfügt über die Risswachstumskurven eines Werkstoffs bei allen Amplituden ΔK und Spannungsverhältnissen R, so kann das Ermüdungsrisswachstum *Lastwechsel für Lastwechsel* (engl. *cycle by cycle*) berechnet und summiert werden:

$$\frac{\text{d}a}{\text{d}N} = f(\Delta K, R) \implies a = a_0 + \sum_{n=1}^{N} \Delta a_n, \quad \Delta a_n = f(\Delta K_n, R_n) \cdot 1. \qquad (3.296)$$

Für ein Blockprogramm, das aus einer Folge von $i = 1,2,\ldots,I$ Lastintervallen mit ΔN_i Zyklen bei den Beanspruchungen ΔK_i und R_i besteht, ließe sich das Risswachstum aus den Anteilen Δa_i jedes Intervalls folgendermaßen akkumulieren:

$$a = a_0 + \sum_{i=1}^{I} \Delta a_i, \quad \Delta a_i \approx f(\Delta K_i \, \bar{a}_i, R_i)\Delta N_i \,. \tag{3.297}$$

Die Approximation besteht darin, dass in jedem Intervall eine mittlere unveränderliche Risslänge $\bar{a}_i$ angesetzt wird. Diese Vorgehensweise hat Ähnlichkeit mit den Schadensakkumulationshypothesen der Betriebsfestigkeit. Sie berücksichtigt immerhin die zeitliche Folge der Belastungen, jedoch nicht ihren Einfluss untereinander und stellt insofern noch eine Vereinfachung dar.

Um den Reihenfolgeeffekt bei Ermüdungsrisswachstum mit variabler Amplitude präziser zu quantifizieren, wurden verschiedene Modelle vorgeschlagen. Dabei wird hauptsächlich die verzögernde Wirkung einer Überlast oder Stufenlastfolge simuliert, die entweder auf Eigenspannungen in der plastischen Zone (WHEELER [285], WILLENBORG, GALLAGHER [180]), plastizitätsindiziertes Rissschließen (ONERA [142], CORPUS [197]), Rissabstumpfung oder mehrere Faktoren zurückgeführt wird.

Am weitesten fortgeschritten scheint das Fließstreifenmodell (engl. *strip yield model*) von FÜHRING & SEEGER [98], DEKONING [89] und NEWMAN [180, 183] zu sein. Es handelt sich um eine Erweiterung des DUGDALE-Modells (Abschnitt 3.3.3), bei dem durch eine Zahl von Stabelementen zum einen die plastischen Verformungen des geöffneten Risses und zum anderen die Kontaktspannungen beim Rissschließen berücksichtigt werden. Mit diesem Modell kann die Rissöffnungsspannung σ_{op} berechnet werden, bei der die Rissuferkontakte gerade verschwinden und sich der Riss komplett öffnet. Nach (3.293) wird damit ein effektiver Spannungsintensitätsfaktor gebildet

$$\Delta K_{\text{eff}} = (\sigma_{\text{max}} - \sigma_{\text{op}})\sqrt{\pi a}\, g(a, w), \tag{3.298}$$

der in das von NEWMAN [183] vorgeschlagene Risswachstumsgesetz wie folgt eingeht:

$$\frac{\mathrm{d}a}{\mathrm{d}N} = C_1(\Delta K_{\text{eff}})^{C_2}\left[1 - \left(\frac{\Delta K_0}{\Delta K_{\text{eff}}}\right)^2\right] \bigg/ \left[1 - \left(\frac{K_{\text{max}}}{C_5}\right)^2\right], \tag{3.299}$$

wobei $\Delta K_0 = \Delta K_{\text{th}}\left(1 - \frac{\sigma_{\text{op}}}{\sigma_{\text{max}}}\right)/(1-R)$ bedeutet und die Koeffizienten C_1, C_2, C_5 aus Versuchsergebnissen angepasst werden müssen. Die Rissöffnungsspannung σ_{op} wird über die gesamte Belastungsgeschichte durch das Fließstreifenmodell simuliert, so dass alle Reihenfolgeeffekte bei Amplitudenveränderungen Berücksichtigung finden.

Die hier beschriebenen Modelle zur Vorhersage des Ermüdungswachstums bei konstanter und variabler Amplitude wurden in verschiedenen Simulationsprogrammen implementiert wie z. B. NASGRO [180] und ESACRACK [89], die eine Lebensdauerbewertung von Bauteilen (insbesondere der Luft- und Raumfahrt) gestatten.

Weiterführende Literatur zum Ermüdungsbruch findet man bei SCHIJVE [236, 235] und den Tagungsbänden [171, 213].

3.4.4 Bruchkriterien bei Mixed-Mode-Beanspruchung

Bisher wurden hauptsächlich Rissprobleme für die Rissöffnungsart I bei symmetrischer Belastung behandelt. Die entsprechenden Bruchkriterien wurden unter der Annahme abgeleitet, dass der Riss sich weiter auf seiner Ausgangslinie (2D) bzw. in der Ausgangsebene (3D) gradlinig in das Ligament ausbreitet. Bei Überlagerung von Modus I mit Modus II oder III wird die Symmetrie verletzt und man spricht von *gemischter* oder *überlagerter Rissbeanspruchung* (engl. *mixed mode loading*). Mixed-Mode-Beanspruchung tritt immer dann auf, wenn in der Schnittebene im Körper, auf der sich der Riss befindet, die Schnittspannungen t_i^c sowohl Normal- als auch Schubkomponenten aufweisen, siehe Bild 3.55 (links). In der ingenieurtechnischen Praxis gibt es eine Vielzahl von Beispielen und Ursachen, die zu gemischten Rissbeanspruchungen führen:

- überlagerte Bauteilbelastung aus Zug, Schub, Torsion oder komplexen Lastfällen
- schräge, gekrümmte, verzweigte oder abgeknickte Risse
- zeitlich veränderliche dynamische oder thermische Betriebsbeanspruchungen
- erzwungene Rissausbreitungsrichtung schräg zur Hauptbeanspruchung aufgrund geometrischer oder werkstofftechnischer Vorzugsorientierungen (Grenzflächen, Fügeverbindungen, Anisotropie)

Im Weiteren wollen wir uns auf die linear-elastische Bruchmechanik bei statischer und zyklischer Belastung beschränken. Dann wird der Beanspruchungszustand an der Rissspitze eindeutig durch die drei Intensitätsfaktoren bestimmt, so dass ein verallgemeinertes Bruchkriterium für Mixed-Mode-Beanspruchung in folgender Form aufzustellen wäre:

$$B(K_\mathrm{I}, K_\mathrm{II}, K_\mathrm{III}) = B_c. \qquad (3.300)$$

Die linke Seite definiert mit der Kenngröße B die Rissbeanspruchung, während rechts B_c den kritischen Materialkennwert bei Rissinitiierung charakterisiert. Zusätzlich muss jetzt noch eine Aussage über die Richtung der Rissausbreitung gemacht werden, die wie in Bild 3.55 (links) gezeigt von der Ursprungsrichtung um einen Winkel θ_c abweicht. Die Ausbreitung verläuft meist in diejenige Richtung, bei der die Kenngröße B einen Extremwert annimmt:

$$\max\{B(\theta)\} = B(\theta_c) \qquad \text{oder} \qquad \min\{B(\theta)\} = B(\theta_c). \qquad (3.301)$$

Im Fall des spröden instabilen Gewaltbruchs genügen für die Festigkeitsbewertung die kritische Größe und Richtung der Rissbeanspruchung. Bei unterkritischem oder stabilem Risswachstum benötigt man allerdings noch ein kinematisches Gesetz, das die Größe des Rissfortschritts bei dieser Beanspruchung quantifiziert in der Art:

$$\frac{\mathrm{d}a}{\mathrm{d}t} = f_1(B) \qquad \text{oder} \qquad \frac{\mathrm{d}a}{\mathrm{d}N} = f_2(\Delta B). \qquad (3.302)$$

Gerade beim Ermüdungsbruch reagiert der Riss empfindlich auf jede Veränderung des gemischten Beanspruchungszustandes und ändert seine Richtung entsprechend, was oft zu originell gekrümmten Risspfaden und subtilen Bruchflächen führt. Für die Beurteilung der Restlebensdauer ist es in diesem Zusammenhang besonders wichtig, dass man auch die geometrische Bahn des Risses vorhersagen kann.

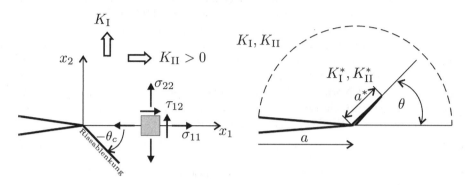

Bild 3.55: Gemischte Rissbeanspruchung aus Modus I und II für ebene Aufgaben

Im Folgenden werden aus der Vielzahl der vorgeschlagenen Bruchkriterien für Mixed-Mode-Rissprobleme (siehe z. B. [224]) die anerkannten, bewährten Varianten vorgestellt.

Kriterium der maximalen Umfangsspannung

Das *Kriterium der maximalen Umfangsspannung* (engl. *maximum tangential stress criterion*) wurde von ERDOGAN & SIH [88] entwickelt. Es basiert auf folgenden Annahmen:

- Der Riss breitet sich radial von der Spitze unter einem Winkel θ_c in der Richtung aus, die senkrecht zur maximalen Umfangsspannung $\sigma_{\theta\theta\,\text{max}}$ liegt.

- Rissausbreitung setzt dann ein, wenn $\sigma_{\theta\theta\,\text{max}}$ (in einem festgelegten Abstand r_c) einen Materialkennwert σ_c erreicht, der genau demjenigen bei reinem Modus I auf dem Ligament entspricht, wenn $K_\text{I} = K_\text{Ic}$ erfüllt ist.

Aus den Nahfeldlösungen (3.17) und (3.24) erhält man

$$\sigma_{\theta\theta} = \frac{1}{4\sqrt{2\pi r_c}} \left[K_\text{I} \left(3\cos\frac{\theta}{2} + \cos\frac{3\theta}{2} \right) - K_\text{II} \left(3\sin\frac{\theta}{2} + 3\sin\frac{3\theta}{2} \right) \right] \quad (3.303)$$

und mit der Extremalbedingung

$$\left.\frac{\partial \sigma_{\theta\theta}}{\partial \theta}\right|_{\theta_c} = 0, \quad \frac{\partial^2 \sigma_{\theta\theta}}{\partial \theta^2} < 0 \quad \Rightarrow \quad K_\text{I} \sin\theta_c + K_\text{II}(3\cos\theta_c - 1) = 0 \quad (3.304)$$

folgt der Rissablenkwinkel θ_c

$$\theta_c = 2\arctan\left[\frac{1}{4}\frac{K_\text{I}}{K_\text{II}} \pm \frac{1}{4}\sqrt{\left(\frac{K_\text{I}}{K_\text{II}}\right)^2 + 8} \right]. \quad (3.305)$$

Bei $\theta = \theta_c$ ist $\sigma_{\theta\theta}$ eine Hauptnormalspannung und die Schubspannung $\tau_{r\theta}$ verschwindet demzufolge. Die zweite Bedingung verlangt

$$\sigma_{\theta\theta}(\theta_c) = \sigma_c = \frac{K_{\text{Ic}}}{\sqrt{2\pi r_c}}, \quad (3.306)$$

woraus sich mit (3.303) das Versagenskriterium ergibt, das man auch durch einen »Vergleichsspannungsintensitätsfaktor« K_v auf dem Radiusstrahl θ_c ausdrücken kann:

$$K_\text{v} = \lim_{r \to 0}\left[\sigma_{\theta\theta}(\theta_c)\sqrt{2\pi r}\right] = \cos^2\frac{\theta_c}{2}\left(K_\text{I}\cos\frac{\theta_c}{2} - 3K_\text{II}\sin\frac{\theta_c}{2}\right) = K_{\text{Ic}} \quad (3.307)$$

Für reine Modus-II-Belastung beträgt der Ablenkwinkel $\theta_c = -70{,}5°$ und die kritische Belastung liegt bei $K_\text{II} = \sqrt{3}/2 K_{\text{Ic}}$.

Kriterium der maximalen Energiefreisetzungsrate

Aus physikalischen Gründen bieten sich energetische Betrachtungen an, um ein geeignetes Kriterium für gemischte Rissbeanspruchung abzuleiten. Die in Abschnitt 3.2.4 angegebene Formel (3.93) für die Energiefreisetzungsrate G gilt allerdings nur für selbstähnliche Rissausbreitung entlang der Ursprungsrichtung und ist somit nicht nutzbar. Es sind deshalb Modelle und Lösungen entwickelt worden [119, 124, 163, 191], die einen kleinen abgeknickten Zusatzriss an der eigentlichen Rissspitze unterstellen, der die Länge $a^* \ll a$ und die Richtung θ hat, siehe Bild 3.55 (rechts). HUSSAIN, PU & UNDERWOOD [119] formulierten das *Kriterium der maximalen Energiefreisetzungsrate* (engl. *maximum energy release rate*) folgendermaßen:

- Der Zusatzriss bildet sich unter dem Winkel θ_c aus, für den die Energiefreisetzungsrate $G^* = (K_\text{I}^{*2} + K_\text{II}^{*2})/E'$ ein Maximum annimmt.

$$\left.\frac{\partial G^*(\theta)}{\partial \theta}\right|_{\theta_c} = 0, \quad \left.\frac{\partial^2 G^*}{\partial \theta^2}\right|_{\theta_c} < 0 \quad (3.308)$$

- Rissausbreitung setzt dann ein, wenn G^* einen Materialgrenzwert G_c erreicht.

Die Belastung des Zusatzrisses a^* wird durch das Nahfeld des Hauptrisses mit den Intensitätsfaktoren K_I und K_II festgelegt. Aus den berechneten K_I^*- und K_II^*-Faktoren ergibt sich für den Grenzwert $a^* \to 0$ die Energiefreisetzungsrate [119]

$$G^*(\theta) = \frac{4}{E'}\left(\frac{\pi - \theta}{\pi + \theta}\right)^{\theta/\pi}\frac{1}{(3 + \cos^2\theta)^2}\Big[(1 + 3\cos^2\theta)K_\text{I}^2 +$$
$$+ (4\sin 2\theta)K_\text{I}K_\text{II} + (9 - 5\cos^2\theta)K_\text{II}^2\Big] = G_c = K_{\text{Ic}}^2/E'. \quad (3.309)$$

Auf die Ableitung $\partial G^*/\partial \theta$ wird hier verzichtet und statt dessen die Ergebnisse für die Versagensgrenzkurve und den dazugehörigen Abknickwinkel θ_c in den Bildern 3.56 und Bild 3.57 dargestellt.

130   3 Grundlagen der Bruchmechanik

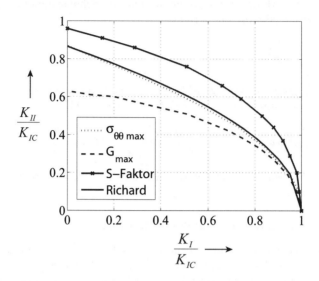

Bild 3.56: Versagensgrenzkurven nach verschiedenen Hypothesen bei gemischter Beanspruchung aus Modus I und Modus II

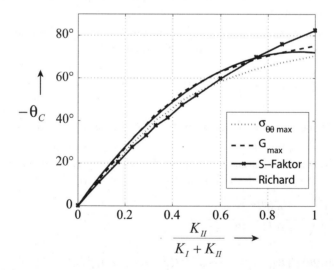

Bild 3.57: Rissablenkungswinkel nach verschiedenen Hypothesen bei gemischter Beanspruchung aus Modus I und Modus II

Kriterium der Formänderungsenergiedichte

Das von SIH [252] propagierte *Kriterium der Formänderungsenergiedichte* (engl. *strain energy density criterion*) basiert auf der Winkelabhängigkeit der singulären Energiedichte U des ebenen Nahfeldes

$$U = \frac{1}{2}\sigma_{ij}\varepsilon_{ij} = \frac{S(\theta)}{r} = \frac{1}{r}\left(a_{11}K_\mathrm{I}^2 + 2a_{12}K_\mathrm{I}K_\mathrm{II} + a_{22}K_\mathrm{II}^2\right), \quad (3.310)$$

die als Formänderungsenergiedichtefaktor $S(\theta)$ mit den K-Faktoren ausgedrückt werden kann:

$$\begin{aligned}a_{11} &= [(1+\cos\theta)(\kappa - \cos\theta)]/16\pi\mu \\ a_{12} &= \sin\theta[2\cos\theta - \kappa + 1]/16\pi\mu \\ a_{22} &= [(\kappa+1)(1-\cos\theta) + (1+\cos\theta)(3\cos\theta - 1)]/16\pi\mu.\end{aligned} \quad (3.311)$$

Dem Kriterium liegen folgende Annahmen zugrunde:

- Der Riss breitet sich radial in diejenige Richtung θ_c aus, für die der Faktor $S(\theta)$ ein Minimum annimmt

$$\left.\frac{\mathrm{d}S(\theta)}{\mathrm{d}\theta}\right|_{\theta_c} = 0, \quad \left.\frac{\mathrm{d}^2 S(\theta)}{\mathrm{d}\theta^2}\right|_{\theta_c} > 0 \quad (3.312)$$

- Rissinitiierung erfolgt dann, wenn $S(\theta_c)$ einen Materialgrenzwert S_c erreicht, der am Modus I Fall (EVZ) kalibriert ist

$$S(\theta_c) = S_c \,\widehat{=}\, a_{11}(\theta_c = 0)K_\mathrm{Ic}^2 = \frac{1-2\nu}{4\pi\mu}K_\mathrm{Ic}^2. \quad (3.313)$$

Der aus (3.312) abgeleitete Ablenkungswinkel θ_c und die entsprechende Versagensgrenzkurve für $\nu = 0{,}3$ im EVZ findet man in den Bildern 3.56 und 3.57. Physikalisch begründet wird das S-Kriterium damit, dass in der Richtung θ_c der Anteil der Volumenänderungsarbeit U_V gegenüber dem gestaltändernden Anteil $U_G = U - U_\mathrm{V}$ dominiert, wodurch sprödes Versagen favorisiert wird. Dieses Argument wird im Kriterium von RADAJ & HEIB [209] weiter verfolgt, dem das Maximum der Funktion $S^*(\theta) = U_\mathrm{V}(\theta)/U_G(\theta)$ zugrunde liegt.

Einen umfassenden Überblick über weitere Mixed-Mode-Bruchkriterien findet man bei RICHARD [224, 225] und POOK [206]. Die Untersuchungen für dreidimensionale Risskonfigurationen bei Überlagerung von allen drei Rissöffnungsmoden I, II und III sind noch Gegenstand aktueller Forschung, siehe z. B. [238, 226].

3.4.5 Ermüdungsrissausbreitung bei Mixed-Mode-Beanspruchung

Wie man Bild 3.56 entnehmen kann, unterscheiden sich die Mixed-Mode-Bruchkriterien in ihren Aussagen erheblich, insbesondere bei hohem Schubanteil K_II. Experimentelle

Überprüfungen erfordern aufwändige, komplizierte Versuche. Aufgrund vielfältiger Materialeinflüsse, Nebeneffekte und Streuungen konnte bisher kein allgemein gültiges Kriterium verifiziert werden. Besonders schwierig gestalten sich Messungen der Bruchzähigkeit K_{IIc} bei reiner Schubbeanspruchung. Zu beachten ist auch, dass alle genannten Kriterien nur anwendbar sind, wenn ein Mindestmaß an Rissöffnung ($K_\text{I} > 0$) vorhanden ist. Andernfalls kommt es zum Kontakt beider Rissufer, der bei der Analyse berücksichtigt werden muss ($K_\text{I} < 0$ gibt es praktisch nicht!) und die tangentiale Relativbewegung der Rissufer bzgl. Modus II wird durch Reibung beeinträchtigt.

Für geringen Modus II Anteil ($K_\text{II} \ll K_\text{I}$) liefern erfreulicherweise alle Hypothesen in erster Näherung dasselbe Resultat für den Ablenkungswinkel (vgl. Bild 3.57 (links))

$$\theta_c \approx -2K_\text{II}/K_\text{I}. \tag{3.314}$$

Ein pragmatischer Ansatz wurde u. a. von RICHARD [225] vorgeschlagen, der ähnlich wie bei überlagerten Belastungen in der Festigkeitslehre einen *Vergleichsspannungsintensitätsfaktor* K_v einführt. Er wird aus K_I und K_II (evtl. K_III) gebildet und repräsentiert ein Maß der Rissbeanspruchung, das einer Modus I Beanspruchung äquivalent ist

$$K_\text{v}(K_\text{I}, K_\text{II}) = \frac{K_\text{I}}{2} + \frac{1}{2}\sqrt{K_\text{I}^2 + 4(\alpha_1 K_\text{II})^2} = K_\text{Ic}, \quad \alpha_1 = 1{,}155 \tag{3.315}$$

$$\theta_c = \mp \left[155{,}5° \frac{|K_\text{II}|}{|K_\text{I}| + |K_\text{II}|} - 83{,}4° \left(\frac{|K_\text{II}|}{|K_\text{I}| + |K_\text{II}|} \right)^2 \right], \tag{3.316}$$

wobei die Vorzeichen für $K_\text{II} \gtrless 0$ gelten. Diese Formeln sind in den Bildern 3.56 und 3.57 mit enthalten. Die Aussagen kommen dem Hauptspannungskriterium recht nahe und wurden experimentell untermauert. Andere empirische Ansätze beschreiben die Versagensgrenzkurve durch eine verallgemeinerte elliptische Gestalt der Art

$$\left(\frac{K_\text{I}}{K_\text{Ic}} \right)^\alpha + \left(\frac{K_\text{II}}{K_\text{IIc}} \right)^\beta = 1, \tag{3.317}$$

deren Parameter K_Ic, K_IIc, α und β für jeden Werkstoff durch Mixed-Mode Experimente angepasst werden müssen.

Obwohl die vorgestellten Bruchkriterien für monotone statische Belastung bis zum Gewaltbruch hergeleitet wurden, dürfen sie mit ausreichender Berechtigung im Gültigkeitsbereich der LEBM auch auf zyklische Belastungen angewendet werden. Zur Übertragung auf Ermüdungsrisse werden anstelle der absoluten Werte die Schwingbreiten ΔK_I und ΔK_II der Spannungsintensitätsfaktoren eingesetzt. Die Mixed-Mode-Hypothesen werden jetzt dahingehend interpretiert, dass sie die Wachstumsgeschwindigkeit der unterkritischen Rissausbreitung in Abhängigkeit vom Modenverhältnis K_I zu K_II quantifizieren. Dafür eignet sich am besten die Schwingbreite des Vergleichsintensitätsfaktors ΔK_v z. B. nach (3.307) oder (3.315)

$$\Delta K_\text{v}(\Delta K_\text{I}, \Delta K_\text{II}) = \frac{\Delta K_\text{I}}{2} + \frac{1}{2}\sqrt{\Delta K_\text{I}^2 + 4(\alpha_1 \Delta K_\text{II}^2)}. \tag{3.318}$$

ΔK_v kann somit in allen Risswachstumsgesetzen für konstante und variable Amplituden der Abschnitte 3.4.1 und 3.4.3 anstelle von ΔK benutzt werden

$$\frac{\mathrm{d}a}{\mathrm{d}N} = f(\Delta K_\text{v}, R) \quad \text{im Bereich } \Delta K_\text{th} \leq \Delta K_\text{v} \leq (1-R)K_c. \tag{3.319}$$

Vorausgesetzt werden muss allerdings, dass $K_\text{I}(t)$ und $K_\text{II}(t)$ zeitlich synchron schwingen und sich ihr Verhältnis nicht verändert.

3.4.6 Vorhersage des Risspfades und seiner Stabilität

Für die praktische Lebensdauerabschätzung beim Ermüdungsbruch erhebt sich die entscheidende Frage: Welchen geometrischen Pfad schlägt der Riss unter den gegebenen komplexen Belastungen im Bauteil ein? Nehmen wir an, die Spannungsintensitätsfaktoren K_I und K_II seien für die momentane Position eines Ermüdungsrisses im lokalen Rissspitzen-Koordinatensystem bekannt. Dann sagen alle Mixed-Mode-Kriterien näherungsweise die gleiche Änderung $\Delta \theta = -2K_\text{II}/K_\text{I}$ der Rissausbreitungsrichtung vorher. Im Weiteren sind zwei Fälle zu unterscheiden:

- Ausrichtung auf K_I und $K_\text{II} = 0$
  Ermüdungsrisse wachsen in einem inhomogenen Spannungsfeld immer so, dass sie sich senkrecht zur maximalen lokalen Hauptspannung ausrichten, d. h. dass K_I dominiert und $K_\text{II} \rightarrow 0$ auf null absinkt. Demzufolge stellt sich an der momentanen Rissspitze ein symmetrischer (Modus I) Beanspruchungszustand ein. Die Richtung des Risses dreht sich *stetig* und alle Kriterien implizieren, dass dabei $K_\text{II} = 0$ sein muss. Andernfalls wäre die Richtungsänderung $\Delta \theta$ falsch berechnet! Das bedeutet im Rahmen einer Theorie 1. Ordnung (nur singuläre Terme des Nahfeldes), dass die Richtungsänderung durch die Bedingung $K_\text{II} = 0$ festgelegt ist. Voraussetzung ist aber, dass die Rissausbreitung allein durch das Spannungsfeld gesteuert wird und das Material isotrop ist. Diese Theorie wird durch unzählige Schadensfälle und praktische Erfahrungen bestätigt.

- Echte Mixed-Mode-Situation $K_\text{II} \neq 0$
  Unter den eingangs in Abschnitt 3.4.4 aufgezählten Bedingungen kommt es dazu, dass zu Beginn des Risswachstums echte Modus-II Anteile auftreten oder sich später spontan wieder einstellen. Dann erfolgt tatsächlich ein *abruptes* Abknicken des Risses nach (3.314).

Bei der numerischen Simulation der Rissausbreitung mit FEM ist man zu endlichen Rissinkrementen gezwungen, so dass sich ein polygonförmiger Pfad mit *unstetigen* Richtungsänderungen ergibt. Dabei wendet man meistens ein explizites Schema zur Integration des Rissausbreitungspfades an: Die Richtungsänderung $\Delta \theta$ wird aus den K-Faktoren bei a_0 abgeleitet und nicht aus der Bedingung $K_\text{II}(a_0 + \Delta a) = 0$ am Intervallende. Dazu wäre ein iteratives implizites Schema notwendig. Somit entsteht ein $K_\text{II}(a_0 + \Delta a) \neq 0$, was im Grunde ein Approximationsfehler ist, von dem man annimmt, dass er sich beim nächsten Rissinkrement korrigiert. Voraussetzung dafür ist eine ausreichend feine Inkrementierung Δa der Rissausbreitung. Erwähnt werden sollen erweiterte Richtungskriterien für krummliniges Risswachstum (siehe [61, 264]), wobei in der Nahfeldlösung die

T_{11}-Spannungen 2. Ordnung Berücksichtigung finden und das Kriterium der maximalen Umfangsspannung genutzt wird. Zum Abschluss soll die Frage der *Richtungsstabilität* der

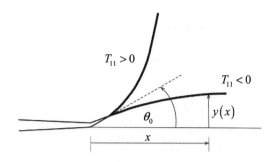

Bild 3.58: Zur Richtungsstabilität bei Rissausbreitung

Rissausbreitung diskutiert werden. Gemeint ist damit, wie der Riss auf kleine Störungen des Risspfades infolge von Materialinhomogenitäten, Lastschwankungen o. ä. reagiert. COTTERELL & RICE [67] haben auf der Basis der Lösung für einen abgeknickten Riss (Bild 3.55) im K-Feld des Hauptrisses die folgende Theorie abgeleitet. Ausgangssituation ist eine Mixed-Mode-Belastung $K_I(a)$, $K_{II}(a)$, die nach (3.314) einen Abknickwinkel θ_0 bedingt, siehe Bild 3.58. Die weitere Ausbreitung des Anrisses $y(x)$ konnte näherungsweise integriert werden unter der Voraussetzung, dass dabei $K_{II}^*(a^*) = 0$ bleibt, was auch dem Maximum von $G^*(a^*)$ entspricht. Auf die Form des Risspfades hat die T_{11}-Spannung am Hauptriss großen Einfluss. So ergaben sich zwei Lösungszweige, siehe Bild 3.58:

$$y(x) \rightarrow \frac{\theta_0 K_I^2}{4T_{11}^2} \exp\left(\frac{8T_{11}^2}{K_I^2} x\right) \qquad \text{für } T_{11} > 0 \qquad (3.320)$$

$$y(x) \rightarrow \frac{\theta_0 K_I}{|T_{11}|} \sqrt{\frac{x}{2\pi}} \qquad \text{für } T_{11} < 0. \qquad (3.321)$$

Das Ergebnis besagt: Für positive Spannungen T_{11} parallel zum Hauptriss biegt der Anriss von der Ursprungsrichtung θ_0 nach oben weg $y' \rightarrow \infty$ – die Richtung wird *instabil*. Bei Druckspannungen $T_{11} < 0$ hingegen wird der Riss auf seine Ursprungsrichtung $\theta = 0$ gedrängt $y' \rightarrow 0$ – *stabil*. (Das kann man sich auch mit den Hauptspannungen veranschaulichen.) Die Vorhersagen dieses Modells wurden durch Experimente verifiziert.

Die Untersuchungen unterstreichen die Bedeutung der T_{11}-Spannungen bzw. ihrer normierten Form, dem Biaxialparameter, in der Bruchmechanik:

$$\beta_T = \frac{T_{11}\sqrt{\pi a}}{K_I}. \qquad (3.322)$$

3.5 Dynamische Bruchvorgänge

3.5.1 Einführung

Von dynamischen Vorgängen spricht man in der Bruchmechanik immer dann, wenn die Verformungen im rissbehafteten Körper mit hoher Geschwindigkeit ablaufen und als Folge beschleunigter Masseteilchen große Trägheitskräfte auftreten. Beide Effekte bestimmen die Beanspruchung und die Beanspruchbarkeit maßgeblich. Hohe, unerwünschte dynamische Belastungen von Bauteilen mit Rissen treten in der Technik bei Stoß- und Schlagprozessen, Fall- und Crashvorgängen sowie Explosionen auf. Auch Erdbeben sind Wellenausbreitungen, die durch dynamische Bruchvorgänge in der Erdkruste hervorgerufen werden. Bewusst eingesetzt werden dagegen dynamische Bruchvorgänge im Bergbau (Sprengungen), in der Geotechnik (Hydrocracking) und bei Zerkleinerungsprozessen. Grundsätzlich muss man in der dynamischen Bruchmechanik zwei Fragestellungen unterscheiden:

- Den *ruhenden (stationären) Riss* unter dynamischer Belastung. Die Wirkung der äußeren Belastung wird über Spannungswellen durch das Material auf den Riss übertragen.

- Den *schnell laufenden (instationären) Riss*. Hierbei werden durch die hochdynamischen Trennvorgänge vom Riss selbst elastodynamische Wellen emittiert.

Dynamische Bruchvorgänge sind aus folgenden Gründen meist gefährlicher als statische: Erstens verlaufen sie nach Rissinitiierung fast immer instabil, was insbesondere bei spröden Werkstoffen zum unkontrollierten Versagen des gesamten Bauteils führen kann. Nach einer kurzen Beschleunigungsphase erreichen dynamische Risse sehr große Ausbreitungsgeschwindigkeiten, die in der Größenordnung der Schallwellengeschwindigkeiten liegen. Bei einem Überangebot von Energie treten auch noch Rissverzweigungen auf. Zweitens verursachen die hohen Verzerrungsgeschwindigkeiten an der Rissspitze in vielen Werkstoffen eine Versprödung, d. h. aufgrund viskoelastischer oder viskoplastischer Effekte verringert sich das Energieabsorptionsvermögen der Bruchprozesszone und die Bruchzähigkeit sinkt.

Aufgrund der komplizierten elastodynamischen Wellenerscheinungen wie Reflexion, Überlagerung, Dispersion und Dämpfung existiert bei dynamischen Bruchvorgängen kein proportionaler Zusammenhang mehr zwischen dem zeitlichen Verlauf von Belastung $\sigma(t)$ und Rissbeanspruchung $K_\text{I}(t)$. Grundsätzlich kann man bei Stoßbelastung folgende Tendenzen feststellen: Die Wellenphänomene dominieren zu Anfang in einem kurzen Zeitbereich, solange hohe kinetische Energie im System ist. Mit wachsender Zeit wird diese Energie dissipiert, die Wellen werden gedämpft, zerstreut und klingen schließlich ab. Je größer der Riss im Verhältnis zur Probe ist, desto ausgeprägter ist der Kurzzeiteffekt, d. h. es treten intensive Oszillationen von $K_\text{I}(t)$ auf wie z. B. beim Kerbschlagversuch. Ein kleiner Riss in großen Bauteilen wird hingegen nur einmal von einer einlaufenden Wellenfront erfasst, die sich dann verflüchtigt.

Die folgenden Ausführungen zu den theoretischen Grundlagen der dynamischen Bruchmechanik beschränken sich auf spröde Werkstoffe und zweidimensionale Probleme. Die zeitabhängigen Spannungs- und Verformungsfelder im Körper mit Riss werden deshalb als Lösung entsprechender Anfangs-Randwertaufgaben (ARWA) der linearen Elastizitätstheorie (Anhang A.5) berechnet.

3.5.2 Elastodynamische Grundgleichungen

Ausgangspunkt sind die NAVIER-LAMÉschen Gleichungen, die das DGL-System der linearen Elastodynamik in Form der Verschiebungsfelder beschreiben und mit entsprechenden Anfangs- und Randbedingungen zu komplettieren sind.

$$(\lambda + \mu)u_{j,ji} + \mu u_{i,jj} = \rho \ddot{u}_i \tag{3.323}$$

Diese Gleichung gewinnt man durch Einsetzen des HOOKEschen Gesetzes (A.88) in die Bewegungsgleichungen (A.70) (ohne Volumenkräfte $\bar{b}_i = 0$) und anschließende Substitution der Verzerrungen über die kinematischen Beziehungen (A.29). Zur Lösung der DGL (3.323) wird das Verschiebungsfeld mit einem SkalarPotenzial $\varphi(x,t)$ und einem Vektorpotenzial $\boldsymbol{\psi}(\boldsymbol{x},t)$ angesetzt

$$\boldsymbol{u}(\boldsymbol{x},t) = \boldsymbol{\nabla}\varphi + \boldsymbol{\nabla} \times \boldsymbol{\psi} \quad \text{bzw.} \quad u_i = \varphi_{,i} + \epsilon_{ijk}\psi_{j,k}\,, \tag{3.324}$$

woraus sich für beide Potenziale HELMHOLTZsche Wellengleichungen ergeben.

$$c_\mathrm{d}^2 \Delta \varphi = \ddot{\varphi}\,, \qquad c_\mathrm{s}^2 \Delta \boldsymbol{\psi} = \ddot{\boldsymbol{\psi}} \tag{3.325}$$

Das Skalarpotenzial φ verkörpert eine Volumenänderung, wohingegen das Vektorpotenzial $\boldsymbol{\psi}$ eine reine Gestaltänderung beschreibt. Deshalb entsprechen die Konstanten c_d bzw. c_s den Ausbreitungsgeschwindigkeiten von Dilatationswellen (Longitudinalwellen) bzw. von Scherwellen (Transversalwellen).

$$c_\mathrm{d} = \sqrt{\frac{\lambda + 2\mu}{\rho}}\,, \qquad c_\mathrm{s} = \sqrt{\frac{\mu}{\rho}} \tag{3.326}$$

Ebene elastische Wellen, die sich im unbegrenzten 3D-Körper in Richtung des Normalenvektors $\boldsymbol{n}$ ausbreiten, können wie folgt dargestellt werden

$$\varphi = \varphi(\boldsymbol{x} \cdot \boldsymbol{n} - c_\mathrm{d}t) \qquad \boldsymbol{\psi} = \boldsymbol{\psi}(\boldsymbol{x} \cdot \boldsymbol{n} - c_\mathrm{s}t)\,. \tag{3.327}$$

Die Dilatationswelle bewegt die Teilchen in Richtung der Wellenausbreitung, wohingegen die Scherwelle Verschiebungen in beide transversale Richtungen der Wellenebene bewirkt. Für dynamische Rissprobleme haben außerdem Oberflächenwellen (RAYLEIGH-Wellen) eine große Bedeutung, da sie sich hauptsächlich entlang lastfreier Oberflächen (Rissufer) ausbreiten und ins Volumen hinein rasch abklingen. Ihre Ausbreitungsgeschwindigkeit c_R ergibt sich aus der Nullstelle der so genannten RAYLEIGH-Funktion $D(c)$.

$$D(c) = 4\alpha_\mathrm{d}\alpha_\mathrm{s} - (1 + \alpha_\mathrm{s}^2)^2 \quad \to \quad D(c_\mathrm{R}) = 0 \tag{3.328}$$

$$\alpha_{\mathrm{d}}(c) = \sqrt{1 - \frac{c^2}{c_{\mathrm{d}}^2}}, \qquad \alpha_{\mathrm{s}}(c) = \sqrt{1 - \frac{c^2}{c_{\mathrm{s}}^2}} \tag{3.329}$$

Die Wellengeschwindigkeiten in Konstruktionswerkstoffen variieren von minimal 900 m/s (Kunststoffe) bis maximal 11 000 m/s (Keramiken). Für Stahl- und Aluminiumlegierungen betragen sie etwa: $c_{\mathrm{d}} \approx 5\,900$ m/s, $c_{\mathrm{s}} \approx 3\,100$ m/s und $c_{\mathrm{R}} \approx 2\,900$ m/s. Es gilt die Relation $c_{\mathrm{R}} < c_{\mathrm{s}} < c_{\mathrm{d}}$.

3.5.3 Stationäre Risse bei dynamischer Belastung

An der Spitze eines dynamisch belasteten, stationären Risses stellen sich exakt dieselben Nahfelder ein wie im statischen Fall. Es existieren die gleichen Singularitäten und die Aufspaltung in die drei Rissöffnungsmoden I, II und III mit den Spannungsintensitätsfaktoren als Beanspruchungskenngrößen. Damit können alle in Abschnitt 3.2 hergeleiteten asymptotischen Beziehungen für die Spannungen, Verzerrungen und Verschiebungen bei Modus I ((3.12) – (3.16)), Modus II ((3.23) – (3.26)) und Modus III ((3.31) – (3.32)) übernommen werden. Der wesentliche und einzige Unterschied zum statischen Lastfall besteht darin, dass die K-Faktoren in der Dynamik von der Zeit t abhängen.

Dynamisches Rissspitzenfeld am ruhenden Riss:

$$\sigma_{ij}(r,\theta,t) = \frac{1}{\sqrt{2\pi r}} \left[K_{\mathrm{I}}(t) f_{ij}^{\mathrm{I}}(\theta) + K_{\mathrm{II}}(t) f_{ij}^{\mathrm{II}}(\theta) + K_{\mathrm{III}}(t) f_{ij}^{\mathrm{III}}(\theta) \right] \tag{3.330}$$

$$u_i(r,\theta,t) = \frac{1}{2\mu} \sqrt{\frac{r}{2\pi}} \left[K_{\mathrm{I}}(t) g_i^{\mathrm{I}}(\theta) + K_{\mathrm{II}}(t) g_i^{\mathrm{II}}(\theta) + K_{\mathrm{III}}(t) g_i^{\mathrm{III}}(\theta) \right] \tag{3.331}$$

Diese Übereinstimmung kann man sich mathematisch anhand der DGL (3.323) herleiten. Macht man für das Verschiebungsfeld an der Rissspitze einen nichtsingulären Ansatz $u_i = r^\lambda \tilde{g}(\theta,t)$ ($0 < \lambda < 1$), so verhalten sich die Spannungen wie $r^{\lambda-1}$ und die 2. Ortsableitungen auf der linken Seite von (3.323) wie $r^{\lambda-2}$. In der Asymptotik $r \to 0$ verschwinden die Trägheitskräfte $\rho \ddot{u}_i \sim r^\lambda$ somit von höherer Ordnung und dürfen vernachlässigt werden.

Die Berechnung der K-Faktoren als Funktion der transienten Belastung, der Bauteilgeometrie, der Risslänge und der Zeit erfordert die Lösung der elastodynamischen ARWA. Die wenigen verfügbaren analytischen Lösungen für unendlich ausgedehnte Gebiete beruhen zumeist auf der LAPLACE-Integraltransformation, siehe FREUND [97]. Einige grundlegende Phänomene der dynamischen Rissbelastung sollen am Beispiel des 2D Problems (Bild 3.59) diskutiert werden. Untersucht wird ein Riss der Länge $l = 2a$ in der Ebene (Annahme EVZ), dessen Ufer bei $t = 0$ sprungartig mit der Spannung $p(t) = \sigma^*$ belastet und nach einer Zeit t^* wieder vollständig entlastet werden. Die Sprungbelastung generiert an jedem Punkt der Rissufer nach dem HUYGENschen Prinzip Elementarwellen, deren Einhüllende die aktuellen Wellenfronten bilden. Fernab von den Rissspitzen werden ebene Wellen parallel zu den Rissufern abgestrahlt. Um jede Rissspitze entstehen jedoch zwei konzentrische kreisförmige Wellenfronten, die einer Dilatations- und Scherwelle entsprechen, deren Radien mit $c_{\mathrm{d}} t$ bzw. $c_{\mathrm{s}} t$ anwachsen. Solange diese Wellenfronten noch nicht

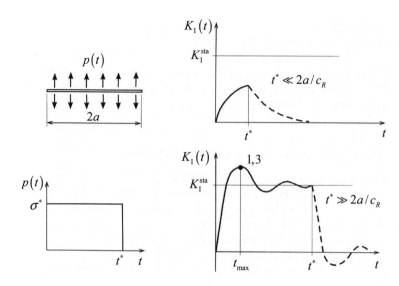

Bild 3.59: Zeitlicher Verlauf des Spannungsintensitätsfaktors bei Belastung eines Risses mit einem Rechteckimpuls

die jeweils andere Rissspitze erreicht haben, d. h. die Laufzeit $t < 2a/c_\mathrm{d}$ ist, verhält sich jede Rissspitze autonom wie bei einem halbunendlichen Riss. Aus Gründen der Selbstähnlichkeit des Spannungsfeldes $\sigma_{ij}(r,t)\sqrt{r} \sim \sigma^*\sqrt{c_\mathrm{d} t}$ steigt der Spannungsintensitätsfaktor mit der Zeit an (Bild 3.59, rechts oben):

$$K_\mathrm{I}(t) = 2\sigma^* \frac{\sqrt{1-2\nu}}{1-\nu} \sqrt{\frac{c_\mathrm{d} t}{\pi}} \qquad \text{für } 0 < t < 2a/c_\mathrm{d}. \tag{3.332}$$

Erreichen die Dilatationswellen die andere Rissspitze, so erzeugen sie dort eine zusätzliche Zugbelastung, die erst nach dem späteren Eintreffen der RAYLEIGH-Welle bei $\tau = 2a/c_\mathrm{R}$ wieder absinkt. Das hierbei auftretende Maximum des dynamischen Spannungsintensitätsfaktors $K_\mathrm{I\,max}$ übersteigt die statische Lösung $K_\mathrm{I}^\mathrm{sta} = \sigma^*\sqrt{\pi a}$ für diesen Riss um etwa 30 % (bei $\nu = 0{,}3$)! Dieses Phänomen wird *dynamisches Überschwingen* (engl. *dynamic overshoot*) genannt. Der Überhöhungsfaktor $\varkappa > 1$ zur statischen Lösung hängt von der Risskonfiguration und der Flankensteilheit des Impulses $p(t)$ ab.

$$\max_t K_\mathrm{I}(t) \approx K_\mathrm{I}(t_\mathrm{max} = 2a/c_\mathrm{R}) = \varkappa K_\mathrm{I}^\mathrm{sta} \tag{3.333}$$

Nach dem Maximum pendelt sich der $K_\mathrm{I}(t)$-Verlauf in mehreren Schwingungen auf seinen statischen Wert ein, siehe Bild 3.59 rechts unten. Die Amplituden klingen ab, da vom Riss fortlaufend Wellen ins Unendliche abgestrahlt werden. Das Verhalten von $K_\mathrm{I}(t)$ nach Entlastung bei t^* ist für beide Fälle in Bild 3.59 illustriert.

Man erkennt, dass die Charakteristik der Lösung wesentlich vom Verhältnis der Impulsdauer t^* zur Laufzeit einer RAYLEIGH-Welle $\tau = 2a/c_\mathrm{R}$ über die Risslänge abhängt. Durch

Anwendung des K-Konzeptes $K_I(t) = K_{Id}$ kann für beide Fälle aus (3.332) und (3.333) die kritische Größe σ_c^* des rechteckförmigen Spannungsimpulses ausgerechnet werden (EVZ, $\nu = 0{,}3$):

$$\sigma_c^* = 0{,}87 \frac{K_{Id}}{\sqrt{\pi a}} \bigg/ \sqrt{\frac{t^* c_R}{2a}} \qquad \text{bei } t^* \ll 2a/c_R$$

$$\sigma_c^* = \frac{1}{1{,}3} \frac{K_{Id}}{\sqrt{\pi a}} = \text{const.} \qquad \text{bei } t^* \gg 2a/c_R \tag{3.334}$$

Bei langen Impulsen verhält sich die kritische Belastung qualitativ wie im statischen Fall (3.79). Bei sehr kurzen Belastungsstößen steigt jedoch die ertragbare Spannung (bei konstanter Risslänge) mit $1/\sqrt{t^*}$, da sich der K-Faktor erst aufbauen muss. Tatsächlich sind diese Zeiten extrem kurz. Für einen 10 mm großen Riss in Aluminium beträgt $\tau \approx 3{,}4\,\mu\text{s}$.

3.5.4 Dynamische Rissausbreitung

Wie sieht das Nahfeld an der Spitze eines Risses aus, der sich mit der Geschwindigkeit $\dot{a}$ ausbreitet? Zur Lösung führen wir an der Rissspitze ein wieder mitbewegtes Koordinatensystem ($x_1 = X_1 - \dot{a}t$, $x_2 = X_2$) ein (Bild 3.60). Zunächst soll der Modus-III-Fall betrachtet werden, worauf die Belastungen Modus I + II in der Rissebene folgen.

Nichtebener Schub Modus III

In diesem Fall vereinfachen sich die NAVIER-LAMÉschen Gleichungen (3.323) wegen $u_1 \equiv u_2 \equiv 0$, $\frac{\partial (\cdot)}{\partial x_3} \equiv 0$ auf eine Wellengleichung für das longitudinale Verschiebungsfeld u_3

$$c_s^2 u_{3,jj}(x_1, x_2) = \ddot{u}_3(x_1, x_2), \tag{3.335}$$

die aufgrund von $\frac{\partial (\cdot)}{\partial t} = -\dot{a} \frac{\partial (\cdot)}{\partial x_1}$ folgende Form annimmt:

$$\frac{\partial^2 u_3}{\partial x_1^2} + \frac{1}{\alpha_s^2} \frac{\partial^2 u_3}{\partial x_2^2} = 0 \qquad \text{mit } \alpha_s = \sqrt{1 - \frac{\dot{a}^2}{c_s^2}}. \tag{3.336}$$

Um diese DGL in eine Potenzialgleichung umzuwandeln, wird eine modifizierte (gestauchte) x_2-Koordinate $\bar{x}_2 := \alpha_s x_2$ eingeführt, was in komplexer Schreibweise lautet:

$$z_s = x_1 + i\alpha_s x_2 = r_s e^{i\theta_s} \quad \text{mit} \quad r_s = \sqrt{x_1^2 + \alpha_s^2 x_2^2}, \quad \theta_s = \arctan\left(\frac{\alpha_s x_2}{x_1}\right). \tag{3.337}$$

Damit gilt

$$\Delta u_3(r_s, \theta_s) = 0, \tag{3.338}$$

zu deren Lösung wir wie im statischen Fall (Abschnitt 3.2.2) die Methode der komplexen Funktionen anwenden können:

$$\mu u_3 = \Re \Omega(z_s), \qquad \tau_{13} - i\frac{\tau_{23}}{\alpha_s} = \Omega'(z_s). \qquad (3.339)$$

Derselbe Reihenansatz (3.51) für die Spannungsfunktion Ω befriedigt die Rissufer–Randbedingungen. Wir werten nur den singulären Term $n = 1$ aus, $\Omega(z_s) = c_1 z_s^{1/2}$, wobei $c_1 = -K_{III}\sqrt{2/\pi}$ gilt. Mit (3.339) findet man letztendlich die Spannungen und Verschiebungen des Nahfeldes:

$$\left\{\begin{matrix}\tau_{13}\\ \tau_{23}\end{matrix}\right\} = \frac{K_{III}(t)}{\sqrt{2\pi r}} \left\{\begin{matrix}-\dfrac{\sin(\theta_s/2)}{\alpha_s\sqrt{\gamma_s}}\\ \dfrac{\cos(\theta_s/2)}{\sqrt{\gamma_s}}\end{matrix}\right\}, \qquad u_3 = \frac{K_{III}(t)\sqrt{r}}{\sqrt{2\pi}}\frac{\sqrt{\gamma_s}}{\alpha_s}\sin\frac{\theta_s}{2}. \qquad (3.340)$$

Die Lösung ist ähnlich wie im statischen Fall als Produkt von Radius- und Winkelfunktionen aufgebaut. Die Spannungen sind singulär mit $r^{-1/2}$ und das Verschiebungsfeld ist proportional zu $r^{1/2}$. Allerdings hängen die Winkelfunktionen der Felder nun über α_s und r_s von der Rissgeschwindigkeit $\dot{a}$ ab. Dieser Unterschied zum statischen Problem verschwindet bei $\dot{a} = 0$ ($\alpha_s = 1$, $r_s = r$, $\theta_s = \theta$), vgl. (3.31) und (3.32). Zur Abkürzung wurde das Verhältnis zwischen dem skalierten und dem wahren Radius eingeführt:

$$\gamma_s(\theta) = \frac{r_s}{r} = \sqrt{1 - \left(\frac{\dot{a}\sin\theta}{c_s}\right)^2}, \qquad \gamma_d(\theta) = \frac{r_d}{r} = \sqrt{1 - \left(\frac{\dot{a}\sin\theta}{c_d}\right)^2} \qquad (3.341)$$

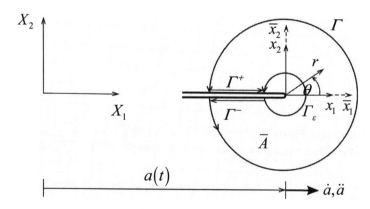

Bild 3.60: Mitgeführte Koordinatensysteme und Integrationspfade am schnell bewegten Riss

Ebener Zug (Modus I) und Schub (Modus II)

Für ebene Aufgaben (EVZ: $u_3 \equiv 0$, $\frac{\partial(\cdot)}{\partial x_3} \equiv 0$) reduziert sich die Lösungsdarstellung (3.324) auf zwei Wellengleichungen, denen das SkalarPotenzial und die $\psi = \psi_3$-Komponente des VektorPotenzials ($\psi_1 \equiv \psi_2 \equiv 0$) gehorchen müssen:

$$c_d\,\varphi_{,jj} = \ddot{\varphi}\,,\qquad c_s\,\psi_{,jj} = \ddot{\psi}\,. \tag{3.342}$$

Ähnlich wie im Modus-III-Problem liefert jetzt die Transformation auf das mitbewegte Koordinatensystem (x_1, x_2) zwei zeitunabhängige DGL mit den Parametern:

$$\frac{\partial^2 \varphi}{\partial x_1^2} + \frac{1}{\alpha_d}\frac{\partial^2 \varphi}{\partial x_2^2} = 0\,,\qquad \alpha_d = \sqrt{1 - \frac{\dot{a}^2}{c_d^2}}$$

$$\frac{\partial^2 \psi}{\partial x_1^2} + \frac{1}{\alpha_s}\frac{\partial^2 \psi}{\partial x_2^2} = 0\,,\qquad \alpha_s = \sqrt{1 - \frac{\dot{a}^2}{c_s^2}}\,. \tag{3.343}$$

Die Einführung der skalierten Koordinaten (3.337) in die 2. Gleichung und entsprechender Ausdrücke

$$z_d = x_1 + i\alpha_d\,x_2 = r_d\,e^{i\theta_d} \quad\text{mit}\quad r_d = \sqrt{x_1^2 + \alpha_d^2 x_2^2}\,,\quad \theta_d = \arctan\left(\frac{\alpha_d\,x_2}{x_1}\right) \tag{3.344}$$

in die 1. Gleichung ergibt die Potenzialgleichungen

$$\Delta\varphi(r_d,\theta_d) = 0\,,\qquad \Delta\psi(r_s,\theta_s) = 0\,. \tag{3.345}$$

Zur Lösung werden beide Funktionen entweder als Real- oder Imaginärteil einer komplexen analytischen Funktion angesetzt, für die wir nur den dominanten Term einer Reihenentwicklung verwenden:

$$\begin{aligned}\varphi = A\,\Re z_d^{3/2}\,,\quad \psi = B\,\Im z_s^{3/2} &\quad \text{für Symmetrie (Modus I)} \\ \varphi = A\,\Im z_d^{3/2}\,,\quad \psi = B\,\Re z_s^{3/2} &\quad \text{für Antimetrie (Modus II)}\,. \end{aligned} \tag{3.346}$$

Aus den Randbedingungen spannungsfreier Rissufer ($\tau_{21} = \sigma_{22} = 0$ bei $\theta = \pm\pi$) bestimmt man die reellen Konstanten A und $B = A\,2\alpha_d/(1 + \alpha_s^2)$. Nach umfangreichen Rechnungen gewinnt man daraus die Spannungs- und Verschiebungsfelder an der Rissspitze, siehe [212], über die Beziehungen:

$$u_1 = \frac{\partial \varphi}{\partial x_1} + \frac{\partial \psi}{\partial x_2}\,,\qquad u_2 = \frac{\partial \varphi}{\partial x_2} - \frac{\partial \psi}{\partial x_1} \tag{3.347}$$

$$\begin{aligned}\sigma_{11} &= \lambda\Delta\varphi + 2\mu\left[\frac{\partial^2 \varphi}{\partial x_1^2} + \frac{\partial^2 \psi}{\partial x_1 \partial x_2}\right]\,,\quad \sigma_{22} = \lambda\Delta\varphi + 2\mu\left[\frac{\partial^2 \varphi}{\partial x_2^2} - \frac{\partial^2 \psi}{\partial x_1 \partial x_2}\right] \\ \sigma_{12} &= \mu\left[2\frac{\partial^2 \varphi}{\partial x_1 \partial x_2} + \frac{\partial^2 \psi}{\partial x_2^2} - \frac{\partial^2 \psi}{\partial x_1^2}\right]\,. \end{aligned} \tag{3.348}$$

3 Grundlagen der Bruchmechanik

Die Spannungsintensitätsfaktoren sind wie im statischen Fall definiert:

$$\begin{aligned}K_{\mathrm{I}}(t) &= \lim_{r\to 0} \sqrt{2\pi r}\, \sigma_{22}(r,\theta=0,t) \\ K_{\mathrm{II}}(t) &= \lim_{r\to 0} \sqrt{2\pi r}\, \tau_{21}(r,\theta=0,t) \\ K_{\mathrm{III}}(t) &= \lim_{r\to 0} \sqrt{2\pi r}\, \tau_{23}(r,\theta=0,t).\end{aligned} \qquad (3.349)$$

Dynamisches Rissspitzenfeld für Modus I

$$\begin{Bmatrix}\sigma_{11}\\\sigma_{22}\\\tau_{12}\end{Bmatrix} = \frac{K_{\mathrm{I}}(t)}{\sqrt{2\pi r}D(\dot a)} \begin{Bmatrix} (1+\alpha_{\mathrm s}^2)(1+2\alpha_{\mathrm d}^2-\alpha_{\mathrm s}^2)\dfrac{\cos(\theta_{\mathrm d}/2)}{\sqrt{\gamma_{\mathrm d}}} - 4\alpha_{\mathrm d}\alpha_{\mathrm s}\dfrac{\cos(\theta_{\mathrm s}/2)}{\sqrt{\gamma_{\mathrm s}}} \\ -(1+\alpha_{\mathrm s}^2)^2\dfrac{\cos(\theta_{\mathrm d}/2)}{\sqrt{\gamma_{\mathrm d}}} + 4\alpha_{\mathrm d}\alpha_{\mathrm s}\dfrac{\cos(\theta_{\mathrm s}/2)}{\sqrt{\gamma_{\mathrm s}}} \\ 2\alpha_{\mathrm d}(1+\alpha_{\mathrm s}^2)\left(\dfrac{\sin(\theta_{\mathrm d}/2)}{\sqrt{\gamma_{\mathrm d}}} - \dfrac{\sin(\theta_{\mathrm s}/2)}{\sqrt{\gamma_{\mathrm s}}}\right) \end{Bmatrix} \quad (3.350)$$

$$\begin{Bmatrix}u_1\\u_2\end{Bmatrix} = \frac{2K_{\mathrm{I}}(t)\sqrt r}{\mu\sqrt{2\pi}D(\dot a)} \begin{Bmatrix}(1+\alpha_{\mathrm s}^2)\sqrt{\gamma_{\mathrm d}}\cos\dfrac{\theta_{\mathrm d}}{2} - 2\alpha_{\mathrm d}\alpha_{\mathrm s}\sqrt{\gamma_{\mathrm s}}\cos\dfrac{\theta_{\mathrm s}}{2} \\ -(1+\alpha_{\mathrm s}^2)\alpha_{\mathrm d}\sqrt{\gamma_{\mathrm d}}\sin\dfrac{\theta_{\mathrm d}}{2} + 2\alpha_{\mathrm d}\sqrt{\gamma_{\mathrm s}}\sin\dfrac{\theta_{\mathrm s}}{2}\end{Bmatrix}$$

Dynamisches Rissspitzenfeld für Modus II

$$\begin{Bmatrix}\sigma_{11}\\\sigma_{22}\\\tau_{12}\end{Bmatrix} = \frac{K_{\mathrm{II}}(t)}{\sqrt{2\pi r}D(\dot a)} \begin{Bmatrix} -2\alpha_{\mathrm s}(1+2\alpha_{\mathrm d}^2-\alpha_{\mathrm s}^2)\dfrac{\sin(\theta_{\mathrm d}/2)}{\sqrt{\gamma_{\mathrm d}}} + 2\alpha_{\mathrm s}(1+\alpha_{\mathrm s}^2)\dfrac{\sin(\theta_{\mathrm s}/2)}{\sqrt{\gamma_{\mathrm s}}} \\ 2\alpha_{\mathrm s}(1+\alpha_{\mathrm s}^2)\left(\dfrac{\sin(\theta_{\mathrm d}/2)}{\sqrt{\gamma_{\mathrm d}}} - \dfrac{\sin(\theta_{\mathrm s}/2)}{\sqrt{\gamma_{\mathrm s}}}\right) \\ 4\alpha_{\mathrm d}\alpha_{\mathrm s}\dfrac{\cos(\theta_{\mathrm d}/2)}{\sqrt{\gamma_{\mathrm d}}} - (1+\alpha_{\mathrm s}^2)^2\dfrac{\cos(\theta_{\mathrm s}/2)}{\sqrt{\gamma_{\mathrm s}}}\end{Bmatrix}$$

$$\begin{Bmatrix}u_1\\u_2\end{Bmatrix} = \frac{2K_{\mathrm{II}}(t)\sqrt r}{\mu\sqrt{2\pi}D(\dot a)} \begin{Bmatrix} 2\alpha_{\mathrm s}\sqrt{\gamma_{\mathrm d}}\sin\dfrac{\theta_{\mathrm d}}{2} - \alpha_{\mathrm s}(1+\alpha_{\mathrm s}^2)\sqrt{\gamma_{\mathrm s}}\sin\dfrac{\theta_{\mathrm s}}{2} \\ -2\alpha_{\mathrm d}\alpha_{\mathrm s}\sqrt{\gamma_{\mathrm d}}\cos\dfrac{\theta_{\mathrm d}}{2} + (1+\alpha_{\mathrm s}^2)\sqrt{\gamma_{\mathrm s}}\cos\dfrac{\theta_{\mathrm s}}{2}\end{Bmatrix}$$

$$(3.351)$$

Die dynamischen Rissspitzenfelder besitzen grundsätzlich die gleiche Struktur wie in der Statik, vgl. (3.12), (3.16) und (3.23), (3.25). Jedoch hängen ihre Größe und die Winkelverteilung von der Rissgeschwindigkeit $\dot a$ ab, die in die RAYLEIGH-Funktion (3.328) sowie die Konstanten α_d, α_s (3.343) und γ_d, γ_s (3.341) einfließt. Für $\ddot{a} \to 0$ gehen (3.350) und (3.351) in die genannten Beziehungen der Statik über. Man kann zeigen, dass die Beschleunigung $\ddot{a}$ des Risses keinen Einfluss auf die singuläre Nahfeldlösung besitzt, sondern sich nur auf höhere Terme der Reihenentwicklung auswirkt [212]. Das bedeutet, die hier abgeleiteten Beziehungen (3.340), (3.350) und (3.351) gelten auch für beschleunigte (beliebige) Rissausbreitung. Die K-Faktoren und die Geschwindigkeit $\dot{a}$ bestimmen somit eindeutig die Beanspruchungssituation am bewegten Riss in einem isotropen elastischen Medium. Das 2. Glied der Reihenentwicklung beschreibt die dynamischen T-Spannungen:

$$T_{11}^{\mathrm{dyn}} = T_{11}^{\mathrm{sta}}(\alpha_d^2 - \alpha_s^2), \qquad T_{22}^{\mathrm{dyn}} = T_{12}^{\mathrm{dyn}} = 0. \tag{3.352}$$

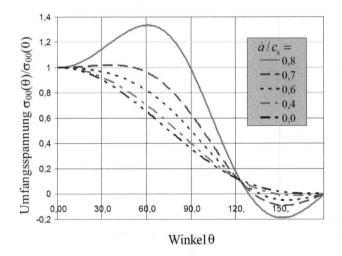

Bild 3.61: Winkelverteilung der normierten Umfangsspannung als Funktion der relativen Rissgeschwindigkeit $\dot{a}/c_s$ für Stahl

Abschließend soll noch das Spannungsfeld (3.350) am schnell laufenden Riss für Modus I diskutiert werden. Aus bruchmechanischer Sicht interessieren vor allem die maximalen Umfangsspannungen $\sigma_{\theta\theta}(r,\theta)$. Ihre Winkelverteilung ist in Bild 3.61 für unterschiedliche Rissgeschwindigkeiten aufgetragen. Bis zu einer Geschwindigkeit von $\dot{a} < 0{,}6c_s$ der Scherwellengeschwindigkeit befindet sich das Maximum von $\sigma_{\theta\theta}$ bei $\theta = 0$, d.h. in der Richtung der Rissausbreitung. Bei größeren Rissgeschwindigkeiten verschiebt sich die Lage des Maximums zum Winkel $\theta = 60°$. Unterstellt man die Gültigkeit des Kriteriums der maximalen Umfangsspannung (Abschnitt 3.4.4), so müsste der Riss bei größeren Geschwindigkeiten $\dot{a} > 0{,}6c_s$ in diese Orientierung abknicken oder sich symmetrisch verzweigen. Wenngleich Rissverzweigungen bei derartigen Geschwindigkeiten ein häufig beobachtetes Phänomen darstellen, folgt aus dem Spannungszustand allein keine ausreichende Erklärung. Ein wichtiger Grund für den Verlust der Richtungsstabilität bei schneller Rissausbreitung liegt im Überangebot an kinetischer Energie, die der Riss nur durch Verzweigungen abbauen kann.

Untersucht man das Verhältnis der Spannungen σ_{22}/σ_{11} auf dem Ligament $\theta = 0$ in Abhängigkeit von der Rissgeschwindigkeit $\dot{a}$ ($\gamma_d = \gamma_s = 1$)

$$\frac{\sigma_{22}}{\sigma_{11}} = \frac{-(1+\alpha_s^2)^2 + 4\alpha_d\alpha_s}{(1+\alpha_s^2)(1+2\alpha_d^2-\alpha_s^2) - 4\alpha_d\alpha_s}, \qquad (3.353)$$

so ergibt sich ein abfallender Verlauf vom Wert 1 ($\dot{a} = 0$) bis auf null ($\dot{a} = c_R$), da im Zähler die RAYLEIGH-Funktion $D(\dot{a} = c_R) = 0$ steht. Bei hohen Rissgeschwindigkeiten ist somit $\sigma_{11} > \sigma_{22}$, wodurch eine Materialtrennung senkrecht zur Rissrichtung begünstigt wird. Außerdem verringert sich die Mehrachsigkeit $\hbar$ beachtlich, was die plastische Verformung bzw. Erhöhung des Bruchwiderstands mit $\dot{a}$ erklärt.

3.5.5 Energiebilanz und J-Integrale

Im Fall dynamischer Bruchvorgänge muss die kinetische Energie $\mathcal{K}$ (3.72) in die Energiebilanz bei Rissausbreitung einbezogen werden. Wir betrachten einen elastischen, thermisch abgeschlossenen Körper ($\dot{Q} = 0$) und nutzen die Ergebnisse aus Abschnitt 3.2.4, (3.69). Die äußere Arbeit $\mathcal{W}_{\text{ext}}$ (3.70) wird in Formänderungsenergie $\mathcal{W}_{\text{int}}$ (3.71) und kinetische Energie $\mathcal{K}$ (3.72) umgesetzt, der verbleibende Energiebetrag steht für Rissausbreitung zur Verfügung, d. h.

$$\frac{d\mathcal{W}_{\text{ext}} - d(\mathcal{W}_{\text{int}} + \mathcal{K})}{dA} = \frac{-d(\Pi + \mathcal{K})}{dA} = G = \frac{d\mathcal{D}}{dA} = 2\gamma. \qquad (3.354)$$

Die globale Energiefreisetzungsrate G beschreibt die angebotene mechanische Gesamtenergie des Systems bei einem infinitesimalen Rissfortschritt. Für einen ruhenden, dynamisch beanspruchten Riss besteht der gleiche Zusammenhang zu den Spannungsintensitätsfaktoren wie in der Statik (3.93), da identische Rissspitzenfelder vorliegen, allerdings zeitabhängig:

$$G(t) = \frac{1}{E'}\left(K_I^2(t) + K_{II}^2(t)\right) + \frac{1+\nu}{E}K_{III}^2(t). \qquad (3.355)$$

Um die Energiebilanz am schnell bewegten Riss zu berechnen, knüpfen wir an die Überlegungen zum duktilen Risswachstum in Abschnitt 3.3.7 an, siehe Bild 3.48. Wir beschränken die Herleitung auf elastodynamisches Materialverhalten und ziehen die Prozesszone A_B auf einen Punkt um die Rissspitze mit der dominanten Singularität zusammen, $\Gamma_B = \Gamma_\varepsilon \to 0$. Der Energiefluss (3.273) wird um die kinetische Energie des Körpers erweitert, $\dot{\mathcal{W}}_B = \dot{\mathcal{W}}_{\text{ext}} - \dot{\mathcal{W}}_{\text{int}} - \dot{\mathcal{K}}$, und hat die Bedeutung einer echten Energiefreisetzungsrate, da dissipative plastische Terme in $\mathcal{W}_{\text{int}}$ entfallen:

$$\mathcal{F} = G^{\text{dyn}} = \frac{d\mathcal{W}_B}{da} = \frac{\dot{\mathcal{W}}_B}{\dot{a}} = \frac{1}{\dot{a}}\left[\int_{S_t} \bar{t}_i \dot{u}_i \, ds - \frac{d}{dt}\int_A \left(U + \frac{\rho}{2}\dot{u}_i\dot{u}_i\right) dA\right] \qquad (3.356)$$

3.5 Dynamische Bruchvorgänge

Wir wechseln wieder auf das mitbewegte räumliche Koordinatensystem (x_1, x_2) über (Bild 3.60, Bild 3.48), weshalb die materielle Zeitableitung in (3.356) mit dem REYNOLDschen Transporttheorem zu behandeln ist:

$$\frac{\mathrm{d}}{\mathrm{d}t}\int_A \left[U + \frac{\rho}{2}\dot{u}_i\dot{u}_i\right]\mathrm{d}A = \int_A \left[\frac{\partial U}{\partial t} + \rho\dot{u}_i\ddot{u}_i\right]\mathrm{d}A - \dot{a}\int_{\Gamma_\varepsilon}\left[U + \frac{\rho}{2}\dot{u}_i\dot{u}_i\right]n_1\,\mathrm{d}s \qquad (3.357)$$

Unter Berücksichtigung der Bewegungsgleichungen $\sigma_{ij,j} = \rho\ddot{u}_i$ und $\partial U/\partial t = \sigma_{ij}\dot{u}_{i,j}$ kann der Ausdruck im 1. Integral in $(\sigma_{ij}\dot{u}_i)_{,j}$ umgeformt werden. Die Anwendung des GAUSSschen Satzes ergibt dann ein Randintegral über $C = S + \Gamma^+ + \Gamma^- - \Gamma_\varepsilon$, von dem bei lastfreien Rissufern und $\dot{u}_i = 0$ auf S_u nur die Anteile S_t und Γ_ε verbleiben (Bild 3.48). Einsetzen in (3.356) liefert schließlich

$$\mathcal{F} = \frac{1}{\dot{a}}\left[\int_{\Gamma_\varepsilon} t_i\dot{u}_i\,\mathrm{d}s + \dot{a}\int_{\Gamma_\varepsilon}\left(U + \frac{\rho}{2}\dot{u}_i\dot{u}_i\right)n_1\,\mathrm{d}s\right]. \qquad (3.358)$$

Für die Verschiebungsgeschwindigkeit auf $\Gamma_\varepsilon \to 0$ gilt aufgrund der lokalen Stationarität nach (3.277) $\dot{u}_i = -\dot{a}u_{i,1}$.

Somit beträgt der Energiefluss an die Rissspitze bzw. die Energiefreisetzungsrate des Systems bei elastodynamischer selbstähnlicher Rissausbreitung:

$$\mathcal{F} = G^{\mathrm{dyn}} = \lim_{\Gamma_\varepsilon \to 0}\int_{\Gamma_\varepsilon}\left[\left(U + \dot{a}^2\frac{\rho}{2}u_{i,1}u_{i,1}\right)n_1 - \sigma_{ij}n_j u_{i,1}\right]\mathrm{d}s \qquad (3.359)$$

$$G^{\mathrm{dyn}} = \lim_{\Gamma_\varepsilon \to 0}\int_{\Gamma_\varepsilon}\left[\left(U + \frac{\rho}{2}\dot{u}_i\dot{u}_i\right)\delta_{1j} - \sigma_{ij}u_{i,1}\right]n_j\,\mathrm{d}s. \qquad (3.360)$$

Zur numerischen Auswertung von G^{dyn} ist es zweckmäßiger, das Nahfeldintegral (3.360) auf $\Gamma_\varepsilon \to 0$ durch ein Linienintegral entlang eines beliebigen äußeren Pfades Γ zu ersetzen, was ein Integral über die darin eingeschlossene Fläche $\bar{A}$ erforderlich macht (Bild 3.60). Analog zu (3.279) ergibt die Umwandlung von (3.360) ein wegunabhängiges Linien-Flächen-Integral:

$$\mathcal{F} = G^{\mathrm{dyn}} = \int_\Gamma \left[\left(U + \frac{\rho}{2}\dot{u}_i\dot{u}_i\right)\delta_{1j} - \sigma_{ij}u_{i,1}\right]n_j\,\mathrm{d}s + \int_{\bar{A}}(\rho\ddot{u}_i u_{i,1} - \rho\dot{u}_i\dot{u}_{i,1})\,\mathrm{d}A \qquad (3.361)$$

Im Spezialfall einer konstanten Rissausbreitungsgeschwindigkeit $\dot{a}$ und stationärer Verhältnisse in $\bar{A}$ gilt $\dot{u}_i = -\dot{a}u_{i,1}$, $\dot{u}_{i,1} = -\dot{a}u_{i,11}$ und $\ddot{u}_i = -\dot{a}^2 u_{i,1}$, womit das Flächenintegral verschwindet. Dann wird die Energiefreisetzungsrate allein durch das wegunabhängige Linienintegral über Γ repräsentiert. Bei Rissausbreitung in endlichen Strukturen treten diese Bedingungen jedoch selten ein.

Für den ruhenden Riss ($\dot{a} = 0$) vereinfacht sich der Ausdruck für die Energiefreisetzungsrate auf:

$$G^{\mathrm{dyn}} = \int_{\Gamma} \left[U\delta_{1j} - \sigma_{ij}u_{i,1} \right] n_j \, \mathrm{d}s + \int_{\bar{A}} \rho \ddot{u}_i u_{i,1} \, \mathrm{d}A \tag{3.362}$$

Im rein statischen Fall entfallen auch noch die Trägheitskräfte $\rho \ddot{u}_i$ in $\bar{A}$, so dass man folgerichtig beim klassischen J-Integral (3.100) angelangt.

Der Zusammenhang zwischen Energiefreisetzungsrate G^{dyn} und den Spannungsintensitätsfaktoren kann wie in der Statik entweder über das Energieflussintegral (3.359) oder das dynamische Analogon zum Rissschließintegral (3.89) hergestellt werden, indem man dort die dynamischen Rissspitzenfelder aus Abschnitt 3.5.4 einsetzt [97].

Elastodynamische Energiefreisetzungsrate als Funktion der Spannungsintensitätsfaktoren und der Rissgeschwindigkeit bei Mixed-Mode-Beanspruchung (EVZ):

$$G^{\mathrm{dyn}}(t) = G_{\mathrm{I}}(t) + G_{\mathrm{II}}(t) + G_{\mathrm{III}}(t)$$

$$= \frac{1}{2\mu} \left[A_{\mathrm{I}}(\dot{a}) K_{\mathrm{I}}^2(t) + A_{\mathrm{II}}(\dot{a}) K_{\mathrm{II}}^2(t) + A_{\mathrm{III}}(\dot{a}) K_{\mathrm{III}}^2(t) \right] \tag{3.363}$$

$$A_{\mathrm{I}}(\dot{a}) = \frac{\dot{a}^2 \alpha_{\mathrm{d}}}{c_{\mathrm{s}}^2 D(\dot{a})}, \quad A_{\mathrm{II}}(\dot{a}) = \frac{\dot{a}^2 \alpha_{\mathrm{s}}}{c_{\mathrm{s}}^2 D(\dot{a})}, \quad A_{\mathrm{III}}(\dot{a}) = \frac{1}{\alpha_{\mathrm{s}}}$$

Diese Relation gilt nur bei selbstähnlicher Rissausbreitung (auf x_1-Achse), aber für jeden transienten Verlauf $\dot{a}(t)$. Für $\dot{a} = 0$ geht (3.363) in die statische Beziehung (3.93) über. Die Funktionen A_{I} und A_{II} werden singulär bei $\dot{a} \to c_{\mathrm{R}}$ ($D(c_{\mathrm{R}}) = 0$) und die Funktion A_{III} bei $\dot{a} \to c_{\mathrm{s}}$. Wenn $G^{\mathrm{dyn}} (= 2\gamma_{\mathrm{D}})$ beschränkt bleiben soll, müssen die K-Faktoren gegen null tendieren. Das bedeutet, die RAYLEIGH-Geschwindigkeit ist die obere Grenze der Ausbreitungsgeschwindigkeit $\dot{a}_{\max} = c_{\mathrm{R}} \approx 0{,}57\sqrt{E/\rho}$ für Risse unter Modus I oder II, was durch experimentelle Beobachtungen erwiesen ist [170, 212]. Für Modus III bildet hingegen die Scherwellengeschwindigkeit die Grenze.

3.5.6 Bruchkriterien

Weil die elastodynamischen Spannungsintensitätsfaktoren die Beanspruchung an der Rissspitze kontrollieren, gilt mit denselben Argumenten wie in der Statik das K-Konzept. Wir beschränken uns auf den wichtigsten Fall Modus I. Für die Phase der *Rissinitiierung* kann folgendes Kriterium postuliert werden:

$$K_{\mathrm{I}}(t) = K_{\mathrm{Id}}(\dot{K}_{\mathrm{I}}, t^*) \tag{3.364}$$

Die rechte Seite K_{Id} repräsentiert die *dynamische Bruchzähigkeit* (engl. *dynamic initiation toughness*), die von der Geschwindigkeit $\dot{K}_{\mathrm{I}}$ der Rissbeanspruchung abhängt und für metallische Werkstoffe unterhalb der statischen Bruchzähigkeit liegt, $K_{\mathrm{Id}} < K_{\mathrm{Ic}}$. Bei typischen Stoßbelastungen in der Praxis treten Werte von $\dot{K}_{\mathrm{I}} \approx 10^3 - 10^7$ MPa $\sqrt{\mathrm{m}}$/s auf. Nach Abschnitt 3.5.2 spielt bei kurzzeitigen Belastungsimpulsen die Dauer t^* eine Rolle, in der sich das Rissspitzenfeld aufbaut.

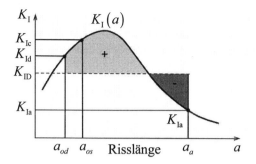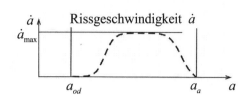

Bild 3.62: Initiierung, Beschleunigung und Auffang bei dynamischer Rissausbreitung

Nachdem ein dynamischer Bruchvorgang gestartet ist, hängt der weitere Verlauf der Rissausbreitung vom Energieangebot und dem Energieverbrauch ab. Das Spannungsfeld am bewegten Riss und die Energiefreisetzungsrate werden durch den dynamischen Spannungsintensitätsfaktor K_I und die Rissgeschwindigkeit $\dot a$ bestimmt. Andererseits ist die vom Werkstoff dissipierte Bruchenergie 2γ ebenfalls geschwindigkeitsabhängig. Das Bruchkriterium eines laufenden Risses hat deshalb die Form:

$$K_\mathrm{I}(t,\dot a) = K_\mathrm{ID}(\dot a, \dot K_\mathrm{I}, T) \quad \text{bzw.} \quad G_\mathrm{I}^\mathrm{dyn}(t,\dot a) = 2\gamma_\mathrm{D}(\dot a, \dot K_\mathrm{I}, T)\,. \tag{3.365}$$

Mit dem Index D wird die *Bruchlaufzähigkeit* (engl. *dynamic crack growth toughness*) gekennzeichnet, die sich von K_Id grundsätzlich unterscheidet. Aufwändige Experimente sind notwendig, um K_ID als Funktion der Rissgeschwindigkeit $\dot a$ zu ermitteln. Fast alle Werkstoffe zeigen aufgrund unterschiedlicher Mechanismen (Rissverzweigung, Dehnratenabhängigkeit, adiabatische Erwärmung) einen enormen Anstieg der Bruchzähigkeit K_ID mit $\dot a$.

Genügt das Energieangebot nicht mehr, so verlangsamt sich die Rissgeschwindigkeit und es kommt schließlich zum *Rissstopp* oder *Rissauffang* (engl. *crack arrest*), wenn folgende Bedingung erfüllt ist:

$$K_\mathrm{I}(t,\dot a) \le K_\mathrm{Ia}\,. \tag{3.366}$$

Die *Rissstoppzähigkeit* (engl. *crack arrest toughness*) K_Ia charakterisiert die Fähigkeit des Werkstoffs, einen laufenden Riss aufzufangen. Der Rissauffang ist nicht die Umkehrung der Rissinitiierung! Deshalb gilt $K_\mathrm{Ia} < K_\mathrm{ID}(\dot a \to 0) < K_\mathrm{Id}$. Mit dem *Rissauffangkonzept* wird in der bruchmechanischen Auslegung sichergestellt, dass ein Riss in zäheren Werkstoffbereichen $K_\mathrm{Ia} > K_\mathrm{I}$ zum Stillstand kommt.

Zum Schluss soll das typische Szenario eines dynamischen Bruchvorgangs beschrieben werden. In Bild 3.62 ist für ein angerissenes Bauteil der angenommene Verlauf der Spannungsintensität K_I als Funktion der Risslänge a dargestellt. Bei einer statischen Belastung wäre eine Risslänge a_{0s} notwendig, um den Bruch bei $K_\mathrm{I} = K_\mathrm{Ic}$ einzuleiten. Bringt man den gleichen K_I-Faktor durch dynamische Belastung auf, so ist bereits eine Risslänge $a_{0d} < a_{0s}$ kritisch. Nach dem Start gewinnt der Riss weitere Energie (schraffierte Fläche), weil $K_\mathrm{I}(a)$ noch ansteigt, so dass sich seine Geschwindigkeit erhöht. Die dynamische Bruchzähigkeit K_{ID} wird zur Vereinfachung als konstant angesetzt. Fällt die antreibende Belastung $K_{\text{I}}(t)$ unter den K_{ID}-Wert, so bewirkt die noch verfügbare kinetische Energie eine Fortsetzung des Bruchvorgangs, so dass der Riss erst später bei $K_{\text{I}}(a_{\text{a}}) \leq K_{\text{Ia}}$ aufgefangen wird.

4 Methode der Finiten Elemente

Die *Finite Elemente Methode* (FEM) (engl. *finite element method*) zählt gegenwärtig zu den leistungsfähigsten und universellsten numerischen Berechnungsverfahren für die Lösung partieller Differentialgleichungen aus Technik und Naturwissenschaften. Die grundlegenden mathematischen Ideen gehen auf die Arbeiten von RITZ, GALERKIN, TREFFTZ u. a. am Anfang des 20. Jahrhunderts zurück. Mit der Entstehung der modernen Rechentechnik in den 60er Jahren konnten die numerischen Lösungsansätze mit der FEM erfolgreich umgesetzt werden. Die Entwicklung wurde enorm durch strukturmechanische Berechnungsaufgaben in der Luftfahrt, dem Bauwesen und Maschinenbau motiviert. Den Pionierleistungen von ARGYRIS, ZIENKIEWICZ, TURNER, WILSON u. a. verdanken wir die eigentliche und bis heute übliche Formulierung der Finite Elemente Methode. Dabei wird das Differenzialgleichungssystem in ein äquivalentes Variationsproblem (schwache Formulierung) überführt, wozu meist Prinzipien der Mechanik oder die Methode der gewichteten Residuen genutzt werden. Zur Lösung der RWA werden Ansatzfunktionen für begrenzte Teilgebiete »Finite Elemente« gemacht, deren Freiwerte schließlich durch numerische Lösung eines algebraischen Gleichungssystems bestimmt werden können.

In diesem Kapitel sollen zuerst einige Prinzipien der Kontinuumsmechanik dargelegt werden, um die theoretischen Grundlagen der FEM zu erläutern. Danach erfolgt eine knappe Darstellung der Diskretisierungstechniken und der numerischen Realisierung der FEM. Diese Ausführungen sollen die Basis für das Verständnis der folgenden Kapitel bereiten, in denen dann die Anwendung der FEM in der Bruchmechanik ausführlich behandelt wird. Dem Leser werden zur Ergänzung weiterführende Lehrbücher über FEM empfohlen, von denen es eine große Auswahl gibt.

4.1 Räumliche und zeitliche Diskretisierung der Randwertaufgabe

Im Abschnitt A.5 sind die grundlegenden Beziehungen der Festkörpermechanik zusammengestellt, die zur Formulierung einer (Anfangs-)Randwertaufgabe ARWA notwendig sind, vgl. Bild A.16 und (A.139). Die Methode der finiten Elemente ist ein Approximationsverfahren zur Lösung von ARWA. Sie basiert auf der numerischen Umsetzung von Energieprinzipien der Mechanik, die zu diesem Zweck in Raum und Zeit diskretisiert werden.

Dazu wird das Gebiet V des betrachteten Körpers in eine Anzahl n_E endlicher Teilgebiete V_e, die *Finiten Elemente* (engl. *finite elements*), zerlegt, für die man vereinfachte Ansätze formuliert. Die finiten Elemente werden mit dem Laufindex $e = 1, \ldots, n_\mathrm{E}$ nummeriert. Als Beispiel ist in Bild 4.1 die räumliche Diskretisierung der Randwertaufgabe einer Zuglasche dargestellt. Bei Anfangsrandwertaufgaben oder nichtlinearen Problemen wird der transiente zeitliche Ablauf $[t_0 \leq t \leq t_\mathrm{end}]$ i. A. durch eine Folge von Zeitschritten bzw. Lastinkrementen Δt_i diskretisiert.

150   4 Methode der Finiten Elemente

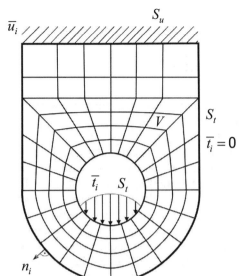

$S = S_u \cup S_t$
$\bar{t}_i$ – vorgegebene Randspannungen auf S_t
$\bar{u}_i$ – vorgegebene Randverschiebungen auf S_u

Bild 4.1: Finite-Element-Diskretisierung am Beispiel einer Zuglasche

Bild 4.2 a zeigt einen Ausschnitt von Bild 4.1, bei dem das Element e hervorgehoben wurde. Zum Element e gehören sein Volumen V_e und sein Rand $S_e = S_{ue} \cup S_{te} \cup \tilde{S}_e$. Dabei kennzeichnen S_{ue} und S_{te} die Schnittmengen von S_e mit den Verschiebungs- bzw. Spannungsrändern S_u bzw. S_t der ARWA. Außerdem grenzt jedes Element mit dem Teil $\tilde{S}_e$ seines Randes an Nachbarelemente. Die Gesamtheit dieser Interelementgrenzen wird mit $\tilde{S}$ bezeichnet. Alle äußeren, vorgegebenen Größen werden überstrichen dargestellt. Nur auf dem Rande definierte Größen werden durch eine Tilde kenntlich gemacht.

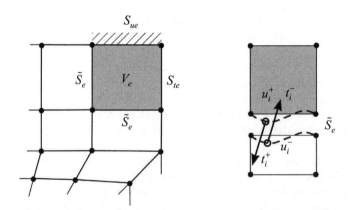

Bild 4.2: a) Detailansicht eines finiten Elementes, b) Übergangsbedingungen zum Nachbarelement

4.1 Räumliche und zeitliche Diskretisierung der Randwertaufgabe

Zur Lösung einer RWA müssen die Feldgrößen in den finiten Elementen folgende Grundbeziehungen befriedigen:

1. Das Verschiebungsfeld u_i ist eine stetige Funktion des Ortes. Durch Gradientenbildung leiten sich daraus die Verzerrungen ε_{ij} im Inneren jedes Elementes ab:

$$\varepsilon_{ij} = \frac{1}{2}(u_{i,j} + u_{j,i}) \quad \text{in } V_e \quad \text{(Kompatibilitätsbedingungen)}. \quad (4.1)$$

2. Das Verschiebungsfeld $\bar{u}_i$ muss vorgegebene Werte $\bar{u}_i$ auf dem Teil S_{ue} des Randes annehmen:

$$u_i = \bar{u}_i \quad \text{auf } S_{ue} \quad \text{(wesentliche Randbedingungen)}. \quad (4.2)$$

3. Gleichgewicht des Spannungszustandes mit den Volumenkräften $\bar{b}_i$ im Elementinneren:

$$\sigma_{ij,j} + \bar{b}_i = 0 \quad \text{in } V_e \quad \text{(Gleichgewichtsbedingungen)}. \quad (4.3)$$

4. Die Randspannungen auf dem Randteil S_{te} entsprechen den äußeren vorgegebenen Werten $\bar{t}_i$:

$$\sigma_{ij} n_j = t_i = \bar{t}_i \quad \text{auf } S_{te} \quad \text{(natürliche Randbedingungen)}. \quad (4.4)$$

5. Kontinuität der Verschiebungen an den Interelementgrenzen $\tilde{S}_e$, d.h. die Annäherung von beiden Elementen (symbolisiert durch + und −) muss stetig sein:

$$u_i^+ = u_i^- \quad \text{auf } \tilde{S}_e. \quad (4.5)$$

6. Reziprozität der Randspannungsvektoren auf den Interelementgrenzen (actio = reactio):

$$t_i^+ = -t_i^- \quad \text{auf } \tilde{S}_e. \quad (4.6)$$

7. Spannungs-Verzerrungs-Gesetz. Im Weiteren wird zunächst linear-elastisches Materialverhalten unterstellt:

$$\sigma_{ij} = C_{ijkl}\varepsilon_{kl}, \quad \varepsilon_{ij} = S_{ijkl}\sigma_{kl}, \quad U = \widehat{U} = \frac{1}{2}\sigma_{ij}\varepsilon_{ij}. \quad (4.7)$$

Jedes Verschiebungsfeld, das die Gleichungen (4.1) und (4.2) erfüllt, wird als *kinematisch zulässiges Verschiebungsfeld* u_i^{kin} bezeichnet. Jedes Spannungsfeld, das (4.3) und (4.4) gehorcht, nennt man *statisch zulässiges Spannungsfeld* σ_{ij}^{sta}. Die beiden letztgenannten Bedingungen auf den Interelementrändern sind in Bild 4.2 b veranschaulicht.

Die *wahre* Lösung der RWA muss alle statischen und kinematischen Bedingungen (4.1) bis (4.6) sowie das Materialgesetz (4.7) im gesamten Gebiet V *exakt* befriedigen, siehe

Abschnitt A.5.2. Bei der FEM wird jedoch für die primären Feldgrößen in den finiten Elementen ein Näherungsansatz gemacht, der nur einen Teil der aufgeführten Grundgleichungen im Elementinneren und der Stetigkeitsanforderungen auf dem Rand a priori erfüllen muss. Die verbleibenden, nicht von vornherein befriedigten Grundgleichungen – zumeist für die abgeleitete duale Feldgröße – ergeben sich als die EULERschen Gleichungen eines Variationsprinzips und werden nur approximativ im Sinne gewichteter Residuen realisiert.

4.2 Energieprinzipien der Kontinuumsmechanik

Den Ausgangspunkt der Betrachtungen bildet der *verallgemeinerte Arbeitssatz*, der besagt, dass die innere Arbeit $\mathcal{W}_{\text{int}}$ eines statisch zulässigen Spannungsfeldes σ_{ij}^{sta} mit einem kinematisch zulässigen Verzerrungsfeld $\varepsilon_{ij}^{\text{kin}}$ gleich der Arbeit $\mathcal{W}_{\text{ext}}$ der äußeren Belastungen $\bar{t}_i^{\text{sta}}$ und $\bar{b}_i^{\text{sta}}$ mit dem zugehörigen Verschiebungsfeld u_i^{kin} ist.

$$\mathcal{W}_{\text{int}} \,\hat{=}\, \int_V \sigma_{ij}^{\text{sta}} \varepsilon_{ij}^{\text{kin}} \mathrm{d}V = \int_{S_t} \bar{t}_i^{\text{sta}} u_i^{\text{kin}} \mathrm{d}S + \int_V \bar{b}_i^{\text{sta}} u_i^{\text{kin}} \mathrm{d}V + \int_{S_u} t_i^{\text{sta}} \bar{u}_i^{\text{kin}} \mathrm{d}S \,\hat{=}\, \mathcal{W}_{\text{ext}}\,. \quad (4.8)$$

Wendet man (4.8) auf die wahren Spannungen $\sigma_{ij}^{\text{sta}} := \sigma_{ij}$ der RWA und die wahren Inkremente der kinematischen Größen $u_i^{\text{kin}} := \mathrm{d}u_i$ und $\varepsilon_{ij}^{\text{kin}} := \mathrm{d}\varepsilon_{ij}$ an, so ergibt die Integration über alle Lastschritte einer nichtlinearen Analyse vom undeformierten Ausgangszustand bis zum Endzustand auch für ein beliebiges Materialgesetz die Identität von innerer Arbeit (Formänderungsarbeit) und Arbeit der äußeren Kräfte

$$\mathcal{W}_{\text{int}} \,\hat{=}\, \int_V \int_0^{\varepsilon_{ij}} \sigma_{ij} \mathrm{d}\varepsilon_{ij} \mathrm{d}V = \int_S \int_0^{u_i} \bar{t}_i \mathrm{d}u_i \mathrm{d}S + \int_V \int_0^{u_i} \bar{b}_i \mathrm{d}u_i \mathrm{d}V \,\hat{=}\, \mathcal{W}_{\text{ext}}\,. \quad (4.9)$$

4.2.1 Variation der Verschiebungsgrößen

Man geht von einem Spannungszustand im Körper aus, der sich im Gleichgewicht mit dem äußeren Kraftsystemen befindet, d.h. (4.3) und (4.4) sind erfüllt. Zusätzlich zu den aktuellen Verschiebungen u_i wird nun eine virtuelle Verschiebung δu_i vorgenommen. Darunter versteht man eine stetige Funktion von $\boldsymbol{x}$, die folgende Eigenschaften besitzt:
a) infinitesimal (klein gegenüber u_i),
b) gedacht, also nicht wirklich vorhanden,
c) kinematisch zulässig, d.h. $\delta u_i = 0$ auf S_u, damit die Randbedingung $u_i = \bar{u}_i$ nicht verletzt wird.

Die virtuellen Verschiebungen führen zu den virtuellen Verzerrungen:

$$\delta\varepsilon_{ij} = \frac{1}{2}\delta(u_{j,i}) = \frac{1}{2}\left[(\delta u_i)_{,j} + (\delta u_j)_{,i}\right]\,. \quad (4.10)$$

Jetzt wird der Arbeitssatz (4.8) angewandt, wobei $\sigma_{ij}^{\text{sta}} := \sigma_{ij}$ dem Gleichgewichtszustand entspricht und für $u_1^{\text{kin}} := \delta u_i$ die virtuellen Verschiebungen eingesetzt werden (das Integral über S_u muss laut Voraussetzung (c) verschwinden):

$$\delta \mathcal{W}_{\text{int}} \mathrel{\hat=} \int_V \sigma_{ij}\delta\varepsilon_{ij}\mathrm{d}V = \int_{S_t} \bar{t}_i\delta u_i\mathrm{d}S + \int_V \bar{b}_i\delta u_i\mathrm{d}V + \int_{S_u} t_i\delta u_i\mathrm{d}S \mathrel{\hat=} \delta\mathcal{W}_{\text{ext}}. \qquad (4.11)$$

> *Prinzip der virtuellen Verschiebungen* (engl. *principle of virtual displacements*):
> Ein deformierbarer Körper befindet sich genau dann im Gleichgewichtszustand, wenn die Arbeit der äußeren eingeprägten Kräfte und die Formänderungsarbeit der inneren Kräfte mit einem beliebigen kinematisch zulässigen virtuellen Verschiebungsfeld δu_i gleich ist, bzw. die virtuelle Gesamtarbeit null wird. Das gilt für jedes Materialgesetz!
>
> $$\delta\mathcal{W} = \delta\mathcal{W}_{\text{int}} - \delta\mathcal{W}_{\text{ext}} = 0 \qquad (4.12)$$

Gleichung (4.11) stellt die integrale Form der Gleichgewichtsbedingungen (4.3) und (4.4) dar. Sie wird auch *schwache Formulierung* genannt, weil die Ordnung der Differenziation von σ_{ij} um eins geringer ist als in der DGL (4.3). Die Funktion δu_i kann in (4.11) mathematisch als *Testfunktion* oder *Wichtungsfunktion* aufgefasst werden, was dem Verfahren der gewichteten Residuen (GALERKIN) entspricht.

Beim Prinzip der virtuellen Verschiebungen ist nur der momentane Spannungszustand maßgebend, auch wenn er wie bei nichtlinearem Materialverhalten ein Funktional der gesamten Verformungsgeschichte ist. Deshalb darf das Prinzip auch auf jeden Lastschritt Δt einer nichtlinearen Analyse angewandt werden, um die Gleichgewichtsbedingungen zu befriedigen. Dazu werden in (4.11) anstelle der totalen kinematischen Größen ihre Inkremente $\Delta u_i = \dot{u}_i \Delta t$ bzw. $\Delta\varepsilon_{ij} = \dot{\varepsilon}_{ij}\Delta t$ eingesetzt und variiert:

$$\int_V \sigma_{ij}\delta\Delta\varepsilon_{ij}\,\mathrm{d}V = \int_{S_t} \bar{t}_i\delta\Delta u_i\,\mathrm{d}S + \int_V \bar{b}_i\delta\Delta u_i\,\mathrm{d}V. \qquad (4.13)$$

Dividiert man durch Δt, so erhält man die Beziehung in Ratenform, was auch als *Prinzip der virtuellen Geschwindigkeiten* bezeichnet wird:

$$\int_V \sigma_{ij}\delta\dot{\varepsilon}_{ij}\,\mathrm{d}V = \int_{S_t} \bar{t}_i\delta\dot{u}_i\,\mathrm{d}S + \int_V \bar{b}_i\delta\dot{u}_i\,\mathrm{d}V. \qquad (4.14)$$

Dieses Prinzip lässt sich ebenso auf große Deformationen (siehe Abschnitt A.2) übertragen. In der Momentankonfiguration wird die innere Arbeit mit dem CAUCHYschen Spannungstensor σ_{ij} nach (A.42) und dem EULER-ALMANSI-Verzerrungstensor η_{ij} (A.18) gebildet, der nichtlinear mit den Verschiebungen zusammenhängt (A.20). Die Integration erstreckt sich über das aktuelle Volumen v und die Oberfläche a

$$\delta\mathcal{W}_{\text{int}} \mathrel{\hat=} \int_v \sigma_{ij}\delta\eta_{ij}\,\mathrm{d}v = \int_v \rho\bar{f}_i\delta u_i\,\mathrm{d}v + \int_a \bar{t}_i\delta u_i\,\mathrm{d}a \mathrel{\hat=} \delta\mathcal{W}_{\text{ext}}. \qquad (4.15)$$

Die Darstellung in der Ausgangskonfiguration verwendet den 2. PIOLA-KIRCHHOFFschen Spannungstensor T_{IJ} (A.51) und den GREEN-LAGRANGEschen Verzerrungstensor E_{IJ} (A.19) mit der kinematischen Relation (A.20). Entsprechend müssen der Randspannungsvektor $\hat{\bar{T}}$ nach (A.50) sowie die Integrationsbereiche V und A auf den Ausgangszustand bezogen werden

$$\delta \mathcal{W}_{\text{int}} \hat{=} \int_V T_{IJ} \delta E_{IJ} \, dV = \int_V \rho_0 \bar{f}_i \delta u_i \, dV + \int_A \hat{\bar{T}}_i \delta u_i \, dA \hat{=} \delta \mathcal{W}_{\text{ext}} \,. \qquad (4.16)$$

Die Volumenkräfte $\bar{b}_i$ wurden unter Berücksichtigung der unterschiedlichen Dichten ρ_0 und ρ in beiden Konfigurationen aus dem Massenkraftvektor $\bar{f}_i$ gebildet $\rho_0 \bar{f}_i \, dV = \rho \bar{f}_i \, dv$.

Unter zwei Voraussetzungen kann das Prinzip der virtuellen Verschiebungen in eine Variationsformulierung umgewandelt werden. Erstens wird hyperelastisches Materialverhalten verlangt, so dass die Formänderungsarbeit eine innere potenzielle Energie bildet (siehe Abschnitt A.4.1).

$$\Pi_{\text{int}} = \int_V U \, dV = \mathcal{W}_{\text{int}} \qquad \sigma_{ij} = \frac{\partial U}{\partial \varepsilon_{ij}} \qquad \left(U(\varepsilon_{ij}) = \frac{1}{2} \sigma_{ij} \varepsilon_{ij} \quad \text{linear-elastisch} \right) \qquad (4.17)$$

Zweitens müssen die äußeren Kräfte konservativ (wegunabhängig) sein, d. h. sich aus einem Potenzial Π_{ext} ableiten lassen (Schwerkraft, Federkraft, ...).

$$\Pi_{\text{ext}} = -\mathcal{W}_{\text{ext}} = -\int_V \bar{b}_i u_i \, dV - \int_{S_t} \bar{t}_i u_i \, dS \qquad (4.18)$$

Aus (4.12) folgt damit $\delta\mathcal{W}_{\text{int}} - \delta\mathcal{W}_{\text{ext}} = \delta\Pi_{\text{int}} + \delta\Pi_{\text{ext}} = \delta\Pi_{\text{P}} = 0$ die Stationarität des Gesamtpotentials

$$\Pi_{\text{P}}(u_i) = \Pi_{\text{int}} + \Pi_{\text{ext}} = \int_V U(\varepsilon_{ij}) \, dV - \int_{S_t} \bar{t}_i u_i \, dS - \int_V \bar{b}_i u_i \, dV \,. \qquad (4.19)$$

Die Variation von $\delta\Pi_{\text{P}}$ bezüglich δu_i, die kinematisch zulässig sein muss, liefert:

$$\delta\Pi_{\text{P}} = \int_V \frac{\partial U}{\partial \varepsilon_{ij}} \delta\varepsilon_{ij} \, dV - \int_{S_t} \bar{t}_i \delta u_i \, dS - \int_V \bar{b}_i \delta u_i \, dV = 0 \,. \qquad (4.20)$$

Mit (4.17) und $\sigma_{ij} \delta\varepsilon_{ij} = \sigma_{ij} \delta u_{i,j} = (\sigma_{ij} \delta u_i)_{,j} - \sigma_{ij,j} \delta u_i$ folgt

$$\delta\Pi_{\text{P}} = \int_V (\sigma_{ij} \delta u_i)_{,j} \, dV - \int_V \left[\sigma_{ij,j} + \bar{b}_i \right] \delta u_i \, dV - \int_{S_t} \bar{t}_i \delta u_i \, dS \,, \qquad (4.21)$$

4.2 Energieprinzipien der Kontinuumsmechanik

und die Anwendung des GAUSSschen Satzes und der CAUCHY-Formel führen zu

$$\delta\Pi_{\mathrm{P}} = \int_{S_t} [\sigma_{ij} n_j - \bar{t}_i] \, \delta u_i \, \mathrm{d}S - \int_V [\sigma_{ij,j} + \bar{b}_i] \, \delta u_i \, \mathrm{d}V = 0 \,. \tag{4.22}$$

Aufgrund des Fundamentalsatzes der Variationsrechnung (δu_i ist beliebige Testfunktion) müssen die Klammerausdrücke verschwinden. Man erhält als EULERsche Gleichungen genau (4.3) und (4.4), d. h. die DGL und die Randbedingungen für den Spannungstensor σ_{ij}.

Prinzip vom Minimum der potenziellen Energie (engl. *principle of minimum potential energy*):
Von allen kinematisch zulässigen Verschiebungsfeldern machen die wahren Verschiebungen, die auch dem Gleichgewichtszustand entsprechen, die potenzielle Energie zum Minimum. Somit kann durch Wahl eines zulässigen Verschiebungsansatzes mit freien Parametern über das Variationsprinzip vom Minimum der potenziellen Energie die wahre Lösung der RWA gefunden werden (RITZsches Verfahren, GALERKINs Methode der gewichteten Residuen → FEM)

4.2.2 Variation der Kraftgrößen

Das *Prinzip der virtuellen Kräfte* (engl. *principle of virtual forces*) lässt sich ebenfalls aus dem allgemeinen Arbeitssatz (4.8) gewinnen. Allerdings geht man jetzt von einem kinematisch zulässigen Verschiebungs- $u_i(\boldsymbol{x})$ und Verzerrungszustand $\varepsilon_{ij}(\boldsymbol{x})$ im Körper aus, der (4.1) und (4.2) erfüllt und den Größen u_i^{kin} und $\varepsilon_{ij}^{\mathrm{kin}}$ in (4.8) entsprechen soll. Zusätzlich zu den sich einstellenden Spannungen wird nun eine virtuelle Änderung der inneren und äußeren Kräfte aufgeprägt, die mit den Spannungen $\sigma_{ij}^{\mathrm{sta}} := \delta\sigma_{ij}(\boldsymbol{x})$, Randspannungen $\bar{t}_i^{\mathrm{sta}} := \delta\bar{t}_i$ und Volumenkräften $\bar{b}_i^{\mathrm{sta}} := \delta\bar{b}_i$ des Arbeitssatzes identifiziert werden. Diese *virtuellen Kräfte* bilden ein Gleichgewichtssystem mit den Eigenschaften:

a) infinitesimal klein,
b) gedacht, also nicht wirklich vorhanden,
c) statisch zulässig, d. h. $\delta\sigma_{ij,j} + \delta\bar{b}_i = 0$ und $\delta\bar{t}_i = 0$ auf S_t.

Das Einsetzen dieser Feldgrößen in den Arbeitssatz (4.8) ergibt

$$\int_V \delta\sigma_{ij}\varepsilon_{ij} \, \mathrm{d}V = \int_{S_t} \delta\bar{t}_i u_i \, \mathrm{d}S + \int_{S_u} \delta t_i u_i \, \mathrm{d}S + \int_V \delta b_i u_i \, \mathrm{d}V \tag{4.23}$$

$$\widehat{\delta\mathcal{W}}_{\mathrm{int}} = \widehat{\delta\mathcal{W}}_{\mathrm{ext}} \,.$$

Die linke Seite nennt man *komplementäre innere Arbeit* $\widehat{\mathcal{W}}_{\mathrm{int}}$ und $\widehat{\mathcal{W}}_{\mathrm{ext}}$ bezeichnet die *komplementäre äußere Arbeit* (auch *Ergänzungsarbeit* genannt). Verbal ausgedrückt bedeutet das Prinzip der virtuellen Kräfte:

Die Verschiebungen und Verzerrungen eines deformierbaren Körpers sind genau dann miteinander und mit den Randbedingungen kinematisch verträglich, wenn für jedes beliebige statisch zulässige System von virtuellen Kräften und Spannungen die virtuellen komplementären inneren und äußeren Arbeiten gleich sind, bzw. die virtuelle komplementäre Gesamtarbeit null wird. Das Prinzip ist für alle Materialgesetze gültig.

$$\delta \widehat{\mathcal{W}} = \delta \widehat{\mathcal{W}}_{\text{int}} - \delta \widehat{\mathcal{W}}_{\text{ext}} = 0 \,. \tag{4.24}$$

Das *Prinzip vom Minimum der komplementären Energie* (engl. *principle of minimum complementary energy*) kann auf analoge Weise aus dem Prinzip der virtuellen Kräfte hergeleitet werden wie die Ableitung vom Minimum der potenziellen Energie in Abschnitt 4.2.1. Vorausgesetzt werden muss auch hier hyperelastisches Materialverhalten und ein konservatives äußeres Belastungssystem. Dann stellt die komplementäre Formänderungsarbeit

$$\widehat{\mathcal{W}}_{\text{int}} = \int_V \widehat{U}(\sigma_{ij}) \, \mathrm{d}V \,, \quad \widehat{U}(\sigma_{ij}) = \int_0^{\sigma_{ij}} \varepsilon_{kl} \, \mathrm{d}\sigma_{kl} \tag{4.25}$$

ein inneres komplementäres Potenzial $\widehat{\Pi}_{\text{int}}$ dar und die äußere komplementäre Arbeit $\widehat{\mathcal{W}}_{\text{ext}}$ wird durch ein entsprechendes Potenzial $-\widehat{\Pi}_{\text{ext}}$ verrichtet. Beide Größen bilden zusammen das komplementäre Gesamtpotenzial

$$\Pi_C(\sigma_{ij}) = \widehat{\Pi}_{\text{int}} + \widehat{\Pi}_{\text{ext}} = \int_V \widehat{U}(\sigma_{ij}) \, \mathrm{d}V - \int_{S_u} u_i t_i \, \mathrm{d}S - \int_V u_i b_i \, \mathrm{d}V \,, \tag{4.26}$$

welches als Funktion des statisch zulässigen Spannungsfeldes $\sigma_{ij}(\boldsymbol{x})$ aufzufassen ist. Das Variationsprinzip $\delta \Pi_C = \delta \widehat{\Pi}_{\text{int}} + \delta \widehat{\Pi}_{\text{ext}} = 0$ führt dann genau auf die Beziehung (4.23) und als EULERsche Gleichungen ergeben sich die kinematischen Beziehungen (4.1).

Von allen Kräften und Spannungen, welche die Gleichgewichtsbedingungen erfüllen, machen diejenigen, die auch dem wahren kinematisch verträglichen Verformungszustand entsprechen, die komplementäre potenzielle Energie zum Minimum.

4.2.3 Gemischte und hybride Variationsprinzipien

Grundlagen

Das Prinzip vom Minimum der potenziellen Energie, bei dem man von kinematisch verträglichen Verschiebungsansätzen ausgeht, stellt die Grundlage der am meisten angewandten FEM-Variante – dem *Verschiebungsgrößenmethode* – dar. Demgegenüber arbeitet man beim Prinzip der komplementären Energie mit der Variation im Gleichgewicht befindlicher Spannungsansätze, was zum *Kraftgrößenmethode* der FEM führt. Wenn man die Befriedigung aller Grundgleichungen im Innern (Kompatibilitätsbedingungen, Spannungsgleichgewicht) und aller Randbedingungen ausschließlich über das Variationsprinzip realisieren will, so gelangt man zu *verallgemeinerten Energieprinzipien*. Die zusätzlichen Anforderungen werden dabei mit Hilfe von LAGRANGEschen *Multiplikatoren* als Nebenbedingungen in das Funktional einbezogen. Möchte man z. B. beim Variationsprinzip der komplementären Energie (4.26) für den Spannungszustand einen beliebigen Ansatz zulassen, so müssen die Gleichgewichtsbedingungen (4.3) in V und (4.4) auf S_t durch die Forderungen

$$\int_V (\sigma_{ij,j} - \bar{b}_i)\lambda_i\, \mathrm{d}V = 0 \qquad \int_{S_t} (\sigma_{ij}u_j - \bar{t}_i)\lambda_i\, \mathrm{d}S = 0 \qquad (4.27)$$

erfüllt werden. Der LAGRANGEsche Multiplikator erweist sich hierbei als Variation eines unabhängig anzusehenden Verschiebungsfeldes $u_i(\boldsymbol{x})$. Auf diese Weise kommt man zum HELLINGER-REISSNER-Prinzip $\Pi_R(u_i, \sigma_{ij})$ – einem 2-Feld-Funktional, das die Grundlage der *gemischten Finite-Elemente-Formulierungen* bildet.

Konventionelle Variationsprinzipen		Modifizierte hybride Variationsprinzipien
Prinzip vom Minimum der potenziellen Energie		Modifiziertes Prinzip der potenziellen Energie
$\Pi_P(u_i)$	$\Rightarrow$	$\Pi_{PH}(u_i, \tilde{u}_i, \tilde{t}_i)$
KOMPATIBLE VERSCHIEBUNGSELEMENTE		HYBRIDE VERSCHIEBUNGSELEMENTE
HELLINGER-REISSNER-Prinzip		Modifiziertes Prinzip nach HELLINGER-REISSNER
$\Pi_R(u_i, \sigma_{ij})$	$\Rightarrow$	$\Pi_{GH}(u_i, \sigma_{ij}, \tilde{u}_i)$
GEMISCHTE ELEMENTE		GEMISCHTE HYBRIDELEMENTE
Prinzip vom Minimum der komplementären Energie		Modifiziertes Prinzip der komplementären Energien
$\Pi_C(\sigma_{ij})$	$\Rightarrow$	$\Pi_{CH}(\sigma_{ij}, \tilde{u}_i)$
KOMPATIBLE SPANNUNGSELEMENTE		HYBRIDE SPANNUNGSELEMENTE

Bild 4.3: Schema der konventionellen und hybriden Variationsprinzipien der Elastizitätstheorie

Hybride Elementformulierungen unterscheiden sich von normalen Verschiebungs-, Spannungs- oder gemischten Elementansätzen dadurch, dass man auf die Einhaltung der Stetigkeitsforderung an den Elementgrenzen für die Verschiebungen (4.5) oder Randspannungen (4.6) a priori verzichtet, d. h. Elemente mit abgeschwächter Kompatibilität zulässt. Das bringt den Vorteil einer höheren Flexibilität bei der Elementgestaltung, da somit im Inneren jedes Elementes unterschiedliche, zum Nachbarelement *nicht konforme* Verschiebungs- und Spannungsansätze gewählt werden dürfen. Die Erfüllung der Interelement-Stetigkeitsbedingungen wird beim Hybridmodell durch die Einführung separater Verschiebungen $\tilde{u}_i$ und Randspannungen $\tilde{t}_i$ auf den Interelementgrenzen $\tilde{S}_e$ erreicht, deren Wahl *unabhängig* von den inneren Formfunktionen ist. Die Randverschiebungen $\tilde{u}_i$ gelten für zwei angrenzende Elemente gleichermaßen und werden vorteilhafterweise durch Knotenvariable festgelegt. Im Gegensatz dazu werden die Randspannungen $\tilde{t}_i$ in jedem Element getrennt angesetzt. Die Stetigkeitsforderung beim Übergang von einem Element zum anderen wird als zusätzliche Nebenbedingung mit in das Variationsprinzip aufgenommen, wobei als LAGRANGEscher Parameter meist die duale Feldgröße auf dem Rand dient. Erst durch das in dieser Weise zum Hybridfunktional erweiterte Variationsprinzip wird somit die Stetigkeit der Feldgrößen im integralen Maß approximativ gewährleistet.

Eine umfassende Darstellung aller konventionellen Variationsprinzipien der Festkörpermechanik und ihrer hybriden Modifikationen findet man im Buch von WASHIZU [280], wo gleichfalls die Verbindung zu den verschiedenen Finite-Elemente-Formulierungen hergestellt wird. In Bild 4.3 sind die wichtigsten Prinzipien und ihre Korrelationen in einer schematischen Übersicht zusammengestellt. Als Gegenpole können die beiden klassischen Minimalprinzipien der potenziellen bzw. komplementären Energie betrachtet werden. Da für die Entwicklung spezieller Rissspitzenelemente hybride Elementformulierungen besonders leistungsfähig sind, werden nachfolgend die drei wichtigsten hybriden Variationsprinzipien ausführlich beschrieben.

Das hybride Spannungsmodell

Das *hybride Spannungsmodell* (engl. *hybrid stress model*) beruht auf dem Prinzip vom Minimum der Komplementärenergie Π_C (4.26), das durch einen zusätzlichen Verschiebungsansatz $\tilde{u}_i$ auf dem gesamten Elementrand S_e modifiziert wird (PIAN & TONG [204]):

$$\Pi_{\text{CH}}(\sigma_{ij}, \tilde{u}_i) = \sum_{e=1}^{n_{\text{E}}} \left\{ \int_{V_e} \left[\frac{1}{2} \sigma_{ij} S_{ijkl} \sigma_{kl} \right] dV - \int_{S_e} t_i \tilde{u}_i \, dS + \int_{S_{te}} \bar{t}_i \tilde{u}_i \, dS \right\}. \quad (4.28)$$

Vorausgesetzt wird vom Spannungsansatz a priori nur die

- Erfüllung der Gleichgewichtsbedingungen (4.3) in V_e,

aber im Unterschied zu konventionellen Spannungselementen kein Spannungsgleichgewicht (4.4), weder auf dem Lastrand S_{te} noch auf den Interelementgrenzen $\tilde{S}_e$ (4.6). Von den Randverschiebungen wird (4.2) gefordert:

- Annahme der vorgegebenen Randwerte $\tilde{u}_i = \bar{u}_i$ auf S_{ue}.

4.2 Energieprinzipien der Kontinuumsmechanik

Das Funktional Π_{CH} wird bzgl. beider Feldgrößen $\delta\sigma_{ij}$ (davon abhängig $\delta t_i = \delta\sigma_{ij}n_j$) und $\delta\tilde{u}_i$ variiert und muss einen Stationärwert annehmen $\delta\Pi_{\text{CH}} = 0$.

$$\delta\Pi_{\text{CH}} = \sum_{e=1}^{n_E} \left\{ \int_{V_e} \delta\sigma_{ij} S_{ijkl} \sigma_{kl} \, \mathrm{d}V - \int_{S_e} \delta t_i \tilde{u}_i \, \mathrm{d}S \right. \\ \left. - \int_{S_e} t_i \delta\tilde{u}_i \, \mathrm{d}S + \int_{S_{te}} \bar{t}_i \delta\tilde{u}_i \, \mathrm{d}S \pm \int_{S_e} \delta t_i u_i \, \mathrm{d}S \right\} = 0\,. \tag{4.29}$$

Die Nullergänzung im letzten Term wird zum einen vom 1. Term subtrahiert und mit dem Divergenzsatz in ein Integral über V_e umgeformt und zum anderen mit dem 2. Term addiert:

$$\delta\Pi_{\text{CH}} = \sum_{e=1}^{n_E} \left\{ \int_{V_e} \delta\sigma_{ij} \left[S_{ijkl} \sigma_{kl} - u_{i,j} \right] \mathrm{d}V \right. \\ \left. - \int_{S_e} \delta t_i \left[\tilde{u}_i - u_i \right] \mathrm{d}S - \int_{\tilde{S}_e} t_i \delta\tilde{u}_i \, \mathrm{d}S + \int_{S_{te}} \left[\bar{t}_i - t_i \right] \delta\tilde{u}_i \, \mathrm{d}S \right\} = 0\,. \tag{4.30}$$

Nullsetzen der Ausdrücke in eckigen Klammern liefert die fehlenden Grundbeziehungen:

- Kompatibilität (4.1) der sich aus σ_{ij} ergebenden Verzerrungen in V_e:
  $S_{ijkl}\,\sigma_{kl} = \varepsilon_{ij} = \frac{1}{2}\left(u_{i,j} + u_{j,i}\right)$

- Befriedigung der Spannungsrandbedingungen (4.4) auf S_{te}

- Stetigkeit der Verschiebungen $u_i^+ = \tilde{u}_i = u_i^-$ auf den Interelementgrenzen (4.5)

- Spannungsreziprozität (4.6) auf den Interelementgrenzen $\tilde{S}_e$. Bei der Summation des 3. Terms erscheint jede Interelementgrenze zweimal (von beiden angrenzenden Elementen), was die Bedingung $t_i^+ = -t_i^-$ gewährleistet.

Das hybride Verschiebungsmodell

Im Unterschied zu konventionellen Verschiebungselementen geht man beim *hybriden Verschiebungsmodell* (engl. *hybrid displacement model*) von Verschiebungsansätzen aus, die nur *im* Element, nicht beim Übergang zu Nachbarelementen stetig sein müssen. Durch Erweiterung des Prinzips vom Minimum der potentiellen Energie $\Pi_P(u_i)$ mit unabhängigen Ansätzen für die Verschiebungen $\tilde{u}_i$ und Spannungen $\tilde{t}_i$ auf dem Rand wird das hybride Variationsprinzip für Verschiebungselemente gebildet:

$$\Pi_{\mathrm{PH}}(u_i, \tilde{u}_i, \tilde{t}_i) = \sum_{e=1}^{n_E} \left\{ \int\limits_{V_e} \left[\frac{1}{2}\varepsilon_{ij}C_{ijkl}\varepsilon_{kl} - \bar{b}_i u_i\right] \mathrm{d}V - \int\limits_{S_{te}} \bar{t}_i u_i \,\mathrm{d}S - \right.$$
$$\left. - \int\limits_{S_{ue}} t_i\,(u_i - \bar{u}_i)\,\mathrm{d}S - \int\limits_{\tilde{S}_e} \tilde{t}_i\,(u_i - \tilde{u}_i)\,\mathrm{d}S \right\}. \quad (4.31)$$

Vorausgesetzt wird a priori nur:

- Kompatibilitätsbedingungen (4.1) in V_e

Die Stationaritätsbedingung $\delta\Pi_{\mathrm{PH}} = 0$ bei Variation bezüglich der drei Variablen δu_i, $\delta\tilde{u}_i$ und $\delta\tilde{t}_i$ liefert als EULERsche Gleichungen:

- Gleichgewichtsbedingungen (4.3) in V_e
- Erfüllung der Verschiebungsrandbedingungen (4.2) auf S_{ue}
- Erfüllung der Spannungsrandbedingungen (4.4) auf S_{te}
- Verschiebungskompatibilität (4.5) zwischen den Elementen auf $\tilde{S}_e$
- Spannungsreziprozität (4.6) auf den Interelementgrenzen $\tilde{S}_e$

Man findet verschiedene Varianten hybrider Verschiebungsmodelle in der Literatur, oft auch ohne separate Randverschiebungen $\tilde{u}_i$. Ihre explizite Einbeziehung besitzt den entscheidenden Vorteil, dass durch entsprechende Wahl von $\tilde{u}_i$ Sonderelemente konstruiert werden können, deren Randverschiebungen völlig kompatibel mit denjenigen herkömmlicher isoparametrischer Elementtypen sind, siehe [17, 16].

Das vereinfachte gemischte Hybridmodell

Bei der Entwicklung hybrider Sonderelemente in der Bruchmechanik kann man häufig von geschlossenen elastizitätstheoretischen Lösungen für den Riss oder das Rissspitzennahfeld ausgehen, die im Inneren der Elemente angesetzt werden. Derartige Ansätze erfüllen von vornherein *beide* Grundgleichungen (4.1) und (4.3) *im* Gebiet. Mit Hilfe des HOOKEschen Gesetzes, den Kompatibilitätsbedingungen (4.1) und dem GAUSSschen Satz kann im hybriden Spannungsmodell (4.28) das Volumenintegral in ein Randintegral über S_e umgewandelt werden:

$$\int\limits_{V_e} \frac{1}{2}\sigma_{ij}S_{ijkl}\sigma_{kl}\,\mathrm{d}V = \int\limits_{V_e} \frac{1}{2}\sigma_{ij}\varepsilon_{ij}\,\mathrm{d}V = \int\limits_{V_e} \frac{1}{2}\sigma_{ij}u_{i,j}\,\mathrm{d}V = \int\limits_{S_e} \frac{1}{2}t_i u_i\,\mathrm{d}S. \quad (4.32)$$

Damit erhält man das erstmals von TONG u. a. [272] eingeführte Funktional $\Pi_{\mathrm{MH}*}$ für das *vereinfachte gemischte Hybridmodell* (engl. *mixed hybrid model*):

$$\Pi_{\text{MH}*}(u_i, \tilde{u}_i) = \sum_{e=1}^{n_E} \left\{ \int_{S_e} t_i \tilde{u}_i \, dS - \frac{1}{2} \int_{S_e} t_i u_i \, dS - \int_{S_{te}} \bar{t}_i \tilde{u}_i \, dS \right\}. \quad (4.33)$$

Vorausgesetzt wird nur noch:

- Verschiebungsrandbedingungen durch Wahl von $\tilde{u}_i = \bar{u}_i$ (4.2) auf S_{ue}

Über das Variationsprinzip werden folgende Beziehungen befriedigt:

- Kompatibilität der inneren Verschiebungen u_i mit den Randansätzen $\tilde{u}_i$, d.h. (4.5) auf S_e

- Spannungsrandbedingungen (4.4) auf S_{te}

- Reziprozität der Randspannungen (4.6) auf $\tilde{S}_e$.

Bei dieser vereinfachten Variante wird demnach nur noch die Kompatibilität vollständiger analytischer Lösungen mit FEM-typischen Randverschiebungen $\tilde{u}_i$ bewirkt, d.h. sie ist ideal geeignet für die Einbettung bekannter Lösungen in ein finites Sonderelement. Dabei ist hervorzuheben, dass (4.33) im Unterschied zu allen bisher dargestellten Variationsprinzipien nur Randintegrale enthält.

4.2.4 Prinzip von HAMILTON

Bei der Behandlung dynamischer Aufgabenstellungen verwendet man üblicherweise das *HAMILTONsche Variationsprinzip* zur Ableitung der schwachen Formulierung des Feldproblems. Den Ausgangspunkt bildet die LAGRANGEsche Funktion $\mathcal{L}$, die vom Verschiebungsfeld u_i, den Geschwindigkeiten $\dot{u}_i$ sowie der Zeit t abhängt. Mit der kinetischen Energie $\mathcal{K}$ und dem Gesamtpotential Π_P ist sie definiert durch:

$$\mathcal{L}(u_i, \dot{u}_i, t) = \mathcal{K}(\dot{u}_i) - \Pi_P(u_i, t). \quad (4.34)$$

Betrachtet man das so genannte Wirkungsintegral von $\mathcal{L}$ über eine Zeitspanne von t_0 bis t, so nimmt es nach dem HAMILTONschen Prinzip ein Extremum an, weshalb die erste Variation $\delta()$ des Integrals verschwinden muss:

$$\delta \int_{t_0}^{t} \mathcal{L}(u_i, \dot{u}_i, t) \, dt = \int_{t_0}^{t} (\delta \mathcal{K} - \delta \Pi_P) \, dt = 0. \quad (4.35)$$

Die Variation der kinetischen Energie bzgl. $\delta \dot{u}_i$ ergibt nach der Produktregel:

$$\delta \mathcal{K} = \delta \left(\frac{1}{2} \int_V \rho \dot{u}_i \dot{u}_i \, dV \right) = \int_V \rho \dot{u}_i \delta \dot{u}_i \, dV. \quad (4.36)$$

Bildet man das Zeitintegral und vertauscht die Reihenfolge von räumlicher und zeitlicher Integration, lässt sich mit partieller Integration folgende Umformung vornehmen:

$$\int\limits_V \int\limits_{t_0}^{t} \rho \dot{u}_i \delta \dot{u}_i \, \mathrm{d}t \, \mathrm{d}V = \int\limits_V \left[\overline{(\rho \dot{u}_i \delta u_i)} \big|_{t_0}^{t} - \int\limits_{t_0}^{t} \rho \ddot{u}_i \delta u_i \, \mathrm{d}t \right] \mathrm{d}V = - \int\limits_{t_0}^{t} \int\limits_V \rho \ddot{u}_i \delta u_i \, \mathrm{d}V \, \mathrm{d}t \,. \quad (4.37)$$

Der erste Integrand wird null, da voraussetzungsgemäß die Variationen $\delta u_i = 0$ an den Bereichsgrenzen t_0 und t verschwinden müssen. Die Variation des Gesamtpotentials $\delta \Pi_\mathrm{P}$ wurde bereits in (4.20) ausgeführt. Zusammengefasst lautet das HAMILTONsche Prinzip (4.35) dann:

$$\delta \int\limits_{t_0}^{t} \mathcal{L} \, \mathrm{d}t = \int\limits_{t_0}^{t} \int\limits_V [-\rho \ddot{u}_i \delta u_i - \sigma_{ij} \delta \varepsilon_{ij}] \, \mathrm{d}V \mathrm{d}t + \int\limits_{t_0}^{t} \int\limits_V \overline{b}_i \delta u_i \, \mathrm{d}V \mathrm{d}t + \int\limits_{t_0}^{t} \int\limits_{S_t} \overline{t}_i \delta u_i \, \mathrm{d}S \, \mathrm{d}t = 0 \,. \quad (4.38)$$

Eine analoge Umformung von (4.38) wie in Abschnitt 4.2.1 führt auf

$$\int\limits_{t_0}^{t} \int\limits_V [-\rho \ddot{u}_i + \sigma_{ij,j} + \overline{b}_i] \, \delta u_i \, \mathrm{d}V \, \mathrm{d}t + \int\limits_{t_0}^{t} \int\limits_{S_t} [\overline{t}_i - \sigma_{ij} n_j] \, \delta u_i \, \mathrm{d}S \, \mathrm{d}t = 0 \,. \quad (4.39)$$

Damit diese Beziehung für alle Zeiten und alle δu_i erfüllt ist, müssen die Klammerausdrücke identisch zu null werden, d. h. als EULERsche Gleichungen erhält man die Bewegungsgleichungen (A.70) und die natürlichen Randbedingungen (4.4) auf S_t. Somit beschreibt diese Variationsformulierung vollständig das Anfangsrandwertproblem der Elastodynamik bei konservativen Kraftsystemen.

4.3 Grundgleichungen der FEM

Im Folgenden werden die Grundgleichungen der FEM für die *Verschiebungsgrößenmethode* kurz dargelegt, die als die erfolgreichste und am meisten verbreitete FEM-Variante angesehen werden darf. Sie beruht auf dem Prinzip der virtuellen Arbeit bzw. für hyperelastische konservative Systeme auf dem Minimalprinzip des Gesamtpotentials. Die Beziehungen sollen beispielhaft zuerst für die ebene RWA der Elastostatik (Scheiben Kapitel A.5) hergeleitet werden, um dann später auf nichtlineare und zeitabhängige RWA überzuleiten. Die weitere Darstellung verwendet *Matrizen*, die *als aufrechte fette Buchstaben* geschrieben werden, um sie von Vektoren und Tensoren zu unterscheiden.

4.3.1 Aufbau der Steifigkeitsbeziehungen für ein Element

In der FEM wird der Körper zuerst in eine Vielzahl von einfachen geometrischen Teilgebieten unterteilt, was in Bild 4.1 und Bild 4.2 mit Viereckelementen dargestellt ist.

In jedem dieser finiten Elemente wird für das Verschiebungsfeld ein separater mathematischer Ansatz gewählt, der im Element und auf dem Rand zu den Nachbarelementen stetig sein muss. Das realisiert man am besten durch Einführung geeigneter Stützstellen – den n_K Knoten – die meist auf dem Elementrand liegen.

Die Verschiebungen $\mathbf{u}(\boldsymbol{x})$ im Element werden mit Hilfe der zugehörigen Größen $\mathbf{u}^{(a)}$ an den Knoten $a = 1,2,\ldots,n_\text{K}$ durch Interpolationsfunktionen N_a ausgedrückt. $N_a(\boldsymbol{\xi})$ sind die so genannten *Ansatzfunktionen* bzw. *Formfunktionen* (engl. *shape functions*). Die Variablen $\boldsymbol{\xi}$ bilden die *natürlichen* Koordinaten des Elements in einem einheitlichen Parameterraum, worauf ausführlich in Abschnitt 4.4 eingegangen wird. Für ein Viereckelement ist dies in Bild 4.5 veranschaulicht. Dementsprechend ergibt sich für die elementbezogenen Verschiebungsgrößen die Approximation:

$$\begin{bmatrix} u_1(\boldsymbol{x}) \\ u_2(\boldsymbol{x}) \end{bmatrix} = \mathbf{u}(\boldsymbol{x}) = \sum_{a=1}^{n_\text{K}} N_a(\boldsymbol{\xi}) \mathbf{u}^{(a)} = \mathbf{N}\mathbf{v}\,. \tag{4.40}$$

Im Spaltenvektor $\mathbf{v}$ sind die Komponenten der Verschiebungsvektoren $\mathbf{u}^{(a)}$ aller Knoten des Elementes zusammengefasst:

$$\mathbf{v} = \begin{bmatrix} \mathbf{u}^{(1)} & \ldots & \mathbf{u}^{(a)} & \ldots & \mathbf{u}^{(n_\text{K})} \end{bmatrix}^\text{T}, \quad \mathbf{u}^{(a)} = \begin{bmatrix} u_1^{(a)} & u_2^{(a)} \end{bmatrix}^\text{T} \tag{4.41}$$

Die Matrix $\mathbf{N}$ hat demzufolge den Aufbau:

$$\mathbf{N} = \begin{bmatrix} N_1 & 0 & N_a & 0 & \ldots & N_{n_\text{K}} & 0 \\ 0 & N_1 & 0 & N_a & \ldots & 0 & N_{n_\text{K}} \end{bmatrix}. \tag{4.42}$$

Nach (4.1) ergeben sich die Verzerrungen aus den Ortsableitungen des Verschiebungsansatzes (4.40), wofür die Differenziationsmatrix $\mathbf{D}$ angewendet wird:

$$\begin{bmatrix} \varepsilon_{11} \\ \varepsilon_{22} \\ \gamma_{12} \end{bmatrix} = \boldsymbol{\varepsilon} = \mathbf{D}\mathbf{u}(\boldsymbol{x}) \quad \text{mit} \quad \mathbf{D} = \begin{bmatrix} \dfrac{\partial}{\partial x_1} & 0 \\ 0 & \dfrac{\partial}{\partial x_2} \\ \dfrac{\partial}{\partial x_2} & \dfrac{\partial}{\partial x_1} \end{bmatrix}. \tag{4.43}$$

Die *Verzerrungs-Verschiebungs-Matrix* $\mathbf{B}$ verknüpft mit Hilfe der Formfunktionen (4.40) schließlich die Verschiebungen an den Knoten mit den Verzerrungen im Element:

$$\boldsymbol{\varepsilon} = \mathbf{D}\mathbf{N}\mathbf{v} = \mathbf{B}\mathbf{v} \quad \text{mit} \quad \mathbf{B} = \mathbf{D}\mathbf{N}\,,$$

$$\mathbf{B} = \begin{bmatrix} \mathbf{B}_1 & \ldots & \mathbf{B}_a & \ldots & \mathbf{B}_{n_\text{K}} \end{bmatrix}, \quad \mathbf{B}_a = \begin{bmatrix} N_{a,1} & 0 \\ 0 & N_{a,2} \\ N_{a,2} & N_{a,1} \end{bmatrix}. \tag{4.44}$$

Die Spannungsverteilung im Element erhält man daraus mit dem Materialgesetz, das hier der Übersichtlichkeit wegen als isotrop elastisch (ESZ) angesetzt wird mit thermischen oder anderen Anfangsdehnungen ε^*:

$$\begin{bmatrix} \sigma_{11} \\ \sigma_{22} \\ \tau_{12} \end{bmatrix} = \boldsymbol{\sigma}(x) = \mathbf{C}\left(\boldsymbol{\varepsilon}(x) - \boldsymbol{\varepsilon}^*(x)\right) = \mathbf{C}\left(\mathbf{Bv} - \boldsymbol{\varepsilon}^*\right) \tag{4.45}$$

$$\mathbf{C} = \frac{E}{1-\nu^2} \begin{bmatrix} 1 & \nu & 0 \\ \nu & 1 & 0 \\ 0 & 0 & \frac{1-\nu}{2} \end{bmatrix}. \tag{4.46}$$

Nun wird für die virtuellen Verschiebungen und die dazugehörigen Verzerrungen der gleiche Ansatz nach (4.40) verwendet wie für die Verschiebungsfelder selbst (GALERKIN Verfahren der gewichteten Residuen):

$$\delta \mathbf{u} = \mathbf{N}\delta \mathbf{v}, \quad \delta \boldsymbol{\varepsilon} = \mathbf{B}\delta \mathbf{v}. \tag{4.47}$$

Die Beziehungen (4.43)–(4.47) werden in das Prinzip der virtuellen Arbeit (4.11) eingesetzt, was mit den Randspannungen $\bar{\mathbf{t}} = [\bar{t}_1 \; \bar{t}_2]^T$ und Volumenlasten $\bar{\mathbf{b}} = [\bar{b}_1 \; \bar{b}_2]^T$ in Matrixform lautet:

$$\begin{aligned} \delta \mathcal{W}_{\text{int}} - \delta \mathcal{W}_{\text{ext}} &= \int_V \delta \boldsymbol{\varepsilon}^T \boldsymbol{\sigma} \, dV - \int_{S_t} \delta \mathbf{u}^T \bar{\mathbf{t}} \, dS - \int_V \delta \mathbf{u}^T \bar{\mathbf{b}} \, dV \\ &= \delta \mathbf{v}^T \left\{ \int_V \mathbf{B}^T \mathbf{C}(\mathbf{Bv} - \boldsymbol{\varepsilon}^*) \, dV - \int_{S_t} \mathbf{N}^T \bar{\mathbf{t}} \, dS - \int_V \mathbf{N}^T \bar{\mathbf{b}} \, dV \right\} = 0 \end{aligned} \tag{4.48}$$

Der Ausdruck in geschweiften Klammern muss für jede Variation $\delta \mathbf{v}^T$ verschwinden, woraus sich das FEM-Gleichungssystem auf Elementniveau ergibt:

$$\mathbf{kv} = \mathbf{f}, \quad \mathbf{f} = \mathbf{f}_t + \mathbf{f}_b + \mathbf{f}_\varepsilon. \tag{4.49}$$

Alle knotenbezogenen Größen $\mathbf{v}$ können vor die Integrale gezogen werden, so dass sich die folgenden Matrizen und Vektoren aufstellen lassen:

Steifigkeitsmatrix: $\mathbf{k} = \displaystyle\int_{V_e} \mathbf{B}^T \mathbf{C} \mathbf{B} \, dV$ (4.50)

Kraftvektoren infolge der Volumenlasten, Flächenlasten und Anfangsdehnungen:

$$\mathbf{f}_b = \int_{V_e} \mathbf{N}^T \bar{\mathbf{b}} \, dV, \quad \mathbf{f}_t = \int_{S_{t_e}} \mathbf{N}^T \bar{\mathbf{t}} \, dS, \quad \mathbf{f}_\varepsilon = \int_{V_e} \mathbf{B}^T \mathbf{C} \boldsymbol{\varepsilon}^* \, dV. \tag{4.51}$$

4.3.2 Assemblierung und Lösung des Gesamtsystems

Bei der Ableitung der Steifigkeitsbeziehungen wurde bisher nur ein einzelnes finites Element (Index e) betrachtet. Die Anwendung des Prinzips der virtuellen Arbeit erfordert die Summation der Beiträge aller finiten Elemente $e = 1, 2, \ldots, n_\mathrm{E}$ der Gesamtstruktur.

$$\delta \mathcal{W}_\mathrm{ext} - \delta \mathcal{W}_\mathrm{int} = \sum_{e=1}^{n_\mathrm{E}} \left(\delta \mathcal{W}_\mathrm{ext}^{(e)} - \delta \mathcal{W}_\mathrm{int}^{(e)} \right) \qquad (4.52)$$

Der Zusammenbau der Systemmatrizen geschieht durch Addition der einzelnen Elementmatrizen in die entsprechenden Positionen der Systemmatrizen, wobei die Zuordnung durch die jeweiligen Knotenvariablen erfolgen muss. Der topologische Zusammenhang der finiten Elemente in der Gesamtstruktur wird mit Hilfe einer so genannten Zuordnungs- oder *Inzidenzmatrix* $\mathbf{A}_e$ beschrieben. Diese BOOLEsche Matrix (nur Elemente $\{0,1\}$) legt fest, an welcher Stelle die Knotenvariablen des Elements e im Vektor $\mathbf{V}$ aller Knotenfreiheitsgrade des Systems eingeordnet werden.

$$\mathbf{v}_e = \mathbf{A}_e \mathbf{V} \qquad (4.53)$$

$\mathbf{A}_e$ hat die Dimension $[n_\mathrm{K} \cdot n_\mathrm{D}, N_\mathrm{K} \cdot n_\mathrm{D}]$, wenn N_K die Anzahl aller Knoten im System ist und n_D die Zahl der Freiheitsgrade pro Knoten (bei Verschiebungsansätzen die geometrische Dimension $n_\mathrm{D} = 1,2,3$) bedeutet. In der Praxis wird dies häufig durch globale Durchnummerierung aller N_K Knoten und einen Zeigervektor auf die lokalen Elementknoten geregelt.

Damit erhält man die *Steifigkeitsbeziehung des Gesamtsystems* aus denjenigen aller Elemente

$$\left(\sum_{e=1}^{n_\mathrm{E}} \mathbf{A}_e^\mathrm{T} \mathbf{k}_e \mathbf{A}_e \right) \mathbf{V} = \sum_{e=1}^{n_\mathrm{E}} \mathbf{A}_e^\mathrm{T} \mathbf{f}_e \quad \Rightarrow \quad \mathbf{K} \mathbf{V} = \mathbf{F}. \qquad (4.54)$$

Dies ist ein System von $[N_\mathrm{K} \cdot n_\mathrm{D}]$ Gleichungen zur Bestimmung des Vektors $\mathbf{V}$, der die Verschiebungsfreiheitsgrade aller Knoten der Struktur enthält. Auf der rechten Seite werden die Beiträge aller Elemente (4.51) zu den entsprechenden Knotenkräften der Gesamtstruktur im *Gesamtlastvektor* (engl. *external load vector*) $\mathbf{F}$ zusammengefasst. Auf gleiche Weise wird die *Steifigkeitsmatrix* (engl. *stiffness matrix*) $\mathbf{K}$ des Gesamtsystems zusammengebaut. Dieser Prozess wird als *Assemblierung* des Gesamtsystems bezeichnet und soll im Weiteren durch das Mengensymbol abgekürzt werden:

$$\mathbf{K} = \bigcup_{e=1}^{n_\mathrm{E}} \mathbf{k}_e, \quad \mathbf{V} = \bigcup_{e=1}^{n_\mathrm{E}} \mathbf{v}_e, \quad \mathbf{F} = \bigcup_{e=1}^{n_\mathrm{E}} \mathbf{f}_e \quad \text{u. s. w.} \qquad (4.55)$$

Die Assemblierung ist selbstverständlich nur gestattet, wenn alle lokalen und globalen Knotenfreiheitsgrade im gleichen (globalen) Koordinatensystem definiert sind. Anderenfalls ist vorher eine Transformation von $\mathbf{k}_e$, $\mathbf{v}_e$ und $\mathbf{f}_e$ erforderlich. Wie (4.50) erkennen lässt, sind die Steifigkeitsmatrizen von finiten Elementen mit Verschiebungsformulierung symmetrisch. Aufgrund ihrer energetischen Bedeutung sind sie auch positiv definit, d. h. die Multiplikation mit einem beliebigen Verschiebungszustand $\mathbf{v}_e$ ergibt eine positive

Formänderungsenergie $\mathcal{W}_{\text{int}} = \frac{1}{2}\mathbf{v}_e^T \mathbf{k}_e \mathbf{v}_e > 0$. Voraussetzung ist natürlich, dass mögliche Starrkörperverschiebungen durch eine statisch bestimmte Stützung verhindert werden.

Dieselben Eigenschaften übertragen sich auf die Systemsteifigkeitsmatrix $\mathbf{K}$. Sie ist nur schwach besetzt und besitzt bei optimaler Knotennummerierung eine Bandstruktur. Somit stellt das FEM-System bei linearem Materialverhalten ein lineares algebraisches Gleichungssystem für die Knotenvariablen dar, das eine eindeutige Lösung besitzt. Die *Systemsteifigkeitsmatrix* verkörpert somit die gesamten mechanischen Eigenschaften einer Struktur, in die das gewählte Strukturmodell (z. B. Scheibe), die Geometrie und die Materialeigenschaften einfließen.

Für die numerische Lösung des *FEM-Gleichungssystems* existiert eine Vielzahl mathematischer Verfahren mit direkten oder iterativen Methoden. Wegen der Symmetrie der Steifigkeitsmatrix bietet sich – neben dem klassischen GAUSSschen Eliminationsverfahren – das CHOLESKY-Verfahren an, aber auch iterative konjugierte Gradientenverfahren mit Vorkonditionierung sind sehr leistungsfähig. Aufgrund der sehr großen Gleichungssysteme haben schnelle Algorithmen der rechentechnischen Speicherung, Verarbeitung und Strukturierung der Matrizen eine erhebliche Bedeutung, um die Effizienz zu steigern. In diese Kategorie fallen Techniken der Bandbreitenminimierung, die Frontlösungsmethode oder Parallelverarbeitung auf mehreren Prozessoren. Für Einzelheiten sei auf die umfangreiche Fachliteratur [278] verwiesen.

4.4 Numerische Realisierung der FEM

4.4.1 Wahl der Verschiebungsansätze

Für die *Formfunktionen* N_a (4.40) werden in der Regel einfache mathematische Ansätze gewählt, die aber bestimmten Anforderungen genügen müssen, damit die numerische Näherungslösung bei zunehmender Netzverfeinerung gegen die exakte Lösung konvergiert:

- Erstens dürfen die Verschiebungsansätze bei einer Starrkörperbewegung des Elementes nicht zu Verzerrungen $\boldsymbol{\varepsilon} \neq 0$ führen.
- Zweitens müssen sie in der Lage sein, einen konstanten Verzerrungszustand $\boldsymbol{\varepsilon} = \text{const}$ im gesamten Element zu realisieren.
- Drittens sollten die Formfunktionen i. A. über die Elementgrenzen hinweg stetig verlaufen, so dass bei Belastung keine Diskontinuitäten (Klaffungen, Überlappungen) auftreten (C^0-Stetigkeit der Verschiebungsansätze bei den hier betrachteten Kontinuumselementen).
- Außerdem sollten die Formfunktionen einen konstanten Funktionswert (z. B. die Elementfläche) richtig wiedergeben

$$\sum_{a=1}^{n_K} N_a(\boldsymbol{\xi}) = 1 \tag{4.56}$$

und den Funktionswert am eigenen Knoten $\boldsymbol{\xi}_a$ exakt und allein abbilden

$$N_a(\boldsymbol{\xi}_b) = \delta_{ab} = \begin{cases} 1 & a = b \\ 0 & a \neq b \end{cases}. \tag{4.57}$$

4.4.2 Isoparametrische Elementfamilie

In Abhängigkeit von der Elementgeometrie, dem Strukturmodell und den Genauigkeitsanforderungen gibt es eine Vielzahl von Möglichkeiten zur Gestaltung der Formfunktionen. Für eine detaillierte Darstellung Finiter-Elemente-Typen sei auf die einschlägige FEM-Literatur verwiesen, z. B. [30, 241, 300]. Für die meisten Problemstellungen hat sich die Verwendung der *isoparametrischen Elementformulierung* (engl. *isoparametric elements*) als vorteilhaft erwiesen. Bei diesem Konzept werden sowohl die Geometrie als auch alle primären Feldgrößen im Element durch die gleichen Funktionen $N_a(\boldsymbol{\xi})$ interpoliert.

Der Zusammenhang zwischen natürlichem und lokalem Koordinatensystem wird durch die Formfunktionen hergestellt. Auf diese Weise wird für jedes Element eine Transformation erzeugt, mit der die lokalen geometrischen Koordinaten $\mathbf{x} = [x_1\ x_2\ x_3]^T$ auf die natürlichen parametrischen Koordinaten $\boldsymbol{\xi} = [\xi_1\ \xi_2\ \xi_3]^T$ abgebildet werden:

$$x_i = \sum_{a=1}^{n_K} N_a(\boldsymbol{\xi}) x_i^{(a)}, \text{ bzw. } \mathbf{x}(\boldsymbol{\xi}) = \mathbf{N}(\boldsymbol{\xi})\hat{\mathbf{x}}, \quad \hat{\mathbf{x}} = \left[x_1^{(1)}\ x_2^{(1)}\ \ldots\ x_1^{(n_K)}\ x_2^{(n_K)} \right]^T. \quad (4.58)$$

Mit dieser universellen Abbildung ist es möglich, die beliebig geformten, unterschiedlichen Geometrien aller Elemente in ein einheitliches Koordinatensystem ξ_i zu überführen. Die Bilder 4.4-4.6 veranschaulichen diesen Zusammenhang für verschiedene Elementtypen. Ein weiterer Vorteil dieser Darstellungsweise besteht darin, dass man für alle mathematischen Operationen auf Elementniveau immer die gleichen Algorithmen nutzen kann.

Zur Aufstellung der **B**-Matrizen aus (4.43) und (4.44) benötigt man die partiellen Ableitungen der Funktionen N_a nach den Koordinaten x_j, die über die Kettenregel gebildet werden

$$\frac{\partial N_a}{\partial x_j}(\boldsymbol{\xi}) = \frac{\partial N_a}{\partial \xi_1}\frac{\partial \xi_1}{\partial x_j} + \frac{\partial N_a}{\partial \xi_2}\frac{\partial \xi_2}{\partial x_j} + \frac{\partial N_a}{\partial \xi_3}\frac{\partial \xi_3}{\partial x_j} \Rightarrow \frac{\partial N_a}{\partial \mathbf{x}} = \mathbf{J}^{-1}\frac{\partial N_a}{\partial \boldsymbol{\xi}}. \quad (4.59)$$

J stellt die JACOBIsche Funktionalmatrix dar, die die Linienelemente der natürlichen Koordinaten $d\xi_i$ mit denjenigen der lokalen Koordinaten dx_j verknüpft:

$$\mathbf{J} = \begin{bmatrix} \dfrac{\partial x_1}{\partial \xi_1} & \dfrac{\partial x_2}{\partial \xi_1} & \dfrac{\partial x_3}{\partial \xi_1} \\ \dfrac{\partial x_1}{\partial \xi_2} & \dfrac{\partial x_2}{\partial \xi_2} & \dfrac{\partial x_3}{\partial \xi_2} \\ \dfrac{\partial x_1}{\partial \xi_3} & \dfrac{\partial x_2}{\partial \xi_3} & \dfrac{\partial x_3}{\partial \xi_3} \end{bmatrix}. \quad (4.60)$$

Damit die Inverse der JACOBI-Matrix $\mathbf{J}^{-1}$ existiert, muss die Transformation von $\boldsymbol{\xi}$ zu **x** umkehrbar eindeutig sein. Die Elemente der JACOBI-Matrix berechnen sich aus den lokalen Koordinaten $x_j^{(a)}$ der einzelnen Elementknoten mit den Ableitungen der Formfunktionen

$$J_{ij} = \frac{\partial x_j}{\partial \xi_i} = \sum_{a=1}^{n_K} \frac{\partial N_a}{\partial \xi_i} x_j^{(a)}. \quad (4.61)$$

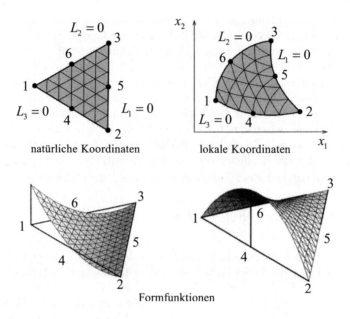

Bild 4.4: Isoparametrisches Dreieckelement mit quadratischen Formfunktionen, $n_K = 6$ Knoten

Isoparametrische Dreieckelemente

Zur geometrischen Beschreibung eines Dreiecks bieten sich seine Flächenkoordinaten $\boldsymbol{\xi} \,\hat{=}\,$ (L_1, L_2, L_3) an. Die kartesischen Koordinaten $\boldsymbol{x}$ eines Punktes P im Dreieck erhält man aus L_i durch lineare Interpolation mit den Eckpunkten $x_i^{(a)}$ ($a = 1,2,3$)

$$\begin{aligned} x_1 &= L_1 x_1^{(1)} + L_2 x_1^{(2)} + L_3 x_1^{(3)} \\ x_2 &= L_1 x_2^{(1)} + L_2 x_2^{(2)} + L_3 x_2^{(3)} \\ 1 &= L_1 + L_2 + L_3. \end{aligned} \tag{4.62}$$

An einem Eckpunkt a gilt gerade $L_a = 1$ und $L_b = 0$ ($b \neq a$). Ein Seitenmittenpunkt (z. B. Knoten 4) hat die Koordinaten $(\frac{1}{2}, \frac{1}{2}, 0)$ usw. Linien $L_i = $ const. verlaufen parallel zur gegenüber liegenden Seite des Eckpunktes i, wobei die Werte linear von $L_i = 1$ (Eckpunkt) auf $L_i = 0$ (Gegenseite) abfallen, siehe Bild 4.4. Die Summe der Dreieckskoordinaten entspricht genau dem normierten Flächeninhalt, letzte Gleichung (4.62).

a) linearer Ansatz für $n_K = 3$ Eckknoten:

$$N_1 = L_1, \quad N_2 = L_2, \quad N_3 = L_3 \tag{4.63}$$

b) quadratischer Ansatz für 3 Eck- und 3 Mittenknoten ($n_K = 6$, siehe Bild 4.4):

$$N_1 = L_1(2L_1 - 1), \quad N_2 = L_2(2L_2 - 1), \quad N_3 = L_3(2L_3 - 1)$$
$$N_4 = 4L_1L_2, \quad N_5 = 4L_2L_3, \quad N_6 = 4L_3L_1 \quad (4.64)$$

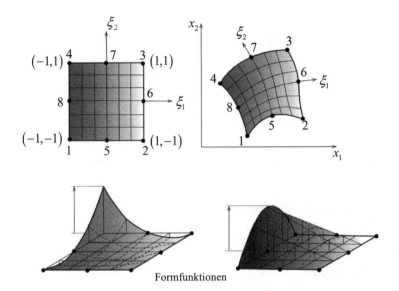

Formfunktionen

Bild 4.5: Isoparametrisches Viereckelement mit quadratischen Ansatzfunktionen, $n_K = 8$ Knoten

Isoparametrische Viereckelemente

Diese finiten Elemente bilden im natürlichen Koordinatensystem ξ_i ein Quadrat im Intervall $[-1, +1]$.

a) linearer Ansatz für $n_K = 4$ Eckknoten:

$$N_a(\xi_1, \xi_2) = \frac{1}{4}(1 + \xi_1\xi_1^a)(1 + \xi_2\xi_2^a) \quad (4.65)$$

b) quadratischer Ansatz für 4 Eckknoten und 4 Seitenmittenknoten ($n_K = 8$, Bild 4.5):

- Eckknoten: $\quad N_a(\xi_1, \xi_2) = \frac{1}{4}(1 + \xi_1\xi_1^a)(1 + \xi_2\xi_2^a)(\xi_1\xi_1^a + \xi_2\xi_2^a - 1)$

- Seitenmittenknoten: $\quad \xi_1^a = 0 : \quad N_a(\xi_1, \xi_2) = \frac{1}{2}(1 - \xi_1^2)(1 + \xi_2\xi_2^a) \quad (4.66)$

$$\xi_2^a = 0 : \quad N_a(\xi_1, \xi_2) = \frac{1}{2}(1 + \xi_1\xi_1^a)(1 - \xi_2^2).$$

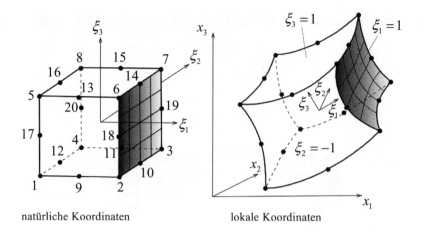

Bild 4.6: Isoparametrisches Hexaederelement mit quadratischen Ansatzfunktionen, $n_K = 20$ Knoten

Isoparametrische Hexaederelemente

Jedes 3D-Element wird auf einen Einheitswürfel $[-1 \leq \xi_i \leq +1]$ abgebildet, wobei wiederum lineare oder quadratische Ansätze üblich sind.

a) linearer Ansatz für $n_K = 8$ Eckknoten:

$$N_a(\xi_1, \xi_2, \xi_3) = \frac{1}{8}(1 + \xi_1\xi_1^a)(1 + \xi_2\xi_2^a)(1 + \xi_3\xi_3^a) \tag{4.67}$$

b) quadratischer Ansatz für 8 Eckknoten und 12 Seitenmittenknoten ($n_K = 20$, Bild 4.6):

- Eckknoten:

$$N_a(\xi_1, \xi_2, \xi_3) = \frac{1}{8}(1 + \xi_1\xi_1^a)(1 + \xi_2\xi_2^a)(1 + \xi_3\xi_3^a)(\xi_1\xi_1^a + \xi_2\xi_2^a + \xi_3\xi_3^a - 2)$$

- Seitenmittenknoten:

$\xi_1^a = 0$, $\xi_2^a = \pm 1$, $\xi_3^a = \pm 1$

$$N_a(\xi_1, \xi_2, \xi_3) = \frac{1}{4}(1 - \xi_1^2)(1 + \xi_2\xi_2^a)(1 + \xi_3\xi_3^a)$$

und analog durch Vertauschung von ξ_1, ξ_2 und ξ_3 für Knoten auf den Flächen $\xi_2^a = 0$ und $\xi_3^a = 0$. $\tag{4.68}$

4.4.3 Numerische Integration der Elementmatrizen

Zur Aufstellung der Elementmatrizen und Lastvektoren müssen die Volumen- bzw. Oberflächenintegrale in den Gleichungen (4.50) und (4.51) ausgewertet werden. Da i. A. eine analytische Integration nicht durchführbar ist, werden numerische Integrationstechniken eingesetzt, die auf speziellen Quadraturformeln für die verschiedenen Elementformen und -ansätze beruhen. Damit kann das bestimmte Integral über eine beliebige Funktion $f(\xi)$ näherungsweise durch die Quadraturformel $\mathcal{Q}(f)$ berechnet werden:

$$\int_{-1}^{+1} f(\xi)\,\mathrm{d}\xi \approx \mathcal{Q}(f) = \sum_{g=1}^{n_\mathrm{G}} w_g\, f(\xi^g)\,, \tag{4.69}$$

wobei als unabhängige Variable eine natürliche Koordinate $\xi \in [-1,+1]$ dient. ξ^g bezeichnet die Stützstellen im Intervall $[-1,+1]$ und die Koeffizienten w_g sind die dazugehörigen Gewichte der Quadraturformel. Für die in der FEM zumeist verwendete GAUSSsche Quadratur sind die Stützstellen und Gewichte für eine beliebige Anzahl von Integrationspunkten n_G tabellarisch verfügbar [263]. Tabelle 4.1 enthält die Daten der wichtigsten Integrationsordnungen $n_\mathrm{G} = 1,2,3$. Es lässt sich zeigen, dass die Summation (4.69) für Polynome bis $(2n_\mathrm{G} - 1)$-ten Grades exakt ist.

n_G	ξ^g			w_g		
1	0			2		
2	$-\dfrac{1}{\sqrt{3}}$	$+\dfrac{1}{\sqrt{3}}$		1	1	
3	$-\sqrt{\dfrac{3}{5}}$	0	$+\sqrt{\dfrac{3}{5}}$	$\dfrac{5}{9}$	$\dfrac{8}{9}$	$\dfrac{5}{9}$

Tabelle 4.1: Stützstellen und Gewichte der GAUSS-Integration ($g = 1, \ldots, n_\mathrm{G}$) im eindimensionalen Element $[-1,+1]$

Bei der Berechnung eines Gebietsintegrals über ein finites Element muss je nach Dimension n_D des Elementtyps ein Mehrfachintegral ausgewertet werden. Dazu wird die Quadraturformel (4.69) auf alle n_D Raumrichtungen im natürlichen Koordinatensystem angewandt. Zunächst kann in der zu integrierenden Funktion $F(\boldsymbol{x})$ die unabhängige Variable $\boldsymbol{x}$ über die Formfunktion (4.59) durch die natürlichen Koordinaten ersetzt werden:

$$F[\boldsymbol{x}(\boldsymbol{\xi})] = F[x_1(\xi_1,\xi_2,\xi_3), x_2(\xi_1,\xi_2,\xi_3), x_3(\xi_1,\xi_2,\xi_3)] = f(\xi_1,\xi_2,\xi_3)\,. \tag{4.70}$$

Zweitens muss das Volumenelement $\mathrm{d}V$ in natürlichen Koordinaten ausgedrückt werden, was mit Hilfe der Determinante $J_V = |\mathbf{J}|$ der JACOBI-Matrix geschieht:

$$I = \int_{V_e} F(\boldsymbol{x})\,\mathrm{d}V = \int_{V_e} f(\xi_i)\,\mathrm{d}V = \int_{-1}^{+1}\int_{-1}^{+1}\int_{-1}^{+1} f(\xi_i)\,|\mathbf{J}(\xi_i)|\,\mathrm{d}\xi_1\mathrm{d}\xi_2\mathrm{d}\xi_3\,. \tag{4.71}$$

Durch Anwendung der Integrationsformel (4.69) auf jedes der Integrale von (4.71) ergibt sich eine $(n_\mathrm{D} = 3)$-fache Summation, bei der die natürlichen Koordinaten in jeder Dimension $i = 1,2,3$ alle Stützstellen ξ_i^l ($l = 1,2,\ldots,n_\mathrm{G}$) durchlaufen ($l \mathrel{\hat{=}} m,n,k$) und die

Gewichte sich multiplizieren.

$$I = \sum_{k=1}^{n_G}\sum_{n=1}^{n_G}\sum_{m=1}^{n_G} f(\xi_1^m,\xi_2^n,\xi_3^k) w_m w_n w_k \left|\mathbf{J}(\xi_1^m,\xi_2^n,\xi_3^k)\right| = \sum_{g=1}^{m_G} f(\xi_1^g,\xi_2^g,\xi_3^g)\bar{w}_g \left|\mathbf{J}(\boldsymbol{\xi}^g)\right| \quad (4.72)$$

Praktisch realisiert man dies als eine Summe über alle $m_G = n_G n_D$ Stützstellen $\boldsymbol{\xi}^g = [\xi_1^g\ \xi_2^g\ \xi_3^g]$ mit den Gewichten $\bar{w}_g = w_m w_n w_k$. In Bild 4.7 sind die Integrationsordnungen $n_G = 2$ und $n_G = 3$ für ein $n_D = 2$-dimensionales Element veranschaulicht.

Des weiteren sind Oberflächenintegrale über eine Teilfläche S von 3D-Elementen auszuwerten, um z. B. Flächenlasten nach (4.51) zu berücksichtigen. Eine Elementfläche (z. B. $\xi_1 = 1$ in Bild 4.6) wird durch die natürlichen Koordinaten (ξ_2,ξ_3) dargestellt, woraus sich mit den Regeln für Parameterintegrale der Oberflächen-Normalenvektor $\boldsymbol{n}$ aus den Richtungsableitungen nach ξ_2 und ξ_3 ergibt und der Flächeninhalt dS über die JACOBIsche Determinante J_S umzurechnen ist.

$$\begin{aligned}\boldsymbol{n} &= \left(\frac{\partial \boldsymbol{x}}{\partial \xi_2} \times \frac{\partial \boldsymbol{x}}{\partial \xi_3}\right)/J_S \\ \mathrm{d}S &= \left|\frac{\partial \boldsymbol{x}}{\partial \xi_2} \times \frac{\partial \boldsymbol{x}}{\partial \xi_3}\right| \mathrm{d}\xi_2 \mathrm{d}\xi_3 = J_S(\xi_2,\xi_3)\,\mathrm{d}\xi_2 \mathrm{d}\xi_3\end{aligned} \quad (4.73)$$

Damit schreibt sich das Oberflächenintegral wie folgt und kann durch 2D GAUSS-Integration berechnet werden.

$$I = \int_S f(\boldsymbol{x})\mathrm{d}S = \int_{-1}^{+1}\int_{-1}^{+1} f[\boldsymbol{x}(\xi_2,\xi_3)] J_S \mathrm{d}\xi_2 \mathrm{d}\xi_3 \quad (4.74)$$

Analog erhält man für das Linienintegral entlang einer Elementkante L (z.B. $\xi_1 = 1$ in Bild 4.5) mit dem Parameter ξ_2 die Berechnungsvorschriften:

$$\begin{aligned}\boldsymbol{n} &= \left(\frac{\partial x_2}{\partial \xi_2}\boldsymbol{e}_1 - \frac{\partial x_1}{\partial \xi_2}\boldsymbol{e}_2\right)/J_L \\ \mathrm{d}s &= J_L(\xi_2)\mathrm{d}\xi_2 = \sqrt{\left(\frac{\partial x_1}{\partial \xi_2}\right)^2 + \left(\frac{\partial x_2}{\partial \xi_2}\right)^2}\,\mathrm{d}\xi_2\end{aligned} \quad (4.75)$$

$$I = \int_L f(\boldsymbol{x})\mathrm{d}s = \int_{-1}^{+1} f[\boldsymbol{x}(\xi_2)] J_L \mathrm{d}\xi_2\,. \quad (4.76)$$

4.4.4 Numerische Interpolation der Ergebnisse

Das primäre Ergebnis einer FEM-Rechnung ist der Lösungsvektor $\mathbf{V}$ (4.54), der die Verschiebungsvektoren $\mathbf{u}^{(a)}$ aller Knotenpunkte $\mathbf{x}^{(a)}$ des Netzes enthält. Aus den Knotenverschiebungen $\mathbf{v}$ jedes Elementes kann man sich die Gesamtverzerrungen $\boldsymbol{\varepsilon}$ durch

4.4 Numerische Realisierung der FEM

Ableitung über die kinematische Relation (4.44) berechnen. Bei linearen Materialgesetzen folgen daraus über (4.45) auch problemlos die Spannungen in jedem Punkt $\boldsymbol{\xi}$ des Elementes. Schwieriger wird es bei inelastischen Materialgesetzen, wo die Spannungen $\boldsymbol{\sigma}$, plastischen Verzerrungen $\boldsymbol{\varepsilon}^\mathrm{p}$ und Verfestigungsvariablen $\mathbf{h}$ nur über die komplexe Lösung der gesamten ARWA als eigenständige Ergebnisvariablen erhalten werden. Diese sekundären Feldgrößen werden zumeist nur in den Integrationspunkten (IP) berechnet, gespeichert und ausgegeben. Allein die Verschiebungslösung ist über die Elementgrenzen hinweg stetig, wohingegen alle anderen »abgeleiteten« Feldgrößen dort eine Unstetigkeit (Sprung) besitzen. Für die bruchmechanische Auswertung benötigen wir diese Feldgrößen und ihre Ortsableitungen an einem beliebigen Punkt $\mathbf{x}$ des Bauteils, wofür einige nützliche Techniken am Beispiel von Viereckelementen skizziert werden sollen.

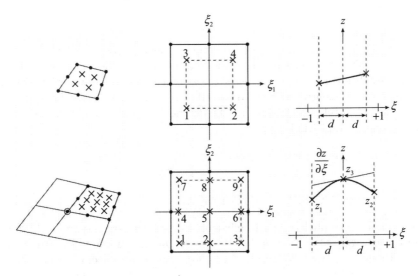

Bild 4.7: Interpolation und Extrapolation von FEM-Resultaten im Element

Zur Vereinfachung soll die folgende Darstellung anhand einer skalaren Feldgröße $z(\boldsymbol{x})$ exerziert werden, die stellvertretend für jede Komponente von $\mathbf{u}$, $\boldsymbol{\sigma}$, $\boldsymbol{\varepsilon}$ u. a. steht. Zuerst muss man für einen Punkt $\mathbf{x}$ das dazugehörige finite Element und darin noch seine natürlichen Koordinaten $\boldsymbol{\xi} = [\xi_1\ \xi_2]^\mathrm{T}$ finden. Da die isoparametrische Abbildung $\mathbf{x} = \sum N_a(\boldsymbol{\xi})\,\hat{\mathbf{x}}^{(a)}$ nicht analytisch nach $\boldsymbol{\xi}$ umgestellt werden kann, ist ein geeigneter Suchalgorithmus (Intervallschachtelung oder NEWTON-Verfahren) erforderlich. Hat man die natürlichen Koordinaten $\boldsymbol{\xi}$ gefunden und kennt man die Funktionswerte $z^{(a)}$ an den Knoten $a = 1, 2, \ldots, n_\mathrm{K}$ des Elementes, so ergibt sich $z(\mathbf{x}(\boldsymbol{\xi}))$ einfach aus den isoparametrischen Ansatzfunktionen:

$$z = \sum_{a=1}^{n_\mathrm{K}} N_a(\boldsymbol{\xi}) z^{(a)} \qquad \text{Interpolationsregel.} \tag{4.77}$$

Um den Gradienten bzgl. der globalen Koordinaten (x_1, x_2) zu bestimmen, benötigt man wiederum die inverse $\mathbf{J}^{-1}(\boldsymbol{\xi})$ der Transformationsmatrix (4.60)–(4.61) als Verbindung zu den natürlichen Koordinaten (ξ_1, ξ_2):

$$\begin{bmatrix} \dfrac{\partial z}{\partial x_1} \\ \dfrac{\partial z}{\partial x_2} \end{bmatrix} = \begin{bmatrix} \dfrac{\partial \xi_1}{\partial x_1} & \dfrac{\partial \xi_2}{\partial x_1} \\ \dfrac{\partial \xi_1}{\partial x_2} & \dfrac{\partial \xi_2}{\partial x_2} \end{bmatrix} \begin{bmatrix} \dfrac{\partial z}{\partial \xi_1} \\ \dfrac{\partial z}{\partial \xi_2} \end{bmatrix} = \begin{bmatrix} \mathbf{J}^{-1} \end{bmatrix} \begin{bmatrix} \dfrac{\partial z}{\partial \xi_1} \\ \dfrac{\partial z}{\partial \xi_2} \end{bmatrix}. \tag{4.78}$$

Die natürlichen Ableitungen gewinnt man direkt über (4.77):

$$\frac{\partial z}{\partial \xi_i} = \sum_{a=1}^{n_K} \frac{\partial N_a}{\partial \xi_i} z^{(a)}. \tag{4.79}$$

Stehen die Knotenwerte wie bei den sekundären Feldgrößen nicht zur Verfügung, so muss man die IP-Werte in geeigneter Weise interpolieren bzw. extrapolieren. Bei den in Bild 4.7 dargestellten isoparametrischen Viereckelementen wird entweder die vollständige (3×3 IP) oder die reduzierte (2×2 IP) Integrationsregel verwendet. Die Funktion $z(\xi_1, \xi_2)$ lässt sich sehr gut durch ein Produkt zweier Polynome 1. (2×2 IP) bzw. 2. Grades (3×3 IP) bzgl. ξ_1 und ξ_2 approximieren.

$$\begin{aligned} z(\xi_1, \xi_2) &= c_1 + c_2 \xi_1 + c_3 \xi_2 + c_4 \xi_1 \xi_2 & (2 \times 2) \\ z(\xi_1, \xi_2) &= c_1 + c_2 \xi_1 + c_3 \xi_2 + c_4 \xi_1 \xi_2 + c_5 \xi_1^2 + \\ &\quad + c_6 \xi_2^2 + c_7 \xi_1^2 \xi_2 + c_8 \xi_1 \xi_2^2 + c_9 \xi_1^2 \xi_2^2 & (3 \times 3) \end{aligned} \tag{4.80}$$

Zur Bestimmung der unbekannten Koeffizienten c_i stehen gerade 4 (2×2) bzw. 9 (3×3) Funktionswerte $z(\xi_1^g, \xi_2^g) = z^{(g)}$ an den IP bereit. Durch Einsetzen der Stützstellen (ξ_1^g, ξ_2^g) (siehe Tabelle 4.1) und Werte $z^{(g)}$ in (4.80) baut man sich ein lineares Gleichungssystem auf, dessen Lösung die gesuchten c_i ergibt. Damit kann die Funktion $z(\xi_1, \xi_2)$ interpoliert (4.80) und durch Einsetzen der zugehörigen isoparametrischen Koordinaten ξ_i^a mit (4.66) auf die Knoten des Elementes extrapoliert werden. Da die Extrapolation auf einen Randknoten von jedem Element aus betrachtet ein anderes Resultat liefert (Bild 4.7, links unten), führt man i. A. eine (gewichtete) Mittelung der unterschiedlichen Elementbeiträge durch, was den Wert $\bar{z}^{(a)}$ am Knoten a ergibt. Nun kann zur Interpolation und Differenziation für diese Variablen auch gemäß (4.77) und (4.79) vorgegangen werden.

Häufig sind nur die Ableitungen der sekundären Variablen an den IP gefragt. Hier empfiehlt sich die in Bild 4.7 (rechts) dargestellte Methode. Die 2 bzw. 3 Funktionswerte an den IP entlang einer Koordinate $\xi \in \{\xi_1, \xi_2\}$ werden als Gerade bzw. Parabel approximiert:

$$\begin{aligned} z(\xi) &= \frac{z_2 - z_1}{2d} \xi + \frac{1}{2}(z_1 + z_2) & (2 \text{ IP}) \\ z(\xi) &= \frac{z_1 - 2z_3 + z_2}{2d^2} \xi^2 + \frac{z_2 - z_1}{2d} \xi + z_3 & (3 \text{ IP}), \end{aligned} \tag{4.81}$$

deren Ableitungen lauten

$$\frac{\partial z}{\partial \xi} = (z_2 - z_1)/(2d) \qquad \text{(2 IP)}$$
$$\frac{\partial z}{\partial \xi} = \frac{z_1 - 2z_3 + z_2}{d^2}\xi + \frac{z_2 - z_1}{2d} \qquad \text{(3 IP)}. \tag{4.82}$$

Mit Hilfe dieser Ableitungen nach ξ_1 und ξ_2 bei einer Stützstelle (ξ_1, ξ_2) geht man direkt in (4.78), um die globalen Ableitungen zu erhalten. Dieses Verfahren eignet sich besonders zur Differenziation von $\boldsymbol{\sigma}$, $\boldsymbol{\varepsilon}^\text{p}$ oder U^p an den IP, wenn die Resultate anschließend über das Element integriert werden sollen.

4.5 FEM für nichtlineare Randwertaufgaben

4.5.1 Grundgleichungen

Bei RWA der Festkörpermechanik führen im Wesentlichen zwei Ursachen zu einem nichtlinearen Verhalten:

a) *Materielle Nichtlinearitäten* (engl. *material non-linearity*)
Der sich bei nichtlinear-elastischen, elastisch-plastischen u. a. Werkstoffen einstellende Spannungszustand im Element hängt nichtlinear von den Verzerrungen und somit den Verschiebungen ab: $\boldsymbol{\sigma}(\mathbf{v}) = f(\boldsymbol{\varepsilon}(\mathbf{v}), \mathbf{h}(\mathbf{v}))$ Bei irreversiblen Verformungsprozessen ist $\boldsymbol{\sigma}$ eine Funktion der Belastungsgeschichte, weshalb der aktuelle Werkstoffzustand durch interne Variable $\mathbf{h}$ beschrieben wird, was in Abschnitt A.4.2 am Beispiel der Verfestigungsgesetze erläutert wurde.

b) *Geometrische Nichtlinearitäten* (engl. *geometrical non-linearity*)
Bei großen, endlichen Verformungen (engl. *finite deformations*) treten zwei nichtlineare Phänomene auf. Wenn die *Verschiebungen groß* gegenüber der Ausgangsgeometrie sind (engl. *large displacements*), muss als Erstes die Umverteilung des Kräftegleichgewichts und der Lastrandbedingungen auf die verformte Struktur berücksichtigt werden. Zweitens besteht bei *großen Verzerrungen* (engl. *large strain*) ein nichtlinearer Zusammenhang (A.20) zwischen den ´ Verzerrungstensoren und den Verschiebungsgradienten.

Wendet man das Prinzip der virtuellen Verschiebungen (4.12)–(4.13) auf nichtlineare RWA an, so erhält man in der FEM-Formulierung gegenüber den linearen Beziehungen aus Abschnitt 4.4 folgende Erweiterungen:

$$\delta \mathcal{W}_\text{ext} - \delta \mathcal{W}_\text{int} = \left[\mathbf{F}^\text{ext}(t) - \mathbf{F}^\text{int}(\mathbf{V}(t)) \right] \delta \mathbf{V} = 0 \tag{4.83}$$

$$\mathbf{F}^\text{ext} = \bigcup_{e=1}^{n_\text{E}} \left[\int_{S_{te}} \mathbf{N}^\text{T} \bar{\mathbf{t}} dS_e + \int_{V_e} \mathbf{N}^\text{T} \bar{\mathbf{f}} dV_e \right] \tag{4.84}$$

$$\mathbf{F}^\text{int}(\mathbf{V}(t)) = \bigcup_{e=1}^{n_\text{E}} \int_{V_e} \mathbf{B}^\text{T}(\mathbf{v}) \boldsymbol{\sigma}(\mathbf{v}) dV_e \,. \tag{4.85}$$

Der externe Lastvektor $\mathbf{F}^{\text{ext}}(t)$ beschreibt den Gesamtlastvektor $\mathbf{F}$ nach (4.55) infolge der zeitlich vorgegebenen Flächen- und Volumenlasten. Der entsprechende Knotenkraftvektor $\mathbf{F}^{\text{int}}$ der inneren Kräfte wird aus dem nichtlinearen Verhalten des Materials $\boldsymbol{\sigma}(\mathbf{v})$ und der Kinematik $\mathbf{B}(\mathbf{v})$ gebildet.

Bei nichtlinearen Problemen ist es erforderlich, die Belastungsgeschichte in eine Anzahl n_t endlicher Zeitschritte Δt_n zu unterteilen. (Für skleronomes Materialverhalten darf man anstelle der Zeit auch einen monoton steigenden Belastungsparameter verwenden → Lastschritte.)

$$t_{n+1} = t_n + \Delta t_{n+1}, \qquad n = 0, 1, 2, \ldots, n_t - 1 \tag{4.86}$$

Die äußere Belastung wird somit als zeitliche Folge von Lastschritten aufgeprägt, für die jedes Mal der Gleichgewichtszustand (4.83) mit den inneren Kräften am Ende des Inkrementes durch Iteration gefunden werden muss. Man bezeichnet dies auch als *inkrementell-iterativen Algorithmus*.

$$\mathbf{F}^{\text{ext}}(t_{n_t}) = \sum_{n=1}^{n_t} \Delta \mathbf{F}_n^{\text{ext}}, \qquad \Delta \mathbf{F}_{n+1}^{\text{ext}} = \mathbf{F}^{\text{ext}}(t_{n+1}) - \mathbf{F}^{\text{ext}}(t_n) \tag{4.87}$$

In entsprechender Weise entstehen dabei die Inkremente aller anderen Größen wie der Knotenverschiebungen

$$\mathbf{V}(t_{n_t}) = \sum_{n=1}^{n_t} \Delta \mathbf{V}_n, \qquad \Delta \mathbf{V}_{n+1} = \mathbf{V}(t_{n+1}) - \mathbf{V}(t_n), \tag{4.88}$$

der Spannungen $\Delta \boldsymbol{\sigma}_n$, Verzerrungen $\Delta \boldsymbol{\varepsilon}_n$ u. s. w., wobei der tiefgestellte Index n immer den Zeitschritt markiert.

Die inkrementelle Vorgehensweise ist unbedingt notwendig, um die in Ratenform gegebenen plastischen Materialgesetze über den Lastpfad integrieren zu können. Für die numerische Lösung des nichtlinearen Problems ist der inkrementelle Algorithmus darüber hinaus äußerst zweckmäßig. Bild 4.8 zeigt in vereinfachter Form (1 Freiheitsgrad) die Lösungsstrategie. Die wahre Lösung des nichtlinearen Problems $\mathbf{F}^{\text{ext}}(\mathbf{V})$ ist als durchgehende Linie eingezeichnet. Auf der Ordinate ist exemplarisch ein Lastinkrement $\Delta \mathbf{F}_{n+1}^{\text{ext}}$ aufgetragen, zu dem das dazugehörige Verschiebungsinkrement $\Delta \mathbf{V}_{n+1}$ gesucht wird. Dazu muss das nichtlineare Gleichungssystem (4.83) im $(n+1)$-ten Lastschritt gelöst werden.

$$\mathbf{F}_{n+1}^{\text{ext}} - \mathbf{F}_{n+1}^{\text{int}} = \mathbf{R}(\mathbf{V}) \to 0 \tag{4.89}$$

Der Vektor $\mathbf{R}(\mathbf{V})$ erfasst die nicht ausbalancierten »residuellen« Knotenkräfte und muss zum Erreichen des wahren Gleichgewichtszustandes auf null gebracht werden. Zur Berechnung dieser Nullstellen setzt man sehr häufig das NEWTON-RAPHSON-Verfahren ein. Um dieses iterative Verfahren anwenden zu können, wird zuerst eine Linearisierung der nichtlinearen Funktionen $\mathbf{F}^{\text{int}}$ bzgl. der Knotenverschiebungen $\mathbf{V}$ (im Sinne einer mehr-

4.5 FEM für nichtlineare Randwertaufgaben

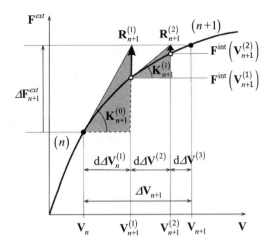

Bild 4.8: Lösung des nichtlinearen FEM-Systems mit dem Iterationsverfahren nach NEWTON-RAPHSON

dimensionalen TAYLOR-Entwicklung) am Punkt $\mathbf{V}_n$ durchgeführt:

$$\mathbf{F}^{\text{int}}\left(\mathbf{V}_n + \Delta\mathbf{V}_{n+1}\right) = \mathbf{F}^{\text{int}}\left(\mathbf{V}_n\right) + \left.\frac{\partial \mathbf{F}^{\text{int}}}{\partial \mathbf{V}}\right|_{\mathbf{V}_n} \Delta\mathbf{V} + \ldots$$

$$\left.\frac{\partial \mathbf{F}^{\text{int}}}{\partial \mathbf{V}}\right|_{\mathbf{V}_n} = \mathbf{K}(\mathbf{V}_n).$$

(4.90)

Die Ableitung in der letzten Gleichung entspricht der Tangente $\mathbf{K}_n$ in Bild 4.8, weshalb dieser Ausdruck auch *tangentiale Steifigkeitsmatrix* (engl. *tangential stiffness matrix*) genannt wird.

Das NEWTON-RAPHSON-Verfahren wird im Folgenden für den $(n+1)$-ten Lastschritt beschrieben. Der hochgestellte Index i bezeichnet dabei die Nummer der Iteration.

(1) Lastschritt $n+1$: $\mathbf{F}^{\text{ext}}_{n+1} = \mathbf{F}^{\text{ext}}_n + \Delta\mathbf{F}^{\text{ext}}_{n+1}$

Startwerte ($i=0$): $\mathbf{V}^{(0)}_{n+1} = \mathbf{V}_n$, $\quad \Delta\mathbf{V}^{(0)}_{n+1} = 0$, $\quad \mathbf{K}^{(0)}_{n+1} = \mathbf{K}_n$, $\quad \mathbf{R}^{(0)}_{n+1} = \Delta\mathbf{F}^{\text{ext}}_{n+1}$

(2) Iterationsschleife (i):

- Berechnung der Tangentialsteifigkeit: $\mathbf{K}^{(i-1)}_{n+1}\left(\mathbf{V}^{(i-1)}_{n+1}\right)$
- Lösung von (4.89): $\mathrm{d}\Delta\mathbf{V}^{(i)}_{n+1} = \left[\mathbf{K}^{i-1}_{n+1}\right]^{-1} \mathbf{R}^{(i-1)}_{n+1}$
- Verschiebungsinkrement: $\Delta\mathbf{V}^{(i)}_{n+1} = \Delta\mathbf{V}^{(i-1)}_{n+1} + \mathrm{d}\Delta\mathbf{V}^{(i)}_{n+1}$
- Gesamtverschiebung: $\mathbf{V}^{(i)}_{n+1} = \mathbf{V}_n + \Delta\mathbf{V}^{(i)}_{n+1}$
- innere Kräfte: $\mathbf{F}^{\text{int}} = \mathbf{F}^{\text{int}}\left(\mathbf{V}^{(i)}_{n+1}\right)$

- Berechnung Residuenvektor: $\mathbf{R}_{n+1}^{(i)} = \mathbf{F}_{n+1}^{\text{ext}} - \mathbf{F}^{\text{int}}\left(\mathbf{V}_{n+1}^{(i)}\right)$

- Konvergenztest: Falls $\|\mathbf{R}_{n+1}^{(i)}\| >$ Toleranz, dann $i := i + 1$ und weiter mit (2). Andernfalls Verschiebungslösung $\mathbf{V}_{n+1} := \mathbf{V}_{n+1}^{(i)}$, nächster Lastschritt $n := n + 1$ und weiter mit (1).

Der Algorithmus ist in Bild 4.8 für $i = 3$ Iterationen veranschaulicht. Weil der numerische Aufwand für die Berechnung und Invertierung der Tangentialsteifigkeitsmatrix $\mathbf{K}_{n+1}^{(i)}$ in jeder Iterationsschleife sehr hoch ist, wird häufig das NEWTON-RAPHSON-Verfahren so modifiziert, dass $\mathbf{K}_{n+1}$ erst nach einer gewissen Anzahl von Iterationen aktualisiert wird oder man unverändert die 1. Approximation $\mathbf{K}_{n+1}^{(1)}$ benutzt. Dadurch wird lediglich die Konvergenzgeschwindigkeit verringert, jedoch nicht die Genauigkeit der Lösung.

4.5.2 Materielle Nichtlinearitäten

Die Darlegungen beschränken sich auf nichtlineares elastisch-plastisches Materialverhalten bei kleinen Verzerrungen, das in Abschnitt A.4.2 erläutert ist. Die wesentlichen Beziehungen werden nochmals in Matrizenschreibweise zusammengefasst. Die Spannungs-Verzerrungs-Relation lautet mit der Elastizitätsmatrix $\mathbf{C}$:

$$\boldsymbol{\sigma} = \mathbf{C}\left(\boldsymbol{\varepsilon} - \boldsymbol{\varepsilon}^{\text{p}}\right). \tag{4.91}$$

Die Fließbedingung wird mit Hilfe des aktuellen Spannungszustandes $\boldsymbol{\sigma}$ und den Verfestigungsvariablen $\mathbf{h} = \begin{bmatrix} h_1 & h_2 & \ldots & h_{n_{\text{H}}} \end{bmatrix}^{\text{T}}$ definiert, deren Anzahl n_{H} und Typ durch das gewählte Verfestigungsmodell festgelegt sind. Für isotrope und kinematische Verfestigung gilt $\mathbf{h} = \begin{bmatrix} R & X_{11} & X_{12} & \ldots & X_{33} \end{bmatrix}^{\text{T}}$.

$$\Phi(\boldsymbol{\sigma}, \mathbf{h}) \begin{cases} < 0 & \text{elastisch} \\ = 0 & \text{plastisch} \end{cases} \tag{4.92}$$

Die plastischen Verzerrungsgeschwindigkeiten berechnen sich aus der Normalenrichtung zur Fließfläche, wobei $\dot{\Lambda}$ den plastischen Multiplikator bedeutet.

$$\dot{\boldsymbol{\varepsilon}}^{\text{p}} = \dot{\Lambda} \frac{\partial \Phi}{\partial \boldsymbol{\sigma}} = \dot{\Lambda}\, \widehat{\mathbf{N}}(\boldsymbol{\sigma}, \mathbf{h}) \tag{4.93}$$

In der Regel sind die Evolutionsgleichungen für die Verfestigungsvariablen in folgender Form gegeben:

$$\dot{\mathbf{h}} = \dot{\Lambda}\, \mathbf{H}(\boldsymbol{\sigma}, \mathbf{h}). \tag{4.94}$$

Die Gleichungen (4.93) und (4.94) beschreiben die Entwicklung der plastischen Verzerrungen und Verfestigungsparameter als Funktion des momentanen Zustandes. Sie stellen gewöhnliche DGL dar, die über die Belastungsgeschichte zu integrieren sind. Beide hängen vom plastischen Multiplikator Λ ab, dessen Wert aus der Forderung zu bestimmen ist, dass die Fließbedingung $\Phi(\boldsymbol{\sigma}, \mathbf{h}) = 0$ bei weiterer Verfestigung eingehalten werden muss.

Für die nichtlineare FEM-Analyse bedeutet dies, dass in jedem Integrationspunkt IP neben den Spannungen $\boldsymbol{\sigma}$ und totalen Verzerrungen $\boldsymbol{\varepsilon}$ auch die plastischen Verzerrungen $\boldsymbol{\varepsilon}^\mathrm{p}$ und die Verfestigungsparameter $\mathbf{h}$ berechnet, gespeichert und aufdatiert werden müssen. Da die Lastschritte endliche Inkremente darstellen, sind geeignete Integrationsalgorithmen erforderlich, um die Materialgleichungen zu befriedigen. Prinzipiell sind dafür alle expliziten und impliziten Lösungsverfahren für gewöhnliche DGL verwendbar. Im Folgenden soll das wichtigste und bewährteste Verfahren, die *Projektionsmethode* (engl. *radial return*), erläutert werden.

Wir betrachten den $(n+1)$-ten Lastschritt in einem IP. Am Ausgangspunkt (n) sind die Materialgleichungen erfüllt und alle Größen $\boldsymbol{\sigma}_n$, $\boldsymbol{\varepsilon}_n$, $\boldsymbol{\varepsilon}_n^\mathrm{p}$ und $\mathbf{h}_n$ bekannt. Als Ergebnis der globalen FEM-Analyse erhält man jetzt die Gesamtverzerrungen $\boldsymbol{\varepsilon}_{n+1} = \boldsymbol{\varepsilon}_n + \Delta\boldsymbol{\varepsilon}_{n+1}$ am IP. Ihr Inkrement besteht aus den elastischen und plastischen Anteilen $\Delta\boldsymbol{\varepsilon}_{n+1} = \Delta\boldsymbol{\varepsilon}_{n+1}^\mathrm{e} + \Delta\boldsymbol{\varepsilon}_{n+1}^\mathrm{p}$.

Der Spannungszustand am Ende des Inkrementes berechnet sich aus (4.91):

$$\boldsymbol{\sigma}_{n+1} = \mathbf{C}(\boldsymbol{\varepsilon}_{n+1} - \boldsymbol{\varepsilon}_{n+1}^\mathrm{p}) = \boldsymbol{\sigma}_n + \mathbf{C}(\Delta\boldsymbol{\varepsilon}_{n+1} - \Delta\boldsymbol{\varepsilon}_{n+1}^\mathrm{p}) = \boldsymbol{\sigma}_{n+1}^\mathrm{tr} - \mathbf{C}\Delta\boldsymbol{\varepsilon}_{n+1}^\mathrm{p} \qquad (4.95)$$

wobei bisher weder $\Delta\boldsymbol{\varepsilon}_{n+1}^\mathrm{p}$ noch $\Delta\mathbf{h}_{n+1}$ bekannt sind. Aus diesem Grunde wird das Verfahren in einen elastischen Prädiktorschritt a) und einen plastischen Korrektorschritt b) zerlegt (Operator-Split).

a) *Prädiktorschritt*

Die plastischen Variablen werden zunächst auf dem Zustand (n) eingefroren und das Verzerrungsinkrement als rein elastisch aufgefasst:

$$\Delta\boldsymbol{\varepsilon}_{n+1}^\mathrm{p} = \Delta\mathbf{h}_{n+1} = 0, \quad \mathbf{h}_{n+1}^\mathrm{tr} = \mathbf{h}_n \,. \qquad (4.96)$$

Die Gleichung (4.95) liefert damit einen »elastischen Testwert« (engl. *trial value*) für den Spannungszustand (hochgestellter Index tr):

$$\boldsymbol{\sigma}_{n+1} = \boldsymbol{\sigma}_{n+1}^\mathrm{tr} \qquad \text{mit } \boldsymbol{\sigma}_{n+1}^\mathrm{tr} = \boldsymbol{\sigma}_n + \mathbf{C}\Delta\boldsymbol{\varepsilon}_{n+1}\,. \qquad (4.97)$$

Durch Einsetzen in die Fließbedingung findet man heraus, ob der Lastschritt elastisch oder plastisch ist:

$$\Phi(\boldsymbol{\sigma}_{n+1}^\mathrm{tr}, \mathbf{h}_{n+1}^\mathrm{tr}) \begin{cases} < 0 & \text{elastisch} \\ \geq 0 & \text{plastisch}\,. \end{cases} \qquad (4.98)$$

Verbleibt der Spannungszustand innerhalb der bisherigen Fließfläche Φ_n (grau markiert), was in Bild 4.9 als Strichlinie dargestellt ist, so liegt eine rein elastische Spannungsänderung vor. Der Testwert $\boldsymbol{\sigma}_{n+1}^\mathrm{tr}$ ist bereits die richtige Lösung, so dass der Algorithmus für diesen Lastschritt beendet ist.

b) *Korrektorschritt*

Im Fall einer plastischen Zustandsänderung (Volllinie in Bild 4.9) befindet sich der

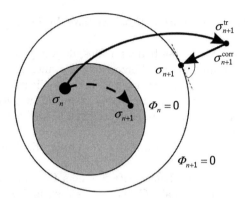

Bild 4.9: Integration elastisch-plastischer Materialgesetze mit der Projektionsmethode

Spannungszustand σ_{n+1}^{tr} nach (4.97) außerhalb der Fließfläche und muss auf diese korrigiert werden. Infolge der Verfestigung $\Delta \mathbf{h}_{n+1} \neq 0$ verändert sich zugleich die Fließfläche auf Φ_{n+1}. Außerdem müssen jetzt die Evolutionsgesetze der plastischen Variablen über den Lastschritt integriert werden. Für das plastische Verzerrungsinkrement erhält man mit (4.93):

$$\Delta \boldsymbol{\varepsilon}_{n+1}^{\text{p}} = \int_{n}^{n+1} \widehat{\mathbf{N}}(\boldsymbol{\sigma}, \mathbf{h})\, \mathrm{d}\Lambda \approx \Delta \Lambda_{n+1} \widehat{\mathbf{N}}(\boldsymbol{\sigma}_{n+1}, \mathbf{h}_{n+1})\,, \qquad (4.99)$$

wobei als Approximation die Variablen an der Stützstelle $(n+1)$ am Intervallende benutzt werden. Da ihre Werte selbst noch unbekannt sind, handelt es sich um ein implizites (EULER-Rückwärts-)Verfahren, was sehr genau und unbedingt stabil ist. Auf gleiche Weise verfährt man mit dem Evolutionsgesetz (4.94) für die Verfestigungsvariablen:

$$\Delta \mathbf{h}_{n+1} = \mathbf{h}_{n+1} - \mathbf{h}_n = \int_{n}^{n+1} \mathbf{H}(\boldsymbol{\sigma}, \mathbf{h})\, \mathrm{d}\Lambda \approx \Delta \Lambda_{n+1} \mathbf{H}(\boldsymbol{\sigma}_{n+1}, \mathbf{h}_{n+1})\,. \qquad (4.100)$$

Schließlich verbleibt noch die Forderung, dass der wahre Spannungszustand auf der Fließfläche liegen muss, d. h.

$$\Phi_{n+1}(\boldsymbol{\sigma}_{n+1}, \mathbf{h}_{n+1}) = 0\,. \qquad (4.101)$$

Dazu ist nach (4.95) die »Testspannung« $\boldsymbol{\sigma}_{n+1}^{\text{tr}}$ um den Term $\boldsymbol{\sigma}_{n+1}^{\text{corr}} = \mathbf{C}\, \Delta \boldsymbol{\varepsilon}_{n+1}^{\text{p}}$ zu reduzieren, d. h. mit (4.99) gilt

$$\boldsymbol{\sigma}_{n+1} = \boldsymbol{\sigma}_{n+1}^{\text{tr}} - \Delta \Lambda_{n+1} \mathbf{C} \widehat{\mathbf{N}}(\boldsymbol{\sigma}_{n+1}, \mathbf{h}_{n+1})\,, \qquad (4.102)$$

was der Pfeil $\boldsymbol{\sigma}_{n+1}^{\text{corr}}$ in Bild 4.9 veranschaulicht. Da diese Korrekturspannung die Richtung der Normalen $\widehat{\mathbf{N}}$ auf der Fließfläche besitzt, spricht man von »radial return«. Die Beziehungen (4.102), (4.100) und (4.101) bilden ein nichtlineares System von $(6 + n_\mathrm{H} + 1)$ Gleichungen zur Bestimmung der unbekannten Größen $\boldsymbol{\sigma}_{n+1}$, $\Delta \mathbf{h}_{n+1}$ und $\Delta \varLambda_{n+1}$. Dies kann wiederum mit dem NEWTON-Verfahren iterativ gelöst werden, wozu man die Gleichungen als Residuen formuliert, deren Nullstellen zu finden sind:

$$\begin{aligned}
\mathbf{r}_\sigma &= \boldsymbol{\sigma}_{n+1} - \Delta \varLambda_{n+1} \mathbf{C} \widehat{\mathbf{N}}(\boldsymbol{\sigma}_{n+1}, \mathbf{h}_{n+1}) - \boldsymbol{\sigma}_{n+1}^\mathrm{tr} &\to 0 \\
\mathbf{r}_h &= \Delta \mathbf{h}_{n+1} - \Delta \varLambda_{n+1} \mathbf{H}(\boldsymbol{\sigma}_{n+1}, \mathbf{h}_{n+1}) &\to 0 \\
\mathbf{r}_\varPhi &= \varPhi(\boldsymbol{\sigma}_{n+1}, \mathbf{h}_{n+1}) &\to 0\,.
\end{aligned} \qquad (4.103)$$

Zur Behandlung großer Deformationen und anderer nichtlinearer Materialgesetze wird auf die weiterführende Literatur [290, 255] verwiesen.

4.5.3 Geometrische Nichtlinearitäten

Um die Auswirkungen großer Verschiebungen und großer Verzerrungen auf die nichtlinearen FEM-Beziehungen zu verdeutlichen, greifen wir auf die kontinuumsmechanischen Grundgleichungen in der Ausgangskonfiguration zurück, siehe Abschnitte A.2 und A.3. Ausgangspunkt ist das Prinzip der virtuellen Verschiebungen in LAGRANGEscher Darstellung (4.16), was in symbolischer Notation lautet (: $\widehat{=}$ doppeltes Skalarprodukt):

$$\delta \mathcal{W}_\mathrm{int} \widehat{=} \int_V \boldsymbol{T} : \delta \boldsymbol{E}\,\mathrm{d}V = \int_V \varrho_0 \bar{\boldsymbol{f}} \cdot \delta \boldsymbol{u}\,\mathrm{d}V + \int_A \hat{\bar{\boldsymbol{T}}} \cdot \delta \boldsymbol{u}\,\mathrm{d}A \widehat{=} \delta \mathcal{W}_\mathrm{ext}\,. \qquad (4.104)$$

Die Variation $\delta \boldsymbol{E}$ des GREEN-LAGRANGEschen Verzerrungstensors lässt sich nach (A.20) und (A.17) durch die Variationen des Verschiebungsvektors und des Deformationsgradienten ausdrücken:

$$\begin{aligned}
\delta \boldsymbol{E} &= \frac{1}{2} \left\{ \boldsymbol{\nabla} \delta \boldsymbol{u} + (\boldsymbol{\nabla} \delta \boldsymbol{u})^\mathrm{T} + (\boldsymbol{\nabla} \delta \boldsymbol{u}) \cdot (\boldsymbol{\nabla} \boldsymbol{u}) + (\boldsymbol{\nabla} \boldsymbol{u}) \cdot (\boldsymbol{\nabla} \delta \boldsymbol{u}) \right\} \\
\Delta \boldsymbol{E} &= \frac{1}{2} \left\{ \boldsymbol{\nabla} \Delta \boldsymbol{u} + (\boldsymbol{\nabla} \Delta \boldsymbol{u})^\mathrm{T} + (\boldsymbol{\nabla} \Delta \boldsymbol{u}) \cdot (\boldsymbol{\nabla} \boldsymbol{u}) + (\boldsymbol{\nabla} \boldsymbol{u}) \cdot (\boldsymbol{\nabla} \Delta \boldsymbol{u}) \right\}
\end{aligned} \qquad (4.105)$$

$$\delta \boldsymbol{E} = \delta \left\{ \frac{1}{2} \left(\boldsymbol{F}^\mathrm{T} \cdot \boldsymbol{F} + \boldsymbol{I} \right) \right\} = \frac{1}{2} \left\{ \boldsymbol{F}^\mathrm{T} \cdot \delta \boldsymbol{F} + \delta \boldsymbol{F}^\mathrm{T} \cdot \boldsymbol{F} \right\} \qquad (4.106)$$

$$\delta \boldsymbol{F} = \delta \left(\boldsymbol{\nabla} \boldsymbol{u} + \boldsymbol{I} \right) = \boldsymbol{\nabla} \left(\delta \boldsymbol{u} \right) \qquad \text{bzw.} \qquad \delta F_{iN} = \frac{\partial \delta u_i}{\partial X_N} \qquad (4.107)$$

Da die innere $\mathcal{W}_\mathrm{int}(\boldsymbol{u})$ und äußere Arbeit $\mathcal{W}_\mathrm{ext}(\boldsymbol{u})$ jetzt nichtlineare Funktionen der Verschiebungen $\boldsymbol{u}$ in einem finiten Element sind, führen wir eine Linearisierung des Systems am bisher erreichten, bereits im Gleichgewicht befindlichen Zustand (Index 0) durch, d. h. wir untersuchen die Änderungen aller Größen im Funktional (4.104) bei einem Verschiebungsinkrement $\Delta \boldsymbol{u}$. Dafür wird die Linearisierung einer tensorwertigen Funktion

$A(a)$ an der Stelle a_0 bzgl. der vektoriellen Variablen Δa (Richtungsableitung) benutzt.

$$A(a_0 + \Delta a) = A(a_0) + \Delta A \quad \text{mit } \Delta A = \left.\frac{dA}{da}\right|_{a_0} \cdot \Delta a \qquad (4.108)$$

Zur Vereinfachung soll angenommen werden, dass die äußeren Kräfte nicht von der Verformung abhängen (konservativ, keine Kontakt-, Reibungs- oder mitbewegten Kräfte), d. h. die äußere Arbeit $\delta \mathcal{W}_{\text{ext}}$ bleibt in (4.104) linear bzgl. δu. Deshalb ist nur die Linearisierung von $\delta \mathcal{W}_{\text{int}}$ vorzunehmen:

$$\Delta(\delta \mathcal{W}_{\text{int}}) = \int_V (\Delta T : \delta E + T : \Delta \delta E) \, dV. \qquad (4.109)$$

Im 1. Integralterm ist der 2. PIOLA-KIRCHHOFFsche Spannungstensor (A.51) bzgl. Δu zu linearisieren, was mit der Kettenregel über den Verzerrungstensor ΔE und (4.105) geschieht. Der vierstufige Tensor C^{ep} bezeichnet die Materialtangente an diesem Punkt.

$$\Delta T = \frac{\partial T}{\partial E} : \Delta E = C^{\text{ep}} : \Delta E, \qquad C^{\text{ep}} = \left.\frac{\partial T}{\partial E}\right|_{T_0} \qquad (4.110)$$

Die Linearisierung von (4.106) ergibt

$$\Delta \delta E = \frac{1}{2}\left\{\Delta F^T \cdot \delta F + \delta F^T \cdot \Delta F\right\} \quad \text{bzw. } \Delta \delta E_{MN} = \frac{1}{2}\left\{\Delta F_{iM} \delta F_{iN} + \delta F_{iM} \Delta F_{iN}\right\}. \qquad (4.111)$$

Aufgrund der Symmetrie des Spannungstensors T folgt damit der 2. Term des Integranden in (4.109) zu

$$T_{MN} \Delta \delta E_{MN} = \delta F_{iM} T_{MN} \Delta F_{iN}, \qquad (4.112)$$

womit wir die Linearisierung der inneren virtuellen Arbeit erhalten:

$$\Delta(\delta \mathcal{W}_{\text{int}}) = \int_V \left(\delta E : C^{\text{ep}} : \Delta E + \delta F^T \cdot T \cdot \Delta F\right) dV. \qquad (4.113)$$

Die FEM-Realisierung soll wieder exemplarisch für ein zweidimensionales Element im ebenen Spannungszustand skizziert werden. Dazu wechseln wir auf Matrizendarstellung über. Im Unterschied zum Abschnitt 4.3.1 werden jetzt die Ortsvektoren in räumlicher $\mathbf{x}$ und materieller $\mathbf{X}$ Darstellung mit Hilfe der isoparametrischen Variablen $\boldsymbol{\xi}$ im Element interpoliert, wobei $\hat{\mathbf{x}}$, $\hat{\mathbf{X}}$ und $\hat{\mathbf{u}} \equiv \mathbf{v}$ die jeweiligen Knotenwerte bezeichnen:

$$\mathbf{x}(\boldsymbol{\xi}) = \mathbf{N}(\boldsymbol{\xi})\hat{\mathbf{x}}, \qquad \mathbf{X}(\boldsymbol{\xi}) = \mathbf{N}(\boldsymbol{\xi})\hat{\mathbf{X}}. \qquad (4.114)$$

Aus den kinematischen Zusammenhängen ergeben sich die Ansätze für die Verschiebun-

4.5 FEM für nichtlineare Randwertaufgaben

gen **u** im Element sowie deren Variation $\delta\mathbf{u}$ und Inkrement $\Delta\mathbf{u}$:

$$\hat{\mathbf{x}} = \hat{\mathbf{X}} + \hat{\mathbf{u}} = \hat{\mathbf{X}} + \mathbf{v} \tag{4.115}$$

$$\mathbf{u}(\boldsymbol{\xi}) = \mathbf{N}(\boldsymbol{\xi})\,\mathbf{v}, \quad \delta\mathbf{u}(\boldsymbol{\xi}) = \mathbf{N}(\boldsymbol{\xi})\,\delta\mathbf{v}, \quad \Delta\mathbf{u}(\boldsymbol{\xi}) = \mathbf{N}(\boldsymbol{\xi})\,\Delta\mathbf{v} \tag{4.116}$$

Die drei Komponenten des Verzerrungstensors werden gemäß (4.105) variiert, wobei der lineare Term die bekannte **B**-Matrix (4.44) bildet und die quadratischen Terme zu einer nichtlinearen Relation $\mathbf{B}^{\text{nlin}}(\mathbf{v})$ führen:

$$\delta\mathbf{E} = \begin{bmatrix} \delta E_{11} \\ \delta E_{22} \\ \delta E_{12} \end{bmatrix} = \bar{\mathbf{D}}(\mathbf{u})\delta\mathbf{u} = \bar{\mathbf{B}}(\mathbf{v})\delta\mathbf{v} \quad \text{analog} \quad \Delta\mathbf{E} = \bar{\mathbf{B}}(\mathbf{v})\Delta\mathbf{v}, \tag{4.117}$$

$$\bar{\mathbf{B}} = \mathbf{B} + \mathbf{B}^{\text{nlin}}(\mathbf{v}), \tag{4.118}$$

$$\mathbf{B}^{\text{nlin}} = \begin{bmatrix} \mathbf{B}_1 & \cdots & \mathbf{B}_a & \cdots & \mathbf{B}_{n_K} \end{bmatrix},$$

$$\mathbf{B}_a = \begin{bmatrix} u_{1,1} N_{a,1} & u_{2,1} N_{a,1} \\ u_{1,2} N_{a,2} & u_{2,2} N_{a,2} \\ u_{1,1} N_{a,2} + u_{1,2} N_{a,1} & u_{2,1} N_{a,2} + u_{2,2} N_{a,1} \end{bmatrix}. \tag{4.119}$$

Auf ähnliche Weise wie in (4.59) gezeigt findet man die Ableitungen der isoparametrischen Verschiebungsansätze nach den materiellen Koordinaten, um aus (4.107) die Variation $\delta\mathbf{F}$ und die Linearisierung $\Delta\mathbf{F}$ des Deformationsgradienten zu ermitteln:

$$\delta\mathbf{F} = \sum_{a=1}^{n_K} \frac{\partial N_a(\boldsymbol{\xi})}{\partial \mathbf{X}} \delta\mathbf{u}^{(a)} = \bar{\mathbf{H}}\delta\mathbf{v} \quad \text{analog} \quad \Delta\mathbf{F} = \bar{\mathbf{H}}\Delta\mathbf{v}. \tag{4.120}$$

Einsetzen der Beziehungen (4.116)-(4.120) in (4.113) ergibt die virtuelle innere Arbeit für ein Inkrement $\Delta\mathbf{v}$ der Knotenverschiebungen eines Elementes V_e:

$$\Delta\left(\delta\mathcal{W}_{\text{int}}(\mathbf{v},\delta\mathbf{v})\right) = \delta\mathbf{v}^{\text{T}} \bigg\{ \underbrace{\int_{V_e} \bar{\mathbf{B}}^{\text{T}} \mathbf{C}^{\text{ep}} \bar{\mathbf{B}}\, dV_e}_{\mathbf{k}^{\text{nlin}}} + \underbrace{\int_{V_e} \bar{\mathbf{H}}^{\text{T}} \mathbf{T} \bar{\mathbf{H}}\, dV_e}_{\mathbf{k}^{\text{sp}}} \bigg\} \Delta\mathbf{v}. \tag{4.121}$$

Der Ausdruck in geschweifter Klammer stellt die *tangentiale Steifigkeitsmatrix* (engl. *tangential stiffness matrix*) $\mathbf{k}(\mathbf{v})$ am Punkt 0 dar, die aus zwei Beiträgen besteht. Der erste Term $\mathbf{k}^{\text{nlin}}$ wird aus der nichtlinearen Verschiebungs-Verzerrungsrelation $\bar{\mathbf{B}}$ und dem Materialtensor $\mathbf{C}^{\text{ep}}$ gebildet, der im Fall nichtlinearer Stoffgesetze ebenfalls von $\mathbf{v}$ abhängt (siehe vorheriger Abschnitt 4.5.2). Hinzu kommt die so genannte *geometrische Steifigkeitsmatrix* oder *Anfangsspannungsmatrix* (engl. *initial stress matrix*) $\mathbf{k}^{\text{sp}}$, die den Einfluss des aktuellen Spannungszustandes $\mathbf{T}$ auf die veränderte Geometrie $\bar{\mathbf{H}}$ widerspiegelt.

$$\mathbf{k}(\mathbf{v}) = \mathbf{k}^{\text{nlin}}(\mathbf{v}) + \mathbf{k}^{\text{sp}}(\mathbf{T}) \tag{4.122}$$

Nach der Assemblierung aller Elementbeiträge (4.122) erhält man die tangentiale Systemsteifigkeitsmatrix $\mathbf{K}$ für das linearisierte FEM-Gleichungssystem.

$$\mathbf{K}(\mathbf{V}_0)\,\Delta\mathbf{V} = -\mathbf{R} := \mathbf{F}^{\text{ext}} - \mathbf{F}^{\text{int}} \tag{4.123}$$

Seine iterative Lösung erfolgt am besten mit dem NEWTON-RAPHSON-Verfahren, siehe Abschnitt 4.5.1.

Der hier erläuterte Algorithmus wird in der FEM-Literatur als *total LAGRANGEsche Methode* bezeichnet. Weitere Ausführungen zur FEM bei physikalischen und geometrischen Nichtlinearitäten findet man in [290, 255, 35].

4.6 Explizite FEM für dynamische Probleme

Für die Analyse stoßartiger Rissbelastungen und hochdynamischer Rissausbreitungsvorgänge, die meist auch mit Kontaktproblemen verbunden sind, hat sich in der FEM das Verfahren der expliziten Zeitintegration am besten bewährt. Im Unterschied zu impliziten Zeitintegrationsverfahren (z. B. NEWMARK) ist das explizite Verfahren numerisch sehr effektiv und robust. Von Nachteil ist seine bedingte Stabilität, was zur Einhaltung sehr kleiner Zeitschritte $\Delta t_n \leq \Delta t_c$ zwingt.

Mit der ersten und zweiten Zeitableitung der Verschiebungsansätze (4.42) erhält man die Geschwindigkeiten und Beschleunigungen aus den Knotenwerten $\mathbf{v}$:

$$\dot{\mathbf{u}} = \mathbf{N}\dot{\mathbf{v}}, \qquad \ddot{\mathbf{u}} = \mathbf{N}\ddot{\mathbf{v}}. \tag{4.124}$$

Für dämpfungsfreie Systeme folgen aus dem HAMILTONschen Prinzip die Bewegungsgleichungen, woraus nach der FEM-Diskretisierung gemäß Abschnitt 4.4 die Steifigkeitsbeziehung (4.49) um den Trägheitsterm $\mathbf{m}\ddot{\mathbf{v}}$ zu erweitern ist:

$$\begin{aligned}\mathbf{m}\ddot{\mathbf{v}}(t) + \mathbf{k}\mathbf{v}(t) &= \mathbf{f}_b + \mathbf{f}_t + \mathbf{f}_\varepsilon = \mathbf{f}(t) \\ \mathbf{M}\ddot{\mathbf{V}}(t) + \mathbf{K}\mathbf{V}(t) &= \mathbf{F}_b + \mathbf{F}_t + \mathbf{F}_\varepsilon = \mathbf{F}(t)\end{aligned} \tag{4.125}$$

$$\text{Massenmatrix: } \mathbf{m} = \int_{V_e} \mathbf{N}^\mathrm{T} \rho\, \mathbf{N}\, \mathrm{d}V, \qquad \mathbf{M} = \bigcup_{e=1}^{n_\mathrm{E}} \mathbf{m}_e. \tag{4.126}$$

Mit den in Abschnitt 4.3 dargestellten Algorithmen kann prinzipiell auch die Elementmassenmatrix (4.126) integriert und zur Gesamtmassenmatrix $\mathbf{M}$ assembliert werden. Bei Verwendung der Formfunktionen erhält dann die so genannte *konsistente Massenmatrix*, die Symmetrie und Bandstruktur besitzt. Daraus resultiert ein relativ hoher Rechenaufwand bei der Lösung von (4.125), da $\mathbf{M}$ invertiert werden muss. Dieser lässt sich jedoch um ein Vielfaches verringern, wenn eine *kondensierte Massenmatrix* (engl. *lumped mass matrix*) in Diagonalform verwendet wird. In diesem Fall ist die Invertierung von $\mathbf{M}$ trivial, so dass (4.125) direkt nach den gesuchten Knotenbeschleunigungen $\ddot{\mathbf{v}}$ aufgelöst werden kann. Für die Bestimmung der diagonalisierten Massenmatrix existieren verschiedene Interpolations- und Integrationstechniken [116, 34].

4.6 Explizite FEM für dynamische Probleme

Zur Lösung der DGL 2. Ordnung (4.125) bzgl. der Zeit wird in der Regel das explizite zentrale Differenzenschema angewandt. Dabei werden die dynamischen Größen am Ende des $(n+1)$-ten Zeitschritts $t_{n+1} = t_n + \Delta t_{n+1}$ aus dem Impulssatz (4.125) zum Intervallanfang t_n berechnet. Die Geschwindigkeiten in der Intervallmitte $t_{n+\frac{1}{2}} = t_n + \frac{1}{2}\Delta t_{n+1}$ ergeben sich aus dem Differenzenquotient

$$\dot{\mathbf{v}}_{n+\frac{1}{2}} = (\mathbf{v}_{n+1} - \mathbf{v}_n)/\Delta t_{n+1}, \qquad \dot{\mathbf{v}}_{n-\frac{1}{2}} = (\mathbf{v}_n - \mathbf{v}_{n-1})/\Delta t_n, \tag{4.127}$$

woraus die Beschleunigung bei t_n folgt:

$$\mathbf{a}_n = \ddot{\mathbf{v}}_n = (\dot{\mathbf{v}}_{n+\frac{1}{2}} - \dot{\mathbf{v}}_{n-\frac{1}{2}})/\left[\frac{1}{2}(\Delta t_{n+1} + \Delta t_n)\right]. \tag{4.128}$$

Daraus leitet sich der nachstehende Algorithmus ab:

(0) Festlegung der Anfangsbedingungen $\mathbf{v}_0$ und $\dot{\mathbf{v}}_0$

(1) Inkrementieren der Zeit und äußeren Belastung $\mathbf{f}(t)$

(2) Berechnung der Beschleunigung im Zeitschritt Δt_{n+1} aus (4.125):

$$\mathbf{a}_n = \mathbf{m}^{-1}(\mathbf{f} - \mathbf{k}\,\mathbf{v}_n)$$

(3) Bestimmung der Geschwindigkeit über (4.128):

$$\dot{\mathbf{v}}_{n+\frac{1}{2}} = \dot{\mathbf{v}}_{n-\frac{1}{2}} + \frac{\Delta t_{n+1} + \Delta t_n}{2}\mathbf{a}_n$$

(4) Aktualisierung der Verschiebungen mit (4.127):

$$\mathbf{v}_{n+1} = \mathbf{v}_n + \Delta t_{n+1}\dot{\mathbf{v}}_{n+\frac{1}{2}}$$

(5) Nächster Zeitschritt $n := n+1$, gehe zu (2)

Der explizite Algorithmus erfordert weder Iterationen noch die Invertierung der Steifigkeitsmatrix, selbst die Assemblierung der Elementmatrizen kann entfallen. Materielle und geometrische Nichtlinearitäten werden einfach durch $\mathbf{k}(\mathbf{v}_n)$ berücksichtigt.

Die maximal zulässige Zeitschrittweite Δt_c ist umgekehrt proportional zur höchsten Eigenkreisfrequenz $\omega_{\max}$ des Systems. In der Praxis wird Δt_c durch die Zeit abgeschätzt, die eine Dilatationswelle mit der materialabhängigen Ausbreitungsgeschwindigkeit c_d benötigt, um das kleinste finite Element der Länge $L_{\min}$ zu durchlaufen, wobei b noch ein empirischer Faktor ist:

$$\Delta t \leq \Delta t_c = b\frac{L_{\min}}{c_d}. \tag{4.129}$$

4.7 Arbeitsschritte bei der FEM–Analyse

Nachfolgend sind die wesentlichen Arbeitsschritte kurz zusammengestellt, die für die FEM-Berechnung eines Bauteils erforderlich sind. Die besonderen Aufgaben zur Behandlung von Rissen sind *kursiv* hervorgehoben.

4.7.1 PRE-Prozessor

– Erstellung des FEM-Netzwerkes (Knotenkoordinaten, Elemente, Topologie)
– *Spezielle Netzgeneratoren für Risse (Spezialelemente, geometrische Besonderheiten)*
– Vorgabe der Belastungen und Lagerbedingungen
– Eingabe der Materialeigenschaften
– Vorgabe des zeitlichen Belastungsprogramms
– Kontrolle und Visualisierung des Eingabemodells

4.7.2 FEM-Prozessor

– Aufbau und Speicherung der Steifigkeits- $\mathbf{K}(t)$ und Massenmatrix $\mathbf{M}$
  Berechnung der rechten Seite $\mathbf{F}(t)$ aus allen Belastungen
– *Rissspitzenelemente und spezielle Algorithmen für Risse*
– Einarbeitung der kinematischen Randbedingungen
– Lösung des (nicht-)linearen FEM-Gleichungssystems
– Speicherung der Resultate (Lösungsvektor $\mathbf{V}(t)$ u. a.)
– Inkrementelle Erhöhung der Belastungen für den nächsten Zeitschritt bei nichtlinearen oder dynamischen Analysen; ggf. Wiederholung dieser Schleife

4.7.3 POST-Prozessor

– Berechnung interessierender Feldgrößen (u_i, ε_{ij}, σ_{ij}, T) für gewünschte Orte und Zeitpunkte aus dem Lösungsvektor $\mathbf{V}(t)$
– Knotendaten: $\mathbf{v}^{(a)}$, $\dot{\mathbf{v}}^{(a)}$, $\ddot{\mathbf{v}}^{(a)}$, $\mathbf{f}$, T, h_R
– Elementdaten (Integrationspunkte): ε_{ij}, σ_{ij}, $\varepsilon_{\max}$, $\sigma_{\max}$, ε_v, σ_v, U
– Grafische Darstellung: Isolinien-Farbbilder, zeitlicher Verlauf, verformte Struktur, Animation von Bewegungen u. ä. m.
– *Spezifische Auswertungen (EDI-Integral, MCCI-Schließintegral, DIM u. a.) für die Bestimmung bruchmechanischer Beanspruchungsparameter (K-Faktoren, G, J)*

5 FEM-Techniken zur Rissanalyse in linear-elastischen Strukturen

Ziel der FEM-Analyse ist die Berechnung der bruchmechanischen Beanspruchungsparameter für einen Riss in einer Struktur (Prüfkörper, Bauteil, Werkstoffgefüge) bei linear-elastischem (isotropen oder anisotropen) Materialverhalten. Im Abschnitt 3.2 wurden die relevanten Beanspruchungsparameter der LEBM vorgestellt: Die Spannungsintensitätsfaktoren K_I, K_II, K_III und die Energiefreisetzungsrate $G \equiv J$. Ihre Werte hängen von der Geometrie der Struktur, ihrer Belastung, der Länge und Form des Risses sowie von den elastischen Materialeigenschaften ab.

Obwohl die FEM zur Lösung der RWA geradewegs eingesetzt werden kann, besteht bei der Anwendung auf Rissprobleme doch eine grundlegende Schwierigkeit. Diese liegt in der exakten Erfassung der Singularität an der Rissspitze mit Hilfe eines numerischen Näherungsverfahrens wie der FEM. Die üblichen Finite-Elemente-Typen besitzen nur reguläre Polynomansätze für u_i, ε_{ij} und σ_{ij}. Sie können deshalb die Risssingularität nur schlecht wiedergeben. Aus diesem Grunde sind spezielle Elementansätze, numerische Algorithmen oder Auswertetechniken erforderlich, um aus einer FEM-Lösung die Beanspruchungskenngrößen effizient und genau zu gewinnen. Im folgenden Kapitel sollen die dafür entwickelten Methoden vorgestellt werden, wobei wir uns hauptsächlich auf stationäre Risse konzentrieren. Die Besonderheiten der FEM-Techniken und Vernetzungen zur Analyse instationärer Risse werden in Kapitel 8 erläutert.

5.1 Auswertung der numerischen Lösung an der Rissspitze

Wenn man nur reguläre finite Elemente (engl. *regular standard elements*) (RSE) zur Verfügung hat, so ist eine sehr feine Vernetzung an der Rissspitze notwendig. Man sollte sich nochmals bewusst machen, dass mit dem Spannungsintensitätsfaktor K_I der *Koeffizient einer Singularität* gesucht wird! Das bedeutet erstens: Je feiner wir vernetzen, desto höher ($\to \infty$) wachsen die Spannungen an. Zweitens muss die Diskretisierung so fein sein, dass damit die Feldgrößen innerhalb der Nahfeldlösung ausreichend genau aufgelöst werden.

Eine typische Vernetzung für Rissprobleme wird am Beispiel des GRIFFITH-Risses in der zugbelasteten endlichen Scheibe von Bild 5.1 demonstriert. Aus Gründen der Symmetrie des Problems bzgl. der x_1- und x_2-Achse genügt es, nur einen Quadranten (grau hinterlegt) zu modellieren. Dabei müssen auf den Symmetrieachsen ($x_1 = 0$ bzw. $x_2 = 0$) die Normalverschiebungen ($u_2 = 0$ bzw. $u_1 = 0$) verhindert werden. Am oberen Rand werden die Zugspannungen mit äquivalenten Knotenkräften angelegt und die Rissufer bleiben lastfrei. Bild 5.2 zeigt das FEM-Modell bei Verwendung viereckiger Elemente. Für stationäre Risse bietet sich ein polares FEM-Netz mit einer starken konzentrischen Verfeinerung um die Rissspitze an, siehe Detailbild rechts. Die kleinsten Elemente an der Rissspitze müssen eine Größe L haben, die noch erheblich unter dem Gültigkeitsbe-

5 FEM-Techniken zur Rissanalyse in linear-elastischen Strukturen

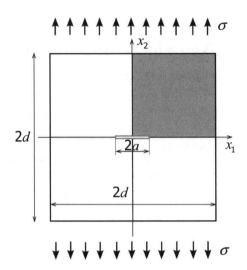

Bild 5.1: Griffith-Riss in einer endlichen Scheibe unter Zug

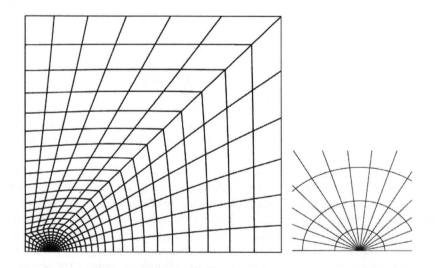

Bild 5.2: FEM-Netzwerk mit Ausschnittvergrößerung am Riss

5.1 Auswertung der numerischen Lösung an der Rissspitze

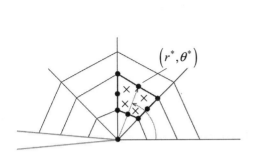

Bild 5.3: Auswertung der FEM-Lösung an einem Knotenpunkt (r^*, θ^*)

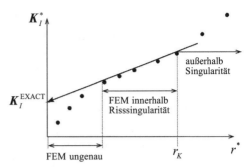

Bild 5.4: Gültigkeitsbereich der FEM-Auswertung

reich r_K des K_I-dominierten Nahfeldes liegt. Um die Winkelverteilung ausreichend gut zu reproduzieren, müssen auch genügend Elemente über den Kreisbogen verteilt werden. Mit der Abschätzung $r_K \approx a/50\ldots a/10$ sollte deshalb folgende Relation eingehalten werden:

- Elementgröße an der Rissspitze: $L < a/100\ldots a/20$
- Zahl der Elemente / Halbkreis: $n > 6$ bzw. $\Delta\theta < 30°$

Das einfachste Verfahren zur Ermittlung des Spannungsintensitätsfaktors K_I besteht im direkten Vergleich der FEM-Lösung mit der Nahfeldlösung (3.12) und (3.16) für Modus I:

$$u_i(r,\theta) = \frac{1}{2\mu}\sqrt{\frac{r}{2\pi}}K_I\, g_i^I(\theta), \quad \sigma_{ij}(r,\theta) = \frac{K_I}{\sqrt{2\pi r}}f_{ij}^I(\theta)\,. \tag{5.1}$$

Für einen ausgewählten Punkt (r^*, θ^*) kann man so entweder aus den Verschiebungen u_i^{FEM} oder den Spannungen σ_{ij}^{FEM} durch Umstellen von (5.1) einen Wert K_I^* errechnen:

$$K_I^*(r^*,\theta^*) = 2\mu\sqrt{\frac{2\pi}{r^*}}\frac{u_i^{\text{FEM}}(r^*,\theta^*)}{g_i^I(\theta^*)}, \quad K_I^*(r^*,\theta^*) = \frac{\sqrt{2\pi r^*}\sigma_{ij}^{\text{FEM}}(r^*,\theta^*)}{f_{ij}^I(\theta^*)}. \tag{5.2}$$

Für die Verschiebungen bieten sich die Werte an den Knoten an, während die Spannungen in der Regel an den Integrationspunkten ausgegeben werden und dort auch die größte Genauigkeit besitzen, siehe Bild 5.3. Bild 5.4 zeigt ein typisches Resultat für $K_I^*(r^*)$ entlang eines Radius-Strahls $\theta^* = $ const. Hierbei kann man drei Bereiche unterscheiden: Sehr nahe an der Rissspitze können die Elemente die Singularität nur ungenau abbilden, weshalb K_I^* im Vergleich zum exakten K_I-Wert zu klein ausfällt. Im mittleren Abstand ist die Güte der FEM-Lösung ausreichend. Außerhalb des Dominanzbereiches $r^* > r_K$ verliert (5.2) ihre Berechtigung, da außer der Singularität noch weitere Lösungsanteile auftreten. Als pragmatische Technik wird deshalb eine lineare Extrapolation der Funktion $K_I^*(r^*)$ vom mittleren Bereich aus gegen die Rissspitze $r^* \to 0$ vorgeschlagen. Die besten Erfahrungen mit dieser Auswertung gibt es an folgenden Positionen:

a) Werte der rissöffnenden Verschiebungen auf dem Rissufer (relativ zu einer evtl. Verschiebung $u_2^{\text{FEM}}(0)$ des Rissspitzenknotens)

$$K_{\text{I}} = \lim_{r^* \to 0} u_2^{\text{FEM}}(r^*, \theta = \pi) \frac{E'}{4} \sqrt{\frac{2\pi}{r^*}}. \tag{5.3}$$

$$E' = E \quad \text{(ESZ)} \quad \text{und} \quad E' = E/(1-\nu^2) \quad \text{(EVZ)}$$

b) Werte der Normalspannungen auf dem Ligament vor dem Riss

$$K_{\text{I}} = \lim_{r^* \to 0} \sigma_{22}^{\text{FEM}}(r^*, \theta = 0) \sqrt{2\pi r^*}. \tag{5.4}$$

Mitunter wird auch eine doppelt logarithmische Auftragung von (5.4) empfohlen

$$\ln[2\pi\sigma_{22}(r^*)] - \ln K_{\text{I}} = -\frac{1}{2} \ln r^*, \tag{5.5}$$

wobei die Wiedergabegüte der Risssingularität durch die Einhaltung des Anstiegs (Faktor $-1/2$) kontrolliert werden kann und sich K_{I} aus dem Schnittpunkt mit der Ordinate ergibt.

Die bisherige Auswertung galt für reine Modus-I-Belastung. Sie kann sinngemäß auf zweidimensionale Rissgeometrien übertragen werden, die ausschließlich im Modus-II oder Modus-III beansprucht sind, vgl. Abschnitt 3.2.1 und Bild 3.6. In diesen Fällen liegt der Riss auf einer Symmetrieebene des Körpers (x_1-Achse), so dass für die FEM ein Halb-Modell genügt. Wegen der Symmetrie- und Antimetrieeigenschaften sind auf dem Ligament ($|x_1| > 0$, $x_2 = 0$) folgende Randbedingungen zu beachten: Modus-II: $u_1 = \sigma_{22} = 0$, Modus-III: $u_3 = 0$. Anhand der asymptotischen Lösungen (3.25) und (3.23) für Modus II bzw. (3.31) und (3.32) bei Modus III erhält man Formeln zur Bestimmung der K-Faktoren aus den Rissuferverschiebungen oder Ligamentspannungen:

$$K_{\text{II}} = \lim_{r^* \to 0} u_1^{\text{FEM}}(r^*, \pi) \frac{E'}{4} \sqrt{\frac{2\pi}{r^*}}, \qquad K_{\text{II}} = \lim_{r^* \to 0} \tau_{21}^{\text{FEM}}(r^*, 0) \sqrt{2\pi r^*} \tag{5.6}$$

$$K_{\text{III}} = \lim_{r^* \to 0} u_3^{\text{FEM}}(r^*, \pi) \frac{E}{4(1+\nu)} \sqrt{\frac{2\pi}{r^*}}, \qquad K_{\text{III}} = \lim_{r^* \to 0} \tau_{23}^{\text{FEM}}(r^*, 0) \sqrt{2\pi r^*} \tag{5.7}$$

Im allgemeinen Beanspruchungsfall des Risses überlagern sich alle drei Modi I, II und III und es gehen sämtliche Symmetrieeigenschaften verloren. Auf den Rissufern separieren sich allerdings die Rissöffnungsarten, so dass die K-Faktoren aus den Relativverschiebungen $\Delta u_i(r^*) = u_i(r^*, \theta = +\pi) - u_i(r^*, \theta = -\pi)$ zweier gegenüberliegender Knoten auf den Rissufern ermittelt werden können

$$\begin{Bmatrix} K_{\text{I}} \\ K_{\text{II}} \\ K_{\text{III}} \end{Bmatrix} = \lim_{r^* \to 0} \sqrt{\frac{2\pi}{r^*}} \begin{Bmatrix} \frac{E'}{8} \Delta u_2(r^*) \\ \frac{E'}{8} \Delta u_1(r^*) \\ \frac{E}{8(1+\nu)} \Delta u_3(r^*) \end{Bmatrix}. \tag{5.8}$$

Diese Auswerteformel gilt auch für räumliche Risskonfigurationen, wobei sich $u_i(r^*, \theta^*)$ dann auf ein lokales Koordinatensystem senkrecht zum betrachteten Punkt der Rissfront bezieht (siehe Bild 3.10), was eine entsprechende Transformation aus dem globalen System erfordert.

Alle bisher angegebenen Beziehungen gelten für isotropes Material, bei dem jeder Spannungsintensitätsfaktor genau mit der Verschiebungskomponente des jeweiligen Rissöffnungsmodus verknüpft ist. Bei anisotropem Material sind jedoch die Verschiebungskomponenten auf den Rissufern mit allen K-Faktoren gekoppelt, so dass ein lineares Gleichungssystem entsteht. Für den in Abschnitt 3.2.7 behandelten Spezialfall der Orthotropie findet man:

$$\begin{Bmatrix} K_I \\ K_{II} \\ K_{III} \end{Bmatrix} = \frac{1}{4} \begin{bmatrix} H_{11} & H_{12} & 0 \\ H_{21} & H_{22} & 0 \\ 0 & 0 & H_{33} \end{bmatrix} \lim_{r^* \to 0} \sqrt{\frac{2\pi}{r^*}} \begin{Bmatrix} \Delta u_1(r^*) \\ \Delta u_2(r^*) \\ \Delta u_3(r^*) \end{Bmatrix}, \tag{5.9}$$

wobei die Komponenten der Matrix H_{ij} von den elastischen Konstanten abhängen:

$$\begin{bmatrix} H_{11} & H_{12} \\ H_{21} & H_{22} \end{bmatrix} = \frac{1}{H_{11}H_{22} - H_{12}H_{21}} \begin{bmatrix} \Im\left(\dfrac{q_1 - q_2}{s_1 - s_2}\right) & \Im\left(\dfrac{p_2 - p_1}{s_1 - s_2}\right) \\ \Im\left(\dfrac{s_1 q_2 - s_2 q_1}{s_1 - s_2}\right) & \Im\left(\dfrac{s_2 p_1 - s_1 p_2}{s_1 - s_2}\right) \end{bmatrix} \tag{5.10}$$

$$H_{33} = \Im(c_{45} + s_3 c_{44})$$

Diese direkte *Verschiebungsauswertemethode* (engl. *displacement interpretation method*) (DIM) und *Spannungsauswertemethode* (engl. *stress interpretation method*) (SIM) gelten als die einfachsten Verfahren zur K-Faktor Bestimmung. Wegen der relativ willkürlichen Extrapolation (siehe Bild 5.4) besitzen sie auch die geringste Genauigkeit. Dennoch eignen sie sich zumindest für eine überschlägige Auswertung der direkt verfügbaren FEM-Resultate durch simple Handrechnung.

5.2 Spezielle finite Elemente an der Rissspitze

5.2.1 Entwicklung von Rissspitzenelementen

Die unbefriedigende Lösungsqualität regulärer Elemente wurde schon in den 70er Jahren erkannt, was zur Entwicklung spezieller Elementformulierungen führte, bei denen die Formfunktionen singuläre rissspezifische Ansätze enthalten, deren Freiwerte mit den K-Faktoren in Beziehung stehen. Sonderelemente dieser Art werden *Rissspitzenelemente* (engl. *crack tip elements*) (CTE) genannt. Sie werden zur Diskretisierung der unmittelbaren Rissspitzenumgebung eingesetzt, woran sich reguläre Elemente zur Modellierung der restlichen Struktur anschließen. Diese CTE können eine Rissspitze vollständig einbetten, wenn ihre Ansätze komplette Rissspitzenfelder in (r, θ)-Koordinaten beschreiben, siehe [57, 288]. Meist beschränkt man sich jedoch auf die Nachbildung der radialen $r^{-1/2}$-Singularität, weshalb die Winkelabhängigkeit θ durch fächerförmige Elementanordnungen um die Rissspitze modelliert werden muss. Erwähnt werden sollen die wesentlichen

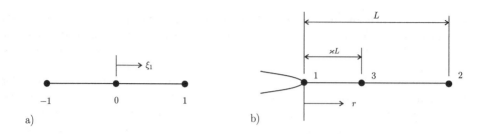

Bild 5.5: Eindimensionales Viertelpunktelement: a) natürliche Koordinaten, b) lokale kartesische Koordinaten

Entwicklungen von ebenen [5, 36, 39, 273] und räumlichen Rissspitzenelementen [40, 274].

Das größte Problem bei derartigen Elementformulierungen besteht darin, dass die singulären Rissansätze nicht mit den regulären Formfunktionen auf den Rändern zu den Nachbarelementen kompatibel sind. Häufig erlauben ihre Formfunktionen auch keine Starrkörperbewegungen oder konstanten Verzerrungszustände, was Voraussetzung für die Konvergenz der Lösung ist. Ein weiterer Nachteil vieler Rissspitzenelemente bestand darin, dass sie wegen ihrer algorithmischen Besonderheiten nicht in kommerzielle FEM-Programme aufgenommen wurden und somit nur für wenige Spezialisten nutzbar waren.

5.2.2 Modifizierte isoparametrische Verschiebungselemente

Ein entscheidender Fortschritt in dieser Hinsicht wurde durch die Entdeckung der sogenannten *Viertelpunktelemente* (engl. *quarter point elements*) (QPE) erzielt, welche unabhängig voneinander HENSHELL & SHAW [113] und BARSOUM [26] gelang. Die Grundidee besteht in einer Modifikation isoparametrischer Elemente mit quadratischem Ansatz dadurch, dass die Position der Seitenmittenknoten verändert wird. Verschiebt man nämlich die Koordinaten dieser Knoten von der Mitte in Richtung Rissspitze auf die Viertelposition bei allen Elementkanten, die auf die Rissspitze zulaufen, so bewirkt dies eine Veränderung der Verschiebungs-, Verzerrungs- und Spannungsfelder im Element, die genau der radialen Funktion des Rissspitzenfeldes entspricht. Ursache für die Entstehung eines singulären $1/\sqrt{r}$-Verlaufs ist die nichtlineare Abbildung zwischen den natürlichen (parametrischen) und den lokalen (geometrischen) Koordinaten $\boldsymbol{\xi} \to \boldsymbol{x}$. Man spricht deshalb auch von »knotendistordierten« Ansatzfunktionen.

Bevor auf die verschiedenen Arten von Viertelpunktelementen näher eingegangen wird, soll das Prinzip am eindimensionalen Element 1D bzw. an einer Kante dargestellt werden.

a) Eindimensionales Viertelpunktelement

Bild 5.5 b stellt das 1D-Viertelpunktelement mit den drei Knoten 1, 3 und 2 im geometrischen Raum an der Rissspitze dar, deren Abstand durch die Koordinate r gegeben ist. Die Position des Mittelknotens 3 wird durch den Parameter $\varkappa$ gesteuert. Im Bild 5.5 a ist der Parameterraum ξ ($\widehat{=}\xi_1$) wiedergegeben. Der quadratische 1D-Verschiebungsansatz dieses Elementes lautet:

$$u(\xi) = \sum_{a=1}^{3} N_a(\xi) u^{(a)} = \frac{1}{2}\xi(\xi-1)u^{(1)} + (1-\xi^2)u^{(3)} + \frac{1}{2}\xi(\xi+1)u^{(2)}$$
$$= u^{(3)} + \frac{1}{2}\left(u^{(2)} - u^{(1)}\right)\xi + \left[\frac{1}{2}\left(u^{(1)} + u^{(2)}\right) - u^{(3)}\right]\xi^2$$
(5.11)

In der letzten Gleichung wurde nach ξ-Potenzen geordnet. Aufgrund der isoparametrischen Elementformulierung gilt dieselbe Interpolationsfunktion auch für die Koordinaten, d. h. auch den Radius r mit den Knotenwerten $r^{(1)} = 0$, $r^{(3)} = \varkappa L$, $r^{(2)} = L$:

$$r(\xi) = \sum_{a=1}^{3} N_a(\xi) r^{(a)} = \varkappa L + \frac{1}{2}L\xi + \left(\frac{1}{2} - \varkappa\right) L\xi^2$$
(5.12)

Bei einem regulären 1D-Element würde $\varkappa = 1/2$ gelten und aus (5.12) folgte dann $\xi = 2r/L - 1$. Einsetzen dieser linearen Beziehung in (5.11) liefert ebenfalls ein Polynom 2. Grades für den Verschiebungsverlauf $u(r)$. Verschiebt man jedoch Knoten (3) auf die Viertelposition $\varkappa = 1/4$, so ergibt (5.12) hingegen den Zusammenhang

$$r = \frac{L}{4}(1+\xi)^2 \quad \Rightarrow \quad \xi = 2\sqrt{\frac{r}{L}} - 1,$$
(5.13)

woraus mit (5.11) folgende radiale Abhängigkeit der Verschiebung und Dehnung entsteht:

$$u(r) = u^{(1)} + \left(-3u^{(1)} - u^{(2)} + 4u^{(3)}\right)\sqrt{\frac{r}{L}} + 2\left(u^{(1)} + u^{(2)} - 2u^{(3)}\right)\frac{r}{L}$$
(5.14)

$$\varepsilon(r) = \frac{\partial u}{\partial r} = \left(-\frac{3}{2}u^{(1)} - \frac{1}{2}u^{(2)} + 2u^{(3)}\right)\frac{1}{\sqrt{Lr}} + 2\left(u^{(1)} + u^{(2)} - 2u^{(3)}\right)\frac{1}{L}$$
(5.15)

Wie man sieht, enthält der Verschiebungsansatz jetzt neben einer konstanten (Starrkörperverschiebung) und linearen Funktion nun einen $\sqrt{r}$-Verlauf, der somit genau das Verschiebungsfeld an der Rissspitze nachbildet. Die Dehnung im Viertelpunktelement weist die gewünschte $1/\sqrt{r}$-Singularität auf und verfügt noch über den notwendigen konstanten Term (Patch-Test).

b) Viereckige und dreieckige Viertelpunktelemente 2D

Zur Berechnung ebener Rissprobleme werden Viertelpunktelemente aus isoparametrischen Rechteck- [113] oder Viereckelementen [26] generiert, indem man die Mittelknoten entlang zweier Kanten versetzt, wie es die Bilder 5.6a und 5.6b zeigen. Die 1D-Betrachtung des vorigen Abschnitts kann man direkt auf die Kanten 1-5-2 und 1-8-4 anwenden, so dass hier die gewünschten risstypischen Funktionen (5.14) und (5.15) vorliegen. Auf Radiusstrahlen im Element existiert dieser Verlauf nur in einem engen (grauen) Bereich [21]. Vorausgesetzt werden muss außerdem, dass alle Elementkanten Geraden sind. Da die Winkelabhängigkeit der Nahfeldlösung mit diesen Risselementen

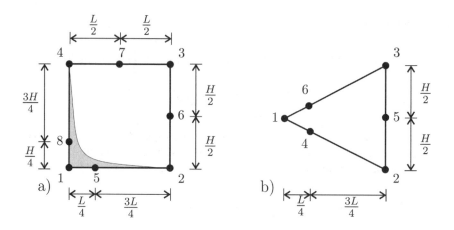

Bild 5.6: Knotendistordiertes isoparametrisches 8-Knoten-Viereckelement (a) und 6-Knoten-Dreieckelement (b)

(90° Winkel) nur relativ schlecht nachzubilden ist, werden sie eher selten eingesetzt.

Bessere Eigenschaften haben in dieser Hinsicht Viertelpunktelemente, die aus natürlichen 6-Knoten-Dreieckelementen mit quadratischen Ansatzfunktionen erzeugt werden, siehe Bild 5.6 b. Erstens kann man viele derartige Elemente sektorförmig um die Rissspitze legen. Zweitens wurde nachgewiesen [96], dass die $r^{-1/2}$-Singularität in allen Richtungen innerhalb des Elementes reproduziert wird. Somit können die knotendistordierten Dreieckelemente die Winkelverteilung um die Rissspitze weitaus besser auflösen, weshalb ihnen generell der Vorzug gebührt. Die der Rissspitze gegenüber liegende Kante 2–5–3 darf auch gekrümmt sein.

c) Kollabierte Viereckelemente

Das wohl am häufigsten verwendete Rissspitzenelement ist das isoparametrische 8-Knotenelement, bei dem eine Seite (z. B. $\xi_1 = -1$) zu einem Punkt kollabiert wird, so dass die Knoten 1, 4 und 8 identische Koordinaten erhalten wie in Bild 5.7 dargestellt. Dieses zum Dreieck degenerierte Viereckelement verfügt nach BARSOUM [27] über einige spezielle Eigenschaften, die vorteilhaft in der LEBM und EPBM genutzt werden können. Eine Gruppe dieser Elemente wird fächerförmig um die Rissspitze angeordnet, wobei die kollabierten Knoten alle an der Rissspitze ($x_1 = 0$, $x_2 = 0$) liegen. Außerdem sehen wir durch den Parameter $\varkappa$ noch eine variable Positionierung der Mittelknoten 5 und 7 vor. Dann lauten die Knotenkoordinaten nach Bild 5.7:

$$x_1^{(1)} = x_1^{(4)} = x_1^{(8)} = 0, \quad x_1^{(2)} = x_1^{(6)} = x_1^{(3)} = L, \quad x_1^{(5)} = x_1^{(7)} = \varkappa L$$
$$x_2^{(1)} = x_2^{(4)} = x_2^{(8)} = 0, \quad x_2^{(2)} = -H, \quad x_2^{(6)} = 0, \quad x_2^{(3)} = H, \quad x_2^{(5)} = -\varkappa H, \quad x_2^{(7)} = \varkappa H.$$
(5.16)

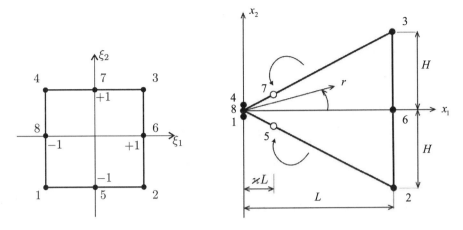

Bild 5.7: Kollabiertes und distordiertes isoparametrisches 8-Knoten-Viereckelement

Mit Hilfe der Formfunktionen (4.66) dieses Viereckelements ergeben sich die Koordinaten

$$
\begin{aligned}
x_1 &= \frac{L}{2}\left[(1+\xi_1)^2(1-2\varkappa) - (1+\xi_1)(1-4\varkappa)\right] \\
x_2 &= \frac{H}{2}\xi_2\left[(1+\xi_1)^2(1-2\varkappa) - (1+\xi_1)(1-4\varkappa)\right]
\end{aligned}
\tag{5.17}
$$

und daraus der Abstand r zur Rissspitze

$$
r = \sqrt{x_1^2 + x_2^2} = \frac{1}{2}\sqrt{L^2 + H^2\xi_2^2}\left[(1+\xi_1)^2(1-2\varkappa) - (1+\xi_1)(1-4\varkappa)\right]. \tag{5.18}
$$

Für den Fall der Viertelpunktposition $\varkappa = 1/4$ gilt:

$$
\begin{aligned}
&x_1 = \frac{L}{4}(1+\xi_1)^2, \quad x_2 = \frac{H}{4}\xi_2(1+\xi_1)^2 \\
&r = \frac{1}{4}(1+\xi_1)^2\sqrt{L^2 + H^2\xi_2^2} \quad \Rightarrow \quad (1+\xi_1) = \frac{\sqrt{r}}{\frac{1}{2}\sqrt[4]{L^2 + H^2\xi_2^2}}
\end{aligned}
\tag{5.19}
$$

Die Elemente der JACOBIschen Matrix berechnen sich aus (5.17) zu:

$$
\begin{aligned}
J_{11} &= \frac{\partial x_1}{\partial \xi_1} = L\left[(1+\xi_1)(1-2\varkappa) - \frac{1}{2}(1-4\varkappa)\right] \\
J_{21} &= \frac{\partial x_1}{\partial \xi_2} = 0 \\
J_{12} &= \frac{\partial x_2}{\partial \xi_1} = H\xi_2\left[(1+\xi_1)(1-2\varkappa) - \frac{1}{2}(1-4\varkappa)\right] = \frac{H}{L}\xi_2 J_{11} \\
J_{22} &= \frac{\partial x_2}{\partial \xi_2} = \frac{H}{2}(1+\xi_1)\left[(1+\xi_1)(1-2\varkappa) - (1-4\varkappa)\right] = \frac{rH}{\sqrt{L^2 + H^2\xi_2^2}}
\end{aligned}
\tag{5.20}
$$

Aus (5.20) ergibt sich bei $\varkappa = 1/4$ folgende Abhängigkeit vom Radius:

$$J_{11} = \frac{L}{2}(1+\xi_1) \sim \sqrt{r}, \qquad J_{21} = 0$$

$$J_{12} = \frac{H}{2}\xi_2(1+\xi_1) \sim \sqrt{r}, \qquad J_{22} = \frac{H}{4}(1+\xi_1)^2 \sim r \tag{5.21}$$

$$J = \det|\mathbf{J}| = J_{11}J_{22} = \frac{LH}{8}(1+\xi_1)^3 \sim r^{3/2}.$$

Daraus errechnet sich die Inverse der JACOBI-Matrix über

$$\mathbf{J}^{-1} = \frac{1}{J}\begin{bmatrix} J_{22} & -J_{12} \\ 0 & J_{11} \end{bmatrix} \sim \begin{bmatrix} \frac{1}{\sqrt{r}} & \frac{1}{r} \\ 0 & \frac{1}{r} \end{bmatrix}, \tag{5.22}$$

woraus ersichtlich wird, dass allein durch die Vorgabe der Knotenpositionen in der Transformation ($\boldsymbol{\xi} \leftrightarrow \boldsymbol{x}$) Singularitäten vom Typ $r^{-1/2}$ und r^{-1} bzgl. des Radius zur Rissspitze entstehen. Der Verschiebungsansatz des Elements gehorcht unabhängig von der Knotendistorsion den isoparametrischen Formfunktionen (4.66). Zur Berechnung der Verzerrungen sind die Verschiebungsgradienten zu bilden:

$$\begin{bmatrix} \frac{\partial u}{\partial x_1} \\ \frac{\partial u}{\partial x_2} \end{bmatrix} = \mathbf{J}^{-1}\begin{bmatrix} \frac{\partial u}{\partial \xi_1} \\ \frac{\partial u}{\partial \xi_2} \end{bmatrix} \quad \text{mit } J_{ij}^{-1} = \frac{\partial \xi_j}{\partial x_i}. \tag{5.23}$$

Hier steht u stellvertretend für jede Komponente des Verschiebungsvektors u_i, z. B. u_1. Die Ableitungen nach den natürlichen Koordinaten ξ_j findet man mit etwas Rechenaufwand sortiert nach ξ_j-Potenzen:

$$\begin{aligned}\frac{\partial u}{\partial \xi_1} &= \sum_{a=1}^{8} \frac{\partial N_a(\xi_1,\xi_2)}{\partial \xi_1} u^{(a)} \\ &= \frac{1}{2}(1+\xi_1)\Big[\Big(u^{(3)} + u^{(4)} - 2u^{(7)} + u^{(1)} + u^{(2)} - 2u^{(5)}\Big) \\ &\quad + \xi_2\Big(u^{(3)} + u^{(4)} - 2u^{(7)} - u^{(1)} - u^{(2)} + 2u^{(5)}\Big)\Big] \\ &\quad + \frac{1}{4}(1+\xi_2)\Big[(\xi_2-2)u^{(3)} - (\xi_2+2)u^{(4)} + 4u^{(7)}\Big] \\ &\quad + \frac{1}{4}(1-\xi_2)\Big[(\xi_2-2)u^{(1)} - (\xi_2+2)u^{(2)} + 4u^{(5)}\Big] \\ &\quad + \frac{1}{2}(1-\xi_2^2)\Big[u^{(6)} - u^{(8)}\Big] \\ &= a_0 + a_1(1+\xi_1) \quad \text{für } \xi_2 = \text{const.}\end{aligned} \tag{5.24}$$

$$\frac{\partial u}{\partial \xi_2} = \frac{1}{4}(1+\xi_1)^2 \left[u^{(3)} + u^{(4)} - 2u^{(7)} - u^{(1)} - u^{(2)} + 2u^{(5)} \right]$$
$$+ \frac{1}{4}(1+\xi_1) \left[(2\xi_2 - 1)u^{(3)} - (3+2\xi_2)u^{(4)} + (3-2\xi_2)u^{(1)} \right.$$
$$\left. + (2\xi_2 + 1)u^{(2)} + 4u^{(7)} + 4\xi_2 u^{(8)} - 4u^{(5)} - 4\xi_2 u^{(6)} \right] \quad (5.25)$$
$$+ \frac{1}{2} \left[(2\xi_2 + 1)u^{(4)} + (2\xi_2 - 1)u^{(1)} - 4\xi_2 u^{(8)} \right]^*$$
$$= b_0 + b_1(1+\xi_1) + b_2(1+\xi_1)^2 \quad \text{für } \xi_2 = \text{const.}$$

Zur besseren Übersicht wurden die Konstanten a_i und b_i eingeführt, so dass die Funktion von $(1+\xi_1) \sim \sqrt{r}$ sichtbar wird. Auf analoge Weise erhält man die Ableitungen für $u_2 \stackrel{\wedge}{=} u$ aus (5.24) und (5.25) mit anderen Konstanten:

$$\frac{\partial u_2}{\partial \xi_1} = c_0 + c_1(1+\xi_1) \quad (5.26)$$

$$\frac{\partial u_2}{\partial \xi_2} = d_0 + d_1(1+\xi_1) + d_2(1+\xi_1)^2 \quad (5.27)$$

Über die Beziehung (5.23) bekommen wir mit (5.22):

$$\varepsilon_{11} = \frac{\partial u_1}{\partial x_1} = J_{11}^{-1}\frac{\partial u_1}{\partial \xi_1} + J_{12}^{-1}\frac{\partial u_1}{\partial \xi_2}$$
$$= \frac{a_0 + a_1(1+\xi_1)}{\sqrt{r}} + \frac{b_0 + b_1(1+\xi_1) + b_2(1+\xi_1)^2}{r} = \frac{b_0}{r} + \frac{e_1}{\sqrt{r}} + e_2 \quad (5.28)$$

$$\varepsilon_{22} = \frac{\partial u_2}{\partial x_2} = \cancel{J_{21}^{-1}}\frac{\partial u_2}{\partial \xi_1} + J_{22}^{-1}\frac{\partial u_2}{\partial \xi_2} = \frac{d_0}{r} + \frac{d_1}{\sqrt{r}} + d_2 \quad (5.29)$$

$$\varepsilon_{12} = \frac{1}{2}\left(\frac{\partial u_1}{\partial x_2} + \frac{\partial u_2}{\partial x_1}\right) = \frac{b_0 + d_0}{r} + \frac{f_1}{\sqrt{r}} + f_2 \quad (5.30)$$

Mit den Gleichungen (5.28)–(5.30) ist die radiale Abhängigkeit der Verzerrungen im Element bestimmt. Die Konstanten a_i - f_i ($i = \{0, 1, 2\}$) hängen von den tatsächlichen Knotenverschiebungen und dem zweiten Parameter ξ_2 ab, der auf einem Radiusstrahl konstant ist. Anhand von (5.25) erkennt man, dass der Ausdruck in der markierten Klammer $[\,]^* \stackrel{\wedge}{=} b_0 = 0$ verschwindet, falls die Knoten 1, 4 und 8 identische Verschiebungen besitzen, also kinematisch gekoppelt sind, woraus folgt:

$$b_0 = d_0 = 0 \quad \text{bei } u_i^{(1)} = u_i^{(4)} = u_i^{(8)}. \quad (5.31)$$

Damit entfallen in (5.28) - (5.30) die stark singulären Terme mit $1/r$ und das Rissspitzenelement verfügt über die erforderliche $1/\sqrt{r}$-Singularität der elastischen Nahfeldlösung plus einem konstanten Verzerrungsansatz, der für das Konvergenzverhalten und die Berücksichtigung thermischer Dehnungen unverzichtbar ist. Des Weiteren sind die Stetigkeitsanforderungen zu den benachbarten Viertelpunktelementen entlang der Kanten 1–5–2 und 4–7–3 sowie zu den regulären Elementen des nächsten Ringes entlang 2–6–3 erfüllt. Auch die drei Freiheitsgrade der Starrkörperbewegungen werden durch die Modifikation des Elementes nicht behindert.

> Durch Kollabieren einer Elementkante auf einen Knoten mit gekoppelten gemeinsamen Verschiebungen und zusätzlicher Viertelpunktversetzung erhält man aus einem isoparametrischen 8-Knoten-Element ein 2D-Rissspitzenelement, das auf allen Radiusstrahlen im Element die erforderliche $1/\sqrt{r}$-Singularität in ε_{ij} und σ_{ij} besitzt.

d) Dreidimensionale Viertelpunktelemente

Das Konzept der Viertelpunktelemente lässt sich problemlos auf räumliche Rissprobleme erweitern, indem man die vorgestellten 2D-Elemente prismatisch entlang der Rissfront in die dritte Dimension ausdehnt. Somit entstehen knotendistordierte Hexaederelemente und Pentaederelemente, die so wie in Bild 5.8 dargestellt um jedes Segment der Rissfront gruppiert werden. Die Singularitätseigenschaften gelten dann in jeder Elementebene senkrecht zur Rissfront ($\xi_3 = $ const.). Bild 5.9 a zeigt ein Pentaederelement mit 15 Knoten, das mit seiner Kante 1–13–4 auf der Rissfront liegt. Die Knoten 7, 9, 10 und 12 werden in die Viertelposition verschoben, d. h. ihre Koordinaten $\mathbf{x}^{(i)} = [x_1^{(i)}, x_2^{(i)}, x_3^{(i)}]$ berechnen sich zu:

$$\mathbf{x}^{(7)} = (3\mathbf{x}^{(1)} + \mathbf{x}^{(2)})/4, \qquad \mathbf{x}^{(9)} = (3\mathbf{x}^{(1)} + \mathbf{x}^{(3)})/4$$
$$\mathbf{x}^{(10)} = (3\mathbf{x}^{(4)} + \mathbf{x}^{(5)})/4, \qquad \mathbf{x}^{(12)} = (3\mathbf{x}^{(4)} + \mathbf{x}^{(6)})/4. \tag{5.32}$$

Damit die gewünschten Singularitätseigenschaften in jeder Elementkante senkrecht zur Rissfront ($\xi_3 = $ const.) erfüllt sind, müssen noch folgende geometrische Bedingungen eingehalten werden: Die rissfernen Kanten müssen eine Gerade bilden:

$$\mathbf{x}^{(8)} = (\mathbf{x}^{(2)} + \mathbf{x}^{(3)})/2, \qquad \mathbf{x}^{(11)} = (\mathbf{x}^{(5)} + \mathbf{x}^{(6)})/2. \tag{5.33}$$

und die Mittelknoten der Außenfläche sind genau so zu platzieren, dass ihr Abstand zur Rissfront dem arithmetischen Mittelwert der Abstände auf den beiden Stirnflächen entspricht, d. h. bei gegebener Position von Knoten 13 folgt:

$$\mathbf{x}^{(14)} = \left[(\mathbf{x}^{(2)} - \mathbf{x}^{(1)}) + (\mathbf{x}^{(5)} - \mathbf{x}^{(4)}) + 2\mathbf{x}^{(13)}\right]/2$$
$$\mathbf{x}^{(15)} = \left[(\mathbf{x}^{(3)} - \mathbf{x}^{(1)}) + (\mathbf{x}^{(6)} - \mathbf{x}^{(4)}) + 2\mathbf{x}^{(13)}\right]/2. \tag{5.34}$$

Im Spezialfall einer geraden Rissfront $\mathbf{x}^{(13)} = (\mathbf{x}^{(1)} + \mathbf{x}^{(4)})/2$ ergeben sich die ebenflächigen prismatischen Pentaeder von Bild 5.8.

In Analogie zu den kollabierten Viereckelementen können isoparametrische Hexaederelemente zu Pentaederelementen degeneriert werden, wobei die kollabierte Fläche mit der Rissfront zusammenfällt, siehe Bild 5.9 b:

$$\mathbf{x}^{(1)} = \mathbf{x}^{(4)} = \mathbf{x}^{(12)}, \quad \mathbf{x}^{(17)} = \mathbf{x}^{(20)}, \quad \mathbf{x}^{(5)} = \mathbf{x}^{(8)} = \mathbf{x}^{(16)}. \tag{5.35}$$

5.2 Spezielle finite Elemente an der Rissspitze

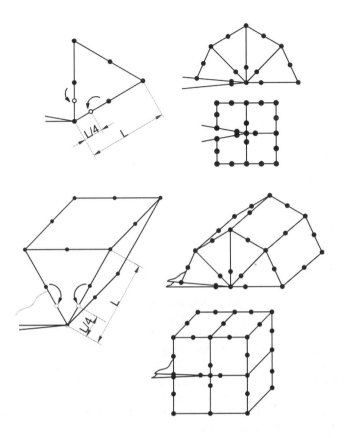

Bild 5.8: Anordnung verschiedener 2D- und 3D-Viertelpunktelemente am Riss

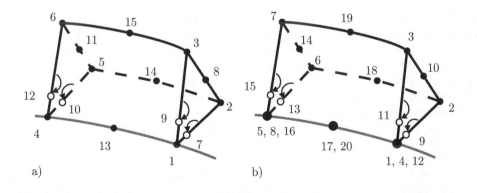

Bild 5.9: 3D-Viertelpunktelemente an der Rissfront: a) Pentaederelement, b) kollabiertes Hexaederelement

Die Viertelpunktknoten liegen bei

$$\begin{aligned} \mathbf{x}^{(9)} &= (3\mathbf{x}^{(1)} + \mathbf{x}^{(2)})/4, & \mathbf{x}^{(11)} &= (3\mathbf{x}^{(1)} + \mathbf{x}^{(3)})/4 \\ \mathbf{x}^{(13)} &= (3\mathbf{x}^{(5)} + \mathbf{x}^{(6)})/4, & \mathbf{x}^{(15)} &= (3\mathbf{x}^{(5)} + \mathbf{x}^{(7)})/4 \end{aligned} \quad (5.36)$$

und die Knoten auf der rissfernen Fläche erhalten die Positionen

$$\begin{aligned} \mathbf{x}^{(10)} &= (\mathbf{x}^{(2)} + \mathbf{x}^{(3)})/2, \quad \mathbf{x}^{(14)} = (\mathbf{x}^{(6)} + \mathbf{x}^{(7)})/2 \\ \mathbf{x}^{(18)} &= \left[(\mathbf{x}^{(2)} - \mathbf{x}^{(1)}) + (\mathbf{x}^{(6)} - \mathbf{x}^{(5)}) + 2\mathbf{x}^{(17)}\right]/2 \\ \mathbf{x}^{(19)} &= \left[(\mathbf{x}^{(3)} - \mathbf{x}^{(1)}) + (\mathbf{x}^{(7)} - \mathbf{x}^{(5)}) + 2\mathbf{x}^{(17)}\right]/2 \end{aligned} \quad (5.37)$$

Zusätzlich müssen alle aufeinander fallenden Knoten dieser Elementfläche kinematisch miteinander gekoppelt werden.

$$\mathbf{u}^{(1)} = \mathbf{u}^{(4)} = \mathbf{u}^{(12)}, \quad \mathbf{u}^{(17)} = \mathbf{u}^{(20)}, \quad \mathbf{u}^{(5)} = \mathbf{u}^{(8)} = \mathbf{u}^{(16)} \quad (5.38)$$

Detaillierte Ausführungen zu dreidimensionalen Viertelpunktelementen findet man bei HUSSAIN u. a. [118], MANU [165] sowie BANKS-SILLS u. a. [22][23].

Besondere Beachtung ist der Modellierung gekrümmter Rissfronten zu schenken. Solange diese stückweise geradlinig als Polygonzug approximiert werden und die Rissspitzenelemente ebene Flächen behalten, treffen die diskutierten Eigenschaften ausnahmslos zu. Will man jedoch die Vorteile der quadratischen Elementansätze nutzen, um krummlinige Rissfronten mit geometrisch angepassten, gebogenen 3D-Elementen nachzubilden, so sollten die aufgeführten geometrischen Restriktionen beachtet werden, um den Elementen die bestmögliche Qualität zu verleihen.

e) Viertelpunktelemente für Platten und Schalen

Auf Finite-Element-Modelle für dünnwandige KIRCHHOFFsche Platten lässt sich die Viertelpunktmethode leider nicht anwenden, weil dann gemäß (5.30) für die Durchbiegungsfunktion $w(r, \theta)$ wiederum eine $r^{1/2}$-Abhängigkeit entstünde, jedoch nach (3.139) ein asymptotisches Verhalten $r^{3/2}$ benötigt wird, vgl. Abschnitt 3.2.9. Man muss sich deshalb mit regulären Plattenelementen begnügen und zur Auswertung die Verschiebungen (DIM) oder das Rissschließintegral (MCCI) verwenden.

Alternativ dazu kann die anspruchsvollere aber aufwändigere REISSNERsche Theorie 6. Ordnung [108] für schubverformbare dicke Platten und Schalen herangezogen werden. Dafür existieren reguläre dickwandige gekrümmte Schalenelemente (siehe z. B. [299]), die sich als Sonderfall dreidimensionaler 20-Knoten-Elemente ableiten lassen, indem man sie geometrisch auf die Schalenmittelfläche degeneriert, einen linearen Verschiebungsverlauf über die Dicke ansetzt und alle Verzerrungskomponenten senkrecht zur Fläche vernachlässigt. Das so gebildete 8-Knoten Schalenelement hat pro Knoten drei Verschiebungs- und zwei Verdrehungsfreiheitsgrade. BARSOUM [25, 28] konnte wiederum zeigen, dass eine Viertelpunkt-Modifikation dieser Elemente die geforderte Rissasymptotik im Rahmen der REISSNER-Theorie liefert, so dass sehr gute Genauigkeiten bei der Analyse von Rissen in dickwandigen Platten und Schalen erzielt wurden.

Schließlich sei noch auf die Möglichkeit hingewiesen, die Rissspitzenumgebung in Platten und Schalen vollständig mit 3D-Viertelpunktelementen in mehreren Lagen über die Dicke entlang der Rissfront zu vernetzen und dies an die umliegenden Schalenelemente anzukoppeln, was durch Substrukturtechnik oder als Submodell erfolgen kann [7, 301]. Der Aufwand bzgl. Diskretisierung und Rechenzeit ist hierbei jedoch am höchsten.

5.2.3 Berechnung der Intensitätsfaktoren aus Viertelpunktelementen

a) Auswerteformeln für ebene Viertelpunktelemente

Für zweidimensionale Rissprobleme existiert eine einfache Formel zur Berechnung der Spannungsintensitätsfaktoren aus den Ergebnissen der Viertelpunktelemente. Dazu werden die Verschiebungen auf den Rissufern ausgewertet, siehe Bild 5.10. Gleich welcher Typ von Viertelpunktelementen verwendet wurde, gilt auf diesen Kanten der Verschiebungsverlauf nach (5.14), wobei wir die allgemeinen Bezeichnungen für den Knoten an der Rissspitze $A(r=0)$, die Viertelpunktknoten $B(r=L/4, \theta=\pi)$ und $B'(r=L/4, \theta=-\pi)$ sowie die Eckknoten $C(r=L, \theta=\pi)$ und $C'(r=L/4, \theta=-\pi)$ einführen. Ein Vergleich des Terms mit $\sqrt{r}$ aus (5.14) und der Nahfeldlösung für Modus I (5.3) auf dem oberen Rissufer C–B–A ergibt:

$$u_2(r) = \frac{4}{E'} K_I \sqrt{\frac{r}{2\pi}} \stackrel{!}{=} \left[-3u_2(r=0) - u_2(r=L) + 4u_2(r=L/4) \right] \sqrt{\frac{r}{L}}$$

$$\Rightarrow K_I = \frac{E'}{4}\sqrt{\frac{2\pi}{L}} \left[4u_2(r=L/4) - u_2(r=L) - 3u_2(r=0) \right] \qquad (5.39)$$

$$= \frac{E'}{4}\sqrt{\frac{2\pi}{L}} \left[4u_2^B - u_2^C - 3u_2^A \right].$$

Bei reinen Modus II bzw. III-Beanspruchungen verhalten sich die Verschiebungen auf den Rissufern ebenfalls antimetrisch und man gewinnt durch ähnliche Überlegungen die entsprechenden K-Faktoren:

$$K_{II} = \frac{E'}{4}\sqrt{\frac{2\pi}{L}} \left[4u_1^B - u_1^C - 3u_1^A \right] \qquad (5.40)$$

$$K_{III} = \frac{E}{4(1+\nu)}\sqrt{\frac{2\pi}{L}} \left[4u_3^B - u_3^C - 3u_3^A \right]. \qquad (5.41)$$

Im allgemeinen Fall einer Mixed-Mode-Beanspruchung des Risses müssen gemäß (5.8) die Relativverschiebungen der Rissufer zueinander ausgewertet werden. Die Intensitätsfaktoren K_I, K_{II} und K_{III} hängen jeweils nur mit den Verschiebungsrichtungen u_2, u_1

und u_3 zusammen, so dass sich die folgenden entkoppelten Gleichungen ergeben:

$$K_{\mathrm{I}} = \frac{E'}{8}\sqrt{\frac{2\pi}{L}}\left\{[4u_2(L/4,\pi) - u_2(L,\pi)] - [4u_2(L/4,-\pi) - u_2(L,-\pi)]\right\}$$
$$= \frac{E'}{8}\sqrt{\frac{2\pi}{L}}\left\{(4u_2^B - 4u_2^{B'}) - (u_2^C - u_2^{C'})\right\} = \frac{E'}{8}\sqrt{\frac{2\pi}{L}}\left\{4\Delta u_2^B - \Delta u_2^C\right\} \quad (5.42)$$

$$K_{\mathrm{II}} = \frac{E'}{8}\sqrt{\frac{2\pi}{L}}\left\{4\Delta u_1^B - \Delta u_1^C\right\}$$
$$K_{\mathrm{III}} = \frac{E'}{8(1+\nu)}\sqrt{\frac{2\pi}{L}}\left\{4\Delta u_3^B - \Delta u_3^C\right\}. \quad (5.43)$$

Zur Abkürzung der Schreibweise wurde der Verschiebungssprung über die Rissufer am Ort eines Knotenpaares (z. B. BB') wie folgt bezeichnet

$$\Delta u_i^B = u_i^B - u_i^{B'}. \quad (5.44)$$

Entsprechend erhält man für orthotropes Material mit (5.9) die Bestimmungsgleichung für die Spannungsintensitätsfaktoren

$$\left\{\begin{array}{c} K_{\mathrm{I}} \\ K_{\mathrm{II}} \\ K_{\mathrm{III}} \end{array}\right\} = \sqrt{\frac{\pi}{8L}} \begin{bmatrix} H_{11} & H_{12} & 0 \\ H_{21} & H_{22} & 0 \\ 0 & 0 & H_{33} \end{bmatrix} \left\{\begin{array}{c} 4\Delta u_1^B - \Delta u_1^C \\ 4\Delta u_2^B - \Delta u_2^C \\ 4\Delta u_3^B - \Delta u_3^C \end{array}\right\}. \quad (5.45)$$

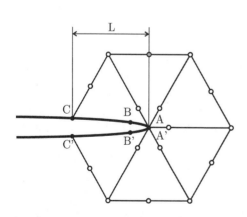

Bild 5.10: Verschiebungsauswertung bei 2D-Viertelpunktelementen

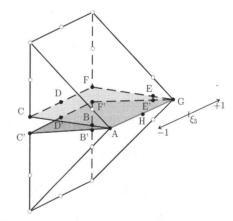

Bild 5.11: Verschiebungsauswertung für räumliche Viertelpunktelemente auf der Rissfläche

b) Auswerteformeln für räumliche Viertelpunktelemente

Auch bei räumlichen Viertelpunktelementen werden die Knotenverschiebungen bevorzugt auf den Rissflächen ausgewertet, weil sich hier (für Isotropie) die Rissmodi entkoppeln. Dabei liegen immer knotendistordierte 8-Knoten-Elementflächen auf dem Riss (Bild 5.11), egal ob man Hexaeder- oder Pentaederelemente einsetzt. Bezeichnet man diese Knoten wieder mit Buchstaben A - H und ihre Partner auf dem gegenüber liegenden Rissufer mit A' - H', so erhält man folgende Auswerteformeln für die K-Faktoren [125][165]:

Symmetrie/Antimetrie

Wenn der Riss auf einer Symmetrieebene der betrachteten Struktur liegt, so kann das FEM-Modell auf die Hälfte reduziert werden. Bei symmetrischer Belastung entsteht nur Modus I am Riss und auf dem Ligament verschwinden die Normalverschiebungen $u_2 \equiv 0$, auch in den Rissuferknoten A, H, G.

$$K_I(\xi_3) = \frac{E'}{4}\sqrt{\frac{2\pi}{L'}}\left\{2u_2^B - u_2^C + 2u_2^E - u_2^F + u_2^D + \frac{1}{2}\xi_3(-4u_2^B + u_2^C + 4u_2^E - u_2^F) + \right.$$
$$\left. + \frac{1}{2}\xi_3^2(u_2^F + u_2^C - 2u_2^D)\right\}$$
(5.46)

Eine antimetrische Belastung führt zu Rissbeanspruchungen Modus II und/oder III, die i. Allg. miteinander gekoppelt sind. Dann sind auf dem Ligament die Tangentialverschiebungen $u_1 \equiv u_3 \equiv 0$ zu setzen und auch die entsprechenden Verschiebungskomponenten der Rissfrontknoten A, H, G sind null. Aus (5.46) erhält man entsprechende Bestimmungsgleichungen für $K_{II}(\xi_3)$ und $K_{III}(\xi_3)$, wenn man anstelle von u_2 die zugeordneten Verschiebungskomponenten u_1 bzw. u_3 auswertet. Die Spannungsintensitätsfaktoren besitzen so wie die Verschiebungsansätze einen quadratischen Verlauf entlang der Rissfront (ξ_3-Koordinate) und sind stetig beim Übergang von einem Risselement zum nächsten.

Allgemeiner Fall

Bei beliebiger Geometrie und Belastung des 3D-Risses erhält man alle drei Intensitätsfaktoren aus den Verschiebungsdifferenzen gegenüberliegender Knoten auf den Rissufern gemäß (5.44), wozu natürlich die Risselemente spiegelsymmetrisch angeordnet sein müssen (siehe Bild 5.11).

$$K_I(\xi_3) = \frac{E'}{8}\sqrt{\frac{2\pi}{L'}}\left\{2\Delta u_2^B - \Delta u_2^C + 2\Delta u_2^E - \Delta u_2^F + \Delta u_2^D + \right.$$
$$+ \frac{1}{2}\xi_3(-4\Delta u_2^B + \Delta u_2^C + 4\Delta u_2^E - \Delta u_2^F) +$$
$$\left. + \frac{1}{2}\xi_3^2(\Delta u_2^F + \Delta u_2^C - 2\Delta u_2^D)\right\}$$
(5.47)

$$K_{II}(\xi_3) = \frac{E'}{8}\sqrt{\frac{2\pi}{L'}}\Big\{2\Delta u_1^B - \Delta u_1^C + 2\Delta u_1^E - \Delta u_1^F + \Delta u_1^D +$$

$$+ \frac{1}{2}\xi_3(-4\Delta u_1^B + \Delta u_1^C + 4\Delta u_1^E - \Delta u_1^F) + \qquad (5.48)$$

$$+ \frac{1}{2}\xi_3^2(\Delta u_1^F + \Delta u_1^C - 2\Delta u_1^D)\Big\}$$

$$K_{III}(\xi_3) = \frac{E}{8(1+\nu)}\sqrt{\frac{2\pi}{L'}}\Big\{2\Delta u_3^B - \Delta u_3^C + 2\Delta u_3^E - \Delta u_3^F + \Delta u_3^D +$$

$$+ \frac{1}{2}\xi_3(-4\Delta u_3^B + \Delta u_3^C + 4\Delta u_3^E - \Delta u_3^F) + \qquad (5.49)$$

$$+ \frac{1}{2}\xi_3^2(\Delta u_3^F + \Delta u_3^C - 2\Delta u_3^D)\Big\}$$

Die in die obigen Gleichungen einzusetzende Elementgröße L' muss genauer erklärt werden, vgl. Bild 5.12. Für rechteckige Elementflächen ACFG entspricht L' genau den Kantenlängen $L = \overline{AC} = \overline{GF}$. Bei gekrümmten Viertelpunktelementen mit unterschiedlichen Kanten $L_1 = \overline{AC} \neq L_2 = \overline{GF}$, die überdies noch schiefe Winkel zur Rissfront bilden, die um γ_1 und γ_2 von der Normalen abweichen, ist die interpolierte senkrechte Länge anzusetzen [165]

$$L'(\xi_3) = -\frac{\xi_3 - 1}{2}L_1\cos\gamma_1 + \frac{\xi_3 + 1}{2}L_2\cos\gamma_2. \qquad (5.50)$$

Abschließend können die Eigenschaften der Viertelpunktelemente wie folgt beurteilt werden. Der wesentliche *Vorteil* dieser Rissspitzenelemente besteht in ihrer einfachen Handhabung und unmittelbaren Verfügbarkeit. Nahezu alle kommerziellen Finite-Elemente-Codes besitzen isoparametrische Verschiebungselemente mit quadratischen Formfunktionen, die lediglich durch Modifikation der Eingabewerte für die Knotenkoordinaten und Knotennummern zu recht brauchbaren singulären Spezialelementen für die Rissanalyse umfunktioniert werden können. Dies erfordert vom Anwender weder besondere bruchmechanische Kenntnisse noch eigene Eingriffe in den FEM-Code, sondern nur die Einhaltung der erläuterten Bedingungen bei der Vernetzung der Rissspitze im Pre-Prozessor und eine unkomplizierte Ergebnisauswertung mit überschaubaren Formeln zur Bestimmung der Spannungsintensitätsfaktoren im Post-Prozessor. Viertelpunktelemente gibt es für ebene, axialsymmetrische und räumliche Rissprobleme sowie für dickwandige Platten und Schalen.

In Verbindung mit der Verschiebungsauswertung DIM und der virtuellen Rissausbreitung liefern die Viertelpunktelemente gegenüber Standardelementen wesentlich genauere Ergebnisse und sollten daher generell bevorzugt werden.

Als *Nachteil* ist anzusehen, dass von den Rissspitzenfeldern nur die singuläre Lösung modelliert wird und davon auch nur der radiale Anteil $r^{-1/2}$. Um die Winkelabhängigkeit mit guter Genauigkeit auflösen zu können, müssen ausreichend viele Viertelpunktelemente (wenigstens 6 Elemente, besser 12–16) fächerförmig über den Halbkreis angeordnet werden. Da der Gültigkeitsbereich r_K der Risssingularität eng begrenzt ist, muss auch der Radius der Viertelpunktelemente gegenüber der Risslänge relativ klein gehalten werden. Als Richtwert gilt: Elementgröße $L \approx a/20 \dots a/10$.

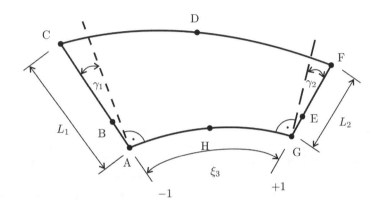

Bild 5.12: Ermittlung der lokalen Elementbreite L' bei krummlinigen Risselementen

5.3 Hybride Rissspitzenelemente

5.3.1 Entwicklung hybrider Rissspitzenelemente

Ein besonders nützliches Anwendungsfeld der in Abschnitt 4.2.3 vorgestellten hybriden Elementformulierungen bietet sich bei der Konstruktion spezieller Rissspitzenelemente. Die Vorgehensweise ist schematisch in Bild 5.13 dargestellt. Die Hybridtechnik ermöglicht es, die bekannten analytischen Risslösungen im Inneren des Elementes mit noch freien Parametern anzusetzen und gleichzeitig solche Randverschiebungsfunktionen zu wählen, die mit denjenigen der normalen (z. B. isoparametrischen) Nachbarelemente kompatibel sind. Somit kann man die singulären asymptotischen Nahfeldlösungen für die Rissspitzenumgebung vollständig in ein Sonderelement »einbetten«, das verschiebungskompatibel zu Standardelementen ist. Die Steifigkeitsmatrix des hybriden Rissspitzenelementes wird wie bei normalen Verschiebungselementen durch die Randknotenvariablen des Elementes ausgedrückt. Daher kann seine Assemblierung in das FEM-Gesamtsystem in der üblichen Weise durchgeführt werden, d. h. sein Einbau in ein FEM-Programmsystem erfordert lediglich die spezielle Integrationsroutine für die Steifigkeitsmatrix. Die als innere Ansatzvariablen verwendeten Bruchkenngrößen wie Spannungsintensitätsfaktoren u. a. werden direkt mit der Lösung des FEM-Systems gewonnen, so dass keinerlei Interpretations-

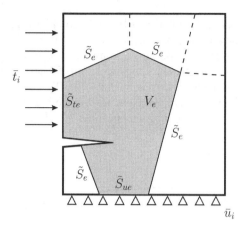

Bild 5.13: Zur Formulierung hybrider finiter Elemente

oder Extrapolationstechniken zu ihrer Bestimmung nötig sind. Die aufgezählten Vorteile zeichnen alle hybriden Rissspitzenelemente aus, weshalb sie im Vergleich zu anderen Rissspitzenelementen wesentlich leistungsfähiger sind. Der Preis dafür ist eine recht anspruchsvolle Theorie sowie ein höherer Implementierungsaufwand.

Die ersten hybriden Rissspitzenelemente wurden für ebene elastische Rissprobleme auf der Grundlage hybrider Spannungsmodelle Π_{CH} von PIAN, SCHNACK u. a.[205, 237] entwickelt. ATLURI u. a.[17] wandten erstmals das hybride Verschiebungsmodell Π_{PH} mit dem in Abschnitt 4.2.3 beschriebenen Drei-Variablen-Ansatz für 2D Rissprobleme an. Bei den genannten Elementen wird die singuläre elastische Rissspitzenlösung vom Typ $r^{-1/2}$ mit den Spannungsintensitätsfaktoren K_I und K_{II} als freien Parametern in die Ansatzfunktionen für das Innere und teilweise für den Rand einbezogen. Eine Gruppe von Hybridelementen umschließt die Rissspitze. Einen erheblichen Fortschritt stellte das von TONG, PIAN & LASRY [272] entworfene »Superelement« auf der Basis des vereinfachten gemischten Hybridmodells Π_{MH*} (Abschnitt 4.2.3) dar. Dieses Element umgibt vollständig die Rissspitze (wie in Bild 5.13) und macht von den Eigenfunktionen für den Riss in der Ebene Gebrauch. Somit enthält es außer der $r^{-1/2}$-Singularität noch höhere Glieder der Reihenentwicklung. Dieses Konstruktionsprinzip ist besonders vorteilhaft in Kombination mit quadratischen isoparametrischen Elementen [149] und wird ausführlich im nächsten Kapitel beschrieben. Das vereinfachte gemischte Hybridmodell wurde mittlerweile für die Rissberechnung in ebenen anisotropen Materialien [270], für 2D-Interface-Risse [161] und für ebene Kerbprobleme [78] eingesetzt.

Bei der Entwicklung dreidimensionaler (3D) hybrider Rissspitzenelemente ging man hauptsächlich von den reinen hybriden Verschiebungs- oder Spannungsmodellen aus, da die fehlende Kenntnis von allgemeingültigen Eigenfunktionen für räumliche Rissprobleme die Anwendung des vereinfachten gemischten Prinzips nicht erlaubt, siehe die Arbeiten von MORIYA & PIAN [203], KUNA [145] (Kapitel 5.3.3) und ATLURI [16]. In allen genannten Elementen wurde die bekannte asymptotische Nahfeldlösung für einen Punkt auf der 3D-Rissfront entweder im Spannungs- oder Verschiebungsansatz für das Elementvolumen benutzt. Das hybride Spannungsmodell besitzt den Vorzug, dass man mit zwei Feldgrößen (σ_{ij}, $\tilde{u}_i$) statt mit drei Variablen (u_i, $\tilde{u}_i$, $\tilde{T}_i$) wie beim hybriden Verschiebungsmodell auskommt. Dafür erlaubt das Verschiebungsmodell eine Veränderlichkeit der Spannungsintensitätsfaktoren entlang der Rissfront innerhalb des Elements, wohingegen beim Spannungsmodell nur ein konstanter Ansatz möglich ist. Da die Approximationen nur für Teilbereiche um die Rissspitze gültig sind, muss die Rissfront wiederum durch eine Gruppe hybrider Rissspitzenelemente umgeben werden, was zwangsläufig zu Volumenintegralen mit hebbaren Singularitäten führt. Um die Vorteile der vereinfachten gemischten Methode Π_{MH*} auch für räumliche Rissprobleme nutzen zu können, wurden von KUNA & ZWICKE [155] Eigenfunktionen für den Spezialfall des geraden 3D-Risses abgeleitet und damit ein hybrides 3D-Rissspitzenelement konstruiert, das die Rissfront segmentweise einbettet.

Auch für die Behandlung von durchgehenden Rissen in Platten konnten erfolgreich hybride Elementformulierungen eingesetzt werden, wie die Arbeiten von RHEE & ATLURI [214] (hybrides Spannungsmodell Π_{CH}) und MORIYA [175] (vereinfachtes gemischtes Modell Π_{MH*}) belegen. Die Anwendung hybrider Elementkonzepte auf elastisch-plastische Rissprobleme wird vor allem durch die mangelhafte Kenntnis entsprechender analytischer Risslösungen erschwert. Für die Problemkreise »Dynamik bewegter Risse« oder »dynamisch beanspruchter Riss« sind bislang keine hybriden Rissspitzenelemente bekannt. Übersichtsbeiträge zur Theorie und Anwendung hybrider Rissspitzenelemente kann man in [13], [271] und [147] nachlesen.

5.3.2 2D Rissspitzenelemente nach dem gemischten hybriden Modell

Geometrie und Konstruktion der Rissspitzenelemente

Prinzipiell könnte das Rissspitzenelement eine beliebige polygonförmige Gestalt wie in Bild 5.13 haben, von der die Rissspitze umschlossen wird. Aus Gründen der Einfachheit wurde jedoch eine quadratische bzw. halbquadratische Form gewählt, die Bild 5.14 veranschaulicht. Die Varianten b) und c) gelten für den Spezialfall rein symmetrischer Modus I Rissbelastung bei links- bzw. rechtsseitigem Riss. Entlang der Randsegmente $\widetilde{S}_e$ grenzen die Rissspitzenelemente an die benachbarten Standardelemente, wo sie über $n_K = 17$ (Variante a)) bzw. $n_K = 9$ (Variante b) und c)) Knoten verbunden sind. Auf dem Riss selbst liegen keine Knoten. Die Position der Rissspitze im Element kann durch die Vorgabe des Parameters $\varkappa$ ($-1 < \varkappa < +1$) variiert werden. In Kapitel 3.2.2 wurden die Eigenfunktionen für einen halbunendlichen Riss in der unendlichen Ebene bei linear-elastischem Materialverhalten abgeleitet. Sie erfüllen die Kompatibilitäts- und Gleichgewichtsbedingungen sowie die Spannungsfreiheit auf beiden Rissufern. Damit genügen sie den Voraussetzungen zur Konstruktion eines vereinfachten gemischten Hybridmodells (Abschnitt 4.2.3). Die *Eigenfunktionen* bilden eine unendliche Reihe $n \in [1, \infty]$ mit den komplexen Koeffizienten $A_n = a_n + ib_n$ in der Form $r^{\frac{n}{2}-1}$. Die dazugehörigen Winkelfunktionen der Spannungen $\tilde{M}_{ij}^{(n)}$, $\tilde{N}_{ij}^{(n)}$ (3.41) und Verschiebungen $\tilde{F}_i^{(n)}$, $\tilde{G}_i^{(n)}$ (3.43) wurden bereits dort angeschrieben. Das erste Glied $n = 1$ entspricht der bekannten singulären

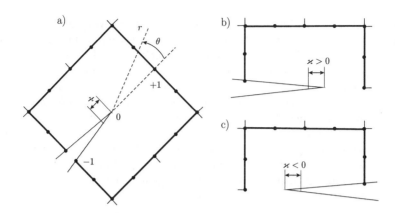

Bild 5.14: Hybride Rissspitzenelemente für zweidimensionale Aufgaben

Rissspitzenlösung vom Typ $r^{-1/2}$, vgl. (3.45).

$$K_\mathrm{I} - iK_\mathrm{II} = \sqrt{2\pi}\,(a_1 + ib_1) \tag{5.51}$$

Die reellen Terme a_n sind dem symmetrischen Lösungsanteil Modus I zuzuordnen, während die Imaginäranteile b_n die Rissöffnungsart Modus II repräsentieren. Die zweite Eigenfunktion (3.46) stellt lediglich eine konstante σ_{11}-Spannung dar:

$$T_{11} = \sigma_{11} = 4\,a_2, \quad \beta_\mathrm{T} = \frac{T_{11}\sqrt{\pi a}}{K_\mathrm{I}} \tag{5.52}$$

Für die Spannungen und die Verschiebungen im hybriden Element werden N Glieder der o. g. Eigenfunktionen angesetzt mit den zugehörigen $2N$ freien Ansatzkoeffizienten, die im Spaltenvektor

$$\boldsymbol{\beta} = [a_1\ a_2\ \ldots\ a_N\ b_1\ b_2\ \ldots\ b_N]^\mathrm{T} \tag{5.53}$$

zusammengefasst sind. In Matrizenschreibweise lauten die Verschiebungen (3.43) dann

$$[u_1\ u_2]^\mathrm{T} = \mathbf{u}(r,\theta) = \mathbf{U}(r,\theta,n)\boldsymbol{\beta}. \tag{5.54}$$

Die Randspannungen $t_i = \sigma_{ij}\,n_j$ auf S_e erhält man über (3.41) und den Normalenvektor n_j auf dem Rand

$$[t_1\ t_2]^\mathrm{T} = \mathbf{t}(r,\theta) = \mathbf{R}(r,\theta,n)\boldsymbol{\beta}. \tag{5.55}$$

Die Verschiebungen $\tilde{u}_i$ auf dem Elementrand werden durch die Werte $\mathbf{v}$ der n_K Randknoten ausgedrückt:

$$[\tilde{u}_1\ \tilde{u}_2]^\mathrm{T} = \tilde{\mathbf{u}} = \mathbf{L}\mathbf{v}, \quad \mathbf{v} = \left[u_1^{(1)}\ u_2^{(2)}\ \ldots\ u_1^{(n_\mathrm{K})}\ u_2^{(n_\mathrm{K})}\right]^\mathrm{T}, \tag{5.56}$$

wobei **L** die Matrix der Interpolationsfunktionen darstellt. **L** wird nun so gewählt, dass die Randverschiebungen auf jedem Randsegment identisch mit denjenigen der angrenzenden isoparametrischen Elemente sind. Die Kombination des Risselementes mit quadratischen isoparametrischen Elementen ergab überzeugende Vorteile gegenüber linearen Ansätzen. Demzufolge besitzt jedes Randsegment drei Knoten (Bild 5.14). Durch Einsetzen der gewählten Verschiebungs- und Spannungsansätze (5.54)–(5.56) in das vereinfachte gemischte hybride Variationsprinzip (4.33) ergibt sich für das Rissspitzenelement:

$$\Pi_{MH*}(\boldsymbol{\beta}, \mathbf{v}) = \boldsymbol{\beta}^T \mathbf{G} \mathbf{v} - \frac{1}{2} \boldsymbol{\beta}^T \mathbf{H} \boldsymbol{\beta} - \mathbf{v}^T \mathbf{f}$$

$$\mathbf{H} = \frac{1}{2} \int_{S_e} (\mathbf{R}^T \mathbf{U} + \mathbf{U}^T \mathbf{R}) ds, \quad \mathbf{G} = \int_{S_e} \mathbf{R}^T \mathbf{L} \, ds, \quad \mathbf{f} = \int_{S_{te}} \mathbf{L}^T \bar{\mathbf{t}} \, ds. \quad (5.57)$$

Der zweite Term von (5.57) ist die Verformungsenergie des Elementes. Der erste Term repräsentiert die Wechselwirkung des inneren Spannungsansatzes mit den unabhängigen Randverschiebungen. Die Variation bezüglich $\delta\boldsymbol{\beta}$ liefert eine Relation zwischen den inneren Ansatzkoeffizienten $\boldsymbol{\beta}$ und den Randverschiebungen **v**:

$$\boldsymbol{\beta} = \mathbf{H}^{-1} \mathbf{G} \mathbf{v} = \widetilde{\mathbf{B}} \mathbf{v}. \quad (5.58)$$

Damit kann $\boldsymbol{\beta}$ aus (5.57) eliminiert werden und $\delta\Pi_{MH*} = 0$ bzgl. $\delta\mathbf{v}$ ergibt die Steifigkeitsbeziehung

$$\mathbf{k}\mathbf{v} = \mathbf{f}, \quad (5.59)$$

wobei **k** die gesuchte Steifigkeitsmatrix des Hybridelementes ist und **f** den Lastvektor infolge der Randlasten $\bar{t}_i$ bezeichnet.

$$\mathbf{k} = \mathbf{G}^T \mathbf{H}^{-1} \mathbf{G} \quad (5.60)$$

Numerische Implementierung

Der große Vorzug des vereinfachten gemischten Hybridmodells besteht darin, dass zur Berechnung der Elementmatrizen (5.57)–(5.59) nur über den Elementrand S_e integriert werden muss. Außerdem wird die Auswertung risstypischer singulärer Integralterme vermieden. Daher kann mit gewöhnlichen GAUSS-Integrationsformeln (6. Ordnung) und einer Subintervallbildung gearbeitet werden, um die stärker oszillierenden höheren Eigenfunktionen genau zu integrieren. Die symmetrische, positiv definite Matrix **H** kann problemlos invertiert werden. Die ebenfalls symmetrische Steifigkeitsmatrix **k** ist bei hybriden Elementen nur positiv semidefinit, was eine Folge der abgeschwächten Steifigkeitsforderungen der hybriden Variationsprinzipien ist. Die Matrix **k** wird in gleicher Weise wie die Steifigkeitsmatrizen der umgebenden Verschiebungselemente in das FEM-Gesamtsystem eingebaut. Nach der Lösung des FEM-Gleichungssystems bekommt man aus den Knotenverschiebungen des Risselementes über (5.58) die Werte der inneren Ansatzkoeffizienten $\boldsymbol{\beta}$ (5.53). Über (5.51) und (5.52) erhält man somit unmittelbar die interessierenden Spannungsintensitätsfaktoren K_I und K_{II} sowie die T_{11}-Spannung.

210 5 FEM-Techniken zur Rissanalyse in linear-elastischen Strukturen

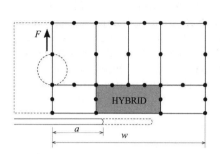

Bild 5.15: FEM-Netz der CT-Probe bei Verwendung des hybriden Rissspitzenelementes Typ b)

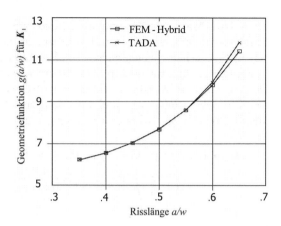

Bild 5.16: Geometriefunktion $g(a/w)$ für die CT-Probe als Funktion der Risslänge

Die Anzahl $2N$ der zu verwendenden Ansatzkoeffizienten sollte etwa der Zahl der Knotenfreiheitsgrade $2n_\text{K}$ minus Starrkörperbewegungen des Risselementes entsprechen. Für die Hybridelemente von Bild 5.14 bedeutet dies Eigenfunktionen bis zur Ordnung $N = 9$ (Elemente b) und c)) bzw. $N = 17$ im vollen Element a).

Beispiele

Als Beispiel wird die CT-Probe (Bild 3.12) herangezogen. Bild 5.15 zeigt die benutzte grobmaschige Vernetzung der oberen Hälfte (genügt wegen Symmetrie). An die Rissspitze wurde das Hybridelement Typ b) für Modus I gelegt und die restliche Geometrie von sechs isoparametrischen Standardelementen ausgefüllt. Innerhalb des sehr großen Rissspitzenelementes (40 % der Risslänge) wurde durch Änderung des $\varkappa$-Parameters die Risslänge von $a = 0{,}35\,w$ bis $a = 0{,}65\,w$ variiert. Anstelle aufwändiger Netzveränderungen ist hierbei nur die Modifikation eines Eingabewertes nötig! Bei diesen hybriden Rissspitzenelementen erübrigt sich die sonst übliche starke Netzverfeinerung an der Rissspitze, weil durch die Benutzung zahlreicher höherer Eigenfunktionen die Lösung auch in weiterer Entfernung zur Singularität richtig nachgebildet werden kann. Dementsprechend gut ist auch die Genauigkeit der berechneten K_I-Faktoren. In Bild 5.16 ist die Geometriefunktion $g(a/w) = K_\text{I}(a)Bw/(F\sqrt{\pi a})$ im Vergleich zur Handbuchlösung [267] dargestellt. Im Risslängenbereich $0{,}35 < a/w < 0{,}55$ ist die Übereinstimmung besser als 0,5 %. Erst bei sehr tiefen Rissen wachsen die Abweichungen auf 3 %. Ebenso einfach erhält man mit (5.52) auch die normierte T_{11}^*-Spannung $\beta_\text{T} = 0{,}564$, die auf 3,5 % mit der Referenzlösung [94] übereinstimmt.

Zur experimentellen Untersuchung des Rissverhaltens unter Mixed-Mode-Belastung wird u. a. eine kreisscheibenförmige CT-Probe benutzt, so dass die Zugkraft je nach Wahl der Bohrungen in einem Winkel α schräg zum Riss eingeleitet werden kann. Die Probengeometrie und die FEM-Modellierung sind in Bild 5.17 wiedergegeben. Zur Diskre-

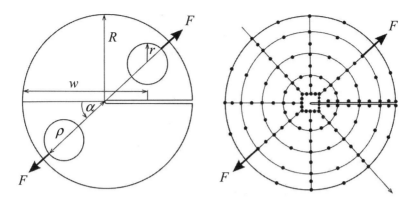

Bild 5.17: Kreisscheibenförmige Bruchprobe für gemischte Rissbelastung (links) und FEM-Diskretisierung (rechts) mit 32 Viereckelementen, 1 Hybridelement und 121 Knoten

Winkel α	90°	67,5°	45°	22,5°	0°	
g_{I}	1,403	1,322	1,063	0,714	0,041	$K_L = \frac{F}{BR}\sqrt{\pi a}\, g_L(a/R)$, $L = \mathrm{I, II}$
g_{II}	0,006	0,321	0,552	0,632	1,152	

Tabelle 5.1: Normierte Spannungsintensitätsfaktoren g_{I} und g_{II} für die kreisscheibenförmige Mixed-Mode-Probe mit $a = R/2$ und $R = 8\,\mathrm{cm}$

tisierung des Risses wurde das vollständige hybride Risselement Typ a) eingesetzt. Durch Variation der Richtung des angreifenden Kräftepaares kann die Rissbeanspruchung von reinem Modus I ($\alpha = 90°$) über verschiedene $K_{\mathrm{I}}/K_{\mathrm{II}}$-Kombinationen bis hin zum Modus-II-Fall ($\alpha = 0°$) eingestellt werden. Dies wurde in der FEM-Analyse nachvollzogen. Die Auswertung des Hybridelementes mit (5.51) liefert sofort beide K-Faktoren, die normiert in Tabelle 5.1 zusammengestellt sind.

5.3.3 3D Rissspitzenelemente nach dem hybriden Spannungsmodell

Geometrie und Konstruktionsprinzip

Die dreidimensionalen Rissspitzenelemente besitzen die Form eines Hexaeders mit ebenen Elementflächen und $n_{\mathrm{K}} = 20$ Knoten. Der Verlauf der Rissfront im Körper wird durch ein Polygon approximiert, wobei um jedes Geradenstück eine Gruppe von vier Rissspitzenelementen nach Bild 5.18 angeordnet wird. Der restliche Teil des Körpers wird mit isoparametrischen Standardelementen vernetzt. Jedes der qualitativ unterschiedlichen Hybrid-Elemente (Typ A, A', B, B') hat eine Kante mit der Rissfront gemeinsam. Zur Formulierung der Ansatzfunktionen und zum Zwecke der numerischen Integration wird das Element mit Hilfe der quadratischen isoparametrischen Formfunktionen (4.68) auf den Einheitswürfel ($-1 < \xi_1, \xi_2, \xi_3 < 1$) transformiert, siehe Bild 5.19. An der Rissfront führen wir wieder ein lokales System von Zylinderkoordinaten (r, θ, $z = x_3$) und

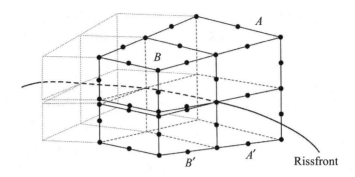

Bild 5.18: Anordnung der hybriden Rissspitzenelemente um die Rissfront

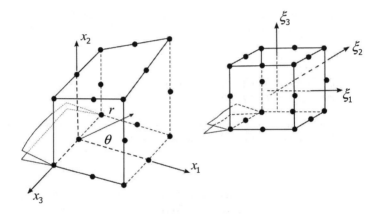

Bild 5.19: Koordinatensysteme für die Rissspitzenelemente

kartesischen Koordinaten (x_1, x_2, x_3) ein. Aus analytischen Untersuchungen (siehe Abschnitt 3.2.3) sind die asymptotischen Lösungen für die Spannungen (3.60) und Verschiebungen (3.62) bekannt.

Zur Konstruktion der Risselemente wird das hybride Spannungsmodell (4.28) aus Abschnitt 4.2.3 benutzt. Die Anwendung dieses Prinzips Π_{CH} erfordert einen Spannungsansatz im Elementvolumen, der die Gleichgewichtsbedingungen und Spannungsrandbedingungen a priori erfüllt:

$$\boldsymbol{\sigma} = \begin{bmatrix} \sigma_{11} & \sigma_{22} & \sigma_{33} & \tau_{12} & \tau_{23} & \tau_{31} \end{bmatrix}^{\text{T}} = \mathbf{P}\boldsymbol{\beta} + \mathbf{P}_{\text{B}}\boldsymbol{\beta}_{\text{B}}, \tag{5.61}$$

woraus sich die Randspannungen mit dem Normalenvektor darstellen lassen:

$$\mathbf{t} = \begin{bmatrix} t_1 & t_2 & t_3 \end{bmatrix}^{\text{T}} = \mathbf{R}\boldsymbol{\beta} + \mathbf{R}_{\text{B}}\boldsymbol{\beta}_{\text{B}}. \tag{5.62}$$

Der Spannungsansatz enthält die n_{A} unbekannten Koeffizienten $\boldsymbol{\beta}$. Das zweite Glied $\mathbf{P}_{\text{B}}\boldsymbol{\beta}_{\text{B}}$ berücksichtigt partikuläre Lösungen infolge von Volumenkräften oder Randspannungen. Bei den Risselementen wurde vorerst auf die Terme $\mathbf{P}_\mathrm{B}$ verzichtet. Der gewählte Spannungsansatz $\mathbf{P}$ besteht aus n_R regulären Polynomtermen $\mathbf{P}_\mathrm{R}(x_1, x_2, x_3)$ mit den unbestimmten Koeffizienten b_n und dem rissspezifischen Teil $\mathbf{P}_\mathrm{S}$, der die Rissspitzenlösung (3.60) mit den Spannungsintensitätsfaktoren als Koeffizienten enthält:

$$\mathbf{P}\beta = \begin{bmatrix} \mathbf{P}_\mathrm{R} & \mathbf{P}_\mathrm{S} \end{bmatrix} \begin{bmatrix} b_1 & b_2 & \dots & b_{n_\mathrm{R}} & K_\mathrm{I} & K_\mathrm{II} & K_\mathrm{III} \end{bmatrix}^\mathrm{T}. \qquad (5.63)$$

Zur Aufstellung von $\mathbf{P}_\mathrm{R}$ wurde für jede Spannungskomponente ein unvollständiges Polynom 3. Ordnung in (x_1, x_2, x_3) angesetzt, das sich durch die Gleichgewichtsforderung auf $n_\mathrm{R} = 54$ (für die Elementtyen A und A') Koeffizienten reduziert [145]. Für die Elementarten B und B' wurden nur solche Spannungszustände ausgewählt, die keine Rissuferbelastungen verursachen ($n_\mathrm{R} = 60$). Auf die Angabe der umfangreichen Matrix $\mathbf{P}_\mathrm{R}$ muss in diesem Rahmen verzichtet werden. Der Spannungsansatz (5.63) erfüllt neben den Gleichgewichtsbedingungen auch die Spannungsfreiheit auf den Rissflächen. Er genügt außerdem der Forderung, dass die Koeffizientenzahl $n_\mathrm{A} = n_\mathrm{R} + 3$ größer als die Zahl der Knotenfreiheitsgrade $3n_\mathrm{K} = 60$ minus der Starrkörper-Freiheitsgrade $n_\mathrm{F} = 6$ ist.

Die Verschiebungen $\widetilde{\mathbf{u}}$ auf der Elementoberfläche werden mittels der Interpolationsfunktion $\mathbf{L}$ durch die Knotenverschiebungen $\mathbf{v}$ ausgedrückt.

$$\widetilde{\mathbf{u}} = \begin{bmatrix} \widetilde{u}_1 & \widetilde{u}_2 & \widetilde{u}_3 \end{bmatrix}^\mathrm{T} = \mathbf{L}\mathbf{v} \qquad \text{auf } S_e \qquad (5.64)$$

Bei der Festlegung der Ansätze unterscheiden wir drei Flächenarten, die im folgenden durch die Richtung ihrer Flächennormalen in Bild 5.19 gekennzeichnet werden:

a) **Flächen $\xi_1 = 1$ und $\xi_3 = 1$:**
Auf diesen Flächen grenzen die Rissspitzenelemente an Standardelemente an, weshalb für $\mathbf{L}$ die üblichen quadratischen isoparametrischen Formfunktionen in (ξ_1, ξ_2, ξ_3) für eine 8-Knoten-Fläche benutzt werden. Über die vier anderen Flächen sind nur die Rissspitzenelemente untereinander verbunden. Ihre Interpolationsfunktionen werden an das Verschiebungsfeld (3.62) der Rissspitzenlösung angepasst.

b) **Flächen $\xi_2 = 1$ und $\xi_2 = -1$:**
Diese Flächen schneiden die Rissfront in einem Punkt, so dass hier neben sechs Polynomtermen die gesamte (r, θ)-Abhängigkeit nach (3.62) Verwendung findet:

$$\begin{aligned}
\widetilde{u}_1 &= a_1 + a_2\xi_1 + a_3\xi_3 + a_4\xi_1\xi_3 + a_5\xi_1^2 + a_6\xi_3^2 + \\
&\quad + a_7\sqrt{r}\, g_1^\mathrm{I}(\theta) + a_8\sqrt{r}\, g_1^\mathrm{II}(\theta)
\end{aligned} \qquad (5.65)$$

$$\begin{aligned}
\widetilde{u}_2 &= a_9 + a_{10}\xi_1 + a_{11}\xi_3 + a_{12}\xi_1\xi_3 + a_{13}\xi_1^2 + a_{14}\xi_3^2 + \\
&\quad + a_{15}\sqrt{r}\, g_2^\mathrm{I}(\theta) + a_{16}\sqrt{r}\, g_2^\mathrm{II}(\theta)
\end{aligned} \qquad (5.66)$$

$$\begin{aligned}
\widetilde{u}_3 &= a_{17} + a_{18}\xi_1 + a_{19}\xi_3 + a_{20}\xi_1\xi_3 + a_{21}\xi_1^2 + a_{22}\xi_3^2 + \\
&\quad + a_{23}\sqrt{r}\, \sin\frac{\theta}{2} + a_{24}\sqrt{r}\, \sin\frac{3}{2}\theta
\end{aligned} \qquad (5.67)$$

c) **Flächen $\xi_1 = -1$ und $\xi_3 = -1$:**
   Diese Flächen haben eine Kante mit der Rissfront gemeinsam, weshalb hier nur die $\sqrt{r}$-Abhängigkeit von (3.62) einfließt:

$$\widetilde{u}_1 = a_1 + a_2\sqrt{r} + a_3\xi_2 + a_4\sqrt{r}\,\xi_2 + a_5 r + a_6\xi_2^2 + a_7 r\xi_2 + a_8\sqrt{r}\xi_2^2 \tag{5.68}$$

und analog $\widetilde{u}_2$ und $\widetilde{u}_3$.

In den Fällen b) und c) müssen die 24 Ansatzkoeffizienten a_i durch die 24 Knotenvariablen $\mathbf{v}$ der Fläche substituiert werden. Dazu berechnet man aus dem Ansatz $\widetilde{\mathbf{u}} = \mathbf{A}\mathbf{a}$ die Verschiebungen an den Knotenkoordinaten $\mathbf{v} = \mathbf{M}\mathbf{a}$ und invertiert dieses lineare Gleichungssystem, woraus sich die Interpolationsformel für die Fläche ergibt:

$$\widetilde{\mathbf{u}} = \mathbf{A}\mathbf{M}^{-1}\mathbf{v}. \tag{5.69}$$

Gleichung (5.64) setzt sich somit aus derartigen Beiträgen der sechs Flächen zusammen.

Die Ansätze für die Spannungen $\boldsymbol{\sigma}$, Randspannungen $\mathbf{t}$ und Randverschiebungen $\widetilde{\mathbf{u}}$ werden in das Variationsprinzip Π_{CH} (4.28) eingesetzt:

$$\Pi_{\text{CH}} = \sum_{e=1}^{n_E}\left[\frac{1}{2}\boldsymbol{\beta}^{\text{T}}\mathbf{H}\boldsymbol{\beta} + \boldsymbol{\beta}^{\text{T}}\mathbf{H}_{\text{B}}\boldsymbol{\beta}_{\text{B}} - \boldsymbol{\beta}^{\text{T}}\mathbf{G}\mathbf{v} - \boldsymbol{\beta}_{\text{B}}^{\text{T}}\mathbf{G}_{\text{B}}\mathbf{v} + \mathbf{v}^{\text{T}}\int_{S_{te}}\mathbf{L}^{\text{T}}\overline{\mathbf{t}}\,\mathrm{d}S\right], \tag{5.70}$$

wobei die Integration über das Element folgende Matrizen ergibt ($\mathbf{S}$ – elastischer Nachgiebigkeitstensor):

$$\mathbf{H} = \int_{V_e}\mathbf{P}^{\text{T}}\mathbf{S}\mathbf{P}\,\mathrm{d}V = \mathbf{H}^{\text{T}}, \qquad \mathbf{H}_{\text{B}} = \int_{V_e}\mathbf{P}^{\text{T}}\mathbf{S}\mathbf{P}_{\text{B}}\,\mathrm{d}V$$
$$\mathbf{G} = \int_{S_e}\mathbf{R}^{\text{T}}\mathbf{L}\,\mathrm{d}S, \qquad \mathbf{G}_{\text{B}} = \int_{S_e}\mathbf{R}_{\text{B}}^{\text{T}}\mathbf{L}\,\mathrm{d}S. \tag{5.71}$$

Die Variation von Π_{CH} bezüglich $\boldsymbol{\beta}$ liefert für jedes Element eine Relation zwischen den Koeffizienten $\boldsymbol{\beta}$ des Spannungsansatzes und den Knotenverschiebungen $\mathbf{v}$

$$\boldsymbol{\beta} = \mathbf{H}^{-1}\left(\mathbf{G}\mathbf{v} - \mathbf{H}_{\text{B}}\boldsymbol{\beta}_{\text{B}}\right) = \widetilde{\mathbf{B}}\mathbf{v}. \tag{5.72}$$

Hiermit kann $\boldsymbol{\beta}$ aus (5.70) eliminiert werden und die anschließende Variation nach $\delta\mathbf{v}$ ergibt die gesuchte Steifigkeitsbeziehung für ein hybrides Element:

$$\mathbf{k}\mathbf{v} = \mathbf{f} \tag{5.73}$$

mit der Steifigkeitsmatrix $\mathbf{k}$ und dem Lastvektor $\mathbf{f}$

$$\mathbf{k} = \mathbf{G}^{\text{T}}\mathbf{H}^{-1}\mathbf{G}, \qquad \mathbf{f} = \mathbf{G}^{\text{T}}\mathbf{H}^{-1}\mathbf{H}_{\text{B}}\boldsymbol{\beta}_{\text{B}} - \mathbf{G}_{\text{B}}^{\text{T}}\boldsymbol{\beta}_{\text{B}} + \int_{S_{te}}\mathbf{L}^{\text{T}}\overline{\mathbf{t}}\,\mathrm{d}S. \tag{5.74}$$

Da (5.73) nur Knotenvariablen enthält, kann der Einbau der Hybridelemente in das Gesamtsystem problemlos erfolgen. Es ist eine beliebige Kombination von Verschiebungs- und Hybridelementen erlaubt, vorausgesetzt die Verschiebungsfunktionen auf den Kontaktflächen sind identisch.

Aus den Knotenverschiebungen der Lösung gewinnt man über (5.72) direkt und getrennt voneinander die in $\boldsymbol{\beta}$ enthaltenen Spannungsintensitätsfaktoren K_I, K_II und K_III für jedes Rissspitzenelement. Da die Risslösung in jedem Element als konstant angesetzt wurde, erhält man gemittelte K-Faktoren für das vom Element erfasste Segment der Rissfront. Die Mittelung und der Vergleich der K-Faktoren aller zu einem Rissfrontsegment gehörenden vier Hybridelemente liefert genauere Werte und ein Maß für die Genauigkeit.

Numerische Implementierung

Die wesentliche Schwierigkeit bei der Erstellung der Matrizen **H** und **G** nach (5.71) besteht in der numerischen Integration der singulären Terme, die aus der Risslösung $\mathbf{P}_\mathrm{S}$ herrühren, d. h. Singularitäten vom Typ r^{-1} im Volumenintegral (durch Verformungsenergiedichte $\sigma_{ij}S_{ijkl}\sigma_{kl}$) und vom Typ $r^{-1/2}$ (Randspannungen t_i) in allen Oberflächenintegralen, die die Rissfront berühren (Flächenarten b) und c)). Diese Singularitäten sind durch Überwechseln auf Polarkoordinaten $\int \mathrm{d}x_1\mathrm{d}x_2\mathrm{d}x_3 = \int r\mathrm{d}r\mathrm{d}\theta\mathrm{d}z$ behebbar. Bei komplizierteren Integrationsgebieten für beliebig geformte Elemente und wegen der Vielzahl verschiedener Integranden (etwa 400 bei **H**) ist eine analytische Aufarbeitung aussichtslos, weshalb mit normalen GAUSS-Produktformeln in Verbindung mit einer Subelementschachtelung in Richtung Rissfront gearbeitet wurde. Die Invertierung der symmetrischen positiv-definiten Matrix **H** bereitet kein Problem, vorausgesetzt im Spannungsansatz $\mathbf{P}_\mathrm{R}$ wurden alle Null-Energieterme sorgfältig ausgesondert. Die Matrizen **k** und $\widetilde{\mathbf{B}}$ der Hybridelemente werden zuerst in den lokalen Koordinaten von Bild 5.19 aufbereitet und danach entsprechend ihrer realen Lage im Raum in das globale kartesische System transformiert.

Beispiel

Die vorgestellten 3D hybriden Rissspitzenelemente wurden in ein universelles FEM-Programmsystem FRACTURE [81] integriert und mit isoparametrischen Hexaeder- und Pentaederelementen (20 bzw. 15 Knoten) kompatibler Formfunktionen kombiniert. Als Testbeispiel wird die CT-Probe dreidimensional analysiert, siehe Bild 5.20. Aufgrund der doppelten Symmetrie ist die FEM-Diskretisierung des grau gefärbten Viertels ausreichend. Bild 5.21 zeigt das verwendete Netzwerk (6×4×5 Elemente) für die Risstiefe $a = w/2$. Im markierten Bereich entlang der Rissfront wurden zehn Hybridelemente angeordnet bzw. alternativ dafür Viertelpunkt-Hexaederelemente. Die berechneten Verteilungen des Spannungsintensitätsfaktors K_I entlang der Rissfront sind in Bild 5.22 zusammengestellt. Zum Vergleich wurden ebenfalls die 2D-Lösung [267] und die als am genauesten angesehene numerische 3D-Lösung von YAMAMOTO & SUMI [293] eingezeichnet. Die mit den Hybridelementen erhaltenen K_I-Lösungen sind in guter Übereinstimmung mit der 3D-Referenzlösung. Bei Einsatz der Viertelpunktelemente und K_I-Auswertung durch Verschiebungsextrapolation ergab sich qualitativ derselbe Verlauf, aber mit einem Genauig-

5 FEM-Techniken zur Rissanalyse in linear-elastischen Strukturen

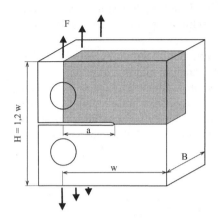

Bild 5.20: CT-Probe: Weite w, Risslänge a, Dicke B, Höhe H, Kraft F

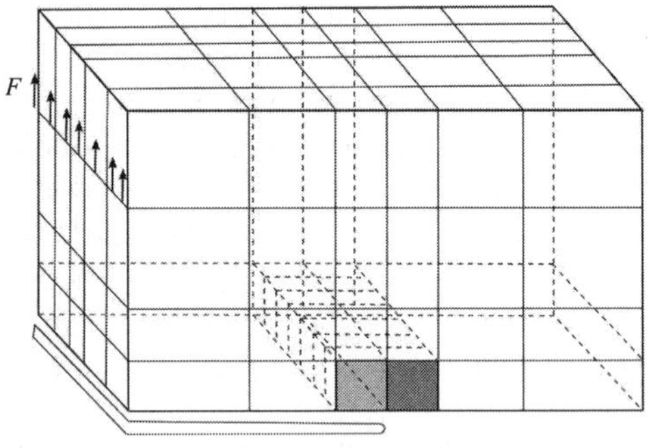

Bild 5.21: FEM-Modell für ein Viertel der CT-Probe CT645 (120 Elemente, 733 Knoten)

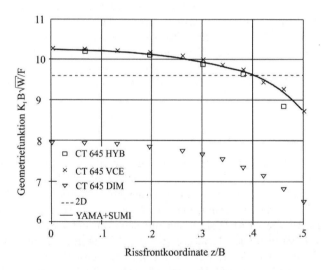

Bild 5.22: Normierter Spannungsintensitätsfaktor K_I über die halbe Dicke der CT-Probe anhand verschiedener FEM-Varianten ($a = w/2$, $\nu = 0{,}3$) Netzwerk CT645

keitsabfall von etwa 20 %. Ermittelt man hingegen K_I über die Methode des äquivalenten Gebietsintegrals unter Verwendung der Viertelpunktelemente (siehe Abschnitt 6.4), so können erheblich genauere Werte erhalten werden. Zu bemerken ist ferner, dass die 3D-Lösung in der Probenmitte um etwa 9 % über der 2D-Approximation liegt, und dass an der Probenoberfläche K_I streng genommen auf null fallen müsste, gerade hier aber die numerischen Lösungen am stärksten differieren. Weitere Anwendungsbeispiele sind in den Arbeiten [145] und [146] publiziert.

Zusammenfassend kann man die hybriden Rissspitzenelemente wie folgt bewerten: Wie die Beispiele belegen, zeichnen sie sich gegenüber allen anderen Risselementen bei vergleichbarer Netzqualität durch sehr hohe Genauigkeit und den besten Nutzerkomfort aus. Mit hybriden Elementen kann man Risskonfigurationen sehr grob (und z. T. geschlossen) vernetzen. Die K-Faktoren werden ohne gesonderten Post-Prozess direkt berechnet. Trotzdem haben sich hybride Rissspitzenelemente in kommerziellen FEM-Codes nicht durchgesetzt. Das liegt am hohen Implementierungsaufwand und an der mangelnden Passfähigkeit zu FEM-Standard-Algorithmen.

5.4 Die Methode der globalen Energiefreisetzungsrate

5.4.1 Umsetzung im Rahmen der FEM

Im Abschnitt 3.2.4 wurde G als die freigesetzte potenzielle Energie $-\mathrm{d}\Pi$ eines belasteten Körpers bei einer infinitesimalen Rissverlängerung $\mathrm{d}a$ hergeleitet. Im Rahmen der FEM kann die potenzielle Energie $\Pi = \mathcal{W}_\mathrm{int} - \mathcal{W}_\mathrm{ext}$ nach Gleichung (4.54) mit Hilfe der Knotenvariablen $\mathbf{V}$, der Systemsteifigkeitsmatrix $\mathbf{K}$ und des Systemlastvektors $\mathbf{F}$ ausgedrückt werden, die sich durch Assemblierung der entsprechenden Elementbeiträge $\mathbf{v}$, $\mathbf{k}$ und $\mathbf{f}$ ergeben:

$$\Pi(\mathbf{v}) = \sum_{e=1}^{n_\mathrm{E}} \left(\frac{1}{2} \mathbf{v}_e^\mathrm{T} \mathbf{k}_e \mathbf{v}_e - \mathbf{v}_e^\mathrm{T} \mathbf{f}_e \right) = \frac{1}{2} \mathbf{V}^\mathrm{T} \mathbf{K} \mathbf{V} - \mathbf{V}^\mathrm{T} \mathbf{F}. \tag{5.75}$$

Es liegt also nahe, die Energiefreisetzungsrate bei einer vorgegebenen Rissausbreitung um Δa direkt mit der FEM als Differenzenquotient zweier Modelle mit den Risslängen a und $a + \Delta a$ zu berechnen

$$\bar{G} = -\frac{\Delta \Pi}{\Delta a} = -\frac{\Pi(a + \Delta a) - \Pi(a)}{\Delta a}, \tag{5.76}$$

was den Aufbau, die Lösung und die Auswertung zweier kompletter FEM-Modelle verlangt. Das Verfahren eignet sich für jede beliebige endliche Rissausbreitung auf einem geraden, abgeknickten oder gekrümmten Pfad C (siehe Bild 5.23). Es liefert die totale Energiedifferenz $\bar{G}$ zwischen End- und Ausgangszustand pro Rissweiterung Δa. Der Zusammenhang mit der Energiefreisetzungsrate $G = -\mathrm{d}\Pi/\mathrm{d}a$ bei infinitesimalem Riss-

218 5 FEM-Techniken zur Rissanalyse in linear-elastischen Strukturen

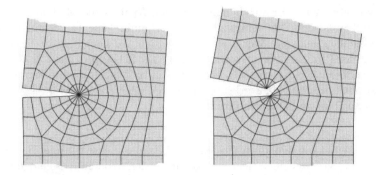

Bild 5.23: FEM-Modelle für eine endliche Rissausbreitung im Ausgangs- und Endzustand

fortschritt da ist durch das Integral entlang des Risspfades C gegeben

$$\bar{G} = \int_C G(a)\,\mathrm{d}a. \qquad (5.77)$$

Will man die infinitesimale Energiefreisetzungsrate gemäß Gleichung (3.78) bestimmen, so muss numerisch ein sehr kleines Rissinkrement $\Delta a \approx 0{,}001 \ll a$ realisiert werden, das aber auch nicht zu klein sein darf, damit sich keine numerischen (Rundungs-)Fehler akkumulieren.

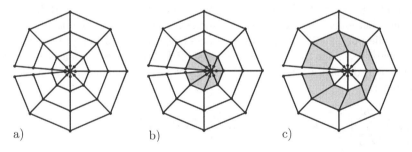

Bild 5.24: Virtuelle Rissausbreitung bei der globalen Energiemethode

5.4.2 Die Methode der virtuellen Rissausbreitung

Eleganter ist jedoch die von PARKS [200], HELLEN [112] und DELORENZI [71] vorgeschlagene *Methode der virtuellen Rissausbreitung* (engl. *virtual crack extension, VCE*). Dazu wird (5.75) nach der Risslänge abgeleitet:

$$G = -\frac{\mathrm{d}\Pi}{\mathrm{d}a} = -\frac{\partial \mathbf{V}^{\mathrm{T}}}{\partial a}\underbrace{(\mathbf{KV}-\mathbf{F})}_{=0} - \frac{1}{2}\mathbf{V}^{\mathrm{T}}\frac{\partial \mathbf{K}}{\partial a}\mathbf{V} + \mathbf{V}^{\mathrm{T}}\frac{\partial \mathbf{F}}{\partial a} \qquad (5.78)$$

5.4 Die Methode der globalen Energiefreisetzungsrate

Der Klammerausdruck stellt das FEM-Gleichungssystem dar und muss daher verschwinden. Unterstellt man, dass sich die äußeren Belastungen **F** mit der Risslänge nicht verändern, so folgt

$$G = -\frac{1}{2}\mathbf{V}^T \frac{\partial \mathbf{K}}{\partial a}\mathbf{V} \approx -\frac{1}{2}\mathbf{V}^T(a)\frac{\mathbf{K}(a+\Delta a) - \mathbf{K}(a)}{\Delta a}\mathbf{V}(a) = -\frac{1}{2}\mathbf{V}^T \frac{\Delta \mathbf{K}}{\Delta a}\mathbf{V}. \qquad (5.79)$$

Somit berechnet sich die Energiefreisetzungsrate G aus der Ableitung der Steifigkeitsmatrix nach der Risslänge und beidseitiger Multiplikation mit der Verschiebungslösung $\mathbf{V}(a)$, die nur für die Ausgangsrisslänge a bekannt sein muss. Die Technik wird auch *Methode der Steifigkeitsableitung* (engl. *stiffness derivative method*) genannt.

Wie wird nun die virtuelle Rissausbreitung Δa im FEM-Kontext festgelegt? In den ursprünglichen Arbeiten [112, 200] verschob man gemäß Bild 5.24 den Rissspitzenknoten oder ein begrenztes Gebiet von Elementen um die Rissspitze um Δa, so dass sich die Steifigkeitsmatrix de facto nur geringfügig in der Rissumgebung V_0 veränderte (relevante Elemente sind grau hinterlegt). Die Differenz $\Delta \mathbf{K}$ kann somit leicht aus den wenigen Elementbeiträgen berechnet werden, was sich rechentechnisch einfach realisieren lässt, wenn man direkt in die FEM-Routinen zum Aufbau der Steifigkeitsmatrizen eingreifen kann. Bei kommerziellen FEM-Programmen ist dies kaum möglich und die Berechnung von $\Delta \mathbf{K}/\Delta a$ erfordert einen speziellen Post-Prozessor. Dennoch wird der Berechnungsaufwand im Wesentlichen auf die FEM-Analyse für *eine* Risslänge reduziert.

Anstelle des Differenzenquotienten $\Delta \mathbf{K}/\Delta a$ haben LIN & ABEL [162] die Steifigkeitsmatrix im Sinne einer Störungsrechnung analytisch exakt differenziert $\partial \mathbf{K}/\partial a$ (5.79). Dazu wurde die Ableitung auf alle Terme unter dem Bestimmungsintegral für **K** (4.50) angewandt. Damit werden numerische Ungenauigkeiten infolge von Rundungsfehlern und des Wechsels der FEM-Diskretisierung bei der virtuellen Rissausbreitung vermieden. Allerdings ist bei dieser Methode ein Mehraufwand für die Bestimmung der Steifigkeitsableitung nötig, wozu man außerdem Zugriff auf den FEM-Code haben muss [281].

Während sich die bisher vorgestellten Techniken der VCE vordergründig am FEM-Algorithmus orientieren, wurde von DELORENZI [71, 72] ein allgemeinerer kontinuumsmechanischer Zugang verfolgt. Dabei wird die virtuelle Rissausbreitung als eine Abbildung von der Ausgangskonfiguration $x_k(a)$ in die verschobene Konfiguration $\bar{x}_k(a+\Delta a)$ betrachtet, wobei die Funktion $\Delta l_k(\boldsymbol{x})$ die virtuelle Verrückung der Rissspitze und einer begrenzten Umgebung V_0 beschreibt (siehe Bild 5.24):

$$\bar{x}_k = x_k + \Delta l_k(\boldsymbol{x}) \qquad \text{in } V_0 \qquad (5.80)$$

Damit wird die Änderung der potenziellen Energie bei der virtuellen Rissausbreitung untersucht (siehe Abschnitt 3.2.4), woraus die folgende Gleichung für die globale Energiefreisetzungsrate G^* entsteht:

$$G^* \mathrel{\hat=} G = -\int\limits_{V_0}\left[U\delta_{kj} - \sigma_{ij}\frac{\partial u_i}{\partial x_k}\right]\frac{\partial \Delta l_k}{\partial x_j}\,dV + \int\limits_{V_0}\left[\sigma_{ij}\frac{\partial \varepsilon_{ij}^{\text{t}}}{\partial x_k}\Delta l_k - \bar{b}_i\frac{\partial u_i}{\partial x_k}\Delta l_k\right]dV \quad (5.81)$$

Dieses Volumenintegral erstreckt sich nur über das durch die VCE veränderte Gebiet V_0, da außerhalb $\Delta l_k \equiv 0$ ist. Es berücksichtigt Volumenkräfte $\bar{b}_i$ und thermische Dehnungen ε_{ij}^t [29]. Die Beziehung (5.81) stellt eine Auswerteformel für die FEM-Analyse bei der Ausgangskonfiguration a dar, d. h. sie kann im Post-Prozessor für die betrachtete Risserweiterung Δl_k (aber auch jede weitere gewünschte Variante) berechnet werden. Dieses Verfahren der VCE ist im Prinzip identisch mit der Formulierung des J-Integrals als ein äquivalentes Gebietsintegral, worauf ausführlich in Abschnitt 6.4 eingegangen wird.

Die *globale Energiefreisetzungsmethode* besitzt eine Reihe von *Vorteilen*: Erstens approximiert die FEM als Variationsverfahren am genauesten die Energie der Struktur, welche hier ausgewertet wird. Zweitens muss man aus diesem Grunde die Rissumgebung nicht unbedingt mit Rissspitzenelementen versehen (was dennoch von Vorteil ist), sondern erzielt auch mit Standard-Elementen eine gute Genauigkeit. Generell erhält man bei gleicher Netzfeinheit mit der virtuellen Rissausbreitungsmethode ein genaueres Ergebnis für die K-Faktoren als mit der Verschiebungsauswertung DIM.

Als *Nachteile* der VCE müssen der erforderliche Implementierungsaufwand genannt werden, falls die Steifigkeitsmatrix direkt abgeleitet wird, und eine gewisse numerische Sensibilität bzgl. der Wahl von Δa. Zur Umrechnung der ermittelten Energiefreisetzungsrate G in die Spannungsintensitätsfaktoren besteht nur die Beziehung

$$G = G_\mathrm{I} + G_\mathrm{II} + G_\mathrm{III} = \frac{1-\nu^2}{E}(K_\mathrm{I}^2 + K_\mathrm{II}^2) + \frac{1+\nu}{E}K_\mathrm{III}^2. \qquad (5.82)$$

Im Fall überlagerter Rissöffnungsarten Modus I, II und III ist allein mit dieser Gleichung allerdings keine Trennung in die einzelnen Intensitätsfaktoren K_I, K_II und K_III möglich! Das schränkt den Anwendungsbereich dieses Verfahrens erheblich ein.

5.5 Die Methode des Rissschließintegrals

5.5.1 Grundgleichungen der lokalen Energiemethode

Als gleichwertiger Zugang zur Berechnung der Energiefreisetzungsrate G wurde in 3.2.4 die *lokale Energiemethode* vorgestellt. Sie basiert auf der Arbeit $\Delta \mathcal{W}_c$, die zur lokalen Öffnung bzw. Schließung des Risses um Δa von den Schnittspannungen t_i^c mit den Rissuferverschiebungen Δu_i verrichtet werden muss, siehe (3.90). Die Grundgleichungen werden anhand von Bild 5.25 für Modus-I-Belastung erläutert. Im oberen Bild ist die Situation für die Ausgangsrisslänge a mit dem Spannungsverlauf $t_i^c \hat{=} \sigma_{22}(r, \theta = 0; a)$ vor dem Riss dargestellt. Das untere Bild beschreibt die Situation nach einer Risserweiterung um Δa, wodurch es zu einer Öffnungsverschiebung der Rissufer um $\Delta u_2 = u_2^+(\Delta a - s, +\pi; a + \Delta a) - u_2^-(\Delta a - s, -\pi; a + \Delta a)$ kommt, die von der Rissspitze aus im Abstand $\bar{r} = \Delta a - s$ gezählt wird. Die dabei verrichtete Arbeit der Spannungen σ_{22}

an den Verschiebungen Δu_2 wird entlang Δa integriert:

$$G_\text{I}(a) = \lim_{\Delta a \to 0} \frac{1}{2\Delta a} \int_0^{\Delta a} \sigma_{22}(r=s,\, \theta=0;\, a)\, \Delta u_2(\bar{r}=\Delta a - s,\, \theta=\pm\pi;\, a+\Delta a)\,\text{d}s\,.$$

(5.83)

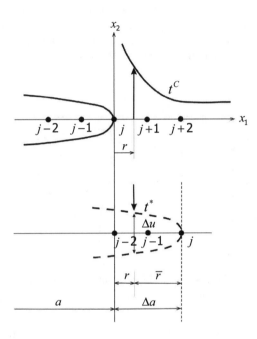

Bild 5.25: Lokale Energiemethode in Form des Rissschließintegrals

Entsprechende Beziehungen ergeben sich für reinen Modus II mit $t_1^c \hat{=} \tau_{21}$ und Δu_1 sowie $t_3^c \hat{=} \tau_{23}$ und Δu_3 bei Modus III:

$$G_\text{II}(a) = \lim_{\Delta a \to 0} \frac{1}{2\Delta a} \int_0^{\Delta a} \tau_{21}(s,\, 0;\, a)\, \Delta u_1(\Delta a - s,\, \pm\pi;\, a+\Delta a)\,\text{d}s$$

$$G_\text{III}(a) = \lim_{\Delta a \to 0} \frac{1}{2\Delta a} \int_0^{\Delta a} \tau_{23}(s,\, 0;\, a)\, \Delta u_3(\Delta a - s,\, \pm\pi;\, a+\Delta a)\,\text{d}s$$

(5.84)

Für den allgemeinen Fall gemischter Rissbelastung aus allen Moden lassen sich diese drei Gleichungen zusammenfassen:

$$G(a) = G_\mathrm{I}(a) + G_\mathrm{II}(a) + G_\mathrm{III}(a)$$

$$= \lim_{\Delta a \to 0} \frac{1}{2\Delta a} \int_0^{\Delta a} \sum_{i=1}^{3} \left[t_i^c(s, 0; a) - t_i^*(s, 0; a + \Delta a) \right] \Delta u_i(\Delta a - s, \pm \pi; a + \Delta a) \, ds$$

(5.85)

Zusätzlich wurden mit t_i^* noch residuelle Belastungen eingeführt, die auch nach Rissverlängerung auf den Rissufern wirken wie z. B. Innendruck im Riss oder Kohäsivkräfte zwischen den Rissufern. Das Vorzeichen von t_i^* ist positiv anzusetzen, wenn die Spannungen die Rissufer zusammenziehen, d. h. in $-x_i$-Richtung.

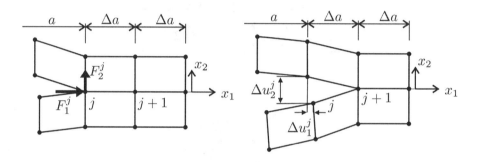

Bild 5.26: Einfaches Rissschließintegral im FEM-Kontext: a) Kräfte vor und b) Verschiebungen nach Risserweiterung

5.5.2 Numerische Realisierung mit FEM 2D

a) Einfaches Rissschließintegral

Die einfachste numerische Umsetzung der lokalen Energiemethode besteht in der Durchführung von zwei FEM-Berechnungen, bei denen der Riss auf einem gegebenen Pfad um das Inkrement Δa dadurch verlängert wird, dass man das Netz entlang einer Elementkante L trennt. Dies ist in Bild 5.26 für ebene 4-Knoten-Elemente dargestellt. Im Rahmen der FEM berechnet sich die zu (5.83) und (5.84) äquivalente Rissschließarbeit gerade aus der Knotenkraft $F_i^j(a)$ des Rissspitzenknotens j im Ausgangsmodell (Bild 5.26 a) und der Öffnungsverschiebung $\Delta u_i^j(a+\Delta a)$ nach Rissausbreitung (Bild 5.26 b):

$$\left.\begin{aligned} G_{\mathrm{I}}\left(a+\frac{\Delta a}{2}\right) &= \frac{1}{2\Delta a}\left[F_2^j(a)\Delta u_2^j(a+\Delta a)\right] \\ G_{\mathrm{II}}\left(a+\frac{\Delta a}{2}\right) &= \frac{1}{2\Delta a}\left[F_1^j(a)\Delta u_1^j(a+\Delta a)\right] \end{aligned}\right\} \text{ESZ, EVZ} \qquad (5.86)$$

$$G_{\mathrm{III}}\left(a+\frac{\Delta a}{2}\right) = \frac{1}{2\Delta a}\left[F_3^j(a)\Delta u_3^j(a+\Delta a)\right] \Big\} \text{NES}$$

Bei 2D-Strukturen tritt Modus III nur bei nichtebener Schubbelastung (NES) auf. Das Ergebnis dieses Differenzenquotienten wäre der mittleren Risslänge $a+\frac{\Delta a}{2}$ zuzuordnen. Es leuchtet unmittelbar ein, dass dieses Verfahren sehr gut geeignet ist, um $G_N(a)$ bzw. die K-Faktoren $K_N(a)$ ($N =$ I, II, III) schrittweise für eine ganze Folge von Risserweiterungen um je eine Elementlänge $L = \Delta a$ zu bestimmen. Mit Hilfe eines einzigen FEM-Netzes, bei dem der Risspfad durch gleich große Elemente diskretisiert wird, kann man somit durch sukzessives Knotentrennen die Bruchkenngrößen im interessierenden Risslängenbereich berechnen und benötigt $n+1$ Rechnungen für n Differenzenquotienten (5.86).

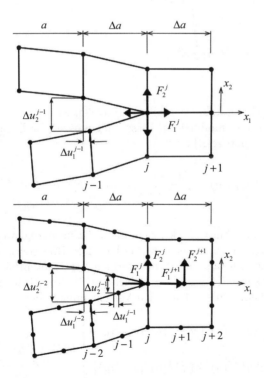

Bild 5.27: Modifiziertes Rissschließintegral für a) lineare (oben) und b) quadratische Verschiebungsansätze (unten)

b) Modifiziertes Rissschließintegral MCCI

Möchte man die Energiefreisetzungsrate bzw. daraus die K-Faktoren lediglich für *eine* Risslänge bestimmen, so lässt sich nach dem Vorschlag von RYBICKI & KANNINEN [231] und BUCHHOLZ [51] der Aufwand auf *eine* FEM-Rechnung reduzieren. Dabei wird angenommen, dass die Rissverlängerung um Δa den Beanspruchungszustand an der Rissspitze nicht wesentlich ändert. Deshalb darf man die Rissöffnungsverschiebung $\Delta u_i^j(a + \Delta a)$ in guter Näherung durch ihren Wert $\Delta u_i^{j-1}(a)$ am Knoten $(j-1)$ auf dem Rissufer bei der Ausgangsrisslänge a approximieren. Diese Technik wird als *modifiziertes Rissschließintegral* (engl. *modified crack closure integral, MCCI*) oder *virtuelle Rissschließmethode* bezeichnet und hat sich generell durchgesetzt. Das Verfahren ist in Bild 5.27 für Elemente mit linearem (a) oder quadratischem (b) Verschiebungsansatz skizziert. Dabei bezeichnet der Index j den Rissspitzenknoten, so dass die Knoten $j, j+1, j+2$ auf dem Ligament liegen und die Knoten $j-2, j-1, j$ den Rissufern entsprechen. Für die linearen Elemente ergibt sich das modifizierte Rissschließintegral aus der Arbeit der Kräfte am Rissspitzenknoten j mit der Öffnungsverschiebung am Knoten $j-1$:

$$
\begin{aligned}
G_{\mathrm{I}}(a) &\approx \frac{1}{2\Delta a} \left[F_2^j(a) \Delta u_2^{j-1}(a) \right] \\
G_{\mathrm{II}}(a) &\approx \frac{1}{2\Delta a} \left[F_1^j(a) \Delta u_1^{j-1}(a) \right] \\
G_{\mathrm{III}}(a) &\approx \frac{1}{2\Delta a} \left[F_3^j(a) \Delta u_3^{j-1}(a) \right]
\end{aligned}
\quad
\begin{array}{l}
\Big\} \text{ ESZ, EVZ} \\[2ex]
\Big\} \text{ NES}
\end{array}
\quad (5.87)
$$

Bei Mixed-Mode-Beanspruchung und eventuellen residuellen Kräften F_i^* auf den Rissufern ($\widehat{=} t_i^*$) berechnet sich das modifizierte Rissschließintegral für lineare Elementansätze ($\Delta a \widehat{=}$ Elementkantenlänge L) zu:

$$
G(a) = G_{\mathrm{I}}(a) + G_{\mathrm{II}}(a) + G_{\mathrm{III}}(a) = \frac{1}{2\Delta a} \sum_{i=1}^{3} \left[(F_i^j(a) - F_i^{*j}(a)) \Delta u_i^{j-1}(a) \right]. \quad (5.88)
$$

Für Elemente mit quadratischen Ansatzfunktionen, die meist bevorzugt werden, müssen beim Rissfortschritt immer zwei Knoten getrennt werden, siehe Bild 5.27 b und Bild 5.25. Das Rissschließintegral setzt sich aus den Arbeitstermen der Knotenkräfte j mit den Verschiebungen am Rissuferknoten $j-2$ (nach gedachtem Rissfortschritt $\Delta a = L$) und den Kräften am Seitenmittenknoten $j+1$ mit den Verschiebungen bei $j-1$ zusammen:

$$
\begin{aligned}
G_{\mathrm{I}}(a) &\approx \frac{1}{2\Delta a} \left[F_2^j(a) \Delta u_2^{j-2}(a) + F_2^{j+1}(a) \Delta u_2^{j-1}(a) \right] \\
G_{\mathrm{II}}(a) &\approx \frac{1}{2\Delta a} \left[F_1^j(a) \Delta u_1^{j-2}(a) + F_1^{j+1}(a) \Delta u_1^{j-1}(a) \right] \\
G_{\mathrm{III}}(a) &\approx \frac{1}{2\Delta a} \left[F_3^j(a) \Delta u_3^{j-2}(a) + F_3^{j+1}(a) \Delta u_3^{j-1}(a) \right]
\end{aligned}
\quad
\begin{array}{l}
\Big\} \text{ ESZ, EVZ} \\[2ex]
\Big\} \text{ NES}
\end{array}
\quad (5.89)
$$

Zusammengefasst für alle Rissöffnungsarten und residuelle Rissuferlasten lautet das modifizierte Rissschließintegral bei Verwendung quadratischer Elementansätze somit

$$G(a) = G_{\mathrm{I}}(a) + G_{\mathrm{II}}(a) + G_{\mathrm{III}}(a)$$
$$= \frac{1}{2\Delta a} \sum_{i=1}^{3} \left[\left(F_i^j - F_i^{*j}\right) \Delta u_i^{j-2} + \left(F_i^{j+1} - F_i^{*j+1}\right) \Delta u_i^{j-1} \right]. \tag{5.90}$$

Die Formeln (5.88) und (5.90) gelten allgemein für zweidimensionale Rissprobleme (Dicke $B = 1$, $\Delta A = \Delta a B$) bei beliebigem anisotropem elastischem Materialverhalten. Ab Monotropie und höheren Symmetrieklassen entkoppeln sich die Lösungen in der Ebene und longitudinal dazu. Dann wird bei Belastungen in der Ebene (ESZ, EVZ) Modus III nicht auftreten, $G_{\mathrm{III}} \equiv 0$ und der Fall nichtebener Schubbelastung (NES) wird separat behandelt, d. h. $G_{\mathrm{III}} \neq 0$, $G_{\mathrm{I}} = G_{\mathrm{II}} = 0$.

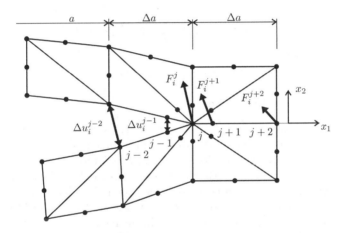

Bild 5.28: Modifiziertes Rissschließintegral für 2D-Viertelpunktelemente

c) Kombination MCCI mit Viertelpunktelementen

Die Anwendung des modifizierten Rissschließintegrals ergibt in Kombination mit regulären Elementen am Riss bereits eine zufriedenstellende Genauigkeit der berechneten Bruchkenngrößen G_N und K_N ($N = \mathrm{I, II, III}$). Deshalb wird die Methode meist in den Fällen eingesetzt, wo keine Rissspitzenelemente verfügbar oder anwendbar sind. Trotzdem kann diese Technik auch auf die in Abschnitt 5.2.2 vorgestellten Viertelpunktelemente übertragen werden. Ausgehend von den Grundgleichungen (5.83) bis (5.85) der lokalen Energiemethode wurde die Rissschließarbeit mit den spezifischen Ansätzen der 2D-Viertelpunktelemente integriert [210, 211, 256], woraus sich entsprechende Arbeitsterme der Knotenkräfte F_i^n ($n = j, j+1, j+2$) mit den Rissöffnungsverschiebungen Δu_i^n ($n = j-2, j-1$) und den Wichtungsfaktoren c_l ($l = 1,2,\ldots,6$) ergeben, siehe Bild 5.28.

Variante 1) (Die Rissuferlasten F_i^{*n} wurden der Übersichtlichkeit halber weggelassen.)

$$G = \frac{1}{2\Delta a} \sum_{i=1}^{3} \left[\left(c_1 F_i^j + c_2 F_i^{j+1} + c_3 F_i^{j+2} \right) \Delta u_i^{j-2} + \right.$$
$$\left. + \left(c_4 F_i^j + c_5 F_i^{j+1} + c_6 F_i^{j+2} \right) \Delta u_i^{j-1} \right] \quad (5.91)$$

$$c_1 = 14 - \frac{33\pi}{8}, \quad c_2 = \frac{21\pi}{16} - \frac{7}{2}, \quad c_3 = 8 - \frac{21\pi}{8}$$
$$c_4 = \frac{33\pi}{2} - 52, \quad c_5 = 17 - \frac{21\pi}{4}, \quad c_6 = \frac{21\pi}{2} - 32$$

Variante 2) Durch einen reduzierten Spannungsansatz auf dem Ligament kann die Knotenkraft F_i^{j+2} eliminiert werden, was zu einer einfacheren Formel führt [210].

$$G = \frac{1}{2\Delta a} \sum_{i=1}^{3} \left[F_i^j \left(c_1 \Delta u_i^{j-2} + c_2 \Delta u_i^{j-1} \right) + F_i^{j+1} \left(c_3 \Delta u_i^{j-2} + c_4 \Delta u_i^{j-1} \right) \right] \quad (5.92)$$
$$c_1 = 6 - \frac{3}{2}\pi, \quad c_2 = 6\pi - 20, \quad c_3 = \frac{1}{2}, \quad c_4 = 1$$

d) Berechnung der Knotenkräfte

Die Berechnung der Knotenkräfte F_i^n ($n = j, j+1, j+2$) soll ausführlicher erläutert werden: Es handelt sich ja um Schnittkräfte, da im Rahmen des FEM-Modells an jedem Knoten Gleichgewicht herrscht (resultierende Kraft = Null). Untersucht man Rissprobleme rein symmetrischer (Modus I) oder rein antimetrischer (Modi II und III) Art, so werden auf dem Ligament entsprechende kinematische Randbedingungen vorgeschrieben. Die Kräfte F_i^n sind dann genau die dazugehörigen Reaktionskräfte, die von den meisten FEM-Codes bereitgestellt werden. Im allgemeinen Mixed-Mode-Fall besteht das Ligament aus inneren Knoten, deren ausbalancierte Kräfte nicht verfügbar sind. Um sie sich zu beschaffen, muss man das FEM-Modell gedanklich in zwei Teile oberhalb und unterhalb des Ligamentes zerlegen, deren Steifigkeitsmatrizen $\mathbf{K}^+$ bzw. $\mathbf{K}^-$ in geeigneter Weise zu bestimmen sind. Daraus berechnen sich mit der bekannten Verschiebungslösung $\mathbf{V}$ die gesuchten Knotenkräfte $\mathbf{F}^+$ bzw. $\mathbf{F}^-$ der Teilmodelle auf dem Ligament:

$$\mathbf{F}^+ = \mathbf{K}^+ \mathbf{V} = -\mathbf{F}^- = -\mathbf{K}^- \mathbf{V}, \quad \text{da} \quad \mathbf{KV} = \mathbf{F} = 0 \quad (5.93)$$

In einigen kommerziellen FEM-Codes können auch die Knotenkräfte jedes Elementes optional ausgegeben werden, die dann für die Ligamentknoten im oberen oder unteren Teil aus den Beiträgen der zugehörigen Elemente aufzusummieren sind, was de facto (5.93) entspricht.

Einfacher und eleganter ist folgender Trick: Die Ligamentknoten j, $j+1$, $j+2$ werden formal als doppelte Knoten (gleiche Koordinaten) behandelt, aber ihre Verschiebungen aneinander gefesselt (»multi-point-constraint«). Bei den meisten FEM-Codes kann man dann die Kopplungskräfte (forces on constraint) ausgeben lassen, die genau den gesuchten

F_i^n entsprechen. Alternativ führen kleine, sehr steife Stabelemente zwischen den Doppelknoten in alle drei Richtungen zum gleichen Ergebnis.

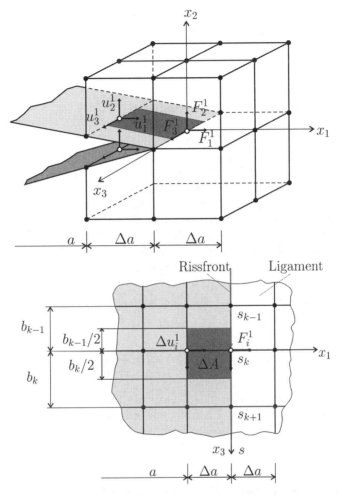

Bild 5.29: 3D-Rissschließintegral für 8-Knoten Hexaeder bei gerader Rissfront

5.5.3 Numerische Realisierung mit FEM 3D

Die Technik des Rissschließintegrals kann relativ problemlos auf dreidimensionale Risskonfigurationen verallgemeinert werden, solange die Rissfront gerade verläuft. Im Grunde stellt sie eine lokale Ausführung des Rissschließintegrals entlang eines Segmentes Δs der Rissfront dar, wobei eine Teilfläche des Risses ΔA geschlossen bzw. erweitert wird. Im Weiteren wird nur das modifizierte Rissschließintegral MCCI wegen seiner größeren Bedeutung behandelt. Die Koordinate s bezeichnet wieder die Bogenlänge entlang der

Rissfront. Bei den Knotenkräften F_i^j auf dem Ligament vor dem Riss kennzeichnet der tiefgestellte Index i die Koordinatenrichtung im lokalen begleitenden System, was den Rissöffnungsarten I, II und III $\widehat{=}$ $i = 2,1,3$ entspricht. Der hochgestellte Index j nummeriert die für das Arbeitsintegral herangezogenen Knotenpaare, so dass jede Kraft F_i^j mit der Rissöffnungsverschiebung Δu_i^j am entsprechenden zugeordneten Rissflächenknoten multipliziert wird.

a) 8-Knoten Hexaeder bei gerader Rissfront

Die geometrischen Verhältnisse sind in Bild 5.29 skizziert. Die Elemente vor und hinter der Rissfront müssen stets die gleiche Länge $L = \Delta a$ und Breite b besitzen, damit die Flächeninhalte ΔA beim gedachten Rissschließen kongruent sind. Die Position der Knoten entlang der Rissfront wird mit s_k fortlaufend nummeriert. Die Breite der Elemente ergibt sich zu $b_k = s_{k+1} - s_k$ usw. Bei diesen Elementen kann das Rissschließintegral nur entlang der Elementkante zwischen dem Rissfrontknoten F_i^1 und dem ersten Rissflächenknoten mit den Relativverschiebungen Δu_i^1 ausgeführt werden. Beachtet werden muss, dass die zugehörige Fläche ΔA dieses Rissschließvorgangs jeweils zur Hälfte aus den Beiträgen der beteiligten Elemente besteht, siehe Bild 5.29.

$$\Delta A = \frac{1}{2}(b_{k-1} + b_k)\Delta a$$
$$G(s_k) = G_\mathrm{I} + G_\mathrm{II} + G_\mathrm{III}$$
$$= \frac{1}{2\Delta A}\left(F_2^1 \Delta u_2^1 + F_1^1 \Delta u_1^1 + F_3^1 \Delta u_3^1\right) = \frac{1}{2\Delta A}\sum_{i=1}^{3} F_i^1 \Delta u_i^1 \quad (5.94)$$

Das Ergebnis wird der Position s_k des Eckknotens zugeordnet. Entsprechend verfährt man für alle Knoten entlang der Rissfront und erhält somit den Verlauf $G_N(s)$ bzw. $K_N(s)$ ($N = \mathrm{I, II, III}$).

b) 20-Knoten Hexaeder bei gerader Rissfront

Bei räumlichen Elementen mit quadratischen Ansatzfunktionen (20-Knoten Hexaeder oder 15-Knoten Pentaeder) liegen acht Knoten auf der Elementfläche. Das Rissschließintegral kann sowohl für einen Eckknoten als auch einen Seitenmittenknoten ausgewertet werden, was Bild 5.30 illustriert.

Es gelten die gleichen geometrischen Restriktionen und Bezeichnungen wie im vorigen Abschnitt. Nun sind für das jeweilige MCCI die relevanten Knotenpaare und die repräsentative Fläche ΔA festzulegen. Bei einem Eckknoten (Bild 5.30 a) wird wieder die halbe Fläche der angrenzenden Elemente verwendet. Im Unterschied zum 2D-Fall sind noch die Arbeitsterme der Seitenmittenknoten $j = 3$ und $j = 4$ zu berücksichtigen, wobei die

5.5 Die Methode des Rissschließintegrals

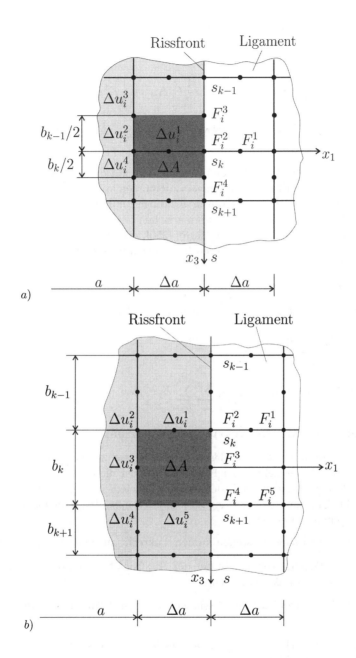

Bild 5.30: 3D-Rissschließintegral für quadratische Elementansätze an a) Eckknoten und b) Seitenmittenknoten

Knotenkräfte nur zur Hälfte angerechnet werden dürfen.

$$\Delta A = \frac{1}{2}(b_{k-1} + b_k)\Delta a$$

$$G_{\mathrm{I}}(s_k) = \frac{1}{2\Delta A}\left[F_2^1 \Delta u_2^1 + F_2^2 \Delta u_2^2 + \frac{1}{2}F_2^3 \Delta u_2^3 + \frac{1}{2}F_2^4 \Delta u_2^4\right] \tag{5.95}$$

$$G(s_k) = \frac{1}{2\Delta A}\sum_{i=1}^{3}\left[F_i^1 \Delta u_i^1 + F_i^2 \Delta u_i^2 + \frac{1}{2}F_i^3 \Delta u_i^3 + \frac{1}{2}F_i^4 \Delta u_i^4\right]$$

Zur Berechnung des MCCI für Seitenmittenknoten sind die fünf Knotenkräfte auf dem Ligament mit den zugeordneten Knotenverschiebungen auf der Rissfläche zu verknüpfen, wie es Bild 5.30 b zeigt. Bei den Kräften F_i^j dürfen nur die Beiträge dieses Elementes eingesetzt werden. Da meist nur die summarischen Schnittkräfte zur Verfügung stehen, wurde eine einfache Wichtung B_j eingeführt [250], mit der die Kräfte entsprechend den Flächeninhalten (Breiten) der beteiligten Elemente aufgeteilt werden.

$$\Delta A = b_k \Delta a, \qquad \bar{s} = s_k + \frac{1}{2}b_k$$

$$B_1 = B_2 = b_k/(b_{k-1} + b_k), \qquad B_3 = 1, \qquad B_4 = B_5 = b_k/(b_k + b_{k+1})$$

$$G_{\mathrm{I}}(\bar{s}) = \frac{1}{2\Delta A}\sum_{j=1}^{5} B_j F_2^j \Delta u_2^j \tag{5.96}$$

$$G(\bar{s}) = G_{\mathrm{I}} + G_{\mathrm{II}} + G_{\mathrm{III}} = \frac{1}{2\Delta A}\sum_{j=1}^{5}\sum_{i=1}^{3} B_j F_i^j \Delta u_i^j$$

c) 20-Knoten Hexaeder bei gekrümmter Rissfront

Im Fall einer gekrümmten Rissfront lässt sich das Rissschließintegral nur näherungsweise realisieren, da die Fläche $\Delta \bar{A}$ vor der Rissfront, von der die Knotenkräfte genommen werden, nicht exakt deckungsgleich mit dem Rissflächenelement ΔA sein kann, wie Bild 5.31 veranschaulicht. Um diese Fehlpassung zu minimieren, sollten folgende geometrische Bedingungen eingehalten werden:

- Die Kanten der Elemente stehen immer senkrecht zur aktuellen Rissfront.
- Die beiden Elemente vor und hinter der Rissfront besitzen die gleiche Tiefe L, die der Risserweiterung Δa entspricht.
- L sollte klein im Vergleich zur Risslänge bzw. dem Krümmungsradius der Rissfront sein.
- Dann berechnet sich die Risserweiterungsfläche am Rissfrontsegment b_k zu $\Delta A \approx \Delta \bar{A} = b_k \Delta a$, siehe Bild 5.31.

Unter diesen Voraussetzungen können die Formeln (5.95) und (5.96) für Eck- bzw. Seitenmittenknoten auch auf gekrümmte Rissfronten angewandt werden und liefern brauchbare Genauigkeiten [258, 250].

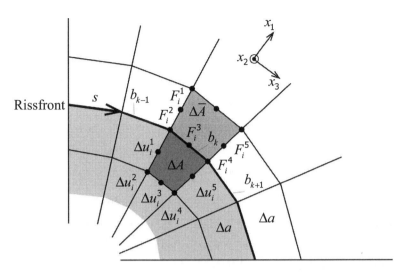

Bild 5.31: 3D-Rissschließintegral für 20-Knoten Hexaeder bei gekrümmter Rissfront

d) MCCI mit 3D Viertelpunktelementen

Unter Berücksichtigung der spezifischen Verschiebungsansätze und des singulären Spannungsverlaufs bei dreidimensionalen Viertelpunktelementen (siehe Abschnitt 5.2.3) wurden angepasste Auswerteformeln für das MCCI entwickelt [2,133]. Hier sollen zwei Varianten wiedergegeben werden, die sich sowohl bei geraden als auch gekrümmten Rissfronten bewährt haben und gleichermaßen für distordierte 20-Knoten Hexaederelemente, 15-Knoten Pentaeder- oder kollabierte distordierte Hexaederelemente einsetzbar sind. Die geometrische Zuordnung der Kräfte- und Verschiebungspaare ist Bild 5.32 zu entnehmen.

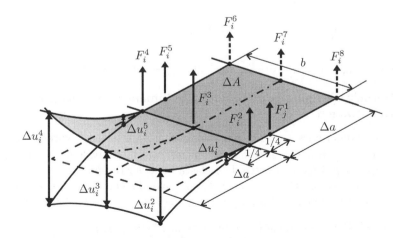

Bild 5.32: MCCI für 3D Viertelpunktelemente

Variante 1) [133]

$$G = \frac{1}{2\Delta ab}\sum_{i=1}^{3}\bigg[\left(2c_7F_i^4 + c_9F_i^5 + 2c_8F_i^6 + c_7F_i^3 + c_8F_i^7\right)\Delta u_i^5 +$$

$$+ \left(c_7F_i^3 + c_8F_i^7 + 2c_7F_i^2 + c_9F_i^1 + 2c_8F_i^8\right)\Delta u_i^1 +$$

$$+ \left(c_4F_i^4 + c_5F_i^5 + c_6F_i^6 + c_2F_i^3 + c_3F_i^7 + c_1F_i^2 - c_1F_i^1/2 + c_1F_i^8\right)\Delta u_i^4 +$$

$$+ \left(c_1F_i^4 - c_1F_i^5/2 + c_1F_i^6 + c_2F_i^3 + c_3F_i^7 + c_4F_i^2 + c_5F_i^1 + c_6F_i^8\right)\Delta u_i^2 +$$

$$+ \left(c_1(-2F_i^4 + F_i^5 - 2F_i^6 - 2F_i^2 + F_i^1 - 2F_i^8) + c_{10}F_i^3 + c_{11}F_i^7\right)\Delta u_i^3\bigg]$$

$c_1 = (80 - 25\pi)/24, \quad c_2 = (544 - 173\pi)/48, \quad c_3 = (304 - 101\pi)/48,$
$c_4 = (104 - 31\pi)/6, \quad c_5 = (11\pi - 31)/6, \quad c_6 = (34 - 11\pi)/3,$
$c_7 = (33\pi - 104)/4, \quad c_8 = (21\pi - 64)/4, \quad c_9 = (68 - 21\pi)/4,$
$c_{10} = (37\pi - 104)/12, \quad c_{11} = (19\pi - 56)/12$

(5.97)

Variante 2) [69]

$$G = \frac{1}{2\Delta ab}\sum_{i=1}^{3}\bigg[\left(F_i^1 + c_1F_i^2 + \frac{c_1}{2}F_i^3\right)\Delta u_i^1 +$$

$$+ \left(\frac{1}{2}F_i^1 - 2c_2F_i^2 + c_4F_i^3 - \frac{c_2}{2}F_i^4\right)\Delta u_i^2 +$$

$$+ \left(c_2F_i^2 + c_3F_i^3 + c_2F_i^4\right)\Delta u_i^3 +$$

$$+ \left(\frac{1}{2}F_i^5 - 2c_2F_i^4 + c_4F_i^3 - \frac{c_2}{2}F_i^2\right)\Delta u_i^4 +$$

$$+ \left(F_i^5 + c_1F_i^4 + \frac{c_1}{2}F_i^3\right)\Delta u_i^5\bigg]$$

(5.98)

$c_1 = 6\pi - 20, \quad c_2 = \pi - 4, \quad c_3 = \pi - 2, \quad c_4 = (16 - 5\pi)/4$

5.5.4 Berücksichtigung von Rissufer-, Volumen- und thermischen Belastungen

Wenn auf die Rissufer auch nach der Rissausbreitung Randlasten t_i^* wirken, müssen diese wie in der FEM üblich mit den Formfunktionen (4.51) in äquivalente Knotenkräfte F_i^{*j} umgerechnet werden. Eine symmetrische Belastung beider Rissufer sei vorausgesetzt, d. h. $t_i^{*+} = -t_i^{*-}$. Bei einer konstanten Druckbelastung p und rechteckigen Elementflächen ΔA verteilt sich die resultierende Kraft $F^* = p\Delta A$ wie folgt auf die n_K Knoten:

- 2D und 3D Elemente mit linearen Ansätzen: $F^{*j} = F^*/n_K$
- 2D quadratische Ansätze: 2 Eckknoten $F^{*j} = \frac{1}{6}F^*$, 1 Mittenknoten $F^{*j} = \frac{2}{3}F^*$

- 3D quadratische Ansätze: 4 Eckknoten $F^{*j} = -\frac{1}{12}F^*$, 4 Mittenknoten $F^{*j} = \frac{1}{3}F^*$

- 2D Viertelpunktelemente: Rissknoten $F^{*1} = 0$, Viertelpunkt $F^{*3} = \frac{2}{3}F^*$, Eckpunkt $F^{*2} = \frac{1}{3}F^*$

- 3D Viertelpunktelemente: (siehe Bild 5.32)

$$F^{*j} = \left\{\frac{1}{3}, -\frac{1}{9}, \frac{2}{9}, -\frac{1}{9}, \frac{1}{3}, -\frac{1}{18}, \frac{4}{9}, -\frac{1}{18}\right\} F^*, \quad j = 1, 2, \ldots, 8$$

Bei Kohäsivzonenmodellen (Abschnitt 8.5) sind die Rissuferlasten t_i^* abhängig von den momentanen Rissuferverschiebungen $\Delta u_i(r, \theta = \pm\pi)$, d. h. die konsistenten Knotenkräften müssen nach jedem Lastschritt neu mit (4.51) integriert werden.

Treten Volumenlasten (z. B. Gewichtskräfte) oder Trägheitskräfte bei dynamischen Problemen auf, so kann das modifizierte Rissschließintegral in unveränderter Form angewendet werden, da diese Belastungen indirekt in den Schnittkräften der Ligamentknoten enthalten sind (siehe Abschnitt 5.5.2). Gleiches gilt bei thermischen Belastungen infolge inhomogener Temperaturfelder.

Abschließend kann die Technik des modifizierten Rissschließintegrals (MCCI) wie folgt bewertet werden: Sie ist ein einfaches, robustes und sehr leistungsfähiges Verfahren zur Berechnung der Energiefreisetzungsraten. Man benötigt lediglich die Knotenverschiebungen der Rissufer und die Schnittkräfte in den Knoten auf dem Ligament vor dem Riss, so dass eine einfache Auswertung im Post-Prozessor der FEM-Rechnung möglich ist. Die Auswerteformeln hängen nur vom Typ der Ansatzfunktionen entlang der Elementkante ab, d. h. sie sind unabhängig davon, ob die Rissumgebung mit Dreieck-, Viereck- oder degenerierten Viereckelementen vernetzt wurde. Es existieren Auswerteformeln zum MCCI für Elemente mit linearen, quadratischen oder knotendistordierten Verschiebungsansätzen. Bei dynamischen Rissanalysen werden meist lineare Elemente favorisiert. Für statische Belastungen sind die quadratischen Ansatzfunktionen wegen der höheren Genauigkeit zu bevorzugen. Das modifizierte Rissschließintegral liefert i. Allg. eine bessere Genauigkeit in den Spannungsintensitätsfaktoren als die Verschiebungsauswertungsmethode DIM, da sie eine energetische Grundlage hat. Außerdem ist das Verfahren problemlos auf Rissufer-, Volumen- und thermische Lasten anwendbar. Ein *wesentlicher Vorteil* besteht darin, dass bei gemischter Beanspruchung die Anteile G_I, G_II und G_III der drei Rissöffnungsarten separat ermittelt werden können und somit über (3.93) auch die Spannungsintensitätsfaktoren K_I, K_II und K_III. Selbstverständlich erfordert auch die MCCI eine hinreichend feine Diskretisierung am Riss, welche die Nahfeldlösung wiedergeben kann. Die Methode ist jedoch bzgl. der Elementgröße nicht so empfindlich wie die DIM. Als Empfehlung gilt:

Elementkantenlänge L = Rissinkrement $\Delta a <$ Risslänge $a/10$.

Die Technik des modifizierten Rissschließintegrals besitzt zwei *Nachteile*: Erstens ist sie auf linear-elastisches Materialverhalten beschränkt, da die Wegunabhängigkeit und Reversibilität des Rissschließ- bzw. Risserweiterungsvorgangs immer vorausgesetzt wird. Zweitens ergeben sich bei räumlichen Risskonfigurationen mit krummlinigen Rissfronten einige Probleme hinsichtlich der geometrischen Passfähigkeit der zu schließenden Rissflächen, was zu Genauigkeitsverlusten führt. Hinzu kommt bei der MCCI, dass die Finite-Element-Vernetzungen der Rissumgebung spezifische geometrische Anforderungen erfüllen müssen wie z. B. gleiche Elementgröße vor und hinter dem Riss und kongruente Vernetzung auf beiden Rissufern.

5.6 FEM-Berechnung des J-Linienintegrals

An dieser Stelle soll die numerische Berechnung des klassischen J-Integrals aus Abschnitt 3.2.6 im Rahmen der FEM für ebene Probleme erläutert werden. In der LEBM ist J (3.100) mit der elastischen Energiefreisetzungsrate G identisch, wodurch der Zusammenhang zu K_I und K_II nach (3.93) gegeben ist.

$$J = \int_\Gamma \left(U n_1 - \sigma_{ij} \frac{\partial u_i}{\partial x_1} n_j \right) \mathrm{d}s \tag{5.99}$$

Der Integrationsweg wird in Teilstücke Γ_e pro Element aufgeteilt, d. h. $\Gamma = \sum_{e=1}^{n_\mathrm{E}} \Gamma_e$, siehe Bild 5.33. Die gebräuchlichste Methode besteht darin, den Integrationsweg durch die Integrationspunkte (IP) des Elementes zu legen. Das hat den Vorteil, dass dort die Spannungen aus der FEM-Analyse meist bekannt sind und die höchste Genauigkeit aufweisen. Die Integration über Γ_e soll wie in Bild 5.33 gezeigt entlang der natürlichen Koordinate $\xi_1 = \mathrm{const.}$ mit $\xi_2 \in [-1, +1]$ als Kurvenparameter verlaufen.

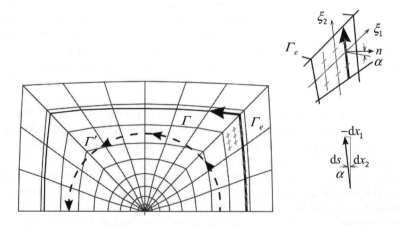

Bild 5.33: Integrationspfad für die J-Integral Berechnung im Finite-Element-Netz

Die Berechnungsvorschrift für parametrisierte Linienintegrale (4.76) liefert den Normaleneinheitsvektor $\mathbf{n}$ auf Γ_e (siehe Bild 5.33)

$$\begin{bmatrix} n_1 \\ n_2 \end{bmatrix} \mathrm{d}s = \begin{bmatrix} \cos\alpha \\ \sin\alpha \end{bmatrix} \mathrm{d}s = \begin{bmatrix} \mathrm{d}x_2 \\ -\mathrm{d}x_1 \end{bmatrix} = \begin{bmatrix} \dfrac{\partial x_2}{\partial \xi_2} \\ -\dfrac{\partial x_1}{\partial \xi_2} \end{bmatrix} \mathrm{d}\xi_2 \tag{5.100}$$

und die Transformation (4.76) des Linienelementes $\mathrm{d}s = J_\mathrm{L}\mathrm{d}\xi_2$. Der 1. Term des Integranden (5.99) ist die Formänderungsenergiedichte U nach (3.71). Für ebene elastische Aufgaben beträgt sie

$$U = \frac{1}{2}\left(\sigma_{11}\varepsilon_{11} + 2\tau_{12}\varepsilon_{12} + \sigma_{22}\varepsilon_{22}\right). \tag{5.101}$$

Im 2. Term erscheinen die Schnittspannungen

$$t_i = \sigma_{ij}n_j, \qquad \begin{bmatrix} t_1 \\ t_2 \end{bmatrix} = \begin{bmatrix} \sigma_{11}n_1 + \tau_{12}n_2 \\ \tau_{12}n_1 + \sigma_{22}n_2 \end{bmatrix} \tag{5.102}$$

und die Ableitungen des Verschiebungsvektors u_i nach x_1:

$$\frac{\partial u_i}{\partial x_1} = \sum_{a=1}^{n_\mathrm{K}} \frac{\partial N_a(\xi_1,\xi_2)}{\partial x_1} u_i^{(a)}. \tag{5.103}$$

Diese werden durch Differenziation der Formfunktionen $N_a(\xi_1,\xi_2)$ und die Verschiebungen $u_i^{(a)}$ der Elementknoten a ausgedrückt. Dabei muss zur Ableitung die inverse JACOBI-Matrix benutzt werden, siehe Abschnitt 4.4.2:

$$\begin{bmatrix} \dfrac{\partial N_a}{\partial x_1} \\ \dfrac{\partial N_a}{\partial x_2} \end{bmatrix} = \begin{bmatrix} \dfrac{\partial \xi_1}{\partial x_1} & \dfrac{\partial \xi_2}{\partial x_1} \\ \dfrac{\partial \xi_1}{\partial x_2} & \dfrac{\partial \xi_2}{\partial x_2} \end{bmatrix} \begin{bmatrix} \dfrac{\partial N_a}{\partial \xi_1} \\ \dfrac{\partial N_a}{\partial \xi_2} \end{bmatrix} = [J^{-1}] \begin{bmatrix} \dfrac{\partial N_a}{\partial \xi_1} \\ \dfrac{\partial N_a}{\partial \xi_2} \end{bmatrix}. \tag{5.104}$$

Somit lautet das J-Integral über ein Element Γ_e:

$$J^{(e)} = \int_{-1}^{+1} \left\{ \frac{1}{2}\left(\sigma_{11}\varepsilon_{11} + 2\tau_{12}\varepsilon_{12} + \sigma_{22}\varepsilon_{22}\right) n_1 - \right.$$

$$\left. - (\sigma_{11}n_1 + \tau_{12}n_2)\frac{\partial u_1}{\partial x_1} - (\tau_{12}n_1 + \sigma_{22}n_2)\frac{\partial u_2}{\partial x_1} \right\} J_\mathrm{L}\mathrm{d}\xi_2 \tag{5.105}$$

$$= \int_{-1}^{+1} F(\xi_1,\xi_2)\mathrm{d}\xi_2 \approx \sum_{g=1}^{n_\mathrm{G}} F(\xi_1 = \mathrm{const.}, \xi_2^g) w_g\,.$$

was mit der letzten Beziehung als 1D-GAUSS-Quadratur ausgewertet wird. Hierfür wählt man am besten genau die Integrationsordnung n_G (= 3 im Bild 5.33), die bereits im finiten Element verwendet wurde, so dass gleich die σ_{ij}, ε_{ij} und auch die Energiedichte U (in vielen Codes verfügbar) aus der FEM-Ergebnisdatei an den IP übernommen werden können.

Schließlich erhält man den Gesamtwert von J durch Summation der Beiträge aller Elemente im Integrationspfad Γ

$$J = \sum_{e=1}^{n_\text{E}} J^{(e)}. \tag{5.106}$$

Da sich die Kontur Γ aus Pfaden $\xi_1 = $ const. durch benachbarte Elemente zusammensetzt, folgen daraus Einschränkungen bzgl. der FEM-Netzgestaltung, damit ein fortlaufender, geschlossener Integrationsweg gebildet werden kann. Die Knotennummerierung im Element muss so angepasst werden, dass Γ_e immer auf $\xi_1 = $ const. liegt.

Eine alternative Berechnungsvariante ist möglich, wenn die Ergebnisse der FEM-Rechnung an jedem Ort $\mathbf{x} = [x_1\ x_2]^\text{T}$ unabhängig von der Vernetzung verfügbar sind. Einige FEM-Codes bieten im Post-Prozessor interpolierte und geglättete Feldverläufe an. Dann kann man eine geometrisch einfache Kontur für das J-Integral wählen wie z. B. den in Bild 5.33 schraffiert gezeichneten Halbkreis Γ'. Als Preis für diesen Komfort handelt man sich u. U. jedoch numerische Ungenauigkeiten und einen größeren Aufwand ein, was klar wird, wenn man sich die Beschaffung aller notwendigen Feldgrößen für (5.105) an einer Stützstelle $\mathbf{x}$ vergegenwärtigt (siehe Abschnitt 4.4.4). Diese Variante zur J-Berechnung ist nur zu empfehlen, wenn alle genannten Approximationsschritte bekannt sind.

Inzwischen gibt es viele Erweiterungen und Verallgemeinerungen des klassischen J-Integrals, weshalb dieser Thematik ein eigenes Kapitel 6 gewidmet ist.

5.7 FEM-Berechnung bruchmechanischer Gewichtsfunktionen

5.7.1 Einfache Ermittlung mit Einheitskräften

Im Abschnitt 3.2.10 wurde der Vorteil bruchmechanischer Gewichtsfunktionen erläutert, mit deren Hilfe die Spannungsintensitätsfaktoren für eine Risskonfiguration bei jeder gewünschten Belastung auf einfache Weise ermittelt werden können. Im Folgenden sollen einige FEM-Techniken vorgestellt werden, um die Gewichtsfunktionen für 2D Rissprobleme numerisch zu berechnen. Als Demonstrationsbeispiel dient der in Bild 5.34 dargestellte Zylinder (Rohr) mit Innenriss.

Eine einfache, aber recht praktische Variante besteht darin, direkt die Auswirkung einer Einzelkraft $\mathbf{F}(\mathbf{x}) = F_1\mathbf{e}_1 + F_2\mathbf{e}_2$ am Ort $\mathbf{x}$ auf die K-Faktoren $K_\text{I}(a)$ und $K_\text{II}(a)$ an der Spitze eines Risses mit der Länge a zu bestimmen. Dazu lässt man der Reihe nach an allen Knoten $\mathbf{x}^{(l)}$ der Risskonfiguration (Oberfläche S_t, Volumen V oder Rissufer S_c), wo später reale Belastungen auftreten können, Einzelkräfte $\mathbf{F}^{(l)}$ angreifen und berechnet die dazugehörigen K-Faktoren $K_L^{(l)}$ mit einer der oben vorgestellten FEM-Techniken. Das wird in Bild 5.35 am Netzwerk des Zylinders mit Innenriss veranschaulicht. Die Richtung jeder Kraft $\mathbf{F}^{(l)}$ entspricht i. A. einer Koordinate $\mathbf{e}_1$ oder $\mathbf{e}_2$. Sie kann sich auch an den zu erwartenden Belastungen (z. B. normal zur Oberfläche bei Druck) orientieren. Ihren

5.7 FEM-Berechnung bruchmechanischer Gewichtsfunktionen

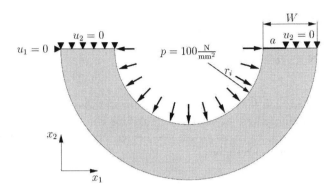

Bild 5.34: Zylinder mit Innenriss der Länge a (Halbmodell)

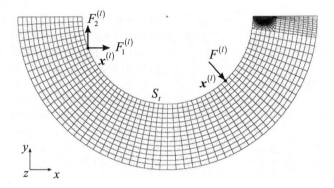

Bild 5.35: Berechnung von Gewichtsfunktionen mit Hilfe von Einheitslasten. FEM-Netz für Zylinder mit Innenriss

Betrag wählt man zweckmäßig zu eins, $F^{(l)} = |\boldsymbol{F}^{(l)}| = 1$. Die FEM-Analyse mit diesen $2\,n_L$ »*Einheitslasten*« $\boldsymbol{F}^{(l)}$ über alle $l = 1,2,\ldots,n_L$ Knoten mit $i = 1,2$ Komponenten führt man am besten simultan mit $2\,n_L$ rechten Seiten aus. Die daraus ermittelten $K_L^{(l)}$-Faktoren ($L = $ I, II) entsprechen bereits den *bruchmechanischen Gewichtsfunktionen* (3.147) für den Knoten l mit der Kraftkomponente i:

$$K_L^{(l)}(a) = H_i^L\left(\boldsymbol{x}^{(l)}, a\right) F_i^{(l)}\left(\boldsymbol{x}^{(l)}\right) = H_{il}^L\left(\boldsymbol{x}^{(l)}, a\right). \tag{5.107}$$

Um die ermittelten und gespeicherten Gewichtsfunktionen für einen spezifischen Belastungsfall dieser Risskonfiguration anzuwenden, muss man die gegebenen Randlasten $\bar{\boldsymbol{t}}$, Rissuferlasten $\bar{\boldsymbol{t}}_c$ oder Volumenlasten $\bar{\boldsymbol{b}}$ in äquivalente Knotenkräfte umrechnen. Dafür werden die FEM-Beziehungen (4.51) und (4.76) benutzt, was z. B. für eine Elementkante

s auf dem Lastrand S_{te} ergibt:

$$\mathbf{f}_e \,\hat{=}\, \mathbf{f}_t = \int_{-1}^{+1} \mathbf{N}^T(\xi)\,\bar{\mathbf{t}}(\xi)\,J_L \mathrm{d}\xi \tag{5.108}$$

Diese Knotenkräfte werden für alle belasteten Elementränder integriert und assembliert, woraus gerade die äquivalenten globalen Knotenkräfte $\hat{\mathbf{F}}^{(l)} = \bigcup_{e=1}^{n_E} \mathbf{f}_e$ folgen. Setzt man ihre Werte in (5.107) ein, so ergeben sich die beiden Spannungsintensitätsfaktoren K_I und K_{II} aus der gewichteten Summe

$$K_L(a) = \sum_{l=1}^{n_L} \sum_{i=1}^{2} H_{il}^L \hat{F}_i^{(l)}. \tag{5.109}$$

Die Anwendung der Gewichtsfunktionen erfordert lediglich die Auswertung der einfachen Beziehungen (5.108) und (5.109), aber keine FEM-Rechnung mehr. Bei sehr feinem FEM-Netz darf $\bar{t} \approx$ const. entlang der Elementkante L angenommen werden, so dass (5.108) zum vereinfachten Schema führt, wonach sich die resultierende Kraft $\boldsymbol{F}_R = L\bar{\boldsymbol{t}}$ auf die Kantenknoten wie $[\tfrac{1}{2}\ \tfrac{1}{2}]$ bei linearen und $[\tfrac{1}{6}\ \tfrac{2}{3}\ \tfrac{1}{6}]$ bei quadratischen Formfunktionen aufteilt. Allerdings sind diese Gewichtsfunktionen immer an die Geometrie des verwendeten FEM-Netzes gebunden!

Für den Zylinder mit Innenradius $r_i = 40$ mm, Wandstärke $w = 30$ mm, Risslänge $a = 20$ mm unter Innendruck $p = 100$ MPa beträgt der Spannungsintensitätsfaktor laut Handbuch [176][8]: $K_I^{\text{ref}} = 67{,}27$ MPa$\sqrt{\text{m}}$. Die Anwendung der Einheitslast-Methode mit dem FEM-Netz von Bild 5.35 und anschließender Aufsummation der Gewichtsfunktionen mit der Druckbelastung auf r_i ergab den Wert $K_I = 67{,}01$ MPa$\sqrt{\text{m}}$.

5.7.2 Bestimmung parametrisierter Einflussfunktionen

Eine sehr nützliche und verbreitete Methode sind die so genannten *Einflussfunktionen* (engl. *influence functions*). Im Unterschied zu den Gewichtsfunktionen für Einheitslasten quantifizieren sie den Einfluss einer parametrisierten Verteilung der Randspannungsbelastung auf den K_I-Faktor. Da man mit dem Superpositionsprinzip (Abschnitt 3.2.10) jede Belastung der Risskonfiguration auf eine gleichwertige Rissuferbelastung $t^c(\boldsymbol{x})$ umrechnen kann, werden diese Einflussfunktionen bevorzugt für die Rissufer entwickelt. Als idealisierte Belastungen verwendet man häufig Potenzansätze der Ordnung m:

$$\sigma_m(x_1/w) = \sigma_m(\bar{x}) = \bar{x}^m \qquad (m = 0, 1, 2, \ldots, n_m) \tag{5.110}$$

Bild 5.36 zeigt die Verhältnisse für den Wandquerschnitt des Beispiels »Zylinder mit Innenriss«. Jetzt werden für jede Belastungsfunktion $\sigma_m(\bar{x})$ die Spannungsintensitätsfaktoren für eine gegebene Risslänge a mit FEM berechnet und normiert dargestellt:

$$K_I^{(m)}(a) = \phi_m(a)\sqrt{\pi a} \tag{5.111}$$

Die Funktionen $\phi_m(a)$ heißen *Einflussfunktionen*.

5.7 FEM-Berechnung bruchmechanischer Gewichtsfunktionen

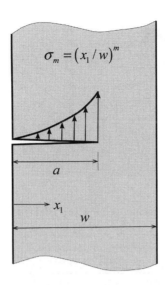

Bild 5.36: Approximation der Rissbelastungen mit Potenzfunktionen

Den Spannungsintensitätsfaktor für eine wirkliche Belastung der Struktur mit Riss erhält man daraus auf folgende Weise: Man berechnet sich mit der FEM oder analytisch die Schnittspannungen auf der Risslinie in der rissfreien Struktur, welche den Rissuferspannungen $t^c(x_1)$ entspricht. Diese Spannungsverteilung wird nun mit einer Regressionsanalyse in Polynome gemäß (5.110) entwickelt, woraus die Koeffizienten D_m folgen:

$$t^c(x_1) = \sum_{m=0}^{n_m} D_m \sigma_m(\bar{x}) = \sum_{m=0}^{n_m} D_m \bar{x}^m \tag{5.112}$$

Der K_I-Faktor ergibt sich aus der gewichteten Summation aller Einflussfunktionen zu

$$K_\mathrm{I}(a) = \sum_{m=0}^{n_m} D_m \phi_m(a) \sqrt{\pi a}. \tag{5.113}$$

Das Verfahren ist besonders effektiv, wenn man dasselbe Bauteil mit gleichem Riss unter veränderlichen Lastfällen viele Male (z. B. Thermoschock-Transiente) analysieren muss.

Für das betrachtete Beispiel (Bild 5.34) wurden die Einflusszahlen von ANDRASIC & PARKER [8] mit Hilfe GREENscher Funktionen sehr genau berechnet und dienen als Referenzlösung ϕ_m^ref. Ihre Werte für die Potenzen $m = 0, 1, \ldots, 4$ sind in Tabelle 5.2 zusammengestellt ($a = 20\,\mathrm{mm}$). In der 2. Spalte stehen die mit der FEM ermittelten Einflussfunktionen. Dazu wurden die entsprechenden Spannungsverläufe $\sigma_m(\bar{x})$ auf die Rissufer des Netzes (Bild 5.35) aufgeprägt. Die Rissspitze war mit Viertelpunktelementen CTE vernetzt, siehe die Detailbilder 5.37. Zur Berechnung der K_I-Faktoren wurde die Verschiebungsauswertung (DIM) benutzt. Die relativen Fehler der ϕ_m^CTE gegenüber der Referenzlösung sind gering, wachsen aber mit der Potenz m. Um diese Einflussfunktionen

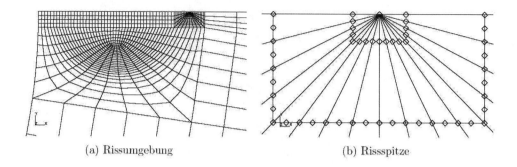

(a) Rissumgebung (b) Rissspitze

Bild 5.37: Vernetzung der Rissspitzenumgebung von Bild 5.35 mit Viertelpunkt-Viereck-Elementen (Detail)

Ordnung m	ϕ_m^{ref}	ϕ_m^{CTE}	$\Delta\phi_m^{\text{CTE}}$ [%]	ϕ_m^H	$\Delta\phi_m^H$ [%]
0	1,8400	1,8321	−0,4270	1,8341	−0,3186
1	0,6477	0,6452	−0,3774	0,6399	−1,1986
2	0,3090	0,3069	−0,6733	0,3023	−2,1652
3	0,1663	0,1640	−1,3930	0,1599	−3,8102
4	0,0953	0,0930	−2,4465	0,0883	−7,3241

Tabelle 5.2: Vergleich der Einflusszahlen für Zylinder mit Innenriss nach verschiedenen Berechnungsmethoden

auf den Lastfall »Zylinder unter Innendruck« anzuwenden, gehen wir von der bekannten Lösung für die Umfangsspannungen aus (r_a – Außenradius):

$$\sigma_{\theta\theta}(r) = \frac{p r_i^2}{r_a^2 - r_i^2}\left(1 + \frac{r_a^2}{r^2}\right) \tag{5.114}$$

Der Spannungsverlauf in der Wand $0 \leq r_i + x_1 \leq r_a$ kann recht genau als Polynom 4. Grades approximiert werden, woraus man die konkreten Koeffizienten D_m von (5.112) bestimmt (bei $p = 100\,\text{MPa}$):

$$t^c \mathrel{\hat=} \sigma_{\theta\theta}(\bar{x}) = 196{,}88 - 218{,}92\bar{x} + 218{,}07\bar{x}^2 - 140{,}40\bar{x}^3 + 40{,}50\bar{x}^4 \tag{5.115}$$

Einsetzen in (5.110) liefert den Spannungsintensitätsfaktor $K_I = 66{,}96\,\text{MPa}$ mit einem Fehler von −0,46 %!

5.7.3 Berechnung aus der Verschiebungsableitung

Die eigentlichen bruchmechanischen Gewichtsfunktionen können aus der Ableitung des Verschiebungsfeldes $u_i^{(2)}(\boldsymbol{x}, a)$ nach der Risslänge a gewonnen werden. Dazu benötigt man gemäß Abschnitt 3.2.10 irgend eine (im Mixed-Mode-Fall zwei) bekannte Lösungen (index (2)) der betrachteten Risskonfiguration. Der Zusammenhang wird durch die Gleichungen (3.157) und (3.160) für Modus-I- bzw. Mixed-Mode-Belastung wiedergegeben. Es ist naheliegend, diese Berechnungsmethode auch numerisch umzusetzen. Dazu bestimmt man sich die erforderliche(n) Referenzlösung(en) (2) mit Hilfe von FEM-Rechnungen bei der interessierenden Risslänge a und ermittelt mit einer der beschriebenen FEM-Techniken die Spannungsintensitätsfaktoren $K_{\mathrm{I}}^{(2)}(a)$ und ggf. $K_{\mathrm{II}}^{(2)}(a)$. Die Ableitung der Verschiebungsfelder nach der Risslänge muss als Differenzenquotient $\Delta u_i^{(2)}/\Delta a$ ausgeführt werden. Dafür bietet sich das zentrale Differenzenschema wegen der hohen Genauigkeit von $O(\Delta a)^2$ an. Das bedeutet allerdings, dass die Verschiebungsfelder für zwei benachbarte Risslängen $a - \Delta a$ und $a + \Delta a$ zu berechnen sind. Die Formeln (3.157) und (3.160) schreiben sich damit bei der Risslänge a für Modus I:

$$H_i^{\mathrm{I}}(\boldsymbol{x}, a) = \frac{E'}{2K_{\mathrm{I}}(a)} \left(\frac{u_i(a + \Delta a) - u_i(a - \Delta a)}{2\Delta a} \right) \qquad (5.116)$$

und für gemischte Belastung I und II mit $K^2 = K_{\mathrm{I}}^{(2b)} K_{\mathrm{II}}^{(2a)} - K_{\mathrm{I}}^{(2a)} K_{\mathrm{II}}^{(2b)}$:

$$\begin{aligned} H_i^{\mathrm{I}}(\boldsymbol{x}, a) &= \frac{E'}{2K^2} \left[K_{\mathrm{II}}^{(2a)} \frac{u_i^{(2b)}(a + \Delta a) - u_i^{(2b)}(a - \Delta a)}{2\Delta a} \right. \\ &\qquad\qquad \left. - K_{\mathrm{II}}^{(2b)} \frac{u_i^{(2a)}(a + \Delta a) - u_i^{(2a)}(a - \Delta a)}{2\Delta a} \right] \\ H_i^{\mathrm{II}}(\boldsymbol{x}, a) &= \frac{E'}{2K^2} \left[K_{\mathrm{I}}^{(2b)} \frac{u_i^{(2a)}(a + \Delta a) - u_i^{(2a)}(a - \Delta a)}{2\Delta a} \right. \\ &\qquad\qquad \left. - K_{\mathrm{I}}^{(2a)} \frac{u_i^{(2b)}(a + \Delta a) - u_i^{(2b)}(a - \Delta a)}{2\Delta a} \right] \end{aligned} \qquad (5.117)$$

Dieses Verfahren erfordert FEM-Analysen mit drei verschiedenen Risslängen, was Bild 5.38 verdeutlicht. In der numerischen Umsetzung kann man diese drei Varianten auf einfache und effektive Weise wie folgt realisieren. Da um die Rissspitze ohnehin in den meisten Fällen ein Fächer von Viertelpunktelementen gelegt wird (genaue K-Berechnung) wie in Bild 5.37, variiert man die Risslänge durch geringfügige Verschiebung des Rissspitzenknotens um $\pm\Delta a < L$. Dabei werden nur die Koordinaten der Viertelpunkte leicht verändert, alle anderen Knoten des Netzes bleiben unverändert, so dass man die Verschiebungsdifferenz auswerten kann. Bild 5.39 veranschaulicht diese Technik.

Diese Methode wurde wiederum am Modus-I Beispiel »Zylinder mit Innenriss« für unterschiedliche Risslängen a getestet. Als Referenzlösung (2) zur Berechnung der Gewichtsfunktionen wurde eine konstante Rissuferbelastung $t^c(x_1) = 40\,\mathrm{MPa}$ auf $(0 \leq x_1 \leq a)$ angenommen. Sie ergab zunächst den $K_{\mathrm{I}}^{(2)}(a)$-Wert mit Hilfe der DIM-Technik. Die Ergebnisse sind in Tabelle 5.3 mit $K_{\mathrm{I}}^{\mathrm{CTE}}$ bezeichnet und stimmen gut mit der Vergleichslösung $K_{\mathrm{I}}^{\mathrm{ref}}$ [8] überein. Über die Risslängenvariation wurde dann die Verschiebungsableitung auf den Rissufern und mit (5.116) die Gewichtsfunktion $H_2^{\mathrm{I}}(\boldsymbol{x}, a)$ berechnet. Abschließend

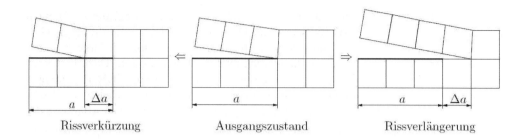

Bild 5.38: Benötigte Risslängen für das zentrale Differenzenschema

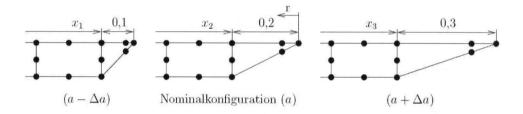

Bild 5.39: Variation der Risslänge durch Verlagerung des Rissspitzenknotens

wurde diese Gewichtsfunktion benutzt, um den K_I-Faktor des Referenzlastfalls durch numerische Integration von (3.147) zu gewinnen. Diese K_I^H-Werte müssen natürlich die K_I^{CTE}-Werte der direkten FEM-Berechnung reproduzieren und weichen nur geringfügig von der K_I^{ref}-Lösung ab, siehe Tabelle 5.3.

Des Weiteren wurden die Gewichtsfunktionen von $a = 20\,\text{mm}$ dazu angewandt, um die Einflussfunktionen des vorigen Abschnitts zu errechnen, d. h. Integration der Potenzfunktionen $\sigma_m(\bar{x})$ mit (3.147). Die so erhaltenen Einflusszahlen ϕ_m^H sind auch in Tabelle 5.2 aufgeführt, wobei ihr Fehler mit höheren Potenzen m steigt.

Abschließend wird noch der Lastfall »Zylinder mit Innendruck« betrachtet. Die Integration der Schnittspannungen (5.114) mit diesen Gewichtsfunktionen lieferte einen Intensitätsfaktor $K_I = 67{,}19\,\text{MPa}\sqrt{\text{m}}$ mit $-0{,}1\,\%$ Fehler.

a [mm]	K_I^{ref} [MPa$\sqrt{\text{m}}$]	K_I^{CTE}	K_I^H	ΔK_I^H [%]
6	6,59	6,60	6,50	−1,43
10	9,52	9,52	9,44	−0,83
14	12,73	12,72	12,66	−0,56
18	16,34	16,34	16,30	−0,25
20	18,45	18,37	18,35	−0,54

Tabelle 5.3: Vergleich der aus den Gewichtsfunktionen berechneten K_I-Faktoren mit anderen Berechnungsmethoden ($\sigma = 40\,\text{Mpa}$) in MPa$\sqrt{\text{m}}$

5.7.4 Anwendung der J-VCE-Technik

Die Idee dieses Verfahrens beruht darauf, die VCE-Technik zu benutzen, um die benötigte Ableitung des Verschiebungsfeldes nach der Risslänge zu bestimmen. Die Differenziation der Steifigkeitsbeziehung $\mathbf{KV} = \mathbf{F}$ nach da bei $\mathbf{F} = $ const. ergibt

$$\frac{d\mathbf{K}}{da}\mathbf{V} + \mathbf{K}\frac{d\mathbf{V}}{da} = \frac{d\mathbf{F}}{da} = 0 \to \frac{d\mathbf{V}}{da} = -\mathbf{K}^{-1}\frac{d\mathbf{K}}{da}\mathbf{V}. \tag{5.118}$$

Während ursprünglich von PARKS & KAMENETZKY [201] mittels FEM der Differenzenquotient $\Delta\mathbf{K}/\Delta a$ gebildet wurde, soll die elegantere und genauere Methode der VCE nach DELORENZI [72] benutzt werden. Wir gehen von (5.81) für die Berechnung der Energiefreisetzungsrate im ebenen Fall ($V_0 \to A_0$) aus, wobei $\Delta l_k(\boldsymbol{x}) = \Delta l_1 \hat{=} \Delta l$ gilt:

$$G = -\int_{A_0} \left[U \frac{\partial \Delta l}{\partial x_1} - \sigma_{ij} \frac{\partial u_i}{\partial x_1} \frac{\partial \Delta l}{\partial x_j} \right] dA \tag{5.119}$$

Die VCE $\Delta l(\boldsymbol{x})$ wird mit den FEM-Ansatzfunktionen im Gebiet A_0 interpoliert

$$\Delta l(\boldsymbol{x}) = \sum_{a=1}^{n_K} N_a(\boldsymbol{\xi}) \Delta l^{(a)} \tag{5.120}$$

Wendet man die Ansatzfunktionen auf die Integralterme je Element an

$$U = \frac{1}{2}\sigma_{ij} u_{i,j} = \frac{1}{2}\sigma_{ij} \sum_{a=1}^{n_K} \frac{\partial N_a}{\partial x_j} u_i^{(a)}$$
$$\sigma_{ij}\frac{\partial u_i}{\partial x_1} = \sigma_{ij} \sum_{a=1}^{n_K} \frac{\partial N_a}{\partial x_1} u_i^{(a)}, \qquad \frac{\partial \Delta l}{\partial x_j} = \sum_{b=1}^{n_K} \frac{\partial N_b}{\partial x_j} \Delta l^{(b)}, \tag{5.121}$$

so ergibt sich

$$G = -\int_{A_0} \left[\frac{1}{2}\sum_a \frac{\partial N_a}{\partial x_j} \sum_b \frac{\partial N_b}{\partial x_1} - \sum_a \frac{\partial N_a}{\partial x_1}\sum_b \frac{\partial N_b}{\partial x_j} \right] \sigma_{ij} u_i^{(a)} \Delta l^{(b)} \, dA. \tag{5.122}$$

Die Knotenvariablen $u_i^{(a)} \in V$ können hinter das Integral gezogen werden, dessen Auswertung für alle Elemente in A_0 einen Kraftvektor $Q_i^{(a)}$ ergibt

$$G = -\frac{1}{2}Q_i^{(a)} u_i^{(a)} = -\frac{1}{2}\mathbf{Q}^T\mathbf{V} = -\frac{1}{2}\mathbf{Q}_0^T\mathbf{V}_0 \quad \text{für } i = 1,2 \text{ und } a = 1,2,\ldots,N_K. \tag{5.123}$$

Setzt man (5.123) mit (5.79) gleich, so folgt

$$G = -\frac{1}{2}\mathbf{Q}_0^T\mathbf{V}_0 = -\frac{1}{2}\mathbf{V}_0^T\frac{d\mathbf{K}}{da}\mathbf{V}_0 \quad \Rightarrow \quad \frac{d\mathbf{V}}{da} = \mathbf{K}^{-1}\mathbf{Q}_0. \tag{5.124}$$

5.7.5 Berechnung mit der BUECKNER-Singularität

In Abschnitt 3.2.10 wurde gezeigt, dass die Gewichtsfunktionen (3.172) proportional zu einem fundamentalen Verschiebungsfeld sind – der BUECKNER-Singularität –, das sich als Folge der Wirkung eines Kräftepaares B_I an der Rissspitze in der gesamten Risskonfiguration einstellt. Die direkte numerische Realisierung dieses Zugangs scheitert an der Schwierigkeit, mit der FEM die hypersinguläre Lösung für Einzelkräfte unmittelbar an der Rissspitze ausreichend genau modellieren zu können. Um dieses Problem zu umgehen, wurde von PARIS, MCMEEKING & TADA [198] ein kleines Loch um die Rissspitze ausgespart, auf dessen Rand das Fundamentalfeld (3.173) aufgeprägt wird. SHAM [243, 244] definierte um den Risspunkt ein ausreichend kleines Netzgebiet, in dem das hypersinguläre Feld separat behandelt wurde.

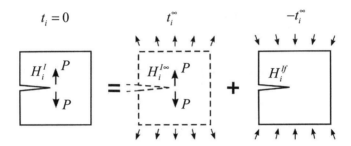

Bild 5.40: Superpositionsprinzip zur Bestimmung der BUECKNER-Fundamentallösung für ein endliches Gebiet

Ein alternativer Lösungsweg von BUSCH, MASCHKE & KUNA [56, 150] nutzt das Superpositionsprinzip, um das fundamentale Verschiebungsfeld für eine endliche Risskonfiguration zu bestimmen. Dazu wird die für das unendliche Gebiet bekannte BUECKNER-Singularität (3.173) (3.174) von der Randwertaufgabe subtrahiert, so dass nur ein gewöhnliches Rissproblem mit der Spannungssingularität $1/\sqrt{r}$ mittels FEM zu lösen ist, wofür wir ja bewährte Techniken kennengelernt haben. Wie man aus Bild 5.40 ersieht, müssen zu diesem Zweck die Schnittspannungen

$$\bar{t}_i^\infty(\boldsymbol{x}) = \sigma_{ij}^\infty(\boldsymbol{x}) n_j(\boldsymbol{x}) \qquad (5.125)$$

auf dem Rand S der endlichen Risskonfiguration aus dem hypersingulären BUECKNER-Spannungsfeld (3.174) berechnet und dann mit entgegengesetztem Vorzeichen aufgebracht werden. Die FEM-Lösung liefert somit ein Verschiebungsfeld $u_i^{(2)f}(\boldsymbol{x})$, das die Korrektur der Fundamentallösung für das endliche Gebiet darstellt. Die Summe mit der BUECKNER-Lösung (3.173) ergibt somit die gesuchte Fundamentallösung für die betrachtete endliche Risskonfiguration

$$u_i^{(2)}(\boldsymbol{x}) = u_i^{(2)\infty}(\boldsymbol{x}) + u_i^{(2)f}(\boldsymbol{x}), \qquad (5.126)$$

woraus mit (3.172) die Gewichtsfunktionen für Modus I folgen:

$$H_i^I(\boldsymbol{x}, a) = \frac{2\mu}{\kappa+1} \frac{1}{\sqrt{2\pi B_I}} u_i^{(2)}(\boldsymbol{x}). \tag{5.127}$$

5.8 Beispiele

5.8.1 Scheibe mit Innenriss unter Zug

Berechnet werden soll der in Bild 5.1 dargestellte Riss der Länge $2a$ ($a = 10\,\text{mm}$) in einer quadratischen Scheibe (Dicke $B = 1\,\text{mm}$, Breite $d = 100\,\text{mm}$), die einer Zugbelastung von $\sigma = 100\,\text{MPa}$ ausgesetzt ist. Der Werkstoff ist isotrop elastisch mit $E = 210000\,\text{MPa}$ und $\nu = 0{,}3$. Es gelte der EVZ. Für dieses simple zweidimensionale Modus-I-Rissproblem ist der Spannungsintensitätsfaktor bekannt [176], S. 68:

$$K_I(a) = \sigma\sqrt{\pi a}\, g\left(\frac{a}{d}\right)$$

$$g = 1{,}0 \qquad \text{unendliche Scheibe } d \to \infty \qquad \text{GRIFFITH-Riss}$$

$$g\left(\frac{a}{d} = \frac{1}{10}\right) = 1{,}014 \quad \Rightarrow \quad K_I = 568{,}35\,\text{MPa}\sqrt{\text{mm}}$$

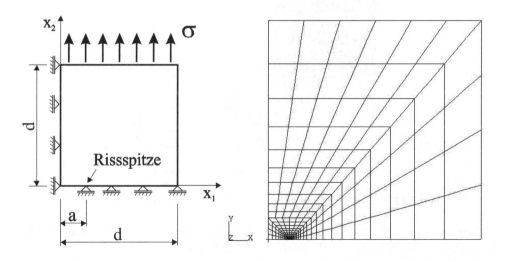

Bild 5.41: Modelliertes oberes Viertel der Scheibe mit Innenriss

Bild 5.42: FEM-Diskretisierung mit 8-Knoten Viereckelementen

Wie bereits in Abschnitt 5.1 erläutert, genügt aus Symmetriegründen die Modellierung eines Viertels der Scheibe mit entsprechenden Verschiebungsrandbedingungen, die in Bild 5.41 beschrieben sind. Das verwendete Finite-Element-Netz besteht aus 8-Knoten Viereckelementen mit quadratischen Ansätzen, siehe Bild 5.42. An der Rissspitze werden diese Elemente zu 6-Knoten Dreiecken kollabiert, wahlweise so belassen oder weiter zu Viertelpunktelementen entsprechend Bild 5.7 distordiert. Bild 5.43 zeigt die Details der Vernetzung an der Rissspitze. Die Größe der Rissspitzenelemente beträgt $L = a/40 = 0{,}25$ mm. Alternativ wurde die Rissspitze mit einem Fächer von 14 (links) bzw. 7 (rechts) Elementen umgeben.

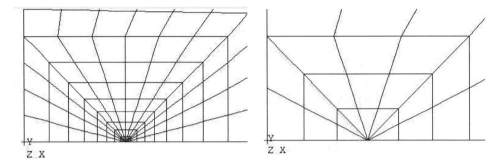

Bild 5.43: Ausschnitte der FEM-Diskretisierung an der Rissspitze

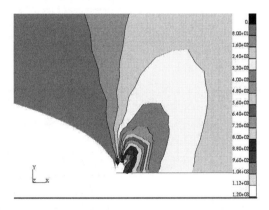

Bild 5.44: Isoliniendarstellung der v. MISES-Vergleichsspannung am Riss

Einen Eindruck von der Spannungskonzentration an der Rissspitze und der (überhöht dargestellten) Verformung der Rissufer vermittelt Bild 5.44.

Ein Vergleich der rissöffnenden Verschiebungen $u_2(r, \theta = \pi)$ und der Normalspannungen $\sigma_{22}(r, \theta = 0)$ aus der FEM-Lösung mit der analytischen Nahfeldlösung (siehe Abschnitt 3.2.1) ist in den Bildern 5.45 und 5.46 dargestellt. Bei dieser feinen Vernetzung zeigt sich eine recht gute Übereinstimmung.

Die Berechnung des Spannungsintensitätsfaktors $K_\mathrm{I}(r^*)$ nach der Verschiebungs-Auswertemethode gemäß (5.3) ergibt den in Bild 5.47 abgebildeten Verlauf. Man erkennt

5.8 Beispiele   247

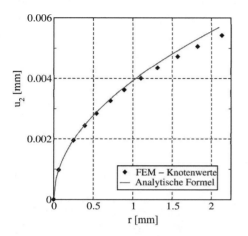

Bild 5.45: Verschiebungsverlauf u_2 auf dem Rissufer

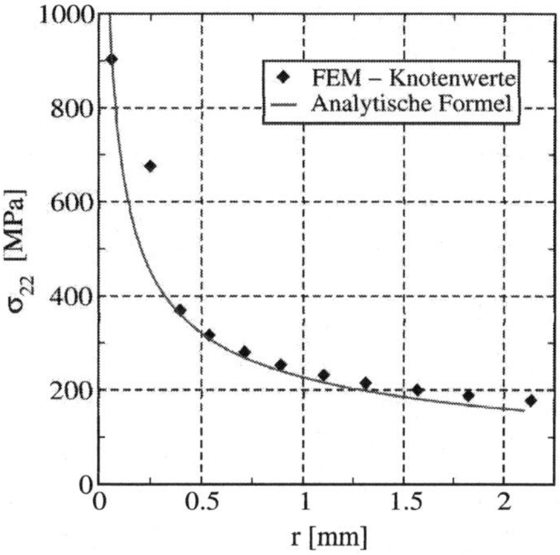

Bild 5.46: Normalspannungen σ_{22} auf dem Ligament vor dem Riss

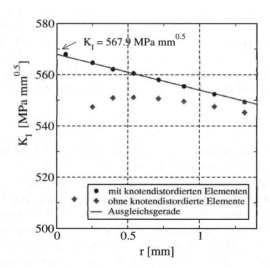

Bild 5.47: Spannungsintensitätsfaktoren mit der DIM berechnet

sehr deutlich, dass der lokal berechnete K_I-Faktor bei regulären Elementen zur Rissspitze hin stark abfällt, wohingegen die Viertelpunkt-Rissspitzenelemente keinerlei Defizite aufweisen. Der auf die Rissspitze extrapolierte Intensitätsfaktor weist einen Fehler von $+0{,}08\,\%$ auf.

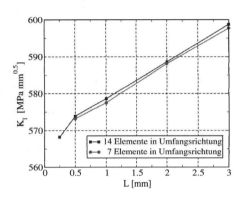

Bild 5.48: Einfluss der Risselementgröße L auf den K_I-Faktor

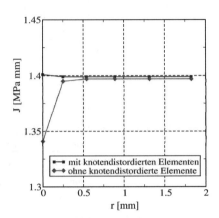

Bild 5.49: J-Integral-Werte für verschiedene Integrationspfade

Bei Viertelpunktelementen lässt sich K_I auch direkt über (5.39) durch DIM bestimmen. Aufschlussreich ist folgende Parameterstudie zur Netzverfeinerung am Riss, deren Ergebnis in Bild 5.48 wiedergegeben ist. Dargestellt sind die mit der DIM extrapolierten K_I-Faktoren für unterschiedliche Netze, wobei die Größe L der Rissspitzenelemente von $a/3{,}3$ bis $a/40$ variiert wurde. Erst mit $L = a/20$ erreicht man eine Genauigkeit unter $1\,\%$. Eine Verdopplung der Elemente in Umfangsrichtung bewirkt dagegen keine Verbesserung.

Schließlich kann zur K_I- bzw. G-Ermittlung auch das modifizierte Rissschließintegral MCCI herangezogen werden. Bei regulären Elementen ist (5.90) zu verwenden und bei Viertelpunktelementen die Varianten (5.91) bzw. (5.92). Mit Ausnahme von Variante 2) werden Genauigkeiten besser als $0{,}1\,\%$ in K_I erzielt.

Die Berechnungsergebnisse zum J-Integral sind in Bild 5.49 dargestellt. Angewandt wurde das äquivalente Gebietsintegral EDI (siehe Kapitel 6.4) mit unterschiedlichen Integrationsgebieten, d. h. vom 0. bis 6. Elementring um die Rissspitze mit den Radien r. Die J-Werte sind nahezu unabhängig von der Wahl des Integrationsgebietes wie es die Theorie verlangt. Lediglich bei regulären Elementen am Riss liefert die Auswertung des 0. Elementrings (d. h. nur Verrückung des Rissspitzenknotens) unzureichende Genauigkeit. Diese Erscheinung ist generell zu verzeichnen, weshalb der innerste Ring nicht verwendet werden sollte. Grundsätzlich sollte man beim J-Integral mehrere Pfade (bzw. Elementringe beim EDI) auswerten und prüfen, ob die Werte wegunabhängig sind bzw. nach außen hin konvergieren.

In der LEBM gilt $J = G$, so dass mit der Beziehung (3.93) aus dem J-Integralwert der jeweilige K-Faktor berechnet werden kann, wenn eine reine Modus I, II oder III Belastung

Methode	Risselemente	K_I [MPa$\sqrt{\text{mm}}$]	Fehler %	G_I [N/mm]	Fehler %
Referenzlösung	[176]	568,35		1,3997	
K_I^*-	RSE	$\sim$ 555,0	−2,4		
Extrapolation	CTE	567,9	+0,08		
K_I-DIM	CTE	572,5	+0,7		
MCCI	RSE	567,8	−0,1	1,3970	−0,2
	CTE (Var. 1)	568,7	+0,07	1,4016	+0,14
	CTE (Var. 2)	560,4	−1,4	1,3611	−2,7
J-Integral EDI	RSE	567,9	−0,06	1,3979	−0,13
	CTE	568,1	−0,04	1,3985	−0,09

Tabelle 5.4: Vergleich der Genauigkeit verschiedener Methoden zur Bestimmung von K_I und G_I für die Zugscheibe mit Innenriss (Bild 5.41)

vorliegt. Im obigen Beispiel erhält man $K_I = \sqrt{JE/(1-\nu^2)}$. Ab dem 3. Integrationsweg beträgt die Genauigkeit $\sim$ 0,05 % für Viertelpunktelemente CTE und $\sim$ 0,1 % bei Verwendung regulärer Standardelemente RSE an der Rissspitze.

Die Ergebnisse aller Methoden und ihre relativen Fehler bzgl. der Referenzlösung sind zur Übersicht nochmals in Tabelle 5.4 zusammengestellt.

5.8.2 Halbelliptischer Oberflächenriss unter Zug

Untersucht wird die in Bild 5.50 dargestellte quaderförmige Struktur mit einem halbelliptischen Oberflächenriss. Die Abmessungen betragen: $h = 20$ mm, $d = 20$ mm, $b = 30$ mm, $c = 15$ mm und $a = 5$ mm. Das Achsenverhältnis des Risses $a : c = 1 : 3$ entspricht typischen Maßen von Oberflächenfehlern. Die Zugbelastung $\sigma = 30$ MPa verläuft senkrecht zur Rissebene, so dass nur eine Modus I Beanspruchung mit veränderlichem K_I-Faktor entlang der Rissfront auftritt. Vorausgesetzt wird wieder isotrop-elastisches Material mit $E = 210\,000$ MPa und $\nu = 0,3$.

Aufgrund der doppelten Symmetrie des Problems braucht nur ein Viertel mit entsprechenden Verschiebungsrandbedingungen auf der Symmetrieebene modelliert zu werden, siehe Bild 5.50. Die gewählte FEM-Vernetzung dieses Viertels zeigt Bild 5.51. Bei der Generierung der Netze um 3D Risse ist es von Vorteil, an der Rissfront zu beginnen und sie durch einen »Schlauch« von konzentrischen Elementringen zu umgeben. Dadurch hat man alle Rissspitzenelemente in einer Gruppe gesammelt und kann sie bzgl. Größe und Form optimal entlang der gekrümmten Rissfront anordnen, so dass die Stirnflächen möglichst senkrecht dazu stehen, siehe Bild 5.52. An der Rissfront wurden die in Abschnitt 5.2.2 vorgestellten 3D Viertelpunkt-Hexaederelemente CTE verwendet. Die Kantenlänge der Risselemente wurde einheitlich auf $L = 0,08$ mm festgelegt. Ausgehend von diesem Schlauch vervollständigt und vergröbert man das FEM-Netz bis zu den Außenrändern der Struktur.

In Bild 5.53 ist das geöffnete deformierte Rissprofil wiedergegeben. Für die Berechnung des Spannungsintensitätsfaktors K_I wurden alle erläuterten Techniken eingesetzt.

250   5 FEM-Techniken zur Rissanalyse in linear-elastischen Strukturen

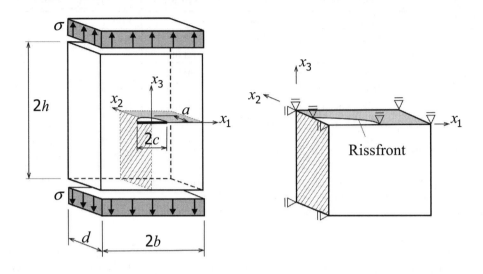

Bild 5.50: Quaderförmige Struktur mit halbelliptischem Oberflächenriss ($a : c = 1 : 3$) unter Zugbelastung

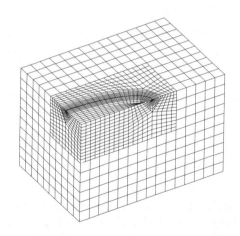

Bild 5.51: FEM-Netz für den halbelliptischen Oberflächenriss (1/4-Modell) mit 26672 Knoten und 5620 Hexaederelementen

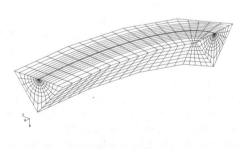

Bild 5.52: Schlauchförmige Vernetzung der Rissfront

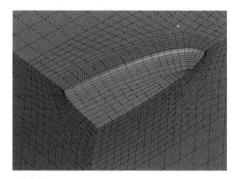

Bild 5.53: Verformtes FEM-Modell mit halbelliptischem Oberflächenriss

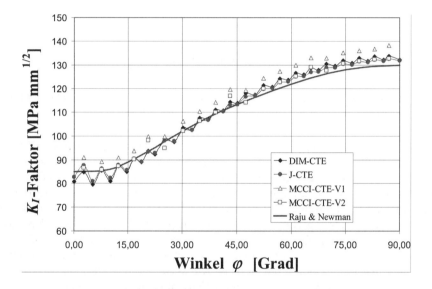

Bild 5.54: Verlauf des K_I-Faktors entlang der Rissfront. Vergleich unterschiedlicher FEM-Auswertemethoden für Viertelpunktelemente CTE

Am einfachsten ist die Auswertung der Rissuferverschiebungen nach der Beziehung (5.46), siehe Bild 5.11. Das Ergebnis ist für alle Rissfrontknoten in Bild 5.53 als Funktion des Ellipsenwinkels $\varphi = \arcsin(x_2/a)$ (siehe Bild 3.9) gezeichnet (DIM-CTE). Man erkennt eine leichte Oszillation der K_I-Werte zwischen Eck- und Seitenmittenknoten. Zum Vergleich ist die Referenzlösung von RAJU & NEWMAN [176] im Diagramm dargestellt. Ähnlich genaue Resultate für $K_I(\varphi)$ liefert die Auswertung des 3D J-Integrals (vgl. Abschnitt 6.3.2). Schließlich wurden noch beide Formeln zur Berechnung des Rissschließintegrals MCCI für die 3D Viertelpunktelemente erprobt. Die Ergebnisse der aufwändigeren Variante 1 nach Gleichung (5.97) liegen ca. 5 % über der Referenzlösung, wohingegen die einfachere Formel (5.98) der Variante 2 besser übereinstimmt und zu bevorzugen ist.

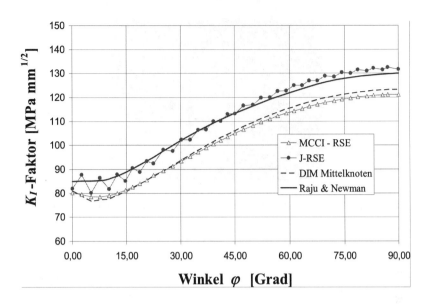

Bild 5.55: Verlauf des K_I-Faktors entlang der Rissfront. Vergleich unterschiedlicher FEM-Auswertemethoden für reguläre Standardelemente RSE

Zum Vergleich wurde dasselbe Problem mit regulären Standardelementen RSE berechnet, d. h. die 3D Viertelpunktelemente im »Schlauch« um die Rissfront wurden durch kollabierte Hexaederelemente mit Seitenmittenknoten ersetzt. Die Resultate sind in Bild 5.55 für verschiedene Auswertevarianten zusammengestellt. Am genauesten wird der $K_I(\varphi)$-Verlauf entlang der Rissfront mit Hilfe des 3D J-Integrals bestimmt, der sich bei dieser hohen Netzverfeinerung am Riss fast nicht vom Ergebnis mit Rissspitzenelementen unterscheidet, vgl. Bild 5.54. Wesentlich ungenauer (etwa $-8\,\%$) fallen dagegen die mit dem Rissschließintegral MCCI-RSE nach den Auswerteformeln (5.95) (5.96) ermittelten K_I-Faktoren aus. Außerdem wurde die einfache Auswertemethode DIM für die Rissuferverschiebungen nach der Beziehung (5.3) auf die Seitenmittenknoten angewandt (Strichlinie in Bild 5.55), was ebenfalls nur unzureichende Genauigkeit liefert.

6 Numerische Berechnung verallgemeinerter Energiebilanzintegrale

6.1 Verallgemeinerte Energiebilanzintegrale

Ausgehend von den Pionierarbeiten ESHELBYs [90, 91], der die thermodynamischen Kräfte auf Defekte in Festkörpern durch Einführung des Energie–Impuls–Tensors untersuchte, hat sich in den vergangenen 15 Jahren eine neue Theorie der verallgemeinerten »materiellen« oder auch »Konfigurationskräfte« herausgebildet, siehe MAUGIN [166], KIENZLER, HERRMANN [135], [136] und GURTIN [105]. Im Rahmen dieser Theorie werden die Invarianzeigenschaften von mechanischen oder thermodynamischen Erhaltungssätzen bezüglich einer Transformation des materiellen Gebietes erforscht, um generalisierte Kraftwirkungen von Feldern auf Störungen im homogenen Material, d. h. Defekte verschiedener Formen (wie z. B. Risse), zu berechnen. Diese Arbeiten führen weit über das klassische J-Integral hinaus und erlauben sein physikalisches Verständnis aus übergeordneter Sicht.

Die Gedankengänge sollen am Beispiel eines volumenhaften Defektes (inhomogener Einschluss, Hohlraum o. ä.) in einem isotropen elastischen Körper vorgestellt werden, der ansonsten aus homogenem, defektfreiem Material besteht. Der Körper ist einer bestimmten Belastung unterworfen und die Lösung der RWA sei bekannt. Betrachtet wird ein beliebiger Ausschnitt V des Körpers, der den Defekt vollständig umschließt, Bild 6.1.

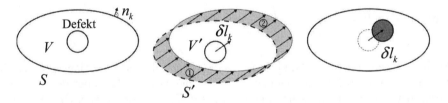

Bild 6.1: Materielle Kraft auf einen Defekt

Jetzt stellen wir die Frage nach der Änderung der potenziellen Gesamtenergie des Systems, wenn der Defekt in eine infinitesimal benachbarte Lage verschoben wird. Diese virtuelle Verrückung des materiellen Defektes und seiner Umgebung V relativ zum physikalischen Raum der Feldlösung wird durch eine Variation der Koordinaten $\delta X_k = \delta l_k$ des materiellen Bezugssystems beschrieben. (Dieser Vorgang darf nicht mit dem Prinzip der virtuellen Verschiebungen verwechselt werden, wo ja die Lösungsfunktion δu_i variiert wird!) Die Energiedifferenz, die infolge der Verrückung des Defektes dem äußeren System entzogen und dem Volumen V zugeführt wird, kann man sich als Arbeit einer generalisierten Kraft P_k mit δl_k vorstellen:

$$\delta \Pi = \Pi\left(X_k + \delta l_k\right) - \Pi\left(X_k\right) = -P_k\,\delta l_k\,. \tag{6.1}$$

Für ihre Berechnung wird das folgende Gedankenexperiment durchgeführt: Zuerst schneiden wir das Gebiet V aus und lassen auf seinem Rand S die Schnittspannungen $t_i = \sigma_{ij} n_j$ angreifen, so dass keine Verformung durch Entlastung auftritt. Als zweites wird das Gebiet V' definiert, welches im undeformierten Zustand durch eine Starrkörperverschiebung $\delta X_k = -\delta l_k$ aus V hervorgeht (Strichlinie in Bild 6.1), aber den Defekt in unveränderter Lage enthält. Auch V' wird ausgeschnitten und durch entsprechende Schnittspannungen am Rand S' arretiert. Die Formänderungsenergie von V' unterscheidet sich von derjenigen des Originalgebiets V durch die Addition bzw. Subtraktion der Energiebeiträge der grau gefärbten Bereiche (1) und (2). Bei der Verrückung um $-\delta l_k$ entspricht das genau dem Randintegral von $U(\boldsymbol{x})$ über S, wobei der Flächenanteil durch Projektion mit dem Normalenvektor n_k entsteht.

$$\delta \mathcal{W}_{\text{int}} = \mathcal{W}_{\text{int}}^{V'} - \mathcal{W}_{\text{int}}^{V} = -\delta l_k \int_S U(\boldsymbol{x}) n_k \, \mathrm{d}S \tag{6.2}$$

Im dritten Schritt versuchen wir, das verschobene Gebiet V' in den Ausschnitt S einzupassen, dessen Verformung $u_i(X_i + \delta X_i)$ auf S' sich jedoch vom Originalausschnitt um den Betrag

$$\delta u_i = \frac{\partial u_i}{\partial X_k} \delta X_k = u_{i,k}(-\delta l_k) \tag{6.3}$$

unterscheidet. Diese Verschiebungsdifferenz wird jetzt zurück verformt, wobei die bestehenden Schnittspannungen t_i die äußere Arbeit leisten (Ihre Veränderung δt_i infolge von δX_k darf als Term höherer Ordnung vernachlässigt werden.):

$$\delta \mathcal{W}_{\text{ext}} = -\int_S \delta u_i t_i \, \mathrm{d}S = \delta l_k \int_S u_{i,k} \sigma_{ij} n_j \, \mathrm{d}S . \tag{6.4}$$

Schließlich können wir gedanklich das verschobene Gebiet V' entlang des Randes S mit dem Gesamtkörper zusammenfügen, so dass der Defekt gegenüber dem homogenen Material bzw. der elastostatischen Feldlösung um δl_k verrückt wurde. Die Differenz der potenziellen Gesamtenergie bei diesem Prozess berechnet sich aus (6.2) und (6.4) zu:

$$\begin{aligned}
\delta \Pi &= \delta \mathcal{W}_{\text{int}} - \delta \mathcal{W}_{\text{ext}} = \left\{ \int_S U n_k \, \mathrm{d}S - \int_S \sigma_{ij} u_{i,k} n_j \, \mathrm{d}S \right\} \delta l_k \\
&= -\int_S [U \delta_{jk} - \sigma_{ij} u_{i,k}] n_j \, \mathrm{d}S \, \delta l_k = -\int_S Q_{kj} n_j \, \mathrm{d}S \, \delta l_k = -P_k \, \delta l_k
\end{aligned} \tag{6.5}$$

Die Größe Q_{kj} bezeichnet den Energie–Impuls–Tensor der Elastostatik [90]

$$Q_{kj} = U \delta_{jk} - \sigma_{ij} u_{i,k} \tag{6.6}$$

und der generalisierte Kraftvektor lautet

$$P_k = \int_S Q_{kj} n_j \, dS. \tag{6.7}$$

Das P_k-Integral quantifiziert somit im elastischen Fall die »antreibende Energie« $\delta\Pi = -P_k \delta l_k$, die vom System bei einer gedachten infinitesimalen Translation δl_k des Defektes bereitgestellt wird.

Bei Annahme hyperelastischen Materialverhaltens gilt $\partial U/\partial \varepsilon_{mn} = \sigma_{mn}$ und der Tensor Q_{kj} ist eine eindeutige Funktion der Verzerrungen ε_{ij} (bzw. $u_{i,j}$). Falls das Material inhomogen ist, hängt U zusätzlich explizit von den Ortskoordinaten $\boldsymbol{x}$ ab. Untersucht man die Divergenz $Q_{kj,j}$ des Energie–Impuls–Tensors (6.6), wobei die Gleichgewichtsbedingungen $\sigma_{ij,j} = -\bar{b}_i$ vorausgesetzt werden, so ergibt die Kettenregel

$$\frac{\partial Q_{kj}(\varepsilon_{mn}, x_l)}{\partial x_j} = \frac{\partial U}{\partial \varepsilon_{mn}} \frac{\partial \varepsilon_{mn}}{\partial x_j} \delta_{jk} - \frac{\partial \sigma_{ij}}{\partial x_j} u_{i,k} - \sigma_{ij} \frac{\partial u_{i,k}}{\partial x_j} + \delta_{jk} \left.\frac{\partial U}{\partial x_j}\right|_{\text{exp}} \tag{6.8}$$

$$= \sigma_{mn} \varepsilon_{mn,j} \delta_{jk} + \bar{b}_i u_{i,k} - \sigma_{ij} u_{i,kj} + U_{,k}|_{\text{exp}}$$

Da sich der 1. und 3. Term aufheben, verbleibt ein Vektor p_k, der die »materiellen Kraftquellen« im Volumen repräsentiert:

$$Q_{kj,j} = p_k = \bar{b}_i u_{i,k} + U_{,k}|_{\text{exp}}. \tag{6.9}$$

Die Divergenz $Q_{kj,j}$ des Energie-Impuls-Tensors verschwindet also unter folgenden Voraussetzungen:

- Das Material ist homogen, d. h. keine *explizite* Ortsabhängigkeit von $Q_{kj}(\boldsymbol{x})$.
- Das Material ist hyperelastisch.
- Es gibt keine Volumenkräfte $\bar{b}_j = 0$.
- Die Feldlösung enthält keine Singularität in V.

Als Folge davon muss auch das Integral über ein beliebiges Gebiet V ohne Defekte und Kraftquellen $p_k \sim \bar{b}_j = 0$ null werden

$$\int_V Q_{kj,j} \, dV = \int_S Q_{kj} n_j \, dS = P_k = 0. \tag{6.10}$$

Eine virtuelle Verrückung ist dann nicht mit einer generalisierten Kraft verbunden. Interpretiert man (6.10) als Bilanzgleichung, so stellt sie einen Erhaltungssatz für den Energie-Impuls-Tensor dar.

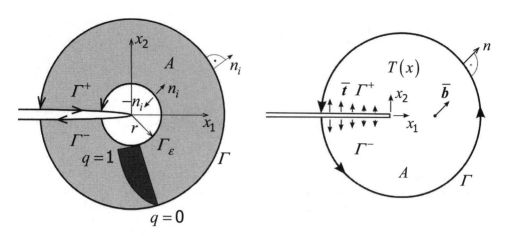

Bild 6.2: Integrationspfade um die Rissspitze und Wichtungsfunktion q

Bild 6.3: Linien-Flächen-Integral bei allgemeineren Belastungen

Das vorgestellte Energiebilanzintegral wird nun auf den Defekt »Rissspitze« in der Ebene angewandt, die hierbei um δl_k virtuell verrückt wird. Das betrachtete Gebiet V ziehen wir auf die Rissspitze $r \to 0$ zusammen, womit aus S die in Bild 6.2 gezeigte Kreiskontur Γ_ε wird. Die Anwendung von (6.7) ergibt:

$$P_k = J_k = \lim_{r \to 0} \int_{\Gamma_\varepsilon} Q_{kj} n_j \, \mathrm{d}s \,, \quad P_1 = J = G \,. \tag{6.11}$$

Ein Vergleich des P_k-Integrals (6.11) mit dem J-Integral (3.100) lässt erkennen, dass die x_1-Komponente von P_k genau mit J identisch ist. Das verwundert nicht, denn $\delta l_1 = \mathrm{d}a$ bezeichnet genau die selbstähnliche Rissausbreitung und ergibt die Energiefreisetzungsrate G. Analog beschreibt die J_2-Komponente eine parallele Verrückung des Risses in x_2-Richtung und J_3 eine Translation in x_3 (die selbstverständlich beim ebenen Problem nichts ändert und verschwindet). Damit haben wir eine verallgemeinerte vektorielle Form J_k des J-Integrals gefunden.

Im Rahmen der LEBM (Kapitel 3.2) herrscht an der Rissspitze das K-Faktor kontrollierte Nahfeld. Die Integrale (6.11) können entlang infinitesimaler Kreiskonturen $r = $ const mit den Nahfeldlösungen ausgewertet werden, Bild 6.2.

Daraus folgt der Zusammenhang zwischen J_k-Integral-Vektor und den Spannungsintensitätsfaktoren für ebene Risse der LEBM:

$$\begin{aligned} J_1 &= J = G = \frac{1}{E'} \left(K_\mathrm{I}^2 + K_\mathrm{II}^2 \right) + \frac{1+\nu}{E} K_\mathrm{III}^2 \\ J_2 &= -2 K_\mathrm{I} K_\mathrm{II}/E' \,, \quad J_3 = 0 \,. \end{aligned} \tag{6.12}$$

6.2 Erweiterung auf allgemeinere Belastungen

6.2.1 Voraussetzungen der Wegunabhängigkeit

Um die Wegunabhängigkeit von J_k für ebene Rissprobleme zu diskutieren, konstruieren wir uns einen geschlossenen Integrationsweg $C = \Gamma - \Gamma_\varepsilon + \Gamma^+ + \Gamma^-$, der die Rissspitze umgeht und den homogenen, defektfreien Materialbereich A einschließt (Bild 6.2). Da im Gebiet A keine materiellen Kraftquellen (6.9) wirken, müssen nach (6.10) das Gebietsintegral über A und das Konturintegral über C null sein. Von dieser Identität bringen wir den Anteil entlang Γ_ε auf die linke Seite:

$$J_k = \lim_{r\to 0} \int_{\Gamma_\varepsilon} Q_{kj} n_j \, \mathrm{d}s = \int_\Gamma Q_{kj} n_j \, \mathrm{d}s + \lim_{r\to 0} \int_{\Gamma^+ + \Gamma^-} Q_{kj} n_j \, \mathrm{d}s - \lim_{r\to 0} \int_A Q_{kj,j} \, \mathrm{d}A \overset{0}{}. \quad (6.13)$$

Hieraus erkennt man, dass die Berechnung des J_k-Integrals auf jedem beliebigen Weg Γ genau dann die gleichen Werte liefert, wenn der 2. Term über die Rissufer null wäre:

$$\lim_{r\to 0} \int_{\Gamma^+ + \Gamma^-} (U n_k - \underbrace{\sigma_{ij} n_j}_{t_i} u_{i,k}) \, \mathrm{d}s \overset{!}{=} 0. \quad (6.14)$$

Hierfür muss als erstes gefordert werden, dass keine Randspannungen $t_i = \bar{t}_i$ auf den Rissufern Γ^+ und Γ^- wirken:

$$t_i = 0. \quad (6.15)$$

Unterstellt man gerade Rissflanken senkrecht zur x_2-Achse, dann gilt $n_k = \mp \delta_{2k}$ auf Γ^+ und Γ^-, womit sich der erste Term von (6.14) auf $(U^- - U^+)\delta_{2k}$ reduziert. Mit (6.13) folgt:

$$J_k = \int_\Gamma (U \delta_{kj} - \sigma_{ij} u_{i,k}) n_j \, \mathrm{d}s + \lim_{r\to 0} \int_{\Gamma^+} (U^- - U^+) \delta_{2k} \, \mathrm{d}s. \quad (6.16)$$

Demzufolge ist nur die Komponente $k = 1$ des J_k-Integralvektors unabhängig vom Integrationsweg Γ! Bei der Komponente $k = 2$ muss die Differenz der Formänderungsenergiedichten auf den Rissufern berücksichtigt werden, die nur im Fall reiner Symmetrie oder Antimetrie (Modus I bzw. II) verschwindet. Erschwerend kommt hinzu, dass beim Grenzübergang $r \to 0$ die Energiedichte U meistens singulär wird. Bei gekrümmten Rissflanken ist in (6.14) der Term $U n_k \, \mathrm{d}s$ immer vorhanden und erzeugt eine Wegabhängigkeit.

6.2.2 Rissufer-, Volumen- und thermische Lasten

Bei vielen praktischen Berechnungsaufgaben spielen Randlasten auf den Rissufern (z. B. Innendruck) oder Volumenlasten (z. B. Schwerkraft) eine nicht zu vernachlässigende Rolle, Bild 6.3. Des Weiteren möchte man die Leistungsfähigkeit des J_k-Integrals auch gern zur Analyse von Rissen einsetzen, die durch inhomogene Temperaturfelder (z. B. Thermoschock) belastet sind. Außerdem wäre es für die Berechnung des J_k-Integrals anhand von FEM-Lösungen recht hilfreich, wenn die Integration entlang eines frei wählbaren Weges Γ in einem größeren Abstand von der Rissspitze ausgeführt werden könnte, weil dort die numerischen Lösungsfehler geringer sind. Aus diesen Gründen soll nach notwendigen Erweiterungen des J_k-Integrals gesucht werden.

Zu diesem Zweck wiederholen wir die Divergenzanalyse von Q_{kj} des vorigen Abschnitts nach (6.13), lassen dabei aber alle gemachten Einschränkungen fallen. Für ein elastisches Material mit thermischen Dehnungen ε_{ij}^t (siehe Anhang A.4.1) gilt gemäß (A.85) für ein gegebenes Temperaturfeld $T(\boldsymbol{x})$:

$$\varepsilon_{ij}^t(T(\boldsymbol{x})) = \alpha_{ij}^t(T(\boldsymbol{x}) - T_0) = \alpha_{ij}^t \Delta T(\boldsymbol{x}) \,. \tag{6.17}$$

Das HOOKEsche Gesetz lautet ausgedrückt mit den thermischen Spannungskoeffizienten $\beta_{ij} = C_{ijkl}\alpha_{kl}^t$:

$$\sigma_{ij} = C_{ijkl}\left(\varepsilon_{kl} - \varepsilon_{kl}^t\right) = C_{ijkl}\varepsilon_{kl} - \beta_{ij}\Delta T(\boldsymbol{x}) \,. \tag{6.18}$$

Im isotropen Fall gilt (A.91) mit $\beta_{ij} = (3\lambda + 2\mu)\alpha_t\delta_{ij}$. Die elastische Formänderungsenergie wird allein aus den elastischen Verzerrungen gebildet

$$U^e(\boldsymbol{\varepsilon}^e) = \frac{1}{2}\varepsilon_{ij}^e C_{ijkl}\varepsilon_{kl}^e \,, \quad U^e(\boldsymbol{\varepsilon}^e) = \mu\varepsilon_{ij}^e\varepsilon_{ij}^e + \frac{\lambda}{2}\left(\varepsilon_{kk}^e\right)^2 \quad \text{(isotrop)}\,, \tag{6.19}$$

so dass $\partial U^e/\partial \varepsilon_{mn}^e = \sigma_{mn}$ ergibt. Die Divergenz des Energie–Impuls-Tensors berechnet sich mit der Kettenregel

$$\begin{aligned}\frac{\partial Q_{kj}}{\partial x_j} &= \frac{\partial U^e}{\partial \varepsilon_{mn}^e}\frac{\partial \varepsilon_{mn}^e}{\partial x_j}\delta_{jk} - \sigma_{ij,j}u_{i,k} - \sigma_{ij}u_{i,kj}\\ &= \sigma_{mn}\varepsilon_{mn,k}^e\left(\pm\sigma_{mn}\varepsilon_{mn,k}^t\right) + \bar{b}_i u_{i,k} - \sigma_{ij}(u_{i,j})_{,k}\,.\end{aligned} \tag{6.20}$$

Über die Gleichgewichtsbedingungen $\sigma_{ij,j} + \bar{b}_i = 0$ kommen die Volumenkräfte ins Spiel. Um den 4. Term $\widehat{=} \sigma_{ij}\varepsilon_{ij,k}$ mit dem 1. Term kompensieren zu können, wird eine Nullergänzung mit den thermischen Verzerrungen eingeführt ($\varepsilon_{mn}^e + \varepsilon_{mn}^t = \varepsilon_{mn}$), so dass mit (6.17) folgt:

$$Q_{kj,j} = -\sigma_{mn}\varepsilon_{mn,k}^t + \bar{b}_i u_{i,k} = -\sigma_{mn}\alpha_{mn}^t T_{,k} + \bar{b}_i u_{i,k} = p_k\,. \tag{6.21}$$

Dieser »Quellterm« ist in das Flächenintegral über A von (6.13) einzusetzen. Die vorgegebenen Belastungen $\bar{t}_i$ der Rissufer müssen zusätzlich durch das Integral (6.14) über $\Gamma^+ + \Gamma^-$ berücksichtigt werden.

Damit hat das erweiterte J-Integral für thermische, Volumen- und Rissuferlasten die Form eines wegunabhängigen Linien-Flächen-Integrals, das in Kombination mit der Formänderungsenergie U^e (6.19) lautet:

$$J_k^{\text{te}} = \int_\Gamma [U^e \delta_{kj} - \sigma_{ij} u_{i,k}] n_j \, \text{d}s + \int_{\Gamma^+ + \Gamma^-} [U^e n_k - \bar{t}_i u_{i,k}] \, \text{d}s$$
$$+ \int_A [\sigma_{mn} \alpha_{mn}^{\text{t}} T_{,k} - \bar{b}_i u_{i,k}] \, \text{d}A \,. \tag{6.22}$$

Neben diesem Zugang von NAKAMURA [249] und AOKI [10] ($\widehat{J}$-Integral) wurde noch eine andere Version des erweiterten J-Integrals für Temperaturspannungen von WILSON & YU [289] (J^*) und ATLURI [15] (G^*) hergeleitet, die von einer anderen thermodynamischen Definition $\check{U}^{\text{te}}$ der inneren Energiedichte im thermoelastischen Fall ausgeht:

$$\check{U}^{\text{te}}(\boldsymbol{\varepsilon}, T) = \int_0^{\varepsilon_{kl}} \sigma_{ij}(\boldsymbol{\varepsilon}, T) \, \text{d}\varepsilon_{ij} = \frac{1}{2} \varepsilon_{ij} C_{ijkl} \varepsilon_{kl} - \beta_{ij} \Delta T \varepsilon_{ij}$$
$$\check{U}^{\text{te}}(\boldsymbol{\varepsilon}, T) = \mu \varepsilon_{ij} \varepsilon_{ij} + \frac{\lambda}{2} \varepsilon_{kk}^2 - (3\lambda + 2\mu) \alpha_{\text{t}} \Delta T \varepsilon_{kk} \quad \text{(isotrop)} \,. \tag{6.23}$$

$\check{U}^{\text{te}}$ entspricht einer Formänderungsarbeit (engl. *stress work density*), die keinen Potenzialcharakter mehr besitzt, was im Weiteren immer durch ein Häkchen symbolisiert werden soll. Trotzdem liefert die Ableitung von (6.23) die Spannungen. Die Divergenz $Q_{kj,j}$ ergibt jetzt bei Berücksichtigung beider Variablen ε_{ij} und T:

$$Q_{kj,j} = \left[\frac{\partial \check{U}^{\text{te}}}{\partial \varepsilon_{mn}} \frac{\partial \varepsilon_{mn}}{\partial x_j} + \frac{\partial \check{U}^{\text{te}}}{\partial T} \frac{\partial T}{\partial x_j} \right] \delta_{jk} - \sigma_{ij,j} u_{i,k} - \sigma_{ij} u_{i,kj}$$
$$= -\beta_{ij} \varepsilon_{ij} T_{,k} + \bar{b}_i u_{i,k} \tag{6.24}$$

Damit unterscheidet sich das Ergebnis gegenüber (6.21) im 2. Term, so dass J_k^{te} in Verbindung mit $\check{U}^{\text{te}}$ die Gestalt annimmt:

$$J_k^{\text{te}} = \int_\Gamma [\check{U}^{\text{te}} \delta_{kj} - \sigma_{ij} u_{i,k}] n_j \, \text{d}s + \int_{\Gamma^+ + \Gamma^-} [\check{U}^{\text{te}} n_k - \bar{t}_i u_{i,k}] \, \text{d}s$$
$$+ \int_A [\beta_{ij} \varepsilon_{ij} T_{,k} - \bar{b}_i u_{i,k}] \, \text{d}A \,. \tag{6.25}$$

Physikalisch haben die Ausdrücke (6.22) und (6.25) identische Bedeutung und lassen sich natürlich auch rechnerisch ineinander überführen.

Weitere Varianten findet man bei ATLURI [15] für den Fall gradierter Werkstoffe, bei denen die thermoelastischen Konstanten ortsabhängig sind. Für stationäre Temperaturfelder $T_{,kk} = 0$ konnte GURTIN [104] das Flächenintegral wieder in ein Linienintegral mit Zusatztermen überführen.

Die hier abgeleiteten Beziehungen (6.22) und (6.25) gelten auch für Temperaturfelder einer transienten Wärmeleitanalyse. Sie eignen sich für die numerische Berechnung deshalb recht gut, weil die Temperaturfelder $T(\boldsymbol{x})$ in den Knoten vorliegen, so dass ihre Gradienten $T_{,k}$ in den Integrationspunkten mit gleicher Güte wie die benötigten Verzerrungen ε_{mn} bestimmt werden können.

6.3 Dreidimensionale Versionen

Nach Abschnitt 6.1 gelten der Energie–Impuls–Tensor Q_{kj} und die thermodynamische Kraft P_k uneingeschränkt für virtuelle Verrückungen eines dreidimensionalen Defekts im Raum. Um den Defekt legen wir jetzt eine beliebig geformte, geschlossene Fläche S, die das Volumen V umgibt. Die Anwendung auf Rissprobleme kann geradlinig übernommen werden, wenn der gesamte Riss oder die gesamte Rissfront als Defekt angesehen und als Ganzes verrückt werden. Meistens interessiert man sich aber für die lokale Energiefreisetzungsrate G oder die K-Faktoren an jedem Punkt der Rissfront. Dann muss man eine virtuelle Verrückung eines einzelnen Punktes oder eines Rissfrontsegmentes vornehmen.

Wir führen ein lokales Koordinatensystem $\boldsymbol{x}(s)$ ein, das entlang einer beliebig geformten Rissfront L_c im Raum mitgeführt wird, wobei s die Bogenlänge bedeutet, siehe Bild 6.4. Die Rissfläche soll eben sein und in der (x_1, x_3)-Ebene liegen, so dass x_2 immer senkrecht zur Rissfläche zeigt.

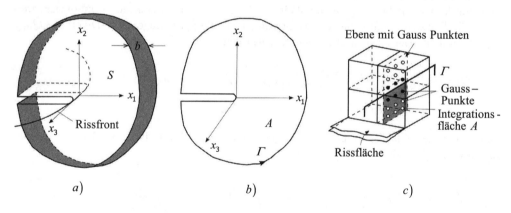

Bild 6.4: 3D-Scheibenintegral mit a) Geschlossener Oberfläche S, b) Flächenanteil A und Linienanteil Γ, c) Numerischer Integration

6.3.1 Das 3D-Scheibenintegral

Von Aoki u. a. [10] wurde das Volumen V um einen Punkt der Rissfront in Form einer Scheibe mit infinitesimaler Dicke $b = \Delta x_3$ festgelegt, die beliebige Gestalt in der (x_1, x_2)-Ebene haben darf. Die dazugehörige Oberfläche $S = A^+ + A^- + b\Gamma$ setzt sich aus der vorderen und hinteren Stirnfläche A^+, A^- sowie dem Außenrand $b\Gamma$ zusammen, siehe Bild 6.4. Ausgewertet wird jetzt die x_1-Komponente von J_k, wobei inelastische Verzerrungen ε_{ij}^* beliebiger Herkunft (thermisch oder plastisch) zugelassen sind, wegen

6.3 Dreidimensionale Versionen

der Übersichtlichkeit aber Rissuferlasten weggelassen werden. Die räumliche Erweiterung von (6.13) für J_1 lautet somit:

$$\widehat{J}(s) = -\lim_{b\to 0}\lim_{\Delta a\to 0}\frac{\Delta\Pi}{b\Delta a} = \lim_{b\to 0}\frac{1}{b}J_1 = \lim_{b\to 0}\frac{1}{b}\left\{\int_S Q_{1j}n_j\,\mathrm{d}S - \int_V Q_{1j,j}\,\mathrm{d}V\right\} \quad (6.26)$$

Q_{kj} wird aus der rein elastischen Formänderungsenergiedichte $U^\mathrm{e}(\varepsilon^\mathrm{e})$ mit $\varepsilon^\mathrm{e} = \varepsilon - \varepsilon^*$ nach (6.19) gebildet. Den Divergenzterm im Volumenintegral behandelt man genauso wie in (6.20), so dass sich analog zu (6.21)

$$Q_{1j,j} = -\sigma_{mn}\varepsilon^*_{mn,1} + \bar{b}_i u_{i,1} = p_1 \quad (6.27)$$

ergibt. Bei $b \to 0$ entartet das Volumenintegral zu $\int_V(\cdot)\mathrm{d}V \to b\int_A(\cdot)\mathrm{d}A$. Beim Oberflächenintegral über A^+ und A^- zeigen die Normalvektoren n_j in $\pm x_3$-Richtung

$$\int_{A^++A^-} [U^\mathrm{e}\delta_{1j} - \sigma_{ij}u_{i,1}]n_j\,\mathrm{d}A = -\int_{A^++A^-}\sigma_{i3}u_{i,1}\,\mathrm{d}A, \quad (6.28)$$

so dass der Term $U^\mathrm{e}\delta_{13} = 0$ entfällt und im zweiten Term die Differenz zwischen A^+ und A^- entsteht, die mit einer TAYLOR-Entwicklung bzgl. x_3 in $b(\sigma_{i3}u_{i,1})_{,3}$ umgewandelt werden kann.

Insgesamt ergibt sich somit aus (6.26) das *3D-Scheibenintegral* $\widehat{J}$:

$$\widehat{J}(s) = \lim_{b\to 0}\frac{1}{b}\left\{b\int_\Gamma Q_{1j}n_j\,\mathrm{d}s - b\int_{A^+}(\sigma_{i3}u_{i,1})_{,3}\,\mathrm{d}A - b\int_A Q_{1j,j}\,\mathrm{d}A\right\}$$
$$= \int_\Gamma [U^\mathrm{e}\delta_{1j} - \sigma_{ij}u_{i,1}]n_j\,\mathrm{d}s + \int_A \left[\sigma_{mn}\varepsilon^*_{mn,1} - \bar{b}_i u_{i,1} - (\sigma_{i3}u_{i,1})_{,3}\right]\mathrm{d}A. \quad (6.29)$$

Somit lässt sich die Energierate $\widehat{J}$ bei virtueller Verrückung der Rissfront im Punkt s durch ein wegunabhängiges Linien-Flächen-Integral in der Ebene senkrecht zur Rissfront berechnen. Für ebene Aufgaben (ESZ oder EVZ) verschwindet der letzte Term im Flächenintegral, da keine Abhängigkeit von x_3 besteht, $\partial(\cdot)/\partial x_3 \equiv 0$.

Die numerische Berechnung für 20-Knoten Hexaederelemente ist in Bild 6.4 c skizziert. Vorteilhafterweise ordnet man die Elemente so entlang der Rissfront an, dass das Scheibenintegral genau mit einer Ebene von Integrationspunkten zusammenfällt. Für das Linienintegral über Γ müssen die Werte von U^e, $u_{i,1}$ und σ_{ij} zwischen benachbarten Integrationspunkten (• Punkte) interpoliert werden. Beim Flächenintegral über A benötigt man die Ableitungen $\varepsilon^*_{mn,1}$, $\sigma_{i3,3}$ und $u_{i,13}$ in den Integrationspunkten! In der FEM sind diese Ableitungen zweiter Ordnung bereits sehr ungenau und liegen meist nicht als Ergebnisse vor. Geeignete Berechnungsmethoden dafür werden in Abschnitt 4.4.4 angeboten.

Wegen der beträchtlichen Ungenauigkeit, den geometrischen Anforderungen an das FE-Netz und der Notwendigkeit, Linien- und Flächenintegrale durch die FE-Diskretisierung zu legen, hat sich das $\widehat{J}$-Integral nicht durchgesetzt, obwohl es theoretisch sehr plausibel und einfach erscheint.

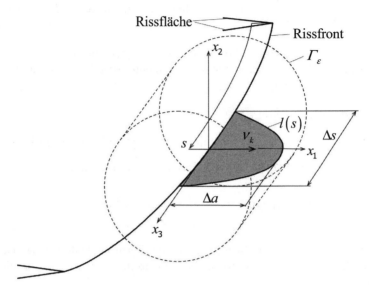

Bild 6.5: Beliebige dreidimensionale Risskonfiguration mit virtueller Rissfronterweiterung

6.3.2 Virtuelle Rissausbreitung 3D

Mit ν_k wird der Normaleneinheitsvektor senkrecht zur Rissfront an der Position s bezeichnet, der wie in Bild 6.5 dargestellt in der Rissebene liegt. Jetzt nehmen wir in einem begrenzten Segment Δs der Rissfront eine virtuelle Verrückung $\Delta l_k(s)$ in der Rissebene an, die genau die Normalenrichtung ν_k haben soll:

$$\Delta l_k(s) = l(s)\Delta a\, \nu_k, \qquad \Delta l(s) = |\Delta l_k(s)| = l(s)\Delta a. \tag{6.30}$$

Im Hinblick auf die numerische Realisierung wird anstelle von δl_k ab jetzt die Bezeichnung Δl_k verwendet. In der Schnittebene $(x_1, x_2) \perp x_3$ kann man das zweidimensionale J_k-Integral als Linien- oder Linien-Flächen-Integral entsprechend Bild 6.2 bzw. Bild 6.3 auswerten. In dem hier gewählten Koordinatensystem hat beim Riss nur die J_1-Komponente Bedeutung für die Energiebilanz bei Risserweiterung:

$$J(s) = J_1(s) = J_k(s)\nu_k(s)$$
$$= \left(\lim_{r\to 0}\int_{\Gamma_\varepsilon(s)} [U\delta_{kj} - \sigma_{ij}u_{i,k}]\, n_j\, \mathrm{d}\Gamma\right)\nu_k(s) = \left(\lim_{r\to 0}\int_{\Gamma_\varepsilon(s)} Q_{kj}n_j\, \mathrm{d}\Gamma\right)\nu_k(s). \tag{6.31}$$

Die Energiefreisetzung pro Schnittebene beträgt $J(s)\Delta l(s)$, so dass für die Gesamtbilanz $-\Delta \Pi$ über das Rissfrontsegment Δs aufsummiert werden muss

$$-\Delta \Pi = \int_{\Delta s} J(s)\Delta l(s)\,\mathrm{d}s = \int_{\Delta s} J_k(s)\Delta l_k(s)\,\mathrm{d}s = \bar{J}\Delta A\,. \qquad (6.32)$$

Dabei bedeutet $\bar{J}$ einen integralen Wert für die gesamte virtuelle Verrückung des Segmentes, bezogen auf die Fläche

$$\Delta A = \int_{\Delta s} \Delta l(s)\,\mathrm{d}s = \Delta a \int_{\Delta s} l(s)\,\mathrm{d}s \qquad (6.33)$$

der Risserweiterung. Einsetzen von (6.31) in (6.32) führt auf:

$$-\frac{\Delta \Pi}{\Delta A} = \bar{J} = \frac{1}{\Delta A}\int_{\Delta s}\left(\lim_{r \to 0}\int_{\Gamma_\varepsilon(s)} Q_{kj} n_j\,\mathrm{d}\Gamma\right)\Delta l_k(s)\,\mathrm{d}s$$

$$= \frac{1}{\Delta A}\lim_{r \to 0}\int_{S_\varepsilon} Q_{kj} n_j \Delta l_k\,\mathrm{d}S = \lim_{r \to 0}\int_{S_\varepsilon} Q_{kj} n_j l_k\,\mathrm{d}S \Big/ \int_{\Delta s} l(s)\,\mathrm{d}s\,. \qquad (6.34)$$

Die Linienintegrale Γ_ε entlang Δs lassen sich zu einer zylindrischen »Schlauchfläche« S_ε mit der Außennormalen n_j zusammenfassen, die im Grenzfall $r \to 0$ auf die Rissfront zusammen gezogen wird. Damit ist es gelungen, einen anschaulichen und kompakten Ausdruck für die thermodynamische Kraft (in der LEBM Energiefreisetzungsrate G) bei virtueller Verrückung eines Rissfrontsegments im Raum zu gewinnen. Das Ergebnis $\bar{J}$ ist einem repräsentativen Punkt $\bar{s}$ des Segmentes Δs zuzuordnen.

Aus der letzten Gleichung von (6.34) sieht man, dass sich die absolute Größe Δa der Risserweiterung herauskürzt! Es soll betont werden, dass die Beziehung (6.34) für jede Art Energie–Impuls–Tensor Gültigkeit besitzt, wobei $\bar{J}$ dann die Bedeutung von

$$\bar{P} = \frac{1}{\Delta A}\int_{\Delta s} P_k(s)\Delta l_k(s)\,\mathrm{d}s \qquad (6.35)$$

annimmt. $\bar{J}$ wurde für den Grenzübergang $S_\varepsilon \to 0$ definiert, weil viele Energiebilanzintegrale nur so ihre physikalische Bedeutung besitzen.

Die Frage der Wegunabhängigkeit stellt sich im Raum als Unabhängigkeit von einer beliebig gewählten Fläche S, die um den gleichen Ausschnitt der Rissfront zu legen ist. Hier können die Überlegungen und Divergenzuntersuchungen vom zweidimensionalen Fall vollständig übernommen werden. So wie es Bild 6.6 zeigt, kann aus dem Rissschlauch S_ε, der frei gewählten äußeren Fläche S, den Rissflächen S^+, S^- und den Stirnflächen S_{end} eine geschlossene Fläche $\bar{S} = S + S^+ + S^- + S_{\mathrm{end}} - S_\varepsilon$ gebildet werden, in derem Inneren $\bar{V}$ kein Defekt vorliegt. In Analogie zu (6.13) können wir jetzt mit dem GAUSSschen Satz

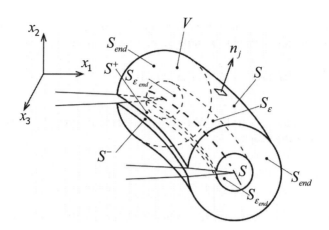

Bild 6.6: Integrationsgebiet für das dreidimensionale J-Integral

folgende Umstellung der Integrale vornehmen:

$$\bar{J}\Delta A = \lim_{r \to 0} \int_{S_\varepsilon} Q_{kj} n_j \Delta l_k \, \mathrm{d}S = \int_S Q_{kj} n_j \Delta l_k \, \mathrm{d}S$$
$$+ \lim_{r \to 0} \int_{S^+ + S^- + S_{\text{end}}} Q_{kj} n_j \Delta l_k \, \mathrm{d}S - \lim_{r \to 0} \int_{\bar{V}} \frac{\partial}{\partial x_j}[Q_{kj}\Delta l_k] \, \mathrm{d}V \,. \tag{6.36}$$

6.4 Numerische Berechnung als äquivalentes Gebietsintegral

Zur numerischen Berechnung der verschiedenen Energiebilanzintegrale sind in der Ebene ein Linienintegral oder sogar ein kombiniertes Linien-Flächen-Integral zu berechnen und im Raum Linien-, Flächen- und evtl. Volumenintegrale. Im Kontext der FEM erweist sich die geometrische und topologische Festlegung von Integralen niedrigerer Ordnung als die Dimension der RWA recht umständlich und ihre Berechnung ist aufwändig. Reine Gebietsintegrale (2D oder 3D) über eine Gruppe von Elementen gehören hingegen zu den Standardprozeduren in der FEM, wofür es einfache Algorithmen gibt (Abschnitt 4.4.3). Aus diesen Gründen wird eine Methode vorgestellt, mit der jede Art von Energiebilanzintegral in ein äquivalentes Gebietsintegral umgewandelt werden kann.

6.4.1 Umwandlung in ein äquivalentes Gebietsintegral 2D

Zur Umwandlung in ein *äquivalentes Gebietsintegral* (engl. *equivalent domain integral*) EDI konstruieren wir wieder einen geschlossenen Integrationspfad $C = \Gamma + \Gamma^+ + \Gamma^- - \Gamma_\varepsilon$ mit der Außennormalen n_j, siehe Bild 6.2. Entsprechend der Definition (6.13) von J_k dürfen wir schreiben:

$$J_k = -\int_C Q_{kj} n_j \, \mathrm{d}s + \lim_{r \to 0} \int_{\Gamma + \Gamma^+ + \Gamma^-} Q_{kj} n_j \, \mathrm{d}s. \tag{6.37}$$

6.4 Numerische Berechnung als äquivalentes Gebietsintegral

Jetzt wird eine Wichtungsfunktion $q(\boldsymbol{x})$ eingeführt, die stetig und differenzierbar sein muss und die Bedingungen erfüllt

$$q = \begin{cases} 0 & \text{auf } \Gamma \\ 1 & \text{auf } \Gamma_\varepsilon \end{cases}, \qquad (6.38)$$

wie es Bild 6.2 veranschaulicht. Nach Einsetzen in (6.37) entfällt das Integral über Γ

$$J_k = -\int_C Q_{kj} n_j q \, ds + \lim_{r \to 0} \int_{\Gamma^+ + \Gamma^-} Q_{kj} n_j q \, ds. \qquad (6.39)$$

Durch Anwendung des GAUSSschen Integralsatzes erhält man somit das 2D J_k-Integral als gewichtetes, reines Gebietsintegral über die von Γ eingeschlossene Fläche A plus unvermeidbare Rissuferintegrale (Zur Vereinfachung der Darstellung wird im Weiteren der Grenzübergang $\lim r \to 0$ nicht mehr mitgeschrieben.):

$$J_k = -\int_A (Q_{kj} q)_{,j} \, dA = -\int_A (Q_{kj,j} q + Q_{kj} q_{,j}) \, dA + \int_{\Gamma^+ + \Gamma^-} Q_{kj} n_j q \, ds. \qquad (6.40)$$

Über die Divergenz $Q_{kj,j}$ werden alle bisher diskutierten Zusatzterme wie Volumenkräfte $\bar{b}_i$, thermische und inelastische Verzerrungen $\alpha_{mn}\Delta T$ bzw. ε^*_{mn} oder explizite Ortsabhängigkeit von $U(\mathbf{x})$ berücksichtigt:

$$Q_{kj,j} = p_k = \bar{b}_i u_{i,k} - \sigma_{mn} \alpha_{mn} T_{,k} - \sigma_{mn} \varepsilon^*_{mn,k} + U_{,k}|_{\exp} . \qquad (6.41)$$

Damit lässt sich das verallgemeinerte J_k-Integral bei ebenen Aufgaben durch das folgende äquivalente Gebietsintegral über die Fläche A ausdrücken:

$$\begin{aligned} J_k = & -\int_A (U \delta_{kj} - \sigma_{ij} u_{i,k}) q_{,j} \, dA \\ & -\int_A \left(U_{,k}|_{\exp} + \bar{b}_i u_{i,k} - \sigma_{mn} \alpha_{mn} T_{,k} - \sigma_{mn} \varepsilon^*_{mn,k} \right) q \, dA \\ & +\int_{\Gamma^+ + \Gamma^-} (U n_k - \bar{t}_i u_{i,k}) q \, ds. \end{aligned} \qquad (6.42)$$

Verschwindet $Q_{kj,j} = 0$, so liegt eigentlich ein wegunabhängiges Linienintegral vor, und der zweite Integrand in (6.42) entfällt. Werden auch noch die Rissuferbelastungen vernachlässigt, so gelangen wir zum einfachen J_k-Integral nach (6.16), womit sich (6.42) reduziert auf:

$$J_k = -\int_A (U \delta_{kj} - \sigma_{ij} u_{i,k}) q_{,j} \, dA + \int_{\Gamma^+ + \Gamma^-} (U n_k) q \, ds. \qquad (6.43)$$

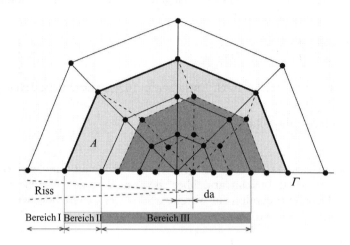

Bild 6.7: Äquivalentes Gebietsintegral und Wichtungsfunktion q für ebene Rissprobleme

Wie sollte die Wichtungsfunktion $q(x_1, x_2)$ in der numerischen Umsetzung gewählt werden? Mathematisch unterliegt sie den bei (6.38) genannten Bedingungen, ist aber ansonsten frei wählbar. Für $q(x_1, x_2)$ wurden die verschiedensten Varianten ausprobiert, unter denen sich der folgende Ansatz am besten bewährt hat: Die Funktion $q(x_1, x_2)$ wird anhand der FEM-Vernetzung gemäß Bild 6.7 in drei Bereiche unterteilt:

Bereich I: $q(x_1, x_2) \equiv 0$

Bereich II: linearer Übergang von $q = 1$ nach $q = 0$

Bereich III: $q(x_1, x_2) \equiv 1 = \text{const.}$

Die Funktion $q(x_1, x_2)$ wird im FEM-Modell durch Knotenpunktvariable $q^{(a)}$ dargestellt und mit den Formfunktionen der verwendeten Elemente interpoliert

$$q(x_1, x_2) = \sum_{a=1}^{n_K} N_a(\xi_1, \xi_2) q^{(a)} \,. \tag{6.44}$$

Bereich II besteht meist nur aus einem Elementring, für den nacheinander unterschiedliche Ringe um die Rissspitze festgelegt werden. Weil in den Bereichen I und III $\partial q / \partial x_j = 0$ ist, liefert nur der Bereich II mit $\partial q / \partial x_j = \text{const}$ einen Beitrag zum 1. Gebietsintegral von (6.42). Dagegen tragen zum 2. Gebietsintegral, das nur bei bestimmten Verallgemeinerungen vorkommt, nur die Bereiche II und III mit $q \neq 0$ bei. Auch das Rissuferintegral erstreckt sich nur über II und III.

Die Wichtungsfunktion $q(x_1, x_2)$ besitzt aber auch eine geometrische Interpretation als virtuelle Verrückung $\Delta \boldsymbol{l} = \Delta l_k \boldsymbol{e}_k$ der Rissspitzenumgebung A. Direkt an der Rissspitze bei Γ_ε beschreibt $q = 1$ die Verrückung um $q \Delta l_k$, die mit $q \to 0$ zur Kontur Γ hin auf null abfällt. Normalerweise erfolgt sie in Richtung des Risses ($k = 1$), da J_1 die Energiebilanz bei Rissausbreitung $\Delta l_1 = \Delta a$ beschreibt. Zur Ermittlung von J_2 kann aber auch eine parallele Verrückung $\Delta \boldsymbol{l} = \Delta l \boldsymbol{e}_2$ des Bereichs III angenommen werden.

6.4.2 Umwandlung in ein äquivalentes Gebietsintegral 3D

Die Transformation des J-Integrals (6.34) für dreidimensionale Risskonfigurationen in ein äquivalentes Gebietsintegral kann auf völlig analoge Weise vollzogen werden. Anstelle von C betrachten wir jetzt die geschlossene Hüllfläche $\bar{S} = S + S^+ + S^- - S_\varepsilon + S_{\text{end}}$ um das Segment Δs der Rissfront, siehe Bild 6.6, welche das Volumen V umgibt. Nun wird wieder eine stetige differenzierbare Wichtungsfunktion $q_k(\boldsymbol{x})$ eingeführt, die auf der Außenfläche S und den Stirnflächen S_{end} null wird, auf der »Schlauchfläche« S_ε hingegen der virtuellen Rissausbreitung $\Delta l_k(s)$ entspricht:

$$q_k = \begin{cases} 0 & \text{auf} \quad S, S_{\text{end}} \\ \Delta l_k & \text{auf} \quad S_\varepsilon, S_{\varepsilon\text{end}} \end{cases} \quad (6.45)$$

Im Unterschied zum 2D-Fall ist q_k jetzt eine Vektorfunktion. Das 3D J-Integral stellt jedoch nur eine skalare Größe, die Energierate bei Rissausbreitung, dar. Mit denselben Überlegungen wie im 2D-Fall kann die eigentliche Definition (6.34) von $\bar{J} = J(\bar{s})$ jetzt umgewandelt werden ($\lim r \to 0$ wieder weggelassen):

$$\begin{aligned} J(\bar{s}) &= \frac{1}{\Delta A} \int_{S_\varepsilon} Q_{kj} n_j \Delta l_k \, \mathrm{d}S = \frac{1}{\Delta A} \left[-\int_{\bar{S}} Q_{kj} n_j q_k \, \mathrm{d}S + \int_{S+S^++S^-} Q_{kj} n_j q_k \, \mathrm{d}S \right] \\ &= \frac{1}{\Delta A} \left[-\int_V (Q_{kj,j} q_k + Q_{kj} q_{k,j}) \, \mathrm{d}V + \int_{S^++S^-} Q_{kj} n_j q_k \, \mathrm{d}S \right] \end{aligned} \quad (6.46)$$

Im allgemeinen Belastungsfall berechnet sich das 3D äquivalente Gebietsintegral aus:

$$\begin{aligned} J(\bar{s}) = \frac{1}{\Delta A} \Bigg[&-\int_V (U \delta_{kj} - \sigma_{ij} u_{i,k}) q_{k,j} \, \mathrm{d}V \\ &- \int_V \left(U_{,k} \big|_{\text{exp}} + \bar{b}_i u_{i,k} - \sigma_{mn} \alpha_{mn} T_{,k} - \sigma_{mn} \varepsilon^*_{mn,k} \right) q_k \, \mathrm{d}V \\ &+ \int_{S^++S^-} (U n_k - \bar{t}_i u_{i,k}) q_k \, \mathrm{d}S \Bigg] . \end{aligned} \quad (6.47)$$

Für das klassische J-Integral ($Q_{kj,j} = 0$, $\bar{t}_i = 0$) vereinfacht sich die Beziehung zu:

$$J(\bar{s}) = -\frac{1}{\Delta A} \int_V (U \delta_{kj} - \sigma_{ij} u_{i,k}) q_{k,j} \, \mathrm{d}V . \quad (6.48)$$

6 Numerische Berechnung verallgemeinerter Energiebilanzintegrale

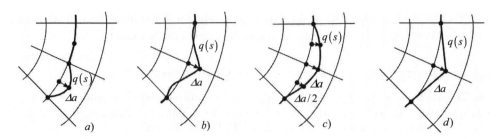

Bild 6.8: Festlegung der Wichtungsfunktion q_k entlang der Rissfrontelemente

Mögliche Varianten der virtuellen Verrückung VCE eines Knotenpunktes der Rissfront sind in Bild 6.8 aufgezeigt. Bei 8-Knoten Hexaederelementen wird nur der Eckknoten um Δa verschoben und $q(s)$ linear interpoliert, Bild 6.8 d. Bei 20-Knoten Hexaederelementen kann entweder ein Seitenmittelknoten (Bild 6.8 a) oder ein Eckknoten (Bild 6.8 b) um Δa versetzt werden, jeweils mit quadratischer Interpolation $q(s)$ der Rissfront. Variante b) sollte man wegen ihrer geringen Genauigkeit nicht verwenden, sondern besser die Variante c) bevorzugen, bei der die Seitenmittelknoten zu 50 % mit verschoben werden. Die VCE betrifft bei b), c) und d) immer zwei benachbarte Elementschichten. Bild 6.9 illustriert für die Variante d), wie die Ebenen der Seitenmittelknoten und Eckknoten versetzt werden. Dabei bezeichnen die Ringe gerade das Gebiet V zwischen S_ε und S aus Bild 6.6, in dem q_k gemäß (6.45) von Δl_k auf null abgesenkt wird. Diese räumlichen Elementringe entsprechen dem Bereich II der VCE in der Ebene, vgl. Bild 6.7. In der Praxis verrückt man sukszessive die Ringe 1, 2, 3 usw. von Elementen um die Rissfrontknoten (siehe Bild 6.9), so dass mehrere äquivalente Gebietsintegrale für eine Position $\bar{s}$ der Rissfront berechnet werden.

6.4.3 Numerische Realisierung

Die numerische Berechnung von J über das EDI erfolgt als Postprozessor zur FEM-Analyse. Die numerische Integration eines beliebigen physikalischen Feldes $f(\boldsymbol{x})$ über ein Gebiet V geschieht in der FEM durch Summation über alle zu V gehörigen finiten Elemente V_e. Die Integration wird elementweise mit Hilfe der GAUSSschen Integrationsformeln aus Abschnitt 4.4.3 ausgeführt, d. h. die Funktionswerte $f^{(g)}(\boldsymbol{\xi}^{(g)})$ an ausgewählten Integrationspunkten IP $\hat{=}$ g werden mit den Gewichten $\bar{w}^{(g)}$ multipliziert und summiert. $\mathbf{J}^{(g)}$ bedeutet die JACOBIsche Matrix (4.71).

$$\bar{J}_{\text{num}} = \sum_e \sum_{g=1}^{m_G} f^{(g)} \bar{w}_g \left| \mathbf{J}^{(g)} \right| \tag{6.49}$$

Im Fall des EDI besteht die zu integrierende Funktion nach (6.42) bzw. (6.47) aus Stützwerten der Art

$$f^{(g)} = Q_{kj,j}^{(g)} q_k^{(g)} + Q_{kj}^{(g)} q_{k,j}^{(g)} . \tag{6.50}$$

6.4 Numerische Berechnung als äquivalentes Gebietsintegral   269

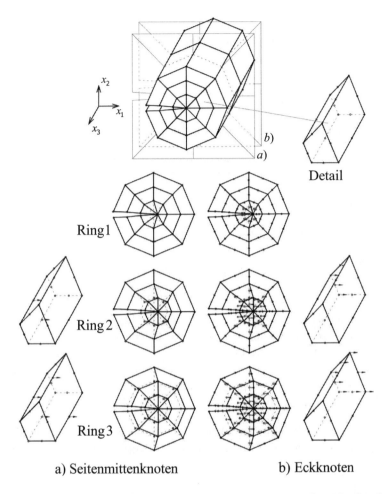

a) Seitenmittenknoten   b) Eckknoten

Bild 6.9: Definition von **q** auf unterschiedlichen Positionen entlang der Rissfront

Der Tensor $Q_{kj}^{(g)} = U^{(g)}\delta_{kj} - \sigma_{ij}^{(g)} u_{i,k}^{(g)}$ lässt sich relativ einfach berechnen, da die Spannungen an den Integrationspunkten ausgegeben werden. Die Formänderungsarbeit $U^{(g)}$ wird meistens auch durch die FEM-Programme bereitgestellt, kann aber im elastischen Fall direkt aus $\sigma_{ij}^{(g)}$ oder/und $\varepsilon_{ij}^{(g)}$ berechnet werden. Bei nichtlinearen Materialgesetzen ist das Integral $U^{(g)} = \int \sigma_{ij}^{(g)} \mathrm{d}\varepsilon_{ij}^{(g)}$ über die Belastungsgeschichte auszuwerten, d. h. inkrementell zu addieren. Die Ableitung der Verschiebungen am IP $u_{i,k}^{(g)}$ ist nach der in Abschnitt 4.4.4 dargestellten Weise zu vollziehen. Die gleiche Technik (4.78) wird für die Ableitung der Wichtungsfunktion $q_{k,j}^{(g)}$ angewandt:

$$\frac{\partial q_k}{\partial x_j} = \frac{\partial \xi_l}{\partial x_j} \frac{\partial q_k}{\partial \xi_l} = J_{lj}^{-1} \frac{\partial q_k}{\partial \xi_l} = J_{lj}^{-1} \sum_{a=1}^{n_K} \frac{\partial N_a(\boldsymbol{\xi})}{\partial \xi_l} q_k^{(a)} \,. \tag{6.51}$$

Schließlich benötigt man für (6.50) noch die Divergenz $Q_{kj,j}^{(g)}$ mit den in (6.41) aufgezeigten Termen. Den Gradienten des (an den Knoten bekannten) Temperaturfeldes bestimmt man nach der o. g. Technik. Schwieriger ist die Ableitung inelastischer Verzerrungen $\varepsilon_{mn,k}^{*(g)}$, weil diese nur an den IP in ausreichender Genauigkeit vorliegen. Hier muss die in Abschnitt 4.4.4 vorgestellte Interpolations-Differenziations-Methode eingesetzt werden.

6.5 Berücksichtigung dynamischer Vorgänge

Im Abschnitt 3.5.5 wurden bereits Energiebilanzintegrale für stationäre und instationäre Risse unter dynamischer Belastung vorgestellt. Für den Fall *stationärer Risse* beschreibt (3.362) die x_1-Komponente $G(t) = J_1$ eines dynamischen J-Integralvektors J_k^*, der virtuellen Verrückungen Δl_k in allen drei Richtungen entspricht.

Dynamisches J-Integral 2D mit Trägheitskräften:

$$J_k^* = \int_\Gamma \left[U\delta_{kj} - \sigma_{ij} u_{i,k} \right] n_j \, \mathrm{d}s + \int_A \rho \, \ddot{u}_i \, u_{i,k} \, \mathrm{d}A \qquad (6.52)$$

Zur besseren numerischen Berechnung ist es vorteilhafter, J_k^* gemäß Abschnitt 6.4 wieder in ein äquivalentes Gebietsintegral über die Fläche A umzuwandeln, was mit der Wichtungsfunktion $q(\boldsymbol{x})$ (6.37) ergibt:

$$J_k^* = \int_A \left[(\sigma_{ij} u_{i,k} - U\delta_{kj}) q_{,j} + \rho \, \ddot{u}_i \, u_{i,k} \, q \right] \mathrm{d}A \,. \qquad (6.53)$$

Genauso erhält man im 3D-Fall den lokalen $J(\bar{s})$-Wert an der Stelle $\bar{s}$ der Rissfront bei Verwendung der virtuellen Verrückung $\Delta l_k \triangleq q_k$ (6.43) als Volumenintegral über das schlauchförmige Gebiet V (Bilder 6.6, 6.9):

$$J^*(\bar{s}) = \frac{1}{\Delta A} \int_V \left[(\sigma_{ij} u_{i,k} - U\delta_{kj}) q_{k,j} + \rho \, \ddot{u}_i \, u_{i,k} \, q_k \right] \mathrm{d}V \,. \qquad (6.54)$$

Die dynamischen J-Integrale J_1^* (6.53) und (6.54) entsprechen der dynamischen Energiefreisetzungsrate $G(t)$ für ruhende Risse. Ihre Verknüpfung mit den Spannungsintensitätsfaktoren ist durch (3.355) gegeben.

Zu diesem Ergebnis käme man auch, wenn im J_k^{te}-Integral aus Abschnitt 6.2.2 anstelle der Volumenkräfte $-\bar{b}_i$ die vollständige Divergenz des Spannungstensors aus den Bewegungsgleichungen $\sigma_{ij,j} = -\bar{b}_i + \rho\ddot{u}_i$ eingesetzt würde. Die Quellterme $p_k = Q_{kj,j}$ des ESHELBY-Tensors in (6.21) brauchen also nur um den Trägheitsterm $-\rho \, \ddot{u}_i \, u_{i,k}$ erweitert werden. Damit würden die Ausdrücke (6.22) und (6.34) das 2D bzw. 3D J-Integral für alle erdenklichen thermischen, Rissufer-, Volumen- und Trägheitsbelastungen eines ruhenden Risses in einem thermoelastischen Material umfassen. In entsprechender Weise können die äquivalenten Gebietsintegrale 2D (6.42) und 3D (6.47) auf die Kombination aller Belastungsarten verallgemeinert werden.

Aufwändiger gestaltet sich das dynamische J_k^{dyn}-Integral nach (3.361) für den schnell laufenden *instationären Riss* (Index dyn):

$$J_k^{\mathrm{dyn}} = \int_\Gamma \left[\left(U + \frac{\rho}{2} \dot{u}_i \dot{u}_i \right) \delta_{kj} - \sigma_{ij} u_{i,k} \right] n_j \, \mathrm{d}s + \int_A \left(\rho \, \ddot{u}_i \, u_{i,k} - \rho \dot{u}_i \, \dot{u}_{i,k} \right) \mathrm{d}A . \qquad (6.55)$$

Der Zusammenhang zwischen den J_k^{dyn}-Komponenten und den K-Faktoren wurde im dynamisch instationären Fall von NISHIOKA & ATLURI [188] für ihr J_k'-Integral ($\equiv J_k^{\mathrm{dyn}}$) entwickelt:

$$\begin{aligned} J_1^{\mathrm{dyn}} &= G^{\mathrm{dyn}} = \frac{1}{2\mu} \left[A_\mathrm{I}(\dot a) K_\mathrm{I}^2 + A_\mathrm{II}(\dot a) K_\mathrm{II}^2 + A_\mathrm{III}(\dot a) K_\mathrm{III}^2 \right] \\ J_2^{\mathrm{dyn}} &= -\frac{A_\mathrm{IV}(\dot a)}{\mu} K_\mathrm{I} K_\mathrm{II} . \end{aligned} \qquad (6.56)$$

Die Funktionen A_M ($M = \mathrm{I, II, III}$) wurden bereits in (3.363) angegeben, hinzu kommt:

$$A_\mathrm{IV}(\dot a) = \frac{(\alpha_\mathrm{d} - \alpha_\mathrm{s})(1 - \alpha_\mathrm{s}^2) \bar{D}(\dot a)}{2[D(\dot a)]^2} \left[\frac{2 + \alpha_\mathrm{s} + \alpha_\mathrm{d}}{\sqrt{(1 + \alpha_\mathrm{s})(1 + \alpha_\mathrm{d})}} - \frac{4(1 + \alpha_\mathrm{s}^2)}{\bar{D}(\dot a)} \right] \qquad (6.57)$$

mit $\bar{D}(\dot a) = 4\alpha_\mathrm{d} \alpha_\mathrm{s} + (1 + \alpha_\mathrm{s}^2)^2$ und $D(\dot a)$ nach (3.328).

Mit (6.56) stehen zwei Gleichungen zur Bestimmung von K_I und K_II im ebenen Mixed-Mode-Fall zur Verfügung. Sie sind das Pendant zur Statik (6.12).

Die Erweiterung des dynamischen J_k^{dyn}-Integrals auf die dritte Dimension und seine Umwandlung in äquivalente Gebietsintegrale ist in bekannter Weise möglich und ergibt:

$$\begin{aligned} \text{2D:} \quad J_k^{\mathrm{dyn}} &= \int_A \Big\{ \left[\sigma_{ij} u_{i,k} - \left(U + \frac{\rho}{2} \dot{u}_i \dot{u}_i \right) \delta_{kj} \right] q_{,j} \\ &\quad + \left(\rho \, \ddot{u}_i \, u_{i,k} - \rho \, \dot{u}_i \, \dot{u}_{i,k} \right) q \Big\} \mathrm{d}A \\ \text{3D:} \quad J^{\mathrm{dyn}}(\bar s) &= \frac{1}{\Delta A} \int_V \Big\{ \left[\sigma_{ij} u_{i,k} - \left(U + \frac{\rho}{2} \dot{u}_i \dot{u}_i \right) \delta_{kj} \right] q_{k,j} \\ &\quad + \left(\rho \, \ddot{u}_i \, u_{i,k} - \rho \, \dot{u}_i \, \dot{u}_{i,k} \right) q_k \Big\} \mathrm{d}V \end{aligned} \qquad \begin{aligned} (6.58) \\ \\ (6.59) \end{aligned}$$

Die numerische Umsetzung dieser gebietsunabhängigen Integrale als FEM-Postprozessor erfolgt nach Abschnitt 4.5.3, wobei die Techniken sinngemäß auf die Geschwindigkeiten $\dot u_i$ und Beschleunigungen $\ddot u_i$ zu erweitern sind. Ein völlig neuer Aspekt ist jedoch die Simulation der Rissausbreitung im FEM-Netz. Verschiedene Techniken dafür werden in Kapitel 8 vorgestellt. Man kann das Integrationsgebiet für J_k^{dyn} entweder so groß wählen, dass es die Rissspitze in allen Phasen der Rissausbreitung umschließt, oder aber mit der laufenden Rissspitze mitbewegen. Aufgrund der Weg- bzw. Gebietsunabhängigkeit führen beide Möglichkeiten zum gleichen Ergebnis.

6.6 Erweiterung auf inhomogene Strukturen

Häufig befinden sich Risse in Körpern bzw. Werkstoffen, die aus unterschiedlichen Materialien zusammengesetzt sind (Verbundkörper, Fügeverbindungen, Composite u. a.). Zuerst soll der Fall betrachtet werden, dass jeder Materialbereich unterschiedliche, aber für sich konstante mechanische Eigenschaften besitzt und die Rissspitze in einem dieser Materialbereiche endet. Bild 6.10 veranschaulicht die Situation exemplarisch für zwei Materialbereiche (α) und (β), zwischen denen sich eine *Grenzfläche* (engl. *interface*) $I_{\alpha\beta}$ befindet. Solange der Integrationsweg Γ für ein J-Integral im homogenen Bereich des Materials (α) bleibt, dürfen die bisherigen Gleichungen angewandt werden. Sobald aber Γ bzw. das äquivalente Gebiet V Teile der Grenzfläche $I_{\alpha\beta}$ umfassen, müssen Zusatzterme ergänzt werden, um die Wegunabhängigkeit von J sicherzustellen.

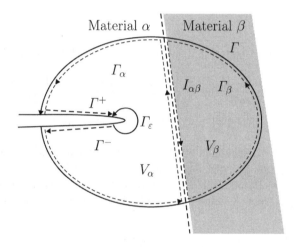

Bild 6.10: Integrationsbereich für einen Riss in einer heterogenen Struktur

Nähert man sich der Grenzfläche von beiden Seiten, so sind die Verschiebungen stetig und die Schnittspannungen müssen entgegengesetzt gleich groß sein

$$u_i^{(\alpha)} = u_i^{(\beta)}, \quad t_i^{(\alpha)} + t_i^{(\beta)} = \left(\sigma_{ij}^{(\alpha)} - \sigma_{ij}^{(\beta)}\right) n_j^{(\alpha)} = 0 \quad \text{auf} \quad I_{\alpha\beta}. \tag{6.60}$$

Zerlegt man jetzt gemäß Bild 6.10 den Integrationsweg $\Gamma = \Gamma_\alpha + \Gamma_\beta$ in zwei Teilpfade, die sich jeweils auf ihren Materialbereich beschränken, so wird die Grenzfläche mit entgegengesetztem Richtungssinn $n^{(\beta)} = -n^{(\alpha)}$ durchlaufen. Daraus folgt

$$P_k = \int_{I_{\alpha\beta}} \left[Q_{kj}^{(\beta)} - Q_{kj}^{(\alpha)}\right] n_j^{(\alpha)} \, \mathrm{d}s = \int_{I_{\alpha\beta}} \left\{ [\![u_{i,k}]\!]_\alpha^\beta \sigma_{ij}^{(\alpha)} n_j^{(\alpha)} - [\![U]\!]_\alpha^\beta n_k^{(\alpha)} \right\} \mathrm{d}s, \tag{6.61}$$

wobei die Doppelklammern $[\![f]\!]_\alpha^\beta = f^{(\beta)} - f^{(\alpha)}$ den Sprung einer Variablen f an der Grenzfläche $I_{\alpha\beta}$ bezeichnen. Dieser Ausdruck kann auch als thermodynamische Kraft bei der virtuellen Verrückung δX_k der Grenzfläche interpretiert werden. Ihr Betrag muss vom Gesamtwert des J_k-Integrals über Γ abgezogen werden, um ausschließlich die Kraftwirkung auf die Rissspitze zu erhalten:

$$J_k = \int_\Gamma (U\delta_{kj} - \sigma_{ij}u_{i,k})\,n_j\,\mathrm{d}s - \int_{\Gamma^+ + \Gamma^-} (\bar{t}_i u_{i,k} - U n_2 \delta_{2k})\,\mathrm{d}s$$
$$- \int_{I_{\alpha\beta}} \left\{ [\![u_{i,k}]\!]^\beta_\alpha \sigma_{ij}^{(\alpha)} n_j^{(\alpha)} - [\![U]\!]^\beta_\alpha n_k^{(\alpha)} \right\}\,\mathrm{d}s - \int_{V_\alpha + V_\beta} \left(\bar{b}_i u_{i,k} + U_{,k}|_{\exp} \right)\,\mathrm{d}V\,. \quad (6.62)$$

Als zweiten Fall untersuchen wir den Riss in *einem* Materialbereich, dessen Eigenschaften jedoch eine stetige Funktion der (materiellen) Koordinaten sein sollen. Derartige Veränderungen sind typisch für so genannte Gradientenwerkstoffe. Sie ergeben sich aber auch dann, wenn die mechanischen Werkstoffparameter (E-Modul, Fließgrenze σ_F, thermischer Ausdehnungskoeffizient α_t) indirekt, z. B. über ein inhomogenes Temperaturfeld $T(\boldsymbol{x})$, vom Ort abhängig sind. In diesen Fällen hängt der Tensor Q_{kj} auch *explizit* von der Koordinate $\boldsymbol{x}$ ab. Das betrifft speziell die Formänderungsarbeit $\check{U}$, deren thermoelastische Variante (6.23) eingehender betrachtet werden soll:

$$\check{U}^{\mathrm{te}}(\boldsymbol{\varepsilon}, T, \boldsymbol{x}) = \frac{1}{2}\varepsilon_{ij}C_{ijmn}(\boldsymbol{x})\varepsilon_{mn} - \beta_{ij}(\boldsymbol{x})\Delta T \varepsilon_{ij}$$
$$p_k = \left.\frac{\partial \check{U}^{\mathrm{te}}}{\partial x_k}\right|_{\exp} = \frac{1}{2}\varepsilon_{ij}\frac{\partial C_{ijmn}}{\partial x_k}\varepsilon_{mn} - \frac{\partial \beta_{ij}}{\partial x_k}\Delta T \varepsilon_{ij}\,. \quad (6.63)$$

Physikalisch bedeutet dies, dass zur virtuellen Verrückung eines Gradientenwerkstoffs eine »Konfigurationskraft« benötigt wird. Diese Beziehungen für die explizite Ortsableitung sind in (6.62) einzusetzen.

Damit stellt die Gleichung (6.62) eine Erweiterung des 2D J-Integrals auf Risse in heterogenen Körpern dar, bei denen sich die Materialeigenschaften entweder sprungartig an Grenzflächen ändern oder stetig mit dem Ort variieren. Das Ergebnis ist unabhängig von der Wahl des Integrationsweges. Seine Verallgemeinerung auf 3D-Rissprobleme ist geradewegs möglich.

Bemerkenswert ist, dass im wichtigen Spezialfall ($k = 1$) $p_1 \equiv 0$ wird, wenn sich die Materialeigenschaften bzgl. der Rissrichtung x_1 *nicht* verändern. Das bedeutet, Werkstoffgradienten senkrecht zum Riss und Grenzflächen parallel zum Riss (dann ist $I_{\alpha\beta} = 0$) haben *keinen* Einfluss auf die Energiebilanz ($J_1 = G$ (LEBM) bzw. $J_1 = J$ (EPBM))!

6.7 Behandlung von Mixed-Mode-Rissproblemen

6.7.1 Aufspaltung in Rissöffnungsarten I und II

Wir gehen vom reinen J-Linienintegral für hyperelastisches Material nach (6.16) aus. Wie bereits in Kapitel 5 erläutert, wird zur numerischen Integration der Integrationspfad Γ

in N einzelne Segmente zerlegt:

$$\Gamma = \sum_{i=1}^{N} \Gamma_i \,. \tag{6.64}$$

Zur besseren Übersicht beschränken wir uns auf den ESZ. Die x_1-Komponente des J-Integrals kann dann wiefolgt in kartesischen Komponenten geschrieben werden:

$$J_1 \stackrel{\wedge}{=} J = \sum_{i=1}^{N} \int_{\Gamma_i} \left\{ U n_1 - \sigma_{ij} n_j \frac{\partial u_i}{\partial x_1} \right\} ds$$

$$= \sum_{i=1}^{N} \int_{\Gamma_i} \left\{ \frac{1}{2} [\sigma_{11}\, \sigma_{22}\, \sigma_{12}] \begin{bmatrix} \varepsilon_{11} \\ \varepsilon_{22} \\ 2\varepsilon_{12} \end{bmatrix} n_1 - [\sigma_{11}\, \sigma_{22}\, \sigma_{12}] \begin{bmatrix} n_1 & 0 \\ 0 & n_2 \\ n_2 & n_1 \end{bmatrix} \begin{bmatrix} \partial u_1/\partial x_1 \\ \partial u_2/\partial x_1 \end{bmatrix} \right\} ds, \tag{6.65}$$

wobei die Spannungen σ_{ij} und Verzerrungen ε_{ij} in Spaltenmatrizen eingeordnet sind. Für die Behandlung von Mixed-Mode-Problemen wurde von ISHIKAWA, KITAGAWA & OKAMURA [129] vorgeschlagen, das J-Integral in einen Modus-I- und einen Modus-II-Anteil zu zerlegen. Für eine beliebige gemischte Belastung ist es möglich, die Spannungs-, Verzerrungs-, Verschiebungs- und Schnittspannungsfelder in reine Modus-I- und Modus-II-Komponenten aufzuspalten, vorausgesetzt es liegt eine symmetrische FEM-Vernetzung in der Umgebung der Rissspitze vor. Dann betrachtet man zwei spiegelsymmetrisch zur Risslinie angeordnete Punkte $P(x_1, x_2)$ und $P'(x_1, -x_2)$, siehe Bild 6.11. Wenn der Punkt $P(x_1, x_2)$ die Feldgrößen σ_{ij}, ε_{ij}, u_j und t_j besitzt und am Punkt $P'(x_1, -x_2)$ die Feldgrößen σ'_{ij}, ε'_{ij}, u'_j und t'_j vorliegen, so kann eine Aufteilung in symmetrische und antisymmetrische Anteile vorgenommen werden, wobei die charakteristischen Symmetrien und Antimetrien der einzelnen Größen in beiden Moden berücksichtigt werden:

$$\sigma_{ij} = \sigma_{ij}^{\mathrm{I}} + \sigma_{ij}^{\mathrm{II}} \Rightarrow \begin{bmatrix} \sigma_{11}^{\mathrm{I}} \\ \sigma_{22}^{\mathrm{I}} \\ \sigma_{12}^{\mathrm{I}} \end{bmatrix} = \frac{1}{2} \begin{bmatrix} \sigma_{11} + \sigma'_{11} \\ \sigma_{22} + \sigma'_{22} \\ \sigma_{12} - \sigma'_{12} \end{bmatrix}, \quad \begin{bmatrix} \sigma_{11}^{\mathrm{II}} \\ \sigma_{22}^{\mathrm{II}} \\ \sigma_{12}^{\mathrm{II}} \end{bmatrix} = \frac{1}{2} \begin{bmatrix} \sigma_{11} - \sigma'_{11} \\ \sigma_{22} - \sigma'_{22} \\ \sigma_{12} + \sigma'_{12} \end{bmatrix} \tag{6.66}$$

$$\varepsilon_{ij} = \varepsilon_{ij}^{\mathrm{I}} + \varepsilon_{ij}^{\mathrm{II}} \Rightarrow \begin{bmatrix} \varepsilon_{11}^{\mathrm{I}} \\ \varepsilon_{22}^{\mathrm{I}} \\ \varepsilon_{12}^{\mathrm{I}} \end{bmatrix} = \frac{1}{2} \begin{bmatrix} \varepsilon_{11} + \varepsilon'_{11} \\ \varepsilon_{22} + \varepsilon'_{22} \\ \varepsilon_{12} - \varepsilon'_{12} \end{bmatrix}, \quad \begin{bmatrix} \varepsilon_{11}^{\mathrm{II}} \\ \varepsilon_{22}^{\mathrm{II}} \\ \varepsilon_{12}^{\mathrm{II}} \end{bmatrix} = \frac{1}{2} \begin{bmatrix} \varepsilon_{11} - \varepsilon'_{11} \\ \varepsilon_{22} - \varepsilon'_{22} \\ \varepsilon_{12} + \varepsilon'_{12} \end{bmatrix} \tag{6.67}$$

$$u_i = u_i^{\mathrm{I}} + u_i^{\mathrm{II}} \Rightarrow \begin{bmatrix} u_1^{\mathrm{I}} \\ u_2^{\mathrm{I}} \end{bmatrix} = \frac{1}{2} \begin{bmatrix} u_1 + u'_1 \\ u_2 - u'_2 \end{bmatrix}, \quad \begin{bmatrix} u_1^{\mathrm{II}} \\ u_2^{\mathrm{II}} \end{bmatrix} = \frac{1}{2} \begin{bmatrix} u_1 - u'_1 \\ u_2 + u'_2 \end{bmatrix} \tag{6.68}$$

$$t_j = t_j^{\mathrm{I}} + t_j^{\mathrm{II}} \Rightarrow \begin{bmatrix} t_1^{\mathrm{I}} \\ t_2^{\mathrm{I}} \end{bmatrix} = \frac{1}{2} \begin{bmatrix} t_1 + t'_1 \\ t_2 - t'_2 \end{bmatrix}, \quad \begin{bmatrix} t_1^{\mathrm{II}} \\ t_2^{\mathrm{II}} \end{bmatrix} = \frac{1}{2} \begin{bmatrix} t_1 - t'_1 \\ t_2 + t'_2 \end{bmatrix} \tag{6.69}$$

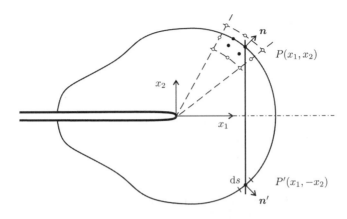

Bild 6.11: Zerlegung des J-Integrals bei Mixed-Mode-Belastung auf einem symmetrischen Integrationspfad

Einsetzen der obigen Beziehungen in (6.65) ergibt:

$$J = \sum_{i=1}^{N} \int_{\Gamma_i} \left\{ \frac{1}{2} \begin{bmatrix} \sigma_{11}^{\text{I}} & \sigma_{22}^{\text{I}} & \sigma_{12}^{\text{I}} \end{bmatrix} \begin{bmatrix} \varepsilon_{11}^{\text{I}} \\ \varepsilon_{22}^{\text{I}} \\ 2\varepsilon_{12}^{\text{I}} \end{bmatrix} n_1 - \begin{bmatrix} \sigma_{11}^{\text{I}} & \sigma_{22}^{\text{I}} & \sigma_{12}^{\text{I}} \end{bmatrix} \begin{bmatrix} n_1 & 0 \\ 0 & n_2 \\ n_2 & n_1 \end{bmatrix} \begin{bmatrix} \partial u_1^{\text{I}}/\partial x_1 \\ \partial u_2^{\text{I}}/\partial x_1 \end{bmatrix} \right.$$

$$+ \frac{1}{2} \begin{bmatrix} \sigma_{11}^{\text{I}} & \sigma_{22}^{\text{I}} & \sigma_{12}^{\text{I}} \end{bmatrix} \begin{bmatrix} \varepsilon_{11}^{\text{II}} \\ \varepsilon_{22}^{\text{II}} \\ 2\varepsilon_{12}^{\text{II}} \end{bmatrix} n_1 - \begin{bmatrix} \sigma_{11}^{\text{I}} & \sigma_{22}^{\text{I}} & \sigma_{12}^{\text{I}} \end{bmatrix} \begin{bmatrix} n_1 & 0 \\ 0 & n_2 \\ n_2 & n_1 \end{bmatrix} \begin{bmatrix} \partial u_1^{\text{II}}/\partial x_1 \\ \partial u_2^{\text{II}}/\partial x_1 \end{bmatrix}$$

$$+ \frac{1}{2} \begin{bmatrix} \sigma_{11}^{\text{II}} & \sigma_{22}^{\text{II}} & \sigma_{12}^{\text{II}} \end{bmatrix} \begin{bmatrix} \varepsilon_{11}^{\text{I}} \\ \varepsilon_{22}^{\text{I}} \\ 2\varepsilon_{12}^{\text{I}} \end{bmatrix} n_1 - \begin{bmatrix} \sigma_{11}^{\text{II}} & \sigma_{22}^{\text{II}} & \sigma_{12}^{\text{II}} \end{bmatrix} \begin{bmatrix} n_1 & 0 \\ 0 & n_2 \\ n_2 & n_1 \end{bmatrix} \begin{bmatrix} \partial u_1^{\text{I}}/\partial x_1 \\ \partial u_2^{\text{I}}/\partial x_1 \end{bmatrix}$$

$$+ \frac{1}{2} \begin{bmatrix} \sigma_{11}^{\text{II}} & \sigma_{22}^{\text{II}} & \sigma_{12}^{\text{II}} \end{bmatrix} \begin{bmatrix} \varepsilon_{11}^{\text{II}} \\ \varepsilon_{22}^{\text{II}} \\ 2\varepsilon_{12}^{\text{II}} \end{bmatrix} n_1 - \begin{bmatrix} \sigma_{11}^{\text{II}} & \sigma_{22}^{\text{II}} & \sigma_{12}^{\text{II}} \end{bmatrix} \begin{bmatrix} n_1 & 0 \\ 0 & n_2 \\ n_2 & n_1 \end{bmatrix} \begin{bmatrix} \partial u_1^{\text{II}}/\partial x_1 \\ \partial u_2^{\text{II}}/\partial x_1 \end{bmatrix} \bigg\} \, \mathrm{d}s \, .$$

$$J = J_{\text{I}} + J_{\text{I,II}} + J_{\text{II,I}} + J_{\text{II}} \tag{6.70}$$

Da der Integrationspfad symmetrisch bezüglich des Risses (x_1-Achse) gewählt wurde, stehen die Komponenten des Normaleneinheitsvektors (n_1, n_2) an den Punkten $P(x_1, x_2)$ und $P'(x_1, -x_2)$ in folgender Relation zueinander (siehe Bild 6.11):

$$(n_1', n_2') = (n_1, -n_2) \, . \tag{6.71}$$

Mit Hilfe dieses Zusammenhanges und der CAUCHY-Formel können die Schnittspannungen von (6.69) am Punkt $P'(x_1, -x_2)$ aus denjenigen bei $P(x_1, x_2)$ errechnet werden:

$$\begin{bmatrix} t_1'^{\text{I}} \\ t_2'^{\text{I}} \end{bmatrix} = \begin{bmatrix} t_1^{\text{I}} \\ -t_2^{\text{I}} \end{bmatrix} \quad \text{und} \quad \begin{bmatrix} t_1'^{\text{II}} \\ t_2'^{\text{II}} \end{bmatrix} = \begin{bmatrix} -t_1^{\text{II}} \\ t_2^{\text{II}} \end{bmatrix} . \tag{6.72}$$

Die anderen Feldgrößen bei P und P' sind auf ähnliche Weise miteinander verknüpft:

$$\begin{bmatrix} \sigma_{11}'^{\mathrm{I}} \\ \sigma_{22}'^{\mathrm{I}} \\ \sigma_{12}'^{\mathrm{I}} \end{bmatrix} = \begin{bmatrix} \sigma_{11}^{\mathrm{I}} \\ \sigma_{22}^{\mathrm{I}} \\ -\sigma_{12}^{\mathrm{I}} \end{bmatrix}, \quad \begin{bmatrix} \sigma_{11}'^{\mathrm{II}} \\ \sigma_{22}'^{\mathrm{II}} \\ \sigma_{12}'^{\mathrm{II}} \end{bmatrix} = \begin{bmatrix} -\sigma_{11}^{\mathrm{II}} \\ -\sigma_{22}^{\mathrm{II}} \\ \sigma_{12}^{\mathrm{II}} \end{bmatrix},$$

$$\begin{bmatrix} \varepsilon_{11}'^{\mathrm{I}} \\ \varepsilon_{22}'^{\mathrm{I}} \\ \varepsilon_{12}'^{\mathrm{I}} \end{bmatrix} = \begin{bmatrix} \varepsilon_{11}^{\mathrm{I}} \\ \varepsilon_{22}^{\mathrm{I}} \\ -\varepsilon_{12}^{\mathrm{I}} \end{bmatrix}, \quad \begin{bmatrix} \varepsilon_{11}'^{\mathrm{II}} \\ \varepsilon_{22}'^{\mathrm{II}} \\ \varepsilon_{12}'^{\mathrm{II}} \end{bmatrix} = \begin{bmatrix} -\varepsilon_{11}^{\mathrm{II}} \\ -\varepsilon_{22}^{\mathrm{II}} \\ \varepsilon_{12}^{\mathrm{II}} \end{bmatrix}, \qquad (6.73)$$

$$\begin{bmatrix} u_1'^{\mathrm{I}} \\ u_2'^{\mathrm{I}} \end{bmatrix} = \begin{bmatrix} u_1^{\mathrm{I}} \\ -u_2^{\mathrm{I}} \end{bmatrix}, \quad \begin{bmatrix} u_1'^{\mathrm{II}} \\ u_2'^{\mathrm{II}} \end{bmatrix} = \begin{bmatrix} -u_1^{\mathrm{II}} \\ u_2^{\mathrm{II}} \end{bmatrix}.$$

Unter Verwendung der Gleichungen (6.71), (6.72), (6.73) und (6.70) ergibt sich für die einzelnen vier Terme des J-Integrals:

$$J'_{\mathrm{I}} = J_{\mathrm{I}}, \quad J'_{\mathrm{II,I}} = -J_{\mathrm{II,I}}, \quad J'_{\mathrm{I,II}} = -J_{\mathrm{I,II}} \quad \text{und} \quad J'_{\mathrm{II}} = J_{\mathrm{II}}. \tag{6.74}$$

Damit heben sich über den gesamten Integrationsweg der 2. und 3. Term auf und (6.70) vereinfacht sich zu:

$$J = J_{\mathrm{I}} + J_{\mathrm{II}}. \tag{6.75}$$

Mit Hilfe der abgeleiteten Beziehungen kann das Integral somit in zwei separate Energiebeiträge eines reinen Modus I und eines reinen Modus II entkoppelt werden. Aus diesen Energiefreisetzungsraten $G_{\mathrm{I}} = J_{\mathrm{I}}$ und $G_{\mathrm{II}} = J_{\mathrm{II}}$ können dann mittels (3.93) die beiden Spannungsintensitätsfaktoren K_{I} und K_{II} separat berechnet werden:

$$K_{\mathrm{I}} = \sqrt{E' J_{\mathrm{I}}}, \quad K_{\mathrm{II}} = \sqrt{E' J_{\mathrm{II}}}. \tag{6.76}$$

Diese Zerlegung in symmetrische und antimetrische Anteile lässt sich im FEM-Post-Prozess relativ einfach bewerkstelligen. Voraussetzung ist allerdings, dass von Anfang an ein symmetrisches Netz um die Rissspitze generiert wird, was bei allgemeinen Mixed-Mode-Situationen oft nicht möglich ist.

6.7.2 Interaction-Integral-Technik

Ein Nachteil der Energiebilanzintegrale vom J-Typ ist, dass damit im Fall gemischter Rissbelastung die Spannungsintensitätsfaktoren nicht getrennt berechnet werden können, sondern nur gemeinsam in der berechneten Energiefreisetzungsrate $J_1 = G$ enthalten sind. Zwar könnte man für elastische Probleme gemäß (6.16) auch die x_2-Komponente von J_k berechnen und hätte mit (6.12) zwei Gleichungen zur Bestimmung von K_{I} und K_{II} ($J_3 = K_{\mathrm{III}} = 0$). Praktisch führt dieser Lösungsweg jedoch aufgrund der r^{-1}-Singularität von U und des Sprungterms $(U^+ - U^-)$ bei den Rissuferintegralen zu großen Ungenauigkeiten und ist somit nicht nutzbar.

Um diese Einschränkungen zu überwinden, wurde das so genannte *Wechselwirkungsintegral* (engl. *interaction integral*) entwickelt, das auf STERN u. a. [261] sowie YAU u. a.

[295] für zweidimensionale statische elastische Probleme zurück geht. Die *Interaction-Integral-Technik* beruht auf der Superposition von zwei Lastfällen, wobei mit Hilfe des BETTI-Theorems die Reziprozität der Wechselwirkungsenergie beider Zustände benutzt wird. Lastfall (1) repräsentiert die tatsächliche Belastung der Risskonfiguration, wohingegen eine (beliebige) Lösung mit bekannten Spannungsintensitätsfaktoren als Lastfall (2) angenommen wird. Zur Erläuterung des Verfahrens betrachten wir vorerst ein ebenes Rissproblem. Bei der Superposition beider Lastfälle addieren sich alle Feldgrößen:

$$u_i = u_i^{(1)} + u_i^{(2)}, \quad \sigma_{ij} = \sigma_{ij}^{(1)} + \sigma_{ij}^{(2)}, \quad \varepsilon_{ij} = \varepsilon_{ij}^{(1)} + \varepsilon_{ij}^{(2)} \quad \text{usw.} \tag{6.77}$$

Damit ergibt sich der Energie–Impuls–Tensor (6.6) zu:

$$\begin{aligned} Q_{kj} &= U(\varepsilon_{pq}^{(1)} + \varepsilon_{pq}^{(2)})\delta_{kj} - \left(\sigma_{ij}^{(1)} + \sigma_{ij}^{(2)}\right)\left(u_i^{(1)} + u_i^{(2)}\right)_{,k} \\ &= \frac{1}{2}\varepsilon_{pq}^{(1)} C_{pqmn}\varepsilon_{mn}^{(1)} + \frac{1}{2}\varepsilon_{pq}^{(2)} C_{pqmn}\varepsilon_{mn}^{(2)} + \frac{1}{2}\varepsilon_{pq}^{(1)} C_{pqmn}\varepsilon_{mn}^{(2)} + \frac{1}{2}\varepsilon_{pq}^{(2)} C_{pqmn}\varepsilon_{mn}^{(1)} \\ &\quad - \sigma_{ij}^{(1)} u_{i,k}^{(1)} - \sigma_{ij}^{(2)} u_{i,k}^{(2)} - \sigma_{ij}^{(1)} u_{i,k}^{(2)} - \sigma_{ij}^{(2)} u_{i,k}^{(1)} \\ &= Q_{kj}^{(1)} + Q_{kj}^{(2)} + Q_{kj}^{(1,2)}, \end{aligned} \tag{6.78}$$

wobei in $Q_{kj}^{(l)}$ die Beträge des jeweiligen Lastfalls $l = \{1,2\}$ zusammengefasst sind und $Q_{kj}^{(1,2)}$ die verbleibenden Wechselwirkungsterme enthält. Der 3. und 4. Term der zweiten Zeile sind nach dem BETTIschen Satz identisch und ergeben $\varepsilon_{pq}^{(2)} C_{pqmn}\varepsilon_{mn}^{(1)} = \sigma_{mn}^{(2)}\varepsilon_{mn}^{(1)}$.

$$Q_{kj}^{(1,2)} = \sigma_{mn}^{(2)}\varepsilon_{mn}^{(1)} - \sigma_{ij}^{(1)} u_{i,k}^{(2)} - \sigma_{ij}^{(2)} u_{i,k}^{(1)} \tag{6.79}$$

Das *J*-Integral (6.11) spaltet sich somit in drei Teile auf:

$$J_k = \underbrace{\lim_{r \to 0} \int_{\Gamma_\varepsilon} Q_{kj}^{(1)} n_j \, \mathrm{d}s}_{J_k^{(1)}} + \underbrace{\lim_{r \to 0} \int_{\Gamma_\varepsilon} Q_{kj}^{(2)} n_j \, \mathrm{d}s}_{J_k^{(2)}} + \underbrace{\lim_{r \to 0} \int_{\Gamma_\varepsilon} Q_{kj}^{(1,2)} n_j \, \mathrm{d}s}_{J_k^{(1,2)}}. \tag{6.80}$$

Der letzte Term wird *Interaction-Integral* genannt:

$$J_k^{(1,2)} = \lim_{r \to 0} \int_{\Gamma_\varepsilon} Q_{kj}^{(1,2)} n_j \, \mathrm{d}s = \lim_{r \to 0} \int_{\Gamma_\varepsilon} \left[\sigma_{mn}^{(2)}\varepsilon_{mn}^{(1)}\delta_{kj} - \sigma_{ij}^{(1)} u_{i,k}^{(2)} - \sigma_{ij}^{(2)} u_{i,k}^{(1)}\right] n_j \, \mathrm{d}s. \tag{6.81}$$

Falls Rissuferlasten, Volumenkräfte und Trägheitskräfte existieren, wird das Integral analog zu (6.22) in ein wegunabhängiges Integral über eine beliebige Kontur Γ und die eingeschlossene Fläche A umgeformt, wobei nur $J_1^{(1,2)}$ interessiert:

$$J_1^{(1,2)} = \int_\Gamma \left[\sigma_{mn}^{(2)} \varepsilon_{mn}^{(1)} \delta_{1j} - \sigma_{ij}^{(1)} u_{i,1}^{(2)} + \sigma_{ij}^{(2)} u_{i,1}^{(1)} \right] n_j \, \mathrm{d}s$$
$$- \int_{\Gamma^+ + \Gamma^-} t_i^{(1)} u_{i,1}^{(2)} + \int_A \left(\rho \ddot{u}_i^{(1)} - \bar{b}_i^{(1)} \right) u_{i,1}^{(2)} \, \mathrm{d}A \,. \tag{6.82}$$

Es ist für die numerische Auswertung von Vorteil, dieses Integral gemäß Abschnitt 6.4.1 wieder in ein EDI umzuwandeln:

$$J_1^{(1,2)} = \int_A \left\{ \left[\left(-\sigma_{mn}^{(2)} \varepsilon_{mn}^{(1)} \right) \delta_{1j} + \sigma_{ij}^{(1)} u_{i,1}^{(2)} + \sigma_{ij}^{(2)} u_{i,1}^{(1)} \right] q_{,j} \, \mathrm{d}A \right.$$
$$+ \int_A \left[\left(\rho \ddot{u}_i^{(1)} - \bar{b}_i^{(1)} \right) u_{i,1}^{(2)} \right] q \, \mathrm{d}A + \int_{\Gamma^+ + \Gamma^-} \left(-t_i^{(1)} u_{i,1}^{(2)} \right) q \, \mathrm{d}s \,. \tag{6.83}$$

Die Energiefreisetzungsrate G ist gleich dem J_1-Integral (6.80) und steht nach (3.92) mit den Spannungsintensitätsfaktoren für den zusammengesetzten Lastfall $K_N = K_N^{(1)} + K_N^{(2)}$ ($N = \{\mathrm{I}, \mathrm{II}\}$) in folgender Beziehung:

$$G = J_1 = J_1^{(1)} + J_1^{(2)} + J_1^{(1,2)},$$

$$G = \underbrace{\frac{1}{2E'} \left[\left(K_\mathrm{I}^{(1)} \right)^2 + \left(K_\mathrm{II}^{(1)} \right)^2 \right]}_{G^{(1)}} + \underbrace{\frac{1}{2E'} \left[\left(K_\mathrm{I}^{(2)} \right)^2 + \left(K_\mathrm{II}^{(2)} \right)^2 \right]}_{G^{(2)}} + \underbrace{\frac{1}{E'} \left[K_\mathrm{I}^{(1)} K_\mathrm{I}^{(2)} + K_\mathrm{II}^{(1)} K_\mathrm{II}^{(2)} \right]}_{G^{(1,2)}}$$

$$\Rightarrow J_1^{(1,2)} = G_1^{(1,2)} = \frac{1}{E'} \left[K_\mathrm{I}^{(1)} K_\mathrm{I}^{(2)} + K_\mathrm{II}^{(1)} K_\mathrm{II}^{(2)} \right] \tag{6.84}$$

Um aus dieser Beziehung die zwei gesuchten Größen $K_\mathrm{I}^{(1)}$ und $K_\mathrm{II}^{(1)}$ berechnen zu können, benötigt man zwei bekannte Hilfslastfälle, die mit (2a) und (2b) bezeichnet werden sollen. Die beiden Interaction-Integrale $J_1^{(1,2a)}$ und $J_1^{(1,2b)}$ liefern ein lineares Gleichungssystem mit der Auflösung:

$$K_\mathrm{I}^{(1)} = \frac{E'}{K^2} \left[K_\mathrm{II}^{(2a)} J^{(1,2b)} - K_\mathrm{II}^{(2b)} J^{(1,2a)} \right]$$
$$K_\mathrm{II}^{(1)} = \frac{E'}{K^2} \left[K_\mathrm{I}^{(2b)} J^{(1,2a)} - K_\mathrm{I}^{(2a)} J^{(1,2b)} \right], \quad K^2 = K_\mathrm{I}^{(2b)} K_\mathrm{II}^{(2a)} - K_\mathrm{I}^{(2a)} K_\mathrm{II}^{(2b)} \tag{6.85}$$

Ähnlich wie bei den Gewichtsfunktionen (Abschnitt 3.2.10) wählt man geschickterweise für Lastfall (2a) einen reinen Modus I ($K_\mathrm{II}^{(2a)} = 0$) und umgekehrt für Fall (2b) nur

Modus II ($K_I^{(2b)} = 0$), womit sich (6.85) vereinfacht zu:

$$K_I^{(1)} = \frac{E'}{K_I^{(2a)}} J^{(1,2a)}, \qquad K_{II}^{(1)} = \frac{E'}{K_{II}^{(2b)}} J^{(1,2b)}. \tag{6.86}$$

Die Hilfslastfälle (2a) und (2b) sind frei wählbar, solange sie vollwertige Lösungen einer RWA dieser Risskonfiguration darstellen (Gleichgewicht, Kompatibilität, identisches Materialgesetz). So dürfen auch bei allgemeinen Belastungen (1) einfache statische Lösungen ohne Rissuferlasten verwendet werden. Für geradlinige Risse ist es sogar möglich, dem ganzen Körper die elastischen Rissspitzenfelder nach (3.12) und (3.23) mit vorgegebenen K_I- und K_{II}-Faktoren aufzuprägen. Da sie in geschlossener Form vorliegen, wird die Berechnung der Interaction-Integrale hiermit besonders einfach und effizient, weshalb man diesen Lösungsweg bevorzugen sollte. Achtung bei anisotropen Materialien! Die Rissorientierung zu den Materialachsen muss im Fall (2) gleich derjenigen des untersuchten Lastfalls (1) sein.

Bei der numerischen Implementierung des Interaction-Integrals als äquivalentes Gebietsintegral nach (6.83) ist wie folgt vorzugehen: Wenn man über einen EDI-Postprozessor für das gewöhnliche 2D J-Integral der betrachteten Problemklasse gemäß (6.42) verfügt (was vorausgesetzt wird), so bleibt der Integrationsalgorithmus unverändert. Lediglich in den Integranden von (6.42) sind die Eigenenergieterme aus (6.83) zwischen der numerischen Lösung des Lastfalls (1) und der analytischen Lösung der Hilfslastfälle (2a, 2b) zu ersetzen. Die benötigten Spannungen $\sigma_{mn}^{(2)}$ und Verschiebungsableitungen $u_{i,1}^{(2)}$ berechnet man leicht an den IP des FEM-Netzes, wo auch die numerischen Resultate (1) vorliegen und bindet sie somit in die vorhandene numerische Integrationsroutine ein. Geschickte Programmierer werten $J_1^{(1,2)}$ gleich für beide Hilfslastfälle (2a) und (2b) in einem Rechenlauf aus.

Im Vergleich zur Aufspaltungstechnik aus Abschnitt 6.7.1 besitzt das Interaction-Integral mehrere Vorzüge: Erstens kann es für allgemeinere Belastungsarten angewandt werden, bei denen neben dem Linienintegral noch Flächenintegrale auftreten. Zweitens ist es auch bei Anisotropie für beliebige Rissorientierungen zu den Materialachsen gültig. Drittens werden alle numerischen Vorteile des EDI genutzt. Als Nachteil ist die Verfügbarkeit der notwendigen Lösungen für die Hilfslastfälle zu werten.

6.8 Berechnung der T-Spannungen

Die Reihenentwicklung der 2D-linear-elastischen Lösung an einer Rissspitze enthält nach dem ersten singulären Glied der K-Faktoren als zweiten Term eine konstante, in Risslängsachse wirkende Normalspannung $\sigma_{11} = T_{11}$, siehe Abschnitt 3.2.2. Die T_{11}-Spannungen beeinflussen die Mehrachsigkeit des Spannungszustandes am Riss, was in der EPBM Auswirkungen auf den kritischen Rissinitiierungswert und den Anstieg der Risswiderstandskurve hat (siehe Abschnitt 3.3.6). Andererseits ist die T_{11}-Spannung für die Richtungsstabilität bei Ermüdungsrissausbreitung verantwortlich (Abschnitt 3.4.5). Es sind daher effiziente Methoden gesucht, um T_{11} für beliebige ebene Rissconfigurationen als Funktion der Geometrie, Risslänge und Belastung zu berechnen. Die T_{11}-Spannung steigt ebenso wie der Spannungsintensitätsfaktor $K_\mathrm{I} = \sigma_n\sqrt{\pi a}\, g(a,w)$ proportional mit der Belastungshöhe einer Nennspannung σ_n. Da T_{11} eine reine Geometriekenngröße darstellt, wurde ein normierter, dimensionsloser *Biaxialparameter* (engl. *stress biaxiality ratio*) β eingeführt:

$$\beta_\mathrm{T} = \frac{T_{11}\sqrt{\pi a}}{K_\mathrm{I}} \sim \frac{T_{11}}{\sigma_n} \tag{6.87}$$

Aus der Lösung der linear elastischen RWA gewinnt man die T_{11}-Spannung entweder durch Auswertung der Spannungsverteilung im Ligament ($\theta = 0$) vor der Rissspitze

$$T_{11} = \lim_{r \to 0}(\sigma_{11} - \sigma_{22})\Big|_{\theta=0}, \tag{6.88}$$

oder über den Koeffizienten a_2 des zweiten Reihengliedes nach (3.46)

$$T_{11} = 4a_2. \tag{6.89}$$

Die Anwendung dieser Beziehungen erfordert eine feine FEM-Diskretisierung an der Rissspitze, die etwa mit der Netzqualität für die K-Faktor-Bestimmung vergleichbar ist und wegen der Extrapolation oder Mittelung eine gewisse Unschärfe besitzt [157]. Werden im numerischen Verfahren die höheren Eigenfunktionen im Ansatz berücksichtigt wie in [158], bei der Randkollokationsmethode [94] oder bei hybriden Rissspitzenelementen (Abschnitt 5.3), so erhält man T_{11} direkt aus dem Koeffizienten a_2 der Lösung. Eine weitere Möglichkeit ist die Superposition mit einer horizontalen Einzelkraft an der Rissspitze, deren energetische Wechselwirkung mit T_{11} nach ESHELBY genutzt wird [134, 179].

Eine besonders elegante und effektive Berechnungsmethode beruht auf einem wegunabhängigen Integral I_Γ, das von CHEN [62] entwickelt wurde und mit dem J-Integral verwandt ist. Das Integral basiert auf dem Reziprozitätssatz von BETTI und verknüpft die Spannungen $\sigma_{ij}^{(1)}$, $\sigma_{ij}^{(2)}$ und Verschiebungsfelder $u_i^{(1)}$, $u_i^{(2)}$ zweier Lastfälle (1) und (2) derselben linear-elastischen Risskonfiguration miteinander

$$I_\Gamma = \int_\Gamma \left(\sigma_{ij}^{(1)} u_i^{(2)} - \sigma_{ij}^{(2)} u_i^{(1)} \right) n_j\, \mathrm{d}s. \tag{6.90}$$

Beide Lastfälle müssen die Gleichgewichtsbedingungen erfüllen. Wir nehmen als Lastfall (1) wieder das zu untersuchende reale Rissproblem an. Der Lastfall (2) ist ein Hilfszustand, der speziell zur Ermittlung von T_{11} ausgewählt wird. Unter der Voraussetzung unbelasteter Rissufer kann wieder die Wegunabhängigkeit von I_Γ gezeigt werden. Dies ermöglicht die Auswertung der FEM-Ergebnisse auf Integrationswegen, die man außerhalb der numerisch problematischen und ungenaueren Rissspitzenumgebung wählen kann. Im Gegensatz zur Extrapolationsmethode geht das gesamte Spannungs- und Verschiebungsfeld in die Berechnung von T_{11} ein. CHEN [62] hat bewiesen, dass mit Hilfe von I_Γ alle unbekannten Koeffizienten A_n der WILLIAMS-Eigenfunktionen ermittelt werden können. Hierfür setzt man die Lösungen beider Lastzustände als Reihenentwicklung gemäß (3.41) und (3.43) mit den komplexen Koeffizienten A_n und C_m an:

Lastfall (1): $\quad \sigma_{ij}^{(1)} = \sum_{n=1}^{\infty} A_n r^{n/2-1} \tilde{\sigma}_{ij}^{(n)}(\theta), \qquad u_i^{(1)} = \sum_{n=1}^{\infty} A_n r^{n/2} \tilde{u}_i^{(n)}(\theta)$ (6.91)

Lastfall (2): $\quad \sigma_{ij}^{(2)} = \sum_{m=1}^{\infty} C_m r^{m/2-1} \tilde{\sigma}_{ij}^{(m)}(\theta), \qquad u_i^{(2)} = \sum_{m=1}^{\infty} C_m r^{m/2} \tilde{u}_i^{(m)}(\theta).$ (6.92)

Die Eigenfunktionen besitzen die Eigenschaft der Orthogonalität in Bezug auf das I_Γ-Integral, d. h. es gilt:

$$I_\Gamma(n) = \begin{cases} -\dfrac{\pi(\kappa+1)}{\mu}(-1)^{n+1} n \, \Re(A_n \bar{C}_m) & \text{für } n+m = 0 \\ 0 & \text{für } n+m \neq 0 \end{cases} \qquad (6.93)$$

Damit ist es möglich, aus der numerischen Lösung von Lastfall (1) die gewünschten Anteile der n-ten Eigenfunktion herauszufiltern, indem man als Hilfszustand (2) genau die $(m=-n)$te Eigenfunktion wählt. Beschränkt man sich auf Modus-I Belastungen, so sind beide Koeffizienten $A_n = a_n$ und $C_m = a_m$ reell, vgl. (3.41). Setzt man $C_m = 1$, so liefert (6.93) den gesuchten Koeffizienten

$$A_n = -\frac{\mu}{\kappa+1} \frac{1}{\pi n (-1)^{n+1}} I_\Gamma(n). \qquad (6.94)$$

Zur Bestimmung der T_{11}-Spannung wird der Koeffizient des $(n=2)$ten Terms $A_2 = a_2$ gesucht, weshalb als Hilfszustand (2) die $(m=-2)$te Eigenfunktion anzusetzen ist. Die dazugehörenden Feldgrößen berechnen sich aus (3.41) und (3.43) zu:

$$\begin{aligned}
\sigma_{11}^* &\equiv \sigma_{11}^{(m=-2)} = -\frac{2}{r^2}(\cos 2\theta + \cos 4\theta) \\
\sigma_{22}^* &\equiv \sigma_{22}^{(m=-2)} = -\frac{2}{r^2}(\cos 2\theta - \cos 4\theta) \\
\sigma_{12}^* &\equiv \sigma_{12}^{(m=-2)} = -\frac{2}{r^2}\sin 4\theta \\
u_1^* &\equiv u_1^{(m=-2)} = \frac{1}{2\mu r}(\kappa \cos\theta + \cos 3\theta) \\
u_2^* &\equiv u_2^{(m=-2)} = \frac{1}{2\mu r}(-\kappa \sin\theta + \sin 3\theta)
\end{aligned} \qquad (6.95)$$

Aus (6.94) folgt dann die Beziehung zwischen T_{11} und dem I_Γ-Integral:

$$T_{11} = 4 A_2 = \frac{2\mu}{\pi(\kappa+1)} I_\Gamma(n=2) = \frac{E'}{4\pi} I_\Gamma(n=2). \qquad (6.96)$$

Somit ergibt sich die folgende Vorgehensweise: Man berechnet das interessierende Rissproblem mit der FEM als Lastfall (1) und erhält die Lösungen σ_{ij}^{FEM}, u_i^{FEM}. Im Postprozess werden ein oder mehrere Integrationswege Γ festgelegt. Mit (6.95) wird der Hilfszustand (2) auf Γ berechnet und dann das wegunabhängige I_Γ-Integral numerisch ausgewertet:

$$I_\Gamma(n=2) = \int_\Gamma \left(\sigma_{ij}^{\text{FEM}} u_i^* - \sigma_{ij}^* u_i^{\text{FEM}}\right) n_j \, \text{d}s \,. \tag{6.97}$$

Schließlich liefert (6.96) die gesuchte T_{11}-Spannung bzw. bei bekanntem K_I-Faktor über (6.87) den Biaxialparameter β.

Falls der Nutzer zur Berechnung des J-Integrals ohnehin die günstigere EDI-Technik implementiert hat, kann das Linienintegral (6.97) für I_Γ in gleicher Weise wie in Abschnitt 6.4.1 in ein äquivalentes Gebietsintegral umgeformt werden ($\sigma_{ij,j}^{\text{FEM}} = \sigma_{ij,j}^* = 0$) [60].

$$I_\Gamma(n=2) = \int_A \left(\sigma_{ij}^{\text{FEM}} u_i^* - \sigma_{ij}^* u_i^{\text{FEM}}\right) q_{,j} \, \text{d}A \,. \tag{6.98}$$

Angemerkt werden soll, dass mit dem I_Γ-Integral ebenso der Intensitätsfaktor $K_\text{I} = \sqrt{2\pi}A_1$ der $(n=1)$ten Eigenfunktion bestimmt werden kann, wenn man als Hilfszustand (2) die entsprechende orthogonale Eigenfunktion $m = -n = -1$ verwendet [202].

6.9 Beispiele

6.9.1 Innenriss unter Rissuferbelastung

Als Beispiel für das J-Integral bei Belastung der Rissufer wird der zentrale Riss in einer Scheibe $b = 0{,}1$ m unter konstantem Innendruck $\sigma_0 = 100$ MPa analysiert, Bild 6.12. Für das markierte Viertel der Geometrie wurde das recht grobe FEM-Netz von Bild 6.13 unter Berücksichtigung der Symmetrien verwendet. Es besteht aus 8-Knoten Viereckelementen, die um die Rissspitze zu dreieckigen Viertelpunktelementen kollabiert wurden. Schraffiert gezeichnet sind die zur Berechnung des äquivalenten Gebietsintegrals (6.42) benutzten Elementringe um die Rissspitze. Zur Bestimmung von $J_1 \,\widehat{=}\, G$ muss neben dem Flächenintegral über die Elementringe A (1. Zeile von (6.42)) zusätzlich das Rissuferintegral mit den Randspannungen $\bar{t}_2 = -\sigma_0$ ausgewertet werden (3. Zeile von (6.42)). In Bild 6.14 sind beide Anteile als »J-Kontur« und »J-Rissufer« sowie ihre Summe »J-Gesamt« für alle vier Integrationsringe dargestellt. Obwohl sich beide Anteile stark verändern, wenn die einbezogenen Rissufer größer werden, ergibt ihre Summe einen konstanten Betrag. Zwischen den Integrationsringen betragen die Abweichungen vom Mittelwert $\bar{J} = 15{,}279$ MN/m weniger als 0,8 %. Die Umrechnung auf den Spannungsintensitätsfaktor über $K_\text{I} = \sqrt{\bar{J}E}$ (ESZ) ergibt

$$K_\text{I}^{\text{FEM}} = 39{,}088 \,\text{MPa}\sqrt{\text{m}} \quad \leftrightarrow \quad K_\text{I}^{\text{ref}} = 39{,}327 = 1{,}109 \sigma_0 \sqrt{\pi a} \,,$$

was von der Referenzlösung [267] um $-0{,}6$ % abweicht. Nach dem Superpositionsprinzip von Bild 3.24 ist dieses Ergebnis völlig identisch mit dem Fall lastfreier Rissufer, aber äußerer Zugspannung σ_0.

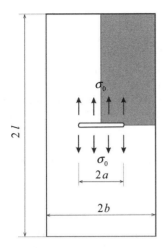

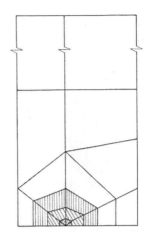

Bild 6.12: Riss mit Zugspannung σ_0 auf den Ufern, $a : b : l = 0{,}4 : 1 : 2{,}5$

Bild 6.13: Vernetzung mit 22 Elementen und 81 Knoten

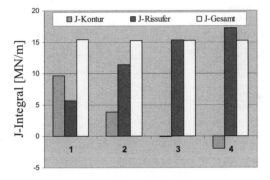

Bild 6.14: Anteile des J-Integrals bei Rissuferbelastung

6.9.2 Kantenriss unter Thermoschock

Der Thermoschock stellt für ein Bauteil mit Riss einen extremen Belastungsfall dar, da die Temperaturgradienten in der Regel zu hohen lokalen Spannungen führen. Zur Berechnung bruchmechanischer Kenngrößen muss zuerst die instationäre Wärmeleitungsaufgabe gelöst werden, die als Ergebnis für jeden Zeitpunkt die Temperaturverteilung im Bauteil liefert. Daran schließt sich die thermomechanische RWA an, um den transienten Verlauf der Bruchkenngrößen zu bestimmen.

Im konkreten Beispiel wird eine Scheibe mit Außenriss (Bild 6.15) der Länge a/b durch eine sprunghafte Abkühlung ΔT (Thermoschock) des Mediums auf der Rissseite belastet. Die dadurch verursachten zeitlich veränderlichen thermischen Eigenspannungen bewirken eine Öffnung des Risses unter Modus I. Bei Annahme linear-elastischen Materialverhaltens ist der Verlauf $K_I(t)$ gesucht. Es wird der EVZ angenommen, d. h. $E' = E/(1-\nu^2)$ und der Wärmeausdehnungskoeffizient $\alpha' = \alpha(1+\nu)$. Für die instationäre Wärmeleitung werden eine Wärmeübergangszahl ϑ am Rand und ein Wärmeleitkoeffizient k im Volumen angesetzt. Unter der Voraussetzung, dass auf allen anderen Rändern und den Rissufern kein Wärmefluss erfolgt (Isolation), liegt der Fall einer eindimensionalen Wärmeleitung bzgl. x_1 vor. Zur besseren Darstellung der Resultate werden normierte Größen eingeführt (c_v – spezifische Wärmekapazität):

$$\text{Koordinate} \quad \hat{x} = x/b, \qquad \text{Temperatur} \quad \Delta \hat{T} = T(\hat{x},\hat{t})/\Delta T$$

$$\text{Wärmeübergangszahl} \quad \hat{\vartheta} = \vartheta b/k, \qquad \text{Zeit} \quad \hat{t} = \sqrt{\frac{k}{\rho c_v} t} \Big/ b \qquad (6.99)$$

Die Qualität des Thermoschocks wird durch das Verhältnis zwischen Wärmeübergang und Wärmeleitung charakterisiert, also durch die Größe $\hat{\vartheta}$, für die ein recht harter Wert 10 festgelegt wurde.

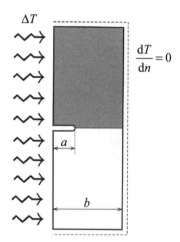

Bild 6.15: Thermoschock einer Scheibe mit Kantenriss

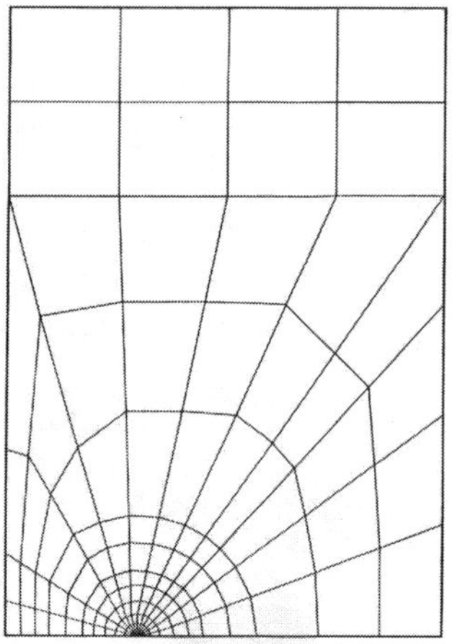

Bild 6.16: FEM-Netz mit 148 Elementen und 475 Knoten

Bild 6.16 zeigt die verwendete FEM-Vernetzung der oberen Hälfte mit 8-Knoten Viereckelementen und 12 Viertelpunktelementen CTE am Riss. Diese sehr feine Vernetzung ist notwendig, um den steilen Temperaturgradienten genau erfassen zu können. Die Ergebnisse der Wärmeleitungsanalyse sind in Bild 6.17 als normierter Temperaturverlauf über der Probenbreite als Funktion der Zeit $\hat{t}$ veranschaulicht. Ausgehend von einer gleichmäßigen Ausgangstemperatur wird die Probe mit zunehmender Zeit um den Temperatursprung heruntergekühlt. Im Anschluss an die Wärmeleitungsberechnung wurde mit demselben Netz das Rissproblem für ausgewählte Zeitpunkte gelöst. Für die Bestim-

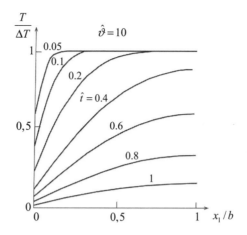

Bild 6.17: Zeitlicher Temperaturverlauf bei Thermoschock über die Probenbreite

mung der $K_I(t)$-Faktoren wurde das erweiterte J-Integral in der EDI-Form nach (6.42) eingesetzt und zum Vergleich die Verschiebungsauswertung DIM nach (5.39). Bei $J_1 = G$ kommt der thermische Anteil im 2. Integral von (6.42) mit $\sigma_{mn}\alpha_{mn}T_{,k} = \sigma_{mm}\alpha'T_{,k}$ zum Tragen. Aus den erhaltenen Ergebnissen (siehe [19]) wird exemplarisch der Spannungsintensitätsfaktor K_I, normiert mit der »thermischen Spannung« $E'\alpha'|\Delta T|$, als Funktion der Zeit $\hat{t}$ während des Abkühlprozesses in Bild 6.18 wiedergegeben. Der K_I-Faktor steigt infolge der thermisch induzierten Spannungen rasch an, erreicht bei $\hat{t} = 0{,}26$ das Maximum, um mit fortschreitender Durchkühlung der Scheibe für $\hat{t} \to \infty$ auf null abzuklingen. Die Ergebnisse aus dem J-Integral stimmen sehr gut mit der Lösung über Gewichtsfunktionen [19] überein. Wie das Beispiel zeigt, erzielt man mit der DIM auch bei thermischen Beanspruchungen brauchbare K_I-Werte.

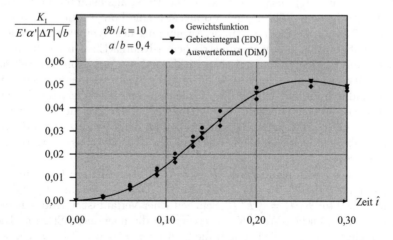

Bild 6.18: Zeitlicher Verlauf des K_I-Faktors bei Thermoschock für die Risstiefe $a/b = 0{,}4$

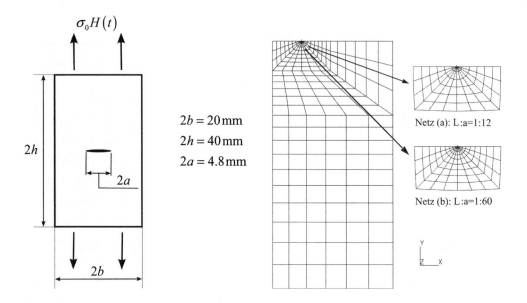

Bild 6.19: Scheibe mit Innenriss $a = 0{,}24\,b_1$ unter Sprungbelastung

Bild 6.20: FEM-Netz des rechten unteren Viertels der Scheibe mit Innenriss

6.9.3 Dynamisch belasteter Innenriss

Dieses Beispiel behandelt das ebene dynamische Problem (EVZ) eines zentralen Innenrisses in der Scheibe (Bild 6.19). Am oberen und unteren Rand wird schlagartig eine Zugbelastung der Größe σ_0 zum Zeitpunkt $t = 0$ aufgebracht, was durch die HEAVISIDE-Sprungfunktion $H(t)$ ausgedrückt wird. Die Materialkonstanten betragen: $\nu = 0{,}3$, $E = 200\,\text{GPa}$, Dichte $\rho = 5\,000\,\text{kg/m}^3$, woraus sich eine Longitudinalwellengeschwindigkeit von $c_\text{d} = 7\,338\,\text{m/s}$ errechnet. Unter Ausnutzung der Symmetrien wurde ein Viertel der Risskonfiguration mit isoparametrischen 4-Knoten-Elementen diskretisiert, siehe Bild 6.20. Bei transienten dynamischen FEM-Analysen mit expliziter Zeitintegration (Abschnitt 4.6) werden bevorzugt diese linearen Elemente verwendet, siehe ABAQUS-Manual [1]. Dadurch entfällt jedoch die Möglichkeit, spezielle Viertelpunktelemente an der Rissspitze einzusetzen, weshalb das dynamische J^*-Integral in dieser Situation besonders vorteilhaft ist. Bild 6.20 zeigt eine grobe und feine Vernetzungsvariante der Rissumgebung, wobei die kleinsten Elemente L an der Rissspitze etwa $1/12$ bzw. $1/60$ der Risslänge a betragen.

Für dieses Modus-I-Problem wurde $J_1^*(t) = G(t)$ als EDI nach Gleichung (6.53) im Post-Prozessor für jeden Zeitpunkt t ausgewertet. Daraus folgt mit (3.355) der Spannungsintensitätsfaktor $K_\text{I}(t) = \sqrt{E' J_1^*}$. Sein zeitlicher Verlauf ist in Bild 6.21 dargestellt, normiert auf den statischen Wert $K_0 = \sigma_0 \sqrt{\pi a}$ für die unendliche Scheibe. Die an den Rändern ausgelöste ebene Welle benötigt die Laufzeit $\tau = h/c_\text{d} = 2{,}73\,\mu s$, bis sie die Rissflanken erreicht, woraufhin der K_I-Faktor steil ansteigt und im Maximum fast den dreifachen Referenzwert annimmt. Danach werden die Spannungswellen ohne Energieabsorption in

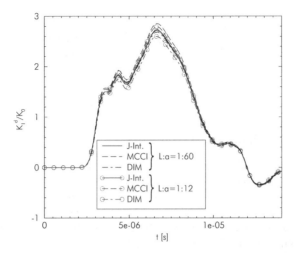

Bild 6.21: Transienter Verlauf des Spannungsintensitätsfaktors. Vergleich verschiedener Methoden und Netze

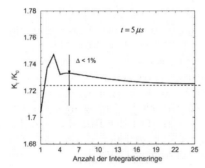

Bild 6.22: Abhängigkeit des dynamischen J-Integrals von der Größe des Integrationsgebietes

der Scheibe reflektiert und gestreut, so dass die weitere Rissbelastung oszillierend verläuft. Zur Kontrolle wurde $K_I(t)$ zusätzlich mit zwei alternativen Berechnungsverfahren aus der FEM-Lösung bestimmt. Zum einen wurde die Verschiebungsauswertemethode DIM (Abschnitt 5.1) nach Formel (5.3) benutzt. Die Auswertung der Rissöffnungsverschiebung u_2^{FEM} direkt am Rissspitzenelement als auch die Extrapolation mehrerer Knotenwerte auf dem Rissufer gemäß Bild 5.3 ergab übereinstimmende K_I-Faktoren. Zum anderen wurde die Technik des modifizierten Rissschließintegrals MCCI (Abschnitt 5.5) mit Formel (5.87) für lineare Elemente angewandt (Bild 5.27). Alle in Abschnitt 5.5 angegebenen Auswerteformeln des MCCI sind auch für stationäre Risse unter transienter Belastung gültig, da der Zusammenhang zwischen der Energiefreisetzungsrate $G(t)$ und den K-Faktoren unverändert wie im statischen Fall bestehen bleibt! $G(t)$ wird zu jedem Zeitpunkt anhand der dynamischen Feldlösungen durch virtuelles Rissschließen berechnet. Die Ergebnisse der beiden alternativen Verfahren DIM und MCCI sind ebenfalls in

Bild 6.21 eingetragen und weisen eine Übereinstimmung von ±5 % mit den J^*-Resultaten auf. Das grobe Netz weicht aus einleuchtenden Gründen im Peak-Bereich am stärksten ab. Bild 6.22 bestätigt, dass die EDI-Form (6.58) des 2D dynamischen J-Integrals tatsächlich von der Wahl des Integrationsgebietes A unabhängig ist. Bereits ab dem 3. Elementring um die Rissspitze (Bild 6.20) konvergieren die Werte mit einer Genauigkeit < 1 %.

Weitere Informationen und 3D dynamische Benchmark-Probleme enthält [84].

6.9.4 Riss im Gradientenwerkstoff

Als *Gradientenwerkstoffe* (FGM) (engl. *functionally graded materials*) bezeichnet man Materialien mit gezielt eingestellten ortsabhängigen mechanischen Eigenschaften. Durch gleitende Übergänge des Elastizitätsmoduls oder des thermischen Ausdehnungskoeffizienten können z. B. Sprünge in den Steifigkeiten oder Spannungen zwischen unterschiedlichen Materialbereichen vermieden werden. Wir betrachten das einfache Beispiel eines GRIFFITH-Risses der Länge $2a$ in einer Scheibe der Breite $2b$ unter Zugspannung σ^∞, wobei der Elastizitätsmodul exponentiell mit der Koordinate x_1 variieren soll:

$$E(x_1) = E_0 \exp\left(\eta \frac{x_1}{a}\right). \tag{6.100}$$

Der Parameter η definiert die »Stärke« des Materialgradienten, was in Bild 6.23 für die Werte $\eta = 0$ (homogen), 0,125 und 0,5 abgebildet ist. Es konnte nachgewiesen werden [80, 137], dass für Risse in elastischen, stetig veränderlichen Gradientenwerkstoffen dieselbe Nahfeldlösung wie in homogenen Materialien existiert (Abschnitt 3.2.1). Die Rissbeanspruchung wird somit durch die Spannungsintensitätsfaktoren K_I und K_{II} charakterisiert, allerdings berechnen sich die Verzerrungs- und Verschiebungsfelder aus den lokalen elastischen Konstanten am Ort der Rissspitze, z. B. $E(x_1 = a)$. Die Werte der K-Faktoren hängen jedoch von dem globalen Werkstoffgradienten ab und unterscheiden sich bei gleicher RWA vom homogenen Fall!

Die FEM-Analyse wurde mit dem in Bild 6.24 gezeigten Netz in der üblichen Weise vorgenommen. Die Berechnung des Spannungsintensitätsfaktors K_I erfolgte über das 2D J-Integral nach Gleichung (6.42). Die Gradienteneigenschaft muss im 2. Integral über die explizite Ortsableitung der Formänderungsenergiedichte berücksichtigt werden, was im vorliegenden isotropen Fall mit (A.76) und (A.91)

$$U_{,k} = \frac{\partial U}{\partial x_1} = \frac{1}{2} \varepsilon_{ij} \frac{\partial C_{ijkl}}{\partial x_1} \varepsilon_{kl} = \frac{1}{2}\left(\varepsilon_{ij}\varepsilon_{ij} + \frac{\nu}{1-2\nu}\varepsilon_{kk}^2\right) \frac{\partial E(x_1)}{\partial x_1} \tag{6.101}$$

bedeutet, wozu noch die konkrete Ableitung von (6.100) einzusetzen wäre. Das J-Integral wurde als EDI über Integrationsgebiete mit den Radien $\{0,4 \quad 0,8 \quad 1,2 \quad 1,6 \quad 2,0\}\, a$ ausgeführt. Den Spannungsintensitätsfaktor erhält man daraus über $K_I = \sqrt{E(a)J/(1-\nu^2)}$ mit $\nu = 0,3 =$ const im EVZ. Die Ergebnisse an der rechten Rissspitze sind in Bild 6.25 für drei verschiedene Gradienten η zusammengestellt und auf den klassischen GRIFFITH-Riss $K_{I0} = \sigma^\infty \sqrt{\pi a}$ normiert. Man sieht erstens, dass das einfache J-Integral wegabhängig würde (offene Symbole) und erst durch das 2. Integral von (6.42) mit (6.101) die notwendige Korrektur erfolgt (volle Symbole). Zweitens bewirkt der Werkstoffgradient η bei gleicher Belastung σ^∞ eine beachtliche Erhöhung von K_I (und an der linken Rissspitze eine Absenkung).

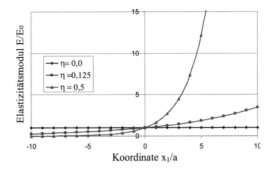

Bild 6.23: Ortsabhängigkeit des Elastizitätsmoduls im Gradientenwerkstoff

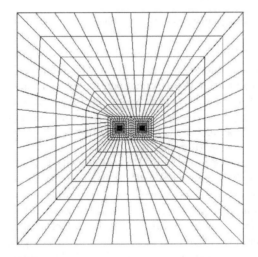

Bild 6.24: FEM-Netz mit 736 Elementen (8-Knoten Vierecke) und 64 Viertelpunktelementen an den Rissspitzen

6.10 Zusammenfassende Bewertung

Die Ausführungen dieses Kapitels (6) haben gezeigt, dass Energiebilanzintegrale vom Typ des J-Integrals für nahezu alle Aufgaben der Bruchmechanik entwickelt und angewandt werden können. Das wurde für Risse in heterogenen, gradierten und anisotropen elastischen Strukturen unter thermischen, Rissufer-, Gewichts- und Trägheitsbelastungen ausführlich dargelegt. Die Verifikationsbeispiele in Abschnitt 5.8 demonstrieren die

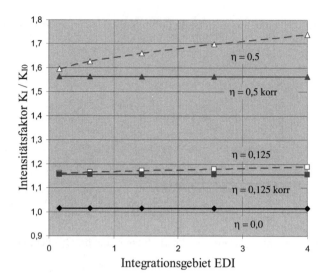

Bild 6.25: Abhängigkeit des J-Integrals vom Gebiet und den Korrekturtermen

Leistungsfähigkeit der J-Integrale im Vergleich zu anderen FEM-Techniken. Darüber hinaus gilt als erwiesen und anerkannt, dass die Verallgemeinerungen des J-Integrals sehr universelle und aussagekräftige Beanspruchungskenngrößen für Risse darstellen, wofür in den Kapiteln 7 und 8 noch weitere Anwendungen folgen. Der wesentliche Grund dafür ist in der einheitlichen physikalischen Interpretation als Energiefreisetzungsrate in elastischen konservativen Systemen bzw. als Energiefluss in die Prozesszone bei dissipativen nichtkonservativen Systemen zu finden.

Auch im Hinblick auf die numerische Berechnung besitzen die Energiebilanzintegrale gegenüber anderen Verfahren zur Bestimmung der Bruchkenngrößen wie den Spannungsintensitätsfaktoren u. a. erhebliche Vorteile. Da sie immer als wegunabhängige oder zumindest als gebietsunabhängige Integrale formuliert werden können, kann man bei der Auswertung das direkte Nahfeld des Risses, wo die numerische Lösung am ungenauesten ist, vermeiden. Weiter entfernt von der Rissspitze sind die Feldgrößen zwar geringer, dafür aber genauer, so dass der integrale Wert aus Formänderungsenergiedichte multipliziert mit dem Integrationsweg genauso groß ist.

Ein weiterer Vorteil des J-Integrals besteht darin, dass seine Berechnung der FEM-Analyse einfach als Post-Prozessor nachgeschaltet werden kann, also keinen Eingriff in das FEM-Programm erforderlich macht wie andere Techniken. Hinzu kommt, dass unter Verwendung verschiedener Integrationswege die Genauigkeit der numerischen Lösung exakt beurteilt werden kann, da theoretisch die ermittelten J-Werte alle gleich sein müssten. Eine Abweichung resultiert also entweder aus der Ungenauigkeit der zugrunde liegenden FEM-Lösung oder aus einem ungenauen Integrationsverfahren für J. Durch zahlreiche Verifikations- und Vergleichsrechnungen wurden die Vorzüge der Energiebilanzintegrale bestätigt. Dies hat dazu geführt, dass in einigen kommerziellen FEM-Codes (ABAQUS, ANSYS u. a.) J-Integrale unterschiedlicher Ausprägungen angeboten werden.

7 FEM-Techniken zur Rissanalyse in elastisch-plastischen Strukturen

Für die Beanspruchungsanalyse von Risskonfigurationen in elastisch-plastischen Materialien ist die FEM ein unverzichtbares Instrument geworden, da die physikalisch und evtl. geometrisch nichtlinearen ARWA in endlichen Strukturen mit analytischen Methoden nicht lösbar sind. Als Materialmodelle kommen überwiegend die in Abschnitt A.4.2 vorgestellten inkrementellen Plastizitätsgesetze mit verschiedenen Verfestigungsarten in Betracht. Ziel der Berechnungen ist auch hier die Bestimmung der bruchmechanischen Beanspruchungsparameter für duktile Rissinitiierung und Rissausbreitung. Dafür haben wir im Kapitel 3.3 die Rissöffnungsverschiebung δ_t, den Rissöffnungswinkel γ_t, das J-Integral sowie die Mehrachsigkeitsparameter T und Q kennengelernt. In der EPBM beeinflussen eine Vielzahl von Modellparametern (Geometrie, Belastungshöhe, Materialverhalten) das Ergebnis auf unterschiedliche, komplexe Weise, so dass man mit Sorgfalt arbeiten muss. Insbesondere ist auch die bruchmechanische Interpretation genau zu beachten.

Trotz der enormen rechentechnischen Fortschritte sind nichtlineare FEM-Analysen für Risse wegen des hohen Vernetzungsaufwandes und des inkrementellen Lösungsalgorithmus sehr rechen- und speicherintensiv. Deshalb gilt auch hier der Grundsatz »So einfach wie möglich, so kompliziert wie nötig!«, d. h. man beginne mit 2D-Modellen, geometrisch linear und einfachen Verfestigungsgesetzen, um zuerst die wesentlichen Effekte zu verstehen, bevor die notwendigen Modellerweiterungen vorgenommen werden.

7.1 Elastisch-plastische Rissspitzenelemente

An stationären (ruhenden) Rissspitzen in elastisch-plastischen Materialien kennt man bei monotoner Belastung das asymptotische Nahfeld, siehe Abschnitt 3.3.6:

- ideal-plastisch (3.223): $\quad\quad\quad\quad \varepsilon_{ij} \sim 1/r, \quad \sigma_{ij} \sim \text{const.},\quad\quad$ (7.1)
- Potenzgesetz-Verfestigung (3.238): $\quad\quad \varepsilon_{ij} \sim r^{-\frac{n}{n+1}}, \quad \sigma_{ij} \sim r^{-\frac{1}{n+1}} \quad\quad$ (7.2)

Auch für diese Asymptotik hat man versucht, elastisch-plastische Rissspitzenelemente zu entwickeln. Erfolgreich bewährt hat sich wiederum eine Modifikation isoparametrischer Elemente. In Abschnitt 5.2.2 wurde bereits das kollabierte isoparametrische Viereckelement mit quadratischen Ansatzfunktionen vorgestellt, vgl. Bild 5.7. Durch das Zusammenlegen der Knotenkoordinaten (1), (4) und (8) und die Viertelpunktverschiebung der Knoten (5) und (7) stellen sich die Verzerrungssingularitäten (5.28)–(5.30) bzgl. des Abstands r zur Rissspitze ein:

$$\varepsilon_{ij}(r,\theta) = \frac{A_{0ij}(\theta)}{r} + \frac{A_{1ij}(\theta)}{\sqrt{r}} + A_{2ij}(\theta). \quad\quad (7.3)$$

7 FEM-Techniken zur Rissanalyse in elastisch-plastischen Strukturen

Für die Anwendung in der LEBM ist das $1/r$-Verhalten unerwünscht und wurde dadurch eliminiert, dass man mit (5.31) die Verschiebungen dieser drei Knoten aneinander fesselt. Für die EPBM macht man sich diese Eigenschaft jedoch zunutze, d. h. die drei Knoten dürfen sich nun unabhängig voneinander verschieben, womit zusätzlich die idealplastische $1/r$-Singularität (7.1) aktiviert wird. Bild 7.1 zeigt die Vorgehensweise. Durch die Kombination von Viertelpunktverschiebung und freien Rissspitzenknoten kann somit anfänglich elastisches und später ideal-plastisches Verhalten nachgebildet werden.

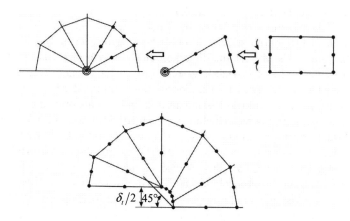

Bild 7.1: Kollabierte 8-Knoten-Viereckelemente an der Rissspitze bei elastisch-plastischem Materialverhalten

Um die Eigenschaften der kollabierten Elemente mit *unveränderten Seitenmittenknoten* zu analysieren, greifen wir auf die Ausführungen in Abschnitt 5.2.2 zurück. Wertet man die Gleichungen (5.17)–(5.18) für den Wert $\varkappa = 1/2$ aus, so erhält man anstelle von (5.19):

$$x_1 = \frac{L}{2}(1+\xi_1), \quad x_2 = \frac{H}{2}\xi_2(1+\xi_1)$$
$$r = \frac{1}{2}\sqrt{L^2 + H^2\xi_2^2}\,(1+\xi_1) \quad \Rightarrow (1+\xi_1) = \frac{r}{\frac{1}{2}\sqrt{L^2 + H^2\xi_2^2}} \tag{7.4}$$

Die Abbildung von $(1+\xi_1)$ auf r ist jetzt linear. Für die JACOBI-Matrix (5.20) (5.21) und ihre Inverse (5.22) folgt daraus:

$$J_{11} = L, \quad J_{21} = 0, \quad J_{12} = H\xi_2, \quad J_{22} = \frac{H}{2}(1+\xi_1) \sim r,$$
$$J^{-1} = \frac{1}{J}\begin{bmatrix} J_{22} & -J_{12} \\ 0 & J_{11} \end{bmatrix} \sim \begin{bmatrix} 1 & \frac{\xi_2}{r} \\ 0 & \frac{1}{r} \end{bmatrix} \quad \text{mit } J = J_{11}J_{22} = \frac{1}{2}HLr \tag{7.5}$$

In (7.4) und (7.5) sind im Vergleich zu $\varkappa = 1/4$ die $\sqrt{r}$-Terme verschwunden. Die Ableitungen der Formfunktionen (5.24)–(5.27) bleiben unverändert, so dass sich für die

Verzerrungen nach (5.28)–(5.30) nun die Funktionen

$$\varepsilon_{11} = a_0 + a_1(1+\xi_1) + \frac{b_0 + b_1(1+\xi_1) + b_2(1+\xi_1)^2}{r}$$

$$= \frac{b_0}{r} + e'_1 + e'_2 r \quad \text{und ebenso}$$

$$\varepsilon_{22} = \frac{d_0}{r} + d_1 + d_2 r \tag{7.6}$$

$$\varepsilon_{12} = \frac{b_0 + d_0}{r} + f'_1 + f'_2 r$$

mit modifizierten Konstanten e'_i und f'_i ergeben. Die kollabierten Viereckelemente mit Seitenmittenknoten besitzen somit keine $1/\sqrt{r}$-Singularität, dafür aber einen linearen Term $\sim r$. Sie werden i. A. für elastisch-plastische Rissprobleme empfohlen und gegenüber der Viertelpunktvariante (7.3) bevorzugt.

> Kollabiert man eine Elementkante des isoparametrischen 8-Knoten-Viereckelementes zu einem Punkt, erlaubt aber freie Knotenverschiebungen, so entsteht ein 2D-Rissspitzenelement, das auf allen Radiusstrahlen eine $1/r$-Singularität in den Verzerrungen besitzt.

Mit diesen Elementen wird ein Fächer um die Rissspitze gelegt. Bei Belastung können sich alle Rissspitzenknoten individuell bewegen, so dass die Abstumpfung wie durch eine Perlenkette nachgebildet wird, siehe Bild 7.1. Die ideal-plastischen Rissspitzenelemente sind untereinander und an den Außenkanten mit Standardelementen kompatibel. Zur Verallgemeinerung auf den 3D-Fall überträgt man diese Technik auf kollabierte 20-Knoten-Hexaederelemente, die in einem »Schlauch« um die Rissfront angeordnet werden.

Spezielle Rissspitzenelemente zur Modellierung der HRR-Singularität (7.2) haben sich nicht durchgesetzt. Für Verfestigungsexponenten $n > 10$ nähert sich das asymptotische Verhalten ohnehin Gleichung (7.1). Außerdem erreichen reale Fließkurven meist eine Sättigung $\sigma_F \to \text{const}$. Deshalb werden in der Mehrzahl der elastisch-plastischen Rissanalysen diese kollabierten Elemente mit Erfolg eingesetzt.

Bei elastisch-plastischen Rissproblemen ist die Nachbildung der Nahfeldlösung schwieriger als in der LEBM, da sie 1.) tief im Inneren der plastischen Zone auftritt, 2.) sich ihr Existenzbereich mit wachsender Plastifizierung vergrößert und 3.) sich ihr Charakter mit der Lastgeschichte u. U. verändern kann. Für das globale Verhalten der Strukturen mit Riss spielt in der EPBM hingegen die richtige Modellierung des asymptotischen Nahfeldes eine geringere Rolle, da Bruchkenngrößen wie das J-Integral auch in größerem Abstand von der Rissspitze genau genug berechnet werden können. Rissspitzenelemente sind aber dann unverzichtbar, wenn man die Details der plastischen Verformung und des Spannungszustandes unmittelbar am Riss untersuchen will.

7.2 Auswertung der Rissöffnungsverschiebungen

Die bleibenden plastischen Verformungen der Rissufer werden von verschiedenen Konzepten der EPBM als Beanspruchungsparameter verwendet. Für *stationäre Risse* ist nach dem *CTOD-Konzept* die Öffnungsverschiebung der abgestumpften Rissspitze δ_t eine Kenngröße, siehe Abschnitt 3.3.4. Um die *Rissöffnungsverschiebung* δ_t mit der FEM genau bestimmen zu können, ist eine konzentrische fächerförmige Vernetzung um die Rissspitze erforderlich, wobei der innerste Ring aus den oben beschriebenen kollabierten Elementen bestehen sollte, siehe Bild 7.1. Die Simulation muss als geometrisch nichtlinear durchgeführt werden, damit die großen Deformationen an der Rissspitze richtig wiedergegeben werden. Man erhält dann eine schön auseinander gezogene Knotenkette am abstumpfenden Riss, wie es Bild 7.2 exemplarisch zeigt. Zur Ermittlung von δ_t verwendet man am besten die $\pm 45°$ Sekantenmethode nach Bild 3.35 a). Dazu muss der Schnittpunkt mit den Elementkanten auf den Rissufern gefunden werden. Eine einfachere Möglichkeit besteht darin, die u_2-Verschiebung eines repräsentativen FEM-Knotens auf dem Rissufer nahe hinter der Abstumpfung zu wählen, z. B. die Knoten des letzten Rissspitzenelementes ($\theta = 180°$) in Bild 7.1. Diese Variante hängt jedoch stark von der benutzten FEM-Diskretisierung der Rissspitze ab. In Anlehnung an experimentelle Methoden zur CTOD-Ermittlung wird mitunter auch eine lineare Extrapolation der Öffnungsverschiebungen $u_2(x_1)$ aus von der Rissspitze weiter entfernten Bereichen, wo die Rissflanken fast geradlinig verlaufen, angewendet. Bei dieser Definition darf ein relativ grobes Netz mit geometrisch linearer Option benutzt werden, da die auszuwertenden Fernfeldverschiebungen davon weitgehend unabhängig sind. Zum Vergleich mit Versuchsergebnissen ist häufig auch die Öffnungsverschiebung der Risskerbe an der Probenvorderkante – die *Kerbaufweitung V* (engl. *crack opening displacement COD*) – gefragt.

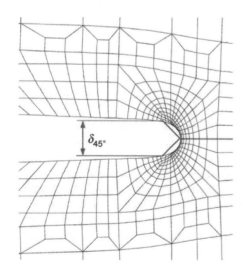

Bild 7.2: Ermittlung der Rissspitzenöffnung CTOD aus der FEM-Analyse am ruhenden Riss [44]

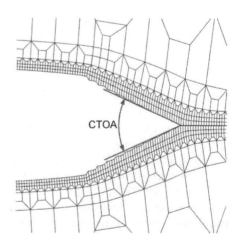

Bild 7.3: Ermittlung des Rissspitzenöffnungswinkels CTOA aus der FEM-Analyse am bewegten Riss [44]

Bei *wachsenden Rissen* bildet sich gemäß Abschnitt 3.3.8 ein lineares Öffnungsprofil an der Rissspitze heraus, das recht gut durch einen *Rissöffnungswinkel* $\gamma_t \cong$ CTOA charakterisiert wird, siehe Bild 3.35. Das CTOA-Konzept wird erfolgreich als Kriterium für duktiles Risswachstum in dünnwandigen Strukturen unter ESZ (Bleche, Flugzeughaut) verwendet [184].

Zur Simulation der Rissausbreitung ist ein regelmäßiges FEM-Netz aus gleich großen Elementen entlang des Risspfades erforderlich, wofür Bild 7.3) ein Beispiel gibt. Geeignete FEM-Techniken zur Simulation der Rissausbreitung werden in Kapitel 8 behandelt. Aus den numerischen Ergebnissen der verformten Rissufer kann ein Rissspitzenöffnungswinkel z. B. so ermittelt werden, wie es Bild 7.3 zeigt [234]. Leider existiert auch für den CTOA keine verbindliche Definition. Die Auswertung hängt empfindlich von der gewählten Vernetzung und Interpolationstechnik ab.

Für räumliche Risskonfigurationen sind die vorgestellten Techniken sinngemäß auf jede Position der Rissfront und die dazu senkrechte Ebene zu übertragen. Bewährt hat sich auch die pragmatische technische Definition δ_5 der Verformung in Rissspitzennähe nach SCHWALBE [240].

7.3 Berechnung des *J*-Integrals und seine Bedeutung

7.3.1 Elastisch-plastische Erweiterungen von *J*

Da die Gültigkeit des klassischen *J*-Integrals auf die (nicht)lineare Elastizitätstheorie bzw. die plastische Deformationstheorie beschränkt ist, siehe Abschnitt 3.3.6, wurden verschiedene Erweiterungen für die inkrementelle Plastizitätstheorie und große Deformationen vorgeschlagen. Zur Erläuterung knüpfen wir direkt an Kapitel 6 an.

a) Elastisch-plastisches Linienintegral

Für ebene Rissprobleme liegt es nahe, das RICEsche Linienintegral (3.100) einfach mit den Ergebnissen der elastisch-plastischen FEM-Analyse auszuwerten.

$$J(\Gamma) = \int_\Gamma \left[\check{U}^{\mathrm{ep}} \delta_{1j} - \sigma_{ij} u_{i,1} \right] n_j \, \mathrm{d}s = \int_\Gamma \check{Q}_{1j} n_j \, \mathrm{d}s \qquad (7.7)$$

Im Unterschied zur Elastizitätstheorie ist anstelle der elastischen spezifischen Formänderungsenergie $U(\varepsilon_{ij})$ jetzt die gesamte elastisch-plastische Formänderungsarbeit (engl. *stress work density*) $\check{U}^{\mathrm{ep}}$ pro Volumen einzusetzen:

$$\check{U}^{\mathrm{ep}}(\varepsilon_{ij}, x_k) = \int_0^{\varepsilon_{ij}} \sigma_{kl}(\bar{\varepsilon}_{mn}) \, \mathrm{d}\bar{\varepsilon}_{kl} = U^{\mathrm{e}}(\varepsilon_{ij}^{\mathrm{e}}) + \check{U}^{\mathrm{p}}(x_k) \qquad (7.8)$$

Sie wird mit den elastischen und den irreversiblen plastischen Verzerrungen $\mathrm{d}\varepsilon_{kl} = \mathrm{d}\varepsilon_{kl}^{\mathrm{e}} + \mathrm{d}\varepsilon_{kl}^{\mathrm{p}}$ gebildet, d. h. der Potenzialcharakter geht verloren, weshalb die Größe durch ein Häkchen ˘ markiert wird. Das wird verständlich, wenn man einen Be- und Entlastungsvorgang von $\pm \Delta \varepsilon$ am Materialpunkt betrachtet, wie ihn Bild 7.4 a)–b) zeigt. Weder

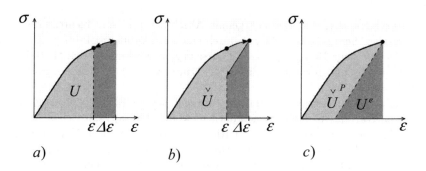

Bild 7.4: Unterschied zwischen totaler und inkrementeller Plastizitätstheorie bei Be- und Entlastung

die Spannungen noch die Formänderungsarbeit $\check{U}^{\mathrm{ep}}$ sind eine eineindeutige Funktion der Verzerrungen! Insbesondere hängt der plastische Anteil $\check{U}^{\mathrm{p}}(x_k)$ von der gesamten Belastungsgeschichte im Materialpunkt ab und muss deshalb als eine explizite Funktion der Koordinate x_k verstanden werden.

Viele numerische Ergebnisse haben erwiesen, dass J nach (7.7) bei *monoton steigender Belastung* für *ruhende Risse* und *infinitesimale Deformationen* in sehr guter Näherung unabhängig vom Integrationspfad Γ ist. (Der strenge Beweis gilt nur bei proportionaler Beanspruchung.) Man kann somit den Pfad Γ auch um die Rissspitze $\Gamma_\varepsilon \to 0$ zusammenziehen, wo (bei ausreichender Netzfeinheit) die HRR-Lösung vorherrscht. Damit bleibt die Bedeutung von J als Kenngröße des HRR-Feldes erhalten. Im Falle von Entlastung oder Risswachstum verliert J diese Eigenschaften und ist wertlos.

b) Wegunabhängige Formulierung $\widetilde{J}$

Um die Wegabhängigkeit grundsätzlich zu beseitigen, muss das Linienintegral entlang Γ um ein Integral über die eingeschlossene Fläche A ergänzt werden. Wir wenden den gleichen Formalismus wie in Abschnitt 6.2 auf die Integranden von (7.7) an, vgl. Bild 6.2:

$$J(\Gamma_\varepsilon) \stackrel{\frown}{=} \int_{\Gamma_\varepsilon} \check{Q}_{1j} n_j \, \mathrm{d}s = \int_\Gamma \check{Q}_{1j} n_j \, \mathrm{d}s - \int_A \check{Q}_{1j,j} \, \mathrm{d}A \stackrel{\frown}{=} \widetilde{J} \qquad (7.9)$$

Zerlegt man die Verzerrungen und die Formänderungsarbeit in ihre elastischen und plastischen Anteile, so führt die Divergenz auf:

$$\begin{aligned}\check{Q}_{1j,j} &= \frac{\partial \check{U}^{\mathrm{ep}}}{\partial x_1} - \sigma_{ij,j} u_{i,1} - \sigma_{ij} u_{i,j1} = \frac{\partial U^{\mathrm{e}}}{\partial x_1} + \frac{\partial \check{U}^{\mathrm{p}}}{\partial x_1} - \sigma_{ij}\varepsilon_{ij,1} \\ &= \frac{\partial U^{\mathrm{e}}}{\partial \varepsilon^{\mathrm{e}}_{ij}}\varepsilon^{\mathrm{e}}_{ij,1} + \check{U}^{\mathrm{p}}_{,1} - \sigma_{ij}(\varepsilon^{\mathrm{e}}_{ij,1} + \varepsilon^{\mathrm{p}}_{ij,1}) = \check{U}^{\mathrm{p}}_{,1} - \sigma_{ij}\varepsilon^{\mathrm{p}}_{ij,1}\end{aligned} \qquad (7.10)$$

Hierbei wurde $\partial U^{\mathrm{e}}/\partial \varepsilon^{\mathrm{e}}_{ij} = \sigma_{ij}$ benutzt und homogene Gleichgewichtsbedingungen $\sigma_{ij,j} = 0$ vorausgesetzt. Einsetzen in (7.9) ergibt die äquivalente Berechnungsvorschrift für den interessierenden Nahfeldwert $J(\Gamma_\varepsilon)$:

$$\widetilde{J} = \int_\Gamma \left[\check{U}^{\text{ep}}\delta_{1j} - \sigma_{ij}u_{i,1}\right] n_j \, \mathrm{d}s - \int_A \left[\check{U}^{\text{p}}_{,1} - \sigma_{ij}\varepsilon^{\text{p}}_{ij,1}\right] \mathrm{d}A \tag{7.11}$$

Das Flächenintegral quantifiziert somit gerade die Differenz zwischen den Linienintegralen um die Rissspitze Γ_ε und entlang eines beliebigen äußeren Pfades Γ durch das Fernfeld. Dieser Korrekturterm bewirkt die Wegunabhängigkeit des erweiterten $\widetilde{J}$-Integrals für beliebige Lastpfade im Rahmen der plastischen Fließtheorie.

Die formal mathematische Umwandlung von $J(\Gamma_\varepsilon)$ in ein Linien-Flächen-Integral $\widetilde{J}$ ändert nichts an seiner physikalischen Eigenschaft! Was ist jedoch die bruchmechanische Bedeutung von $\widetilde{J}$? Die Interpretation als potenzielle Energiefreisetzungsrate muss aufgrund des Dissipationsanteils in $\check{U}^{\text{ep}}$ aufgegeben werden. Man kann $\widetilde{J}$ aber als eine elastisch-plastische Arbeitsrate bei virtueller Rissausbreitung bzw. als einen Energiefluss auffassen, der über die Kontur Γ_ε der Rissspitze von außen zugeführt wird. Im Sinne von ESHELBY ist $J(\Gamma_\varepsilon)$ die Konfigurationskraft bei Verrückung der Rissspitze, während im Linienintegral über Γ noch die Verrückung der eingeschlossenen plastischen Zone ($\widehat{=}$ Defekte) enthalten ist. Ob das Integral $\widetilde{J}$ für $\Gamma_\varepsilon \to 0$ gegen einen endlichen Wert konvergiert, hängt von der Asymptotik der Rissspitzenlösung ab. Wie bereits in Abschnitt 3.3.6 bewiesen, ist dafür eine $1/r$-Singularität in der Formänderungsarbeit $\check{U}^{\text{ep}}$ notwendig. Diese Bedingung ist auch im Rahmen der inkrementellen Plastizitätstheorie bei ruhenden Rissen unter Annahme infinitesimaler Deformationen erfüllt. Bei Berücksichtigung finiter Deformationen nehmen die Spannungsfelder an der abgestumpften Rissspitze – die sich nun de facto wie eine Kerbe verhält – endliche Werte an, d. h. im Nahbereich von etwa $r < 4\delta_\text{t}$ fällt $\widetilde{J}$ auf null ab und wird wegabhängig, siehe Beispiel in Abschnitt 7.4.1.

Die elastisch-plastische Formulierung (7.11) kann ohne weiteres auf den J-Integral-Vektor J_k übertragen werden, was mit $x_1 := x_k$ ergibt:

$$\begin{aligned}\widetilde{J}_k &= \int_{\Gamma_\varepsilon} \left[\check{U}^{\text{ep}}\delta_{kj} - \sigma_{ij}u_{i,k}\right] n_j \, \mathrm{d}s \\ &= \int_\Gamma \left[\check{U}^{\text{ep}}\delta_{kj} - \sigma_{ij}u_{i,k}\right] n_j \, \mathrm{d}s - \int_A \left[\check{U}^{\text{p}}_{,k} - \sigma_{ij}\varepsilon^{\text{p}}_{ij,k}\right] \mathrm{d}A\end{aligned} \tag{7.12}$$

Ebenso ist die Umwandlung in ein äquivalentes Gebietsintegral gemäß Abschnitt 6.4.1 (6.42) möglich. Im 2D Fall führt das mit der Wichtungsfunktion $q(\boldsymbol{x})$ auf

$$\widetilde{J}_k = -\int_A \left[\check{U}^{\text{ep}}\delta_{kj} - \sigma_{ij}u_{i,k}\right] q_{,j} \, \mathrm{d}A - \int_A \left[\check{U}^{\text{p}}_{,k} - \sigma_{ij}\varepsilon^{\text{p}}_{ij,k}\right] q \, \mathrm{d}A. \tag{7.13}$$

Bei 3D Risskonfigurationen folgt in Analogie zu (6.47) bei einer virtuellen Rissausbreitung $q_k \widehat{=} \Delta l_k$ der Ausdruck:

$$\tilde{J}(\bar{s}) = -\frac{1}{\Delta A} \left\{ \int_V \left[\check{U}^{\mathrm{ep}} \delta_{kj} - \sigma_{ij} u_{i,k} \right] q_{k,j} \, \mathrm{d}V + \int_V \left[\check{U}^{\mathrm{p}}_{,k} - \sigma_{ij} \varepsilon^{\mathrm{p}}_{ij,k} \right] q_k \, \mathrm{d}V \right\} \quad (7.14)$$

Sollten Volumen-, Rissufer- oder thermische Belastungen auftreten, so sind die Beziehungen (7.13) und (7.14) durch die entsprechenden Zusatzterme aus (6.42) bzw. (6.47) zu ergänzen. Diese Erweiterungen von J gehen auf MORAN & SHIH [174] sowie CARPENTER, READ & DODDS [58] zurück. In der numerischen Realisierung bevorzugt man die Gleichungen (7.13) und (7.14), siehe Abschnitt 6.4.

c) Das inkrementelle ΔT^*-Integral

Von ATLURI, NISHIOKA u. a. [18, 14] wurde ein wegunabhängiges Integral T^* entwickelt, das für statische und dynamische Rissprobleme bei jedem inelastischen Materialgesetz Gültigkeit haben soll. Das vektorielle Integral stellt sich als Summe der Inkremente ΔT_k^* über die Belastungsgeschichte dar:

$$T_k^* = \sum \Delta T_k^*, \qquad \Delta T_k^* = \int_{\Gamma_\varepsilon} \Delta \check{Q}_{kj} n_j \, \mathrm{d}s \qquad (7.15)$$

Das Inkrement des Energie-Impuls-Tensors $\Delta \check{Q}_{kj} = \check{Q}_{kj}(t + \Delta t) - \check{Q}_{kj}(t)$ nimmt die konkrete Form an:

$$\begin{aligned}
\Delta \check{Q}_{kj} n_j &= \left[\Delta \check{U}^{\mathrm{ep}} \delta_{jk} - (\sigma_{ij} + \Delta \sigma_{ij}) \Delta u_{i,k} - \Delta \sigma_{ij} u_{i,k} \right] n_j \\
&= \Delta \check{U}^{\mathrm{ep}} n_k - (t_i + \Delta t_i) \Delta u_{i,k} - \Delta t_i u_{i,k} \\
\Delta \check{U}^{\mathrm{ep}} &= (\sigma_{ij} + \frac{1}{2} \Delta \sigma_{ij}) \Delta \varepsilon_{ij}
\end{aligned} \qquad (7.16)$$

Es folgt derselbe Gedankengang wie in Gleichung (7.9) zur Korrektur der Wegabhängigkeit über das Gebietsintegral A, allerdings auf das Inkrement $\Delta \check{Q}_{kj}$ (7.16) angewandt:

$$\begin{aligned}
\oint_{\Gamma - \Gamma_\varepsilon} \Delta \check{Q}_{kj} n_j \, \mathrm{d}s &= \int_A \Delta \check{Q}_{kj,j} \, \mathrm{d}A \\
&= \int_A \left\{ \Delta \check{U}^{\mathrm{ep}}_{,k} - [(\sigma_{ij} + \Delta \sigma_{ij}) \Delta u_{i,k}]_{,j} - [\Delta \sigma_{ij} u_{i,k}]_{,j} \right\} \mathrm{d}A \\
&= \int_A \left[(\sigma_{ij,k} + \frac{1}{2} \Delta \sigma_{ij,k}) \Delta \varepsilon_{ij} - (\varepsilon_{ij,k} + \frac{1}{2} \Delta \varepsilon_{ij,k}) \Delta \sigma_{ij} \right] \mathrm{d}A,
\end{aligned} \qquad (7.17)$$

wobei im letzten Schritt $\Delta \check{U}^{\mathrm{ep}}$ aus (7.16) und $(\sigma_{ij} + \Delta \sigma_{ij})_{,j} = 0$ verwendet wurden. Nach Einsetzen des HOOKEschen Gesetzes $\sigma_{ij} = C_{ijkl} \varepsilon^{\mathrm{e}}_{kl}$ bleiben nur die plastischen Verzerrungen $\varepsilon^{\mathrm{p}}_{ij} = \varepsilon_{ij} - \varepsilon^{\mathrm{e}}_{ij}$ übrig.

Somit entsteht ein wegunabhängiges inkrementelles Linien-Flächen-Integral:

$$\Delta T_k^* = \int_\Gamma \Delta \check{Q}_{kj} n_j \, ds - \int_A \left[(\sigma_{ij,k} + \frac{1}{2}\Delta\sigma_{ij,k})\Delta\varepsilon_{ij}^p - (\varepsilon_{ij,k}^p + \frac{1}{2}\Delta\varepsilon_{ij,k}^p)\Delta\sigma_{ij} \right] dA \quad (7.18)$$

Das ΔT_k^* Integral ist de facto nichts anderes als die inkrementelle Form des $\widetilde{J}$-Integrals (7.11), was man leicht durch Integration über die Belastungsgeschichte beweisen kann. Umgekehrt wird man bei der numerischen Realisierung von $\widetilde{J}$ (7.12) pro Lastschritt gerade die Operationen (7.18) ausführen und aufaddieren. Damit unterscheidet sich ΔT_k^* auch in Bezug auf die energetische Interpretation nicht von $\widetilde{J}$. Entsprechende dreidimensionale Verallgemeinerungen mit Volumen- und Trägheitskräften findet man in [18].

d) Energieflussintegral $\widehat{J}$ nach KISHIMOTO

KISHIMOTO, AOKI & SAKATA [139, 9] haben so genannte $\widehat{J}$-Integrale vorgeschlagen, die auf dem Modell einer fiktiven Bruchprozesszone A_B basieren, wie sie bereits in Abschnitt 3.3.8, Bild 3.48, diskutiert wurde. Die Energiezufuhr in die Prozesszone A_B wird durch das Flussintegral $\mathcal{F}$ nach (3.280) über den Rand $\Gamma_B \cong \Gamma_\varepsilon$ der Prozesszone bzw. durch das äquivalente Linien-Flächenintegral (3.282) auf einer äußeren Kontur Γ berechnet. Von den Autoren [139] wurde für die Formänderungsenergie bewusst nur der elastische Anteil U^e angesetzt, um die potenziell verfügbare Energiefreisetzungsrate zu quantifizieren. Das $\mathcal{F}$-Integral (3.282) führt mit $U_{,1}^e = \sigma_{ij}\varepsilon_{ij,1}^e$ und Abspaltung der plastischen Verzerrung ε_{ij}^p direkt auf das elastisch-plastische $\widehat{J}$-Integral

$$\widehat{J} = \int_\Gamma [U^e n_1 - \sigma_{ij} u_{i,1} n_j] \, ds + \int_A \sigma_{ij}\varepsilon_{ij,1}^p \, dA. \quad (7.19)$$

Im Unterschied zu $\widetilde{J}$ (7.11) fehlt $\check{U}^p$ sowohl im Linien- als auch im Flächenintegral. Die 3D-Erweiterung ist gerade das in Abschnitt 6.3.1 angegebene Scheibenintegral (Bild 6.4), wobei jetzt anstelle der thermischen Verzerrungen ε_{mn}^* die plastischen Verzerrungen ε_{mn}^p einzusetzen bzw. zusätzlich aufzunehmen wären. Mit den Volumenkräften $\bar{b}_i$ erhält man aus (6.29) an der Position s der Rissfront:

$$\widehat{J}(s) = \int_\Gamma [U^e \delta_{1j} - \sigma_{ij} u_{i,1}] n_j \, ds + \int_A [\sigma_{mn}\varepsilon_{mn,1}^p - \bar{b}_i u_{i,1} - (\sigma_{i3} u_{i,1})_{,3}] \, dA \quad (7.20)$$

Für die numerische Implementierung ist der Term $(\sigma_{i3} u_{i,1})_{,3}$ aus den genannten Gründen aufwändig und von Nachteil gegenüber $\widetilde{J}$ und T^*.

Bei allen elastisch-plastischen Verallgemeinerungen $\widetilde{J}$, ΔT^* und $\widehat{J}$ treten in den Flächen- oder Volumenintegralen Terme auf, wo die Formänderungsarbeiten $\check{U}^{ep}$, $\check{U}^p$, die plastischen Verzerrungen ε_{ij}^p oder die Spannungen σ_{ij} nach der Koordinate x_k abgeleitet werden müssen. Da diese Größen in der FEM selbst nur aus Ableitungen der primären

Verschiebungsvariablen hervorgehen und i. Allg. nur an den Integrationspunkten zur Verfügung stehen, sind ihre Ableitungen mit größerer Ungenauigkeit behaftet. Geeignete Interpolations- und Differenziationstechniken wurden in Abschnitt 4.4.4 beschrieben. Erschwerend kommt hinzu, dass die genannten Felder in der plastischen Zone am Riss bereits hohe Gradienten aufweisen, die nochmals zu differenzieren sind! Man muss deshalb für diese Integralterme äußerste numerische Sorgfalt walten lassen. Eine Verlegung der Integrationspfade Γ in weite Entfernung vom Riss hilft nicht, da die Gebietsintegrale dennoch den gesamten eingeschlossenen Bereich – also auch die ungenaue Rissumgebung – erfassen.

Erwähnt werden sollte noch, dass die vorgestellten Erweiterungen von J bisher in keinem kommerziellen FEM-Programm implementiert sind.

7.3.2 Anwendung auf ruhende Risse

Die elastisch-plastischen Varianten von J sollen am einfachen 2D Beispiel einer Zugscheibe mit Innenriss untersucht werden. Insbesondere wird auf die bruchmechanische Interpretation eingegangen. Bild 7.5 zeigt das FEM-Netz und die Randbedingungen für ein Viertel der Probe aus Bild 5.1 mit der Risslänge $a = 0{,}4\,d$. Für das Materialverhalten wurde inkrementelle Plastizität mit isotroper Verfestigung angenommen. Das FEM-Netz besteht aus 8-Knoten-Viereckelementen mit je 3×3 Integrationspunkten. Die Rissspitze ist von den in Abschnitt 7.1 beschriebenen kollabierten Sonderelementen mit $1/r$-Singularität umgeben. Die äußere Zugspannung σ wird als Folge von vier Be- und Entlastungsstufen angelegt, die in Bild 7.5 dargestellt sind. Im Bild sind gleichfalls die plastischen Zonen in der Rissumgebung bei den Lastniveaus 1–4 enthalten. Man erkennt deutlich, dass die Rissabstumpfung CTOD auf plastischen Verformungen beruht, da sie sich bei den Entlastungsschritten 1→2 und 3→4 kaum ändert.

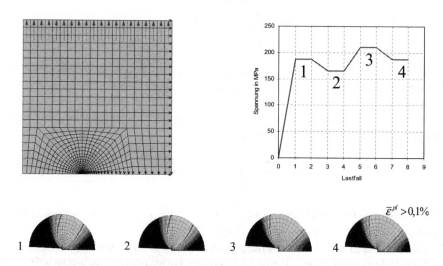

Bild 7.5: a) FEM-Modell der Scheibe mit Innenriss und b) Stufenfolge der Zugbelastung

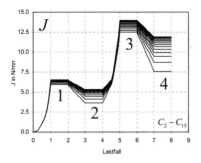 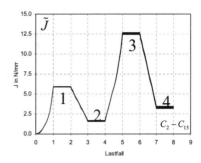

Bild 7.6: a) J-Integral und b) $\tilde{J}$-Integral über der Belastung für die Integrationspfade C_2–C_{15}

Anhand der FEM-Resultate wurde das RICEsche Linienintegral J (7.7) und seine wegunabhängige Erweiterung $\tilde{J}$ bzw. T^* nach (7.11) berechnet, wobei für beide Integrale das äquivalente Gebietsintegral in der Form (7.13) genutzt wurde. Als Integrationsgebiete A wurden 15 Halbkreise um die Rissspitze gewählt, deren Außenradien den Integrationspfaden Γ entsprechen. Bild 7.6 a) beweist recht eindeutig, dass J nur in der 1. Laststufe, die monoton ansteigt, wegunabhängig ist. Im weiteren Verlauf stellen sich besonders bei Entlastung drastische Unterschiede zwischen den J-Werten der verschiedenen Pfade ein. Im Gegensatz dazu ergibt das $\tilde{J}$-Integral auf allen Pfaden selbst bei Entlastung nahezu identische Werte, vgl. Bild 7.6 b). Die Differenz zwischen J und $\tilde{J}$ besteht genau im zweiten Integral von (7.13), womit die Wegunabhängigkeit von $\tilde{J}$ bzw. T^* erzielt wurde. Abweichungen zwischen den Pfaden sind bei J also prinzipieller Art, wohingegen die geringen Diskrepanzen bei $\tilde{J}$ auf numerische Ungenauigkeiten zurückzuführen sind!

7.3.3 Anwendung auf bewegte Risse

Formal können alle vorgestellten elastisch-plastischen Integrale J, $\tilde{J}$, T^* und $\hat{J}$ auch auf Risse angewandt werden, die sich in duktilen Werkstoffen quasistatisch ausbreiten. Dabei ist allerdings ihre physikalische Bedeutung genau zu hinterfragen. Zur Erläuterung greifen wir auf das in Abschnitt 3.3.8 diskutierte Modell einer Bruchprozesszone A_B zurück, die sich mit der Rissspitze mitbewegt, Bild 3.48. Ein festgehaltener Materialpunkt, über den sich der Riss mit der Prozesszone »hinweg bewegt«, erfährt zwangsläufig eine nichtproportionale plastische Belastungs- und anschließende elastische Entlastungsphase. Aus diesem Grund ist das klassische J-Integral unbrauchbar. Die erweiterten Linien-Flächenintegrale $\tilde{J}$, T^* und $\hat{J}$ sind zwar wegunabhängig, aber ihr tatsächlicher Wert muss im Rahmen der kontinuumsmechanischen Modellierung zu null werden, denn mit asymptotischer Annäherung $\Gamma_\varepsilon \to 0$ an die Rissspitze stößt man auf die schwache logarithmische Singularität (3.261) am bewegten Riss. Somit sind diese Integrale als »bruchmechanische Intensitätsparameter« bei Rissausbreitung wertlos.

Deshalb untersuchen wir die energetische Interpretation. Der Prozesszone A_B wird vom umliegenden Kontinuum über ihren Rand Γ_B Energie zugeführt. Dieser überwiegend irreversible Energiefluss wird durch das Flussintegral $\mathcal{F}$ (3.280) über Γ_B charakterisiert, das auch in das wegunabhängige Integral (3.282) über eine äußere Kontur Γ und die ein-

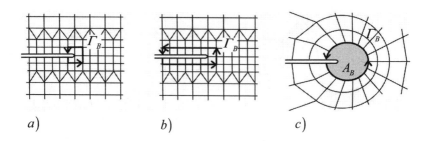

Bild 7.7: Fiktive Prozesszonen als a) mitbewegte oder b) streifenförmige Kontur Γ_B, c) echtes physikalisches Modell einer Prozesszone

geschlossene Fläche A umgewandelt werden kann. MORAN & SHIH [174] haben gezeigt, dass $\widetilde{J}$, T^* und $\widehat{J}$ mehr oder weniger Sonderfälle des von ihnen abgeleiteten Flussintegrals $\mathcal{F}$ bei Rissausbreitung sind. Entscheidend ist jetzt die Wahl des Modells für die Prozesszone. Bleibt man bei der Kontinuumsmechanik / Plastizitätstheorie, so wird der Energiefluss $\mathcal{F} \equiv \widetilde{J} \equiv T^* \equiv \widehat{J}$ unvermeidlich zu null, weil die Prozesszone $\Gamma_B = \Gamma_\varepsilon \to 0$ nur ein singulärer Punkt – die Rissspitze – ist. Verschiedene Autoren [189, 48] haben versucht, im Rahmen der FEM-Modellierung eine Prozesszone A_B endlicher Größe einzuführen, die sich entweder als ganzes unverändert mit der Rissspitze fortbewegt oder als Streifen mit dem Riss verlängert, siehe Bild 7.7. Entlang ihrer fixierten Berandung $\Gamma_B \triangleq \Gamma_\varepsilon \neq 0$ wird dann das T^*- oder $\widehat{J}$-Integral ausgewertet, was tatsächlich einen endlichen, wegunabhängigen J-Integralwert während der duktilen Rissausbreitung ergibt. Allerdings hängt dieser Wert von der willkürlich festgesetzten Konturgröße Γ_B ab und ist somit keine wirkliche Bruchkenngröße, sondern nur ein Artefakt des Modells. Folgerichtig wurde in [47] nachgewiesen, dass mit schrumpfender Prozesszonengröße $\Gamma_B \to 0$ das T^*-Integral (wie auch J, $\widetilde{J}$ und $\widehat{J}$) gegen null verschwindet. Die wahre Ursache für diese Kalamität liegt unverändert am Kontinuumsmodell, d. h. die Prozesszone A_B darf nicht nur fiktiv als Integrationskontur definiert werden, sondern muss mit anderen werkstoffmechanischen Modellen diskret abgebildet werden! Eine einfache linienhafte Form der Prozesszone ist z. B. das Kohäsivzonenmodell, auf das näher in Kapitel 8 eingegangen wird. Werkstoffphysikalisch besser begründet sind schädigungsmechanische Modelle, die die Versagensmechanismen in einer tatsächlich endlich ausgedehnten Prozesszone A_B beschreiben. Dann hat Γ_B auch eine echte physikalische Bedeutung und das Flussintegral $\mathcal{F}$ bzw. $\widetilde{J}$, T^* und $\widehat{J}$ erhalten einen Sinn.

Hinweis: Falls man doch das klassische J-Integral (7.7) bei duktilem Risswachstum verwendet, weil z. B. der FEM-Code keine andere Option bietet, so ist folgendes zu beachten: Sobald der Riss die begrenzte J-kontrollierte Anfangsphase verlassen hat, wird J extrem wegabhängig und erreicht mit enger um die Rissspitze gelegten Pfaden $\Gamma \to 0$ keinen endlichen Sättigungswert, sondern dieser »Rissspitzenwert« $J_{\text{tip}} = J(\Gamma \to 0)$ wird null! Will man einen Zusammenhang mit den prüftechnischen Standards für J-Δa-Kurven gemäß Abschnitt 3.3.8 herstellen, so müssen die am weitesten außen liegenden, konvergierenden Integrationspfade Γ benutzt werden [47, 45].

7.4 Beispiele

7.4.1 Kompakt-Zug-Probe

Die vorgestellten FEM-Techniken sollen zuerst am 2D-Beispiel der Kompakt-Zug-Probe verdeutlicht werden, siehe Bild 3.12. Der Prüfkörper wird mit folgenden Abmessungen untersucht: Weite $w = 50$, Höhe $h = 60$, Dicke $B = 25$, Risslänge $a = 30$ (alles in mm). Es wird der EVZ angenommen. Aufgrund der Symmetrie wird nur die obere Hälfte vernetzt und auf dem Ligament vor dem Riss die Verschiebung $u_2 = 0$ gesetzt. Bild 7.8 zeigt das verwendete FEM-Netz, das nach den empfohlenen Regeln für elastisch-plastische Analysen von ruhenden Rissen konstruiert wurde. Um die Rissspitze wurden deshalb 16 kollabierte Viereckelemente gelegt, siehe Bild 7.9, deren Größe $L = 0{,}05\,\text{mm} = 0{,}00167\,a$ betrug. Daran schließt sich eine sehr feine Diskretisierung der gesamten Probe an.

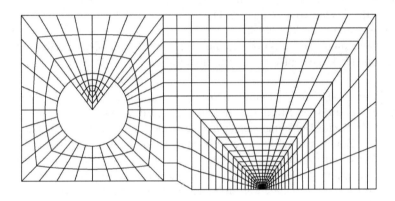

Bild 7.8: FEM-Netz der CT-Probe (561 8-Knoten-Viereckelemente, 1 821 Knoten)

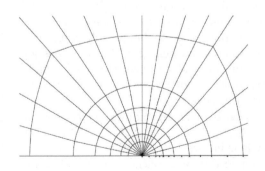

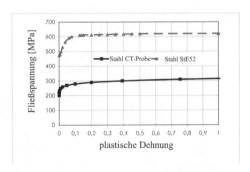

Bild 7.9: Vernetzung der Rissspitze mit 16 kollabierten Rissspitzenelementen

Bild 7.10: Fließkurven für die CT-Probe und den Plattenzugversuch

Hinweis: Bei elastisch-plastischen Analysen müssen außer der Rissumgebung auch all diejenigen Bereiche ausreichend fein vernetzt werden, in denen sich die plastische Zone ausbilden wird. Ansonsten werden die globalen plastischen Verformungen und Bruchkenngrößen wie das J-Integral unterschätzt.

Die CT-Probe wird über Bolzen in den Zuglöchern mit der Kraft F belastet, was ein Kontaktproblem darstellt. Zur Vereinfachung modelliert man den Bolzen als fest angebundenen Viertelkreis, an dessen Spitze die Belastung angreift. Um unrealistische, überhöhte plastische Verformungen an der Krafteinleitungsstelle zu vermeiden, werden dem Viertelkreis rein elastische Materialeigenschaften mit hohem E-Modul zugewiesen.

Hinweis: Bei elastisch-plastischen Aufgaben sollten Einzelkräfte oder Lager niemals nur an einem Knoten angelegt werden, sondern sind durch Kontaktmodelle oder elastisch versteifte Teilgebiete einzuleiten. Des Weiteren ist es günstiger, anstelle der Kraft eine monoton steigende Verschiebung aufzuprägen, weil dadurch die Konvergenz des Lösungsalgorithmus oberhalb der Traglast erleichtert wird. Den Betrag der Kraft erhält man aus der Lagerreaktion am Angriffspunkt.

Im Beispiel der CT-Probe wird eine x_2-Verschiebung q von 0 bis 1 mm vorgegeben. Der Werkstoff ist ein duktiler Stahl mit der in Bild 7.10 abgebildeten Fließkurve (wahre Spannung – plastische Dehnung) sowie $E = 210\,000$ MPa und $\nu = 0{,}3$. Die Ausbildung der plastischen Zonen mit steigender Belastung ist am deformierten Gesamtmodell in Bild 7.11 a) dargestellt. Zuerst bildet sich eine begrenzte plastische Zone an der Rissspitze, die sich dann vollständig über das Ligament zu einem Fließgelenk ausbreitet. Damit ist die plastische Grenzlast F_L erreicht, was zu einem Abflachen der Kraft-Verschiebungs-Kurve (Bild 7.13) führt. Die Bildsequenz 7.11 b) verdeutlicht die Ausprägung der plastischen Kernzone ($\varepsilon_\mathrm{v}^\mathrm{p} > 0{,}5\,\% \,\widehat{=}\,$ schwarz) direkt am Riss.

Die Verformungen an der Rissspitze sind in den Bildern 7.12 a) und 7.12 b) dargestellt, wobei zwischen einer geometrisch linearen und nichtlinearen Analyse unterschieden wird. Bei Berücksichtigung großer Deformationen wird die Abstumpfung der Rissspitze infolge der hochgradig plastisch verzerrten Elemente wesentlich besser nachgebildet als mit infinitesimalen Verzerrungen. Deshalb ist für die präzise Ermittlung der Rissspitzenöffnung unbedingt eine geometrisch nichtlineare Analyse notwendig, wohingegen das globale Verformungsverhalten kaum beeinflusst wird, wie Bild 7.13 belegt. Der numerische Aufwand steigt bei großen Deformationen wegen der erforderlichen feineren Lastschritt-Inkrementierung erheblich (im Beispiel auf das 4-fache).

Das J-Integral wird nach Formel (7.13) (ohne Korrekturterme) auf 15 Elementringen um die Rissspitze ausgewertet, die einen Abstand von $R = 0{,}001\,6 - 0{,}2\,a$ hatten. Die Ergebnisse sind wieder für eine geometrisch lineare bzw. nichtlineare Analyse in den Bildern 7.15 a) bzw. 7.15 b) dargestellt. Im SSY-Bereich wächst J quadratisch mit der Belastung F (oder q), im LSY-Bereich stellt sich eine lineare Beziehung ein. Bei Annahme kleiner Deformationen ist J unabhängig vom Integrationsweg. Werden große Deformationen berücksichtigt, so beobachtet man hingegen eine starke Wegabhängigkeit. Insbesondere fallen die Werte der sehr dicht um die Rissspitze gelegten Pfade deutlich

7.4 Beispiele

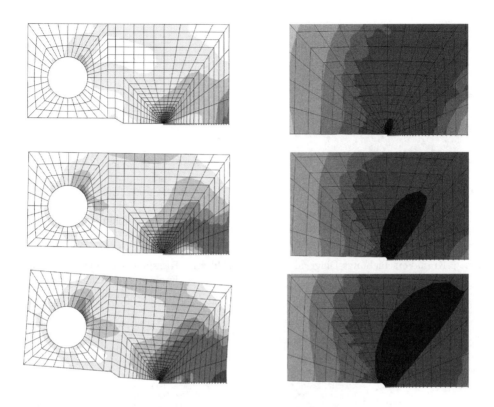

Bild 7.11: Form der plastischen Zonen in der CT-Probe bei den Belastungsstufen $q = 0{,}1$, $0{,}22$ und $1{,}0$ mm. a) Gesamtansicht (links), b) Rissumgebung (rechts)

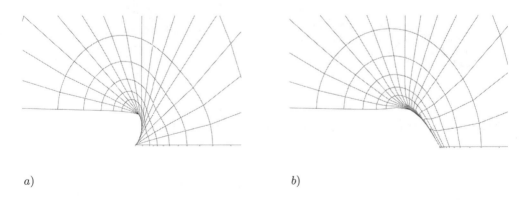

a)   b)

Bild 7.12: Abstumpfung der Rissspitze im FEM-Modell bei Annahme a) kleiner und b) großer Verzerrungen (Maßstab 1 : 1)

7 FEM-Techniken zur Rissanalyse in elastisch-plastischen Strukturen

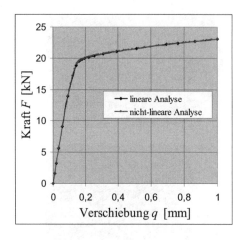

Bild 7.13: Kraft-Verschiebungs-Diagramm der CT-Probe

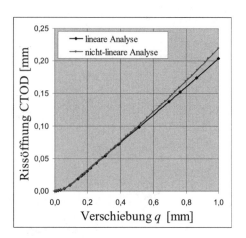

Bild 7.14: Rissspitzenöffnung CTOD als Funktion der Kraftangriffspunktverschiebung q

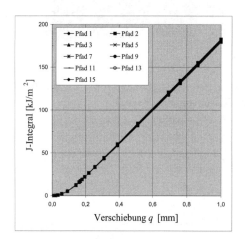

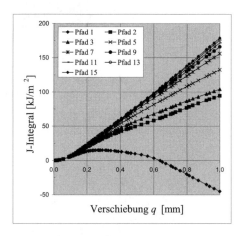

Bild 7.15: J-Integral als Funktion der Belastung bei a) kleinen und b) großen Deformationen

ab, weil aufgrund der Rissabstumpfung die $1/r$-Singularität in der spezifischen Formänderungsarbeit $\tilde{U}$ verloren geht. Wie im Abschnitt 7.3 begründet, liefert unter diesen Bedingungen nur das aus dem Fernfeld berechnete J_{ff} eine im Rahmen der EPBM sinnvolle bruchmechanische Kenngröße. Man muss also die J-Werte aus möglichst weit von der Rissspitze entfernten Konturen bzw. sie umschließenden Gebietsintegralen ermitteln. Dort konvergieren die Integrale auch gegen einen gemeinsamen Wert (Bild 7.15 b) J_{ff}, der mit J aus der geometrisch linearen Analyse (Bild 7.15 a) übereinstimmt.

7.4.2 Plattenzugversuche mit Oberflächenriss

Im Rahmen eines Untersuchungsprogramms [154] wurden aus einer Rohrleitung DN800 streifenförmige Segmente herausgetrennt und im Zugversuch getestet, siehe Bild 7.16. Auf der Innenseite dieser Plattenzugproben wurden in der Mitte halbelliptische Oberflächenrisse mit dem Achsenverhältnis $a : c = 1 : 3$ eingebracht. Es wurden drei verschiedene Rissgrößen $a : c = 3 : 9$, $6 : 18$ und $9 : 27$ mm vorgegeben, die 0,25, 0,5 und 0,75 der Wandstärke h betragen.

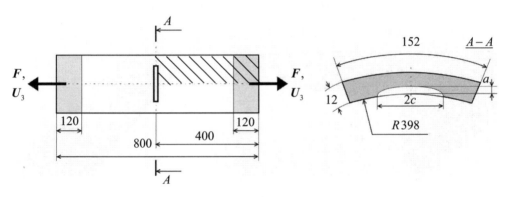

Bild 7.16: Plattenzugprobe mit halbelliptischem Oberflächenriss (Maße in mm)

Da die Zugprobe, ihre Belastung und Lagerbedingungen zwei Symmetrieebenen besitzen – die Mittelebene und die Längsebene – braucht nur das in Bild 7.16 schraffierte Viertel modelliert zu werden. Dieser Bereich wurde mit 20-Knoten-Hexaderelementen vernetzt, wobei eine extreme Verfeinerung in der Rissumgebung erfolgte, um den dort auftretenden inhomogenen Spannungs- und Verformungszustand mit ausreichender Genauigkeit berechnen zu können. Insgesamt bestand das FEM-Modell aus 6 585 Hexaderelementen und 31 954 Knotenpunkten. Die Gesamtansicht des FEM-Modells ist der Abbildung 7.17 b) zu entnehmen. Die Randbedingungen der Zugprobe entsprechen den üblichen Lager- und Symmetriebedingungen.

Die gekrümmten Rohrsegmente wurden mit speziellen Spannbacken geklammert und gezogen. Deshalb wird im FEM-Modell angenommen, dass sich die Kontaktflächen zwischen Probe und Spannbacken (graue Felder in Bild 7.16) starr in Längsrichtung bewegen, d.h. hier werden monoton wachsende, identische Knotenverschiebungen U_3 angelegt. In der FEM–Rechnung ergeben sich die Zugkräfte für alle Lastinkremente aus den

308   7 FEM-Techniken zur Rissanalyse in elastisch-plastischen Strukturen

Reaktionskräften an den Einspannbacken. Das isotrope elastisch-plastische Materialverhalten des Stahls StE 52 wurde mit Hilfe von Standard-Zugproben ermittelt, die man diesem Rohrabschnitt entnahm. Die erhaltenen Fließkurven (wahre Spannung – plastische Dehnung) zeigt Bild 7.10. Weitere Werkstoffkennwerte sind: $R_{p0,2} = 472$ MPa, $R_m = 610$ MPa, $E = 210\,000$ MPa und $\nu = 0,3$. In der FEM-Berechnung wurde der Einfluss großer Deformationen auf die Geometrie und Belastung berücksichtigt.

Einen Detailausschnitt der (halben) Rissvernetzung für die Risstiefe $a{:}c = 6{:}18$ zeigt Bild 7.17 a). Ähnliche Diskretisierungen wurden für die beiden anderen Risstiefen $a{:}c = 3{:}9$ bzw. $a{:}c = 9{:}27$ erstellt. Entlang der Rissfront wurden die Elemente fächerförmig in einem Schlauch von 20 Segmenten konzentriert. Die kleinsten Elemente unmittelbar an der Rissspitze haben eine Länge von $L = a/50$. Entlang der gesamten Rissfront sind spezielle Rissspitzenelemente mit $1/r$-Dehnungssingularität angeordnet, wofür die zu Pentaederelementen kollabierten 20-Knoten Hexaederelemente benutzt werden. Zur Berechnung des J-Integrals wurden um jedes Segment der Rissfront vier Integrationspfade festgelegt. Damit kann $J(s)$ entlang der Rissfront s für den gesamten Belastungsverlauf bestimmt werden. Die Berechnungsergebnisse zeigen, dass die J-Werte nahezu unabhängig vom Integrationspfad sind. Nur der engste Pfad fällt aus bekannten numerischen Gründen etwas ab, weshalb als Ergebnis für J der Mittelwert der drei äußeren Pfade genommen wurde.

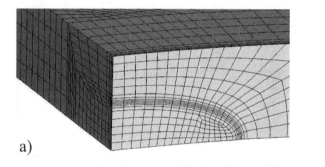
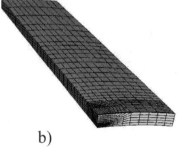

Bild 7.17: a) FEM-Netz an der Rissspitze 6:18, b) Gesamtansicht des vernetzten Modells

Bild 7.18 b) gibt die Gesamtansicht der verformten Zugprobe mit Riss $a{:}c = 6{:}18$ wieder und Bild 7.18 a) einen Ausschnitt um die Rissfront. Die Farben entsprechen Isoflächen der v. MISES-Vergleichsspannung. Alle Spannungen oberhalb der Streckgrenze $R_{p0,2}$ zeigen plastifizierte Gebiete an. Insgesamt lassen die Berechnungsergebnisse folgendes erkennen:

- Alle Proben erreichen den vollplastischen Zustand. Ausgehend von den Rissen entstehen deutlich ausgeprägte plastische Zonen, die sich wie in Bild 7.18 b) sichtbar schräg über den gesamten Querschnitt erstrecken.

- Das Überschreiten der plastischen Grenzlast F_L wird durch ein markantes Abknicken aller Kraft-Weg-Kurven der Zugproben charakterisiert. Solange die Plastifizierung noch durch das umliegende elastische Gebiet eingeschränkt wird, verlaufen die Kurven nahezu linear. Dies ist besonders gut bei den berechneten Kerböffnungen

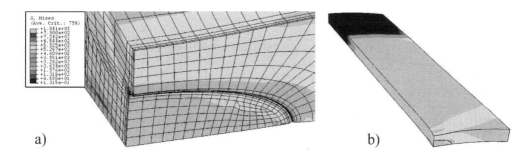

Bild 7.18: Elastisch-plastische Verformung und v. MISES-Spannung der Zugprobe mit Riss 6:18. a) Detailausschnitt am Riss b) Gesamtansicht

COD der Risse an der Probenoberfläche festzustellen, siehe Bild 7.19. Die Kerbaufweitung (Nachgiebigkeit) steigt verständlicherweise mit der Rissgröße. Zugleich wird der elastisch-vollplastische Übergang weicher. Die Kerböffnung COD ist eine wichtige Messgröße, aus der oft auf die Rissspitzenöffnung CTOD extrapoliert wird.

- Die Risse stumpfen durch plastische Verformungen stark ab, wie Bild 7.18 a) erkennen lässt. Die Rissspitzenöffnung δ_t wurde nach der Sekantenmethode ($\pm 45°$) an allen Positionen s der Rissfront auf senkrechten Schnittebenen des FEM-Netzes ausgewertet. Die Maxima lagen am Scheitelpunkt der halbelliptischen Risse und sind in Bild 7.20 über der Belastung aufgetragen. Eingefügt ist auch die Bruchzähigkeit CTODi = $\delta_i^{\text{SZH}} = 142\,\mu\text{m}$, bei der nach dem CTOD-Kriterium duktiles Risswachstum einsetzen sollte.

Nach dem J-Integral-Konzept der Zähbruchmechanik wird das duktile stabile Risswachstum dann eingeleitet, wenn der Wert von J den physikalischen Initiierungskennwert J_i überschreitet ($J > J_i$). In Bild 7.21 sind die berechneten J-Integral-Werte entlang der Rissfront als Funktion der Belastung (steps) dargestellt. Die maximalen J-Werte treten in allen Fällen im Scheitelpunkt der halbelliptischen Rissfront auf. Bild 7.22 fasst die Maximalwerte $J_{\max}$ für alle drei Risskonfigurationen zusammen. Man beobachtet einen geringen Anstieg von J im Bereich eingeschränkter plastischer Verformung (SSY). Sobald die Zugkraft die entsprechende plastische Grenzlast überschreitet, steigen die J-Werte in allen drei Berechnungsfällen steil an. Zum Vergleich ist der Bruchzähigkeitskennwert $J_i = 143\,\text{kJ}/\text{m}^2$ im Diagramm 7.22 eingetragen. Somit liefert das Bruchkriterium die kritischen Kräfte F_i bzw. Verformungswege U_3 der Proben für eine Rissinitiierung: Riss 3:9: $F_i = 814\,\text{kN}$, $U_3 = 6{,}8\,\text{mm}$, Riss 6:18: $F_i = 779\,\text{kN}$, $U_3 = 1{,}53\,\text{mm}$, Riss 9:27: $F_i = 686\,\text{kN}$, $U_3 = 1{,}31\,\text{mm}$. Mit zunehmender Risslänge ist eine geringere Kraft F_i bzw. ein größerer Verformungsweg U_3 für die Initiierung des Risswachstums notwendig.

Die Vorhersagen der elastisch-plastischen FEM-Analysen zur Rissinitiierung wurden durch die experimentellen Ergebnisse der Plattenzugversuche bestätigt [154].

310 7 FEM-Techniken zur Rissanalyse in elastisch-plastischen Strukturen

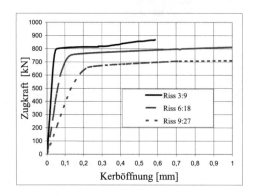

Bild 7.19: Diagramm: Zugkraft – max. Kerböffnung COD am Probenrand (Rissmitte)

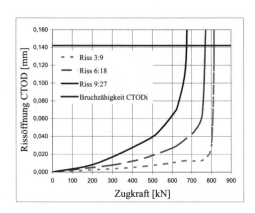

Bild 7.20: Max. Rissöffnungsverschiebungen CTOD als Funktion der Belastung für alle drei Risstiefen

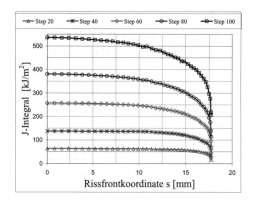

Bild 7.21: Verlauf des J-Integrals entlang der Rissfront mit steigender Belastung für Riss 6:18

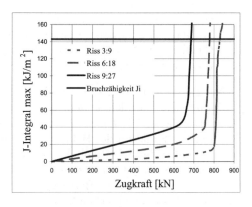

Bild 7.22: Max. Werte des J-Integrals als Funktion der Belastung für alle drei Risstiefen

8 Numerische Simulation des Risswachstums

Die Vorhersage des Ausbreitungsvorgangs von Rissen ist für viele bruchmechanische Fragestellungen von Bedeutung. Die numerische Simulation bietet zur Lösung dieser Aufgaben hervorragende Möglichkeiten und hat sich zu einem unentbehrlichen Werkzeug entwickelt. Ein besonders hohes technisches Interesse besteht an der Modellierung des unterkritischen Wachstums von Ermüdungsrissen, der stabilen Rissausbreitung in duktilen Werkstoffen und von instabilen dynamischen Bruchvorgängen. Die Bruchmechanik stellt für diese Fälle Kriterien und Gesetzmäßigkeiten bereit, siehe die Abschnitte 3.2, 3.3, 3.4 und 3.5, die festlegen:

- bei welcher Belastung die Rissausbreitung beginnt,
- in welcher Richtung θ_c die Rissausbreitung erfolgt,
- wie groß der Betrag Δa des Risswachstums ist.

Die Aufgabe der numerischen Simulation besteht somit darin, diese Gesetze im Rahmen des Finite-Elemente-Lösungsalgorithmus umzusetzen. Aus kontinuumsmechanischer Sicht bedeutet Risswachstum die Änderung der RWA, weil hierdurch neue Ränder (Rissufer) mit veränderten Randbedingungen entstehen. Daraus ergibt sich auch für die FEM-Analyse das Problem, die räumliche Diskretisierung beim Risswachstum fortlaufend zertrennen oder anpassen zu müssen. Für diesen Zweck wurden verschiedene Techniken entwickelt, die im Folgenden dargestellt und diskutiert werden.

Bei dieser Vorgehensweise wird die Rissausbreitung zumeist als zeitliche Abfolge von RWA mit *diskreten*, wachsenden Risslängen a_i modelliert und die Materialtrennung entlang des Rissinkrementes Δa_i als *diskontinuierlich* (scharfe Trennung) angenommen. In Wahrheit verläuft die Rissausbreitung natürlich *stetig* und auch das Materialversagen in der Prozesszone ist ein *kontinuierlicher* Vorgang. Bei einigen numerischen Simulationen wird versucht, auch diese Phänomene nachzubilden. Um Fehlinterpretationen zu vermeiden, sollte man jedoch klar zwischen werkstoffmechanischem Modell und numerischer Technik unterscheiden, wenngleich sie in der Simulation eng verzahnt sind.

8.1 Technik der Knotentrennung

Die einfachste Methode, um Risswachstum in einem FEM-Netz zu simulieren, besteht in der *Auftrennung eines Knotens*, so dass der Riss um ein Inkrement Δa entlang der Elementkante bis zum nächsten Knoten vergrößert wird. In Bild 8.1 wird dies für den symmetrischen Modus-I-Fall und eine allgemeine Mixed-Mode-Beanspruchung gezeigt. Beim Modus I (Bild 8.1 a) geschieht die Rissausbreitung immer entlang einer Symmetrielinie, so dass lediglich die Bindung der Normalverschiebung des Rissspitzenknotens gelöst werden muss. Im allgemeinen Fall (Bild 8.1 b) müssen der Rissspitzenknoten und

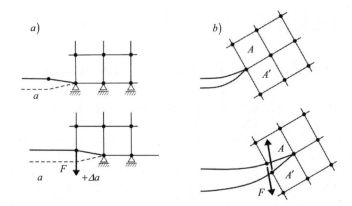

Bild 8.1: Schematische Darstellung der Knotentrennung bei a) symmetrischer und b) allgemeiner Belastung

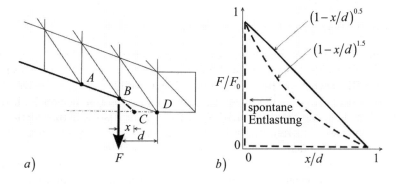

Bild 8.2: Kontinuierliche Entlastung der Schnittkraft am Rissspitzenknoten

die Elementkanten auf Δa zuerst verdoppelt und dann separiert werden, d. h. es entsteht ein zusätzlicher Knoten im FEM-Modell und die Knotenzuordnung der Risselemente A bzw. A' ist zu modifizieren. Am hoch belasteten Rissspitzenknoten herrscht im Sinne der FEM-Lösung ein Gleichgewicht des Kraftsystems, das nach der Trennung in ein Paar entgegengesetzt gerichteter Kräfte F (Fall b) bzw. eine Reaktionskraft (Fall a) aufgespaltet wird. Ein abruptes Weglassen dieser Bindungskräfte würde zu einer spontanen Entlastung im Rissspitzenbereich führen, was physikalisch nicht korrekt ist und numerische Probleme verursachen kann. Deshalb ist es zweckmäßig, diesen Entlastungsvorgang allmählich auszuführen. In Bild 8.2 sind bewährte Funktionen dargestellt, nach denen die Kraft F von ihrem maximalen Anfangswert F_0 auf null abgesenkt wird, was mit einer veränderlichen Position x/d der wahren Rissspitze korreliert.

Nehmen wir an, im Verlaufe der FEM-Analyse wird an der momentanen Rissspitze das Bruchkriterium erreicht. Für die geforderte Richtung θ_c wird im FEM-Netz die beste Orientierung gesucht. Der Betrag Δa der Rissausbreitung ist an die Elementgröße L

gebunden. Dann folgt der Algorithmus der *Knotentrennung*:

1. Einfrieren (konstant halten) der äußeren Belastung
2. Bestimmung der Schnittkraft F_0 aus der Lagerreaktion (Fall a) bzw. mit den in Abschnitt 5.5.2 d) beschriebenen Methoden (Fall b)
3. Lösen der Lagerbindung (Modus-I-Fall a) bzw. Einführung eines Doppelknotens (Mixed-Mode-Fall b) an der Rissspitze
4. Ersetzen der kinematischen Bindungen am Rissspitzenknoten durch die äquivalente Schnittkraft F_0
5. Schrittweise Entlastung der Schnittkraft von F_0 auf null, womit die neu entstandenen Rissufer lastfrei sind
6. Kontrolle, ob Bruchkriterium bei neuer Risslänge ebenfalls erfüllt wird:
   ja   → instabiles Risswachstum, gehe zu Punkt 2
   nein → Fortsetzung der FEM-Analyse mit neuem Lastschritt

Die Technik der Knotentrennung ist im Grunde nur dann anwendbar, wenn man den Pfad der Rissausbreitung im Bauteil bereits kennt, damit die Elemente des Netzes hinsichtlich Orientierung und Größe entsprechend angeordnet werden können. Anderenfalls wird die Lösung stark netzabhängig. Das Verfahren eignet sich vornehmlich in Kombination mit Standardelementen, weshalb die Bruchkenngrößen mit robusten Methoden wie den J-Integralen ermittelt werden müssen. Trotzdem ist die Technik nützlich, um bei bekanntem Bruchverlauf die Kinematik der Rissausbreitung in der Simulation nachzuvollziehen und daraus die Rissbeanspruchungen zu berechnen. Diese Vorgehensweise wird häufig zur Analyse bruchmechanischer Prüfkörper angewandt, so dass aus der gemessenen Beziehung zwischen der Risslänge a (Modus-I-Fall) und der Probenbelastung (Kraft, Weg) mittels Simulation die zugehörigen bruchmechanischen Kenngrößen (J-Integral, K-Faktoren, CTOD u. a.) bestimmt werden können. Wichtig ist der Hinweis, dass bei der hier vorgestellten Technik der Knotentrennung die Energiedissipation durch den Bruchvorgang selbst nicht berücksichtigt wird!

8.2 Techniken der Elementmodifikation

8.2.1 Elementteilung

Eine leistungsfähigere aber aufwändigere Technik zur FEM-Simulation der Rissausbreitung ist die Teilung von finiten Elementen. Hier existieren je nach Elementtyp und Problemstellung vielfältige Varianten. Die Methodik soll am Beispiel zweidimensionaler Vernetzungen mit 6-Knoten-Dreieckelementen veranschaulicht werden. Ausgangspunkt ist wiederum ein kritischer Riss der Länge a an der Position P im momentanen FEM-Netz, für den die Richtung θ_c und der Betrag Δa des Risswachstums bruchmechanisch vorgegeben seien. Die neue Position P_{neu} der Rissspitze im FEM-Netz ist also bekannt und soll durch Elementteilungen genau angesteuert werden. Dieses Ziel kann durch verschiedene *Teilungsalgorithmen* erreicht werden, die in Bild 8.3 veranschaulicht sind. Aus einem »Vater-Element« entstehen dabei zwei oder vier »Kinder-Elemente« des gleichen Typs, wohingegen man die umliegenden Elemente unverändert belässt. Die Kombination der

Algorithmen wird am Beispiel einer typischen Vernetzung in Bild 8.4 illustriert. Die neu hinzugekommenen Elemente sind als Strichlinien gezeichnet.

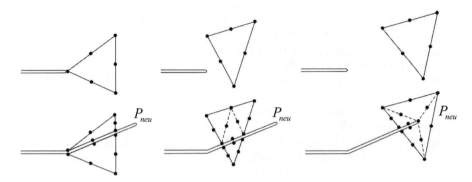

Bild 8.3: Verschiedene Algorithmen zur Teilung von Dreieckelementen

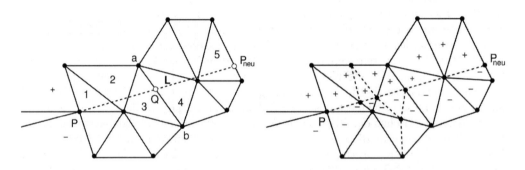

Bild 8.4: Anwendungsbeispiel für die Technik der Elementteilung

Die *Element-Teilungstechnik* gestattet die exakte numerische Simulation bruchmechanisch begründeter Risspfade, was ein großer *Vorteil* ist. Als *Nachteil* muss der unvermeidbare Eingriff in die Datenstruktur des FEM-Modells genannt werden, der relativ kompliziert ist und die Verfügbarkeit des Quellcodes erfordert. Bei inelastischem Materialverhalten müssen außerdem die Spannungen und Zustandsvariablen aus der Lösung der »Vater-Elemente« auf die neu generierten »Kinder-Elemente« übertragen werden. Für 3D-Risskonfigurationen gestaltet sich diese Technik als recht schwierig wegen der räumlichen Geometrie und Topologie [73].

8.2.2 Elementausfall

Bei dieser Technik wird die Ausbreitung eines Risses einfach dadurch realisiert, dass man das am höchsten beanspruchte finite Element an der Rissspitze aus dem FEM-Modell entfernt. Viele kommerzielle FEM-Programme bieten eine so genannte *Elementausfall-Technik* (engl. *element elimination technique*) an. Als Ausfallkriterium kann jede Versagenshypothese der klassischen Festigkeitslehre (v. MISES-Spannung, maximale Haupt-

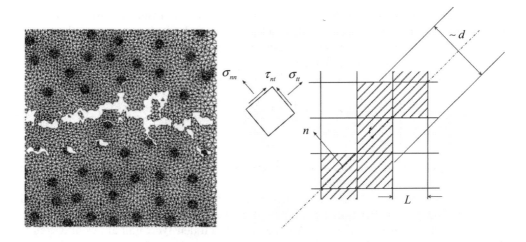

Bild 8.5: Simulation der Rissausbreitung in einem Werkzeugstahl mit Hilfe der Elementausfall-Technik [173]

Bild 8.6: Simulation des Bruchvorgangs mit Hilfe angepasster orthotroper Materialsteifigkeiten

spannung, ...), der Bruchmechanik (K, J, δ, ...) oder der Schädigungsmechanik (Mikrorissdichte, Porosität, ...) gewählt werden. Der bestechenden Einfachheit dieser Technik stehen verschiedene Nachteile entgegen. Ganz offensichtlich hängt das Simulationsergebnis von der Größe der finiten Elemente und der Gestalt des Netzes ab. Je kleiner die Elemente an der Spitze des Hauptrisses sind, umso höher ist ihre Beanspruchung und um so früher ihr Versagen. Es wird nicht nur die Bilanzgleichung der Energie (keine Dissipation) sondern auch der Massenerhaltung verletzt.

Das Verfahren eignet sich deshalb weniger für die Simulation der Ausbreitung von Makrorissen, wo dominante Singularitäten auftreten, sondern ist besser für die Modellierung diverser Schädigungsmechanismen in einem Werkstoffgefüge nutzbar wie z. B. der Bildung von Mikrorissen oder dem Wachstum von Mikroporen. Bild 8.5 zeigt eine typische Anwendung der Elementausfall-Technik auf einen Werkzeugstahl mit spröden Karbidpartikeln [173]. Der Gefügeausschnitt von 100×100 μm wurde detailgetreu mit FEM nachgebildet. Mit steigender Belastung entstehen Mikrorisse an den Karbiden, die sich dann zu einem Makroriss vereinigen.

8.2.3 Anpassung der Elementsteifigkeit

Diese Technik wurde zur Modellierung der Bruchvorgänge in spröden Werkstoffen wie Beton, Gestein oder Keramik entwickelt und hat die englische Bezeichnung *smeared crack model*, was am besten als *homogenisiertes Mikrorissmodell* zu übersetzen ist. Überschreitet in diesen Werkstoffen die maximale Hauptnormalspannung eine kritische Zugfestigkeit, so bildet sich senkrecht zur Hauptspannungsrichtung ein schmales Band von Mikrorissen aus, was in Bild 8.6 skizziert ist. Da der Werkstoff in Normalenrichtung nur noch geringfügige Spannungen σ_{nn} übertragen kann, entsteht eine orthotrope Anisotropie der elastischen Eigenschaften, wobei die Basisvektoren $(\boldsymbol{n},\boldsymbol{t})$ die Richtungen normal und tangential zum Mikrorissband verkörpern. Die reduzierten Materialsteifigkeiten werden in diesem Koordinatensystem mit Hilfe einer modifizierten Elastizitätsmatrix beschrieben, was für den ESZ (siehe (4.46)) folgende Form ergibt:

$$\boldsymbol{\sigma} = \tilde{\mathbf{C}}\boldsymbol{\varepsilon}, \quad \begin{bmatrix} \sigma_{nn} \\ \sigma_{tt} \\ \tau_{nt} \end{bmatrix} = \frac{1}{1-\nu^2} \begin{bmatrix} (1-\omega)E & 0 & 0 \\ 0 & E & 0 \\ 0 & 0 & \mu\frac{(1-\nu)}{2}E \end{bmatrix} \begin{bmatrix} \varepsilon_{nn} \\ \varepsilon_{tt} \\ \gamma_{nt} \end{bmatrix} \quad (8.1)$$

E und ν bezeichnen die elastischen Konstanten des intakten Werkstoffs. Die Dichte der Mikrorisse wird durch eine *Schädigungsvariable* $\omega(\boldsymbol{\varepsilon})$ beschrieben, welche sich mit der Verformung $\boldsymbol{\varepsilon}$ vom Wert $\omega = 0$ (ungeschädigter Ausgangszustand) bis zum Endwert $\omega = 1$ (totale Schädigung) entwickelt. Somit fällt der Elastizitätsmodul in Normalenrichtung mit zunehmender Entfestigung vom Anfangswert E auf den Wert null ab, wohingegen in Tangentialrichtung zum Mikrorissband die Steifigkeit unvermindert besteht, siehe (8.1). Aufgrund von Oberflächenrauhigkeiten und Brücken zwischen den Rissufern verschwindet die Schubsteifigkeit des Mikrorissbandes unter Modus-II-Beanspruchung nicht vollständig, sondern wird in (8.1) durch einen Schubaufnahmefaktor $\mu \approx 0{,}2$ reduziert. Weitere Details findet man in [32, 70].

Zur Implementierung dieser Technik in den FEM-Algorithmus braucht man lediglich die Elastizitätsmatrix $\mathbf{C}$ in den Integrationspunkten der betroffenen Elemente durch die modifizierte Matrix $\tilde{\mathbf{C}}(\boldsymbol{\sigma}, \omega)$ auszutauschen und in das globale $\boldsymbol{x}$-Koordinatensystem zu transformieren. Das FEM-Netz muss also nicht verändert werden, worin der große *Vorteil* des Verfahrens liegt. Von *Nachteil* ist eine gewisse Netzabhängigkeit, insbesondere wird mit der Elementgröße L in etwa die Breite d des Mikrorissbandes willkürlich festgelegt. Im Gegensatz zur Technik der Elementteilung, wo der Riss als scharfe geometrische Diskontinuität wächst, wird bei diesem Verfahren die Materialtrennung als ein geometrisch kontinuierlicher Übergang innerhalb des Mikrorissbandes modelliert, dem makroskopisch eine extreme Lokalisierung der Dehnung ε_{nn} entspricht. Die Technik der angepassten Elementsteifigkeiten wurde vor allem in der Beton-Bruchmechanik erfolgreich angewandt [115].

8.3 Mitbewegte Rissspitzenelemente

Ein Nachteil der bisher beschriebenen Techniken besteht darin, dass mit regulären Finiten Elementen gearbeitet wird. Weitaus vorteilhafter und genauer wäre natürlich die Verwendung spezieller *Rissspitzenelemente* (siehe Kapitel 5). Das erfordert allerdings eine andere Technik, weil diese Sonderelemente stets die Rissspitze umgeben und deshalb mit ihr mitbewegt werden müssen. Man kennt verschiedene Varianten der lokalen Mitführung von Rissspitzenelementen in einem FEM-Netz (engl. *moving local mesh procedure*), die insbesondere von NISHIOKA [187] für dynamische Rissprobleme entwickelt wurden. Bild 8.7 illustriert die Vorgehensweise am ebenen Beispiel der Modus-I Rissausbreitung entlang einer Symmetrielinie. Das mitbewegte Gebiet der Rissspitzenelemente wird mit A bezeichnet, mit B sind die zu modifizierenden angrenzenden regulären Elemente gekennzeichnet

8.3 Mitbewegte Rissspitzenelemente

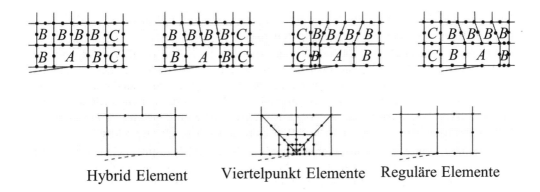

Bild 8.7: Simulation der Rissausbreitung unter Modus-I durch Verschiebung von Sonderelementen mit der Rissspitze

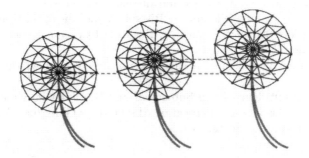

Bild 8.8: Simulation der Rissausbreitung unter gemischter Mixed-Mode-Belastung durch mitbewegte Viertelpunktelemente im kreisförmigen Nahbereich [177, 190]

und C beschreibt das weiter außen liegende unveränderte Netz. Wie die Bildsequenz zeigt, erfolgt die lokale Netzanpassung ausschließlich im Bereich B und springt dann um ein »Elementraster« weiter. Als Rissspitzenelemente können entweder hybride Elemente (Abschnitt 5.3) oder Viertelpunktelemente (Abschnitt 5.2.2) eingesetzt werden, die aufgrund der eingebauten Risssingularitäten trotz einer groben Vernetzung eine sehr genaue Berechnung der Spannungsintensitätsfaktoren ermöglichen. Neben diesem wesentlichen *Vorteil* zeichnet sich die Technik der *mitbewegten Rissspitzenelemente* gegenüber anderen Verfahren auch dadurch aus, dass die Länge des Rissinkrementes Δa nicht an die FEM-Diskretisierung gebunden ist, sondern kontinuierlich auf den gewünschten Betrag einstellbar ist. Bei einigen Hybridelementen kann Δa sogar im Element selbst variiert werden, siehe Bild 5.15. Diese Vorzüge erkauft man sich durch den erhöhten Aufwand einer ständigen Neuvernetzung, d. h. zumindest im Bereich B müssen die Elementsteifigkeitsmatrizen neu aufgebaut und assembliert werden. *Einschränkungen* ergeben sich aus dem Umstand, dass leistungsfähige Rissspitzenelemente nur für statische und dynamische

Rissprobleme der LEBM zur Verfügung stehen. In anderen Fällen (z. B. EPBM) kann der Bereich A auch mit Standardelementen vernetzt werden.

Mit geringfügigem Mehraufwand lässt sich diese Technik ebenso auf krummlinige Rissausbreitung unter Mixed-Mode-Beanspruchung erweitern. Bild 8.8 zeigt ein Beispiel mit kreisförmigem Kerngebiet A aus Viertelpunktelementen [177, 190], das die bewegte Rissspitze umschließt und durch ein Übergangsgebiet (B) aus konzentrischen Elementringen an das äußere Netz angeschlossen wird. Für die Netzanpassung bieten sich automatische Netzgeneratoren wie z. B. der DELAUNAY-Algorithmus [300] für Dreiecke an.

Eine interessante gemischte Technik aus Standard- und Rissspitzenelementen wurde in [242] für ebene und räumliche Rissausbreitung vorgeschlagen. Sie kombiniert eine einfache Vernetzungsstrategie für reguläre Elemente mit der besseren Genauigkeit von Rissspitzenelementen durch folgenden Algorithmus, der anhand von Bild 8.9 erläutert wird:

1. Neuvernetzung der Rissumgebung mit Standardelementen (2D Dreiecke bzw. 3D Tetraeder) für das aktuelle Rissinkrement
2. Durchführung einer FEM-Analyse mit diesem globalen Netz
3. Festlegung eines Submodells um die Rissspitze, das aus optimal angeordneten Elementen (reguläre 2D Vierecke oder 3D Hexaeder bzw. entsprechenden Viertelpunktelementen) besteht
4. Übertragung der Verschiebungslösung der globalen Analyse auf die Randknoten des Submodells
5. FEM-Analyse mit dem lokalen Submodell und Bestimmung der Bruchkenngrößen, wozu entweder das Rissschließintegral (Abschnitt 5.5) oder die Viertelpunktauswertung (Abschnitt 5.2.3) genutzt wird.

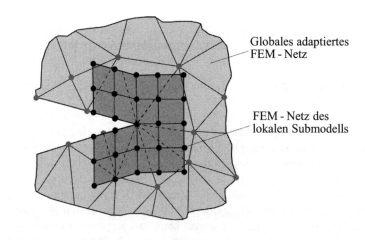

Bild 8.9: Kombinierte Technik aus globaler Rissvernetzung und lokalem Submodell mit spezifischer Elementanordnung zur Rissanalyse [242]

8.4 Adaptive Vernetzungsstrategien

8.4.1 Fehlergesteuerte adaptive Vernetzung

Im Unterschied zu einer *automatischen Vernetzung* von Risskonfigurationen bzw. ausgewählten Teilbereichen (z. B. im vorigen Abschnitt 8.3), die mit herkömmlichen Netzgeneratoren erfolgt, spricht man von einer *adaptiven Vernetzung* dann, wenn der Algorithmus auf der Basis der FEM-Lösung selbst eine Anpassung der Diskretisierung an das behandelte Problem vornimmt. Als Kriterium für eine lokale Verfeinerung oder Vergröberung der Vernetzung dienen Maße für den numerischen Fehler an dieser Stelle. Dafür existieren verschiedene a posteriori Fehlerschätzer, siehe z. B. [300, 290], die entweder auf einer energetischen Fehlernorm zwischen dem lokalen FEM-Wert und einer global verbesserten FEM-Approximation basieren oder die Residuen von Feldgrößen auf den Elementrändern $\tilde{S}_e$ auswerten. Da bei der Verschiebungsgrößen-FEM die Schnittspannungen auf den Kanten zwischen benachbarten Elementen nicht exakt reziprok sind (4.6), sondern eine Unstetigkeit aufweisen (siehe Bild 4.2), wird die quadratische Norm des Spannungssprungs $\Delta t_i = t_i^+ + t_i^- = (\sigma_{ij}^+ - \sigma_{ij}^-) n_j$ als Fehlerindikator für jedes Element e benutzt:

$$\eta_e^2 = \sum_{k=1}^{N_K} l_k \|\Delta t_i\|^2. \tag{8.2}$$

Hierbei wird über alle N_K Kanten $\tilde{S}_e$ des Elementes summiert und mit ihrer Länge l_k gewichtet. Eine Abschätzung für den Gesamtfehler der numerischen Lösung mit der gegebenen Diskretisierung erhält man aus dem Mittelwert

$$\eta = \sqrt{\sum_{e=1}^{n_e} \eta_e^2}. \tag{8.3}$$

Der Vergleich des lokalen Elementfehlers mit dem Mittelwert steuert die adaptive Veränderung der Vernetzung. Überdurchschnittlich fehlerbehaftete Elemente mit $\eta_e^2 > \alpha_{\text{fein}} \eta^2$ werden verfeinert ($\alpha_{\text{fein}} \approx 0{,}8$), während man Elemente mit geringem Fehler $\eta_e^2 < \alpha_{\text{grob}} \eta^2$ ($\alpha_{\text{grob}} \approx 0{,}001$) wieder vergröbern kann. Auf diese Weise wird in einer Folge von FEM-Analysen eine schrittweise fehlergesteuerte Verbesserung der Diskretisierung erzielt, bis der Gesamtfehlerindikator η eine Toleranzschranke unterschreitet.

Die adaptive Vernetzung lässt sich besonders effektiv durch Verknüpfung mit einem iterativen FEM-Gleichungslöser (z. B. konjugierte Gradientenmethode) gestalten, wenn zur Vorkonditionierung die Datenstrukturen und Ergebnisse des vorherigen Verfeinerungsschrittes genutzt werden [169].

8.4.2 Simulation der Rissausbreitung

Wendet man den adaptiven Vernetzungsalgorithmus auf Rissprobleme an, so wird auf sehr komfortable Weise automatisch das FEM-Netz in der Rissspitzenumgebung verfeinert, da hier der lokale Fehler der numerischen Lösung aufgrund der Spannungssingularität am höchsten ist. Für die Berechnung der Spannungsintensitätsfaktoren können prinzipiell alle im Kapitel 5 erläuterten FEM-Techniken eingesetzt werden. Da das automatisch generierte Netz zumeist aus Dreieckelementen mit einer recht unregelmäßigen Anordnung um die Rissspitze besteht, ist die Auswertung von J als äquivalentes Gebietsintegral am besten geeignet. Im Falle von Mixed-Mode-Beanspruchung empfiehlt es sich dann, das in Kapitel 6.7.2 vorgestellte Interaction-Integral zu benutzen, um K_I und K_{II} zu separieren. Wann darf die sukzessive adaptive Verfeinerung am Riss beendet werden? Die Erfahrungen haben gezeigt, dass eine Überwachung des Konvergenzverhaltens des J-Integrals bzw. der K-Faktoren angezeigt ist, um die Qualität des Netzes in Bezug auf die Bruchkenngrößen zu kontrollieren. Wenn die relative Verbesserung der Ergebnisse eine festgesetzte Schranke unterschreitet, ist die Lösung genau genug.

Für die Simulation des Risswachstums bildet die so erhaltene FEM-Lösung die Grundlage, um über Größe und Richtung des Rissfortschritts zu entscheiden. Daraufhin erfolgt eine Netzanpassung, wofür sich die Elementteilung nach Abschnitt 8.2.1 anbietet. Mit dem modifizierten Netz des verlängerten Risses wird danach eine neue FEM-Lösung unter Verwendung der adaptiven Vernetzung berechnet. Der vollständige Algorithmus zur Analyse der Rissausbreitung in Verbindung mit einer adaptiven Verfeinerungstechnik ist in Bild 8.10 zusammengestellt.

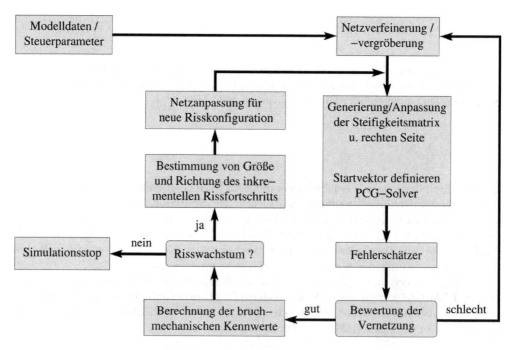

Bild 8.10: Ablaufplan einer Rissausbreitungssimulation in Kombination mit einer adaptiven, fehlergesteuerten Vernetzungsstrategie

Als Beispiel wird das Risswachstum in einer symmetrischen Zugprobe untersucht, die durch eine vorgegebene Verschiebung an der linken Modellseite im Modus I belastet ist, siehe Bild 8.11. Gestartet wird mit dem sehr groben Ausgangsnetz Bild a). Der fehlerkontrollierte Algorithmus erzeugt daraus eine extreme Netzverfeinerung am Riss, so dass eine ausreichend genaue Berechnung des K_I-Faktors gegeben ist, verfeinert aber auch an den belasteten Ecken links oben und unten, Bild b). Die Bilder c) und d) stellen das Netz in verschiedenen Stadien der Rissausbreitung dar. Man erkennt sehr deutlich die Netzverfeinerung während des Risswachstums. Nachdem der Riss von seiner früheren Position um Δa fortgeschritten ist, wird die Vernetzung an der alten Rissspitze sogar wieder vergröbert.

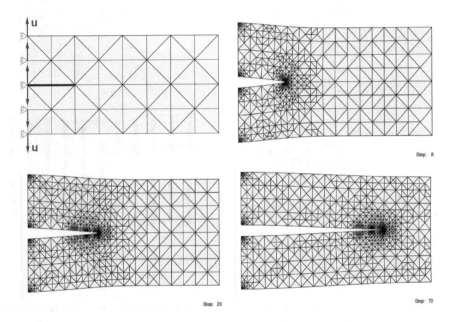

Bild 8.11: Beispiel für eine adaptive FEM-Simulation der Rissausbreitung in einer Zugprobe: a) Ausgangsnetz, b) Verfeinerung bei Anfangsrisslänge, c)-d) Ausbreitung

8.5 Kohäsivzonenmodelle

8.5.1 Werkstoffmechanische Grundlagen

Die Idee des *Kohäsivzonenmodells* (engl. *cohesive zone model*) beruht auf der Annahme, dass die Materialtrennung beim Bruchvorgang ausschließlich in einer schmalen streifenförmigen Zone vor dem Riss stattfindet. Nach dieser Vorstellung vollzieht sich die Schädigung des Materials bis hin zu seiner endgültigen Separation im Wesentlichen in diesem begrenzten Bereich, wohingegen der restliche Körper normalen Verformungsgesetzen unterliegt und schädigungsfrei bleibt.

Das erste Modell dazu stammt von BARENBLATT [24], der die atomaren Wechselwirkungskräfte zwischen den Ufern eines sich öffnenden Risses berücksichtigte und diesen

Bereich als *Kohäsivzone* bezeichnete. Das Versagen wird bei diesem physikalisch motivierten Zugang *kontinuierlich* modelliert. Als Folge davon verschwinden die unrealistischen Spannungssingularitäten an der Rissspitze – eine wesentliche Eigenschaft aller Kohäsivzonenmodelle. Ein ähnliches Modell wurde von DUGDALE [79] entwickelt, um eine streifenförmige plastische Zone vor dem Riss nachzubilden, siehe Abschnitt 3.3.3.

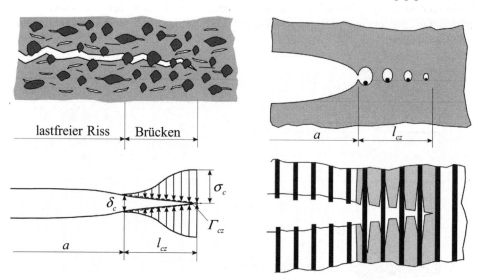

Bild 8.12: Anwendungsbeispiele für Kohäsivzonenmodelle: Spröde heterogene Werkstoffe, duktiler Wabenbruch, Faserverbundwerkstoffe (l_{cz} – Länge der Kohäsivzone)

Inzwischen hat das Kohäsivzonenmodell viele Anwendungen gefunden, die vor allem durch werkstofftypische Phänomene des Versagens in einem schmalen Band angeregt wurden. So beobachtet man in keramischen Werkstoffen oder Betonen [115] Materialbrücken zwischen den Rissufern, die begrenzte Kräfte übertragen können (Bild 8.12). Charakteristische Erscheinungen dieser Art findet man auch bei faserverstärkten Werkstoffen oder in Polymeren, wo sich durch Faserauszug bzw. gestreckte Molekülketten (*crazes*) eine Stützwirkung ausbildet. Auch die Prozesszone beim duktilen Bruch, in der infolge von Bildung, Wachstum und Vereinigung von Mikroporen eine geometrische Entfestigung der verbleibenden Zwischenbereiche abläuft, kann näherungsweise auf ein schmales Band reduziert werden, siehe Bild 8.12. Weitere Anwendungsmöglichkeiten des Kohäsivzonenmodells findet man bei Klebeverbindungen oder engspaltigen Schweißnähten. In Verbindung mit numerischen FEM-Berechnungen haben Kohäsivzonenmodelle vor allem deshalb an Bedeutung gewonnen, weil sich damit das Risswachstum recht leicht simulieren lässt. Erstmalig hat NEEDLEMAN [181] auf diese Weise das Risswachstum in duktilen Werkstoffen mit FEM modelliert.

Die Grundlage aller Kohäsivmodelle ist das Gesetz, welches die Kraftwechselwirkung zwischen den beiden Grenzflächen (Rissufern) beschreibt. Hierbei handelt es sich um ein echtes lokales Materialgesetz, das von der äußeren Belastung unabhängig ist. Das so genannte *Kohäsivgesetz* oder *Separationsgesetz* wird üblicherweise als Funktion zwischen den Randspannungen σ und der Separation $\delta_n = u_n^+ - u_n^-$ der Grenzflächen dargestellt, d. h. dem Abstand der Rissufer. Es existieren in der Literatur inzwischen viele Vorschläge für Kohäsivgesetze, die sich je nach Werkstoff und Versagensmechanismus unterscheiden, siehe z. B. die Übersichten von BROCKS und CORNEC [43, 44]. Bild 8.13 zeigt einige typische Formen. Mit wachsendem Abstand steigt zunächst die Spannung an bis zu einem Maximum, der *Kohäsionsfestigkeit* σ_c des Materials. Wenn die Separation eine kritische *Dekohäsionslänge* δ_c erreicht hat, so ist das Material zertrennt und es kann keine Spannung mehr übertragen werden.

Die Integration des Separationsgesetzes bis zum Versagen δ_c, also die Fläche unter der Kurve, liefert die bei der Materialtrennung dissipierte Arbeit – die spezifische Bruchenergie pro Oberfläche $G_c = 2\gamma$ nach GRIFFITH.

$$G_c = \int_0^{\delta_c} \sigma(\delta_n) \mathrm{d}\delta_n \qquad \textit{Separationsenergie} \tag{8.4}$$

Die Separationsenergie muss nach Abschnitt 3.2.5 von der lokalen Energiefreisetzungsrate $\Delta\mathcal{W}_c$ des Systems gemäß der Beziehung (3.84) bereitgestellt werden. Andererseits kann man mit (3.100) das J-Integral $\hat{=} J_{\text{tip}}$ direkt in der Kohäsivzone des Risses auswerten, wofür der Integrationspfad genau entlang ihrer Berandung Γ_{cz} in Bild 8.12 geführt wird. Damit entfällt der 1. Term mit U aus (3.100). Bei reiner Modus-I-Belastung besteht der 2. Term nur aus dem Produkt der Normalspannungen $-\sigma_{22} = \sigma(\delta_n)$ mit den Verschiebungen u_2^+ des oberen Rissufers, was sich mit entgegengesetzten Vorzeichen ($u_2^- = -u_2^+, +\sigma_{22}$) am unteren Rissufer wiederholt, so dass mit $\delta_n = u_2^+ - u_2^-$ gilt:

$$\begin{aligned} J_{\text{tip}} &= \oint_{\Gamma_{\text{cz}}} \left(-\sigma_{ij}\frac{\partial u_i}{\partial x_1}\right) n_j \, \mathrm{d}s = \oint_{\Gamma_{\text{cz}}} \left(-\sigma_{22}\frac{\partial u_2}{\partial x_1}\right) \mathrm{d}s \\ &= \int_0^{l_{\text{cz}}} \sigma(\delta_n)\frac{\partial \delta_n}{\partial x_1} \, \mathrm{d}x_1 = \int_0^{\delta_c} \sigma(\delta_n) \, \mathrm{d}\delta_n = G_c \,. \end{aligned} \tag{8.5}$$

Rissinitiierung setzt ein, wenn $\delta = \delta_c$ an der eigentlichen Rissspitze ($x_1 = 0$) erreicht wird, was dem CTOD-Wert δ_t entspricht (Bild 8.12). Im Rahmen der LEBM ist sofort die Verbindung mit den Bruchzähigkeitskennwerten $G_c \hat{=} G_{\text{Ic}} = K_{\text{Ic}}^2/E'$ gegeben. In der EPBM korreliert die Separationsenergie bei hinreichender Wegunabhängigkeit von J mit dem physikalischen Initiierungswert $G_c \approx J_i$. Damit ist der Zusammenhang zwischen Kohäsivzonenmodell und klassischer Bruchmechanik hergestellt.

Für spröde Metalle eignet sich das Exponentialgesetz (8.6) nach Bild 8.13 a, das auf Energiepotentialen der atomaren Bindungen von ROSE u. a. [229] beruht und von NEEDLEMAN [182] in modifizierter Form für Kohäsivzonenmodelle eingeführt wurde.

$$\sigma(\delta_n) = \frac{G_c}{\delta_0}\frac{\delta_n}{\delta_0}\exp\left(-\frac{\delta_n}{\delta_0}\right), \qquad G_c = \mathrm{e}\,\sigma_c\,\delta_0, \qquad (\mathrm{e} \approx 2{,}718) \tag{8.6}$$

Am Anfang überwiegt der lineare Anteil, bis bei δ_0 das Maximum $\sigma_c = G_c/(e\,\delta_0)$ der Funktion erreicht wird, wonach sie exponentiell abklingt.

Eine trapezförmige Form des Separationsgesetzes (Bild 8.13 b) haben TVERGAARD & HUTCHINSON [276] und SCHEIDER [233] für duktiles Risswachstum vorgeschlagen. Die Anfangssteifigkeit, der Bereich konstanter Maximalspannungen und die Entfestigungskurve können je nach Bedarf frei gewählt werden. Die differenzierbaren Kurvenübergänge sind für die Numerik vorteilhaft.

$$\sigma(\delta_n) = \begin{cases} \sigma_c \left[2\left(\dfrac{\delta_n}{\delta_1}\right) - \left(\dfrac{\delta_n}{\delta_1}\right)^2 \right] & \text{für } \delta_n < \delta_1 \\ \sigma_c & \text{für } \delta_1 \leq \delta_n \leq \delta_2 \\ \sigma_c \left[2\left(\dfrac{\delta_n - \delta_2}{\delta_c - \delta_2}\right)^3 - 3\left(\dfrac{\delta_n - \delta_2}{\delta_c - \delta_2}\right)^2 + 1 \right] & \text{für } \delta_2 < \delta_n < \delta_c \end{cases} \quad (8.7)$$

$$G_c = \sigma_c \left(\frac{1}{2} - \frac{1}{3}\frac{\delta_1}{\delta_c} + \frac{1}{2}\frac{\delta_2}{\delta_c} \right) \quad (8.8)$$

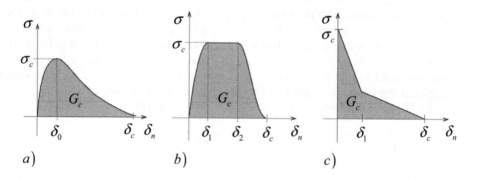

Bild 8.13: Typische Ansätze für Separationsgesetze

Für spröde Werkstoffe wie Beton wurden Funktion mit unendlicher Anfangssteifigkeit, aber linear HILLERBORG [114] oder bilinear BAZANT [31] abnehmendem Gesetz angenommen (Bild 8.13 c).

$$\sigma(\delta_n) = G_c \left(1 - \frac{\delta_n}{\delta_c} \right) \quad (8.9)$$

Die drei wesentlichen Parameter σ_c, G_c und δ_c jedes Kohäsivgesetzes kann man experimentell relativ gut bestimmen:
1. σ_c aus der Bruchspannung von glatten oder gekerbten Zugproben,
2. G_c aus Bruchmechanikversuchen über K_{Ic} oder J_i und
3. δ_c aus der Vermessung der Bruchprozesszone.

Im allgemeinen Fall führen die Grenzflächen nicht nur Verschiebungen δ_n senkrecht zueinander (Modus I) aus, sondern bewegen sich in der Ebene tangential δ_t (Modus II) und transversal δ_s (Modus III) zueinander. Der Separationsvektor $\boldsymbol{\delta} = \begin{bmatrix} \delta_n & \delta_t & \delta_s \end{bmatrix}^T$ wird in einem lokalen Koordinatensystem ($\boldsymbol{e}_n, \boldsymbol{e}_t, \boldsymbol{e}_s$) angegeben (Bild 8.14). Im ebenen Fall benötigt man zwei Kohäsivgesetze für das Verhalten bei Normal- und Scherseparation, die u. U. miteinander gekoppelt sein können [292, 233, 195]. Sie verknüpfen den Separationsvektor $\boldsymbol{\delta}$ mit dem Vektor der Kohäsivspannungen $\boldsymbol{t}$:

$$\boldsymbol{t} = \sigma \boldsymbol{e}_n + \tau \boldsymbol{e}_t, \qquad \boldsymbol{\delta} = \delta_n \boldsymbol{e}_n + \delta_t \boldsymbol{e}_t \tag{8.10}$$

$$\boldsymbol{t} = \boldsymbol{f}(\boldsymbol{\delta}) \quad \text{bzw.} \quad \sigma = f_n(\delta_n, \delta_t) \quad \text{und} \quad \tau = f_t(\delta_n, \delta_t) \tag{8.11}$$

Bild 8.15 zeigt typische Kohäsivgesetze für beide Separationsmoden. Die Schubspannungen bei Scherung ändern ihr Vorzeichen, wenn die Separationsrichtung δ_t wechselt. Das Gesetz für die Normalspannungen σ ist auf $\delta_n \geq 0$ beschränkt, da anderenfalls ein Kontakt der Rissufer auftritt, der Reaktionskräfte zur Folge hat. Im Fall von Druckbelastungen müssen Annahmen für die Reibung zwischen beiden Grenzflächen getroffen werden.

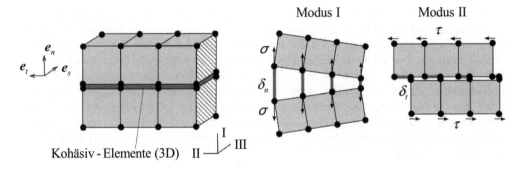

Bild 8.14: Finite Elemente Realisierung des Kohäsivzonenmodells

Im Weiteren wird eine Methode zur Erweiterung der Kohäsivgesetze auf lokale Mixed-Mode-Verhältnisse vorgestellt, die auf ORTIZ & PANDOLFI [195] zurückgeht. Es wird eine *effektive Separation* δ eingeführt, wobei der Faktor $0 \leq \eta \leq 1$ das Verhältnis zwischen Schubsteifigkeit und Dehnsteifigkeit des Kohäsivgesetzes charakterisiert.

$$\delta = \sqrt{\delta_n^2 + \eta^2 \delta_t^2} \tag{8.12}$$

Jedes Kohäsivgesetz kann aus dem zugehörigen Potential der inneren Energie ψ_e hergeleitet werden. Für das Exponentialgesetz (8.6) erhält man die Funktion

$$\psi_e(\delta) = \int_0^\delta \sigma(\bar{\delta})\, d\bar{\delta} = G_c \left[1 - \left(1 + \frac{\delta}{\delta_0}\right) \exp\left(-\frac{\delta}{\delta_0}\right) \right], \tag{8.13}$$

woraus sich $\sigma = \partial \psi_e / \partial \delta$ ergibt. Mit (8.12) und der Kettenregel findet man die beiden

Kohäsivgesetze

$$\sigma = \frac{\partial \psi_e}{\partial \delta_n} = \frac{\partial \psi_e}{\partial \delta}\frac{\partial \delta}{\partial \delta_n} = \frac{t}{\delta}\delta_n \quad \text{und} \quad \tau = \frac{\partial \psi_e}{\partial \delta_t} = \frac{\partial \psi_e}{\partial \delta}\frac{\partial \delta}{\partial \delta_t} = \frac{t}{\delta}\eta^2 \delta_t \,, \tag{8.14}$$

wobei aus (8.12) und (8.14) folgt:

$$t = \sqrt{\sigma^2 + \frac{1}{\eta^2}\tau^2} \tag{8.15}$$

Das Modell lässt sich auch auf den 3D-Fall verallgemeinern, wenn man die beiden (bei Isotropie) gleichberechtigten Scherseparationen in der Grenzfläche vektoriell addiert und die Beziehung (8.14) als Kohäsivgesetz in dieser T-Richtung versteht:

$$\left.\begin{array}{ll}\boldsymbol{\delta}_T = \delta_t \boldsymbol{e}_t + \delta_s \boldsymbol{e}_s, & \delta_T = \sqrt{\delta_t^2 + \delta_s^2}\\ \boldsymbol{\tau}_T = \tau_t \boldsymbol{e}_t + \tau_s \boldsymbol{e}_s, & \tau_T = \sqrt{\tau_t^2 + \tau_s^2}\end{array}\right\} \Rightarrow \tau_T = \frac{t}{\delta}\eta^2 \delta_T \,. \tag{8.16}$$

Abschließend soll noch auf die Unterschiede bei Be- und Entlastung in den Kohäsivgesetzen im Bild 8.15 hingewiesen werden. Bis zum Erreichen der Kohäsionsfestigkeit σ_c wird i. Allg. angenommen, dass die Entlastung auf derselben Kurve zum Ursprung zurück verläuft. Nach Überschreiten des Maximums ist das nicht mehr möglich. Vom bisher erreichten Kurvenpunkt A ($\sigma_{max}, \delta_{max}$) aus erfolgt eine Entlastung und eine Wiederbelastung, ab der das Kohäsivgesetz fortgesetzt wird. Somit hat δ_{max} die Funktion einer inneren Variablen. Die Entlastung verläuft entweder parallel zum Anstieg C_0 im Ursprung, wenn das Kohäsivgesetz plastische Verformungen beschreibt, oder sie geht linear in den Ursprung zurück, wenn das Versagen elastischer Natur ist und lediglich die Steifigkeit abnimmt.

$$\begin{array}{lll}\text{Belastung:} & \delta = \delta_{max} & \text{und} \quad \dot{\delta} \geq 0 \\ \text{Entlastung:} & \delta < \delta_{max} & \text{oder} \quad \dot{\delta} < 0 \\ \text{- elastisch:} & t = C_0\, \delta\,, & C_0 = \dfrac{\partial t(0)}{\partial \delta} = \dfrac{\partial^2 \psi_e(0)}{\partial \delta^2} \\ \text{- plastisch:} & t = \dfrac{t_{max}}{\delta_{max}}\delta & \end{array} \tag{8.17}$$

Ausführlichere Darstellungen der Kohäsivgesetze findet man in [43, 44].

8.5.2 Numerische Umsetzung

Das FEM-Modell besteht aus schädigungsfreien Kontinuumselementen mit einem beliebigen Materialgesetz und Grenzflächen-Elementen, in denen die Materialseparation mit dem Kohäsivzonenmodell erfolgt, siehe Bild 8.14. Diese Grenzflächen- bzw. *Kohäsiv-Elemente* öffnen sich gemäß dem Separationsgesetz und verlieren ihre Steifigkeit, wenn die Normal- bzw. Tangentialseparationen ihre kritischen Werte δ_{nc} bzw. δ_{tc} erreichen. Dann sind die ursprünglich miteinander in Kontakt stehenden Kontinuumselemente getrennt, d. h. das Material hat an dieser Stelle versagt. Der Riss kann nur innerhalb der

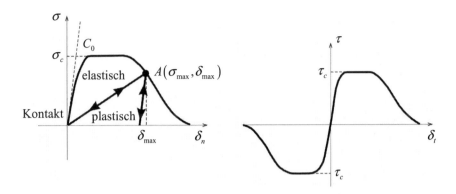

Bild 8.15: Kohäsivgesetze für die Separation in a) Normalen- b) und Tangentialrichtung

Kohäsiv-Elemente verlaufen. Wenn der Risspfad nicht von vornherein bekannt ist, muss das FEM-Netz verschiedene Pfade vorsehen und im Extremfall sogar Kohäsiv-Elemente zwischen allen Kontinuumselementen bereithalten. Kohäsiv-Elemente stellen die mechanische Wechselwirkung zwischen zwei Grenzflächen her und benötigen dafür keine Ausdehnung in senkrechter Richtung (e_n-Koordinate). Sie verbinden paarweise gegenüberliegende Knoten auf den Flächen der angrenzenden Kontinuumselemente. Bild 8.16 zeigt typische linien- und flächenförmige Kohäsiv-Elemente, wie sie bei zwei- und dreidimensionalen Rissproblemen verwendet werden. Im undeformierten Zustand liegen die Knotenpaare aufeinander.

Die Separation der kohäsiven Grenzflächen wird aus dem Verschiebungssprung $\boldsymbol{\delta} = [\![\mathbf{u}]\!] = \mathbf{u}^+ - \mathbf{u}^- = \begin{bmatrix} \delta_n & \delta_t & \delta_s \end{bmatrix}^T$ berechnet. Die Verschiebungen auf den Grenzflächen der Kohäsiv-Elemente und damit auch ihre Differenz $[\![\mathbf{u}]\!]$ werden mit denselben Formfunktionen wie bei den Kontinuumselementen angesetzt, siehe Abschnitt 4.3.1. Die Kohäsiv-Elemente in Bild 8.16 besitzen z. B. lineare Ansätze, nur Eckknoten und zwei Integrationspunkte je Koordinate. Analog zu Gleichung (4.40) werden die Separationen $[\![\mathbf{u}]\!]$ durch ihre Knotenvariablen $[\![\mathbf{v}]\!]$ interpoliert:

$$[\![\mathbf{u}(\boldsymbol{x})]\!] = \sum_{a=1}^{n_K} N_a(\boldsymbol{\xi})[\![\mathbf{u}^{(a)}]\!] = \mathbf{N}[\![\mathbf{v}]\!] \qquad (8.18)$$

Das Materialverhalten wird in allen Integrationspunkten der Kohäsiv-Elemente bei jedem Lastinkrement berechnet, d. h. die Kohäsivspannungen $\boldsymbol{t}([\![\boldsymbol{u}]\!]) = \begin{bmatrix} \sigma_n & \tau_t & \tau_s \end{bmatrix}^T$ zwischen den Grenzflächen ergeben sich aus den Separationen $[\![\boldsymbol{u}]\!]$ über das Kohäsivgesetz. Zur Ableitung der Steifigkeitsbeziehung wird das Prinzip der virtuellen Arbeit benutzt. Die innere Arbeit eines Kohäsiv-Elementes beträgt:

$$\delta W_i^{(e)} = \int_{S_e} \delta [\![\boldsymbol{u}]\!] \cdot \boldsymbol{t} \, \mathrm{d}S \qquad (8.19)$$

Da es sich um eine nichtlineare Analyse handelt, ist eine Linearisierung des Inkrementes bei der aktuellen Belastung notwendig:

$$\delta \Delta W_{\mathrm{i}}^{(e)} = \int_{S_e} \delta [\![u]\!] \cdot \frac{\partial t}{\partial [\![u]\!]} \cdot \Delta [\![u]\!] \, \mathrm{d}S \tag{8.20}$$

Ersetzt man mit (8.18) die Separation und ihre Variationen $\delta[\![u]\!]$ durch die Knotenvariablen $[\![\mathbf{v}]\!]$, so folgt die Matrizengleichung:

$$\begin{aligned}\delta \Delta W_{\mathrm{i}}^{(e)} &= \delta [\![\mathbf{v}]\!]^{\mathrm{T}} \underbrace{\int_{S_e} \mathbf{N}^{\mathrm{T}} \frac{\partial t}{\partial [\![u]\!]} \mathbf{N} \, \mathrm{d}S}_{\mathbf{K}([\![u]\!])} \; \Delta [\![\mathbf{v}]\!] \\ &= \delta [\![\mathbf{v}]\!]^{\mathrm{T}} \quad \mathbf{K}([\![u]\!]) \quad \Delta [\![\mathbf{v}]\!]\end{aligned} \tag{8.21}$$

$\mathbf{K}$ ist die gesuchte Steifigkeitsmatrix des Kohäsiv-Elementes, die von der aktuellen Materialtangente $\partial t/\partial [\![u]\!]$ des Separationsgesetzes abhängt. Die numerische Integration über die Grenzfläche S_e wird nach FEM-Standardprozedur (Abschnitt 4.4.3) durchgeführt.

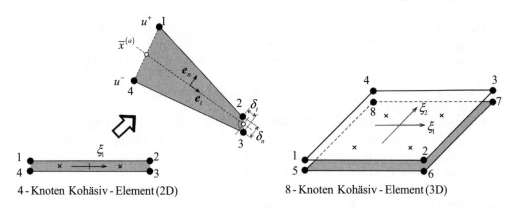

4 - Knoten Kohäsiv - Element (2D)   8 - Knoten Kohäsiv - Element (3D)

Bild 8.16: Kohäsiv-Elemente für Grenzflächen in ebenen und räumlichen Strukturmodellen

Im Falle großer Verformungen und Starrkörperdrehungen der Kohäsiv-Elemente ist es notwendig, die Separationen in einem mitbewegten LAGRANGEschen Koordinatensystem $(e_{\mathrm{n}}, e_{\mathrm{t}})$ zu bestimmen, siehe Bild 8.16. Wenn $\mathbf{x}^{(a)}$ die Koordinaten eines Doppelknotens a im Ausgangszustand bezeichnet, so berechnen sich die verformten Positionen aus den Verschiebungen der oberen $\mathbf{u}^+(\mathbf{x}^{(a)})$ und unteren $\mathbf{u}^-(\mathbf{x}^{(a)})$ Grenzfläche des Kohäsiv-Elementes. Die Koordinaten eines gemittelten Bezugspunktes $\bar{\mathbf{x}}^{(a)}$ betragen somit

$$\bar{\mathbf{x}}^{(a)} = \mathbf{x}^{(a)} + \frac{1}{2}\left(\mathbf{u}^+\!\left(\mathbf{x}^{(a)}\right) + \mathbf{u}^-\!\left(\mathbf{x}^{(a)}\right)\right), \tag{8.22}$$

woraus man das Bezugssystem (Strichlinie in Bild 8.16) des Elementes ermittelt. In senkrechter und tangentialer Richtung e_{n} bzw. e_{t} bestimmt man wie dargestellt die Separationen δ_{n} und δ_{t}.

Aufgrund ihrer vielseitigen Gestaltungsmöglichkeiten werden Kohäsivzonenmodelle außerdem für die Simulation der Rissausbreitung bei Ermüdung, bei dynamischen Bruchvorgängen und bei viskoplastischem Materialverhalten eingesetzt, sowie auf Grenzflächenrisse, Delaminationen und Schweißverbindungen angewandt. Beispiele und weiterführende Literatur sind den Übersichtsartikeln [43, 44] zu entnehmen.

8.6 Schädigungsmechanische Modelle

An dieser Stelle müssen schädigungsmechanische Modelle erwähnt werden, weil sie in den letzten zwei Jahrzehnten sehr intensiv und erfolgreich für die Simulation der duktilen Rissausbreitung in metallischen Werkstoffen eingesetzt wurden. Wie bereits in Kapitel 2 erläutert, beruht das duktile Versagen auf mikromechanischen Schädigungsprozessen im Werkstoff. Am Anfang der Beanspruchung entstehen Mikroporen, die sich bei nachfolgender plastischer Verformung vergrößern und schließlich zusammenwachsen, womit das Material lokal auf der Mikroebene versagt. Zur kontinuumsmechanischen Beschreibung dieser Vorgänge wurden so genannte *schädigungsmechanische Modelle* (engl. *damage mechanics models*) entwickelt. Die Formulierung der Materialgesetze geschieht ähnlich wie in der Plastizitätstheorie mit phänomenologischen Ansätzen und thermodynamischen Prinzipien. Einige Modelle orientieren sich an den konkreten mikromechanischen Prozessen und versuchen, diese in homogenisierter Form abzubilden. Zur Quantifizierung der Materialschädigung werden interne Zustandsvariablen – *Schädigungsvariablen* – in die Materialgesetze eingeführt. Die Veränderung der Schädigung als Folge der lokalen Beanspruchung im Werkstoff wie Spannungen oder plastische Verzerrungen wird über ein Evolutionsgesetz ausgedrückt, das die Entwicklung der Schädigungsvariablen beschreibt. Duktile Schädigungsmodelle gestatten es somit, neben der plastischen Verformung und Verfestigung zugleich die Zerrüttung und Entfestigung des Werkstoffs in konstitutiven Gesetzen nachzubilden. Der wesentliche Vorteil gegenüber klassischen oder bruchmechanischen Festigkeitshypothesen besteht darin, dass die Schädigungsmechanik das Verformungs- und Versagensverhalten auf lokaler Ebene verknüpft, d. h. ein Kriterium liefert, welches von der Beanspruchung und ihrer Vorgeschichte abhängt. Lokales Versagen wird dann postuliert, wenn die Schädigungsvariable einen kritischen Wert erreicht.

Schädigungsmechanische Modelle eignen sich deshalb hervorragend, um das duktile Versagen in der Prozesszone an der Spitze eines Makrorisses zu simulieren, weil damit u. a. die lokale Beanspruchung (z. B. Mehrachsigkeit h) berücksichtigt werden kann. Der Preis dafür ist eine komplizierte Struktur der Materialgesetze, eine erhöhte Anzahl von Parametern und eine Empfindlichkeit gegenüber numerischen Instabilitäten. Die bekanntesten duktilen Schädigungsmodelle stammen von ROUSSELIER [230] und GURSON [103]. Hier soll exemplarisch das GTN-Modell vorgestellt und angewandt werden, welches eine Weiterentwicklung der Arbeit von GURSON durch TVERGAARD & NEEDLEMAN [277] darstellt.

Es wird ein elastisch-plastisches Kontinuum modelliert, in dem kugelförmige Hohlräume (Mikroporen) entstehen und wachsen können. Der Porenvolumenanteil f wird als Maß für die Werkstoffschädigung angesehen und als Schädigungsvariable benutzt (bzw. die modifizierte Größe f^*). Bild 8.17 zeigt die zugrunde liegende Modellvorstellung eines

8 Numerische Simulation des Risswachstums

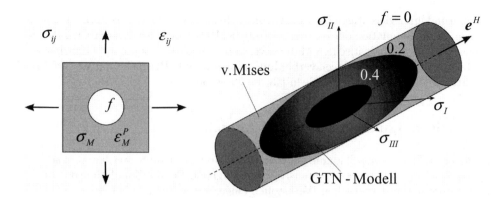

Bild 8.17: Repräsentatives Volumenelement und Fließgrenzfläche des GURSON-Modells

repräsentativen Volumenelementes, dessen Eigenschaften bei einem gegebenen makroskopischen Spannungszustand σ_{ij} festzulegen sind. Das duktile Matrixmaterial verformt sich nach den Gesetzen der v. MISES-Plastizität. $\sigma_M = R(\varepsilon_M^P)$ beschreibt die Fließspannung des Matrixmaterials bei isotroper Verfestigung als Funktion der plastischen Vergleichsdehnung ε_M^P. Das Kernstück dieses Modells ist die Fließbedingung

$$\Phi = \left[\frac{\sigma_v}{\sigma_M}\right]^2 + 2q_1 f^* \cosh\left[\frac{3}{2} q_2 \frac{\sigma^H}{\sigma_M}\right] - (1 + q_3 f^{*2}) = 0 \tag{8.23}$$

mit der v. MISES Vergleichsspannung $\sigma_v = \sqrt{\frac{3}{2}\sigma_{ij}^D \sigma_{ij}^D}$ und der hydrostatischen Spannung $\sigma^H = \sigma_{kk}/3$, ausgedrückt durch den makroskopischen Spannungstensor σ_{ij}. Die Fließgrenzfläche hat im Hauptspannungsraum die in Bild 8.17 gezeigte ellipsoidähnliche Form. Ohne Schädigung ($f^* = 0$) entspricht (8.23) dem v. MISES-Zylinder. Mit wachsender Schädigung schrumpft die Grenzfläche, so dass die ertragbare Spannung des Materials abnimmt. q_1, q_2, q_3 sind Parameter, mit denen die einzelnen Terme der Fließbedingung (8.23) gewichtet werden können.

Die modifizierte Schädigungsvariable f^* in Gleichung (8.23) ist eine Funktion des Porenvolumenanteils f:

$$f^* = \begin{cases} f & \text{für } f \leq f_c \\ f_c + \dfrac{f_f^* - f_c}{f_f - f_c}(f - f_c) & \text{für } f_c < f < f_f \\ f_f^* & \text{für } f \geq f_f \end{cases} \tag{8.24}$$

In Gleichung (8.24) bezeichnet f_c den kritischen Porenvolumenanteil, ab dem eine beschleunigte Materialschädigung infolge der Koaleszenz von Poren einsetzt und als bilineare Kurve modelliert wird. f_f bzw. $f_f^* = 1/q_1$ sind der kritische Porenvolumenanteil, bei dem lokales Versagen des Werkstoffs angenommen wird.

Die makroskopische plastische Dehnrate $\dot{\varepsilon}^p_{ij}$ liegt normal zur Fließfläche, wobei $\dot{\Lambda}$ den plastischen Multiplikator bezeichnet

$$\dot{\varepsilon}^p_{ij} = \dot{\Lambda} \frac{\partial \Phi}{\partial \sigma_{ij}}. \tag{8.25}$$

Die Evolutionsgleichung für die plastische Vergleichsdehnrate des Matrixmaterials ε^p_M wird durch die Äquivalenz zwischen den plastischen makroskopischen und mikroskopischen Formänderungsarbeiten im geschädigten Volumenelement hergeleitet:

$$(1-f)\sigma_M \dot{\varepsilon}^p_M = \sigma_{ij} \dot{\varepsilon}^p_{ij}, \quad \varepsilon^p_M = \varepsilon^p_M\Big|_0 + \int \frac{\sigma_{ij}\, \varepsilon^p_{ij}}{(1-f)\sigma_M}. \tag{8.26}$$

Die Änderung des Porenvolumenanteils setzt sich additiv aus zwei Termen zusammen

$$\dot{f} = \dot{f}_{\text{grow}} + \dot{f}_{\text{nucl}}, \tag{8.27}$$

wobei $\dot{f}_{\text{grow}}$ die Vergrößerung durch Porenwachstum und $\dot{f}_{\text{nucl}}$ den Zuwachs aufgrund einer Neubildung von Poren beschreibt. Der Wachstumsterm basiert auf dem Gesetz der Massenerhaltung im repräsentativen Volumenelement

$$\dot{f}_{\text{grow}} = (1-f)\,\dot{\varepsilon}^p_{kk}. \tag{8.28}$$

Für die Porenneubildung wird ein statistischer, dehnungskontrollierter Prozess angenommen, der einer GAUSSschen Normalverteilung mit dem Mittelwert ε_N und der Standardabweichung s_N gehorcht:

$$\dot{f}_{\text{nucl}} = A\,\dot{\varepsilon}^p_M, \quad A = \frac{f_N}{s_N\sqrt{2\pi}} \exp\left[-\frac{1}{2}\left(\frac{\varepsilon^p_M - \varepsilon_N}{s_N}\right)^2\right]. \tag{8.29}$$

Die Entstehung neuer Poren ist proportional zur plastischen Vergleichsdehnung ε^p_M in der Matrix und der insgesamt zur Verfügung stehenden Keimdichte f_N.

8.7 Beispiele für Ermüdungsrisswachstum

8.7.1 Querkraftbiegeprobe

Als Beispiel für Ermüdungsrisswachstum unter Mixed-Mode-Beanspruchung wird die in Bild 8.18 dargestellte Querkraftbiegeprobe mit Bohrung gewählt, da hierfür entsprechende experimentelle Ergebnisse vorlagen. In der Probe befindet sich auf der Oberseite ein Startriss der Länge 6 mm in einem Abstand $b = 30$ mm von der Bohrung. Die einseitig eingespannte Probe wurde durch eine Kraft am Loch einer zyklischen Zug-Schwell-Belastung unterworfen, die oberhalb des Ermüdungsschwellwertes ΔK_{th} liegt, so dass es zum Risswachstum kam. Die Simulation wurde mit der adaptiven Technik (Abschnitt 8.4) ausgeführt. Bild 8.19 zeigt das grobe Ausgangsmodell für die FEM-Simulation und drei Stadien der Rissausbreitung mit automatischer adaptiver Netzverfeinerung. Die Rissverlängerung

8 Numerische Simulation des Risswachstums

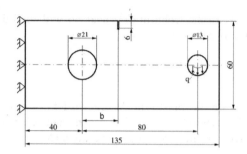

Bild 8.18: Querkraftbiegeprobe mit Anriss unter zyklischer Belastung

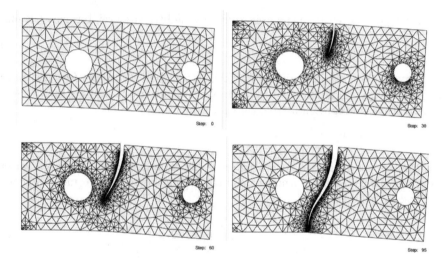

Bild 8.19: Adaptive Simulation der Rissausbreitung in der Querkraftbiegeprobe

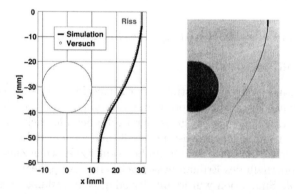

Bild 8.20: Vergleich der FEM-Simulation mit dem experimentellen Rissverlauf

wurde in diesem Beispiel in konstanten Inkrementen von $\Delta a = 3\,\mathrm{mm}$ vorgegeben. Das Ergebnis der FEM-Simulation zeigt eine sehr gute Übereinstimmung mit dem experimentell beobachteten Pfad des Ermüdungsrisses (Bild 8.20). Die geringen Abweichungen sind dadurch zu erklären, dass in der numerischen Simulation die Rissausbreitung stückweise geradlinig erfolgte und somit der gekrümmte Risspfad nur näherungsweise abgebildet werden kann. Das könnte mit kleineren Inkrementen Δa noch verbessert werden.

8.7.2 ICE-Radreifenbruch

Im Jahr 1998 verunglückte der ICE-Hochgeschwindigkeitszug »W.-C. Röntgen« bei Eschede. Der schwere Unfall forderte 101 Menschenleben und hatte katastrophale Sachschäden (Bild 1.3) zur Folge. Als Ursache der Zugentgleisung wurde der Bruch eines Radreifens der gummigefederten Räder des ICE festgestellt. Bei dieser Bauart von Eisenbahnrädern wird zur Geräuschdämpfung ein ringförmiger, mehrteiliger Gummikörper zwischen den Radreifen und die Radfelge eingespannt, siehe Bild 8.21. Die Belastung des Rades besteht bei Geradeausfahrt im Wesentlichen in einer vertikalen Radaufstandskraft $Q = 98\,\mathrm{kN}$, die an der Kontaktstelle zwischen Rad und Schiene angreift. Sie verursacht eine Druck- und Biegebeanspruchung des Radreifens, die zyklisch mit jeder Radumdrehung wiederkehrt und so einen Ermüdungsriss vorantreiben kann. Die Schadensanalyse des gebrochenen Radreifens ergab, dass der Bruch auf der innen liegenden Seite des Radreifens in der Nähe des »Dachfirsts« begann, sich durch Ermüdungsrisswachstum ausbreitete und schließlich zum Gewaltbruch des Restquerschnitts führte, siehe Bilder 8.21 und 8.24.

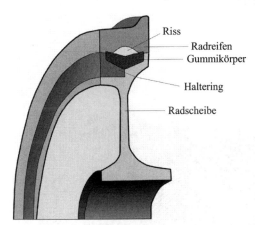
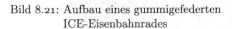
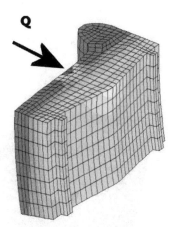

Bild 8.21: Aufbau eines gummigefederten ICE-Eisenbahnrades

Bild 8.22: Verteilung der maximalen Hauptspannungen im Radaufstandsbereich [227]

Im Rahmen der Auswertung dieses Schadensfalls wurden von RICHARD u. a. [227] bruchmechanische Analysen der Beanspruchung und des Risswachstums mit Hilfe der automatischen Vernetzungstechnik (Abschnitt 8.3, Bild 8.9) durchgeführt.

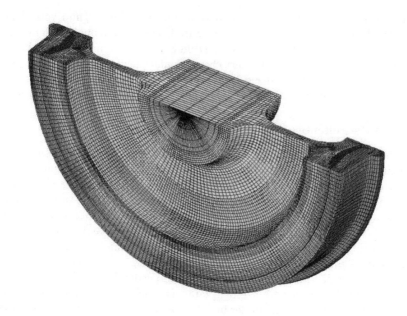

Bild 8.23: FEM-Diskretisierung des gummigefederten Eisenbahnrades (Durchmesser 862 mm) mit ca. 130 000 Hexaederelementen [227]

Bild 8.24: Bruchfläche des ICE-Radreifens mit Ergebnissen der FEM-Simulation des Risswachstums [227]

Im ersten Schritt wurde der Spannungszustand im ungerissenen Rad berechnet, der sich infolge der Montagevorspannung und des Lastfalls Geradeausfahrt einstellt. Bild 8.23 zeigt die aufwändige 3D-Vernetzung des halben Rades. Bild 8.22 gibt die Situation im Radaufstandsbereich anhand eines FEM-Submodell des Radreifens wieder. Als Ergebnis stellte sich heraus, dass die höchsten Umfangsspannungen im Radreifen an dessen Innenseite am »Dachfirst« auftreten. Sie wechseln im Verlauf einer Radumdrehung zwischen $\sigma_{\max} = 220$ MPa und $\sigma_{\min} = 6$ MPa. Somit tritt die größte Zug-Schwell-Belastung in der Nähe des beobachteten Rissursprungs auf.

Im zweiten Schritt wurde deshalb zur Simulation des Risswachstums ein Segment des ungerissenen Radreifens mit 52 000 Finite-Elementen diskretisiert. Da das Ermüdungsrisswachstum beim realen Radreifen nicht direkt am »Dachfirst« sondern 13 mm versetzt begann, wurde an dieser Stelle in der Simulation ein halbkreisförmiger 1,5 mm tiefer Anriss angeordnet, bei dem entlang der gesamten Rissfront die Spannungsintensitäten den Schwellenwert $\Delta K_{\mathrm{th}} = 8,2$ MPa m$^{1/2}$ des Radstahls überschreiten. Aus der FEM-Analyse ergibt sich je Radumdrehung die Schwingbreite des K-Faktors ΔK entlang der momentanen Rissfront, woraus mit der PARIS-Beziehung (3.287) der lokale Rissfortschritt berechnet wurde. Die sich je Simulationsschritt ergebenden Rissfronten sind in Bild 8.24 dargestellt. Der Riss wächst zunächst etwa halbkreisförmig, um sich später deutlich schneller in die Breite auszubreiten. Die gesamte Rissfortschrittsanalyse umfasste 26 Simulationsschritte und endete erst, als die Bruchzähigkeit von $K_{\mathrm{Ic}} = 86,8$ MPa m$^{1/2}$ erreicht war. Der kritische Riss beim Eintritt des Gewaltbruchs besaß eine Tiefe von 31,7 mm und eine maximale Länge an der Radreifeninnenseite von 71,1 mm. Bild 8.24 zeigt zum Vergleich des simulierten Risswachstums die Bruchfläche des Radreifens mit dem tatsächlichen Risswachstum.

Unterstellt man eine gleichbleibende Wechselbelastung des Rades, so errechnet sich auf der Basis der $\mathrm{d}a/\mathrm{d}N$-Rissgeschwindigkeitskurve des Radstahls in erster Näherung die kritische Lastspielzahl zu $N_\mathrm{B} \approx 1,4$ Mio, d. h. etwa 3 791 km Fahrstrecke. Dieser Abschätzung liegt eine lineare Schadensakkumulationshypothese zugrunde, die keinerlei Reihenfolgeeffekte berücksichtigt. Tatsächlich weist das Bruchbild Rastlinien infolge von Überlasten u. ä. auf. Weitere Details sind [227] zu entnehmen.

8.8 Beispiele für duktiles Risswachstum

8.8.1 Kohäsivzonenmodell für die CT-Probe

Von SCHEIDER u. a. [233, 44] wurde das Kohäsivzonenmodell auf die Simulation der duktilen Rissausbreitung in Bruchmechanikproben angewandt. Als Beispiel soll hier die 3D Analyse einer CT-Probe (Bild 3.12) (Weite $w = 100$ mm, Dicke $B = 10$ mm, $a_0 = 60$ mm) mit 20 % Seitenkerben wiedergegeben werden. Die Untersuchungen wurden am ferritischen Reaktordruckbehälterstahl 20MnMoNi55 durchgeführt, der sich durch hohe Duktilität und große Bruchzähigkeit auszeichnet. Zuerst mussten die notwendigen Input-Parameter für das Modell bestimmt werden. Die wahre Spannungs-Dehnungs-Kurve des Stahls wurde aus Versuchen an Rundzugproben ermittelt und durch ein Potenzgesetz $\sigma = 925\,\varepsilon^{0,14}$ approximiert. Als Kohäsivgesetz wurde der trapezförmige Ansatz (8.7) mit $\delta_1 = 0,01\,\delta_\mathrm{c}$ und $\delta_2 = 0,75\,\delta_\mathrm{c}$ benutzt, so dass noch die drei Parameter G_c, σ_c und δ_c

336　8 Numerische Simulation des Risswachstums

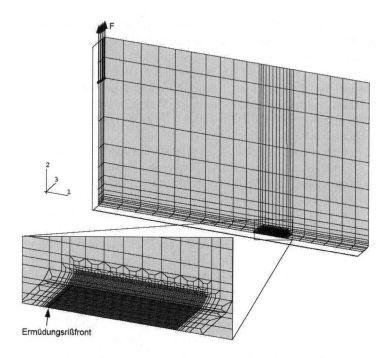

Bild 8.25: Dreidimensionales FEM-Modell der CT-Probe mit 6 732 Hexaederelementen (8-Knoten) und 910 Kohäsiv-Elementen [233]

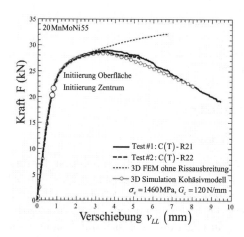

Bild 8.26: Kraft-Weg-Kurve der CT-Probe. Vergleich der FEM-Simulation mit dem Experiment für Stahl 20MnMoNi55

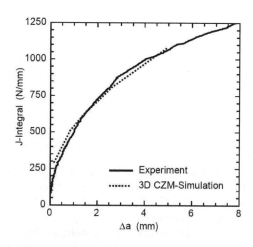

Bild 8.27: Vergleich der experimentellen Risswiderstandskurve einer CT-Probe aus Stahl 20MnMoNi55 mit der numerischen Simulation

8.8 Beispiele für duktiles Risswachstum 337

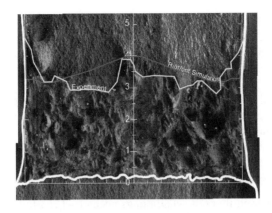

Bild 8.28: Elektronenmikroskopische Aufnahme der Bruchfläche der CT-Probe. Vergleich der Rissfront mit der FEM-Simulation [233]

zu bestimmen waren. Die Separationsenergie G_c wurde mit dem physikalischen Initiierungswert der Bruchzähigkeit $J_i = 120\,\text{N/mm}$ gleichgesetzt und nicht dem technischen Wert $J_{0,2}$, weil darin bereits Energieanteile der plastischen Probenverformung enthalten sind. Für die Bestimmung der maximalen Kohäsivspannung σ_c haben sich gekerbte Zugproben bewährt. Dazu werden Kerbzugproben mit unterschiedlichen Kerbradien geprüft und anschließend mit axialsymmetrischen FEM-Modellen und der bekannten Fließkurve nachgerechnet. Den Wert σ_c erhält man aus der maximalen Normalspannung im engsten Probenquerschnitt bei der Kraft, wo im Experiment die Probe versagt (zumeist instabiler Bruch). Im vorliegenden Fall ergab sich für alle Kerbradien ein etwa gleicher Wert für die Kohäsivspannung von $\sigma_c = 1\,460\,\text{MPa}$. Der noch fehlende Parameter δ_c wurde über die Beziehung (8.8) aus G_c und σ_c berechnet.

Nach diesen Voruntersuchungen wurde die CT-Probe mit dem Kohäsivzonenmodell und den ermittelten Materialparametern simuliert. Bild 8.25 zeigt das hierfür verwendete FEM-Modell eines Viertels (doppelte Symmetrie) der dreidimensionalen Probe. Die Seitenkerben werden deshalb eingebracht, um die Mehrachsigkeit im Rissbereich zu erhöhen. Im Detailbild ist der Bereich des Ligamentes vor dem Ermüdungsriss abgebildet, der zur Berechnung der Rissausbreitung sehr fein vernetzt ist (Element-Kantenlänge $L = 0{,}075\,\text{mm}$). Dieser hochaufgelöste Bereich in der Symmetrieebene ist gleichermaßen mit 8-Knoten Kohäsiv-Elementen (Bild 8.16) beschichtet, um den Rissfortschritt simulieren zu können.

Aus mehreren Bruchmechanikversuchen der CT-Probe lagen die Kraft-Weg-Kurven des Lastangriffspunkts $F\text{-}v_{LL}$ vor, die Messungen des Rissfortschritts mit der Potentialmethode sowie die dazugehörigen J-Integralwerte, die nach dem ESIS-Standard [92] ermittelt wurden. In Bild 8.26 sind die experimentellen Kraft-Weg-Kurven zweier Proben den Ergebnissen der numerischen Simulation gegenübergestellt. Eine FEM-Berechnung ohne Rissausbreitung ergibt ein zu steifes Verhalten, wohingegen die Simulation mit dem Kohäsivzonenmodell eine sehr gute Übereinstimmung zeigt. Ebenso wird der Punkt der Risseinleitung, der weit vor dem Lastmaximum auftritt, durch die Simulation richtig wiedergegeben. Der Vergleich von experimentellen und numerischen J-Δa Risswiderstandskurven (Bild 8.27) verifiziert die Richtigkeit des Kohäsivzonenmodells und beweist seine Fähigkeit zur Vorausberechnung bruchmechanischer Werkstoffkennwerte. Eine weitere Bestätigung der numerischen Rissausbreitungssimulation liefert der Vergleich der erreichten Rissfront in der CT-Probe bei einem Verformungsweg von $v_{LL} = 5{,}35$ mm. Bild 8.28 zeigt die REM-Aufnahme der Bruchfläche. Der duktile Wabenbereich hebt sich deutlich von den feinen vorangegangenen und nachfolgenden Ermüdungsbruchflächen ab. Auch die Form der Rissfront wird durch die Simulation gut nachgebildet. Sie nimmt von der Mitte aus etwas ab, eilt aber zum Rand hin aufgrund der Seitenkerben stark voraus.

8.8.2 Schädigungsmechanik für die SENB-Probe

Als Beispiel für die Anwendbarkeit schädigungsmechanischer Modelle zur Simulation der duktilen Rissausbreitung werden Untersuchungen von ABENDROTH & KUNA [3, 4] vorgestellt. Versuchswerkstoff ist der Baustahl StE690, für den die Fließkurve und alle Parameter des GTN-Schädigungsmodells anhand miniaturisierter Tiefziehversuche (Small Punch Test) bestimmt wurden [3]. Hier sollen nur die Ergebnisse wiedergegeben werden. Die Verfestigung des Matrixwerkstoffs konnte am besten durch folgendes Potenzgesetz approximiert werden

$$\sigma_M(\varepsilon_M^p) = \sigma_{F0} \left(\frac{\varepsilon_M^p - \varepsilon_L^p}{\varepsilon^*} + 1 \right)^{1/n}, \tag{8.30}$$

das die Anfangsfließspannung $\sigma_{F0} = 690$ MPa, den Verfestigungsexponenten $n = 11$, eine Referenzdehnung $\varepsilon^* = 0{,}589\,\%$ und die LÜDERS-Dehnung $\varepsilon_L^p = 1\,\%$ als Parameter enthält. Die genaue Ermittlung der insgesamt neun Parameter des GTN-Schädigungsmodells (Abschnitt 8.7) gestaltet sich i. Allg. recht aufwändig. Üblicherweise werden die wichtigsten Parameter an gekerbten Zugproben und Bruchmechanikversuchen identifiziert und für die anderen plausible Annahmen oder Literaturdaten übernommen. Im vorliegenden Fall wurde der in Tabelle 8.1 zusammengestellte Parametersatz festgelegt und an Kerbzugproben validiert. Zur bruchmechanischen Charakterisierung des Stahls StE690 wurden an der BAM Berlin [140] Versuche an Dreipunkt-Biegeproben (SENB-Proben, Bild 3.12) zur Ermittlung von Risswiderstandskurven J-Δa durchgeführt. Die Proben besaßen die Abmessungen: Weite $w = 26$ mm, Dicke $B = 13$ mm, Anfangsrisslänge $a_0 = 0{,}51w$ und waren mit 20 % Seitenkerben versehen.

f_0	f_c	f_f	q_1	q_2	q_3	f_N	ε_N	s_N
0,002	0,1357	0,2	1,419	1,213	q_1^2	0,0273	0,5352	0,1

Tabelle 8.1: GTN-Schädigungsparameter für Stahl StE690 bei Raumtemperatur

Diese Bruchexperimente wurden mit dem GTN-Schädigungsmodell numerisch nachgerechnet. Bild 8.29 zeigt die FEM-Diskretisierung der halben Probe als ebenes Modell unter der Annahme eines ebenen Verzerrungszustandes (EVZ). Für die Simulation des duktilen Risswachstums mit Hilfe der Schädigungsmechanik ist ein sehr feines, gleichförmiges Elementnetz (hier $0{,}1 \times 0{,}1$ mm) im gesamten Bereich des Ligamentes erforderlich, in das sich der Riss hinein bewegt. Das Risswachstum geschieht in der Simulation dadurch, dass in den extrem beanspruchten Elementen vor der Rissspitze die Schädigung den kritischen Wert f_f erreicht, womit die Tragfähigkeit des Materials (Spannungsantwort und Fließbedingung (8.23)) auf null abfällt. Die Rissausbreitung vollzieht sich somit als sukzessive Folge des Ausfalls von Integrationspunkten in den Elementen auf dem Ligament. Die Elemente bleiben zwar formal noch im FEM-System enthalten, besitzen aber keine Steifigkeit mehr. Ihre extreme Verformung entspricht der Rissöffnung. Das Detail in Bild 8.30 (links) zeigt die Werte der Schädigungsvariablen f^* und die bereits versagten Elemente.

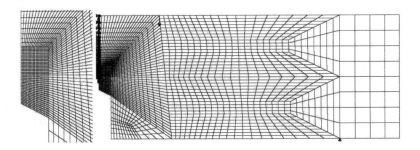

Bild 8.29: FEM-Netz der SENB-Probe, Detail der Rissspitzenumgebung (links), gesamte Probe mit Randbedingungen (rechts)

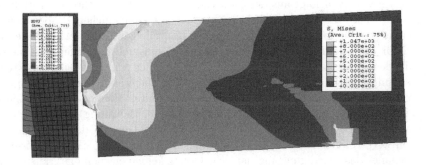

Bild 8.30: Schädigung (Risswachstum) und v. MISES-Vergleichsspannung in der SENB-Probe

Im Bild 8.31 sind die gemessenen Kraft-Durchbiegungs-Kurven $F(u)$ der SENB-Probe verschiedenen Varianten der FEM-Analyse gegenübergestellt. Im elastischen Bereich stimmen die Ergebnisse aller 2D (EVZ) und 3D FEM-Rechnungen gut mit dem Experiment überein. Nach vollständiger Plastifizierung des Probenquerschnitts (Bild 8.30) liegen die FEM-Resultate *ohne* Schädigungsmechanik deutlich oberhalb der experimentellen Kurven. Die Verwendung des GTN-Schädigungsmodells bewirkt eine starke Absenkung der F-u-Kurven, weil hierbei das Risswachstum berücksichtigt wird. Die 2D (EVZ)-Analyse weist ein zu steifes Probenverhalten auf, da mit zunehmender Plastifizierung der Seitenkerb seine globale Wirkung verliert und die Spannungen in Dickenrichtung abgebaut werden. Dieser Effekt kann durch Einführung einer wirksamen Probendicke B_{eff} berücksichtigt werden, die im Verlaufe der Verformung u von B auf den Wert $0{,}8B$ abnimmt. Die Korrekturfunktion wurde aus dem Verhältnis der 2D zu 3D-Kurven ohne Schädigung kalibriert und daraus die modifizierte 2D (EVZ) F-u-Kurve abgeleitet, die sehr gut mit den Experimenten übereinstimmt (Bild 8.31).

Aus den FEM-Resultaten wurde das elastisch-plastische J-Integral (Abschnitt 7.3) als Funktion der Kraft F ausgewertet. Da J bei Risswachstum im Bereich lokaler Entlastungen wegabhängig wird, dürfen nur die weit von der Rissspitze entfernten Pfade verwendet werden, wo J einen stabilen Wert erreicht, der zugleich der Auswerteformel nach Prüfstandard [12] äquivalent ist. Außerdem kann das Risswachstum Δa anhand der ausgefallenen finiten Elemente bestimmt werden, woraus sich die numerisch simulierte Risswiderstandskurve in Bild 8.32 ergibt. Ihr treppenförmiger Verlauf folgt aus dem sukzessiven Versagen der Integrationspunkte der Elemente. Das Simulationsergebniss zeigt eine gute Übereinstimmung mit dem Experiment. Wertet man die technischen Initiierungswerte J_{Ic} bei einem Offset von $\Delta a = 0{,}2$ mm nach ASTM-Standard [140] aus, so ergeben Simulation $J_{\text{Ic}}^{\text{FEM}} = 145{,}5$ N/mm und Experiment $J_{\text{Ic}}^{\text{Exp}} = 140{,}3$ N/mm nahezu identische Resultate.

Dieses Beispiel und ähnliche Erfahrungen aus der Literatur zeigen, dass mit Hilfe der Schädigungsmechanik eine recht gute Vorhersage des duktilen Risswachstums in Proben und Bauteilen möglich ist. Im Gegensatz zu den Kriterien der EPBM wird hierbei problemlos der Einfluss der lokalen Beanspruchungssituation (Mehrachsigkeit h) und ihrer Entwicklung (Be- und Entlastung) an jedem Punkt der Rissfront berücksichtigt. Ein wesentlicher *Vorteil* folgt aus der Tatsache, dass es sich um echte Werkstoffparameter handelt, so dass die Übertragbarkeit zwischen unterschiedlichen Probengeometrien (auch ohne Riss) und von Kleinproben auf große Bauteile gewährleistet ist. Eine Voraussetzung dafür ist allerdings die Kenntnis der schädigungsmechanischen Parameter des Werkstoffs, deren Beschaffung aufwändig und nicht immer eindeutig ist. Hierdurch wird die Anwendung in der Praxis erschwert. Ein anderer *Nachteil* ist die Abhängigkeit der Lösung von der Größe (insbesondere der Höhe) der finiten Elemente im Rissspitzenbereich, weil Schädigung und Versagen (bei gleicher äußerer Belastung) umso eher erfolgen, je kleiner man den Abstand zur Rissspitze macht. Die Ursache dafür ist eine Vermischung von werkstoffmechanischem Entfestigungsmodell und numerischem Lösungsalgorithmus. Solange das schädigungsmechanische Gesetz keinen eigenen materialspezifischen Längenparameter enthält, wird durch die Größe der FEM-Diskretisierung quasi eine »numerische Homogenisierung« vorgenommen. Gegenwärtig werden verschiedene Methoden zur Regularisierung dieser numerischen Schwierigkeiten erforscht. Sehr häufig wird als pragmatischer Ausweg die Größe der Elemente am Riss empirisch angepasst und als charakteristische Länge (z. B. Porenabstand) des Werkstoffs interpretiert, die dann in allen Simulationsrechnungen konstant anzusetzen ist.

8.8 Beispiele für duktiles Risswachstum

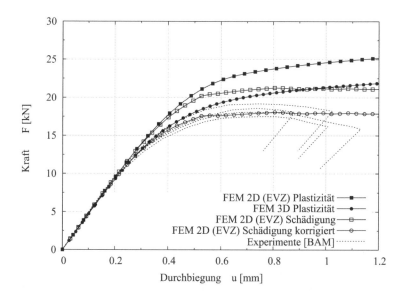

Bild 8.31: Kraft-Durchbiegungs-Kurven der SENB-Probe aus Stahl StE690. Vergleich FEM und Experiment

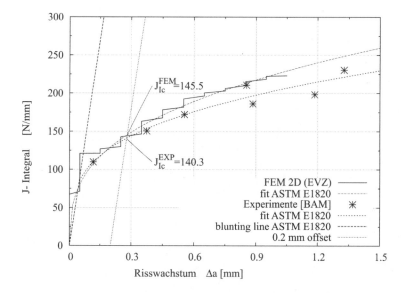

Bild 8.32: Vergleich der simulierten mit der experimentellen J-Δa-Kurve der SENB-Probe für Stahl StE690

9 Anwendungsbeispiele

9.1 Lebensdauerbewertung eines Eisenbahnrades bei Ermüdungsrisswachstum

Bainitisches Gusseisen mit Kugelgraphit (ADI) weist einen gute Duktilität, einen großen Verschleißwiderstand und eine hohe Dauerfestigkeit auf, weshalb es für Eisenbahnräder eine interessante Werkstoffalternative gegenüber Stahl sein könnte. Allerdings besitzt ADI eine geringere Bruchzähigkeit und ist aufgrund der gießtechnischen Herstellung fehleranfälliger. Da ein Eisenbahnrad hohen statischen und zyklischen Belastungen ausgesetzt ist, müssen neben dem klassischen Betriebsfestigkeitsnachweis auch bruchmechanische Konzepte herangezogen werden, um eine ausreichende Sicherheit gegen Ermüdungs- und Sprödbruch nachzuweisen. Damit man die Bruchsicherheit und Lebensdauer bewerten kann, ist es erforderlich, den Beanspruchungszustand in einem ADI-Rad mit hypothetischen Rissen bei statischen und zyklischen Belastungen numerisch zu berechnen [151, 152]. Ziel der Untersuchungen ist es, bereits in der Entwicklungsphase des Rades kritische Rissgrößen oder zulässiger Grenzmaße der Belastung abzuleiten, sowie geeignete Überwachungskonzepte festzulegen.

9.1.1 Bruchmechanische und konventionelle Kennwerte von ADI

Die konventionellen mechanischen Eigenschaften und die bruchmechanischen Kennwerte des Werkstoffes ADI sind in Tabelle 9.1 zusammengestellt. Der ADI-Werkstoff versagt in Laborproben durch duktilen Bruch. Die Bruchzähigkeit J_i^{BL} wird daher aus der Risswiderstandskurve (siehe Bild 3.46) im Moment der physikalischen Rissinitiierung bestimmt. Für die bruchmechanische Beanspruchungsanalyse des Rades wird linearelastisches Werkstoffverhalten (SSY am Riss) angenommen und sprödes Versagen unterstellt. Man kann davon ausgehen, dass die Übertragbarkeit Probe-Bauteil gegeben ist. Die Umrechnung der Bruchzähigkeit J_i^{BL} in den entsprechenden K-Wert geschieht nach

$$K_{\mathrm{Ji}} = \sqrt{\frac{E J_i^{\mathrm{BL}}}{1 - \nu^2}}. \tag{9.1}$$

Damit liegt die bruchmechanische Bewertung mit K_{Ji} auf der konservativen Seite und die Duktilität des ADI bedeutet eine zusätzliche Sicherheitsreserve. Die Berechnung der *Ermüdungsfestigkeit* und der *Restlebensdauer* bei zyklischer Beanspruchung erfolgt über die Schwellenwerte ΔK_{th} und die Parameter C und m der PARIS-ERDOGAN-Gleichung (3.287) von Abschnitt 3.4.1, die aus der zyklischen Risswachstumskurve (Bild 9.1) für die Spannungsverhältnisse $R = 0{,}1$ und $0{,}5$ bestimmt wurden, siehe Tabelle 9.1.

Kenngröße	Kennwert
Elastizitätsmodul E	170 GPa
Querkontrationszahl ν	0,3
0,2 %-Dehngrenze $R_{p_{0,2}}$	637 MPa
Zugfestigkeit R_m	893 MPa
Bruchzähigkeit J_i^{BL} bzw. K_{Ji}	11,0 kJ/m^2 bzw. 45,3 MPa $\sqrt{m}$
Ermüdungsrisswachstum bei $R = 0,1$:	
Schwellenwert ΔK_{th}	5,4 MPa $\sqrt{m}$
C	$0,94 \cdot 10^{-08}$
m	2,9
Ermüdungsrisswachstum bei $R = 0,5$:	
Schwellenwert ΔK_{th}	4,3 MPa $\sqrt{m}$
C	$1,0 \cdot 10^{-08}$
m	3,2

Tabelle 9.1: Konventionelle und bruchmechanische Kennwerte von ADI

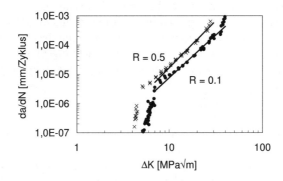

Bild 9.1: Zyklische Risswachstumskurven von ADI bei $R = 0,1$ und $0,5$

9.1.2 Finite-Elemente-Berechnungen des Rades

Geometrie

Untersucht wird ein Eisenbahn-Vollrad vom Durchmesser $\varnothing = 920$ mm mit gekrümmter Radscheibe und genormtem Profil des Radkranzes, siehe Bild 9.2.

Lastfälle

Als Grundlage für die Lastannahmen wird eine Radsatzlast von 180 kN angenommen. Gemäß Regelwerk für den experimentellen Betriebsfestigkeitsnachweis von Eisenbahn-Vollrädern werden daraus die Belastungen des Rades wie folgt festgelegt: In radialer Richtung wirkt die Radaufstandskraft Q, während quer zum Rad Lateralkräfte infolge Kurvenfahrt (Spurkranzstellung $+Y$) oder Weicheneinfahrt (Radlenkerstellung $-Y$) angreifen. Die Kräfte sind in Bild 9.2 veranschaulicht. Im Weiteren werden nur noch die

9.1 Lebensdauerbewertung eines Eisenbahnrades bei Ermüdungsrisswachstum

Lastfall	Radaufstandskraft Q in kN	Lateralkräfte Y in kN	Bremskräfte T in kN
1	Grenzlast -159	Spurkranzstellung $+62$	Tangentialkraft 31,8
2	Grenzlast -159	Radlenkerstellung -62	Tangentialkraft 31,8

Tabelle 9.2: Kräfte für verschiedene Lastfälle

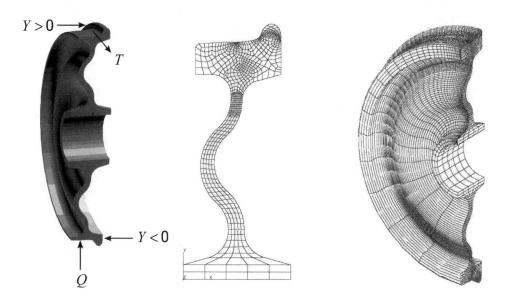

Bild 9.2: Geometrie, Belastung und FEM-Vernetzung des Eisenbahnrades (Die Kräfte $Y > 0$ und T sind zur besseren Übersicht oben angetragen.)

beiden maximalen Lastfälle betrachtet, die mit einem Sicherheitsbeiwert $f = 1{,}8$ zur Berücksichtigung dynamischer Radbelastungen (Stöße, Schwingungen) beaufschlagt sind, siehe Tabelle 9.2. Bei Bremsvorgängen tritt als zusätzliche Belastung die Reibung T zwischen Rad und Schiene auf, die in tangentialer Richtung an der Lauffläche angreift. Die Größe der Bremskraft wurde mit $T = 0{,}2\,Q$ vorgegeben und als gleichmäßig verteilte Flächenlast über der Kontaktfläche angesetzt.

Modellierung

Aufgrund der Symmetriebedingungen in Verbindung mit der Lasteinleitung wird das Rad nur zur Hälfte modelliert (Bild 9.2). Es kann angenommen werden, dass die Radnabe fest und unverformbar auf der Achse aufsitzt. Der Berechnung wird linear-elastisches Materialverhalten zugrunde gelegt. Die Kennwerte sind Tabelle 9.1 zu entnehmen. Die Lasteinleitung der Radaufstandskraft erfolgt mit einer Drucklast auf eine Fläche von insgesamt 1,58 cm². Die positive Lateralkraft $+Y$ wird horizontal auf der Innenseite des Spurkranzes angesetzt. Die negative Lateralkraft $-Y$ greift in Höhe der Lauffläche von außen am Spurkranz an. Diese Annahmen entsprechen der Einleitung der Prüfkräfte bei

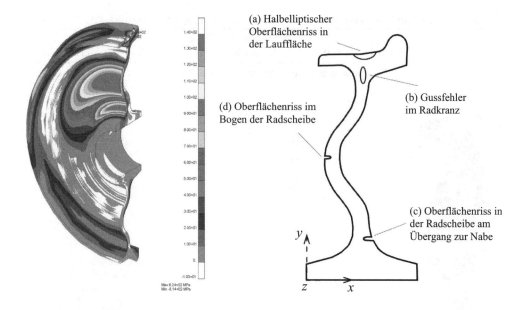

Bild 9.3: Max. Hauptspannungen bei Lastfall 1

Bild 9.4: Postulierte Risskonfigurationen

den experimentellen Festigkeitsuntersuchungen.

Spannungen

Bei einer Umdrehung des Rades bewegt sich der Lastangriffspunkt auf einer Kreisbahn um 360 Grad. Da die Geometrie des Rades rotationssymmetrisch ist, genügt die Berechnung für einen feststehenden Angriffspunkt. Jeder körperfeste Punkt im Abstand r von der Achse durchläuft bei einem Umlauf dann alle Beanspruchungszustände, die sich auf derselben Kreislinie des Rades befinden. Dabei verändern sich die Hauptspannungsrichtungen im betrachteten Punkt des Rades. Die Rissfortschrittsrichtung verläuft senkrecht zur größten Hauptspannungsrichtung. Das unterkritische Risswachstum wird durch die Schwingbreite der Spannungen bei einem Umlauf des Rades bestimmt. Um die maximale Schwingbreite zu erhalten, wird jeweils die größte Hauptspannung auf der betreffenden Kreislinie ermittelt und mit den anderen Spannungen, die auf der gleichen Linie liegen und in die Richtung der größten Hauptspannung transformiert werden, verglichen.

Extremale Spannungen in der Radscheibe

Erfahrungsgemäß treten bei Eisenbahnrädern die größten Spannungen am Übergangsbereich Nabe-Scheibe auf. Auch die FEM-Rechnungen für das betrachtete ADI-Rad zeigen in diesem Bereich (Abstand r von ca. 162 mm von der Radmitte) sehr hohe Spannungen in radialer Richtung (Bild 9.3). Die extremalen Zug- und Druckspannungen in der Radscheibe befinden sich für den betrachteten Fall jedoch nicht nur an dieser Stelle, sondern bei größeren Radien r, die man Tabelle 9.3 gemeinsam mit den Spannungen entnehmen kann. Sie werden hauptsächlich durch die Biegebeanspruchung der Radscheibe infolge der Lateralkräfte verursacht.

Lastfall	Radinnenseite	Radaußenseite
1	-241 MPa, $r = 160$ mm	198 MPa, $r = 264$ mm
2	196 MPa, $r = 157$ mm	-189 MPa, $r = 355$ mm

Tabelle 9.3: Maximale und minimale Hauptspannungen

9.1.3 Festlegung der Risspostulate

Bei der Festlegung der zu betrachtenden Risse im ADI-Rad werden sowohl die Ergebnisse der Festigkeitsanalyse in Bezug auf die maximal auftretenden Spannungen als auch mögliche Fehlerlagen resultierend aus der gießtechnischen Herstellung des Rades berücksichtigt. Die Lagen der Risse sind in Bild 9.4 dargestellt.

Risskonfiguration (a): Halbelliptischer Oberflächenriss in der Lauffläche

Aufgrund des Wälzkontaktes Rad-Schiene können sich infolge von Reib- und Schlupfvorgängen Anrisse in der Lauffläche des Radkranzes bilden, die quer zur Umfangsrichtung verlaufen. Sie erfahren bei jedem Überrollvorgang eine Zug-Druck-Zug Beanspruchung, so dass geklärt werden muss, ab welcher Größe a_{th} diese Risse bei Ermüdung wachstumsfähig sind und nach welcher Zyklenzahl sie die kritische Risslänge a_c für einen Sprödbruch erreichen. Als verschärfende Lastannahme wurden Bremsbelastungen T berücksichtigt, die zu rissöffnenden Tangentialspannungen führen.

Risskonfiguration (b): Gussfehler im Radkranz

Aufgrund der gießtechnischen Fertigung der Räder besteht besonders im Bereich des Querschnittübergangs Radkranz-Radscheibe die Möglichkeit der Bildung von Gussfehlern wie z. B. Lunkern oder Poren. Diese Gussfehler werden konservativ als kreisförmiger Riss senkrecht zur maximalen Normalspannung abgedeckt. Gesucht ist die kritische Rissgröße als Vorgabe für die Nachweisempfindlichkeit beim Einsatz zerstörungsfreier Prüfverfahren.

Risskonfiguration (c): Oberflächenriss am Übergang Radscheibe - Nabe

Weil der Übergangsbereich Nabe-Scheibe meist den höchsten Beanspruchungen ausgesetzt ist, muss mit Hilfe einer (zyklischen) Betriebsfestigkeitsprüfung der experimentelle Nachweis geführt werden, dass sich an dieser Stelle kein Anriss infolge Ermüdung bildet. Der bruchmechanische Sicherheitsnachweis ist darin bereits eingeschlossen, weshalb für diesen Bereich keine weiteren Betrachtungen notwendig sind.

Risskonfiguration (d): Oberflächenriss in der Radscheibenkrümmung

Im Bereich der Radscheibenkrümmung ergibt die FEM-Rechnung Biegespannungen in fast vergleichbarer Höhe wie am Übergang Nabe-Radscheibe. Da die Betriebsfestigkeitsprüfung diesen Bereich nicht abdeckt, wurde an dieser Stelle ein Oberflächenriss in Umfangsrichtung postuliert und beurteilt.

9.1.4 Bruchmechanische Analyse

Bei der bruchmechanischen Beanspruchungsanalyse zur Berechnung der Spannungsintensitätsfaktoren versucht man in der Regel zuerst die Anwendung der so genannten *entkoppelten Methode*. Dazu wird für den Bereich des Bauteils, in dem sich der postulierte Riss befindet, ein vereinfachtes *Ersatzmodell* ausgewählt, für das K-Faktor-Lösungen und Geometriefunktionen $g(a)$ aus Handbüchern wie [176] vorliegen.

$$K_\mathrm{I}(a) = g(a)\,\sigma(\mathbf{x})\sqrt{\pi a} \tag{9.2}$$

Durch Einsetzen der Spannungsverteilung $\sigma(\mathbf{x})$, die sich aus der FEM-Rechnung am Ort des Risses ergibt, können damit die Spannungsintensitätsfaktoren berechnet werden. Auf diese Weise kann die bruchmechanische Bewertung einer normalen Festigkeitsberechnung ohne Modellierung des Risses nachgeschaltet werden. Diese entkoppelte Methode stellt eine gute Näherung dar, solange die angenommenen Risse ausreichend klein gegenüber dem tragenden Querschnitt sind, so dass ihre Rückwirkung auf den globalen Spannungszustand im Bauteil vernachlässigt werden darf. Diese Voraussetzung ist bei den Risskonfigurationen (a) und (b) des Rades gegeben. Für die Risskonfiguration (d) trifft sie bei großen Risstiefen nicht mehr zu, weshalb hierfür die K-Faktoren durch eine direkte FEM-Modellierung des Risses berechnet werden müssen.

Risskonfiguration (a)

Der halbelliptische Oberflächenriss wird in der Mitte der Lauffläche quer zur Laufrichtung angenommen. Das Verhältnis von Risstiefe a zu halber Risslänge c wird mit $a : c = 1 : 3$ gewählt, was für Oberflächenrisse typisch ist. Als geeignetes Ersatzmodell für diese Risskonfiguration wird ein entsprechender Oberflächenriss in einem Quader verwendet, dessen Abmessungen $2W = 135\,\mathrm{mm}$ und $t = 17\,\mathrm{mm}$ der Breite und Höhe des Radkranzes entsprechen, siehe Bild 9.5. Zur Kontrolle des Einflusses der Rissform wird als Extremfall ($c = \infty$) ein über die gesamte Breite des Radkranzes verlaufender Kantenriss der Tiefe a untersucht.

Lage und Orientierung des Risses entsprechen dem Ort und der Richtung der maximalen Normalspannungen σ_{zz} in Umfangsrichtung im Radkranz, die aufgrund der Kontaktpressung Rad-Schiene unmittelbar an der Oberfläche ihre Höchstwerte kurz vor und hinter der Kontaktstelle erreichen. Wie Bild 9.6 zeigt, klingen die hohen Zugspannungen an der Oberfläche sehr schnell mit der Tiefe ab, wo dann infolge der Kontaktpressung Druckspannungen vorliegen. Die Umfangsspannungen an der Oberfläche erhöhen sich etwa auf das Dreifache, wenn man die Bremsbelastung T berücksichtigt. Sowohl für die

9.1 Lebensdauerbewertung eines Eisenbahnrades bei Ermüdungsrisswachstum 349

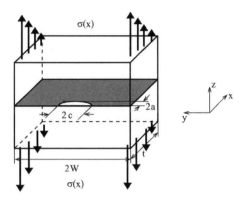

Bild 9.5: Ersatzmodell Quader mit halbelliptischem Oberflächenriss unter gegebener Spannungsverteilung $\sigma(x)$

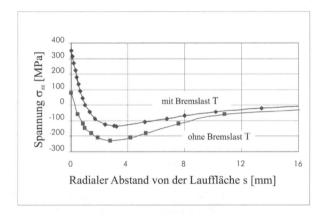

Bild 9.6: FEM-Ergebnis der rissöffnenden Spannungen bei Risskonfiguration (a)

Sprödbruchbewertung als auch für das Ermüdungsrisswachstum muss von diesen maximalen Belastungen ausgegangen werden.

Aus dieser Spannungsverteilung $\sigma_{zz}(x)$ werden mit Hilfe des Ersatzmodells die Spannungsintensitätsfaktoren K_A am tiefsten Punkt A (Scheitelpunkt) der Rissfront und K_C an den beiden Punkten C, wo die Rissfront auf die Lauffläche stößt, berechnet. Bild 9.7 zeigt K_A und K_C in Abhängigkeit von der Risstiefe bei gleichbleibendem Achsenverhältnis $a : c$. Man erkennt, dass beide K-Faktoren mit wachsender Risstiefe zunächst ein Maximum erreichen, dann aber fast auf null abfallen, wenn der Riss das Druckspannungsgebiet erreicht. Aufgrund des hohen Spannungsgradienten ist der K_C-Faktor an der Oberfläche größer als der Scheitelwert K_A, d. h. der Riss würde sich zunächst seitlich und dann erst in die Tiefe ausbreiten. Das Ersatzmodell Kantenriss 2D ergab einen etwas

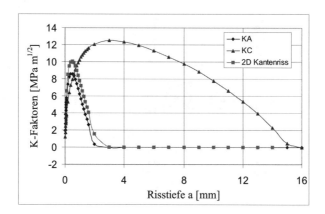

Bild 9.7: Spannungsintensitätsfaktoren als Funktion der Risstiefe (3D Oberflächenriss)

größeren K_A-Faktor.

$$K_{A_{max}} = 8{,}53\,\text{MPa}\,\sqrt{\text{m}} \quad \text{bei } a_{max} = 0{,}5\,\text{mm}, \quad a_{th} = 0{,}05\,\text{mm}$$
$$K_{C_{max}} = 12{,}49\,\text{MPa}\,\sqrt{\text{m}} \quad \text{bei } a_{max} = 3{,}0\,\text{mm}, \quad c_{th} = 0{,}38\,\text{mm} \tag{9.3}$$

Die maximalen Spannungsintensitätsfaktoren liegen alle weit unterhalb der Bruchzähigkeit von $K_{Ji} = 45{,}3\,\text{MPa}\,\sqrt{\text{m}}$, so dass Sprödbruch für einen Oberflächenriss in der Lauffläche unter Betriebsbelastungen ausgeschlossen werden kann.

Als nächstes ist die Frage nach einer Rissentwicklung durch Ermüdung zu klären. Dazu wird, folgend aus der zyklischen Spannungsanalyse, angenommen, dass bei jedem Radumlauf (Lastzyklus) die Spannungsverteilung am Oberflächenriss $\Delta\sigma(s)$ von null auf den Maximalwert schwingt. Um festzustellen, ab welcher Größe a_{th} ein Riss bei dieser Spannungsschwingbreite überhaupt wachstumsfähig ist, setzt man in (9.2) den Schwellenwert $\Delta K_{th} = 4{,}3\,\text{MPa}\,\sqrt{\text{m}}$ ein und erhält nach Umstellung

$$a_{th} = \frac{1}{\pi}\left(\frac{\Delta K_{th}}{\Delta\sigma g(a_{th})}\right)^2. \tag{9.4}$$

Mit den Geometriefunktionen dieser Risskonfiguration berechnen sich die in (9.3) angegebenen Schwellenwerte der Rissabmessungen a_{th} und c_{th}.

Nach dieser Voruntersuchung können bereits recht kleine Risse bei Wechselbelastung wachsen. Durch Integration der PARIS-ERDOGAN-Gleichung (3.291) (Abschnitt 3.4.1) erhält man die Zahl N der Lastzyklen, um einen Riss der Anfangslänge a_0 auf die Länge a anwachsen zu lassen. Als Anfangsrisslänge wird $a_0 = 0{,}1\,\text{mm}$ gewählt, was etwa der Tiefe der Oberflächenfehler entspricht, die sich aufgrund des Roll-Gleit-Kontaktes mit der Schiene bilden. Mit den in Tabelle 9.1 genannten Parametern C und m berechnet sich das Risswachstum für $R = 0{,}5$ wie in Bild 9.8 dargestellt. Danach wächst der Riss in seitliche Richtung (Punkte C, Länge c) wegen des höheren ΔK-Wertes schneller als in die Tiefe (Punkt A, Risstiefe a), was aber als unkritisch zu bewerten ist. Nach ca. 500 000

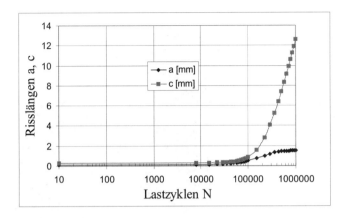

Bild 9.8: Risswachstum infolge zyklischer Belastung

Zyklen stagniert das Risswachstum in die Tiefe bei einem Wert von $a = 1,5$ mm, da der Riss in das Druckspannungsgebiet einläuft. Somit ist sichergestellt, dass im Falle eines Ermüdungsrisswachstums der Riss zum Stillstand kommt.

Risskonfiguration (b)

Die FEM-Rechnungen ergeben im Inneren des Radkranzes maximale Hauptnormalspannungen von 60 MPa beim ungünstigsten Lastfall. Die Risskonfiguration kann näherungsweise durch das Ersatzmodell eines kreisförmigen Risses im unendlichen Gebiet nach Gleichung (3.59) behandelt werden. Nimmt man zusätzlich zur Lastspannung noch Zugeigenspannungen von $R_{p\,0,2}/2$ an, so erhält man K-Faktoren, die alle unterhalb von K_{Ji} liegen, so dass selbst für derartig extreme Lastannahmen ein Sprödbruch ausgeschlossen werden kann. Damit ein Anriss überhaupt die Schwellenbelastung für Ermüdungsrisswachstum erreicht, müsste er nach (9.4) die Größe von $a_{th} = 4$ mm besitzen.

Risskonfiguration (d)

Im Krümmungsbereich der Radscheibe wird ein halbelliptischer Oberflächenriss in Umfangsrichtung unterstellt. In Anlehnung an experimentelle Befunde und die Ausdehnung des Spannungsmaximums in Umfangsrichtung wird ein Achsenverhältnis $a : c = 1 : 5$ gewählt. Das Ersatzmodell, Bild 9.5, geht von einer ebenen Platte mit Riss unter überlagerter Biege- und Zugspannungsverteilung aus.

Um die Anwendbarkeit und Genauigkeit des Ersatzmodells zu prüfen, wird für diese Risskonfiguration eine detaillierte dreidimensionale FEM-Analyse des in Bild 9.9 (links) dargestellten Radausschnittes mit einem Oberflächenriss $a = 12$ mm durchgeführt. Aufgrund der Symmetrie in Umfangsrichtung ist das Modell auf die Hälfte reduziert. Bild 9.9 (rechts) zeigt das verwendete FEM-Netz für dieses *Submodell* mit Riss, auf dessen Oberfläche die Verschiebungsfelder der vorangegangenen *Globalanalyse* aufgeprägt werden. Die berechnete Spannungsverteilung illustriert Bild 9.10. Mit Hilfe der *J*-Integral-Technik wird für das 3D elastische Problem der Verlauf des K-Faktors bestimmt, siehe Bild 9.11.

352   9 Anwendungsbeispiele

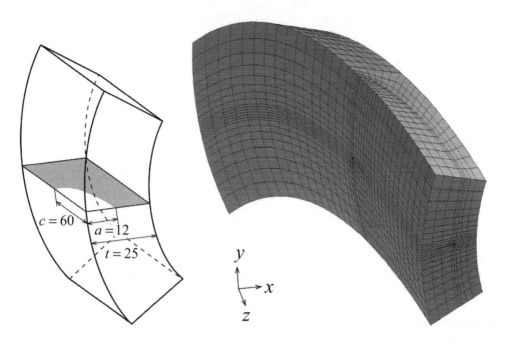

Bild 9.9: Ausschnitt der Radscheibe mit Oberflächenriss und diskretisiertes FEM-Submodell

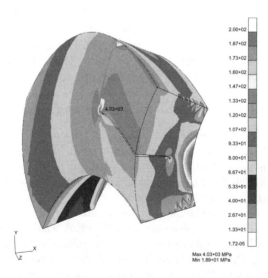

Bild 9.10: V. MISES Spannungsverteilung im Submodell für die Risskonfiguration (d)

9.1 Lebensdauerbewertung eines Eisenbahnrades bei Ermüdungsrisswachstum

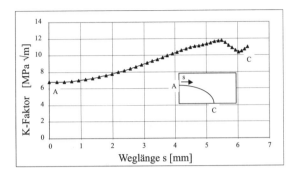

Bild 9.11: Verlauf des Spannungsintensitätsfaktors entlang der halbelliptischen Rissfront (d)

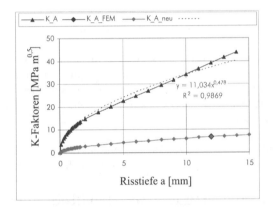

Bild 9.12: FEM-korrigierte Geometriefunktion für den Spannungsintensitätsfaktor K_A

Die FEM-Ergebnisse zeigen, dass das Ersatzmodell die wahren Spannungsintensitätsfaktoren etwa um den Faktor 5 überschätzt. Die hauptsächlichen Gründe dafür werden in der Rotationssymmetrie und höheren Biegesteifigkeit des ADI-Rades gesehen. Zur vollständigen Bestimmung der Funktion müssten weitere FEM-Rechnungen mit variierten Risslängen durchgeführt werden. Um dennoch eine verbesserte Geometriefunktion für K_A zu gewinnen, wird die nach dem Ersatzmodell »halbelliptischer Oberflächenriss« erhaltene Funktion $K_A(a)$ durch eine Potenzfunktion angepasst und über den gesamten Bereich $0 \leq a \leq 1\,\text{mm}5$ so heruntergeskaliert, dass sie bei $a = 12\,\text{mm}$ mit der FEM-Lösung übereinstimmt, siehe Bild 9.12. Die korrigierte K-Faktor-Funktion $K_{A_{\text{neu}}}(a) = 2{,}079 \cdot a^{0{,}478}$ ist ebenfalls in Bild 9.12 wiedergegeben.

Auf der Basis des erheblich zu konservativen Ersatzmodells würde die Bruchzähigkeit bei der kritischen Risstiefe von $a_c = 15\,\text{mm}$ erreicht. Das genauere FEM-Ergebnis führt zur Aussage, dass Sprödbruch für Risse bis zu dieser Größe *nicht* eintreten wird.

Auch in Bezug auf die Risstiefe a_{th}, ab der Ermüdungsrisswachstum einsetzt, liegt die korrigierte K-Lösung $K_{A_{\text{neu}}}$ mit $4{,}6\,\text{mm}$ wesentlich günstiger als das Ersatzmodell $K_{A_{\text{ersatz}}}$ mit $0{,}14\,\text{mm}$. Bild 9.13 gibt die Risstiefe als Funktion der Lastzyklen an, be-

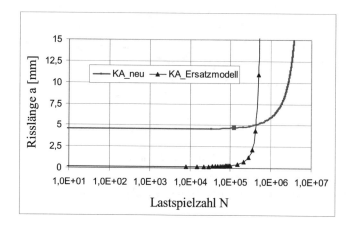

Bild 9.13: Simulation des Ermüdungsrisswachstum

ginnend am jeweiligen Schwellwert a_{th}. Bei dem sehr konservativen Ersatzmodell führen etwa $5{,}3 \cdot 10^5$ Zyklen zur Risstiefe $a_c = 15\,\text{mm}$, d. h. zum Sprödbruch, während mit der korrigierten Lösung dieser Wert erst nach $3{,}7 \cdot 10^6$ Zyklen erreicht wird, ohne dass er zum Sprödbruch führt. Der große Unterschied beider Modelle wirkt sich besonders in der Lebensdauervorhersage aus.

Dieses Anwendungsbeispiel belegt somit den Nutzen, den eine genauere FEM-Analyse der Rissbeanspruchung für die Quantifizierung von Sicherheitsgrenzen haben kann.

9.2 Sprödbruchbewertung eines Behälters unter Stoßbelastung

Bei der Entwicklung von Transport- und Lagerbehältern für nukleare Brennelemente ist der dichte Einschluss des Inventars auch unter extremen Unfallbedingungen während der Beförderung zu gewährleisten. Da ein Versagen der Struktur unbedingt auszuschließen ist, muss die Sicherheit gegen Bruch und unzulässige plastische Verformung unter verschiedenen Belastungsbedingungen nachgewiesen werden. Entsprechend den Richtlinien der Internationalen Atomenergiebehörde IAEA [123] zählen zu den nachweispflichtigen Belastungssituationen vor allem stoßartige, dynamische Lastfälle, wie z. B. der Fall eines Behälters aus 9 m Höhe auf ein unnachgiebiges Fundament. Dabei sind untere Grenzwerte für die Werkstoffeigenschaften (Bruchzähigkeit), niedrige Temperaturen sowie die ungünstigste Kombination aller Unfallszenarien anzunehmen. Die Bestimmung der Sicherheitsreserven gegen Sprödbruch verlangt den Einsatz bruchmechanischer Berechnungsmethoden. Bei dynamischer Belastung eines stationären Risses wird die Beanspruchungssituation mit Hilfe der dynamischen Spannungsintensitätsfaktoren K_I^d, K_{II}^d, K_{III}^d charakterisiert, die eine Funktion der Zeit t sind. Zur Lösung derartig komplizierter dreidimensionaler Anfangs-Randwertaufgaben mit Riss ist die FEM unverzichtbar. Im folgenden Beispiel wird die praktische Anwendung des dynamischen J^*-Integrals (Abschnitt 6.5) zur Berechnung der K-Faktoren anhand der Simulation eines Behälterfallversuches demonstriert.

9.2 Sprödbruchbewertung eines Behälters unter Stoßbelastung

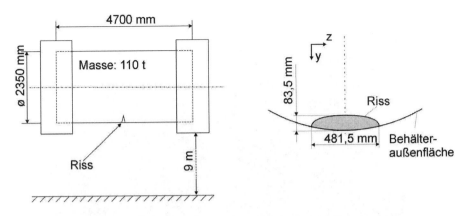

Bild 9.14: Geometrische Abmessungen von Behälter mit Stoßdämpfern und Riss

9.2.1 FEM–Modell des Fallversuches

Den numerischen Analysen liegt ein realer 9 m Fallversuch an einem Transportbehälter der CRIEPI Studie [68] zugrunde, der speziell für bruchmechanische Untersuchungen ausgelegt war. Der Testbehälter bestand aus duktilem Gusseisen. Er wurde an den Stirnseiten mit Stoßdämpfern versehen und vor dem Versuchsbeginn auf −40°C abgekühlt. Außerdem wurde an der Unterseite des Behälters, wo infolge der Durchbiegung die größten Zugspannungen zu erwarten sind, künstlich ein halbelliptischer Außenriss eingebracht. In Bild 9.14 sind die Hauptabmessungen von Behälter und Riss dargestellt. Zur Simulation des Fallversuches wurde das FEM-Programm ABAQUS/Explicit [1] verwendet, das mit einem expliziten Zeitintegrationsschema arbeitet. Für die bruchmechanische Auswertung wurde ein Postprozessor zur numerischen Auswertung des dynamischen J-Integrals in Form des äquivalenten Gebietsintegrals nach (6.54) entwickelt [83].

In Bild 9.15 ist das verwendete FEM-Modell des Behälterfallversuchs dargestellt [83]. Es besteht aus den folgenden Komponenten: Behälterkörper, Sekundärdeckel, Tragkorbersatzmasse und Stoßdämpfer. Aufgrund der Symmetrie des Behälters bezüglich der axialen Schnittebene ist für die Berechnung ein Halbmodell ausreichend. Sowohl die Geometrie- als auch die Materialdaten der einzelnen Komponenten wurden dem CRIEPI-Bericht [68] entnommen. Stellvertretend für die fehlende Beladung durch Tragkorb und Brennelemente befand sich im Inneren des Behälters während des Versuches eine Ersatzkonstruktion. Dieser Dummy wird durch eine zusätzliche Elementschicht entsprechender Masse ohne Steifigkeit realisiert. An beiden Enden des Behälters waren Stoßdämpfer angebracht, die aus einem Stahlmantel mit Sperrholzfüllung bestehen. Das komplizierte Materialverhalten dieser Dämpfer wird in homogenisierter Form mit einem elastisch-plastischen Materialmodell beschrieben, dessen Materialparameter vorgegeben waren [68]. Um ein gegenseitiges Durchdringen verschiedener Komponenten des Behälters zu verhindern, werden die entsprechenden Flächen des Behälters und der Stoßdämpfer als Kontaktpaare ausgeführt.

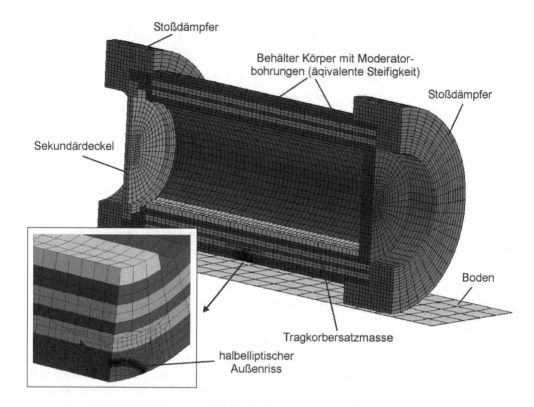

Bild 9.15: Finite-Elemente-Modell des Behälters

9.2.2 Bruchmechanische Ergebnisse der Simulation

Für den halbelliptischen Oberflächenriss ($a : c \approx 1 : 3$) liefern die FEM-Berechnungen den dynamischen Spannungsintensitätsfaktor K_I^d als Funktion der Zeit t und der Position entlang der Rissfront, die durch den Winkel φ angegeben wird, siehe Bild 9.17. Bei $\varphi = 84°$ trifft der Riss auf die Behälteraußenfläche. In Bild 9.16 ist $K_I^d(t)$ für drei ausgewählte Winkel φ über der Zeit aufgetragen. Alle drei Kurven haben bei $t^* = 16\,\text{ms}$ ein Maximum. Die größten Werte von K_I^d werden im Scheitelpunkt A des halbelliptischen Risses bei $\varphi = 0°$ erreicht. Dies wird nochmals in Bild 9.17 deutlich, was den K_I^d-Verlauf für t^* entlang der Rissfront zeigt. Wie man erkennt, besitzt K_I^d am Scheitelpunkt ein Maximum von 53 MPa m$^{1/2}$ und nimmt in Richtung Behälteraußenseite auf ein Minimum von 33 MPa m$^{1/2}$ ab (der leichte Anstieg am Rand ist ein numerischer Artefakt). Vergleicht man den ermittelten Maximalwert von K_I^d mit der im CRIEPI-Bericht für $T = -40°\text{C}$ angegebenen dynamischen Bruchzähigkeit $K_{Id} = 69\,\text{MPa m}^{1/2}$, so liegt die Beanspruchung des Risses um ca. 30 % niedriger. Damit wäre die bruchmechanische Sicherheit des Behälters gegenüber dieser Stoßbelastung erwiesen. Dieses Ergebnis stimmt auch mit den experimentellen Beobachtungen nach dem Fallversuch überein, wonach keinerlei Rissinitiierung festgestellt wurde.

9.2 Sprödbruchbewertung eines Behälters unter Stoßbelastung 357

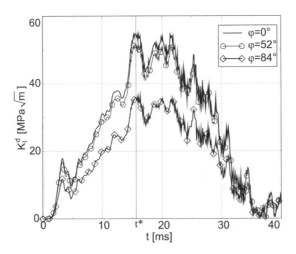

Bild 9.16: Dynamischer Spannungsintensitätsfaktor als Funktion der Zeit

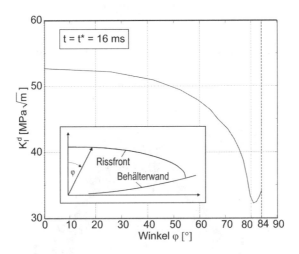

Bild 9.17: Dynamischer Spannungsintensitätsfaktor entlang der Rissfront

9.2.3 Anwendung der Submodelltechnik

Zur Verringerung des Modellierungs- und Rechenaufwandes wird die Anwendbarkeit der *Submodelltechnik* bei dynamischen Lastfällen untersucht. Dabei werden die aus der *Globalanalyse* des Behälters *ohne* Riss ermittelten Verschiebungs-Zeit-Verläufe den Randknoten des Submodells aufgeprägt. In Bild 9.18 ist ein Ausschnitt des FEM-Modells mit Risssubmodellen unterschiedlicher radialer Ausdehnung dargestellt. Die damit erzielten Berechnungsergebnisse zeigt Bild 9.19. Mit zunehmender Submodellgröße nähern sich die Ergebnisse der Referenzlösung von Bild 9.16 des vorigen Abschnitts an, der ein FEM-

358   9 Anwendungsbeispiele

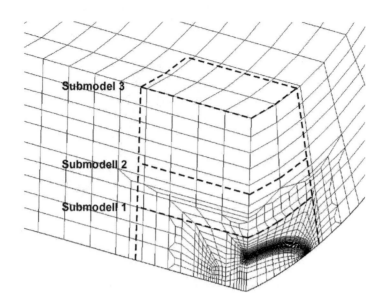

Bild 9.18: Größe der drei untersuchten Submodelle

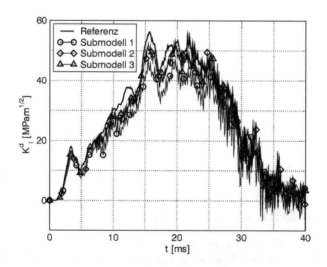

Bild 9.19: Einfluss der Submodellgröße auf die Verläufe von K_I^d

Modell des gesamten Behälter mit Riss zugrunde lag. Eine weitere Vergrößerung des Submodells in Umfangsrichtung führt annähernd zu einer Übereinstimmung mit der Referenzlösung. Die Resultate belegen, dass die J-Integral-Methode auch bei Anwendung der Submodelltechnik ein sehr brauchbares Verfahren zur Bestimmung von Spannungsintensitätsfaktoren bei dynamischer Beanspruchung ist.

9.3 Zähbruchbewertung von Schweißverbindungen in Gasrohrleitungen

9.3.1 Einleitung

Ferngasleitungsnetze unterliegen regelmäßigen Überwachungs- und Instandhaltungsmaßnahmen. Die Rohrleitungen werden durch moderne Molchsysteme zerstörungsfrei geprüft (Magnetflussmessungen, Ultraschall, Röntgenprüfung, u. a.), wobei vor allem die Montagenähte (Rundnähte) im Blickpunkt stehen, die aufgrund ihrer Fertigungsbedingungen auf Baustellen am häufigsten Schweißnahtfehler aufweisen.

An der TU Bergakademie Freiberg [153] wurde ein Konzept zur bruchmechanischen Sicherheitsanalyse von Schweißnähten erarbeitet und als ein rechnergestütztes *Bewertungssystem* implementiert. Dieses System soll den Prüfingenieur während betrieblicher zerstörungsfreier Überwachungsmaßnahmen an Ferngasleitungen dabei unterstützen, detektierte Schweißnahtfehler unter den gegebenen Betriebsdrücken und eventuellen Zusatzbelastungen (Verlegung, Erdbewegungen, Setzungserscheinungen, Eigenspannungen u. ä.) bruchmechanisch zu beurteilen. Daraus können Schlussfolgerungen im Hinblick auf die technische Sicherheit und weitere Inspektions- oder Instandsetzungsmaßnahmen abgeleitet werden. Zur Verifikation des Bewertungskonzeptes war es erforderlich, seine Übertragbarkeit auf reale Verhältnisse an einem Bauteilversuch zu überprüfen. Gleichzeitig war die Gültigkeit der im Konzept enthaltenen vereinfachenden Annahmen nachzuweisen. Es musste sichergestellt werden, dass vom Bewertungssystem immer konservative, d. h. sichere Aussagen getroffen werden. Aus diesen Gründen wurde der Bauteilversuch mit FEM-Rechnungen analysiert, wobei im Detail die konkrete Fehlergeometrie, das elastisch-plastische Werkstoffverhalten und der reale Belastungsverlauf berücksichtigt wurden [153, 154].

9.3.2 Bruchmechanisches Bewertungskonzept FAD

Fehlerannahmen

Die Schweißnahtfehler in den Rundnähten werden sicherheitstechnisch konservativ als Risse angenommen und in Innen- und Oberflächenfehler klassifiziert, siehe Bild 9.20. Die Bewertung der Fehler erfolgt nach dem bruchmechanischen Konzept des FAD (*Failure Assessment Diagram*), siehe Abschnitt 3.3.5. Eine Berücksichtigung Schweißnaht-typischer Fehlergeometrien und Belastungen erfolgt in Anlehnung an die ÖSTV-Richtlinie [196], die CEGB-R6-Routine [172] und an SINTAP [298]. Das FAD-Verfahren bewertet den Beanspruchungszustand am Riss nach zwei Kriterien:

1. Der Parameter $K_r = K_\mathrm{I}/K_\mathrm{Ic}$ bezieht die Rissspitzenbelastung auf den kritischen Materialwert (Bruchzähigkeit) und ist ein Maß für die Gefahr des Sprödbruchs.

2. Der Parameter $L_r = \sigma_{n\,\mathrm{Rohr}}/\sigma_\mathrm{F}$ bezieht eine repräsentative Spannung im Ligament auf die Fließgrenze des Materials. Er charakterisiert die Plastifizierung im Ligament und stellt ein Maß für die Gefahr des Versagens durch plastischen Kollaps dar.

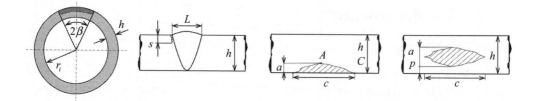

Bild 9.20: Behandelte Fehler- und Schweißnahtgeometrien in Rohrleitungen

Im FAD wird das Bauteilversagen durch eine Grenzkurve beschrieben, die zwischen den beiden Extremzuständen Sprödbruch und plastischer Kollaps liegt. Das Gebiet innerhalb der Grenzkurve kennzeichnet den sicheren Bereich. Der zum konkreten fehlerbehafteten Bauteil gehörende Punkt $P(K_r, L_r)$ wird in das Diagramm eingetragen und sein Abstand zur Grenzkurve als Maß für die Sicherheit bewertet. Bild 9.21 zeigt die nach [153] im Bewertungssystem zum Einsatz kommende, sehr dicht am tatsächlichen Materialverhalten orientierte Grenzkurve der Form:

$$K_r = f(L_r) = (1 - 0{,}14\,L_r^2)[0{,}3 + 0{,}7\exp(-0{,}65\,L_r^6)]. \tag{9.5}$$

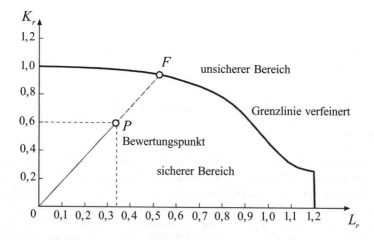

Bild 9.21: Fehlerbewertungsdiagramm (FAD) mit Versagensgrenzkurve

9.3 Zähbruchbewertung von Schweißverbindungen in Gasrohrleitungen

Der Beanspruchungszustand $P(K_r, L_r)$ eines Bauteils mit Fehler muss für die konkrete Fehlerkonfiguration und den eingesetzten Werkstoff aus den primären und sekundären Belastungen berechnet werden. Die Vorgehensweise soll für den Fall eines die Wand teilweise durchtrennenden Oberflächenfehlers im Schweißnahtbereich dargestellt werden.

Berechnung von $K_r = K_I/K_{Ic}$

Der Wert K_r wird aus der Bruchzähigkeit K_{Ic} und dem Spannungsintensitätsfaktor K_I des Risses berechnet. Für die Bewertung sollte immer der niedrigste Materialkennwert K_{Ic} aus Grundwerkstoff, Wärmeeinflusszone und Schweißgut verwendet werden, da der Riss in jeden dieser Materialbereiche hineinlaufen könnte. Der Beanspruchungswert K_I ergibt sich für einen Oberflächenriss nach [176] zu:

$$K_I = \frac{1}{\Phi}\sqrt{\pi a}\left(\sigma_m M_m M_{Km} + \sigma_E M_m + \sigma_b M_b M_{Kb}\right) g_K \tag{9.6}$$

mit $\Phi = \sqrt{1{,}464\left(\frac{2a}{c}\right)^{1{,}65} + 1}$ und dem Faktor $g_K = 1{,}2$ für den Krümmungseinfluss.

In Gleichung (9.6) ist σ_m die im fehlerfreien Bauteil anstehende Membranspannung, σ_E die Eigenspannung, σ_b der reine Biegespannungsanteil über die Wandstärke h und a die Risstiefe des Oberflächenfehlers. Die Faktoren M_m und M_b beschreiben den Einfluss von geometrischen Parametern der Fehlerkonfiguration auf den Spannungsintensitätsfaktor infolge der wirkenden Spannungsanteile. Die Spannungskonzentration an den Kerben der Schweißnähte wird durch die Faktoren M_{Km} und M_{Kb} (> 1) berücksichtigt [154]. Sie hängen vom Verhältnis Schweißnahtbreite L zu Schweißnahtdicke h ab sowie von der relativen Tiefen-Koordinate s/h, siehe Bild 9.20.

Da bei einem Oberflächenriss entweder der tiefste Punkt A oder die oberflächennahen Punkte C kritisch werden können, muss die Bewertung für beide Punkte durchgeführt werden. Für andere Riss- und Schweißnahtgeometrien werden entsprechende Berechnungsformeln und Geometriefaktoren angewandt [153].

Berechnung von $L_r = \sigma_{n\,Rohr}/\sigma_F$

Der Wert L_r kennzeichnet den Beanspruchungszustand der zu bewertenden Fehlerkonfiguration in Bezug auf die *plastische Grenzlast*. Dabei muss zwischen einem globalen plastischen Kollaps und einem lokalen plastischen Versagen unterschieden werden. Für die Bewertung von Ferngasleitungen mit relativ kleinen Fehlern (im Verhältnis zum Gesamtquerschnitt) und bei großen Fehlertiefen muss man immer von einem lokalen plastischen Versagen ausgehen.

Die nachfolgende Grenzlastlösung [196] wurde speziell für Oberflächenfehler in druckführenden Bauteilen mit gekrümmten Wänden angegeben. Dabei stellt σ_{nRohr} eine effektive Nettospannung dar, bei der im Restquerschnitt rund um den Fehler lokal die Traglast erreicht wird. Diese Nettospannung lässt sich aus den Membran- und Biegespannungen sowie dem Innendruck p wie folgt berechnen:

$$\sigma_{n\,\text{Rohr}} = g_s \bar{\sigma} + p, \qquad \bar{\sigma} = \frac{\sigma_b + \sqrt{\sigma_b^2 + 9\sigma_m^2 \left(1 - \frac{a}{h}\right)^2}}{3\left(1 - 2\frac{a}{h}\right)^2}$$

$$g_s = \frac{1}{1 - \left[\beta(1-\vartheta) + 2\arcsin\left((1-\vartheta)\sin\frac{\beta}{2}\right)\right]/\pi}, \qquad \vartheta = \frac{h-a}{h} \tag{9.7}$$

Für σ_F wird je nach Bewertungsmodus entweder die Streckgrenze $R_{p0,2}$ eingesetzt oder mit teilweiser Verfestigung gerechnet $\sigma_F = \frac{1}{2}(R_{p0,2} + R_m)$. Für die exakte Berechnung der unterschiedlichen Risskonfigurationen wurden die Beziehungen (9.7) durch entsprechende lokale Traglastlösungen ergänzt [153].

Das computergestützte Bewertungssystem

Auf der Basis des oben beschriebenen FAD-Konzeptes wurde ein PC-Programm zur bruchmechanischen Bewertung von Schweißnahtfehlern entwickelt. In einem interaktiven Dialogfenster gestattet es die Eingabe aller Geometrieparameter der Risskonfiguration, die Bereitstellung der erforderlichen Werkstoffkennwerte und die Angaben zum Belastungszustand (Druck, Biegung, Eigenspannungen). Im Bewertungsmodul werden danach die Parameter (K_r, L_r) aus den Beziehungen (9.6)–(9.7) berechnet und schließlich gemeinsam mit der Versagensgrenzkurve (9.5) im Bewertungsdiagramm grafisch dargestellt, Bild 9.21. Liegt der Punkt P innerhalb der Grenzkurve, so gilt der Belastungszustand als zulässig und der relative Abstand zur Grenzkurve wird als »Sicherheit gegen Versagen« S ausgegeben. Außerdem kann der Anwender die Auswirkungen der verschiedenen Eingabedaten und ihrer Toleranzbreite (bei mangelhafter Kenntnis oder Messungenauigkeit) auf die Sicherheit durch Variantenrechnungen abschätzen. Diese Option erlaubt die sicherheitstechnische Beurteilung in Abhängigkeit von der konkret an einer Rohrleitung vorliegenden Situation und gewährleistet die Forderung nach strenger Konservativität.

Werkstoffdaten der Rohrleitung und Schweißverbindung

Zur Ermittlung der konventionellen und bruchmechanischen Werkstoffkennwerte der Rohrleitung wurde Probenmaterial des Grundwerkstoffs (GW) St52-3, des Schweißguts (SG) und der Wärmeeinflusszone (WEZ) entnommen und geprüft. Die Spannungs-Dehnungs-Kurven des Zugversuchs wurden mit dem RAMBERG-OSGOOD-Potenzgesetz beschrieben.

$$\varepsilon = \varepsilon_e + \varepsilon_p = \frac{\sigma}{E} + \left(\frac{\sigma}{D}\right)^{1/N} \tag{9.8}$$

In Tabelle 9.4 sind die Streckgrenze $R_{p0,2}$, die Zugfestigkeit R_m, der Verfestigungsexponent $N \mathrel{\hat{=}} 1/n$ und der Koeffizient D für alle drei Werkstoffe zusammengestellt. Die bruchmechanischen Kennwerte wurden für alle drei Werkstoffbereiche GW, SG und WEZ mit Hilfe von Dreipunkt-Biege-Proben SENB ($10 \times 20 \times 100$ mm) mit 20 % Seitenkerben ermittelt. Alle Werkstoffbereiche zeigen bei Raumtemperatur ein duktiles, stabiles Risswachstum. Die Bruchzähigkeit bei Beginn des Risswachstums (Initiierung) kann durch

	$R_{p0,2}$ [MPa]	R_m [MPa]	N	D	J_i^{BL} [kJ/m^2]	δ_i^{SZW} [μm]	K_{Ji} [MPa m$^{\frac{1}{2}}$]
Grundwerkstoff	403	575	0,15	801	63	69	119,4
Schweißgut	432	583	0,13	773	143	142	179,9
Wärmeeinflusszone	477	620	0,12	779	56	58	112,6

Tabelle 9.4: Kennwerte des Zugversuches und mittlere Rissinitiierungswerte des J-Integrals und CTOD-Konzeptes

das J-Integral und die Rissöffnungsverschiebung $\delta =$ CTOD charakterisiert werden.

$$J_i = 2\delta_i \sigma_F, \qquad \sigma_F = 0{,}5(R_{p0,2} + R_m), \qquad K_{Ji} = \sqrt{\frac{E J_i}{1-\nu^2}} \qquad (9.9)$$

Die Kennwerte für alle drei Werkstoffbereiche sind in der Tabelle 9.4 zusammengefasst. Das Schweißgut weist deutlich höhere Initiierungsbruchzähigkeiten als der Grundwerkstoff und die Wärmeeinflusszone auf.

9.3.3 Bauteilversuch an einer Rohrleitung mit Schweißnahtrissen

Versuchsdurchführung

In Zusammenarbeit mit der Schweißtechnischen Lehr- und Versuchsanstalt Halle wurde ein Bauteilversuch an einer Ferngasleitung DN 920 durchgeführt, siehe [153]. Der Prüfkörper und der Versuchsaufbau sind schematisch in Bild 9.22 dargestellt. Der Prüfkörper wurde so aus zwei vorhandenen Original-Rohrleitungen gefertigt, dass im zentralen Bereich der höchsten Belastungen im Abstand von 2 m zwei Original-Rundschweißnähte (1 und 2) eingebaut sind. Ziel des Bauteilversuches war die Festigkeitsprüfung der Schweißnähte mit künstlich eingebrachten rissartigen Fehlern. Da technologische Fehler in Schweißnähten typischerweise in Umfangsrichtung ausgerichtet sind, wurde in beide Schweißnähte je ein etwa halbelliptischer Oberflächenkerb von der Außenseite bei der 6-Uhr Position mechanisch mit Hilfe einer Testfehlersäge eingebracht und durch zyklische Innendruckbelastung ein Ermüdungsanriss angeschwungen.

Die Abmessungen des Prüfkörpers und der Risse betrugen:

Außenradius	$r_a =$	460 mm
Innenradius	$r_i =$	447 mm
Wandstärke	$h =$	13 mm
Abstand zwischen den Krafteinleitungspunkten	$2l_1 =$	4 000 mm
Abstand zwischen den Auflagern	$2l_2 =$	8 800 mm

Riss 1 in Rundnaht 1: Langer Oberflächenriss Tiefe $a = 8{,}5$ mm, Länge $c = 160$ mm
Riss 2 in Rundnaht 2: Kurzer Oberflächenriss Tiefe $a = 8{,}5$ mm, Länge $c = 16$ mm

364 9 Anwendungsbeispiele

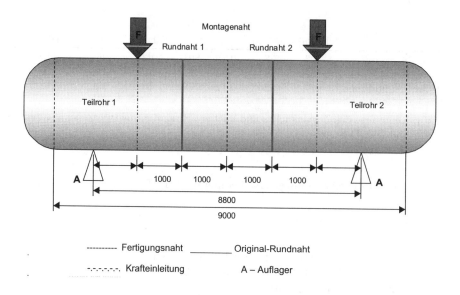

Bild 9.22: Bauteilversuch: Rohrleitung mit zwei Schweißnähten unter Innendruck und Vier-Punkt-Biegung

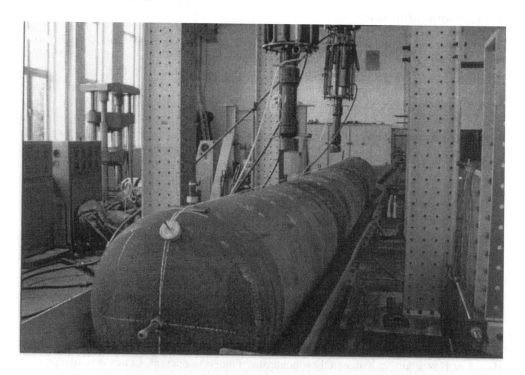

Bild 9.23: Versuchsaufbau zur Druck- und Biegebelastung des Prüfkörpers

Der Versuchsaufbau war so konzipiert, dass der Prüfkörper sowohl durch Innendruck p (Wasser) als auch zusätzlich über zwei Hydraulik-Aktoren mit Kräften F von je maximal 1 000 kN durch eine Vier-Punkt-Biegung belastet werden konnte (9.23). Durch die Biegebelastung, die am Ort der Risse die höchsten Spannungen verursacht, sollten die in der Praxis auftretenden Zusatzspannungen in Längsrichtung der Rohrleitungen simuliert werden. Diese Längsspannungen sind bei Schweißnahtrissen in Umfangsrichtung wesentlich bedeutsamer für das Bruchverhalten und die Plastifizierung der Restwandstärke als die vom Druck erzeugten Umfangsspannungen. Ziel war die Belastung des Prüfkörpers bis zum Bruch bzw. Bersten (Leck).

Das Belastungsprogramm setzte sich aus fünf Stufen zusammen:

1. keine Biegebelastung, Aufbringen des Drucks bis $p = 5{,}5$ MPa (Betriebsdruck)

2. Biegelast aufbringen bis Zylinderkraft $F = 600$ kN, Druck $p = 5{,}5$ MPa = konstant

3. Biegelast halten bei $F = 600$ kN, Steigerung des Drucks auf $p = 7{,}0$ MPa

4. Biegelast auf technisches Maximum $F = 1\,000$ kN anheben, Druck $p = 7{,}0$ MPa = konstant. Da bis zu dieser Belastung noch kein Versagen des Prüfkörpers eintrat, folgte

5. Biegelast $F = 1\,000$ kN = konstant, Steigerung des Drucks bis zum Bersten

Der zeitliche Verlauf des Innendrucks p im Prüfkörper und der Aktorkräfte F ist in Bild 9.24 dargestellt.

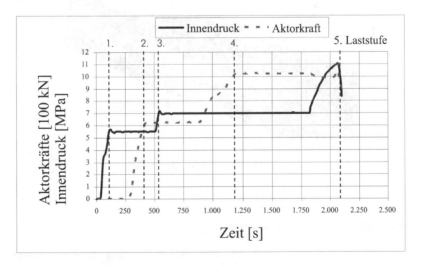

Bild 9.24: Belastungsprogramm des Prüfkörpers

Versuchsergebnisse

Der Prüfkörper versagte durch stabiles Risswachstum des künstlich eingebrachten langen Oberflächenrisses 1 in der Rundnaht 1, was zu einem etwa 50 mm großen Leck und dem vollständigen Druckabfall führte, d. h. die vorteilhafte Situation »Leck vor Bruch« war gegeben. Die Belastungen beim Versagen betrugen:

- Druck $p_c = 11$ MPa (Berstdruck)

- Biegebelastung $F_c = 1\,000$ kN (d. h. Biegespannung von $\sigma_b = 289$ MPa),

Das Versagen erfolgte deutlich vor Erreichen des theoretischen Berstdrucks $p_{th} = 16{,}7$ MPa für ein fehlerfreies Rohr. Die durchbrochene Rohrwand wies eine klare Unterteilung in Kerbbereich, Ermüdungsanriss und Leckfläche auf, siehe Bild 9.25. Die fraktografischen Untersuchungen im REM lassen deutlich den Übergangsbereich vom Ermüdungsanriss zum duktilen Restbruch erkennen. Der Ermüdungsanriss im Schweißgut diente somit als Rissstarter und das Leck wurde beim Berstversuch durch duktiles Risswachstum ausgelöst, weshalb eine zähbruchmechanische Bewertung angezeigt ist.

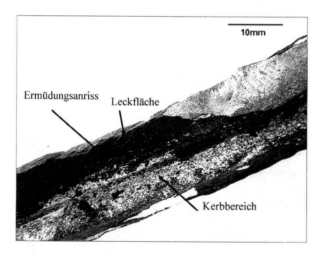

Bild 9.25: Übersichtsaufnahme der Bruchfläche von Riss 1

Anwendung des Bewertungssystems

Ein wesentliches Ziel des Bauteilversuchs war die Verifizierung des entwickelten Bewertungssystems bei der Anwendung auf fehlerbehaftete Original-Schweißnähte in Rohrleitungen. Zu diesem Zweck wurde das Bewertungssystem auf die Parameter des Bauteilversuchs angewandt, die beim tatsächlichen Versagen vorlagen, d. h. Berstdruck $p = 11$ MPa, zusätzliche Biegespannungen von 289 MPa sowie die Geometrie des kritischen Risses 1.

Hinsichtlich des Werkstoffverhaltens wurde nicht nur mit den Eigenschaften des Schweißgutes SG gerechnet, in dem ja der Riss initiierte, sondern auch mit den wesentlich ungünstigeren Kennwerten der Wärmeeinflusszone WEZ, da man im technischen Anwendungsfall einen Fehler in der WEZ nicht vollständig ausschließen kann. Darüber hinaus wurden mit dem System Variantenrechnungen bei verschärften bruchbegünstigenden Annahmen getroffen. In allen Fällen betrug die vom Bewertungssystem berechnete »Sicherheit gegen Versagen« $S < 1$, d. h. ein Versagen musste eintreten und der Bewertungspunkt P lag außerhalb der Versagensgrenzkurve im Diagramm 9.21. Außerdem wurde untersucht, bei welcher Risstiefe a das Bewertungsprogramm eine Initiierung prognostiziert hätte. Das ergab je nach Werkstoff $a = 4\,\text{mm}$ (WEZ) bzw. $a = 5\,\text{mm}$ (SG). Somit hat der Bauteilversuch gezeigt, dass mit Hilfe des computergestützten Bewertungssystems in allen Fällen ein konservativer sicherheitstechnischer Nachweis der Integrität von Ferngasleitungsrohren mit fehlerbehafteten Rundschweißnähten geführt werden kann. Das Bewertungssystem beurteilt nur die Rissinitiierung, d.h. Risswachstum oder Materialverfestigung sind als weitere Sicherheitsreserven zu betrachten.

9.3.4 FEM-Analyse des Bauteilversuchs

FEM-Modell des Prüfkörpers

Bild 9.26 zeigt die FEM-Diskretisierung eines Viertels des Prüfkörpers, wobei die doppelte Symmetrie ausgenutzt wurde (ca. 14 000 Hexaederelemente und 70 000 Knoten). Die Druck- und Lagerschalen wurden durch Volumenelemente entsprechender Steifigkeit modelliert. Die Form des bruchauslösenden Risses 1 nach dem Anschwingen wurde auf der Bruchfläche vermessen (Tiefe $a = 8{,}5\,\text{mm}$ und Länge $2c = 160\,\text{mm}$) und im FEM-Modell als sehr lang gestreckte halbe Ellipse approximiert. Für die Vernetzung der Rissumgebung ist ein sehr feines FEM-Netz erforderlich, um die Verformungs- und Spannungskonzentration richtig erfassen zu können, siehe Bild 9.27. Entlang der Rissfront wurden die Elemente fächerförmig in einem Schlauch von 20 Segmenten konzentriert. Die kleinsten Elemente unmittelbar an der Rissspitze haben eine Abmessung von etwa $a/50$. Direkt um die Rissspitze, entlang der gesamten Rissfront, wurden spezielle elastisch-plastische Rissspitzenelemente angeordnet. Dabei handelt es sich um kollabierte 20-Knoten Hexaederelemente, siehe Kapitel 7. Zur Berechnung des J-Integrals wurden um jedes Segment der Rissfront vier Integrationspfade festgelegt. Die Berechnungsergebnisse zeigen, dass die J-Werte nahezu unabhängig vom Integrationspfad sind. Nur der engste Pfad fällt aus bekannten numerischen Gründen etwas ab und wurde deshalb nicht benutzt.

In der FEM-Analyse wurde der gesamte Belastungsverlauf des Berstversuches mit den beschriebenen 5 Laststufen simuliert. Die Aktorkraft wurde als entsprechende Flächenlast auf der Oberseite des Druckstempels aufgebracht und die Innendruckbelastung als Flächenlast auf der gesamten Innenwand vorgegeben. Das Werkstoffverhalten wurde als elastisch-plastisch mit der Fließkurve nach (9.8) modelliert und der Einfluss großer Deformationen berücksichtigt.

Die Berechnungsergebnisse zeigten gute Übereinstimmung mit DMS-Messungen am Prüfkörper. Der Spannungs- und Verformungszustand ist wie folgt charakterisiert:

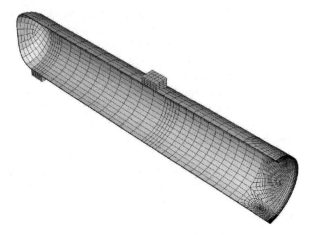

Bild 9.26: Finite-Element-Vernetzung eines Viertels des Prüfkörpers

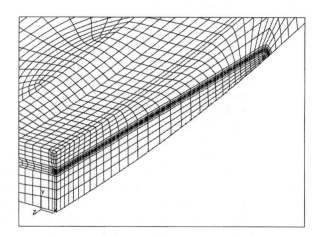

Bild 9.27: Details der Vernetzung in der Rissumgebung

- Ab der Laststufe 4 ist das gesamte Ligament der Rohrwand vor dem Riss durchplastifiziert, d. h. hier wird die plastische Grenzlast lokal überschritten.

- In der Laststufe 5 plastifiziert der Prüfkörper vollständig im unteren Bereich (Zugseite), siehe Bild 9.28.

- Am Riss entwickelt sich eine deutlich ausgeprägte plastische Zone und die Rissspitze stumpft infolge der plastischen Verformung stark ab (CTOD), siehe Bild 9.29.

9.3 Zähbruchbewertung von Schweißverbindungen in Gasrohrleitungen

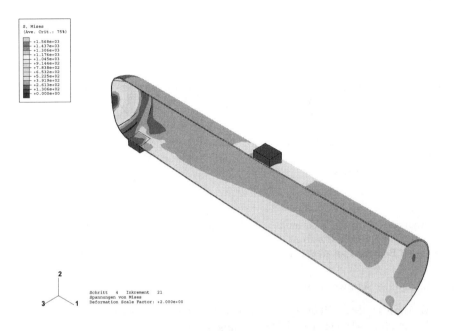

Bild 9.28: Verformung und Vergleichsspannungen des Prüfkörpers bei Laststufe 5

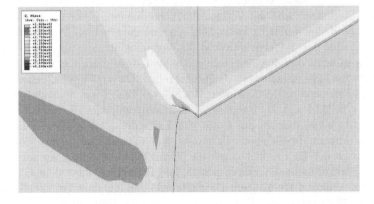

Bild 9.29: Detail der FEM-Lösung am Riss 1 des Prüfkörpers bei Laststufe 5

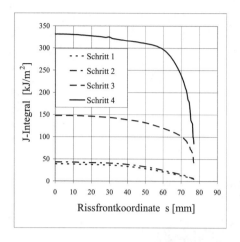
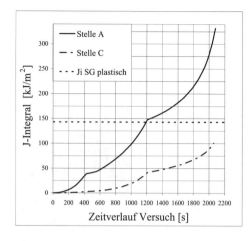

Bild 9.30: Verlauf des J-Integrals entlang der halbelliptischen Rissfront bei den Belastungsstufen 1–4

Bild 9.31: J-Integral am Scheitelpunkt A und den Oberflächenpunkten C des Risses über der Versuchszeit

Bruchmechanische Auswertung

Aus der FEM-Analyse des Prüfkörpers wurden entlang der Rissfront die beiden bruchmechanischen Parameter J-Integral und Rissöffnungsverschiebung CTOD berechnet. Bild 9.30 veranschaulicht das Verhalten von J am Ende der jeweiligen Belastungsstufen. Die Berechnungen ergaben, dass die J-Werte am Scheitelpunkt A immer wesentlich größer sind als an den Oberflächenpunkten C. Dieser Verlauf erklärt, warum das Risswachstum im Bereich des Scheitelpunktes begonnen hat und zum wanddurchdringenden Bruch führte. Auf der Bruchfläche war auch keinerlei Risswachstum in lateraler Richtung (bei C) zu beobachten. Der zeitliche Verlauf der berechneten J-Werte an beiden Punkten A und C während des Versuchs ist in Bild 9.31 wiedergegeben. Man beobachtet einen monotonen Anstieg der J-Werte während des Versuchs bis zum Versagen. Nach dem J-Integral-Konzept wird das duktile, stabile Risswachstum dann eingeleitet, wenn J den physikalischen Initiierungskennwert J_i überschreitet. Da der Riss im Schweißgut gestartet ist, wird zur Bewertung der Kennwert des SG aus Tabelle 9.4 herangezogen ($J_i = 143$ kJ/m^2). Er ist in Bild 9.31 als horizontale Linie eingezeichnet. Somit liefert das Bruchkriterium die Aussage, dass es am Ende von Laststufe 4 ($p = 7$ MPa, $F = 1\,000$ kN) zur Rissinitiierung im Prüfkörper gekommen sein müsste. Im Verlauf der Laststufe 5 hat sich demnach der Riss duktil durch die Wand bis zur Leckage ausgebreitet, was in der FEM-Simulation nicht modelliert wurde. Die Bewertung nach dem CTOD-Konzept führte zu vergleichbaren Resultaten. Damit wurde gezeigt, dass bei detaillierter Kenntnis der Werkstoffkennwerte, der Fehlergeometrie und der Belastungen auf der Grundlage numerischer Beanspruchungsanalysen mit FEM das duktile Bruchverhalten in den Ferngasleitungsrohren nach dem J-Integral-Konzept recht genau vorhergesagt werden kann. Diese weitaus aufwändigeren zähbruchmechanischen Analysen bestätigen wiederum die Aussagen des Fehlerbewertungssystems.

Anhang

A Grundlagen der Festigkeitslehre

In diesem Kapitel werden einige Grundlagen der Höheren Festigkeitslehre dargelegt. Es handelt sich um eine komprimierte Zusammenstellung der wesentlichen Begriffe und Beziehungen, die für das Verständnis des Buches notwendig sind, ohne Herleitungen anzugeben. Dem interessierten Leser seien zum detaillierten Studium weiterführende Lehrbücher der Festigkeitslehre, Kontinuumsmechanik und Materialtheorie empfohlen.

A.1 Mathematische Darstellung und Notation

Die mathematische Darstellung von Vektoren und Tensoren sowie der algebraischen und analytischen Rechenregeln erfolgt sowohl in symbolischer Form (fett kursiv) als auch in Indexschreibweise nach den allgemein anerkannten Notationsvorschriften und der EINSTEINschen Summenkonvention. Bei der Indexschreibweise wird sich grundsätzlich auf ein kartesisches, raumfestes Koordinatensystem beschränkt. Große Buchstaben bei Variablen und Indizes weisen in der Regel auf die Ausgangskonfiguration hin, Kleinbuchstaben markieren die Momentankonfiguration. Matrizen werden fett aber aufrecht geschrieben.

Vektor: $\vec{a} \stackrel{\wedge}{=} \boldsymbol{a} = a_1 \boldsymbol{e}_1 + a_2 \boldsymbol{e}_2 + a_3 \boldsymbol{e}_3 = \sum_{i=1}^{3} a_i \boldsymbol{e}_i = a_i \boldsymbol{e}_i$

Tensor 2. Stufe: $\vec{\vec{A}} \stackrel{\wedge}{=} \boldsymbol{A} = \sum_{i=1}^{3} \sum_{j=1}^{3} A_{ij} \boldsymbol{e}_i \boldsymbol{e}_j = A_{ij} \boldsymbol{e}_i \boldsymbol{e}_j$

Tensor 4. Stufe: $\mathbb{C} \stackrel{\wedge}{=} C_{ijkl} \boldsymbol{e}_i \boldsymbol{e}_j \boldsymbol{e}_k \boldsymbol{e}_l$

Invarianten des Tensors $\boldsymbol{A}$: I_1^A, I_2^A, I_3^A

Einheitstensor 2. Stufe: $\boldsymbol{I} = \delta_{ij} \boldsymbol{e}_i \boldsymbol{e}_j$ mit KRONECKER-Symbol: δ_{ij}

Skalarprodukt: $\boldsymbol{a} \cdot \boldsymbol{b} = a_i b_i$

doppeltes Skalarprodukt: $\boldsymbol{A} : \boldsymbol{B} = A_{ij} B_{ij}$

Spaltenmatrix ($m \times 1$): $\mathbf{a} = [a_1 a_2 \cdots a_m]^\mathrm{T}$

Matrix ($m \times n$): $\mathbf{A} = \begin{bmatrix} A_{11} & A_{12} & \cdots & A_{1n} \\ A_{21} & A_{22} & \cdots & A_{2n} \\ \vdots & & \vdots & \\ A_{m1} & A_{m2} & \cdots & A_{mn} \end{bmatrix}$

transponierte/inverse Matrix: $\mathbf{A}^\mathrm{T}$, $\mathbf{A}^{-1}$, $\left(\mathbf{A}^{-1}\right)^\mathrm{T} = \mathbf{A}^{-\mathrm{T}}$

Variationssymbol: δ

partielle Ableitung: $\partial(\cdot)/\partial x_i = (\cdot)_{,i}$

NABLA-Operator: $\boldsymbol{\nabla}(\cdot) = \frac{\partial(\cdot)}{\partial x_1} \boldsymbol{e}_1 + \frac{\partial(\cdot)}{\partial x_2} \boldsymbol{e}_2 + \frac{\partial(\cdot)}{\partial x_3} \boldsymbol{e}_3 = (\cdot)_{,i}\, \boldsymbol{e}_i$

LAPLACE-Operator: $\Delta(\cdot) = \frac{\partial^2(\cdot)}{\partial x_1^2} + \frac{\partial^2(\cdot)}{\partial x_2^2} + \frac{\partial^2(\cdot)}{\partial x_3^2} = (\cdot)_{,ii}$

A.2 Verformungszustand

A.2.1 Kinematik der Verformungen

Als Folge der Belastung erfährt jeder deformierbare Körper eine Bewegung in Raum und Zeit, siehe Bild A.1. Die Kinematik der Kontinua beschreibt die geometrischen Aspekte der Bewegung. Die gesamte Bewegung setzt sich aus Translation und Rotation des Gesamtkörpers (*Starrkörperbewegungen*) sowie seinen Verformungen bzw. *Deformationen* zusammen. Dafür ist es erforderlich, zu jedem Zeitpunkt jedem Teilchen (materiellen Punkt) des Körpers seinen entsprechenden Ort im physikalischen Raum (Raumpunkt) zuzuordnen. Eine solche umkehrbar eindeutige Zuordnung definiert eine Konfiguration des Körpers. Als *Ausgangskonfiguration* des Körpers bezeichnet man den undeformierten

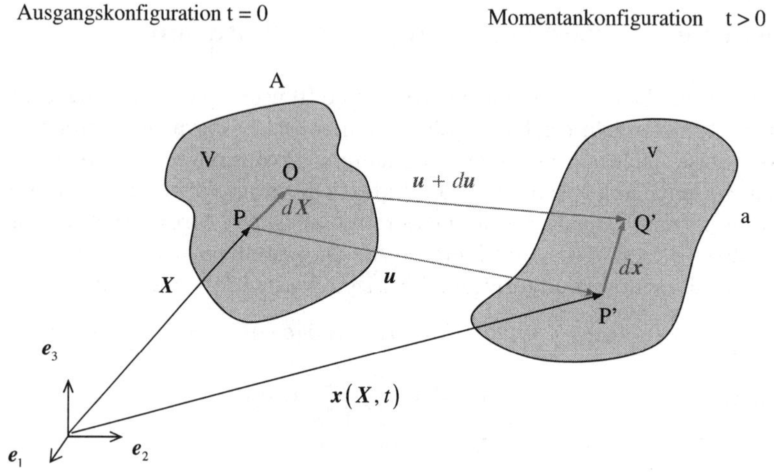

Bild A.1: Kinematik des deformierbaren Körpers

Zustand zum Zeitpunkt $t = 0$ mit dem Volumen V und der Oberfläche A. Die Lage jedes Teilchens P wird durch den Ortsvektor $\boldsymbol{X} = X_M \, \boldsymbol{e}_M$ in einem kartesischen Koordinatensystem mit den Basisvektoren $\boldsymbol{e}_M$ gekennzeichnet. Diese *materiellen Koordinaten* ändern sich während der Bewegung nicht, sondern markieren eindeutig jedes Teilchen und werden auch LAGRANGEsche Koordinaten genannt. Zu einem beliebigen späteren Zeitpunkt $t > 0$ der Bewegung nimmt der deformierte Körper die aktuelle *Momentankonfiguration* mit dem veränderten Volumen v und der Oberfläche a ein. Das Teilchen P durchläuft die Bahnkurve nach P', sein momentaner Ortsvektor $\boldsymbol{x} = x_m \, \boldsymbol{e}_m$ wird mit den *räumlichen Koordinaten* x_m (EULERschen Koordinaten) festgelegt. Die Bewegung eines Körpers ist somit die zeitliche Abfolge derartiger Konfigurationen. Die Funktion

$$\boldsymbol{x} = \boldsymbol{x}(\boldsymbol{X}, t) \tag{A.1}$$

beschreibt die Lage der Teilchen P' im Raum, wobei die Zeit t den Kurvenparameter und die Ausgangslage $\boldsymbol{X}$ den Scharparameter bilden.

Bei der Verformung erfährt jeder materielle Punkt P eine Verschiebung um den Vektor $\boldsymbol{u}$ zum Ort P'. Dieser *Verschiebungsvektor* beschreibt demnach die Differenz zwischen der momentanen Lage $\boldsymbol{x}$ eines Teilchens und seiner Ausgangslage $\boldsymbol{X}$.

$$\begin{aligned} \boldsymbol{u}(\boldsymbol{X},\,t) &= \boldsymbol{x} - \boldsymbol{X} \quad \text{bzw.} \quad u_m(\boldsymbol{X},\,t) = x_m - X_m \\ \boldsymbol{x}(\boldsymbol{X},\,t) &= \boldsymbol{X} + \boldsymbol{u} \quad \text{bzw.} \quad x_m(\boldsymbol{X},\,t) = X_m + u_m \end{aligned} \tag{A.2}$$

Der Verformungszustand eines Körpers ist also eindeutig durch das Verschiebungsfeld $\boldsymbol{u}(\boldsymbol{X},\,t)$ charakterisiert.

Die physikalischen Eigenschaften der Teilchen (Dichte, Temperatur, Materialzustand) und die noch zu bestimmenden Feldgrößen des Anfangsrandwertproblems (Verschiebungen, Verzerrungen, Spannungen) ändern sich während der Bewegung. Für die Beschreibung der zeitlichen Veränderungen dieser Feldgrößen χ unterscheidet man zwei grundverschiedene Betrachtungsweisen. Bei der LAGRANGEschen *(materiellen) Betrachtungsweise* wird die Veränderung von χ für jedes Teilchen verfolgt, was durch die funktionelle Abhängigkeit von den materiellen Koordinaten $\boldsymbol{X}$ gekennzeichnet ist.

$$\chi = \chi(\boldsymbol{X},\,t) \tag{A.3}$$

Der Beobachter ist gewissermaßen fest mit den Teilchen verbunden und misst die Veränderungen der Feldgrößen. In der EULERschen *(räumlichen) Betrachtungsweise* beobachtet man die Veränderung der Feldgröße χ an einem festgehaltenen Raumpunkt, welche deshalb als Funktion Ξ der räumlichen Koordinaten $\boldsymbol{x}$ ausgedrückt wird.

$$\chi = \Xi(\boldsymbol{x},\,t) \tag{A.4}$$

Ein am Ort $\boldsymbol{x}$ fest stehender Beobachter misst die Veränderungen, die sich dadurch ergeben, dass sich unterschiedliche Teilchen mit veränderlichen Eigenschaften vorbei bewegen. Prinzipiell sind beide Betrachtungsweisen gleichwertig und lassen sich ineinander umrechnen, wenn der Bewegungsablauf bekannt ist. Die EULERsche Betrachtungsweise wird bevorzugt in der Strömungsmechanik angewandt, weil dort meist Änderungen von Feldgrößen (Druck, Geschwindigkeit) an fixierten Orten von Interesse sind. Die LAGRANGEsche Darstellung hat Vorteile in der Festkörpermechanik, denn hier ist der Ausgangszustand meist bekannt und es interessieren die individuellen Eigenschaften der Teilchen (Verzerrungen, Spannungen oder Zustandsgrößen) während der Belastungsgeschichte.

A.2.2 Deformationsgradient und Verzerrungstensoren

Zur Charakterisierung der Beanspruchung im Inneren eines festen Körpers sind vor allem die relativen Verschiebungen zwischen zwei infinitesimal benachbarten Teilchen P und Q von Bedeutung. In Bild A.1 wird ein materielles Linienelement $\overline{PQ} = \mathrm{d}\boldsymbol{X} = \mathrm{d}X_M\,\boldsymbol{e}_M$ des Ausgangszustandes betrachtet, das sich bei der Bewegung in die Momentankonfiguration zu $\overline{P'Q'} = \mathrm{d}\boldsymbol{x} = \mathrm{d}x_m\,\boldsymbol{e}_m$ verformt.

$$\mathrm{d}x_m = \frac{\partial x_m(\boldsymbol{X},\,t)}{\partial X_M}\mathrm{d}X_M = F_{mM}\,\mathrm{d}X_M \quad \text{bzw.} \quad \mathrm{d}\boldsymbol{x} = \boldsymbol{F} \cdot \mathrm{d}\boldsymbol{X} \tag{A.5}$$

Die partiellen Ableitungen von x_m nach X_M bilden einen Tensor 2. Stufe, den man als *Deformationsgradient* $\boldsymbol{F}$ bezeichnet. Über (A.2) wird er durch die Verschiebungen und den Einheitstensor 2. Stufe $\boldsymbol{I}$ ausgedrückt.

$$F_{mM} = \frac{\partial x_m}{\partial X_M} = \delta_{mM} + \frac{\partial u_m}{\partial X_M}, \quad \boldsymbol{I} = \delta_{mM}\boldsymbol{e}_m\boldsymbol{e}_M \tag{A.6}$$

Die mathematische Umkehrung von (A.6) beschreibt die Deformation der Ausgangskonfiguration aus Sicht der Momentankonfiguration.

$$\mathrm{d}X_M = \frac{\partial X_M(\boldsymbol{x},t)}{\partial x_m}\mathrm{d}x_m = F^{-1}_{Mm}\,\mathrm{d}x_m \quad \text{bzw.} \quad \mathrm{d}\boldsymbol{X} = \boldsymbol{F}^{-1} \cdot \mathrm{d}\boldsymbol{x} \tag{A.7}$$

$$F^{-1}_{Mm} = \frac{\partial X_M}{\partial x_m} = \delta_{Mm} - \frac{\partial u_M}{\partial x_m} \tag{A.8}$$

Der *Deformationsgradient* stellt somit die Beziehung zwischen der Lage des Linienelements in der Ausgangs- und der Momentankonfiguration her. Er ist deshalb auf den Basisvektoren beider Konfigurationen definiert (Zweipunkttensor) und im allgemeinen unsymmetrisch. Damit die lineare Abbildung $\boldsymbol{X} \leftrightarrow \boldsymbol{x}$ eindeutig umkehrbar ist, muss die (JACOBIsche) Funktionaldeterminante J definit sein:

$$J = \det\left[\frac{\partial x_m}{\partial X_M}\right] = \det[F_{mM}] \neq 0 \tag{A.9}$$

Der Deformationsgradient verkörpert sowohl die Längenänderungen als auch die lokale Starrkörperdrehung in der Umgebung eines Teilchens $\boldsymbol{X}$. Mit $\overline{PQ} = \mathrm{d}\boldsymbol{X}$ wird eine beliebige Richtung in der Nachbarschaft von P festgelegt. Die Längenänderung und die lokale Drehung des Linienelementes können mit Hilfe der polaren Zerlegung voneinander getrennt werden.

$$\boldsymbol{F} = \boldsymbol{R} \cdot \boldsymbol{U} = \boldsymbol{V} \cdot \boldsymbol{R} \quad \text{bzw.} \quad F_{kN} = R_{kM}\,U_{MN} = V_{km}\,R_{mN} \tag{A.10}$$

Die Drehung wird mit dem orthogonalen Tensor $\boldsymbol{R}$ beschrieben

$$\boldsymbol{R}^{\mathrm{T}} = \boldsymbol{R}^{-1} \quad \text{bzw.} \quad R_{Lk} = R^{-1}_{kL} \quad \text{und} \quad \det[R_{kL}] = 1, \tag{A.11}$$

wohingegen die beiden *Strecktensoren* $\boldsymbol{U}$ und $\boldsymbol{V}$ ausschließlich die Streckung (Endlänge / Ausgangslänge) des Linienelements wiedergeben. Man darf sich die Abbildung $\boldsymbol{F}$ also als Abfolge einer Drehung $\boldsymbol{R}$ und einer Streckung $\boldsymbol{V}$ oder erst als Streckung $\boldsymbol{U}$ mit nachfolgender Drehung $\boldsymbol{R}$ vorstellen. $\boldsymbol{U}$ und $\boldsymbol{V}$ sind symmetrisch und positiv definit.

$$\begin{aligned}\boldsymbol{U} &= U_{MN}\,\boldsymbol{e}_M\,\boldsymbol{e}_N &&\text{rechter Strecktensor (Ausgangskonfiguration)}\\ \boldsymbol{V} &= V_{mn}\,\boldsymbol{e}_m\,\boldsymbol{e}_n &&\text{linker Strecktensor (Momentankonfiguartion)}\\ \boldsymbol{V} &= \boldsymbol{R}\cdot\boldsymbol{U}\cdot\boldsymbol{R}^{\mathrm{T}} &&\text{und}\quad \boldsymbol{U} = \boldsymbol{R}^{\mathrm{T}}\cdot\boldsymbol{V}\cdot\boldsymbol{R}\end{aligned} \tag{A.12}$$

Um den weniger interessanten Drehanteil abzuspalten, führt man die so genannten rechten und linken CAUCHY-GREENschen *Deformationstensoren* ein, die sich wie folgt aus den Strecktensoren oder direkt aus dem Deformationsgradienten $\boldsymbol{F}$ ergeben:

$$\begin{aligned}\boldsymbol{C} &= \boldsymbol{F}^\mathrm{T} \cdot \boldsymbol{F} = \boldsymbol{U}^\mathrm{T} \cdot \boldsymbol{U} \quad & \text{bzw.} \quad & C_{MN} = F_{kM}\, F_{kN} = U_{LM}\, U_{LN} \quad & \text{(rechter)} \\ \boldsymbol{b} &= \boldsymbol{F} \cdot \boldsymbol{F}^\mathrm{T} = \boldsymbol{V} \cdot \boldsymbol{V}^\mathrm{T} \quad & \text{bzw.} \quad & b_{mn} = F_{mL}\, F_{nL} = V_{ml}\, V_{nl} \quad & \text{(linker)}\end{aligned} \quad (\text{A.13})$$

Alle Deformationsmaße $\boldsymbol{U}$, $\boldsymbol{V}$, $\boldsymbol{b}$ und $\boldsymbol{C}$ gehen in den Einheitstensor $\boldsymbol{I}$ über, wenn keine Verzerrung stattfindet.

Die Quadrate der Bogenlängen der materiellen Linienelemente berechnen sich in der Ausgangskonfiguration mit

$$\begin{aligned}(\mathrm{d}L)^2 &= \mathrm{d}\boldsymbol{X} \cdot \mathrm{d}\boldsymbol{X} = (\boldsymbol{F}^{-1} \cdot \mathrm{d}\boldsymbol{x}) \cdot (\boldsymbol{F}^{-1} \cdot \mathrm{d}\boldsymbol{x}) \\ &= \mathrm{d}\boldsymbol{x} \cdot (\boldsymbol{F}^{-\mathrm{T}} \cdot \boldsymbol{F}^{-1}) \cdot \mathrm{d}\boldsymbol{x} = \mathrm{d}\boldsymbol{x} \cdot \boldsymbol{b}^{-1} \cdot \mathrm{d}\boldsymbol{x} = \mathrm{d}x_k\, b_{kl}^{-1}\, \mathrm{d}x_l\end{aligned} \quad (\text{A.14})$$

und in der Momentankonfiguration mit

$$\begin{aligned}(\mathrm{d}l)^2 &= \mathrm{d}\boldsymbol{x} \cdot \mathrm{d}\boldsymbol{x} = (\boldsymbol{F} \cdot \mathrm{d}\boldsymbol{X}) \cdot (\boldsymbol{F} \cdot \mathrm{d}\boldsymbol{X}) \\ &= \mathrm{d}\boldsymbol{X} \cdot (\boldsymbol{F}^\mathrm{T} \cdot \boldsymbol{F}) \cdot \mathrm{d}\boldsymbol{X} = \mathrm{d}\boldsymbol{X} \cdot \boldsymbol{C} \cdot \mathrm{d}\boldsymbol{X} = \mathrm{d}X_K\, C_{KL}\, \mathrm{d}X_L\,.\end{aligned} \quad (\text{A.15})$$

Die Längenänderung des Linienelementes beträgt somit

$$(\mathrm{d}l)^2 - (\mathrm{d}L)^2 = 2\,\mathrm{d}\boldsymbol{X} \cdot \boldsymbol{E} \cdot \mathrm{d}\boldsymbol{X} = 2\,\mathrm{d}\boldsymbol{x} \cdot \boldsymbol{\eta} \cdot \mathrm{d}\boldsymbol{x}\,. \quad (\text{A.16})$$

Damit sind die folgenden Verzerrungsmaße definiert:

GREEN-LAGRANGEscher *Verzerrungstensor* (bezogen auf Ausgangskonfiguration):

$$\boldsymbol{E} = \frac{1}{2}(\boldsymbol{C} - \boldsymbol{I}) \quad \text{bzw.} \quad E_{KL} = \frac{1}{2}(C_{KL} - \delta_{KL}) \quad (\text{A.17})$$

EULER-ALMANSIscher *Verzerrungstensor* (bezogen auf Momentankonfiguration):

$$\boldsymbol{\eta} = \frac{1}{2}(\boldsymbol{I} - \boldsymbol{b}^{-1}) \quad \text{bzw.} \quad \eta_{kl} = \frac{1}{2}(\delta_{kl} - b_{kl}^{-1}) \quad (\text{A.18})$$

Beide Verzerrungstensoren liefern eine Aussage über die relativen Änderungen der Längen und Winkel materieller Linienelemente in der Umgebung des Punktes P infolge der Verformung. Sie sind symmetrisch und werden im unverzerrten Zustand zu null. Mit Hilfe des Deformationsgradienten lassen sich die Verzerrungstensoren beider Konfigurationen ineinander umrechnen.

$$\boldsymbol{E} = \boldsymbol{F}^\mathrm{T} \cdot \boldsymbol{\eta} \cdot \boldsymbol{F} \quad \text{und} \quad \boldsymbol{\eta} = \boldsymbol{F}^{-\mathrm{T}} \cdot \boldsymbol{E} \cdot \boldsymbol{F}^{-1} \quad (\text{A.19})$$

Durch Anwendung der Beziehung (A.6) erhält man den nichtlinearen Zusammenhang zwischen Verschiebungen und Verzerrungen in folgender Form

$$E_{KL} = \frac{1}{2}\left(\frac{\partial u_K}{\partial X_L} + \frac{\partial u_L}{\partial X_K} + \frac{\partial u_M}{\partial X_K}\frac{\partial u_M}{\partial X_L}\right) \quad \text{und}$$
$$\eta_{kl} = \frac{1}{2}\left(\frac{\partial u_k}{\partial x_l} + \frac{\partial u_l}{\partial x_k} - \frac{\partial u_m}{\partial x_k}\frac{\partial u_m}{\partial x_l}\right)$$
(A.20)

A.2.3 Deformationsgeschwindigkeiten

Im folgenden soll die zeitliche Änderung der Bewegung eines materiellen Teilchens und der Verformung in seiner Umgebung genauer untersucht werden. Die Geschwindigkeit v und Beschleunigung a eines Teilchens ergeben sich mit (A.2) aus der ersten und zweiten materiellen Zeitableitung des Verschiebungsvektors u.

$$v = \dot{u} \quad \text{bzw.} \quad v_i(\boldsymbol{X}, t) = \frac{\partial u_i(\boldsymbol{X}, t)}{\partial t} = \dot{u}_i$$
$$a = \dot{v} = \ddot{u} \quad \text{bzw.} \quad a_i(\boldsymbol{X}, t) = \frac{\partial v_i(\boldsymbol{X}, t)}{\partial t} = \dot{v} = \ddot{u}_i$$
(A.21)

Die Geschwindigkeit des Deformationsprozesses ist bedeutsam für die Behandlung inelastischer Materialgesetze, die als konstitutive Verknüpfung von Spannungs- und Deformationsgeschwindigkeiten formuliert werden. Dazu untersuchen wir die relative Geschwindigkeit $\mathrm{d}v$ zweier benachbarter Teilchen eines materiellen Linienelements $\mathrm{d}x = \overline{P'Q'}$ in der Momentankonfiguration zum Zeitpunkt $t > 0$, siehe Bild A.2. Eine TAYLOR-Entwicklung

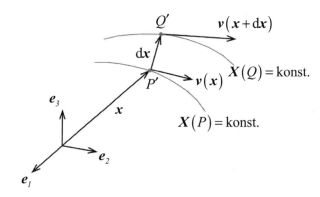

Bild A.2: Geschwindigkeitsfeld benachbarter materieller Teilchen

der Geschwindigkeit im Punkt $P(\boldsymbol{x})$ liefert $\mathrm{d}v$, wobei l den *Geschwindigkeitsgradienten* darstellt.

$$\mathrm{d}v = \mathrm{d}\dot{x} = l \cdot \mathrm{d}x \quad \text{bzw.} \quad \mathrm{d}v_i = l_{ij}\,\mathrm{d}x_j$$
(A.22)

$$l = \frac{\partial v}{\partial x} = \boldsymbol{\nabla} \cdot v = l_{ij}e_i e_j \quad \text{mit} \quad l_{ij} = \frac{\partial v_i}{\partial x_j} = v_{i,j}$$
(A.23)

$$l = \dot{F} \cdot F^{-1} \quad \text{bzw.} \quad l_{ij} = \dot{F}_{iM} F^{-1}_{Mj} \tag{A.24}$$

Der Geschwindigkeitsgradient kann in einen symmetrischen und antimetrischen Anteil zerlegt werden:

$$\begin{aligned} l &= d + w \\ d &= \frac{1}{2}(l + l^{\mathrm{T}}) \quad \text{bzw.} \quad d_{ij} = \frac{1}{2}(v_{i,j} + v_{j,i}) \\ w &= \frac{1}{2}(l - l^{\mathrm{T}}) \quad \text{bzw.} \quad w_{ij} = \frac{1}{2}(v_{i,j} - v_{j,i}) \end{aligned} \tag{A.25}$$

Der Tensor der *Deformationsgeschwindigkeit* d beschreibt die Änderungsgeschwindigkeiten der Längen und Winkel materieller Linienelemente, während der *Drehgeschwindigkeitstensor (Spintensor)* w ihre lokalen Starrkörperrotationen wiedergibt. Dazu bestehen folgende Zusammenhänge mit den Zeitableitungen der Verzerrungstensoren:

In der Momentankonfiguration:

$$d = \dot{\eta} + l^{\mathrm{T}} \cdot \eta + \eta \cdot l \quad \text{bzw.} \quad d_{ij} = \dot{\eta}_{ij} + v_{k,i}\,\eta_{kj} + \eta_{ik}\,v_{k,j} \tag{A.26}$$

und in der Ausgangskonfiguration:

$$\begin{aligned} D &= F \cdot d \cdot F = \dot{E} \quad \text{mit} \quad \dot{E} = \frac{1}{2}(v + v^{\mathrm{T}} + v^{\mathrm{T}} \cdot u + u^{\mathrm{T}} \cdot v) \\ D_{MN} &= x_{m,M}\, d_{mn}\, x_{n,N} = \dot{E}_{MN} \quad \text{mit} \\ \dot{E}_{MN} &= \frac{1}{2}(v_{M,N} + v_{N,M} + v_{K,M}\, u_{K,N} + u_{K,M}\, v_{K,N})\,. \end{aligned} \tag{A.27}$$

A.2.4 Linearisierung für kleine Deformationen

Für viele Aufgaben der Festigkeitslehre können die Verzerrungen als infinitesimal klein angesehen werden. In diesem Fall vereinfacht sich die zuvor dargestellte Theorie großer endlicher Deformationen erheblich, weil die nichtlinearen quadratischen Terme der Verschiebungsgradienten beim GREEN-LAGRANGEschen (A.17) und EULER-ALMANSIschen Verzerrungstensor (A.18) dann in (A.20) vernachlässigt werden dürfen. Ebenso lässt sich zeigen, dass die Ableitung des Verschiebungsvektors nach der materiellen Koordinate mit derjenigen nach der räumlichen zusammenfällt

$$\frac{\partial u_M}{\partial X_N} \approx \frac{\partial u_m}{\partial x_n}\,. \tag{A.28}$$

Damit ergibt sich der bekannte infinitesimale Verzerrungstensor ε

$$\varepsilon \approx \eta \approx E = \frac{1}{2}(\nabla u + (\nabla u)^{\mathrm{T}}) \quad \text{bzw.} \quad \varepsilon_{ij} \approx \eta_{ij} \approx E_{ij} = \frac{1}{2}(u_{i,j} + u_{j,i})\,. \tag{A.29}$$

$$\boldsymbol{\varepsilon} = \varepsilon_{ij}\, \boldsymbol{e}_i\, \boldsymbol{e}_j = \boldsymbol{\varepsilon}^{\mathrm{T}} \quad \text{bzw.} \quad [\varepsilon_{ij}] = \begin{bmatrix} \varepsilon_{11} & \varepsilon_{12} & \varepsilon_{13} \\ \varepsilon_{21} & \varepsilon_{22} & \varepsilon_{23} \\ \varepsilon_{31} & \varepsilon_{32} & \varepsilon_{33} \end{bmatrix} = [\varepsilon_{ij}]^{\mathrm{T}} \tag{A.30}$$

Ebenso reduziert sich die Deformationsgeschwindigkeit auf

$$\dot{\boldsymbol{\varepsilon}} \approx \dot{\boldsymbol{\eta}} \approx \dot{\boldsymbol{E}} = \frac{1}{2}(\nabla \boldsymbol{v} + (\nabla \boldsymbol{v})^{\mathrm{T}}) \quad \text{bzw.} \quad \dot{\varepsilon}_{ij} \approx \dot{\eta}_{ij} \approx \dot{E}_{ij} = \frac{1}{2}(v_{i,j} + v_{j,i})\,. \tag{A.31}$$

Die geometrische Bedeutung der einzelnen Komponenten des Verzerrungstensors soll in der (x_1, x_2)-Ebene veranschaulicht werden, siehe Bild A.3. Wir betrachten drei Punkte $P(x_1, x_2)$, $Q(x_1 + dx_1, x_2)$ und $R(x_1, x_2 + dx_2)$, deren Lage auf dem unverformten Körper markiert wird. Infolge der Verformung verschieben sie sich in die Lagen P', Q' und R'. Die im Verzerrungstensor (A.29) enthaltenen Verschiebungsgradienten entsprechen der in Bild A.3 angegebenen TAYLOR-Entwicklung von $\boldsymbol{u}(\boldsymbol{x})$ am Punkt P.

Die relativen Längenänderungen der Linienelemente $\overline{PQ}$ und $\overline{PR}$ in ihre Achsenrichtungen x_1 und x_2 bezeichnet man als *Dehnungen* (analog für die x_3-Koordinate):

$$\varepsilon_{11} = \frac{\overline{P'Q'} - \overline{PQ}}{\overline{PQ}} = \frac{\partial u_1}{\partial x_1}\,, \quad \varepsilon_{22} = \frac{\partial u_2}{\partial x_2}\,, \quad \varepsilon_{33} = \frac{\partial u_3}{\partial x_3}\,. \tag{A.32}$$

Unter *Gleitungen* versteht man die Veränderungen des Winkels am verformten Volumenelement gegenüber dem rechtwinkligen Ausgangszustand, siehe Bild A.3:

$$\gamma_{12} = \alpha + \beta \approx \tan\alpha + \tan\beta = \frac{\partial u_2}{\partial x_1} + \frac{\partial u_1}{\partial x_2}\,. \tag{A.33}$$

Die entsprechende Komponente ε_{12} des Verzerrungstensors hat den halben Wert des technischen Gleitwinkels γ_{12}. Überträgt man diese Betrachtungen auf die beiden anderen Koordinatenebenen, so lassen sich die Gleitungen folgendermaßen ausdrücken:

$$\begin{aligned}
\varepsilon_{12} &= \frac{1}{2}\left(\frac{\partial u_2}{\partial x_1} + \frac{\partial u_1}{\partial x_2}\right) = \varepsilon_{21} = \frac{1}{2}\gamma_{12} \\
\varepsilon_{23} &= \frac{1}{2}\left(\frac{\partial u_3}{\partial x_2} + \frac{\partial u_2}{\partial x_3}\right) = \varepsilon_{32} = \frac{1}{2}\gamma_{23} \\
\varepsilon_{31} &= \frac{1}{2}\left(\frac{\partial u_1}{\partial x_3} + \frac{\partial u_3}{\partial x_1}\right) = \varepsilon_{13} = \frac{1}{2}\gamma_{31}\,.
\end{aligned} \tag{A.34}$$

Die im symmetrischen Verzerrungstensor $\boldsymbol{\varepsilon}$ nach (A.30) zusammengefassten Dehnungen und Gleitungen charakterisieren den Deformationszustand an einem Punkt P des Körpers. Die Terme auf der Hauptdiagonalen (Index $i = j$) entsprechen den Dehnungen, wohingegen die Gleitungen auf die Nebendiagonalterme (Index $i \neq j$) entfallen.

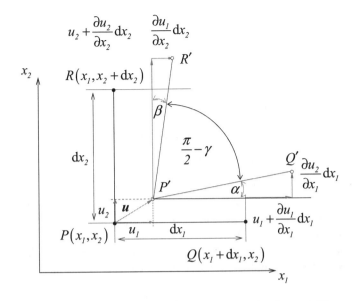

Bild A.3: Verschiebungen und Verzerrungen in der (x_1, x_2)-Ebene

Für den Verzerrungstensor kann man so genannte *Hauptachsen* finden, d. h. Koordinatenrichtungen, für die alle Gleitungen null werden und die Dehnungen Extremwerte (*Hauptdehnungen*) annehmen. Die dazugehörige Koordinatentransformation in ein Hauptachsensystem wird in Kapitel A.3.3 ausführlich am Beispiel des Spannungstensors erläutert. Die drei Hauptdehnungen ε_α (mit $\alpha = \{\text{I, II, III}\}$) gehören zu senkrecht aufeinander stehenden Raumrichtungen und werden der Größe nach geordnet.

Vereinbarung: $\varepsilon_\text{I} \geq \varepsilon_\text{II} \geq \varepsilon_\text{III}$ (A.35)

In den zu den Hauptachsen jeweils um 45 Grad gedrehten Koordinatensystemen nehmen die Gleitungen Extremwerte an, deren Größen *Hauptgleitungen* genannt werden. Sie berechnen sich folgendermaßen:

$$\gamma_\text{I} = (\varepsilon_\text{II} - \varepsilon_\text{III}), \quad \gamma_\text{II} = (\varepsilon_\text{I} - \varepsilon_\text{III}), \quad \gamma_\text{III} = (\varepsilon_\text{I} - \varepsilon_\text{II})$$ (A.36)

Wichtig ist für die Materialtheorie noch die folgende Zerlegung des Verzerrungstensors. ε_{ij} kann aufgespalten werden in einen Anteil $\varepsilon_{ij}^\text{D}$, der eine reine Gestaltänderung des Volumenelementes darstellt und einen Anteil ε^H, der ausschließlich die Volumenänderung beschreibt.

$$\varepsilon_{ij} = \varepsilon_{ij}^\text{D} + \varepsilon^\text{H} \delta_{ij}$$ (A.37)

Die relative Volumenänderung entspricht der Summe der Dehnungen und wird als allseitige mittlere Dehnung im so genannten *Kugeltensor* ausgedrückt. Der verbleibende gestaltändernde Anteil wird als *Deviator* bezeichnet.

Volumendehnung: $\dfrac{\Delta V}{V_0} = \varepsilon_{11} + \varepsilon_{22} + \varepsilon_{33} = \varepsilon_{kk} = 3\,\varepsilon^{\mathrm{H}}$

Kugeltensor: $\varepsilon^{\mathrm{H}}\delta_{ij}$, $\varepsilon^{\mathrm{H}} = \dfrac{\varepsilon_{kk}}{3}$, Deviator: $\varepsilon^{\mathrm{D}}_{ij} = \varepsilon_{ij} - \varepsilon^{\mathrm{H}}\delta_{ij}$
(A.38)

A.3 Spannungszustand

A.3.1 Spannungsvektor und Spannungstensor

Auf einen deformierbaren Körper wirken von außen Kräfte, die je nach ihrer physikalischen Ursache an der Oberfläche a oder im Volumen v angreifen. Das soll zunächst für die aktuelle Belastung in der Momentankonfiguration erläutert werden, Bild A.4. *Flächenkräfte* $\bar{t}$ sind Kräfte ds pro Flächeneinheit, die bestimmte Bereiche der Körperoberfläche belasten wie z. B. der äußere Druck. Unter *Volumenkräften* $\bar{b}$ versteht man äußere Kräfte pro Volumeneinheit, die an den Teilchen im Inneren des Körpers angreifen wie z. B. die Schwerkraft oder elektromagnetische Felder. Die aus der Technischen Mechanik bekannten Linien- und Einzelkräfte stellen Spezialfälle der Flächen- und Volumenkräfte dar.

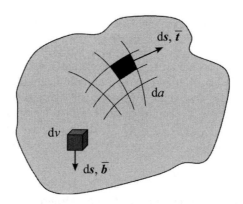

Bild A.4: Körper mit Flächen- und Volumenkräften

Flächenkräfte: $\bar{t} = \dfrac{\mathrm{d}s}{\mathrm{d}a}$, Volumenkräfte: $\bar{b} = \dfrac{\mathrm{d}s}{\mathrm{d}v}$
(A.39)

Aufgrund der äußeren Belastung entstehen im Körper *innere* Kräfte, die mit Hilfe des Schnittprinzips auf gedachten inneren Flächen sichtbar gemacht werden können. Sie haben den Charakter von Flächenkräften bzw. Spannungen und werden durch die Begriffe *Schnittspannungsvektor* und *Spannungstensor* gekennzeichnet. An einem beliebigen Punkt P legen wir eine differentiell kleine Schnittfläche da mit einer beliebigen Orientierung fest, die durch ihren Normaleneinheitsvektor n definiert ist, siehe Bild A.5.

Aus der wirkenden differenziellen Schnittkraft ds pro Schnittfläche da erhält man durch Grenzwertbildung den *Schnittspannungsvektor* t

$$t(\boldsymbol{x}, \boldsymbol{n}, t) = \dfrac{\mathrm{d}s}{\mathrm{d}a} = \dfrac{\text{aktuelle Schnittkraft}}{\text{aktuelle Schnittfläche}}.$$
(A.40)

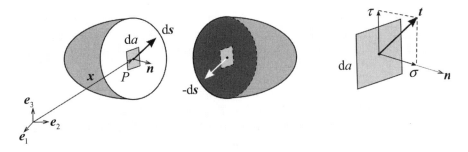

Bild A.5: Spannungsvektor t an einer Schnittfläche da mit der Orientierung n

Da es sich um die aktuelle Schnittkraft auf dem deformierten Flächenelement in der Momentankonfiguration handelt, spricht man auch vom wahren oder CAUCHYschen Spannungsvektor. Der CAUCHYsche Spannungsvektor kann in eine Komponente senkrecht zur Fläche, die *Normalspannung* σ, und eine tangential in der Fläche wirkende *Schubspannung* τ zerlegt werden.

Der Spannungsvektor t hängt vom Ort $P(x)$, der Orientierung n der Schnittfläche und evtl. von der Zeit t ab. Das bedeutet, *eine* Schnittorientierung n allein reicht nicht aus, um den Beanspruchungszustand bei P bzgl. jeder beliebigen Schnittfläche eindeutig zu beschreiben. Wir untersuchen deshalb den Spannungszustand in P bzgl. der drei Schnittebenen senkrecht zu den Koordinatenachsen $n_1 = e_1$, $n_2 = e_2$ und $n_3 = e_3$, was jeweils einen Schnittspannungsvektor $t_1(n_1)$, $t_2(n_2)$ und $t_3(n_3)$ ergibt.

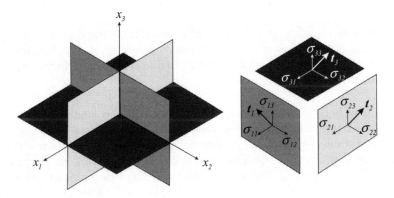

Bild A.6: Zur Definition des Spannungstensors

Die Spannungsvektoren t_i an jeder Fläche werden nun in ihre drei kartesischen Komponenten σ_{ij} zerlegt, was in Bild A.6 dargestellt ist.

$$t_i = \sigma_{i1} e_1 + \sigma_{i2} e_2 + \sigma_{i3} e_3 = \sigma_{ij} e_j \tag{A.41}$$

Dabei bedeutet der 1. Index i die Orientierung der Schnittfläche, während der 2. Index j auf die Richtung der Spannungskomponente σ_{ij} hinweist. Demnach stellen Spannungskomponenten mit gleichen Indizes $i = j$ Normalspannungen σ_{11}, σ_{22}, σ_{33} dar, die auf den jeweiligen Schnittflächen senkrecht wirken. Besitzen die Spannungskomponenten verschiedenen Indizes $i \neq j$, so handelt es sich um die 6 Schubspannungen σ_{12}, σ_{21}, σ_{23}, σ_{32}, σ_{31}, σ_{13}, die wir gleichbedeutend auch mit τ_{ij} bezeichnen. Für die Vorzeichen der Spannungen gelten dieselben Vereinbarungen wie sie bei Schnittgrößen üblich sind, d.h. Spannungskomponenten werden als positiv definiert, wenn sie am positiven (bzw. negativen) Schnittufer in positive (bzw. negative) Koordinatenrichtung zeigen.

Ordnet man die Komponenten der drei Schnittspannungen t_i zeilenweise in einer 3×3 Matrix an, so bilden sie in dieser Form die neun Komponenten eines Tensors 2. Stufe.

Dieser Tensor $\boldsymbol{\sigma}$ wird CAUCHYscher *Spannungstensor* genannt.

$$\begin{bmatrix} t_1 & t_2 & t_3 \end{bmatrix}^\mathrm{T} = \begin{bmatrix} \sigma_{11} & \sigma_{12} & \sigma_{13} \\ \sigma_{21} & \sigma_{22} & \tau_{23} \\ \sigma_{31} & \sigma_{32} & \sigma_{33} \end{bmatrix} = [\sigma_{ij}], \qquad \boldsymbol{\sigma} = \sigma_{ij} \boldsymbol{e}_i \boldsymbol{e}_j \tag{A.42}$$

Anhand des Momentengleichgewichts am Volumenelement kann man beweisen, dass einander zugeordnete Schubspannungen auf senkrecht zueinander stehenden Flächenelementen gleich sind, d. h. $\tau_{21} = \tau_{12}$, $\tau_{32} = \tau_{23}$ und $\tau_{13} = \tau_{31}$. Damit wird der Spannungstensor symmetrisch

$$\boldsymbol{\sigma} = \boldsymbol{\sigma}^\mathrm{T} \quad \text{bzw.} \quad \sigma_{ij} = \sigma_{ji} \tag{A.43}$$

und reduziert sich auf 6 unabhängige skalare Komponenten σ_{11}, σ_{22}, σ_{33}, τ_{12}, τ_{23}, τ_{31}.

Der CAUCHYsche Spannungstensor $\boldsymbol{\sigma}$ charakterisiert vollständig den Spannungszustand in einem infinitesimalen Volumenelement am Ort $P(\boldsymbol{x})$. Das bedeutet, die Gesamtheit aller Spannungsvektoren $\boldsymbol{t}$ am Ort P für alle denkbaren Schnittorientierungen $\boldsymbol{n}$ wird eindeutig durch $\boldsymbol{\sigma}$ festgelegt.

Um dies zu beweisen, muss der Zusammenhang zwischen $\boldsymbol{\sigma}$ und $\boldsymbol{t}$ hergestellt werden. Zu diesem Zweck untersuchen wir einen differenziell kleinen Tetraeder bei P in der Momentankonfiguration, der durch die bereits bekannte Schnittfläche da mit dem Normalenvektor $\boldsymbol{n}$ sowie drei weitere Dreiecksflächen da_i begrenzt wird, die jeweils senkrecht zu den Koordinatenachsen $\boldsymbol{e}_i$ liegen, siehe Bild A.7. Die Flächeninhalte dieser Dreiecke berechnen sich durch Projektion der Schnittfläche da auf die jeweilige Koordinatenachse mit dem Kosinus des eingeschlossenen Winkels:

$$\mathrm{d}a_i = \boldsymbol{n} \cdot \boldsymbol{e}_i \, \mathrm{d}a = \cos(\boldsymbol{n}, \boldsymbol{e}_i) \, \mathrm{d}a = n_i \, \mathrm{d}a \,.$$

Wertet man jetzt das Kräftegleichgewicht am Tetraederelement unter Verwendung von (A.41) aus, so ergibt sich

$$\boldsymbol{t} \, \mathrm{d}a - \boldsymbol{t}_i \, \mathrm{d}a_i = 0$$
$$t_j \, \boldsymbol{e}_j \, \mathrm{d}a - \sigma_{ij} n_i \, \boldsymbol{e}_j \, \mathrm{d}a = (t_j - \sigma_{ij} n_i) \, \boldsymbol{e}_j \, \mathrm{d}a = 0 \,.$$

A.3 Spannungszustand

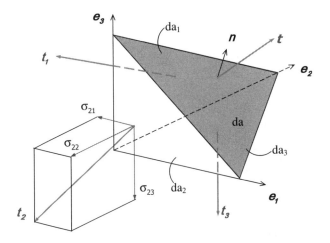

Bild A.7: Spannungszustand am Tetraederelement

Das Verschwinden des Klammerausdrucks liefert die gesuchte Relation zwischen Spannungsvektor und Spannungstensor (unter Beachtung der Symmetrie von $\boldsymbol{\sigma}$):

$$t_j = \sigma_{ij}\, n_i = \sigma_{ji}\, n_i \quad \text{bzw.} \quad \boldsymbol{t}(\boldsymbol{x},\boldsymbol{n},t) = \boldsymbol{\sigma}^\mathrm{T}(\boldsymbol{x},t) \cdot \boldsymbol{n} = \boldsymbol{\sigma}\cdot\boldsymbol{n}. \tag{A.44}$$

Oder in Matrizenschreibweise:

$$\begin{bmatrix} t_1 \\ t_2 \\ t_3 \end{bmatrix} = \begin{bmatrix} \sigma_{11} & \tau_{12} & \tau_{13} \\ \tau_{21} & \sigma_{22} & \tau_{23} \\ \tau_{31} & \tau_{32} & \sigma_{33} \end{bmatrix} \begin{bmatrix} n_1 \\ n_2 \\ n_3 \end{bmatrix}, \quad [t_i] = [\sigma_{ij}]\,[n_j]. \tag{A.45}$$

Der Spannungsvektor $\boldsymbol{t}$ lässt sich somit für eine beliebig orientierte Schnittfläche aus dem Skalarprodukt zwischen dem Spannungstensor $\boldsymbol{\sigma}$ und dem Normaleneinheitsvektor $\boldsymbol{n}$ berechnen. Diese Relation wird CAUCHYsche Spannungsformel genannt.

Sie gilt auch für den Grenzfall, dass der Punkt P auf der Körperoberfläche liegt und das Flächenelement da selbst ein Oberflächenelement mit nach außen gerichtetem Normalenvektor $\boldsymbol{n}$ ist. Dann muss der lokale Beanspruchungszustand (Spannungstensor) so beschaffen sein, dass der entstehende Spannungsvektor $\boldsymbol{t} = \boldsymbol{\sigma}\cdot\boldsymbol{n}$ genau der Oberflächenkraft $\bar{\boldsymbol{t}}$ entspricht.

A.3.2 Spannungen in der Ausgangskonfiguration

Der CAUCHYsche Spannungstensor beschreibt die wahren Spannungen in der EULERschen Betrachtungsweise der Momentankonfiguration. Will man Spannungsgrößen in LAGRANGEscher Betrachtung definieren, so müssen die Kraft- und Flächengrößen am Ort $\boldsymbol{x}$ auf die Ausgangskonfiguration bei $\boldsymbol{X}$ umgerechnet werden, siehe Bild A.8. Bezieht man die Oberflächenkraft d$\bar{\boldsymbol{s}}$ bzw. die Schnittkraft d$\boldsymbol{s}$ auf die Ausgangsfläche dA, so erhält man

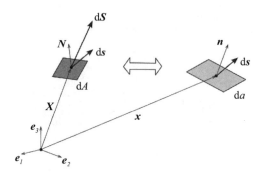

Bild A.8: Zur Definition der Spannungstensoren in der Ausgangskonfiguration

den Vektor der nominalen oder *Nennspannung*.

$$p = \frac{ds}{dA} = \frac{\text{aktuelle Schnittkraft}}{\text{Ausgangs-Schnittfläche}} \tag{A.46}$$

Der zugehörige Spannungstensor P wird *1.PIOLA-KIRCHHOFFscher Spannungstensor* genannt. Für ihn gilt die CAUCHYsche Formel (A.44) in analoger Form, wobei jetzt der Normalenvektor N auf dA in der Ausgangskonfiguration verwendet wird.

$$p(X, N, t) = N \cdot P \quad \text{bzw.} \quad p_l = N_M P_{Ml} \tag{A.47}$$

Die Umrechnung in den CAUCHYschen Spannungstensor lautet wie folgt:

$$P = \det(F) F^{-1} \cdot \sigma \quad \text{bzw.} \quad P_{Ml} = J F_{Mk}^{-1} \sigma_{kl} \,. \tag{A.48}$$

Der 1. PIOLA-KIRCHHOFFsche Spannungstensor ist nicht symmetrisch, was für die Formulierung von Materialgleichungen sehr ungünstig ist. Aus diesem Grunde wurde der *2.PIOLA-KIRCHHOFFsche Spannungstensor* dergestalt eingeführt (Pseudo-Spannungstensor), dass er Symmetrieeigenschaft bekommt. Hierzu definiert man einen »fiktiven« Schnittkraftvektor dS, der sich formal durch Rücktransformation von ds in die Ausgangskonfiguration berechnet:

$$dS = F^{-1} \cdot ds \quad \text{analog zu} \quad dX = F^{-1} \cdot dx \tag{A.49}$$

Damit ergibt sich der Spannungsvektor $\hat{T}$

$$\hat{T} = \frac{dS}{dA} = \frac{\text{»Ausgangs«-Schnittkraft}}{\text{Ausgangs-Schnittfläche}} = F^{-1} \cdot p \tag{A.50}$$

und der dazugehörige 2. PIOLA-KIRCHHOFFsche Spannungstensor T

$$\hat{T} = N \cdot T(X, t) \quad \text{bzw.} \quad \hat{T}_L = N_M T_{ML} \,. \tag{A.51}$$

Mit Hilfe des Deformationsgradienten F bestehen folgende Relationen zu den beiden anderen Spannungsdefinitionen:

$$\boldsymbol{T} = \boldsymbol{P} \cdot \boldsymbol{F}^{-\mathrm{T}} \qquad \text{bzw.} \qquad T_{ML} = P_{Ml}F_{Ll}^{-1}$$
$$\boldsymbol{T} = \det(\boldsymbol{F})\boldsymbol{F}^{-1} \cdot \boldsymbol{\sigma} \cdot \boldsymbol{F}^{-\mathrm{T}} \qquad \text{bzw.} \qquad T_{ML} = JF_{Mm}^{-1}\sigma_{ml}F_{Ll}^{-1}$$
(A.52)

Aus der Symmetrie von σ_{ml} folgt die Symmetrie von $T_{ML} = T_{LM}$.

A.3.3 Hauptachsentransformation

Bei allen bisherigen Definitionen und Betrachtungen von mechanischen Feldgrößen wurde ein einheitliches globales kartesisches Koordinatensystem (x_1, x_2, x_3) mit den Basisvektoren $\boldsymbol{e}_i$ zugrunde gelegt. Häufig erweist es sich jedoch als notwendig oder sinnvoll, das Bezugskoordinatensystem zu wechseln. Bei einer Parallelverschiebung des Koordinatensystems ändern sich die Verzerrungs- und Spannungsmaße nicht, da sie bereits differenzierte Größen darstellen. Deshalb ist vor allem die Untersuchung eines Bezugskoordinatensystem (x'_1, x'_2, x'_3) mit der Basis $\boldsymbol{e}'_i$ interessant, die gegenüber dem bisherigen System $\boldsymbol{e}_j$ gedreht liegt. Diese Drehung kann durch eine orthogonale Transformationsmatrix $\mathbf{r} = [r_{ij}]$ dargestellt werden, welche die Basisvektoren beider Bezugssysteme zueinander in Beziehung setzt:

$$\boldsymbol{e}'_i = r_{ij}\boldsymbol{e}_j \,. \tag{A.53}$$

Die Elemente dieser Drehtransformationsmatrix ergeben sich einfach als die Komponenten der neuen Basis ausgedrückt durch diejenigen der alten $r_{ij} = \boldsymbol{e}'_i \cdot \boldsymbol{e}_j = \cos(\boldsymbol{e}'_i, \boldsymbol{e}_j)$.

Nach den Gesetzen der Tensoralgebra können ein beliebiger Vektor $\boldsymbol{a}$ oder Tensor 2.Stufe $\boldsymbol{A}$ des alten Bezugssystems $\boldsymbol{e}_j$ in das gedrehte Bezugssystem $\boldsymbol{e}'_i$ umgerechnet werden, indem man auf die Komponenten die folgenden Transformationsregeln anwendet:

$$a'_i = r_{ij}a_j\,, \qquad\qquad \boldsymbol{a}' = a'_i\boldsymbol{e}'_i \stackrel{!}{=} \boldsymbol{a} = a_i\boldsymbol{e}_i$$
$$A'_{ij} = r_{ik}A_{kl}r_{jl}\,, \qquad \boldsymbol{A}' = A'_{ij}\boldsymbol{e}'_i\boldsymbol{e}'_j \stackrel{!}{=} \boldsymbol{A} = A_{ij}\boldsymbol{e}_i\boldsymbol{e}_j \,.$$
(A.54)

Mit dieser »Umrechnungsvorschrift« könnten alle bisher eingeführten Größen wie Verschiebungsvektor, Kraftvektoren, Strecktensoren, Verzerrungstensoren und Spannungstensoren in ein gedrehtes Koordinatensystem überführt werden, wobei ihre physikalische Bedeutung selbstverständlich unverändert bleibt. Bei symmetrischen Tensoren 2. Stufe gibt es noch besondere Eigenschaften, auf die wir am Beispiel des CAUCHYschen Spannungstensors ausführlich eingehen wollen.

Von allen möglichen gedrehten Bezugssystemen zeichnet sich das so genannte *Hauptachsensystem* dadurch aus, dass die transformierte Komponentenmatrix Diagonalform annimmt. Beim Spannungstensor $\boldsymbol{\sigma}'$ bedeutet dies, in den neuen Koordinatenrichtungen existieren nur die drei Normalspannungen und alle Schubspannungen verschwinden.

$$[\sigma'_{ij}] = \begin{bmatrix} \sigma'_{11} & 0 & 0 \\ 0 & \sigma'_{22} & 0 \\ 0 & 0 & \sigma'_{33} \end{bmatrix} \tag{A.55}$$

388　A Grundlagen der Festigkeitslehre

Das so ausgezeichnete Bezugssystem e'_i wird *Hauptachsensystem* genannt und die entsprechenden Richtungen heißen *Hauptachsenrichtungen*. Die drei zum Hauptachsensystem gehörenden Normalspannungen stellen Extremwerte für alle Bezugssysteme dar und haben die Bezeichnung *Hauptnormalspannungen*.

Anschaulich bedeutet die Hauptachsenrichtung, dass der Schnittspannungsvektor t die gleiche Richtung wie der Normalenvektor $n = e'_i$ besitzt mit der noch unbekannten Normalspannung σ. Bei Verwendung der CAUCHY-Formel (A.45) und dem Einheitstensor δ_{ij} erhält man:

$$t_i = \sigma_{ij}\, n_j \stackrel{!}{=} \sigma\, n_i$$
$$\sigma_{ij}\, n_j - \sigma\, \delta_{ij}\, n_j = (\sigma_{ij} - \sigma\, \delta_{ij})\, n_j = 0 \qquad (\text{A.56})$$

oder in Matrixschreibweise:

$$\begin{bmatrix} \sigma_{11} - \sigma & \tau_{12} & \tau_{13} \\ \tau_{21} & \sigma_{22} - \sigma & \tau_{23} \\ \tau_{31} & \tau_{32} & \sigma_{33} - \sigma \end{bmatrix} \begin{bmatrix} n_1 \\ n_2 \\ n_3 \end{bmatrix} = \begin{bmatrix} 0 \\ 0 \\ 0 \end{bmatrix} \qquad (\text{A.57})$$

Mathematisch gesehen stellt die Bestimmung der Hauptachsen eine Eigenwertaufgabe dar. Dabei ist σ der gesuchte Eigenwert und die dazugehörige Eigenlösung n bildet die Hauptachsenrichtung. Das homogene lineare Gleichungssystem für die gesuchten Hauptachsenrichtungen hat nur dann *nichttriviale Lösungen*, wenn die Koeffizientendeterminante verschwindet.

$$\det(\sigma_{ij} - \sigma\, \delta_{ij}) = \begin{vmatrix} \sigma_{11} - \sigma & \tau_{12} & \tau_{13} \\ \tau_{21} & \sigma_{22} - \sigma & \tau_{23} \\ \tau_{31} & \tau_{32} & \sigma_{33} - \sigma \end{vmatrix} = 0 \qquad (\text{A.58})$$

Die Auflösung der Determinante führt auf eine Gleichung 3. Grades,

$$\sigma^3 - I_1^\sigma\, \sigma^2 + I_2^\sigma\, \sigma - I_3^\sigma = 0, \qquad (\text{A.59})$$

deren drei reelle Lösungen die Hauptspannungen σ_α (mit $\alpha = \{\text{I, II, III}\}$) sind, die man der Größe nach ordnet.

Vereinbarung:　$\sigma_\text{I} \geq \sigma_\text{II} \geq \sigma_\text{III}$ \qquad (A.60)

Die Lösung des homogenen Gleichungssystems für jede Hauptspannung σ_α ergibt die drei senkrecht zueinander stehenden Hauptachsenrichtungen, die noch auf Einheitslänge zu normieren sind.

$$\boldsymbol{n}_\alpha = n_{\alpha 1}\, \boldsymbol{e}_1 + n_{\alpha 2}\, \boldsymbol{e}_2 + n_{\alpha 3}\, \boldsymbol{e}_3 = n_{\alpha i}\, \boldsymbol{e}_i\,, \quad \alpha = \{\text{I, II, III}\} \qquad (\text{A.61})$$

In Gleichung (A.59) bedeuten $I_k^\sigma(\sigma_{ij})$ (mit $k = \{1,2,3\}$) die drei *Invarianten* des Spannungstensors. Wie der Name bereits aussagt, handelt es sich um Kennzahlen eines Tensors

2. Stufe, die vom Koordinatensystem unabhängig sind.

$$I_1^\sigma(\sigma_{ij}) = \sigma_{11} + \sigma_{22} + \sigma_{33} = \sigma_{kk}$$

$$\begin{aligned}I_2^\sigma(\sigma_{ij}) &= \begin{vmatrix}\sigma_{11} & \tau_{12}\\ \tau_{12} & \sigma_{22}\end{vmatrix} + \begin{vmatrix}\sigma_{11} & \tau_{13}\\ \tau_{13} & \sigma_{33}\end{vmatrix} + \begin{vmatrix}\sigma_{22} & \tau_{23}\\ \tau_{23} & \sigma_{33}\end{vmatrix}\\ &= \sigma_{11}\sigma_{22} + \sigma_{11}\sigma_{33} + \sigma_{22}\sigma_{33} - \tau_{12}^2 - \tau_{23}^2 - \tau_{13}^2\\ &= \frac{1}{2}\left(\sigma_{kk}\sigma_{ll} - \sigma_{kl}\sigma_{lk}\right)\end{aligned} \qquad (A.62)$$

$$\begin{aligned}I_3^\sigma(\sigma_{ij}) &= \det[\sigma_{kl}]\\ &= \sigma_{11}\sigma_{22}\sigma_{33} + 2\tau_{12}\tau_{23}\tau_{13} - \sigma_{11}\tau_{23}^2 - \sigma_{22}\tau_{13}^2 - \sigma_{33}\tau_{12}^2\end{aligned}$$

Besonders einfach lassen sich die Invarianten im Hauptachsensystem selbst darstellen:

$$\begin{aligned}I_1^\sigma &= \sigma_I + \sigma_{II} + \sigma_{III}\\ I_2^\sigma &= \sigma_I\sigma_{II} + \sigma_{II}\sigma_{III} + \sigma_{III}\sigma_I\\ I_3^\sigma &= \sigma_I\sigma_{II}\sigma_{III}\end{aligned} \qquad (A.63)$$

In einem jeweils um 45° gedrehten Koordinatensystem nehmen die Schubspannungen Extremwerte an, die *Hauptschubspannungen* heißen:

$$\tau_I = \frac{1}{2}(\sigma_{II} - \sigma_{III}), \quad \tau_{II} = \frac{1}{2}(\sigma_I - \sigma_{III}), \quad \tau_{III} = \frac{1}{2}(\sigma_I - \sigma_{II}) \qquad (A.64)$$

In analoger Weise wie der Verzerrungstensor kann auch der Spannungstensor in *Deviator* und *Kugeltensor* (hydrostatische Spannung) zerlegt werden:

$$\sigma_{ij} = \sigma_{ij}^D + \sigma^H \delta_{ij} \qquad (A.65)$$

Kugeltensor: $\sigma^H \delta_{ij}$, $\quad \sigma^H = \frac{1}{3}\sigma_{kk}$, $\quad$ Deviator: $\sigma_{ij}^D = \sigma_{ij} - \sigma^H \delta_{ij} \qquad (A.66)$

A.3.4 Gleichgewichtsbedingungen

Wendet man die Grundgesetze der Mechanik auf einen deformierbaren Körper an, so bedeutet dies im Bereich der Statik, dass die resultierenden Kraft- und Drehmomentenwirkungen aller auftretenden Kräfte null sein müssen. Bei dynamischen Vorgängen hat man zusätzlich die Trägheitskräfte der beschleunigten Teilchen in die Gleichgewichtsbetrachtungen einzubeziehen. Auf der Grundlage des Impulssatzes nach NEWTON sowie des Drehimpulssatzes nach EULER werden die entsprechenden Bewegungsgleichungen für den deformierbaren Körper abgeleitet. Diese Betrachtungen sollen im folgenden am Beispiel der Momentankonfiguration erläutert werden, wozu auf Bild A.4 Bezug genommen wird. Sie können in analoger Weise auch für die Ausgangskonfiguration hergeleitet werden.

Die resultierende Kraft $\boldsymbol{F}_R$ der eingeprägten äußeren Belastungen auf den Körper berechnet sich aus dem Integral über alle Volumenkräfte $\bar{\boldsymbol{b}}$ im Volumen v und dem Integral aller auf der Oberfläche a wirkenden Flächenlasten $\bar{\boldsymbol{t}}$. Der Gesamtimpuls $\boldsymbol{I}_P$ des Körpers setzt sich aus den Massen aller bewegten Teilchen $dm = \rho\, dv$ multipliziert mit ihren

Geschwindigkeiten $v(x,t) = \dot{x}(x,t) = \dot{u}(x,t)$ zusammen, wobei ρ die Dichte in der Momentankonfiguration bedeutet.

$$\boldsymbol{F}_\mathrm{R} = \int_v \bar{\boldsymbol{b}}\,\mathrm{d}v + \int_a \bar{\boldsymbol{t}}\,\mathrm{d}a\,, \quad \boldsymbol{I}_\mathrm{P} = \int_v \rho\,\boldsymbol{v}(\boldsymbol{x},t)\mathrm{d}v = \int_v \rho\,\dot{\boldsymbol{u}}(\boldsymbol{x},t)\mathrm{d}v \tag{A.67}$$

Nach dem NEWTONschen Bewegungsgesetz ist die Zeitableitung des Impulses gleich der resultierenden Kraft. Unter Berücksichtigung der Massenkonstanz $\mathrm{d}m = \mathrm{const.}$ jedes Teilchens wirkt sich die Zeitableitung von $\boldsymbol{I}_\mathrm{p}$ nur auf $\dot{\boldsymbol{v}} = \boldsymbol{a} = \ddot{\boldsymbol{u}}$ aus. Mit den Gleichungen (A.67) lautet der *globale Impulssatz* für den Gesamtkörper somit

$$\boldsymbol{F}_\mathrm{R} = \dot{\boldsymbol{I}}_\mathrm{P} \quad \Rightarrow \quad \int_v \bar{\boldsymbol{b}}\,\mathrm{d}v + \int_a \bar{\boldsymbol{t}}\,\mathrm{d}a = \int_v \rho\,\ddot{\boldsymbol{u}}(\boldsymbol{x},t)\,\mathrm{d}v\,. \tag{A.68}$$

Die *lokale Form des Impulssatzes* für ein materielles Volumenelement Δv gewinnt man aus (A.68) mit Hilfe der CAUCHY-Formel (A.44) $\boldsymbol{t} = \boldsymbol{\sigma}\cdot\boldsymbol{n}$ und Anwendung des GAUSSschen Integralsatzes, womit das Oberflächenintegral von (A.68) in ein Volumenintegral überführt werden kann. Daraus erhält man schließlich folgende Beziehung

$$\int_{\Delta v} \left[\nabla\cdot\boldsymbol{\sigma} + \bar{\boldsymbol{b}} - \rho\,\ddot{\boldsymbol{u}} \right] \mathrm{d}v = \boldsymbol{0}\,, \tag{A.69}$$

die für ein beliebiges Teilgebiet Δv zutreffen muss, weshalb das Verschwinden des Klammerausdrucks gefordert wird:

$$\nabla\cdot\boldsymbol{\sigma} + \bar{\boldsymbol{b}} = \rho\,\ddot{\boldsymbol{u}} \quad \text{bzw.} \quad \sigma_{ij,j} + \bar{b}_i = \rho\,\ddot{u}_i\,, \tag{A.70}$$

oder in ausführlicher Schreibweise:

$$\begin{aligned}\frac{\partial \sigma_{11}}{\partial x_1} + \frac{\partial \tau_{12}}{\partial x_2} + \frac{\partial \tau_{13}}{\partial x_3} + \bar{b}_1 &= \rho\,\ddot{u}_1 \\ \frac{\partial \tau_{21}}{\partial x_1} + \frac{\partial \sigma_{22}}{\partial x_2} + \frac{\partial \tau_{23}}{\partial x_3} + \bar{b}_2 &= \rho\,\ddot{u}_2 \\ \frac{\partial \tau_{31}}{\partial x_1} + \frac{\partial \tau_{32}}{\partial x_2} + \frac{\partial \sigma_{33}}{\partial x_3} + \bar{b}_3 &= \rho\,\ddot{u}_3\end{aligned} \tag{A.71}$$

Diese Gleichungen verkörpern im Fall der Statik ($\ddot{\boldsymbol{u}} = \boldsymbol{0}$) die lokalen *Gleichgewichtsbedingungen* nach CAUCHY. Sie bilden ein System von drei partiellen Differenzialgleichungen, denen der Spannungstensor $\boldsymbol{\sigma}$ an jedem Ort unterworfen ist. In der Kinetik drücken diese Beziehungen die *Bewegungsgleichungen* aus, deren zweifache Integration nach der Zeit die Verformungen $\boldsymbol{u}(\boldsymbol{x},t)$ des Körpers ergibt.

A.4 Materialgesetze

Der Zusammenhang zwischen dem Spannungszustand und den sich einstellenden Verzerrungen hängt von den mechanischen Eigenschaften der Werkstoffe ab – genauer von ihrem Verformungsverhalten. Dieser Zusammenhang wird in der Kontinuumsmechanik meist phänomenologisch modelliert und durch so genannte *Materialgesetze* mathematisch formuliert. Das Verformungs- und Versagensverhalten der Werkstoffe kann man recht übersichtlich danach klassifizieren, welchen Einfluss Ort, Richtung und Zeit haben:

a) Ortsabhängigkeit

Ist das Werkstoffverhalten vom Ort (Koordinaten x) der Untersuchung abhängig, so spricht man von *Inhomogenität* (z. B. Schmiedestück, Schweißverbindung). »*Homogen*« bedeutet dagegen überall gleiche Eigenschaften.

b) Richtungsabhängigkeit

Unterscheidet sich das Werkstoffverhalten am selben Ort in verschiedenen Richtungen der Beanspruchung, so nennt man diese Eigenschaft *Anisotropie* (z. B. Elastizitätsmodul von Kompositen). Andernfalls (keine Richtungsabhängigkeit) liegt *Isotropie* vor.

c) Zeitabhängigkeit

Spielt der zeitliche Verlauf der Beanspruchung für das Materialverhalten keine Rolle, so spricht man von einem *skleronomen* Verformungsverhalten. Die Materialgesetze sind dann unabhängig von der Zeit t und der Geschwindigkeit des Verformungsprozesses. Bei vielen technischen Werkstoffen hängt die Reaktion auf eine Beanspruchung jedoch wesentlich von der Geschwindigkeit des Vorgangs ab, so dass die Zeit als Variable in das Materialgesetz einfließt. Diese Art Verformungsverhalten nennt man *rheonom*. Die zeitliche Abhängigkeit äußert sich in viskoelastischen oder viskoplastischen Eigenschaften.

Verändern sich die Werkstoffeigenschaften ohne Beanspruchung ausschließlich als Funktion der Zeit, spricht man von *Alterung*. Zusätzlich zu den genannten Größen hängen die Materialgesetze und ihre Parameter noch indirekt von anderen physikalischen Einflüssen ab wie z. B. der Temperatur, dem Feuchtegehalt, chemischen Reaktionen oder radioaktiver Bestrahlung.

A.4.1 Elastische Materialgesetze

Das elastische Materialverhalten wird durch zwei wesentliche Merkmale charakterisiert:

- Die Verformungen sind *reversibel*, d. h. bei Entlastung geht der Körper wieder in seine ursprüngliche Ausgangsform zurück, was in Bild A.9 anhand der einachsigen Spannungs-Dehnungs-Kurve σ-ε veranschaulicht wird. Es besteht ein eineindeutiger Zusammenhang zwischen der momentanen Spannung σ und der momentanen elastischen Verzerrung ε. Der erreichte Spannungszustand ist unabhängig von der Verformungsgeschichte.

- Die Verformungen sind weder von der Zeit noch von der Belastungsgeschwindigkeit abhängig (skleronom).

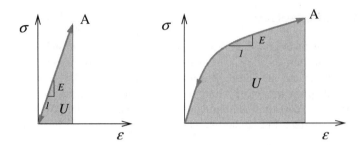

Bild A.9: Lineares und nichtlineares elastisches Materialverhalten bei einachsiger Beanspruchung

Das elastische Verformungsverhalten fast aller Werkstoffe ist für kleine Verzerrungen linear und wird durch das bekannte HOOKEsche Gesetz $\sigma = E\varepsilon$ wiedergegeben. Der *Elastizitätsmodul* E ist durch den Anstieg der Spannungs-Dehnungs-Kurve $E(\varepsilon) = \mathrm{d}\sigma/\mathrm{d}\varepsilon$ definiert. Es gibt aber auch Materialien, die große, rein elastische Deformationen aufnehmen können und dabei erhebliche Nichtlinearitäten zeigen, wie z. B. Gummi oder Kunststoffe.

Hyperelastische Materialgesetze

Für den allgemeinen Fall mehrachsiger Beanspruchung und großer Deformationen muss das elastische Materialgesetz als eine Funktion des Spannungstensors vom Verzerrungstensor beschrieben werden, wobei die entsprechenden Spannungs- und Verzerrungsmaße der Momentankonfiguration oder der Ausgangskonfiguration zu verwenden sind, siehe Abschnitte A.2 und A.3.

$$\boldsymbol{\sigma} = \boldsymbol{\sigma}(\boldsymbol{\eta}) \quad \text{bzw.} \quad \boldsymbol{T} = \boldsymbol{T}(\boldsymbol{E}) \tag{A.72}$$

Dazu betrachten wir die Arbeit in einem Volumenelement, die während der Verformung von den wahren Spannungen σ_{kl} an den Verzerrungen η_{kl} vom undeformierten Ausgangszustand bis zum Endzustand η_{ij} verrichtet wird, in EULERscher Darstellung:

$$\mathrm{d}U = \sigma_{kl}\,\mathrm{d}\eta_{kl} \quad \Rightarrow \quad U(\eta_{ij}) = \int\limits_0^{\eta_{ij}} \sigma_{kl}\,\mathrm{d}\eta_{kl}\,. \tag{A.73}$$

Hier bezeichnet U die *Formänderungsenergiedichte* pro Volumen für den allgemeinen mehrachsigen Beanspruchungsfall. Da bei elastischem Materialverhalten ein eindeutiger Zusammenhang zwischen den aktuellen Spannungen σ_{ij} und den elastischen Verzerrungen η_{ij} besteht, ist U vom Verformungsweg unabhängig. Dies bedeutet physikalisch, dass die Formänderungsenergiedichte als spezifische potentielle Energie im Volumen gespeichert wird, was mit der Dichte ρ in eine freie Energie pro Masse $\psi_\mathrm{e} = U/\rho$ umgerechnet werden kann. Mathematisch ausgedrückt, stellen U bzw. ψ_e ein wegunabhängiges Integral der Zustandsvariablen η_{ij} dar. Daraus folgt umgekehrt:

$$\sigma_{ij} = \frac{\partial U(\eta_{ij})}{\partial \eta_{ij}} = \rho \frac{\partial \psi_e(\eta_{ij})}{\partial \eta_{ij}} \quad \text{bzw.} \quad \boldsymbol{\sigma} = \frac{\partial U(\boldsymbol{\eta})}{\partial \boldsymbol{\eta}}. \tag{A.74}$$

Diese allgemeine Form des Elastizitätsgesetzes wird als *Hyperelastizität* bezeichnet und hat für große Deformationen, Anisotropie und beliebige Nichtlinearität Gültigkeit.

Ihre konkrete Ausgestaltung hängt von der Wahl des elastischen Potentials $U(\boldsymbol{\eta})$ ab. Eine ausführlichere Darstellung hyperelastischer Materialmodelle für große Deformationen findet man bei OGDEN [194] und HAUPT [111].

Verallgemeinertes HOOKEsches Gesetz

Für die meisten technischen Anwendungsfälle kann man sich auf kleine Deformationen beschränken, so dass wir das Elastizitätsgesetz mit dem wahren Spannungstensor σ_{ij} und dem infinitesimalen Verzerrungstensor ε_{ij} formulieren dürfen:

$$\boldsymbol{\sigma} = \boldsymbol{\sigma}(\boldsymbol{\varepsilon}) \quad \text{bzw.} \quad \sigma_{ij} = \sigma_{ij}(\varepsilon_{ij}). \tag{A.75}$$

Bei isothermen Zuständen besitzt die Funktion $U(\varepsilon_{ij}) \geq 0$ eine quadratische Form in ε_{ij}

$$U(\varepsilon_{ij}) = \frac{1}{2} \varepsilon_{ij} C_{ijkl} \varepsilon_{kl}, \tag{A.76}$$

woraus der lineare Zusammenhang folgt

$$\sigma_{ij} = \frac{\partial U}{\partial \varepsilon_{ij}} = C_{ijkl}\, \varepsilon_{kl} \quad \text{und} \quad \frac{\partial^2 U}{\partial \varepsilon_{ij} \partial \varepsilon_{kl}} = C_{ijkl}. \tag{A.77}$$

Das ist das HOOKEsche Gesetz in seiner allgemeinsten Form mit dem *Elastizitätstensor* 4. Stufe C_{ijkl}. Wegen der Symmetrie von σ_{ij}, ε_{kl} und der Vertauschbarkeit der partiellen Ableitungen besitzt er die Symmetrieeigenschaften $C_{ijkl} = C_{klij} = C_{jikl} = C_{ijlk} = C_{jilk}$, so dass 21 von null verschiedene elastische Konstanten übrig bleiben.

Zur besseren Veranschaulichung wird das HOOKEsche Gesetz von der Tensornotation in Matrizenschreibweise überführt. Entsprechend der VOIGTschen Regel wird jedes Indexpaar $(ij) \equiv (ji) \rightarrow (\alpha)$ auf einen einfachen griechischen Index (α) reduziert:

$$(11) \rightarrow (1),\ (22) \rightarrow (2),\ (33) \rightarrow (3),\ (23) \rightarrow (4),\ (31) \rightarrow (5) \text{ und } (12) \rightarrow (6).$$
Die Summation griechischer Indizes erstreckt sich über $\alpha, \beta, \ldots = \{1, 2, \ldots, 6\}$. $\tag{A.78}$

$$\begin{bmatrix} \sigma_1 \\ \sigma_2 \\ \sigma_3 \\ \sigma_4 \\ \sigma_5 \\ \sigma_6 \end{bmatrix} \mathrel{\hat=} \begin{bmatrix} \sigma_{11} \\ \sigma_{22} \\ \sigma_{33} \\ \tau_{23} \\ \tau_{31} \\ \tau_{12} \end{bmatrix} = \begin{bmatrix} C_{11} & C_{12} & C_{13} & C_{14} & C_{15} & C_{16} \\ & C_{22} & C_{23} & C_{24} & C_{25} & C_{26} \\ & & C_{33} & C_{34} & C_{35} & C_{36} \\ & & & C_{44} & C_{45} & C_{46} \\ & \text{sym} & & & C_{55} & C_{56} \\ & & & & & C_{66} \end{bmatrix} \begin{bmatrix} \varepsilon_{11} \\ \varepsilon_{22} \\ \varepsilon_{33} \\ \gamma_{23} \\ \gamma_{31} \\ \gamma_{12} \end{bmatrix} \mathrel{\hat=} [C_{\alpha\beta}] \begin{bmatrix} \varepsilon_1 \\ \varepsilon_2 \\ \varepsilon_3 \\ \varepsilon_4 \\ \varepsilon_5 \\ \varepsilon_6 \end{bmatrix} \tag{A.79}$$

$$[\sigma_\alpha] = [C_{\alpha\beta}]\,[\varepsilon_\beta], \quad \text{Symmetrie:} \ [C_{\beta\alpha}] = [C_{\alpha\beta}]$$

Im allgemeinen anisotropen Fall ruft also jede einzelne vorgegebene Verzerrungskomponente einen vollständigen mehrachsigen Spannungszustand hervor!

Die Umstellung des HOOKEschen Gesetzes nach den Verzerrungen geschieht durch Invertierung der *Elastizitätsmatrix* $[C_{\alpha\beta}]$, woraus sich die *Nachgiebigkeitsmatrix* $[S_{\alpha\beta}]$ ergibt.

$$[\varepsilon_\alpha] = [C^{-1}_{\alpha\beta}] \, [\sigma_\beta] = [S_{\alpha\beta}] \, [\sigma_\beta]$$

$$\begin{bmatrix} \varepsilon_{11} \\ \varepsilon_{22} \\ \varepsilon_{33} \\ \gamma_{23} \\ \gamma_{31} \\ \gamma_{12} \end{bmatrix} = \begin{bmatrix} S_{11} & S_{12} & S_{13} & S_{14} & S_{15} & S_{16} \\ & S_{22} & S_{23} & S_{24} & S_{25} & S_{26} \\ & & S_{33} & S_{34} & S_{35} & S_{36} \\ & & & S_{44} & S_{45} & S_{46} \\ & \text{sym} & & & S_{55} & S_{56} \\ & & & & & S_{66} \end{bmatrix} \begin{bmatrix} \sigma_{11} \\ \sigma_{22} \\ \sigma_{33} \\ \tau_{23} \\ \tau_{31} \\ \tau_{12} \end{bmatrix} \quad (\text{A.80})$$

Viele Werkstoffe und Kristallstrukturen besitzen Symmetrieeigenschaften, wodurch die Zahl der elastischen Konstanten reduziert wird. Die wichtigsten Klassen werden im Folgenden aufgeführt.

a) Orthotropes Materialverhalten

Besitzt das Material drei senkrecht aufeinander stehende Vorzugsrichtungen x_1, x_2 und x_3 mit unterschiedlichen elastischen Eigenschaften, so spricht man von Orthotropie. Beispiele hierfür sind orthorhombische Kristalle oder Faserverbundwerkstoffe. Die Gleit- und Dehnungsanteile entkoppeln sich. Es verbleiben nur 9 unabhängige elastische Konstanten.

$$[C_{\alpha\beta}] = \begin{bmatrix} C_{11} & C_{12} & C_{13} & 0 & 0 & 0 \\ C_{12} & C_{22} & C_{23} & 0 & 0 & 0 \\ C_{13} & C_{23} & C_{33} & 0 & 0 & 0 \\ 0 & 0 & 0 & C_{44} & 0 & 0 \\ 0 & 0 & 0 & 0 & C_{55} & 0 \\ 0 & 0 & 0 & 0 & 0 & C_{66} \end{bmatrix} \quad (\text{A.81})$$

Anschaulicher ist die Darstellung des anisotropen HOOKEschen Gesetzes in den Ingenieurkonstanten E_i (Elastizitätsmodul in x_i-Richtung), G_{ij} (Schubmodul in der (x_i, x_j)-Ebene) und den Querkontraktionszahlen ν_{ij} (Einschnürung in x_i-Richtung bei Zug in x_j). Die Anwendung auf orthotropes Material (A.81) lautet:

$$\begin{bmatrix} \varepsilon_{11} \\ \varepsilon_{22} \\ \varepsilon_{33} \\ \gamma_{23} \\ \gamma_{31} \\ \gamma_{12} \end{bmatrix} = \begin{bmatrix} 1/E_1 & -\nu_{21}/E_2 & -\nu_{31}/E_3 & 0 & 0 & 0 \\ -\nu_{12}/E_1 & 1/E_2 & -\nu_{32}/E_3 & 0 & 0 & 0 \\ -\nu_{13}/E_1 & -\nu_{23}/E_2 & 1/E_3 & 0 & 0 & 0 \\ 0 & 0 & 0 & 1/G_{23} & 0 & 0 \\ 0 & 0 & 0 & 0 & 1/G_{31} & 0 \\ 0 & 0 & 0 & 0 & 0 & 1/G_{12} \end{bmatrix} \begin{bmatrix} \sigma_{11} \\ \sigma_{22} \\ \sigma_{33} \\ \tau_{23} \\ \tau_{31} \\ \tau_{12} \end{bmatrix} \quad (\text{A.82})$$

Wegen der Symmetrieeigenschaften bestehen zusätzlich folgende Abhängigkeiten:

$$\nu_{21} E_1 = \nu_{12} E_2, \quad \nu_{23} E_3 = \nu_{32} E_2 \quad \text{und} \quad \nu_{31} E_1 = \nu_{13} E_3 \,.$$

b) Transversal isotropes Materialverhalten

Hierbei wird angenommen, dass sich das Material in einer Ebene (x_1, x_2) in allen Richtungen gleich verhält (isotrop), aber in der dritten Koordinate (x_3) andere Eigenschaften besitzt, was auf 5 unabhängige elastische Konstanten führt. Beispiele sind unidirektional faserverstärkte Verbundwerkstoffe, Holz oder hexagonale Kristalle.

$$[C_{\alpha\beta}] = \begin{bmatrix} C_{11} & C_{12} & C_{13} & 0 & 0 & 0 \\ C_{12} & C_{11} & C_{13} & 0 & 0 & 0 \\ C_{13} & C_{13} & C_{33} & 0 & 0 & 0 \\ 0 & 0 & 0 & C_{44} & 0 & 0 \\ 0 & 0 & 0 & 0 & C_{44} & 0 \\ 0 & 0 & 0 & 0 & 0 & \tfrac{1}{2}(C_{11} - C_{12}) \end{bmatrix} \qquad (\text{A.83})$$

c) Isotropes Materialverhalten

Isotropie ist die höchste Symmetriestufe, bei der das elastische Verhalten in allen Raumrichtungen identisch wird.

$$[C_{\alpha\beta}] = \begin{bmatrix} C_{11} & C_{12} & C_{12} & 0 & 0 & 0 \\ C_{12} & C_{11} & C_{12} & 0 & 0 & 0 \\ C_{12} & C_{12} & C_{11} & 0 & 0 & 0 \\ 0 & 0 & 0 & C_{44} & 0 & 0 \\ 0 & 0 & 0 & 0 & C_{44} & 0 \\ 0 & 0 & 0 & 0 & 0 & C_{44} \end{bmatrix} \quad \text{mit} \quad C_{44} = \frac{1}{2}(C_{11} - C_{12}) \qquad (\text{A.84})$$

Damit vereinfacht sich die Elastizitätsmatrix auf 2 unabhängige elastische Konstanten. Amorphe Materialien (Glas, Polymere, ...) und polykristalline metallische oder keramische Werkstoffe verhalten sich makroskopisch isotrop elastisch.

Thermische Dehnungen

Bekanntlich stellt sich bei vielen Materialien als Folge einer Temperaturänderung von der Ausgangstemperatur T_0 auf den aktuellen Wert T eine Verformung ein, deren Gestalt durch den *thermischen Verzerrungstensor* $\varepsilon_{ij}^{\text{t}}$ repräsentiert wird. Diese auch als Temperatur- oder Wärmedehnungen bezeichneten Verzerrungen sind in erster Näherung proportional zur Temperaturdifferenz $\Delta T(\boldsymbol{x}) = T(\boldsymbol{x}) - T_0$. Im allgemeinen haben sie anisotropen Charakter, der durch den symmetrischen Materialtensor 2. Stufe der *thermischen Ausdehnungskoeffizienten* α_{ij}^{t} bestimmt wird. Im Spezialfall der Isotropie entstehen nur thermische Dehnungen, die in alle Richtungen gleich groß sind. Dann vereinfacht sich der Materialtensor α_{ij}^{t} zu einem Kugeltensor $\alpha_{\text{t}}\,\delta_{ij}$ und es verbleibt als einziger Materialparameter der lineare thermische Ausdehnungskoeffizient α_{t}.

$$\text{anisotrop:} \quad \varepsilon_{ij}^{\text{t}}(\boldsymbol{x}) = \alpha_{ij}^{\text{t}} \Delta T(\boldsymbol{x})\,, \quad \text{isotrop:} \quad \varepsilon_{ij}^{\text{t}} = \alpha_{\text{t}}\,\delta_{ij}\,\Delta T \qquad (\text{A.85})$$

Die thermisch indizierten Verzerrungen bilden sich unabhängig vom Spannungszustand und zusätzlich zu den elastischen Verzerrungen $\varepsilon_{ij}^{\text{e}}$ aus. Im HOOKEschen Elastizitätsgesetz müssen sie deshalb von den Gesamtverzerrungen subtrahiert werden.

$$\varepsilon_{ij} = \varepsilon_{ij}^{\text{e}} + \varepsilon_{ij}^{\text{t}} \quad \Rightarrow \quad \sigma_{ij} = C_{ijkl}\left(\varepsilon_{kl} - \varepsilon_{kl}^{\text{t}}\right) \tag{A.86}$$

Die unbehinderte freie Erwärmung eines Körpers mit konstanter Temperatur führt zu keinen Spannungen, wohingegen kinematische Behinderungen oder ortsveränderliche Temperaturfelder große thermische Spannungen bzw. Eigenspannungen hervorrufen können.

Isotropes Elastizitätsgesetz mit Temperaturdehnungen

Wegen seiner vielfachen Anwendung soll das isotrope elastische Material mit thermischen Dehnungen im Detail behandelt werden. Wenn der *Elastizitätsmodul E*, die POISSONsche *Querkontraktionszahl* $0 \leq \nu \leq 1/2$ und der *Schubmodul G* in alle Richtungen gleich sind, ergeben die Beziehungen (A.82) und (A.85) ausgeschrieben:

$$\begin{aligned}
\varepsilon_{11} &= \frac{1}{E}\left[\sigma_{11} - \nu\left(\sigma_{22} + \sigma_{33}\right)\right] + \alpha_{\text{t}} \Delta T \\
\varepsilon_{22} &= \frac{1}{E}\left[\sigma_{22} - \nu\left(\sigma_{33} + \sigma_{11}\right)\right] + \alpha_{\text{t}} \Delta T \\
\varepsilon_{33} &= \frac{1}{E}\left[\sigma_{33} - \nu\left(\sigma_{11} + \sigma_{22}\right)\right] + \alpha_{\text{t}} \Delta T \\
\gamma_{12} &= \frac{\tau_{12}}{G}, \quad \gamma_{23} = \frac{\tau_{23}}{G}, \quad \gamma_{31} = \frac{\tau_{31}}{G} \quad \text{mit } G = \frac{E}{2(1+\nu)}\,.
\end{aligned} \tag{A.87}$$

Dies lautet in verallgemeinerter Schreibweise:

$$\varepsilon_{ij} = \frac{1+\nu}{E}\sigma_{ij} - \frac{\nu}{E}\sigma_{kk}\delta_{ij} + \alpha_{\text{t}} \Delta T\, \delta_{ij}\,. \tag{A.88}$$

Die Umstellung von (A.87) nach den Spannungen liefert:

$$\begin{aligned}
\sigma_{11} &= \frac{E}{1+\nu}\left[\varepsilon_{11} + \frac{\nu}{1-2\nu}(\varepsilon_{11} + \varepsilon_{22} + \varepsilon_{33})\right] - \frac{E}{1-2\nu}\alpha_{\text{t}} \Delta T \\
\sigma_{22} &= \frac{E}{1+\nu}\left[\varepsilon_{22} + \frac{\nu}{1-2\nu}(\varepsilon_{11} + \varepsilon_{22} + \varepsilon_{33})\right] - \frac{E}{1-2\nu}\alpha_{\text{t}} \Delta T \\
\sigma_{33} &= \frac{E}{1+\nu}\left[\varepsilon_{33} + \frac{\nu}{1-2\nu}(\varepsilon_{11} + \varepsilon_{22} + \varepsilon_{33})\right] - \frac{E}{1-2\nu}\alpha_{\text{t}} \Delta T \\
\tau_{12} &= G\,\gamma_{12}, \quad \tau_{23} = G\,\gamma_{23}, \quad \tau_{31} = G\,\gamma_{31}\,.
\end{aligned} \tag{A.89}$$

Dieser Zusammenhang kann mit dem isotropen HOOKEschen Tensor

$$C_{ijkl} = 2\mu\,\delta_{ik}\delta_{jl} + \lambda\,\delta_{ij}\delta_{kl} \tag{A.90}$$

kompakt geschrieben werden:

$$\sigma_{ij} = C_{ijkl}\left(\varepsilon_{kl} - \varepsilon_{kl}^{\text{t}}\right) = 2\mu\,\varepsilon_{ij} + \lambda\,\delta_{ij}\,\varepsilon_{kk} - (3\lambda + 2\mu)\,\alpha_{\text{t}} \Delta T\,\delta_{ij} \tag{A.91}$$

Hier wurden die LAMEschen Konstanten μ und λ eingeführt, die mit den anderen elastischen Konstanten E, ν und G sowie C_{11}, C_{22} und C_{44} in folgender Relation stehen.

$$\mu = \frac{E}{2(1+\nu)} = G = C_{44}, \quad \lambda = \frac{E\nu}{(1+\nu)(1-2\nu)} = C_{12}, \quad 2\mu + \lambda = C_{11} \quad (\text{A.92})$$

Aus werkstoffmechanischer Sicht ist es zweckmäßig, das isotrope HOOKEsche Gesetz in den Anteil der reinen *Volumenänderung* und denjenigen der *Gestaltänderung* zu zerlegen. Mit den Definitionen der Kugeltensoren σ^H bzw. ε^H und der Deviatoren σ^D_{ij} bzw. ε^D_{ij} findet man die Aufspaltung von (A.91):

$$\sigma^D_{ij} = 2\mu\,\varepsilon^D_{ij}, \qquad \sigma^H = (3\lambda + 2\mu)(\varepsilon^H - \alpha_t \Delta T) = 3K(\varepsilon^H - \alpha_t \Delta T) \quad (\text{A.93})$$

$$K = \frac{E}{3(1-2\nu)} = \frac{1}{3}(2\mu + 3\lambda) = \frac{1}{3}(C_{11} + 2C_{12}) \quad \text{– Kompressionsmodul.} \quad (\text{A.94})$$

A.4.2 Elastisch-plastische Materialgesetze

Phänomen der plastischen Verformung

Plastisches Materialverhalten ist dadurch gekennzeichnet, dass der Werkstoff nach Überschreiten einer bestimmten Grenze der Beanspruchung – der Elastizitätsgrenze – zu »fließen« beginnt, d. h. es treten inelastische, bleibende Verformungen auf. Diese plastischen Formänderungen sind eine typische Eigenschaft der meisten Metalle und übersteigen von der Größe oft die elastischen Verformungen. Plastische Formänderungen sind irreversible dissipative Prozesse, die in einem (quasistatischen) Gleichgewicht zwischen äußerer Beanspruchung und Verformungswiderstand des Werkstoffs ablaufen. Sie sind deshalb nicht von der Zeit oder Verformungsgeschwindigkeit abhängig (skleronom). Nach Entlastung bleiben die plastischen Deformationen bestehen. Die plastische Formänderungsarbeit wird zum überwiegenden Anteil in Wärme umgewandelt.

Abbildung A.10 zeigt anhand der einachsigen Spannungs-Dehnungs-Kurve die charakteristischen Merkmale bei elastisch-plastischem Verformungsverhalten. Der Werkstoff verhält sich bis zum Erreichen eines bestimmten Spannungswertes σ_{F0} – der Fließgrenze (F) – elastisch. Übersteigt die Belastung den Punkt (F), so bilden sich plastische Dehnungen $\varepsilon^p > 0$ aus. Bei dem Modell eines ideal-plastischen Materials (Punktlinie in Bild A.10) kommt es zu unbeschränkten plastischen Verformungen $\varepsilon^p \to \infty$ und die Tragfähigkeit des Werkstoffs ist erschöpft. In realen Werkstoffen erhöht sich als Folge der plastischen Deformation die aktuelle Fließgrenze σ_F, man spricht von *Verfestigung* des Werkstoffs und bezeichnet diesen Verlauf (F)-(A) als monotone Fließkurve. Wird die angelegte Spannung auf Null (E) zurückgenommen, so entlastet sich der Werkstoff durch rein elastische Verformung ε^e und es verbleibt ε^p. Eine Wiederbelastung auf den Ausgangswert (A) erfolgt ebenfalls elastisch und erst danach plastifiziert und verfestigt sich der Werkstoff weiter. Führt man eine Belastung in die entgegengesetzte Richtung (Zug $\to$ Druck) durch, so setzt das plastische Fließen meist früher ein (Punkt (B)). Diese Verschiebung der Fließgrenze bei Lastumkehr heißt BAUSCHINGER-Effekt. Prägt man dem Werkstoff periodische Be- und Entlastungsvorgänge auf, dann entstehen plastische

398 A Grundlagen der Festigkeitslehre

Wechselverformungen $\pm\varepsilon^{\mathrm{p}}$ und die Spannungs-Dehnungs-Kurve nimmt die Form einer Hysterese an, deren Gestalt sich mit den Lastzyklen noch verändern kann.

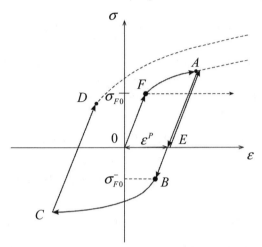

Bild A.10: Elastisch-plastisches Materialverhalten

Annahmen der Fließtheorie

Die Plastizitätstheorie beschreibt das elastisch-plastische Verformungsverhalten im mehrachsigen Beanspruchungsfall, wobei eine Reihe von Annahmen getroffen werden, die im Folgenden für die Einschränkung auf kleine Verzerrungen wiedergegeben werden:

- Die Verzerrungen ε_{ij} und ihre zeitlichen Änderungen $d_{ij} \approx \dot{\varepsilon}_{ij}$ (A.31) setzen sich aus einem elastischen $\dot{\varepsilon}_{ij}^{\mathrm{e}}$ und plastischen Anteil $\dot{\varepsilon}_{ij}^{\mathrm{p}}$ zusammen.

$$\varepsilon_{ij} = \varepsilon_{ij}^{\mathrm{e}} + \varepsilon_{ij}^{\mathrm{p}}, \quad \dot{\varepsilon}_{ij} = \dot{\varepsilon}_{ij}^{\mathrm{e}} + \dot{\varepsilon}_{ij}^{\mathrm{p}} \quad \text{bzw.} \quad \mathrm{d}\varepsilon_{ij} = \mathrm{d}\varepsilon_{ij}^{\mathrm{e}} + \mathrm{d}\varepsilon_{ij}^{\mathrm{p}} \tag{A.95}$$

Häufig formuliert man (A.95) nicht mit den Geschwindigkeiten (»Ratenform«), sondern in »inkrementeller« Form des Verzerrungszuwachses $\mathrm{d}\varepsilon_{ij} = \dot{\varepsilon}_{ij}\mathrm{d}t$ pro Zeitinkrement, weil in der Plastizitätstheorie die Zeit ja nur die Bedeutung eines Lastparameters besitzt. Diese additive Zerlegung ist nur im Rahmen infinitesimaler Verzerrungen exakt richtig, darf aber auch bei großen finiten Verzerrungen näherungsweise verwendet werden, wenn der elastische Verzerrungsanteil klein ist, $\dot{\varepsilon}_{ij}^{\mathrm{e}} \ll \dot{\varepsilon}_{ij}^{\mathrm{p}}$.

- Plastisches Fließen setzt erst dann ein, wenn der Spannungszustand σ_{kl} einen bestimmten Grenzwert überschreitet, der durch die *Fließbedingung* (engl. *yield criterion*) beschrieben wird:

$$\Phi(\sigma_{kl}, h_\alpha) \begin{cases} < 0 & \text{elastischer Bereich} \\ = 0 & \text{plastischer Bereich und Verfestigung} \end{cases} \tag{A.96}$$

$h_\alpha \quad (\alpha = 1, 2, \ldots, n_{\mathrm{H}})$ — Verfestigungsvariable

Diese Fließbedingung stellt eine konvexe Grenzfläche im Spannungsraum (der 6 Komponenten σ_{ij} oder der 3 Hauptspannungen σ_α) dar, die den elastischen Bereich von plastischen Zuständen trennt. Sie hängt von einer Anzahl n_H spannungsähnlicher Variablen h_α ab, die den aktuellen Zustand der Verfestigung beschreiben. Mit zunehmender Verfestigung ändert sich die Fließgrenzfläche $\Phi(\sigma_{kl}, h_\alpha)$ und wird dann auch *Verfestigungsfläche* (engl. *yield surface*) genannt.

- Die plastischen Verzerrungen sind abhängig von der Belastungsgeschichte (Lastpfad). Die momentane Änderung (Inkrement) der plastischen Verzerrung $d\varepsilon_{ij}^P$ ist eine unmittelbare Reaktion auf die Änderung $d\sigma_{ij}$ des Spannungszustandes, sie hängt aber auch vom absoluten Spannungszustand σ_{ij} und dem erreichten Verfestigungsniveau h_α ab. Deshalb muss das Materialgesetz in »inkrementeller Form« oder »Ratenform« formuliert werden. Von daher rührt auch die Bezeichnung *inkrementelle Plastizitätstheorie* oder *Fließtheorie*.

$$\dot{\varepsilon}_{ij}^P = f_{ijkl}(\sigma_{kl}, h_\alpha)\,\dot{\sigma}_{kl} \quad \text{bzw.} \quad d\varepsilon_{ij}^P = f_{ijkl}(\sigma_{kl}, h_\alpha)\,d\sigma_{kl} \tag{A.97}$$

- Für metallische Werkstoffe ist experimentell erwiesen, dass plastische Verzerrungen *keine Volumenänderung* bewirken und dass plastisches Fließen *nicht* vom hydrostatischen Spannungsanteil σ^H abhängt (plastische Inkompressibilität). Die plastische Verzerrung hat somit ausschließlich gestaltändernden Charakter und kann allein durch den Deviator beschrieben werden.

$$\dot{\varepsilon}_{kk}^P = 0\,, \quad \dot{\varepsilon}_{ij}^P \equiv \dot{\varepsilon}_{ij}^{PD} \tag{A.98}$$

- Die irreversible Veränderung des Werkstoffzustandes bei plastischer Verformung wird durch so genannte *Zustandsvariable* oder *innere Variable* (engl. *internal state variable*) z_α ($\alpha = 1,2,\cdots,n_H$) beschrieben. Dafür wählt man meist dehnungsähnliche Größen, die thermodynamisch arbeitskonjugiert zu den Verfestigungsvariablen h_α sind. Die z_α legen den Verfestigungszustand und seine Änderung fest.

$$h_\alpha = h_\alpha(z_\beta) \tag{A.99}$$

Fließbedingungen

Zur Formulierung der Fließbedingung $\Phi(\sigma_{kl}, h_\alpha)$ bieten sich bei isotropem Materialverhalten die drei Invarianten des Spannungstensors an. Noch besser eignen sich die Invarianten des Spannungsdeviators, da wegen der Inkompressibilität dessen 1. Invariante $I_1^{\sigma D} = \sigma_{kk}^D = 0$ herausfällt. Aus der Vielzahl von existierenden Ansätzen sollen zwei bewährte Fließbedingungen genauer angegeben werden.

a) Fließbedingung nach v. MISES

Die auf v. MISES, HUBER und HENCKY zurückgehende Fließbedingung bzw. *Gestaltänderungshypothese* hängt nur von der 2. Invarianten des Spannungsdeviators $I_2^{\sigma D}$ ab.

$$\Phi_{\text{MISES}}(I_2^{\sigma D}) = -I_2^{\sigma D} - \frac{1}{3}\sigma_{F0}^2 = \frac{1}{2}\sigma_{kl}^D\sigma_{kl}^D - \frac{1}{3}\sigma_{F0}^2 = 0 \tag{A.100}$$

400   A Grundlagen der Festigkeitslehre

Nach Einführung der V. MISES *Vergleichsspannung* σ_v

$$\sigma_v = \sqrt{\frac{3}{2} \sigma_{kl}^D \sigma_{kl}^D} = \sqrt{-3 I_2^{\sigma D}}$$

$$= \sqrt{\frac{1}{2} [(\sigma_{11} - \sigma_{22})^2 + (\sigma_{22} - \sigma_{33})^2 + (\sigma_{33} - \sigma_{11})^2] + 3(\tau_{12}^2 + \tau_{23}^2 + \tau_{31}^2)} \quad (A.101)$$

$$= \sqrt{\frac{1}{2} [(\sigma_I - \sigma_{II})^2 + (\sigma_{II} - \sigma_{III})^2 + (\sigma_{III} - \sigma_I)^2]} \quad \text{in Hauptspannungen}$$

erhält man

$$\Phi_{\text{MISES}}(\sigma_v) = \sigma_v^2 - \sigma_{F0}^2 = 0 \quad \text{bzw.} \quad \Phi_{\text{MISES}} = \sigma_v - \sigma_{F0} = 0. \quad (A.102)$$

σ_v ist so gewählt, dass im einachsigen Fall ($\sigma_I = \sigma$, $\sigma_{II} = \sigma_{III} = 0$) die Bedingung $\sigma_v = \sigma = \sigma_{F0}$ erfüllt wird. Somit bildet die V. MISES Vergleichsspannung einen mehrachsigen Spannungszustand auf einen äquivalenten einachsigen Wert aus dem Zugversuch ab.

Im Spezialfall des ebenen Spannungszustandes ($\sigma_{III} = 0$) vereinfacht sich (A.101) zu

$$\sigma_v = \sqrt{\sigma_{11}^2 + \sigma_{22}^2 - \sigma_{11} \sigma_{22} + 3\tau_{12}^2} = \sqrt{\sigma_I^2 + \sigma_{II}^2 - \sigma_I \sigma_{II}} \quad (A.103)$$

und $\Phi_{\text{MISES}} = \sigma_v^2 - \sigma_{F0}^2 = 0$ ist die Gleichung einer Ellipse im Koordinatensystem der Hauptspannungen (σ_I, σ_{II}), siehe dazu Bild A.11.

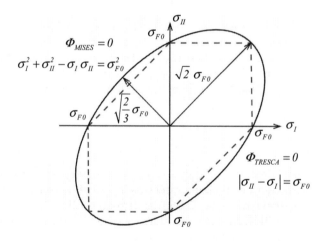

Bild A.11: Fließbedingungen nach V. MISES und TRESCA für den ebenen Spannungszustand

Für den allgemeinen dreiachsigen Spannungszustand wird die Fließbedingung im Koordinatensystem aller drei Hauptspannungen dargestellt, was Bild A.12 veranschaulicht. Der hydrostatische Anteil σ^H eines beliebigen Spannungszustandes $P \triangleq \boldsymbol{\sigma} = \sigma_I \boldsymbol{e}_I + \sigma_{II} \boldsymbol{e}_{II} + \sigma_{III} \boldsymbol{e}_{III}$ ergibt sich als Projektion auf die Raumdiagonale $\boldsymbol{e}^H$ (hydrostatische Achse). Weil die Fließbedingung von σ^H unabhängig ist, muss sie eine prismatische Grenzfläche parallel zu e^H bilden. In den sogenannten deviatorischen π-Ebenen senkrecht zu e^H beschreibt $\Phi_{\text{MISES}} = 0$ den geometrischen Ort eines Kreises mit dem Radius $R_F = \sqrt{2/3}\,\sigma_{F0}$.

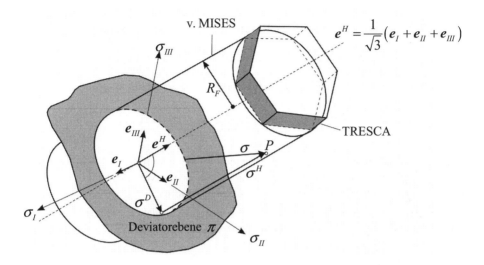

Bild A.12: Fließbedingungen nach v. MISES und TRESCA im 3D Hauptspannungsraum

b) Fließbedingung nach TRESCA

Plastisches Fließen tritt nach dieser Hypothese dann ein, wenn die maximale Schubspannung (A.64) einen Grenzwert τ_{F0} erreicht.

$$\Phi_{\text{TRESCA}}(\sigma_{kl}) = \tau_{\max} - \tau_{F0} = 0$$
$$= \max\{\frac{1}{2}|\sigma_I - \sigma_{II}|, \frac{1}{2}|\sigma_{II} - \sigma_{III}|, \frac{1}{2}|\sigma_{III} - \sigma_I|\} - \tau_{F0} = 0 \quad \text{(A.104)}$$

Für den einachsigen Spannungszustand ($\sigma_I = \sigma$, $\sigma_{II} = \sigma_{III} = 0$) ergibt sich daraus $\tau_{\max} = |\sigma|/2$, womit zwischen Schubfließspannung und Zugfließspannung die Relation $\tau_{F0} = \sigma_{F0}/2$ entsteht. Für den ebenen Spannungszustand wird die TRESCAsche Fließbedingung durch ein Sechseck in der (σ_I, σ_{II})-Ebene veranschaulicht, wie es Bild A.11 zeigt. Im dreidimensionalen Spannungszustand entspricht $\Phi_{\text{TRESCA}} = 0$ dem in Bild A.12 angedeuteten Zylinder mit gleichmäßiger sechseckiger Form in der Deviatorebene.

Fließgesetz und Normalenregel

Gesucht sind die Komponenten der plastischen Verzerrungsinkremente $d\varepsilon_{ij}^p$, d. h. die Richtung und der Betrag des plastischen Fließens. Sie können aus dem *Prinzip vom Maximum der plastischen Dissipationsleistung* ermittelt werden, das von HILL und DRUCKER 1950 eingeführt wurde, siehe LUBLINER [164]. Wir betrachten dazu einen Spannungszustand σ_{ij}^0 auf oder innerhalb der Fließfläche und geben ein plastisches Verzerrungsinkrement

$d\varepsilon_{ij}^p$ vor, siehe dazu Bild A.13. Nach dem *Prinzip der maximalen plastischen Dissipation* stellt sich von allen denkbaren Spannungszuständen $\tilde{\sigma}_{ij}$ der tatsächliche Spanungszustand σ_{ij} genau so ein, dass die dissipierte Energiedichte (pro Zeit dt) $\mathcal{D}^p = (\tilde{\sigma}_{ij} d\varepsilon_{ij}^p - h_\alpha dz_\alpha)$ ein Maximum annimmt. Da dieser Spannungszustand $\tilde{\sigma}_{ij}$ auf der Fließfläche liegen muss, bedeutet dies eine Extremwertaufgabe mit der Fließbedingung als Nebenbedingung. Mit Hilfe der Methode des LAGRANGEschen Multiplikators dΛ kann man schreiben

$$\mathcal{D}^p(\tilde{\sigma}_{ij}, h_\alpha, d\Lambda) = [\tilde{\sigma}_{kl} d\varepsilon_{kl}^p - h_\alpha dz_\alpha - \Phi(\tilde{\sigma}_{kl}, h_\alpha) d\Lambda] \to \max. \qquad (A.105)$$

Durch Ableitung nach $\tilde{\sigma}_{ij}$ erhält man hieraus die *assoziierte Fließregel*:

$$d\varepsilon_{ij}^p = d\Lambda \frac{\partial \Phi}{\partial \tilde{\sigma}_{ij}} = d\Lambda \hat{N}_{ij} \quad \text{bei} \quad \tilde{\sigma}_{ij} = \sigma_{ij} \quad \text{bzw.} \quad \dot{\varepsilon}_{ij}^p = \dot{\Lambda} \frac{\partial \Phi}{\partial \sigma_{ij}} = \dot{\Lambda} \hat{N}_{ij}. \qquad (A.106)$$

Diese Berechnungsvorschrift wird auch *Normalenregel* genannt, weil die Richtung $\hat{N}_{ij}$ im Spannungsraum genau senkrecht zur Fließfläche liegt. Aus diesem Grunde wird die Funktion Φ auch *plastisches Dissipationspotential* genannt.

Die Ableitung von (A.105) nach den Verfestigungsvariablen h_α liefert das Gesetz für die zeitliche Entwicklung (Evolution) der inneren Variablen z_α:

$$dz_\alpha = -d\Lambda \frac{\partial \Phi}{\partial h_\alpha} \quad \text{bzw.} \quad \dot{z}_\alpha = -\dot{\Lambda} \frac{\partial \Phi}{\partial h_\alpha}. \qquad (A.107)$$

Der auch als *plastischer Multiplikator* bezeichnete, nicht negative Parameter $\dot{\Lambda} = d\Lambda/dt$ nimmt folgende Werte an:

$$\dot{\Lambda} \begin{cases} > 0 & \text{bei} \quad \Phi = 0 \quad \text{und} \quad \dot{\Phi} = 0 \quad \text{plastisches Fließen} \\ = 0 & \text{bei} \quad \Phi \leq 0 \quad \text{und} \quad \dot{\Phi} < 0 \quad \text{elastischer Bereich bzw. Entlastung} \end{cases} \qquad (A.108)$$

Das wird häufig in der *KUHN-TUCKER-Bedingung* $\dot{\Lambda} \dot{\Phi} = 0$ zusammengefasst.

Im Zusammenhang mit der Normalenregel und der Konvexitätsforderung soll das Postulat von DRUCKER (1950) erwähnt werden, das eine energetische Bedingung für die Stabilität plastischen Materialverhaltens darstellt. Betrachtet wird ein virtueller Belastungszyklus vom Ausgangszustand σ_{ij}^0 zu einem beliebigen Endzustand σ_{ij} und zurück. Dabei stellt sich ein Verzerrungsinkrement $d\varepsilon_{ij} = d\varepsilon_{ij}^e + d\varepsilon_{ij}^p$ ein. Bei diesem geschlossenen Belastungszyklus leistet das Spannungsinkrement $d\sigma_{ij}$ mit dem plastischen Verzerrungsinkrement $d\varepsilon_{ij}^p$ (elastischer Anteil $d\varepsilon_{ij}^e$ ist reversibel) die plastische Zusatzarbeit $dU^p = d\sigma_{ij} d\varepsilon_{ij}^p$.

$$\begin{array}{l} \text{1D:} \quad (\sigma - \sigma^0) d\varepsilon = d\sigma d\varepsilon^p \\ \text{3D:} \quad (\sigma_{ij} - \sigma_{ij}^0) d\varepsilon_{ij} = d\sigma_{ij} d\varepsilon_{ij}^p \end{array} \begin{cases} \geq 0 & \text{Verfestigung} \Rightarrow \text{stabil} \\ = 0 & \text{ideal plastisch} \\ \leq 0 & \text{Entfestigung} \Rightarrow \text{instabil} \end{cases} \qquad (A.109)$$

Damit das Material stabil bleibt, darf das Skalarprodukt dU^p nicht negativ werden,

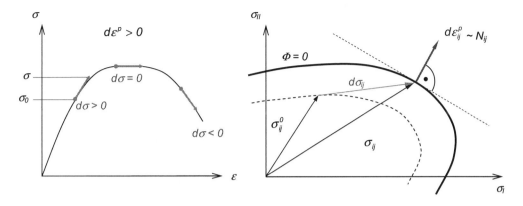

Bild A.13: Fließgesetz und Normalenregel, Postulat von DRUCKER

weshalb $d\varepsilon_{ij}^p$ genau die Normalenrichtung auf der Fließfläche $\Phi = 0$ annehmen muss, da ja $d\sigma_{ij}$ eine beliebige Richtung haben darf. Aus diesem Grunde muss die Fließfläche konvex sein! Dieser Sachverhalt ist unmittelbar aus der grafischen Darstellung in Bild A.13 zu erkennen.

Die Anwendung der Normalenregel (A.106) auf die V. MISES Fließbedingung liefert:

$$\Phi_{\text{MISES}} = \sqrt{\frac{3}{2}\,\sigma_{ij}^{\text{D}}\,\sigma_{ij}^{\text{D}}} - \sigma_{\text{F0}} = 0$$

$$\frac{\partial \Phi_{\text{MISES}}}{\partial \sigma_{ij}} = \frac{\partial \Phi_{\text{MISES}}}{\partial \sigma_{kl}^{\text{D}}}\,\frac{\partial \sigma_{kl}^{\text{D}}}{\partial \sigma_{ij}} = \left(\frac{3\,\sigma_{kl}^{\text{D}}}{2\,\sigma_{\text{v}}}\right)\left(\delta_{ki}\,\delta_{lj} - \frac{1}{3}\,\delta_{kl}\,\delta_{ij}\right) = \frac{3}{2}\,\frac{\sigma_{ij}^{\text{D}}}{\sigma_{\text{v}}}$$

(A.110)

$$\Rightarrow \dot{\varepsilon}_{ij}^{\text{p}} = \frac{3}{2}\,\frac{\sigma_{ij}^{\text{D}}}{\sigma_{\text{v}}}\,\dot{\Lambda}$$

(A.111)

Das ist das isotrope Fließgesetz nach PRANDL-REUSS. Die plastische Verzerrungsrate ist dem Spannungsdeviator proportional und verursacht somit eine reine Gestaltsänderung (Inkompressibilität).

Verfestigungsarten

Die Verfestigung wird mit Hilfe der Verfestigungsvariablen h_α quantifiziert, die skalare oder tensorielle Größen sein können. Für ihre Entwicklung im Laufe der Beanspruchung werden Evolutionsgesetze aufgestellt, die dem plastischen Multiplikator proportional sind, wobei die Funktionen H_α entweder empirisch angesetzt werden oder sich direkt über (A.99) und (A.107) aus dem Dissipationspotential Φ ergeben:

$$\dot{h}_\alpha = H_\alpha(\sigma_{ij}, h_\beta)\,\dot{\Lambda} \qquad \text{z.B.} \qquad H_\alpha = -\sum_{\beta=1}^{n_H}\frac{\partial h_\alpha}{\partial z_\beta}\,\frac{\partial \Phi}{\partial h_\beta}.$$

(A.112)

Es sollen die beiden wesentlichen Verfestigungsarten erläutert werden, die sich vor allem bei Belastungsumkehr unterscheiden.

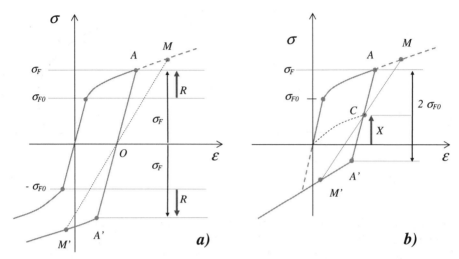

Bild A.14: a) Isotrope und b) kinematische Verfestigung bei einachsiger Belastung

a) Isotrope Verfestigung

Nach Belastungsumkehr kommt es erst dann wieder zum plastischen Fließen, wenn die bereits erreichte Fließgrenze $|\sigma_F|$ betragsmäßig erneut überschritten wird, d. h. der verfestigte (elastische) Bereich vergrößert sich, wie in Bild A.14 dargestellt. Die Spannungs-Dehnungs-Kurve wird bzgl. des Nulldurchgangs (Punkt O) gespiegelt. Das Maß für die isotrope Verfestigung ist die Größe $R = R(\varepsilon^p)$, um die sich die Fließgrenze gegenüber ihrem Anfangswert erhöht hat:

$$\sigma_F(\varepsilon^p) = \sigma_{F0} + R(\varepsilon^p). \tag{A.113}$$

Es handelt sich um eine *skalare Verfestigungsvariable* $h_1 = R$, die eine Funktion der plastischen Dehnung ist. Die Verallgemeinerung auf den dreidimensionalen Beanspruchungszustand geschieht durch Einführung der akkumulierten *plastischen Vergleichsdehnung* $\varepsilon_v^p \mathrel{\hat=} z_1$, der zugeordneten inneren Variablen:

$$\varepsilon_v^p = \int_0^t \dot\varepsilon_v^p \, dt, \qquad \dot\varepsilon_v^p = \sqrt{\frac{2}{3}\, \dot\varepsilon_{ij}^p \dot\varepsilon_{ij}^p} = \dot\Lambda. \tag{A.114}$$

Im Spezialfall des einachsigen Zugs ($\sigma_{11} = \sigma$) mit $\dot\varepsilon_{11}^p = \dot\varepsilon^p$, $\dot\varepsilon_{22}^p = \dot\varepsilon_{33}^p = -\dot\varepsilon^p/2$ ergibt sich gerade wieder $\dot\varepsilon_v^p \mathrel{\hat=} \dot\varepsilon^p$.

Diese Festlegung entspringt der *Gestaltänderungshypothese*, nach der jeder mehrachsige Beanspruchungszustand mit Hilfe der v. MISES Vergleichsspannung σ_v und der Vergleichsdehnung ε_v^p auf einen einachsigen Zustand σ_F und ε^p abgebildet werden kann, der eine äquivalente Dissipationsleistung $\sigma_{ij}\,\dot{\varepsilon}_{ij}^{\mathrm{p}} = \sigma_{\mathrm{v}}\dot{\varepsilon}^{\mathrm{p}}$ besitzt. Auf diese Weise lässt sich jede im Zugversuch gemessene Verfestigungskurve $\sigma_{\mathrm{F}} = f(\varepsilon^{\mathrm{p}})$ auf den dreiachsigen Fall $\sigma_{\mathrm{v}} = f(\varepsilon_{\mathrm{v}}^{\mathrm{p}})$ übertragen.

Man kann zeigen, dass die plastische Vergleichsdehnungsrate mit dem plastischen Multiplikator übereinstimmt (A.114) und dass die zu R gehörige Entwicklungsfunktion H_1 dem plastischen Tangentenmodul E_{p} nach (A.116) entspricht.

Zusammengefasst lauten somit die Beziehungen für isotrope Verfestigung:

Fließbedingung (V. MISES): $\Phi(\sigma_{ij}, R) = \sigma_{\mathrm{v}} - \sigma_{\mathrm{F0}} - R(\varepsilon_{\mathrm{v}}^{\mathrm{p}}) = 0$

Verfestigungsgesetz: $\sigma_{\mathrm{F}}(\varepsilon_{\mathrm{v}}^{\mathrm{p}}) = \sigma_{\mathrm{F0}} + R(\varepsilon_{\mathrm{v}}^{\mathrm{p}})$
(A.115)

Evolutionsgesetz: $\dot{R} = H_1\,\dot{\Lambda} = \dfrac{\mathrm{d}R}{\mathrm{d}\varepsilon_{\mathrm{v}}^{\mathrm{p}}}\dot{\varepsilon}_{\mathrm{v}}^{\mathrm{p}} = E_{\mathrm{p}}\dot{\varepsilon}_{\mathrm{v}}^{\mathrm{p}}$ (A.116)

Geometrisch entspricht dies der Fläche eines Zylinders mit dem Radius $\sigma_{\mathrm{F}}\sqrt{2/3}$, der sich mit $\varepsilon_{\mathrm{v}}^{\mathrm{p}}$ in alle Richtungen (isotrop) vergrößert, siehe Bild A.15. Für das einachsige isotrope Verfestigungsgesetz $R(\varepsilon^{\mathrm{p}})$ existieren viele empirische Beschreibungen z. B.:

- lineare Verfestigung mit einem konstanten plastischen Tangentenmodul $E_{\mathrm{p}} = \frac{\mathrm{d}R}{\mathrm{d}\varepsilon^{\mathrm{p}}}$:

$$R = E_{\mathrm{p}}\varepsilon^{\mathrm{p}}, \quad \varepsilon^{\mathrm{p}} = \frac{1}{E_{\mathrm{p}}}(\sigma_{\mathrm{F}} - \sigma_{\mathrm{F0}}) \tag{A.117}$$

- Potenzgesetz-Verfestigung nach RAMBERG-OSGOOD (Exponent $n \geq 1$, Parameter α, Bezugsspannung σ_0 und -dehnung $\varepsilon_0 = \sigma_0/E$):

$$R = \sigma_0\left(\frac{\varepsilon^{\mathrm{p}}}{\alpha\varepsilon_0}\right)^{1/n} - \sigma_{\mathrm{F0}}, \quad \varepsilon^{\mathrm{p}} = \alpha\,\varepsilon_0\left(\frac{\sigma_{\mathrm{F}}}{\sigma_0}\right)^n \tag{A.118}$$

- Exponentialansatz mit Sättigungswert R_∞ und Anstieg b:

$$R = R_\infty\left[1 - \exp\left(-b\,\varepsilon^{\mathrm{p}}\right)\right] \tag{A.119}$$

Die isotrope Verfestigungsregel erklärt jedoch nicht den BAUSCHINGER-Effekt!

b) Kinematische Verfestigung

Unter *kinematischer Verfestigung* versteht man eine Verschiebung der Fließbedingung in Richtung der aktuellen Belastung, wobei die Größe des elastischen Bereichs ($\overline{AA'} = 2\sigma_{\mathrm{F0}}$) unverändert bleibt. Wie man aus Bild A.14 b) erkennen kann, wird damit der BAUSCHINGER-Effekt nachgebildet. Die Verschiebung des Bezugspunktes der Fließbedingung wird im 1D-Fall durch die *kinematische Verfestigungsvariable* X ausgedrückt, die die Dimension einer Spannung hat. Für die Veränderung von X mit der plastischen Verformung gibt es verschiedene Ansätze.

Die einfachste Evolutionsgleichung (PRAGER 1959) [164] ist eine lineare Verschiebung proportional zum Multiplikator $\Lambda = \varepsilon^{\mathrm{p}}$ mit einer Materialkonstanten c. Somit lauten die Fließbedingung und die Evolutionsgleichung im 1D-Fall:

$$\Phi(\sigma, X) = |\sigma - X(\varepsilon^{\mathrm{p}})| - \sigma_{\mathrm{F0}} = 0$$
$$X = X(\varepsilon^{\mathrm{p}}) = c\,\varepsilon^{\mathrm{p}}\,. \tag{A.120}$$

Im 3D-Fall stellt $\boldsymbol{X}$ einen Tensor 2. Stufe dar, der *Rückspannungstensor* (engl. *back stress tensor*) genannt wird. Er ist ein symmetrischer Deviator, so dass seine Komponenten X_{ij} weitere 6 Verfestigungsvariable definieren, denen als innere Variable die plastischen Verzerrungen zugeordnet sind.

$$X_{ij} \,\widehat{=}\, h_\alpha,\quad \varepsilon^{\mathrm{p}}_{ij} \,\widehat{=}\, z_\alpha \quad (\alpha = 2, 3, \ldots, 7) \tag{A.121}$$

Wie Bild A.15 zeigt, beschreiben die Rückspannungen die Verschiebung der Fließgrenzfläche in der Deviatorebene in Richtung der plastischen Verzerrungen (3D-BAUSCHINGER-Effekt). Die Fließbedingung wird mit der 2. Invarianten von $(\sigma^{\mathrm{D}}_{ij} - X_{ij})$ formuliert, so dass sich eine Vergleichsspannung $\bar\sigma_{\mathrm{v}} = -3I_2(\sigma^{\mathrm{D}}_{ij} - X_{ij})$ relativ zum Mittelpunkt der Fließfläche ergibt.

$$\Phi(\sigma_{ij}, X_{ij}) = \underbrace{\sqrt{\frac{3}{2}(\sigma^{\mathrm{D}}_{ij} - X_{ij})(\sigma^{\mathrm{D}}_{ij} - X_{ij})}}_{\bar\sigma_{\mathrm{v}}} - \sigma_{\mathrm{F0}} = 0$$

$$\text{Evolutionsgesetz:}\quad \dot X_{ij} = c\,\dot\varepsilon^{\mathrm{p}}_{ij} = c\,\frac{\partial\Phi}{\partial\sigma_{ij}}\,\dot\Lambda \,\widehat{=}\, H_\alpha\,\dot\Lambda \tag{A.122}$$

Erwähnt werden sollen auch *nichtlineare* kinematische Verfestigungsregeln (siehe z. B. CHABOCHE [160]), die für die Modellierung bestimmter zyklischer plastischer Erscheinungen (Ratchetting, Mittelspannungsrelaxation) wichtig sind. Dafür wird die Evolutionsgleichung (A.122) um einen 2. »recall«-Term $-\gamma X_{ij}\dot\varepsilon^{\mathrm{p}}_{\mathrm{v}}$ erweitert, der eine Sättigung der kinematischen Verfestigung (dynamische Erholung) bewirkt.

c) Kombinierte Verfestigung

In der Realität beobachtet man bei metallischen Werkstoffen häufig eine Überlagerung von isotroper und kinematischer Verfestigung. Das hat sowohl eine Vergrößerung als auch eine Verschiebung der Fließgrenzfläche zur Folge, was in Bild A.15 für den mehrachsigen Fall veranschaulicht wird. Die Gleichungen für eine kombinierte isotrope und nichtlinearkinematische Verfestigung haben dann folgende Gestalt:

Fließbedingung: $\quad \Phi(\sigma_{ij},\,X_{ij},\,R) = \bar\sigma_{\mathrm{v}} - \sigma_{\mathrm{F0}} - R(\varepsilon^{\mathrm{p}}_{\mathrm{v}}) = 0$

Evolutionsgleichungen: $\quad \dot R = E_{\mathrm{p}}\dot\Lambda,\quad \dot X_{ij} = c\,\dfrac{\partial\Phi}{\partial\sigma_{ij}}\dot\Lambda,\quad \dot\Lambda = \dot\varepsilon^{\mathrm{p}}_{\mathrm{v}}.$ $\tag{A.123}$

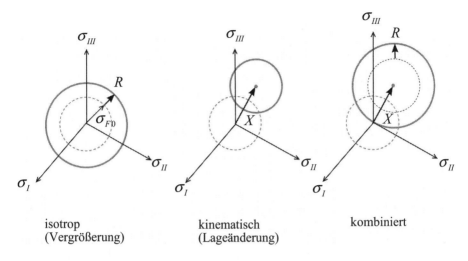

Bild A.15: Darstellung verschiedener Verfestigungsarten in der Deviatorebene

Konstitutive Gleichungen

Im voran gegangenen Abschnitt wurde bereits das *Fließgesetz* hergeleitet, welches die plastischen Verzerrungsinkremente als Funktion des aktuellen Spannungs- und Verfestigungszustands liefert. Es gilt für den plastischen Bereich, d. h. wenn die Fließbedingung erfüllt ist und weiter plastifiziert wird ($\Phi = 0$, $\dot\Lambda > 0$). Bei Entlastung aus dem Plastischen ($\Phi = 0$, $\dot\Phi < 0$, $\dot\Lambda = 0$) sowie im Elastischen ($\Phi < 0$, $\dot\Lambda = 0$) gilt das HOOKEsche Gesetz. Es fehlt jedoch noch eine Bestimmungsgleichung für den plastischen Multiplikator $\dot\Lambda$. Sie gewinnt man mit Hilfe der so genannten *Konsistenzbedingung*, die besagt, dass die Fließgrenzfläche bei weiterer Verfestigung immer den Wert $\Phi = 0$ beibehalten muss, d. h. das totale Differenzial verschwindet:

$$\dot\Phi = \frac{\partial \Phi}{\partial \sigma_{ij}} \dot\sigma_{ij} + \frac{\partial \Phi}{\partial R} \dot R + \frac{\partial \Phi}{\partial X_{ij}} \dot X_{ij} = 0 \,. \tag{A.124}$$

Für kombinierte isotrop-kinematische Verfestigung berechnen sich die einzelnen Terme

$$\frac{\partial \Phi}{\partial \sigma_{ij}} = \hat N_{ij}\,, \quad \frac{\partial \Phi}{\partial X_{ij}} = -\hat N_{ij}\,, \quad \hat N_{ij} = \frac{3}{2} \frac{\sigma_{ij}^{\mathrm D} - X_{ij}}{\bar\sigma_{\mathrm v}}\,, \quad \frac{\partial \Phi}{\partial R} = -1 \tag{A.125}$$

und mit den Evolutionsgesetzen (A.123) folgt:

$$\hat N_{ij}\,\dot\sigma_{ij} - [\,E_{\mathrm p} + c\,\underbrace{\hat N_{ij}\,\hat N_{ij}}_{3/2}\,]\,\dot\Lambda = 0 \quad\Rightarrow\quad \dot\Lambda = \frac{\hat N_{ij}\,\dot\sigma_{ij}}{E_{\mathrm p} + \frac{3}{2} c}\,. \tag{A.126}$$

Die elastischen Verzerrungsraten ergeben sich nach (A.95) aus den Gesamtraten minus dem plastischen Anteil, so dass mit dem HOOKEschen Gesetz (A.77) die Spannungsraten

408 A Grundlagen der Festigkeitslehre

ermittelt werden können:

$$\dot{\sigma}_{ij} = C_{ijkl}\,\dot{\varepsilon}^{\mathrm{e}}_{kl} = C_{ijkl}\,(\dot{\varepsilon}_{kl} - \dot{\varepsilon}^{\mathrm{p}}_{kl}) = C_{ijkl}\,(\dot{\varepsilon}_{kl} - \dot{\Lambda}\,\hat{N}_{kl})\,. \qquad (\text{A.127})$$

Einsetzen von $\dot{\Lambda}$ aus (A.126) ergibt den Zusammenhang zur Gesamtverzerrungsrate $\dot{\varepsilon}_{kl}$

$$\dot{\Lambda} = \frac{\hat{N}_{ij}\,C_{ijkl}}{\hat{N}_{mn}\,C_{mnpq}\,\hat{N}_{pq} + E_{\mathrm{p}} + \tfrac{3}{2}\,c}\,\dot{\varepsilon}_{kl}\,, \qquad (\text{A.128})$$

woraus schließlich die gesuchte Beziehung folgt.

$$\dot{\sigma}_{ij} = \left[C_{ijkl} - \frac{C_{ijmn}\,\hat{N}_{mn}\,\hat{N}_{pq}\,C_{pqkl}}{\hat{N}_{mn}\,C_{mnpq}\,\hat{N}_{pq} + E_{\mathrm{p}} + \tfrac{3}{2}\,c}\right]\dot{\varepsilon}_{kl} = C^{\mathrm{ep}}_{ijkl}\,\dot{\varepsilon}_{kl} \qquad (\text{A.129})$$

Damit ist das hypoelastisch-plastische Materialgesetz als Beziehung zwischen Spannungsrate und Gesamtverzerrungsrate für ein anisotrop-elastisches und kombiniert verfestigendes plastisches Material gefunden.

Den Tensor $C^{\mathrm{ep}}_{ijkl}(\sigma_{ij}, X_{ij}, R)$ bezeichnet man als *elastisch-plastische Kontinuumstangente*. Er hängt vom aktuellen Spannungszustand und über die Verfestigungsvariablen von der Verformungsgeschichte ab.

Abschließend soll noch der wichtige Spezialfall angeschrieben werden, wenn das elastische Materialverhalten isotrop ist, siehe Abschnitt A.4.1.

$$C_{ijkl} = 2\,\mu\left[\delta_{ik}\,\delta_{jl} + \frac{\nu}{1-2\nu}\,\delta_{ij}\,\delta_{kl}\right] \quad \text{siehe (A.90)}$$

$$C_{ijkl}\,N_{kl} = 2\,\mu\,N_{ij} \quad \text{da} \quad N_{kk} = 0\,, \quad N_{mn}\,C_{mnpq}\,N_{pq} = 3\,\mu$$

$$C^{\mathrm{ep}}_{ijkl} = 2\,\mu\left\{\left[\delta_{ik}\,\delta_{jl} + \frac{\nu}{1-2\nu}\,\delta_{ij}\,\delta_{kl}\right] - \beta\,\frac{3}{2}\,\frac{(\sigma^{\mathrm{D}}_{ij} - X_{ij})(\sigma^{\mathrm{D}}_{kl} - X_{kl})}{\bar{\sigma}_{\mathrm{v}}^{2}\left[1 + \frac{E_{\mathrm{p}}}{3\mu} + \frac{c}{2\mu}\right]}\right\} \qquad (\text{A.130})$$

$$\beta = \begin{cases} 1 & \text{plastisches Fließen} \\ 0 & \text{elastische Entlastung} \end{cases}$$

$$\dot{\sigma}_{ij} = 2\,\mu\,\dot{\varepsilon}_{ij} + \lambda\,\delta_{ij}\,\dot{\varepsilon}_{kk} - \beta\,3\,\mu\,\frac{(\sigma^{\mathrm{D}}_{ij} - X_{ij})(\sigma^{\mathrm{D}}_{kl} - X_{kl})}{\bar{\sigma}_{\mathrm{v}}^{2}\left[1 + \frac{E_{\mathrm{p}}}{3\mu} + \frac{c}{2\mu}\right]}\,\dot{\varepsilon}_{kl} \qquad (\text{A.131})$$

Deformationstheorie der Plastizität

Im Unterschied zu den inkrementellen Verformungsgesetzen der plastischen Fließtheorie, die im vorangegangenen Abschnitt vorgestellt wurden, hat HENCKY (1924) [164] ein *finites* Verformungsgesetz für nichtlineares Materialverhalten aufgestellt, das als so genannte *Deformationstheorie der Plastizität* (engl. *deformation theory of plasticity*) bezeichnet wird (was allerdings etwas irreführend ist). Dieses Materialmodell besitzt auch heute noch Bedeutung für die Bruchmechanik, weshalb näher darauf eingegangen werden soll. In der Deformationstheorie werden die grundlegenden Annahmen der isotropen Plastizitätstheorie insoweit übernommen, als dass die plastischen Verzerrungen proportional zum Spannungsdeviator sind und somit die Inkompressibilität gewährleistet ist. Ebenso werden die Gestaltänderungshypothese und v. MISESsche Fließfunktion verwendet. Allerdings wird abweichend von der Fließtheorie anstelle der Fließregel ein proportionaler Zusammenhang zwischen den totalen plastischen Verzerrungen und den aktuellen Spannungen vorausgesetzt.

$$\varepsilon_{ij}^{\mathrm{P}} = \Lambda\, \sigma_{ij}^{\mathrm{D}} \tag{A.132}$$

Der Proportionalitätsfaktor Λ ergibt sich aus der Übertragung der einachsigen Fließkurve auf den mehrachsigen Fall mit Hilfe der v. MISES Vergleichsspannung $\sigma_{\mathrm{v}} = \sqrt{\frac{3}{2}\, \sigma_{ij}^{\mathrm{D}} \sigma_{ij}^{\mathrm{D}}}$ und der plastischen Vergleichsdehnung $\varepsilon_{\mathrm{v}}^{\mathrm{P}} = \sqrt{\frac{2}{3}\, \varepsilon_{ij}^{\mathrm{P}} \varepsilon_{ij}^{\mathrm{P}}}$, womit man erhält:

$$\sigma_{\mathrm{F}} = f(\varepsilon^{\mathrm{P}}) \Rightarrow \sigma_{\mathrm{v}} = f(\varepsilon_{\mathrm{v}}^{\mathrm{P}})\,. \tag{A.133}$$

Durch Ergänzung der elastischen Verzerrungsanteile erhält man das finite HENCKYsche Materialgesetz, aufgespalten in hydrostatischen und deviatorischen Anteil

$$\varepsilon_{ij} = \varepsilon_{ij}^{\mathrm{e}} + \varepsilon_{ij}^{\mathrm{P}} = \frac{\sigma_{kk}}{3K}\delta_{ij} + \frac{1}{2\mu}\sigma_{ij}^{\mathrm{D}} + \frac{3}{2}\frac{\varepsilon_{\mathrm{v}}^{\mathrm{P}}}{\sigma_{\mathrm{v}}}\sigma_{ij}^{\mathrm{D}}\,. \tag{A.134}$$

Dieses Gesetz wird oft in Verbindung mit dem Verfestigungspotenzgesetz nach RAMBERG-OSGOOD (A.118) angewandt. Die Verallgemeinerung auf den mehrachsigen Fall geschieht mit den Vergleichsgrößen σ_{v} und $\varepsilon_{\mathrm{v}}^{\mathrm{P}}$, so dass sich folgende Beziehung zwischen den plastischen Verzerrungen und den Spannungen ergibt:

$$\frac{\varepsilon_{\mathrm{v}}^{\mathrm{P}}}{\varepsilon_0} = \alpha \left(\frac{\sigma_{\mathrm{v}}}{\sigma_0}\right)^n \Rightarrow \left(\frac{\varepsilon_{\mathrm{v}}^{\mathrm{P}}}{\sigma_{\mathrm{v}}}\right) = \frac{\alpha\,\varepsilon_0}{\sigma_0}\left(\frac{\sigma_{\mathrm{v}}}{\sigma_0}\right)^{n-1} \Rightarrow \frac{\varepsilon_{ij}^{\mathrm{P}}}{\varepsilon_0} = \frac{3}{2}\alpha\left(\frac{\sigma_{\mathrm{v}}}{\sigma_0}\right)^{n-1}\frac{\sigma_{ij}^{\mathrm{D}}}{\sigma_0} \tag{A.135}$$

Dieses Materialgesetz wird in der Deformationstheorie auch als dreidimensionale Form des RAMBERG-OSGOOD-Gesetzes bezeichnet.

Wie man durch Vergleich mit dem PRANDTL-REUSS-Gesetz (A.111) der inkrementellen Plastizitätstheorie leicht erkennen kann, stellt die Deformationstheorie der Plastizität tatsächlich gar kein plastisches, sondern lediglich ein nichtlinear-elastisches (hyperelastisches) Materialgesetz dar, dessen elastisches Potenzial durch Integration der Formänderungsenergie leicht zu berechnen ist.

$$U(\varepsilon_{ij}) = U^{\mathrm{e}} + U^{\mathrm{P}} = \frac{1}{2}\left[K\,(\varepsilon_{kk}^{\mathrm{e}})^2 + 2\mu\,\varepsilon_{ij}^{\mathrm{e}}\varepsilon_{ij}^{\mathrm{e}}\right] + \frac{n}{n+1}\frac{\sigma_0}{(\alpha\,\varepsilon_0)^{1/n}}\,(\varepsilon_{\mathrm{v}}^{\mathrm{P}})^{\frac{n+1}{n}} \tag{A.136}$$

Dafür hat es aber den Vorteil, mathematisch einfacher handhabbar zu sein, wodurch in einigen Fällen sogar geschlossene Lösungen von Randwertproblemen möglich werden.

Durch die »finite« Formulierung geht jedoch jeglicher Einfluss der inkrementellen Belastungsgeschichte verloren. Deshalb ist die Deformationstheorie nur unter sehr einschränkenden Voraussetzungen richtig, derer man sich bewusst sein sollte:

- Die Beanspruchungen müssen in jedem Punkt des Körpers monoton steigen. Eine Entlastung würde nicht auf der HOOKEschen Geraden wie in Bild A.10 erfolgen, sondern entlang der nichtlinearen Verfestigungskurve wie in Bild A.9 zurück verlaufen, was dem wahren elastisch-plastischen Verhalten widerspricht.

- Der Spannungszustand darf sich während des Belastungsvorgangs qualitativ nicht ändern, d. h. die Verhältnisse der Spannungskomponenten zueinander (Hauptspannungsrichtungen) müssen konstant bleiben. Einen solchen Lastpfad, der im Spannungsraum vom Nullpunkt aus proportional zu einem festen Endwert σ_{ij}^E verläuft, nennt man »radial«. Alle Spannungen und damit auch die Verzerrungen und Verschiebungen würden in diesem Fall mit dem Lastparameter $0 \leq t \leq T$ ansteigen

$$\sigma_{ij}(\boldsymbol{x},t) = t\,\sigma_{ij}^E(\boldsymbol{x},T)\,, \quad \varepsilon_{ij}^p(\boldsymbol{x},t) = t^n\,\varepsilon_{ij}^{pE}(\boldsymbol{x},t)\,, \quad u_i(\boldsymbol{x},t) = t^n\,u_i^E(\boldsymbol{x},t) \quad (\text{A.137})$$

Bei radialer Belastung kann das finite HENCKY-Gesetz direkt aus dem inkrementellen PRANDTL-REUSS-Gesetz durch Integration hergeleitet werden.

Sind diese Bedingungen jedoch im Anwendungsfall erfüllt, so liefert die Deformationstheorie richtige Lösungen, die mit denjenigen der inkrementellen Theorie identisch sind. Anderenfalls führen jegliche Spannungsumlagerungen und Teilentlastungen in irgendeinem Punkt der Struktur zu abweichenden Resultaten.

A.5 Randwertaufgaben der Festigkeitslehre

A.5.1 Definition der Randwertaufgabe

Zur besseren Übersicht soll der gesamte Satz von partiellen Differentialgleichungen und Beziehungen der Festigkeitslehre (für infinitesimale Verzerrungen) nochmals zusammengestellt werden. In diesem Zusammenhang werden alle Merkmale einer *Randwertaufgabe* (RWA) oder – bei zeitlich veränderlichen Problemen – einer *Anfangsrandwertaufgabe* (ARWA) erläutert. Dazu betrachten wir den in Bild A.16 dargestellten Körper, der sich über das Gebiet V erstreckt und die Oberfläche A besitzt. Er soll bereits einen Riss haben, dessen Oberfläche S_c Teil von A ist. Die äußere Belastung des Körpers wird gemäß Abschnitt A.3 durch Volumenkräfte $\bar{\boldsymbol{b}}$ und Flächenlasten $\bar{\boldsymbol{t}}$ vorgegeben. Letztere greifen auf einem bestimmten Teil S_t der Oberfläche an. Auf dem komplementären Teil der Oberfläche $S_u = A - S_t$ werden Lagerbedingungen in Form von unterdrückten oder aufgeprägten Verschiebungen vorgeschrieben, die wir mit $\bar{\boldsymbol{u}}$ bezeichnen.

Die Eindeutigkeit der Lösung der Randwertaufgabe erfordert, dass auf jedem Teil der Oberfläche in jeder Koordinatenrichtung entweder eine Verschiebung oder eine Randspannung vorgegeben werden. Bei zeitabhängigen Vorgängen sind die Randbedingungen $\bar{\boldsymbol{u}}(t)$ und $\bar{\boldsymbol{t}}(t)$ sowie die entsprechenden Angriffsflächen $S_u(t)$ und $S_t(t)$ selbst Funktionen der Zeit t.

Auf der Rissoberfläche müssen ebenfalls Randbedingungen definiert sein. Diese werden meistens als lastfrei angenommen, d. h. auf S_c ist $\bar{t}_c = 0$. Es könnten aber beispielsweise auch Belastungen aufgrund von Innendruck auftreten. Oder als Folge eines Rissuferkontaktes sind gewisse Randverschiebungen verhindert.

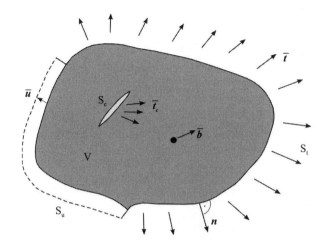

Bild A.16: Formulierung der Randwertaufgabe

Die Verformung wird nach Abschnitt A.2 durch ein stetiges Verschiebungsfeld $\boldsymbol{u}(\boldsymbol{x})$ dargestellt, aus dem sich als symmetrischer Vektorgradient der Verzerrungstensor $\boldsymbol{\varepsilon}$ gemäß (A.29) ableiten lässt. In dieser kinematischen Beziehung ist $\boldsymbol{\varepsilon}$ nur eine abhängige Feldgröße. Will man jedoch die Grundgleichungen ausschließlich mit den Verzerrungen formulieren und daraus die Verschiebungsfelder durch Integration gewinnen, so führt diese Berechnung nicht ohne weiteres zu stetigen und eindeutigen Resultaten. Deshalb müssen zusätzliche Bedingungen an die Komponenten von $\boldsymbol{\varepsilon}$ gestellt werden, die mathematisch die Integrabilität sicherstellen und physikalisch bedeuten, dass die erzielten Verschiebungsfelder stetig sind, d. h. der verformte Körper bleibt ein zusammenhängendes Kontinuum ohne Klaffungen oder Überlappungen. Diese notwendigen Beziehungen heißen *Kompatibilitätsbedingungen* oder Verträglichkeitsbedingungen. Im allgemeinen dreidimensionalen Fall werden sie durch folgende sechs Differenzialgleichungen ausgedrückt:

$$\varepsilon_{ij,kl} + \varepsilon_{kl,ij} - \varepsilon_{ik,jl} - \varepsilon_{jl,ik} = 0 \quad \text{mit} \quad i,j,k,l = 1, 2, 3 \,. \tag{A.138}$$

Zum Satz der Grundgleichungen gehören des weiteren die in Abschnitt A.3 dargelegten statischen bzw. dynamischen Gleichgewichtsbedingungen für den Spannungstensor $\boldsymbol{\sigma}$ im gesamten Gebiet V. Außerdem muss auf dem Rand des Gebietes das Spannungsgleichgewicht zwischen innerem Spannungszustand und den äußeren Flächenlasten gemäß der CAUCHY-Formel (A.44) erfüllt sein.

Die Grundgleichungen werden schließlich durch die Materialgesetze komplettiert, welche die Verbindung zwischen Spannungstensor und Verzerrungen oder deren Raten herstellen, was symbolisch mit dem Materialtensor 4. Stufe $M_{ijkl}(\boldsymbol{\varepsilon}, \dot{\boldsymbol{\varepsilon}}, \boldsymbol{h})$ ausgedrückt werden soll, der stellvertretend für alle in Abschnitt A.4 beschriebenen Verformungsgesetze steht.

Insgesamt wird somit die (Anfangs-)Randwertaufgabe der Festigkeitslehre durch das folgende System von partiellen Differenzialgleichungen mit den dazugehörigen Rand- und Anfangsbedingungen definiert:

$$
\begin{aligned}
\text{Kinematik:} \quad & \varepsilon_{ij} = \frac{1}{2}(u_{i,j} + u_{j,i}) & & \text{in } V \\
& u_i = \overline{u}_i & & \text{auf } S_u \\
\text{Gleichgewicht:} \quad & \sigma_{ij,j} + \overline{b}_i = \rho \ddot{u}_i & & \text{in } V \\
& t_i = \sigma_{ij} n_j = \overline{t}_i & & \text{auf } S_t \\
\text{Materialgesetz:} \quad & \dot{\sigma}_{ij} = M_{ijkl}(\sigma_{kl}, \varepsilon_{kl}, h_\alpha) \dot{\varepsilon}_{kl} & & \text{in } V \\
& \dot{h}_\alpha = H_\alpha(\sigma_{ij}, \varepsilon_{ij}, h_\alpha) & & \\
\text{Anfangsbedingungen:} \quad & u_i(\boldsymbol{x}, t=0) = u_{i0}, \, \dot{u}_i(\boldsymbol{x}, t=0) = \dot{u}_{i0} & & \\
& h_\alpha(t=0) = h_{\alpha 0} & &
\end{aligned}
\tag{A.139}
$$

Die mathematische Lösung dieser ARWA gestaltet sich häufig recht kompliziert und ist insbesondere für endliche Gebiete V, dreidimensionale Strukturen und nichtlineares Materialverhalten nicht mehr mit analytischen Berechnungsmethoden lösbar. In diesen praktisch wichtigen Fällen ist man also unbedingt auf numerische Berechnungsverfahren angewiesen.

A.5.2 Ebene Randwertaufgaben

Grundsätzlich ist man bestrebt, die Berechnungsaufgaben der Festigkeitslehre und Bruchmechanik auf einfache handhabbare Modelle zu reduzieren. So können in einer Reihe von technischen Anwendungen die Geometrie der Struktur, ihre Belastung und ihre Lagerbedingungen in guter Näherung auf zwei Dimensionen vereinfacht werden, so dass man sie als *ebene Randwertaufgaben* behandeln kann. Typische Beispiele sind Flächentragwerke wie Scheiben und Platten oder prismatische Bauteile wie Wellen, Rohre u. ä. Auf diese Weise reduziert sich das System der zugrunde liegenden partiellen Differenzialgleichungen und die Anzahl der unbekannten Feldgrößen erheblich. Demzufolge ist der mathematische oder numerische Aufwand zur Lösung wesentlich geringer. Häufig existieren dafür auch geeignete mathematische Methoden, die eine geschlossene analytische Lösung der Randwertaufgaben ermöglichen. Aus diesem Grunde soll im folgenden Abschnitt auf ebene Randwertaufgaben (hauptsächlich der Elastizitätstheorie) und ihre Lösungsverfahren ausführlicher eingegangen werden.

Bei ebenen Problemen sind alle Feldgrößen σ_{ij}, ε_{ij} und u_i nur Funktionen von (x_1, x_2) und jede Ableitung nach $\partial(\cdot)/\partial x_3 = 0$ verschwindet. Die Relation zwischen den Verzerrungen und Verschiebungen in der Ebene lautet dann:

$$\varepsilon_{11} = \frac{\partial u_1}{\partial x_1}, \quad \varepsilon_{22} = \frac{\partial u_2}{\partial x_2}, \quad \gamma_{12} = \frac{\partial u_1}{\partial x_2} + \frac{\partial u_2}{\partial x_1}. \tag{A.140}$$

Die Kompatibilitätsbedingungen (A.138) vereinfachen sich zu einer einzigen Gleichung zwischen diesen Verzerrungskomponenten

$$\frac{\partial^2 \varepsilon_{11}}{\partial x_2^2} + \frac{\partial^2 \varepsilon_{22}}{\partial x_1^2} - \frac{\partial^2 \gamma_{12}}{\partial x_1 \partial x_2} = 0. \tag{A.141}$$

Die äußeren Belastungen wirken in allen Bauteilebenen $x_3 = $ const. in gleicher Form und verursachen Spannungen in der (x_1, x_2)-Ebene:

$$\sigma_{11}(x_1, x_2), \quad \sigma_{22}(x_1, x_2), \quad \tau_{12}(x_1, x_2). \tag{A.142}$$

Die Bewegungsgleichungen (A.70) reduzieren sich in diesem Fall auf:

$$\frac{\partial \sigma_{11}}{\partial x_1} + \frac{\partial \tau_{12}}{\partial x_2} + \bar{b}_1 = \rho \ddot{u}_1, \quad \frac{\partial \tau_{12}}{\partial x_1} + \frac{\partial \sigma_{22}}{\partial x_2} + \bar{b}_2 = \rho \ddot{u}_2. \tag{A.143}$$

In Bezug auf das Verhalten der Feldgrößen in der Dickenrichtung x_3 unterscheidet man die folgenden zwei Approximationen.

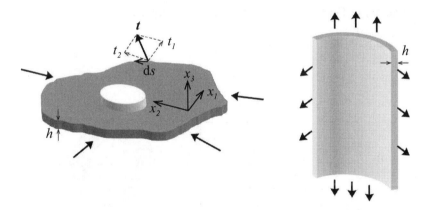

Bild A.17: ESZ in dünnen Scheiben (links) oder Behältern (rechts)

a) Ebener Spannungszustand (ESZ)

Als *Scheiben* werden ebene Flächentragwerke bezeichnet, die nur durch Kräfte in ihrer Ebene (x_1, x_2) belastet werden, siehe Bild A.17 (links). Bei dünnwandigen Behältern wie in Bild A.17 (rechts) treten ebenfalls nur Membranspannungen σ_{11}, σ_{22} auf. Für Scheiben und Behälter geringer Wandstärke (Dicke $h \ll$ andere Abmessungen) kann das Modell des *ebenen Spannungszustands* (ESZ) angewandt werden. Da an der Ober- und Unterseite $x_3 = \pm h/2$ keine Belastungen angreifen, müssen dort alle Spannungen mit x_3-Komponente null sein. Auch im Inneren gilt dann in guter Näherung, dass diese Spannungskomponenten gegenüber denjenigen in der Ebene vernachlässbar klein bleiben.

$$\sigma_{33}(x_1, x_2) = \tau_{13}(x_1, x_2) = \tau_{23}(x_1, x_2) \equiv 0 \tag{A.144}$$

Damit vereinfacht sich das HOOKEsche Gesetz (A.87) und (A.89) auf die Form:

$$\varepsilon_{11} = \frac{1}{E}\left[\sigma_{11} - \nu\,\sigma_{22}\right] + \alpha_t\,\Delta T$$
$$\varepsilon_{22} = \frac{1}{E}\left[\sigma_{22} - \nu\,\sigma_{11}\right] + \alpha_t\,\Delta T \tag{A.145}$$
$$\gamma_{12} = \frac{\tau_{12}}{\mu} = \frac{2(1+\nu)}{E}\,\tau_{12}\,, \quad \gamma_{23} = \gamma_{31} = 0$$

oder aufgelöst nach den Spannungen:

$$\sigma_{11} = \frac{E}{1-\nu^2}\left[\varepsilon_{11} + \nu\,\varepsilon_{22} - (1+\nu)\,\alpha_t\,\Delta T\right]$$
$$\sigma_{22} = \frac{E}{1-\nu^2}\left[\varepsilon_{22} + \nu\,\varepsilon_{11} - (1+\nu)\,\alpha_t\,\Delta T\right] \tag{A.146}$$
$$\tau_{12} = \frac{E}{2(1+\nu)}\,\gamma_{12} = \mu\,\gamma_{12}\,.$$

Die Dehnung ε_{33} in Dickenrichtung kann sich frei ausbilden.

$$\varepsilon_{33} = -\frac{1}{1-\nu}\left[\nu\,(\varepsilon_{11} + \varepsilon_{22}) - (1+\nu)\,\alpha_t\,\Delta T\right] \tag{A.147}$$

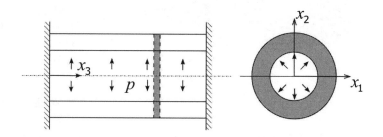

Bild A.18: Beispiel für den EVZ in der Querschnittsebene eines Rohres

b) Ebener Verzerrungszustand (EVZ)

Das Modell eines *ebenen Verzerrungszustands* liegt vor, wenn die Verschiebungskomponente u_3 überall null (oder konstant) ist. Dann verschwinden alle Verzerrungskomponenten bzgl. der x_3-Richtung.

$$\varepsilon_{33}(x_1, x_2) = \gamma_{13}(x_1, x_2) = \gamma_{23}(x_1, x_2) \equiv 0 \tag{A.148}$$

Der EVZ trifft auf prismatische Bauteile zu, deren Geometrie und Belastung sich mit der x_3-Koordinate nicht ändert und wo die u_3-Verschiebung durch die Lagerbedingungen verhindert wird, wie es Bild A.18 skizziert. Die Spannungen ergeben sich durch Einsetzen von (A.148) in das allgemeine Elastizitätsgesetz (A.89):

$$\sigma_{11} = \frac{E}{(1+\nu)(1-2\nu)} \left[\varepsilon_{11}(1-\nu) + \nu\varepsilon_{22} - \alpha_t \Delta T \right]$$

$$\sigma_{22} = \frac{E}{(1+\nu)(1-2\nu)} \left[\varepsilon_{22}(1-\nu) + \nu\varepsilon_{11} - \alpha_t \Delta T \right] \quad \text{(A.149)}$$

$$\tau_{12} = \mu\,\gamma_{12} = \frac{E}{2(1+\nu)}\gamma_{12}\,, \quad \tau_{23} = \tau_{31} = 0\,.$$

Die Umstellung nach den Verzerrungen liefert:

$$\varepsilon_{11} = \frac{1-\nu^2}{E} \left[\sigma_{11} - \frac{\nu}{1-\nu}\sigma_{22} \right] + (1+\nu)\,\alpha_t\,\Delta T$$

$$\varepsilon_{22} = \frac{1-\nu^2}{E} \left[\sigma_{22} - \frac{\nu}{1-\nu}\sigma_{11} \right] + (1+\nu)\,\alpha_t\,\Delta T \quad \text{(A.150)}$$

$$\gamma_{12} = \frac{\tau_{12}}{\mu} = \frac{2(1+\nu)}{E}\tau_{12}\,.$$

Die Längsspannung σ_{33} ist jetzt aufgrund der Dehnungsbehinderung $\varepsilon_{33} = 0$ verschieden von Null, wird aber durch die Spannungen σ_{11}, σ_{22} in der Ebene festgelegt.

$$\sigma_{33} = \nu\,(\sigma_{11} + \sigma_{22}) - E\,\alpha_t\,\Delta T \quad \text{(A.151)}$$

Führt man die Substitution

$$E \to E' = \frac{E}{1-\nu^2}\,, \quad \nu \to \nu' = \frac{\nu}{1-\nu}\,, \quad \alpha_t \to \alpha_t' = (1+\nu)\,\alpha_t \quad \text{(A.152)}$$

ein, so lassen sich die Gleichungen (A.149) (A.150) für den EVZ exakt auf dieselbe Form bringen wie die Beziehungen (A.145) (A.146) für den ESZ. Somit unterscheiden sich beide Fälle nur um die elastischen Koeffizienten, haben aber mathematisch die gleiche Struktur.

A.5.3 Methode der komplexen Spannungsfunktionen

Für die Lösung ebener Randwertaufgaben der Elastizitätstheorie wurden verschiedene mathematische Verfahren entwickelt. Zu den wichtigsten Methoden gehört die Verwendung reeller und komplexer Spannungsfunktionen, die ausführlich in Standardwerken der Elastizitätstheorie beschrieben sind. Im Folgenden sollen diese Ansätze nur in knapper Form erläutert werden, um ihre Anwendung in der Bruchmechanik zu verstehen.

Das Differenzialgleichungssystem der ebenen Elastizitätstheorie kann auf die Bestimmung einer skalaren Funktion zurückgeführt werden. Dazu wurde von AIRY die Spannungsfunktion $F(x_1, x_2)$ eingeführt, aus der sich die ebenen Spannungen in der Weise errechnen, dass automatisch die Gleichgewichtsbedingungen (A.143) im Fall $\ddot{u} \equiv \overline{b} \equiv 0$ erfüllt werden:

$$\sigma_{11} = \frac{\partial^2 F}{\partial x_2^2}\,, \quad \sigma_{22} = \frac{\partial^2 F}{\partial x_1^2}\,, \quad \tau_{12} = -\frac{\partial^2 F}{\partial x_1 \partial x_2}\,. \quad \text{(A.153)}$$

A Grundlagen der Festigkeitslehre

Substituiert man die Spannungen durch die Verzerrungen nach dem Elastizitätsgesetz und setzt dann in die noch zu befriedigende Kompatibilitätsbedingung (A.138) ein, so kommt man zu einer Differenzialgleichung 4. Ordnung für die Spannungsfunktion F:

$$\text{Scheibengleichung:} \quad \frac{\partial^4 F}{\partial x_1^4} + 2\frac{\partial^2 F}{\partial x_1^2}\frac{\partial^2 F}{\partial x_2^2} + \frac{\partial^4 F}{\partial x_2^4} = \Delta\Delta F(x_1, x_2)$$
$$= -E\alpha_t \Delta T(x_1, x_2). \tag{A.154}$$

Dabei ist $\Delta(\cdot) = \frac{\partial^2(\cdot)}{\partial x_1^2} + \frac{\partial^2(\cdot)}{\partial x_2^2}$ der ebene LAPLACE-Operator in kartesischen Koordinaten. Auf der rechten Seite dieser auch *Bipotenzialgleichung* genannten DGL steht die thermische Belastung, für die eine partikuläre Lösung gefunden werden muss. Die homogene DGL $\Delta\Delta F = 0$ kann durch geeignete Ansatzfunktionen erfüllt werden, deren freie Parameter mit Hilfe der Randbedingungen festzulegen sind.

Weitaus eleganter und leistungsfähiger ist die Verwendung der *komplexen Funktionentheorie*. Hierbei werden die Ortskoordinaten (x_1, x_2) durch die komplexe Variable $z = x_1 + \mathrm{i}x_2$ und ihre konjugiert komplexe Größe $\bar{z} = x_1 - \mathrm{i}x_2$ ersetzt, wobei $\mathrm{i} = \sqrt{-1}$ die imaginäre Einheit bedeutet.

$$z = x_1 + \mathrm{i}x_2, \quad \bar{z} = x_1 - \mathrm{i}x_2 \quad \Rightarrow \quad x_1 = \frac{1}{2}(z + \bar{z}), \quad x_2 = \frac{1}{2\mathrm{i}}(z - \bar{z}) \tag{A.155}$$

Die homogene Form der Bipotentialgleichung (A.154) nimmt in komplexen Variablen die einfache Gestalt (A.156) an. Man kann zeigen (siehe z.B. MUSKHELISHVILI[178]), dass sie automatisch durch den Ansatz (A.157) mit zwei komplexen holomorphen Funktionen $\phi(z)$ und $\chi(z)$ befriedigt wird. (Holomorphe/analytische Funktionen sind stetig komplex differenzierbar und genügen den CHAUCHY-RIEMANNschen Beziehungen) $\Re(\cdot)$ und $\Im(\cdot)$ bezeichnen den Real- bzw. Imaginärteil eines Ausdrucks $(\cdot)$.

$$4\frac{\partial^4 F(z,\bar{z})}{\partial z^2\, \partial \bar{z}^2} = 0 \tag{A.156}$$

$$F(z,\bar{z}) = \Re\left[\bar{z}\phi(z) + \chi(z)\right] \tag{A.157}$$

Der Zusammenhang mit den Spannungskomponenten und den Verschiebungen in der Ebene ergibt sich aus den KOLOSOVschen Formeln

$$\sigma_{11} + \sigma_{22} = 2\left[\phi'(z) + \overline{\phi'(z)}\right] = 4\Re\left[\phi'(z)\right]$$
$$\sigma_{22} - \sigma_{11} + 2\mathrm{i}\tau_{12} = 2\left[\bar{z}\phi''(z) + \chi''(z)\right] \tag{A.158}$$
$$2\mu(u_1 + \mathrm{i}u_2) = \kappa\phi(z) - z\overline{\phi'(z)} - \overline{\chi'(z)}$$

mit der Elastizitätskonstanten

$$\kappa = 3 - 4\nu \quad \text{(EVZ)} \quad \text{bzw.} \quad \kappa = \frac{3-\nu}{1+\nu} \quad \text{(ESZ)}. \tag{A.159}$$

Durch jede beliebige Wahl der komplexen Potenziale ϕ und χ werden alle Grundgleichungen der ebenen elastischen RWA im Gebiet V erfüllt, d. h. Gleichgewichtsbedingungen, Kinematik und HOOKEsches Gesetz. Um jetzt noch die vorgeschriebenen Randbedingungen erfüllen zu können, benötigt man den Zusammenhang zwischen ϕ und χ mit den geforderten Randwerten $\boldsymbol{u} = \bar{\boldsymbol{u}} = \bar{u}_1 + \mathrm{i}\bar{u}_2$ auf S_u und $\boldsymbol{t} = \bar{\boldsymbol{t}} = \bar{t}_1 + \mathrm{i}\bar{t}_2$ auf S_t. Die Beziehung zu $\bar{u}$ ist mit der 3. Gleichung von (A.158) gegeben. Der Randspannungsvektor an einem Randsegment der Länge ds mit dem Normalenvektor n_j beträgt nach der CAUCHY-Formel (A.44) $t_i = \sigma_{ij} n_j$, was mit den komplexen Potenzialen in den Ausdruck umgewandelt werden kann:

$$\boldsymbol{t} = t_1 + \mathrm{i} t_2 = -\mathrm{i}\frac{\mathrm{d}}{\mathrm{d}s}\left[\phi(z) + z\overline{\phi'(z)} + \overline{\chi'(z)}\right]. \tag{A.160}$$

Ein großer Vorteil der *komplexen Methode* beruht darauf, dass bewährte Techniken der komplexen Funktionentheorie wie konforme Abbildungen, CAUCHYsche Integrale und LAURENT-Reihen zur Lösung der RWA für zweidimensionale begrenzte Strukturen eingesetzt werden können. Als Beispiel sei an dieser Stelle nur die Umwandlung der KOLOSOVschen Formeln in Polarkoordinaten (r, θ) erwähnt. Mit der EULERschen Darstellung der komplexen Variablen $z = r\,\mathrm{e}^{\mathrm{i}\theta}$ und $\bar{z} = r\,\mathrm{e}^{-\mathrm{i}\theta}$ gelangt man zur Form:

$$\begin{aligned}
\sigma_{rr} + \sigma_{\theta\theta} &= 2\left[\phi'(z) + \overline{\phi'(z)}\right] \\
\sigma_{\theta\theta} - \sigma_{rr} + 2\mathrm{i}\tau_{r\theta} &= 2\left[\bar{z}\phi''(z) + \chi''(z)\right]\mathrm{e}^{2\mathrm{i}\theta} \\
2\mu(u_r + \mathrm{i} u_\theta) &= \left[\kappa\phi(z) - z\overline{\phi'(z)} - \overline{\chi'(z)}\right]\mathrm{e}^{-\mathrm{i}\theta}.
\end{aligned} \tag{A.161}$$

Die von WESTERGAARD (1939) [283] in der Bruchmechanik verwendete komplexe Spannungsfunktion $Z(z)$ stellt einen Spezialfall der o. g. Funktionen von MUSKHELISHVILI [178] dar ($\phi' = \frac{1}{2}Z$ und $\chi'' = -\frac{1}{2}zZ'$), sie kann aber nur unter eingeschränkten Symmetriebedingungen der RWA genutzt werden.

A.5.4 Der nichtebene Schubspannungszustand

Als *nichtebenen* oder *longitudinalen Schubspannungszustand* (NES) bezeichnet man eine reine Schubbeanspruchung senkrecht zur (x_1, x_2)-Ebene in einer prismatischen Struktur, die parallel zur x_3-Achse verläuft, siehe Bild A.19. Unter der Voraussetzung orthotroper oder höherer Materialsymmetrie bzgl. der Koordinatenachsen entkoppeln sich die Verformungen in der Ebene und senkrecht dazu. Deshalb bilden sich nur Verschiebungen $u_3(x_1, x_2)$ in x_3-Richtung aus, welche die Gleitungen γ_{13} und γ_{23} sowie die zugehörigen Schubspannungen τ_{13} und τ_{23} als Funktion von (x_1, x_2) zur Folge haben. Die Belastung kann so wie in Bild A.19 gezeigt durch Schubkräfte oder Verformungen $\bar{u}_3$ vorgegeben sein.

In diesem äußerst trivialen Fall verbleiben die kinematischen Beziehungen

$$\gamma_{13} = \frac{\partial u_3}{\partial x_1}, \quad \gamma_{23} = \frac{\partial u_3}{\partial x_2}, \quad \frac{\partial \gamma_{13}}{\partial x_2} = \frac{\partial \gamma_{23}}{\partial x_1}, \tag{A.162}$$

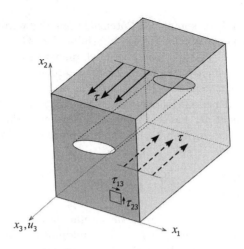

Bild A.19: Nichtebene Schubbeanspruchung (NES)

das HOOKEsche Gesetz für Schub und die Gleichgewichtsbedingungen (ohne Volumenkräfte)

$$\gamma_{13} = \tau_{13}/\mu, \quad \gamma_{23} = \tau_{23}/\mu, \quad \frac{\partial \tau_{13}}{\partial x_1} + \frac{\partial \tau_{23}}{\partial x_2} = 0. \tag{A.163}$$

Durch Einsetzen von (A.162) in (A.163) bekommt man für die Verschiebungsfunktion u_3 eine LAPLACE-Gleichung

$$\mu \left(\frac{\partial^2 u_3}{\partial x_1^2} + \frac{\partial^2 u_3}{\partial x_2^2} \right) = \mu \Delta u_3(x_1, x_2) = 0. \tag{A.164}$$

Bekanntlich erfüllen sowohl der Real- als auch der Imaginärteil einer holomorphen Funktion automatisch die LAPLACE-Gleichung [178] [106].

Deshalb wird zur Lösung des nichtebenen Schubproblems das Verschiebungsfeld als Realteil der holomorphen Funktion $\Omega(z)$ angesetzt, deren genaue Form sich durch die Randbedingungen bestimmt. Die Schubspannungen berechnet man daraus durch komplexe Differenziation.

$$u_3(x_1, x_2) = \Re \Omega(z)/\mu, \quad \tau_{13} - i\tau_{23} = \Omega'(z) \tag{A.165}$$

A.5.5 Platten

Um später auf Risse in Platten eingehen zu können, soll an dieser Stelle kurz die KIRCHHOFFsche Theorie dünner Platten in Erinnerung gerufen werden. Ausführliche Darstellungen findet der Leser in jedem Lehrbuch der Höheren Festigkeitslehre. Eine *Platte* ist ein ebenes Flächentragwerk (Dicke $h \ll$ Abmessungen in der Ebene), dessen Geometrie

A.5 Randwertaufgaben der Festigkeitslehre

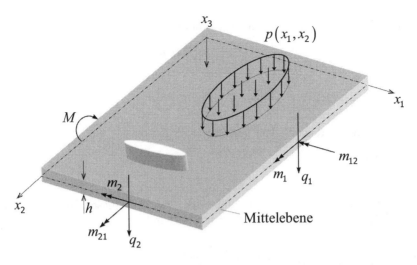

Bild A.20: KIRCHHOFFsche Plattentheorie

durch die Mittelebene $x_3 = 0$ mit den (x_1, x_2)-Koordinaten beschrieben wird. Die Belastungen wirken senkrecht zur Fläche in Form von Flächenlasten $p(x_1, x_2)$ oder am Rand eingeleiteten Momenten. Auch hier gilt der ebene Spannungszustand. Die Verformung einer Platte besteht aus einer reinen Verschiebung der Mittelebene in x_3-Richtung, die Durchbiegung $u_3 = w(x_1, x_2)$ genannt wird. Die 1. Ableitungen von w bedeuten die lokalen Verdrehungen der Querschnitte und die 2. Ableitungen entsprechen den Krümmungen. Alle Feldgrößen der ebenen RWA sind nur Funktionen von (x_1, x_2).

Wie in der Festigkeitslehre üblich, ersetzt man die Wirkungen der Spannungen auf einer Schnittfläche durch statisch gleichwertige Schittgrößen (resultierende Kräfte und Momente), die bei der Platte an jedem Punkt eines Randes $x_1 = $ const. bzw. $x_2 = $ const. definiert sind, siehe Bild A.20.

$$\text{Querkräfte:} \quad q_1 = \int_{-h/2}^{+h/2} \tau_{13}\, dx_3, \qquad q_2 = \int_{-h/2}^{+h/2} \tau_{23}\, dx_3$$

$$\text{Biegemomente:} \quad m_1 = \int_{-h/2}^{+h/2} \sigma_{11}\, x_3\, dx_3, \qquad m_2 = \int_{-h/2}^{+h/2} \sigma_{22}\, x_3\, dx_3 \qquad \text{(A.166)}$$

$$\text{Torsionsmomente:} \quad m_{12} = m_{21} = \int_{-h/2}^{+h/2} \tau_{12}\, x_3\, dx_3$$

Unter Berücksichtigung der Verformungskinematik und des HOOKEschen Gesetzes folgt der Zusammenhang mit der Durchbiegungsfunktion w:

$$m_1 = -D\left(\frac{\partial^2 w}{\partial x_1^2} + \nu\frac{\partial^2 w}{\partial x_2^2}\right), \quad m_2 = -D\left(\frac{\partial^2 w}{\partial x_2^2} + \nu\frac{\partial^2 w}{\partial x_1^2}\right)$$
$$m_{12} = m_{21} = -D(1-\nu)\frac{\partial^2 w}{\partial x_1 \partial x_2}.$$
(A.167)

Die Größe D wird Plattensteifigkeit genannt.

$$D = \frac{Eh^3}{12(1-\nu^2)}$$
(A.168)

Nach Aufstellung der Gleichgewichtsbedingungen zwischen diesen Schnittgrößen erhält man schließlich die bekannte KIRCHHOFFsche *Plattengleichung*:

$$\frac{\partial^4 w}{\partial x_1^4} + 2\frac{\partial^4 w}{\partial x_1^2 \partial x_2^2} + \frac{\partial^4 w}{\partial x_2^4} = \Delta\Delta w = \frac{p(x_1, x_2)}{D}.$$
(A.169)

Diese DGL stellt eine *Bipotenzialgleichung* für die Durchbiegungsfunktion $w(x_1, x_2)$ der Platte dar, die noch durch entsprechende Randbedingungen für w, w' oder der Schnittgrößen ergänzt wird. Somit kann man den mathematischen Apparat der komplexen Funktionentheorie auch für die Lösung dieses Festigkeitsproblems vorteilhaft einsetzen. Dazu wird $w(x_1, x_2)$ in komplexen Variablen z, $\bar{z}$ mit zwei komplexen Potenzialen ϕ und χ angesetzt.

$$w(x_1, x_2) = \Re\left[\bar{z}\phi(z) + \chi(z)\right]$$
(A.170)

Dann bekommt man für die Schnittgrößen in komplexer Darstellung die Ausdrücke:

$$m_1 + m_2 = -4D(1+\nu)\Re\left[\phi'(z)\right]$$
$$m_2 - m_1 + 2\mathrm{i}\,m_{12} = 2D(1-\nu)\left[\bar{z}\phi''(z) + \chi''(z)\right]$$
$$\frac{\partial w}{\partial x_1} + \mathrm{i}\frac{\partial w}{\partial x_2} = \overline{\phi(z)} + z\overline{\phi'(z)} + \overline{\chi'(z)}$$
$$q_1 - \mathrm{i}q_2 = -4D\,\phi''(z)$$
(A.171)

Die Ähnlichkeit mit der komplexen Methode für ebene Scheibenprobleme in Abschnitt A.5.2 ist deutlich erkennbar, entsprechend analog sind die Lösungsmethoden.

Literaturverzeichnis

[1] ABAQUS: *ABAQUS Theory und User Manual.* Pawtucket, USA, 1998.

[2] ABDEL WAHAB, M. M. und G. DE ROECK: *A finite element solution for elliptical cracks using the ICCI method.* Engineering Fracture Mechanics, 53:519–526, 1996.

[3] ABENDROTH, M.: *Identifikation elastoplastischer und schädigungsmechanischer Materialparameter aus dem Small Punch Test.* Dissertation, TU Bergakademie Freiberg, 2005.

[4] ABENDROTH, M. und M. KUNA: *Identification of ductile damage and fracture parameters from the small punch test using neural networks.* Engineering Fracture Mechanics, 73:710–725, 2006.

[5] AKIN, J. E.: *The generation of elements with singularities.* International Journal of Numerical Methods in Engineering, 10:1249–1259, 1976.

[6] ALTENBACH, S., J. ALTENBACH und R. RIKARDS: *Einführung in die Mechanik der Laminatwerkstoffe.* Deutscher Verlag für Grundstoffindustrie, Stuttgart, 1996.

[7] ALWAR, R. S. und K. N. R. NAMBISSAN: *Three-dimensional finite element analysis of cracked thick plates in bending.* International Journal for Numerical Methods in Engineering, 19:293–303, 1983.

[8] ANDRASIC, C. P. und A. P. PARKER: *Dimensionless stress intensity factors for cracked thick cylinders under polynomial crack face loadings.* Engineering Fracture Mechanics, 19:187–193, 1984.

[9] AOKI, S., K. KISHIMOTO und M. SAKATA: *Energy flux into the process region in elastic-plastic fracture problems.* Engineering Fracture Mechanics, 20:827–836, 1984.

[10] AOKI, S., K. KISHIMOTO und S. SAKATA: *Elastic-plastic analysis of crack in thermally-loaded structures.* Engineering Fracture Mechanics, 16:405–413, 1982.

[11] ASTM-E 1290-93: *Fracture toughness measurement crack-tip opening displacement (CTOD).* Technischer Bericht, American Society for Testing and Materials, Philadelphia, 1993.

[12] ASTM-E 1820: *Standard test method for measurement of fracture toughness.* Technischer Bericht, American Society for Testing and Materials, West Conshohocken, 2007.

[13] ATLURI, S. N.: *Hybrid finite element models for linear and nonlinear fracture mechanics.* In: LUXMOORE, A. R. (Herausgeber): *Numerical Methods in Fracture Mechanics*, Seiten 363–373. Pineridge Press, 1978.

[14] ATLURI, S. N.: *Path-independent integrals in finite elasticity and inelasticity, with body forces, inertia, and arbitrary crack-face conditions.* Engineering Fracture Mechanics, 16:341–364, 1982.

[15] ATLURI, S. N.: *Computational methods in the mechanics of fracture.* Elsevier Science Publ., Noorth–Holland, 1986.

[16] ATLURI, S. N. und K. KARTIRESAN: *3D analysis of surface flaws in thick–walled reactor pressure vessels using displacement-hybrid finite element method.* Nuclear Engineering and Design, 51:163–176, 1979.

[17] ATLURI, S. N., A. S. KOBAYASHI und M. NAKAGAKI: *An assumed displacement hybrid finite element model for linear fracture mechanics.* International Journal of Fracture, 11:257–271, 1975.

[18] ATLURI, S. N., T. NISHIOKA und M. NAKAGAKI: *Incremental path-independent integrals in inelastic and dynamic fracture mechanics.* Engineering Fracture Mechanics, 20(2):209–244, 1984.

[19] BAHR, A., H. BALKE, M. KUNA und H. LIESK: *Fracture analysis of a single edge cracked strip under thermal shock.* Theoretical and Applied Fracture Mechanics, 8:33–39, 1987.

[20] BANKS-SILLS, L. und D. ASHKENAZI: *A note on fracture criteria for interface fracture.* International Journal of Fracture, 103:177–188, 2000.

[21] BANKS-SILLS, L. und Y. BORTMAN: *Reappraisal of the quarter-point quadrilaterial element in linear fracture mechanics.* International Journal of Fracture, 25:169–180, 1984.

[22] BANKS-SILLS, L. und D. SHERMAN: *On quarter-point three dimensional finite elements in elastic fracture mechanics.* International Journal of Fracture, 41:177–196, 1989.

[23] BANKS-SILLS, L. und D. SHERMAN: *On the computation of stress intensity factors for threedimensional geometries by means of the stiffness derivative and J-integral methods.* International Journal of Fracture, 53:1–20, 1992.

[24] BARENBLATT, G. I.: *The mathematical theory of equilibrium cracks in brittle fracture.* Advances in Applied Mechanics, 7:55–129, 1962.

[25] BARSOUM, R. S.: *A degenerate solid element for linear fracture analysis of plate bending and general shells.* International Journal of Numerical Methods in Engineering, 10:551–564, 1976.

[26] BARSOUM, R. S.: *On the use of isoparametric finite elements in linear fracture mechanics.* International Journal of Numerical Methods in Engineering, 10:25–37, 1976.

[27] BARSOUM, R. S.: *Triangular quarter point elements as elastic and perfectly-plastic crack tip elements.* International Journal of Numerical Methods in Engineering, 11:85–98, 1977.

[28] BARSOUM, R. S., R. W. LOOMIS und B. D. STEWART: *Analysis of through cracks in cylindrical shells by quarter–point elements*. International Journal of Fracture Mechanics, 15:259–280, 1979.

[29] BASS, B. R. und J. W. BRYSON: *Energy release rate techniques for combined thermo-mechanical loading*. International Journal of Fracture, 22:R3–R7, 1985.

[30] BATHE, K. J.: *Finite-Elemente-Methoden, Matrizen und lineare Algebra*. Springer-Verlag, Berlin, Heidelberg, New York, 1986.

[31] BAZANT, Z. P.: *Current status and advances in the theory of creep and interaction with fracture*. In: P., BAZANT Z. und IGNACIO C. (Herausgeber): *Proc. 5th Int. RILEM Symposium on creep and shrinkage of concrete*, Seiten 291–307, Barcelona, 1993. Chapman & Hall.

[32] BAZANT, Z. P. und B. H. OH: *Crack band theory for fracture and concrete*. Materials and Structures, 16:155–177, 1983.

[33] BEGLEY, J. A. und J. D. LANDES: *The J-integral as a fracture criterion*. ASTM STP 514, American Society of Testing and Materials, Seiten 1–20, 1972.

[34] BELYTSCHKO, T. und T. J. R. HUGHES: *Computational methods for transient analysis*. North-Holland, Amsterdam, 1983.

[35] BELYTSCHKO, T., LIU W. K. und B MORAN: *Nonlinear finite elements for continua and structures*. John Wiley Sons, Chichester, New York, 2001.

[36] BENZLEY, S. F.: *Representations of singularities with isoparametric finite elements*. International Journal of Numerical Methods in Engineering, 8:537–545, 1974.

[37] BEOM, H. G. und S. N. ATLURI: *Dependence of stress on elastic constants in an anisotropic bimaterial under plane deformation; and the interfacial crack*. Computational Mechanics, 16:106–113, 1995.

[38] BETEGÓN, C. und J. W. HANCOCK: *Two-parameter characterization of elastic-plastic crack-tip fields*. Journal of Applied Mechanics, 58:104–110, 1991.

[39] BLACKBURN, W. S.: *Calculation of stress intensity factors at crack tips using special finite elements*. In: WHITEMAN, J. R. (Herausgeber): *The Mathematics of Finite Elements and Applications*, Seiten 327–336, London, 1973. Academic Press.

[40] BLACKBURN, W. S. und T. K. HELLEN: *Calculation of stress intensity factors in three-dimensions by finite element methods*. International Journal for Numerical Methods in Engineering, 11:211–229, 1977.

[41] BLUMENAUER, H. und G. PUSCH: *Technische Bruchmechanik. 3. Auflage*. Deutscher Verlag für Grundstoffindustrie, Leipzig, 1993.

[42] BORTMANN, Y. und L. BANKS-SILLS: *An extended weight function method for mixed-mode elastic crack analysis*. Journal of Applied Mechanics, 50:907–909, 1983.

[43] BROCKS, W. und A. CORNEC: *Cohesive models – Special issue*. Engineering Fracture Mechanics, 70(14):1741 – 1986, 2003.

[44] BROCKS, W., A. CORNEC und I. SCHEIDER: *Computational aspects of nonlinear fracture mechanics*. In: MILNE, I., R. O. RITCHIE und B. KARIHALOO (Herausgeber): *Comprehensive Structural Integrity – Numerical and Computational Methods*, Band 3, Seiten 127–209, Oxford, 2003. Elsevier.

[45] BROCKS, W. und I. SCHEIDER: *Reliable j-values, numerical aspects of the path-dependence of the j-integral in incremental plasticity*. Materialprüfung, 45:264–275, 2003.

[46] BROCKS, W. und W. SCHMITT: *The second parameter in J-R curves: constraint or triaxiality?* Second Symposium on Constraint Effects, ASTM STP 1244. M.T. Kirk and A. Bakker, Edts., American Society for Testing and Materials, 1994.

[47] BROCKS, W. und H. YUAN: *Numerical investigations on the significance of j for large stable crack growth*. Engineering Fracture Mechanics, 32:459–468, 1989.

[48] BRUST, F. W., T. NISHIOKA, S. N. ATLURI und M. NAKAGAKI: *Further studies on elastic-plastic stable fracture utilizing the t^* integral*. Engineering Fracture Mechanics, 22:1079–1103, 1985.

[49] BS 5447: *Methods of testing for plane-strain fracture toughness (K_{Ic}) of metallic materials*. Technischer Bericht, British Standards, 1974.

[50] BS 5762: *Methods for crack opening displacements (COD) testing*. Technischer Bericht, British Standards, 1979.

[51] BUCHHOLZ, F.-G.: *Improved formulae for the finite element calculation of the strain energy release rate by modified crack closure integral method*. In: *Accuracy, reliability and Training in FEM technology*, Seiten 650–659. ed. J. Robinson Dorset, 1984.

[52] BUECKNER, H. F.: *A novel principle for the computation of stress intensity factors*. Zeitschrift für Angewandte Mathematik und Mechanik, 50:529–546, 1970.

[53] BUECKNER, H. F.: *Weight functions and fundamental fields for the penny-shaped and the half-plane crack in three-space*. International Journal Solids Structures, 23(1):57–93, 1987.

[54] BUECKNER, H. F.: *Observations of weight functions*. Engineering Analysis with Boundary Elements, 6:3–18, 1989.

[55] BURDEKIN, F. M. und D. E. W. STONE: *The crack opening displacement approach to fracture mechanics in yielding materials*. Journal of Strain Analysis, Vol. 1:145–153, 1966.

[56] BUSCH, M., H. MASCHKE und M. KUNA: *A novel BEM-approach to weight functions based on Bueckner's fundamental field*. In: LUXMOORE, A.R. und D.J.R. OWEN (Herausgeber): *Proceedings of 5th International Conference on Numerical Methods in Fracture Mechanics Freiburg 23-27 April 1990*, Seiten 5–16, Swansea, 1990. Pineridge Press.

[57] BYSKOV, E.: *The calculation of stress intensity factors using the finite element method with cracked elements*. International Journal of Fracture, 6:159–167, 1970.

[58] CARPENTER, W. C., D. T. READ und R. H. DODDS: *Comparison of several path independent integrals including plasticity effects*. International Journal of Fracture, 31:303–323, 1986.

[59] CASTAÑEDA, P. P.: *Asymptotic fields in steady crack growth with linear strain-hardening*. Journal of the Mechanics and Physics of Solids, Seiten 227–268, 1987.

[60] CHEN, C.-S., R. KRAUSE, R. G. PETTIT, L. BANKS-SILLS und A. R. INGRAFFEA: *Numerical assessment of T–stress computation using a P–version finite element method*. Fatigue and Fracture of Engineering Materials and Structures, 107:177–199, 2001.

[61] CHEN, C.-S., P. A. WAWRZYNEK und A. R. INGRAFFEA: *Methodology for fatigue crack growth and residual strength prediction with applications to aircraft fuselages*. Computational Mechanics, 19:527–532, 1997.

[62] CHEN, Y. Z.: *New path independent integrals in linear elastic fracture mechanics*. Engineering Fracture Mechanics, 22:673–686, 1985.

[63] CHEN, Y. Z.: *Weight function technique in a more general case*. Engineering Fracture Mechanics, 33:983–986, 1989.

[64] CHEREPANOV, G.: *Rasprostranenie trechin v sploshnoi srede (about crack advance in the continuum)*. Prikladnaja Matematika i Mekhanica, 31:478–488, 1967.

[65] COMNINOU, M.: *An overview of interface cracks*. Engineering Fracture Mechanics, 37:197–208, 1990.

[66] COTTERELL, B. und A. G. ATKINS: *A review of the J and I integrals and their implications for crack growth resistance and toughness in ductile fracture*. International Journal of Fracture, 81:357–372, 1996.

[67] COTTERELL, B. und J. R. RICE: *Slightly curved or kinked cracks*. International Journal of Fracture, 16:155–169, 1980.

[68] CRIEPI: *Integrity of cast-iron cask against free drop test, part iii: Verification of brittle failure, design criterium*. Technischer Bericht, Central Research Institute for Electric Power Japan, 1990.

[69] DE ROECK, G. und M. M. ABDEL WAHAB: *Strain energy release rate formulae for 3D finite element*. Engineering Fracture Mechanics, 50:569–580, 1995.

[70] DEBORST, R.: *Fracture in quasi-brittle materials: a review of continuum damage-based approaches*. Engineering Fracture Mechanics, 69:95–112, 2002.

[71] DELORENZI, H. G.: *On the energy release rate and the J-integral for 3-D crack configurations*. International Journal of Fracture, 19:183–193, 1982.

[72] DELORENZI, H. G.: *Energy release rate calculations by the finite element method*. Engineering Fracture Mechanics, 21:129–143, 1985.

[73] DHONDT, G.: *Cutting of a 3-D finite element mesh for automatic mode I crack propagation calculations*. International Journal for Numerical Methods in Engineering, 42:749 – 772, 1998.

[74] DODDS, R. H. JR., M. TANG und T. L. ANDERSON: *Effects of prior ductile tearing on cleavage fracture toughness in the transition region*. In: KIRK, M. und A. BAKKER (Herausgeber): *Constraint Effects in Fracture - Theory and Applications*, Band ASTM STP 1244. ASTM, 1994.

[75] DODDS JR., R. H., C. F. SHIH und T. L. ANDERSON: *Continuum and micromechanics treatment of constraint in fracture*. International Journal of Fracture, 64(2):101–133, 1993.

[76] DOMINGUEZ, J.: *Fatigue crack growth under variable amplitude loading*. In: CARPINTERI, A. (Herausgeber): *Handbook of Fatigue Crack Propagation in Metallic Structures*, Seiten 955–997. Elsevier Science, 1994.

[77] DRUGAN, W. J., J. R. RICE und T.-L. SHAM: *Asymptotic analysis of growing plane strain tensile cracks in elastic–ideally plastic solids*. Journal of the Mechanics and Physics of Solids, 30:447–473, 1982.

[78] DRUMM, R.: *Zur effektiven FEM–Analyse ebener Spannungskonzentrationsprobleme*. Dissertation, Universität Karlsruhe, Karlsruhe, Deutschland, 1982.

[79] DUGDALE, D.: *Yielding of steel sheets containing slits*. Journal of the Mechanics and Physics of Solids, 8:100–104, 1960.

[80] EISCHEN, J. W.: *Fracture of nonhomogeneous materials*. International Journal of Fracture, 34:3–22, 1987.

[81] EISENTRAUT, U. M. und M. KUNA: *Ein FEM-Programm zur Lösung ebener, axialsymmetrischer und räumlicher Riss-, Festigkeits- und Wärmeleitprobleme*. Technische Mechanik, 7:51–58, 1986.

[82] ELBER, W.: *Fatigue crack closure under cyclic tension*. Engineering Fracture Mechanics, 2:37–45, 1970.

[83] ENDERLEIN, M., K. KLEIN, M. KUNA und A. RICOEUR: *Numerical fracture analysis for the structural design of castor casks*. In: *17th International Conference on Structural Mechanics in Reactor Technology (SMIRT 17)*, Prague, Czech Republic, 2003.

[84] ENDERLEIN, M., A. RICOEUR und M. KUNA: *Comparison of finite element techniques for 2D and 3D crack analysis under impact loading*. International Journal of Solids and Structures, 40:3425–3437, 2003.

[85] ENGEL, L. und H. KLINGELE: *Rasterelektronenmikroskopische Untersuchungen von Metallschäden*. Gerling-Institut für Schadensforschung und Schadensverhütung, Köln, 1982.

[86] ERDOGAN, F., G. D. GUPTA und T. S. COOK: *Numerical solution of singular integral equations*. In: SIH, G. C. (Herausgeber): *Methods of analysis and solutions of crack problems. Mechanics of fracture*, Band 1, Seiten 368–425, Leyden, 1973. Noordhoff.

[87] ERDOGAN, F. und M. RATWANI: *Fatigue and fracture of cylindrical shells containing a circumferential crack*. International Journal of Fracture Mechanics, 6:379–392, 1970.

[88] ERDOGAN, F. und G. E. SIH: *On the crack extension in plates under plane loading and transverse shear.* Journal of Basic Engineering, 85:519–527, 1963.

[89] ESA: *ESACRACK User's manual.* European Space Research and Technology Centre (ESTEC), 2000.

[90] ESHELBY, J. D.: *Energy relations and the energy momentum tensor in continuum mechanics.* In: KANNINEN, M.F. U. A. (Herausgeber): *Inelastic Behavior of Solids,* Seiten 77–114, New York, 1970. McGraw Hill.

[91] ESHELBY, J. D.: *The elastic energy-momentum tensor.* Journal Elasticity, 5:321–335, 1975.

[92] ESIS P2: *Procedure for determining the fracture behaviour of materials.* Technischer Bericht, European Structural Integrity Society, 1992.

[93] FABRIKANT, V. I.: *Application of potential theory in mechanics: A selection of new results.* Kluwer Academic Publishers, The Netherlands, Dordrecht, 2001.

[94] FETT, T.: *A compendium of T-stress solutions.* Technischer Bericht Report FZKA 6057, Forschungszentrum Karlsruhe, Technik und Umwelt, 1998.

[95] FETT, T und D. MUNZ: *Stress intensity factors and weight functions.* Computational Mechanics Publications, Southampton, Boston, 1997.

[96] FREESE, C. E. und TRACEY D. M.: *The natural triangle versus collapsed quadrilateral for elastic crack analysis.* International Journal of Fracture, 12:767–770, 1976.

[97] FREUND, L. B.: *Dynamic fracture mechanics.* Cambridge University Press, Cambridge, 1998.

[98] FÜHRING, H. und T. SEEGER: *Dugdale crack closure analysis of fatigue cracks under constant amplitude loading.* Engineering Fracture Mechanics, 11:99–122, 1979.

[99] GAO, H. und J. R. RICE: *Somewhat circular tensile cracks.* International Journal of Fracture, 33:155–174, 1987.

[100] GRIFFITH, A. A.: *The phenomena of rupture and flow in solids.* Philosophical Transactions, Series A, 221:163–198, 1921.

[101] GROSS, B. und J. E. SRAWLEY: *Stress-intensity factors for single-edge-notch specimens in bending or combined bending and tension by boundary collocation of a stress function.* Technischer Bericht NASA Technical Note D-2603, NASA, Lewis Research Center, 1965.

[102] GROSS, D. und T. SEELIG: *Bruchmechanik: Mit einer Einführung in die Mikromechanik.* Springer Verlag, Berlin, 2001.

[103] GURSON, A. L.: *Continuum theory of ductile rupture by void nucleation and growth: Part I – Yield criteria and flow rules for porous ductile materials.* Journal of Engineering Materials and Technology, 99:2–15, 1977.

[104] GURTIN, M. E.: *On a path-independent integral for thermoelasticity.* International Journal of Fracture, 15:R169–R170, 1979.

[105] GURTIN, M. E.: *Configurational forces as basic concept of continuum physics.* Springer, Berlin u. a., 2000.

[106] HAHN, H. G.: *Bruchmechanik: Einführung in die theoretischen Grundlagen.* Teubner-Studienbücher: Mechanik, Stuttgart, 1976.

[107] HARRISON, R. P. ET AL.: *Assessments of the integrity of structures containing defects.* CEGB-Report R/H.R6, 1976.

[108] HARTRANFT, R. J. und G. C. SIH: *Effect of plate thickness on the bending stress distribution around through cracks.* Journal of Mathematics and Physics, 47:276–291, 1968.

[109] HARTRANFT, R. J. und G. C. SIH: *The use of eigenfunction expansions in the general solution of three-dimensional crack problems.* Journal of Mathematics and Mechanics, 19(2):123–138, 1969.

[110] HARTRANFT, R. J. und G. C. SIH: *Stress singularity for a crack with an arbitrary curved crack front.* Engineering Fracture Mechanics, 9:705–718, 1977.

[111] HAUPT, P.: *Continuum mechanics and theory of materials.* Springer, Berlin, Heidelberg, New York, 2000.

[112] HELLEN, T. K.: *On the method of virtual crack extensions.* International Journal of Numerical Methods in Engineering, 9:187–207, 1975.

[113] HENSHELL, R. D. und K. G. SHAW: *Crack tip finite elements are unnecessary.* International Journal for Numerical Methods in Engineering, 9:495–507, 1975.

[114] HILLERBORG, A., M. MODEER und P. E. PETERSSON: *Analysis of crack formation and crack growth in concrete by means of fracture mechanics and finite elements.* Cement and Concrete Research, 6:773–782, 1976.

[115] HILLERBORG, A. und J. G. ROTS: *Crack concepts and numerical modelling.* In: ELFGREN, L. (Herausgeber): *Fracture mechanics of concrete structures*, Seiten 128–146, London, New York, 1989. Chapman & Hall.

[116] HUGHES, T. J. R.: *The finite element method.* Prentice-Hall, Englewood Cliffs, NJ., 1987.

[117] HUI, C. Y. und A. T. ZEHNDER: *A Theory for the Fracture of Thin Plates Subjected to Bending and Twisting Moments.* International Journal of Fracture, 61:211–229, 1993.

[118] HUSSAIN, M. A., L. F. COFFIN und K. A. ZALESKI: *Three dimensional singular elements.* Computers and Structures, 13:595–599, 1981.

[119] HUSSAIN, M. A., S. L. PU und J. UNDERWOOD: *Strain energy release rate for a crack under combined Mode I and Mode II.* ASTM STP 560, Seiten 2–28, 1974.

[120] HUTCHINSON, J. W.: *Plastic-stress and strain fields at a crack tip.* Journal of the Mechanics and Physics of Solids, 16:337–347, 1968.

[121] HUTCHINSON, J. W.: *Singular behavior at the end of a tensile crack tip in a hardening material.* Journal of the Mechanics and Physics of Solids, Vol. 16:13–31, 1968.

[122] HUTCHINSON, J. W. und P. C. PARIS: *Stability analysis of J-controlled crack growth.* In: LANDES, J.D., J.A. BEGLEY und G.A. CLARKE (Herausgeber): *Elastic-plastic fracture*, Band ASTM STP 668, Seiten 37–64. ASTM, 1979.

[123] IAEA: *Advisory material for the iaea regulations for the safe transport of radioactive material.* International Atomic Energy Agency, Safety Standards Series,TS-G-1, Appendix VI, 2002.

[124] ICHIKAWA, M. und S. TANAKA: *A critical analysis of the relationship between the energy release rate and the stress intensity factors for non-coplanar crack extension under combined mode loading.* International Journal of Fracture, 18:19–28, 1982.

[125] INGRAFFEA, A. R. und C. MANU: *Stress-Intensity factor computations in three dimensions.* International Journal of Numerical Methods in Engineering, 15:1427–1445, 1980.

[126] IRWIN, G. R.: *Onset of fast crack propagation in high strength steel and aluminum alloys.* In: *Sagamore Research Conference Proceedings*, Band 2, Seiten 289–305, 1956.

[127] IRWIN, G. R.: *Analysis of stresses and strains near the end of a crack traversing a plate.* Journal of Applied Mechanics, 24:361–364, 1957.

[128] IRWIN, G. R.: *Fracture. In: Flügge, S.: Handbuch der Physik.* Band 6, Springer Verlag Berlin. Engineering Fracture Mechanics, Seiten 551–590, 1958.

[129] ISHIKAWA, H., H. KITAGAWA und H. OKAMURA: *J-integral of mixed mode crack and its application.* Proc. 3rd Int. Conf. on Mechanical Behaviour of Materials, Pergamon Press, 3:447–455, 1980.

[130] ISO12135: *Metallic materials – Unified method of test for the quasitatic fracture toughness.* Technischer Bericht, International Organization for Standardization, Genf, 2002.

[131] ISSLER, L., H. RUOSS und P. HÄFELE: *Festigkeitslehre – Grundlagen.* Springer, Berlin, 2003.

[132] KASSIR, M. K. und G. C. SIH: *Three dimensional crack problems.* Mechanics of fracture, Band 2. Noordhoff Int. Publ., Leyden, 1975.

[133] KEMMER, G.: *Berechnung von elektromechanischen Intensitätsparametern bei Rissen in Piezokeramiken.* Dissertation, TU Dresden, 2000. VDI-Verlag Düsseldorf, Reihe 18, Nr. 261.

[134] KFOURI, A. P.: *Some Evaluations of the Elastic T-term using Eshelby's Method.* International Journal of Fracture, 30:301–315, 1986.

[135] KIENZLER, R.: *Konzepte der Bruchmechanik.* Vieweg, Wiesbaden, 1993.

[136] KIENZLER, R. und G. HERRMANN: *Mechanics in material space. With application to defects and fracture mechanics.* Springer, Berlin u. a., 2000.

[137] KIM, J. H. und G. H. PAULINO: *Finite element evaluation of mixed mode stress intensity factors in functionally graded materials.* International Journal for Numerical Methods in Engineering, 52:1903–1935, 2002.

[138] KIRK, M. T., K. C. KOPPENHOEFER und C. F. SHIH: *Effect of constraint on specimen dimensions needed to obtain structurally relevant toughness measures*. Constraint Effects in Fracture, ASTM STP 1171, American Society for Testing and Materials, Seiten 79–103, 1993.

[139] KISHIMOTO, K., S. AOKI und M. SAKATA: *Dynamic stress intensity factors using $\hat{J}$-integral and finite element method*. Engineering Fracture Mechanics, 13:387–394, 1980.

[140] KLINGBEIL, D., W. BROCKS, S. FRICKE, S. ARNDT, F. REUSCH und Y. KIYAK: *Verifikation von Schädigungsmodellen zur Vorhersage von Rißwiderstandskurven für verschiedene Probengeometrien und Materialien im Rißinitiierungsbereich und bei großem Rißwachstum*. Technischer Bericht BAM-V.31 98/2, Bundesanstalt für Materialforschung und -prüfung, 1998.

[141] KOCAK, M., R. A. AINSWORTH, A. R. DOWLING und A. T. STEWART: *FITNET Fitness–for–Service, Fracture–Fatigue–Creep–Corrosion*, Band I+II. GKSS Research Centre, 2008.

[142] KONING, A. U. DE: *A simple crack closure model for prediction of fatigue crack growth rates under variable-amplitude loading*. In: *Fracture Mechanics*, Band ASTM STP 743, Seiten 63–85. American Society for Testing and Materials, 1981.

[143] KORDISCH, H., E. SOMMER und W. SCHMITT: *The influence of triaxiality on stable crack growth*. Nuclear Engineering and Design, 112:27–35, 1989.

[144] KUMAR, V., M. D. GERMAN und C. F. SHIH: *An engineering approach for elastic-plastic fracture analysis*. EPRI-Report NP-1931, 1981.

[145] KUNA, M.: *Konstruktion und Anwendung hybrider Rissspitzenelemente für dreidimensionale Aufgaben*. Technische Mechanik, 3:37–43, 1982.

[146] KUNA, M.: *Behandlung räumlicher Rissprobleme mit der Methode der finiten Elemente*. Technische Mechanik, 5:23–26, 1984.

[147] KUNA, M.: *Entwicklung und Anwendung effizienter numerischer Verfahren zur bruchmechanischen Beanspruchungsanalyse am Beispiel hybrider finiter Elemente*. Habilitation, Martin Luther Universität Halle, 1990.

[148] KUNA, M.: *Finite element analyses of cracks in piezoelectric structures: a survey*. Archive of Applied Mechanics, 76:725–745, 2006.

[149] KUNA, M. und D. Q. KHANH: *Ein spezielles Hybridelement für die Spannungsanalyse ebener Körper mit Rissen*. Berichte VIII. Int. Kongreß Mathematik in den Ingenieurwissenschaften,IKM Weimar, 2:71–76, 1978.

[150] KUNA, M., H. RAJIYAH und S. N. ATLURI: *A new approach to determine weight functions from Bueckners's fundamental field by the superposition technique*. International Journal of Fracture, 44(4):R57–R63, 1990.

[151] KUNA, M., M. SPRINGMANN, K. MÄDLER, P. HÜBNER und G. PUSCH: *Anwendung bruchmechanischer Bewertungskonzepte bei der Entwicklung von Eisenbahnrädern aus bainitischem Gusseisen*. Konstruieren & Gießen, Seiten 27–32, 2002.

[152] KUNA, M., M. SPRINGMANN, K. MÄDLER, P. HÜBNER und G. PUSCH: *Fracture mechanics based design of a railway wheel made of austempered ductile iron.* Engineering Fracture Mechanics, 72:241–253, 2005.

[153] KUNA, M., H. WULF, A. RUSAKOV, G. PUSCH und P. HÜBNER: *Ein computergestütztes bruchmechanisches Bewertungssystem für Hochdruck-Ferngasleitungen.* In: *MPA-Seminar*, Band 28, Seiten 4/1–4/20, Stuttgart, 2002.

[154] KUNA, M., H. WULF, A. RUSAKOV, G. PUSCH und P. HÜBNER: *Entwicklung und Verifikation eines bruchmechanischen Bewertungssystems für Hochdruck-Ferngasleitungen.* In: *35. Tagung Arbeitskeis Bruchvorgänge*, Seiten 153–162, Freiburg, 2003. DVM.

[155] KUNA, M. und M. ZWICKE: *A mixed hybrid finite element for three dimensional elastic crack analysis.* International Journal of Fracture, 45:65–79, 1989.

[156] KUSSMAUL, K., E. ROOS und J. FÖHL: *Forschungsvorhaben Komponentensicherheit (FKS). Ein wesentlicher Beitrag zur Komponentensicherheit.* In: KUSSMAUL, K. (Herausgeber): *23. MPA Seminar Sicherheit und Verfügbarkeit in der Anlagentechnik*, Band 1, Seiten 1–20, Stuttgart, 1997. MPA.

[157] LARSSON, S. G. und A. J. CARLSSON: *Influence of non-singular stress terms and specimen geometry on small-scale yielding at track tips in elastic-plastic materials.* Journal of the Mechanics and Physics of Solids, 21:263–277, 1973.

[158] LEEVERS, P. S. und J. C. RADON: *Inherent stress biaxiality in various fracture specimen geometries.* International Journal of Fracture, 19:311–325, 1982.

[159] LEKHNITSKII, S. G.: *Theory of elasticity of an anisotropic body.* Mir Publisher, Moscow, 1981.

[160] LEMAITRE, J. und J. L. CHABOCHE: *Mechanics of solid materials.* Cambridge University Press, Cambridge, New York, 1990.

[161] LIN, K. Y. und J. W. MAR: *Finite element analysis of stress intensity factors for a crack at a bi-material interface.* International Journal of Fracture, 12:521–531, 1976.

[162] LIN, S. C. und J. F. ABEL: *Variational approach for a new direct-integration form of the virtual crack extension method.* International Journal of Fracture, 38:217–235, 1988.

[163] LO, K. K.: *Analysis of branched cracks.* Journal of Applied Mechanics, 45:797–802, 1978.

[164] LUBLINER, J.: *Plasticity theory.* MacMillan, London, 1990.

[165] MANU, C.: *Quarter-point elements for curved crack fonts.* Computers and Structures, 17:227–231, 1983.

[166] MAUGIN, G. A.: *Material inhomogeneities in elasticity.* Chapman & Hall, London, 1993.

[167] McMeeking, R. M. und D. M. Parks: *On criteria for J-dominance of crack-tip fields in large-scale yielding*. In: Landes, J. D., J. A. Begley und G. A. Clarke (Herausgeber): *Elastic-plastic fracture*, Band ASTM STP 668, Seiten 175–194. ASTM, 1979.

[168] Memhard, D., W. Brocks und S. Fricke: *Characterization of ductile tearing resistance by energy dissipation rate*. Fatigue Fracture Engineering Materials Structures, 16:1109–1124, 1993.

[169] Meyer, A., F. Rabold und M. Scherzer: *Efficient finite element simulation of crack propagation using adaptive iterative solvers*. Communications in Numerical Methods in Engineering, 22:93–108, 2006.

[170] Miannay, D. P.: *Time-dependent fracture mechanics*. Springer, New York, 2001.

[171] Miller, K. J. und E. R. de los Rios: *Short fatigue cracks*, Band ESIS 13. Mechanical Engineering Publications, 1992.

[172] Milne, I., R. A. Ainsworth, A. R. Dowling und A. T. Stewart: *Assessments of the integrity of structures containing defects*. British Energy-Report, R6-Revision 3, 1991.

[173] Mishnaevsky, L., U. Weber und S. Schmauder: *Numerical analysis of the effect of microstructures of particle-reinforced metallic materials on the crack growth and fracture resistance*. International Journal of Fracture, 125:33–50, 2004.

[174] Moran, B. und C. F. Shih: *Crack tip and associated domain integrals from momentum and energy balance*. Engineering Fracture Mechanics, 27:615–642, 1987.

[175] Moriya, K.: *Finite element analysis of cracked plate subjected to out–of–plane bending, twisting and shear*. Bulletin of the Japan Society of Mechanical Engineers, 25:1202–1210, 1982.

[176] Murakami, Y.: *Stress intensity factors handbook*, Band 1-5. Pergamon Press, Oxford, 1987.

[177] Murthy, K. S. R. K. und M. Mukhopadhyay: *Adaptive finite element analysis of mixed-mode crack problems with automatic mesh generator*. International Journal for Numerical Methods in Engineering, 49:1087–1100, 2000.

[178] Muskhelishvili, N. I.: *Einige Grundaufgaben zur mathematischen Elastizitätstheorie*. Fachbuchverlag Leipzig, 1971.

[179] Nakamura, T. und D. M. Parks: *Determination of elastic T–stress along threedimensional crack fronts using an interaction integral*. International Journal of Solids and Structures, 29:1597–1611, 1992.

[180] NASA: *Fatigue crack growth computer program "NASGRO" version 3.0*. JSC-22267B, Johnson Space Center, Texas, 2000.

[181] Needleman, A.: *A continuum model for void nucleation by inclusion debonding*. Journal of Applied Mechanics, 54:525–531, 1987.

[182] NEEDLEMAN, A.: *An analysis of tensile decohesion along an imperfect interface.* International Journal of Fracture, 42:21–40, 1990.

[183] NEWMAN, J. C.: *A crack-closure model for predicting fatigue crack growth under aircraft spectrum loading.* In: Chang, J. B., Hudson, C. M. (Eds.): *Methods and models for predicting fatigue crack growth under random loading.* ASTM STP 748, Seiten 53–84, 1981.

[184] NEWMAN, J. C., M. A. JAMES und U. ZERBST: *A review of the ctoa/ctod fracture criterion.* Engineering Fracture Mechanics, 70:371–385, 2003.

[185] NGUYEN, Q. S.: *An energetic analysis of elastic-plastic fracture.* In: BLAUEL, J. G. und K.-H. SCHWALBE (Herausgeber): *Defect assessment in components – fundamentals and applications*, Seiten 75–85, London, 1991. Mechanical Engineering Publications.

[186] NIKISHKOV, G. P.: *Three-term elastic-plastic asymptotic expansion for the description of the near-tip stress field.* Technischer Bericht, University of Karlsruhe, Institute for Reliability and Failure Analysis, 1993.

[187] NISHIOKA, T. und S. N. ATLURI: *Numerical modeling of dynamic crack propagation in finite bodies by moving singular elements.* Journal Applied Mechanics, 47:570–582, 1980.

[188] NISHIOKA, T. und S. N. ATLURI: *Path-independent integrals, energy release rates, and general solutions of near-tip fields in mixed-mode dynamic fracture mechanics.* Engineering Fracture Mechanics, 18:1–22, 1983.

[189] NISHIOKA, T., T. FUJIMOTO und S. N. ATLURI: *On the path independent t^* integral in nonlinear and dynamic fracture mechanics.* Nuclear Engineering and Design, 111:109–121, 1989.

[190] NISHIOKA, T., J. FURUTSUKA, S. TCHOUIKOV und T. FUJIMOTO: *Generation-phase simulation of dynamic crack bifurcation phenomenon using moving finite element method based on Delaunay automatic triangulation.* Computational Modeling Engineering Simulation, 3:129–145, 2002.

[191] NUISMER, R. J.: *An energy release rate criterion for mixed mode fracture.* International Journal of Fracture, 11:245–50, 1975.

[192] O'DOWD, N. P. und C. F. SHIH: *Family of crack-tip fields characterized by a triaxiality parameter: I structure of fields.* Journal of the Mechanics and Physics of Solids, 39:989–1015, 1991.

[193] O'DOWD, N. P. und C. F. SHIH: *Family of crack-tip fields characterized by a triaxiality parameter: II fracture applications.* Journal of the Mechanics and Physics of Solids, 40:939–963, 1992.

[194] OGDEN, R. W.: *Non-linear elastic deformations.* Ellis Horwood and John Wiley, Chichester, 1984.

[195] ORTIS, M. und A. PANDOLFI: *Finite-deformation irreversible cohesive elements for three-dimensional crack-propagation analysis.* International Journal of Numerical Methods in Engineering, 44:1267–1282, 1999.

[196] ÖSTV: *Empfehlungen zur bruchmechanischen Bewertung von Fehlern in Konstruktionen aus metallischen Werkstoffen.* Technischer Bericht, Österreichischer Stahlbauverband, AG Bruchmechanik, 1992.

[197] PADMADINATA, U. H.: *Investigation of crack-closure prediction models for fatigue in aluminum sheet under flight-simulation loading.* Dissertation, Delft University of Technology, 1990.

[198] PARIS, P. C., R. M. MCMEEKING und H. TADA: *The weight function method for determining stress intensity factors.* Cracks and Fracture, STP 601, American Society for Testing of Materials, Seiten 471–489, 1976.

[199] PARIS, P. und F. ERDOGAN: *A critical analysis of crack propagation laws.* Journal of Basic Engineering, 85:528–534, 1963.

[200] PARKS, D. M.: *Stiffness derivative finite element technique for determination of crack-tip stress intensity factors.* International Journal of Fracture, 10:487–502, 1974.

[201] PARKS, D. M. und E. M. KAMENETZKY: *Weight functions from virtual crack extensions.* International Journal of Numerical Methods in Engineering, 14:1693–1706, 1979.

[202] PETERS, B., F. J. BARTH und H. G. HAHN: *Klassifizierung von angerissenen Bauteilen mit Hilfe der T-Spannung.* In: *Tagungsband zur 27. Vortragsveranstaltung des DVM-Arbeitskreises Bruchvorgänge,* 1995.

[203] PIAN, T. H. H. und K. MORIYA: *Three-dimensional fracture analysis by assumed stress hybrid elements.* In: LUXMOORE, A. R. (Herausgeber): *Numerical Methods in Fracture Mechanics,* Seiten 363–373. Pineridge Press, 1978.

[204] PIAN, T. H. H. und P. TONG: *Basis of finite element methods for solid continua.* International Journal of Numerical Methods in Engineering, 1:3–28, 1969.

[205] PIAN, T. H. H., P. TONG und C. H. LUK: *Elastic crack analysis by a finite element hybrid method.* In: *3. Conference on matrix methods in structural mechanics, Wright Patterson Air Force Base, Ohio,* Seiten 661–682, 1971.

[206] POOK, L. P.: *Crack paths.* WIT Press, Southampton, Boston, 2002.

[207] QIN, Q.-H.: *Fracture mechanics of piezoelectric materials.* WIT Press, Southampton, Boston, 2001.

[208] QU, J. und J. L. BASSANI: *Interfacial fracture mechanics for anisotropic bimaterials.* Journal of Applied Mechanics, 60:422–431, 1993.

[209] RADAJ, D. und M. HEIB: *Energy density fracture criteria for cracks under mixed mode loading.* Materialprüfung 20, Seiten 256–62, 1978.

[210] RAJU, I. S.: *Calculation of strain-energy release rates with higher order and singular finite elements.* Engineering Fracture Mechanics, 28:251–274, 1987.

[211] RAMAMURTHY, T. S., T. KRISHNAMURTHY, K. B. NARAYANA, K. VIJAYAKUMAR und B. DATTAGURU: *Modified crack closure integral method with quarter point elements.* Mechanics Research Communications, 13:179–186, 1986.

[212] RAVI-CHANDAR, K.: *Dynamic fracture*. In: MILNE, I., R. O. RITCHIE und B. KARIHALOO (Herausgeber): *Comprehensive Structural Integrity – Fundamental Theories and Mechanisms of Failure*, Band 2, Seiten 285–361, Oxford, 2003. Elsevier.

[213] RAVICHANDRAN, K. S., R. O. RITCHIE und Y. MURAKAMI: *Small fatigue cracks. mechanics, mechanisms and applications*. Elsevier Amsterdam, 1999.

[214] RHEE, H. C. und S. N. ATLURI: *Hybrid stress finite element analysis of bending of a plate with a through flaw*. International Journal of Numerical Methods in Engineering, 18:259–271, 1982.

[215] RICE, J. R.: *Mechanics of crack tip deformation and extension by fatigue*. In: *Fatigue Crack Propagation*, Band ASTM STP 415, Seiten 247–309, London, 1967. American Society for Testing and Materials.

[216] RICE, J. R.: *Some remarks on elastic crack-tip stress fields*. International Journal of Solids and Structures, 8:751–758, 1972.

[217] RICE, J. R.: *Limitations to the small-scale yielding approximation for crack tip plasticity*. Journal of the Mechanics and Physics of Solids, 22:17–26, 1974.

[218] RICE, J. R.: *First order variation in elastic fields due to variation in location of a planar crack front*. Journal of Applied Mechanics, 52:571–579, 1985.

[219] RICE, J. R.: *Elastic fracture mechanics concepts for interfacial cracks*. Transactions of the ASME, 55, March 1988.

[220] RICE, J. R., P. C. PARIS und J. G. MERKLE: *Some further results of J-integral analysis and estimates*. ASTM STP 536, American Society of Testing and Materials, Seiten 231–245, 1973.

[221] RICE, J. R. und G. F. ROSENGREN: *Plain strain deformation near a crack tip in a power-law hardening material*. Journal of the Mechanics and Physics of Solids, Vol. 16:1–12, 1968.

[222] RICE, J. R., Z. SUO und J. S. WANG: *Mechanics and thermodynamics of brittle interface failure in bimaterial systems*. In: RÜHLE, M., A.G. EVANS, M.F. ASHBY und J.P. HIRTH (Herausgeber): *Metal-Ceramic Interfaces*, Seiten 269–294, Oxford, 1990. Pergamon Press.

[223] RICE, J.: *A path independent integral and the approximate analysis of strain concentration by notches and cracks*. Journal of Applied Mechanics, 35:379–386, 1968.

[224] RICHARD, H. A.: *Bruchvorhersagen bei überlagerter Normal- und Schubbeanspruchung von Rissen*. VDI-Forschungsheft, 631, 1985.

[225] RICHARD, H. A., M. FULLAND und M. SANDER: *Theoretical crack path prediction*. Fatigue and Fracture Engineering Materials Structures, 28:3–12, 2005.

[226] RICHARD, H. A. und M. KUNA: *Theoretical and experimental study of superimposed fracture modes I, II and III*. Engineering Fracture Mechanics, 35(6):949–960, 1990.

[227] RICHARD, H. A., M. SANDER, G. KULLMER und M. FULLAND: *Finite-Elemente-Simulation im Vergleich zur Realität – Spannungsanalytische und bruchmechanische Untersuchungen zum ICE-Radreifenbruch.* Materialprüfung, 46:441–448, 2004.

[228] ROOKE, D. P. und D. J. CARTWRIGHT: *Compendium of stress intensity factors.* Her Majesty's Stationary Office, London, 1976.

[229] ROSE, J. H., J. FERRANTE und J. R. SMITH: *Universal binding energy curves for metals and bimetallic interfaces.* Physics Review Letters, 47:675–678, 1981.

[230] ROUSSELIER, G.: *Ductile fracture models and their potential in Local Approach of Fracture.* Nuclear Engineering and Design, 105:97–111, 1987.

[231] RYBICKI, E. F. und M. F. KANNINEN: *A finite element calculation of stress intensity factors by a modified crack closure integral.* Engineering Fracture Mechanics, 9:931–938, 1977.

[232] SÄHN, S. und H. GÖLDNER: *Bruch- und Beurteilungskriterien in der Festigkeitslehre.* Fachbuchverlag, Leipzig-Köln, 1993.

[233] SCHEIDER, I.: *Bruchmechanische Bewertung von Laserschweißverbindungen durch numerische Rissfortschrittsimulation mit dem Kohäsivzonenmodell.* Dissertation, Technische Universität Hamburg, 2001.

[234] SCHEIDER, I., M. SCHÖDEL, W. BROCKS und W. SCHÖNFELD: *Crack propagation analyses with ctoa and cohesive model: Comparison and experimental validation.* Engineering Fracture Mechanics, 73:252–263, 2006.

[235] SCHIJVE, J.: *Four lectures on fatigue crack growth.* Engineering Fracture Mechanics, 11:176–221, 1979.

[236] SCHIJVE, J.: *Fatigue of structures and materials.* Kluwer Academic Publisher, Dordrecht, 2001.

[237] SCHNACK, E. und M. WOLF: *Application of displacement and hybrid stress methods to plane notch and crack problems.* International Journal of Numerical Methods in Engineering, 12:963–975, 1978.

[238] SCHÖLLMANN, M., H. A. RICHARD, G. KULLMER und M. FULLAND: *A new criterion for the prediction of crack development in multiaxially loaded structures.* International Journal of Fracture, 117:129–141, 2002.

[239] SCHWALBE, K.-H.: *Bruchmechanik metallischer Werkstoffe.* Carl Hanser Verlag, München, 1980.

[240] SCHWALBE, K. H.: *Introduction of δ_5 as an operational definition of the CTOD and its practical use.* ASTM STP 1256, American Society of Testing and Materials, Seiten 763–778, 1995.

[241] SCHWARZ, H. R.: *Methoden der finiten Elemente.* Teubner Studienbücherei, 1991.

[242] SCHÖLLMANN, M., M. FULLAND und H. A. RICHARD: *Development of a new software for adaptive crack growth simulations in 3D structures.* Engineering Fracture Mechanics, 70:249–268, 2003.

[243] SHAM, T. L.: *A unified finite element method for determining weight functions in two and three dimensions.* International Journal of Solids and Structures, 23:1357–1372, 1987.

[244] SHAM, T. L. und Y. ZHOU: *Computation of three-dimensional weight functions for circular and elliptical cracks.* International Journal of Fracture, 41:51–75, 1989.

[245] SHARMA, S. M. und N. ARAVAS: *Determination of higher-order terms in asymptotic crack tip solutions.* Journal of the Mechanics and Physics of Solids, 39(8):1043–1072, 1991.

[246] SHERRY, A. H., C. C FRANCE und M. R. GOLDTHORPE: *Compendium of T-stress solutions for two and three dimensional cracked geometries.* Fatigue Fracture of Engineering Materials Structures, 18:141–155, 1995.

[247] SHIH, C. F.: *Elastic-plastic analysis of combined mode crack problems.* Dissertation, Harvard University Cambridge, Massachusetts, 1973.

[248] SHIH, C. F., H. G. DELORENZI und W. R. ANDREWS: *Studies on crack initiation and stable crack growth.* Elastic-Plastic Fracture, Seiten 65–120, 1979.

[249] SHIH, C. F., B. MORAN und T. NAKAMURA: *Energy release rate along a three-dimensional crack front in a thermally stressed body.* International Journal of Fracture, 30:79–102, 1986.

[250] SHIVAKUMAR, K. N., P. W. TAN und J. C. NEWMAN: *A virtual crack-closure technique for calculating stress intensity factors for cracked three-dimensional bodies.* International Journal of Fracture, 36:R43–50, 1988.

[251] SIH, G. C.: *Methods of analysis and solutions of crack problems.* Mechanics of fracture, Band 1. Noordhoff Int. Publ., Leyden, 1973.

[252] SIH, G. C.: *Strain energy density factor applied to mixed mode crack problems.* International Journal of Fracture, 10:305–321, 1974.

[253] SIH, G. C., P. C. PARIS und F. ERDOGAN: *Crack-tip stress-intensity factors for plane extension and plate bending problems.* Journal of Applied Mechanics, 29, 1962.

[254] SIH, G. C., P. C. PARIS und G. R. IRWIN: *On cracks in rectilinear anisotropic bodies.* International Journal of Fracture Mechanics, 1:189–203, 1965.

[255] SIMO, J. C. und T. J. R. HUGHES: *Computational inelasticity.* Springer, New York, Berlin, 1998.

[256] SINGH, R., B. CARTER, P. WAWRZYNEK und A. INGRAFFEA: *Universal crack closure integral for SIF estimation.* Engineering Fracture Mechanics, 60:133–146, 1998.

[257] SLEPYAN, L. I.: *Growing crack during plane deformation of an elastic-plastic body.* Mekh. Tverdogo Tela, 9:57–67, 1974.

[258] SMITH, S. A. und I. S. RAJU: *Evaluation of stress intensity factors using general finite element models.* In: *Panontin, T.L., Sheppard, S.L. (Eds.): Fatigue and Fracture Mechanics.* ASTM STP 1332. American Society for Testing and Materials, Philadelphia, Seiten 176–200, 1999.

[259] SNEDDON, L. N. und M. LOWENGRUB: *Crack problems in the classical theory of elasticity.* John Wiley Sons, New York, 1969.

[260] STEIN, E. und F. J. BARTHOLD: *Werkstoffe - Elastizitätstheorie.* In: MEHLHORN, G. (Herausgeber): *Der Ingenieurbau*, Band 4, Seiten 165–425, Berlin, 1996. Verlag Ernst & Sohn.

[261] STERN, M., E. B. BECKER und R. S. DUNHAM: *Contor integral computation of mixed-mode stress intensity factors.* International Journal of Fracture, 12((3)):359–368, 1976.

[262] STROH, A. N.: *Steady state problems on anisotropic elasticity.* J. Math. Phys., 41:77–103, 1962.

[263] STROUD, A. H.: *Approximate calculation of multiple integrals.* Prentice Hall, Englewood Cliffs, New Jersey, 1971.

[264] SUMI, Y., S. NEMAT-NASSER und L. M. KEER: *On crack path instability in a finite body.* Engineering Fracture Mechanics, 22:759–771, 1985.

[265] SUO, ZHIGANG.: *Singularities, interfaces and cracks in dissimilar anisotropic media.* Proceedings of the Royal Society of London, A 427:331–358, 1990.

[266] SURESH, S. und R. O. RITCHIE: *Propagation of short fatigue cracks.* International Metallurgical Reviews, 29:445–476, 1984.

[267] TADA, H., P. PARIS und G. IRWIN: *The stress analysis of cracks handbook (2nd ed.).* Paris Production Inc., St.Louis, 1985.

[268] TAMUZ, V., N. ROMALIS und V. PETROVA: *Fracture of solids with microdefects.* Nova Science Publishers, Huntington, New York, 2000.

[269] THEILIG, H. und J. NICKEL: *Spannungsintensitätsfaktoren.* Fachbuchverlag, Leipzig, 1987.

[270] TONG, P.: *A hybrid element for rectilinear anisotropic material.* International Journal of Numerical Methods in Engineering, 11:377–383, 1977.

[271] TONG, P. und S. N. ATLURI: *On hybrid finite element technique for crack analysis.* In: SIH, G. C. (Herausgeber): *Fracture Mechanics and Technology*, Seiten 1445–1465. Nordhoff, 1977.

[272] TONG, P., T. H. H. PIAN und H. LASRY: *A hybrid element approach to crack problems in plane elasticity.* International Journal of Numerical Methods in Engineering, 7:297–308, 1973.

[273] TRACEY, D. M.: *Finite elements for determination of crack tip elastic stress intensity factors.* Engineering Fracture Mechanics, 3:255–256, 1971.

[274] TRACEY, D. M.: *Finite elements for three-dimensional elastic crack analysis.* Journal of Nuclear Engineering and Design, 26:282–290, 1974.

[275] TURNER, C. E.: *A re-assessment of ductile tearing resistance*. In: FIRRAO, D. (Herausgeber): *Fracture Behaviour and Design of Materials and Structures*, Band 2, Seiten 933–949,951–968, Warley, 1990. EMAS.

[276] TVERGAARD, V. und J. W. HUTCHINSON: *The relation between crack growth resistance and fracture process parameters in elastic-plastic solids*. Journal Mechanics Physics of Solids, 40:1377–1397, 1992.

[277] TVERGAARD, V. und A. NEEDLEMAN: *Analysis of the cup-cone fracture in a round tensile bar*. Acta Metallurgica, 32(1):157–169, 1984.

[278] ÜBERHUBER, C.: *Computer–Numerik*. Springer-Verlag, Berlin, New York, 1995.

[279] UHLMANN, W., Z. KNÉSL, M. KUNA und Z. BILEK: *Approximate representation of elastic-plastic small scale yielding solution for crack problems*. International Journal of Fracture, 12:507–509, 1976.

[280] WASHIZU, K.: *Variational methods in elasticity and plasticity*. Pergamon Press, Oxford, 1975.

[281] WAWRZYNEK, P. A. und A. R. INGRAFFEA: *Interactive finite-element analysis of fracture processes: an integrated approach*. Theoretical and Applied Fracture Mechanics, 8:137–150, 1987.

[282] WELLS, A. A.: *Unstable crack propagation in metals: Cleavage and fast fracture*. Proceedings of the Crack Propagation Symposium, Vol. 1, Paper 84, Cranfield, UK, 1961.

[283] WESTERGAARD, H. M.: *Bearing pressures and cracks*. Journal of Applied Mechanics, 6:49–53, 1939.

[284] WESTERMANN-FRIEDRICH, A. und H. ZENNER (VERFASSER): *Zählverfahren zur Bildung von Kollektiven aus Zeitfunktionen – Vergleich der verschiedenen Verfahren und Beispiele*. Technischer Bericht, Forschungsvereinigung Antriebstechnik, Juli 1999. FVA-Merkblatt Nr. 0/14.

[285] WHEELER, O. E.: *Spectrum loading and crack growth*. Journal of Basic Engineering, 94:181–186, 1972.

[286] WILLIAMS, M. L.: *On the stress distribution at the base of a stationary crack*. Journal of Applied Mechanics, 24:109–114, 1957.

[287] WILLIAMS, M. L.: *The bending stress distribution at the base of a stationary crack*. Journal of Applied Mechanics, 28:78–82, 1961.

[288] WILSON, W. K.: *Finite element methods for elastic bodies containing cracks*. In: SIH, G. C. (Herausgeber): *Methods of analysis and solutions of crack problems. Mechanics of fracture*, Band 1, Seiten 484–515, Leyden, 1973. Noordhoff.

[289] WILSON, W. K. und I. W. YU: *The use of the J-integral in thermal stress crack problems*. International Journal of Fracture, 15:377–387, 1979.

[290] WRIGGERS, P.: *Nichtlineare Finite-Elemente-Methoden*. Springer, Berlin, 2001.

[291] XIAO, Q. Z. und B. L. KARIHALOO: *Coefficients of the crack tip asymptotic field for a standard compact tension specimen*. International Journal of Fracture, 118:1–15, 2002.

[292] XU, X. und A. NEEDLEMAN: *Numerical simulations of fast crack growth in brittle solids*. Journal Mechanics Physics of Solids, 42:1397–1434, 1994.

[293] YAMAMOTO, Y. und Y. SUMI: *Stress intensity factors of three–dimensional cracks*. International Journal of Fracture, 14:17–38, 1978.

[294] YANG, S., Y. J. CHAO und M. A. SUTTON: *Higher order asymptotic fields in a power-law hardening material*. Engineering Fracture Mechanics, 45:1–20, 1993.

[295] YAU, J., S. WANG und H. CORTON: *A mixed-mode crack analysis of isotropic solids using conservation laws of elastics*. Journal of Applied Mechanics, 47:335–341, 1980.

[296] YUAN, H.: *Numerical assessments of cracks in elastic-plastic materials*. Springer, Berlin, Heidelberg, 2002.

[297] YUAN, H. und W. BROCKS: *On the J-integral concept for elastic-plastic crack extension*. Nuclear Engineering and Design, 131:157–173, 1991.

[298] ZERBST, U., C. WIESNER, M. KOCAK und L. HODULAK: *SINTAP: Entwurf einer vereinheitlichten europäischen Fehlerbewertungsprozedur - Eine Einführung*. Technischer Bericht, GKSS-Forschungszentrum, Geesthacht, 1999.

[299] ZIENKIEWICZ, O. C.: *Methoden der finiten Elemente*. Fachbuchverlag Leipzig, 1980.

[300] ZIENKIEWICZ, O. C., R. L. TAYLOR und J. Z. ZHU: *The finite element method: Its basis and fundamentals*, Band 1. Elsevier, Amsterdam, 2005.

[301] ZUCCHINI, A., C. Y. HUI und A. T. ZEHNDER: *Crack tip stress fields for thin, cracked plates in bending, shear and twisting: A comparison of plate theory and three-dimensional elasticity theory solutions*. International Journal of fracture, 104:387–407, 2000.

Stichwortverzeichnis

A
adaptive Vernetzung, 319
äquivalentes Gebietsintegral, 264
Alterung, 391
Anfangsrandwertaufgabe, 410
Anfangsspannungsmatrix, 183
Anisotropie, 391
Ansatzfunktionen, 163
Assemblierung, 165
assoziierte Fließregel, 402
asymptotisches Nahfeld, 30
Ausgangskonfiguration, 374
automatische Vernetzung, 319

B
back stress tensor, 406
BAUSCHINGER-Effekt, 397
Beanspruchungsparameter, 25
Betriebsfestigkeitslehre, 10
Bewegungsgleichungen, 390
Bewertungssystem, 359
Biaxialparameter, 280
Bipotenzialgleichung, 416, 420
blunting line, 109
Boundary Element Method, 16
brittle fracture, 19
Bruchkenngrößen, 25
Bruchkriterien, 25
Bruchlaufzähigkeit, 147
Bruchmechanik, 11
bruchmechanische Gewichtsfunktionen, 68, 237
Bruchprozesszone, 26, 114
Bruchzähigkeit, 44, 106
BUECKNER–Singularität, 78

C
CAUCHYsche Spannungsformel, 385
CAUCHYsche Spannungsvektor, 383
CAUCHYscher Spannungstensor, 384
CAUCHY-GREENsche Deformationstensoren, 377
cleavage fracture, 22
cohesive zone model, 321
constraint-Effekt, 102
continuum damage mechanics, 11
crack arrest, 19, 147
crack arrest toughness, 147
crack closure effect, 123

crack face weight functions, 74
crack growth rate, 119
crack initiation, 18
crack opening displacement, 92
crack opening displacement COD, 294
crack opening modes, 25
crack resistance curve, 53
crack tip elements, 191
crack tip opening angle, 112
crack tip opening displacement, 90
crack weight functions, 68
creep fracture, 19
CTOD-Konzept, 294
cycle by cycle, 125

D
damage mechanics models, 329
dead load, 49
deformation theory of plasticity, 409
Deformationen, 374
Deformationsgeschwindigkeit, 379
Deformationsgradient, 376
Dehnungen, 380
Dehnungsbehinderung, 102
Dekohäsionslänge, 323
Deviator, 381, 389
dimple fracture, 22
displacement interpretation method, 191
Drehgeschwindigkeitstensor, 379
ductile fracture, 19
duktile Risswiderstandskurve, 105
duktiler Bruch, 19
dynamic crack growth toughness, 147
dynamic initiation toughness, 146
dynamic overshoot, 138
dynamische Bruchzähigkeit, 146
dynamische Lasten, 17
dynamischer Spannungsintensitätsfaktor, 356
dynamisches Überschwingen, 138

E
ebene Randwertaufgaben, 412
ebener Spannungszustand, 29, 85, 413
ebener Verzerrungszustand, 29, 85, 414
effektive Separation, 325
Eigenfunktionen, 207
Einflussfunktionen, 238

Einheitslasten, 237
EINSTEINschen Summenkonvention, 373
elastic-plastic fracture mechanics, 84
elastisch-plastische Bruchmechanik (EPBM), 84
elastisch-plastische Kontinuumstangente, 408
Elastizitätsmatrix, 394
Elastizitätsmodul, 392, 396
Elastizitätstensor, 393
elektrisches Feld, 81
element elimination technique, 314
Element-Teilungstechnik, 314
Elementausfall-Technik, 314
Elementteilung, 313
endliche Verformungen, 175
Energiefluss, 114
Energieflussintegral, 115
Energiefreisetzungsrate, 47
energy release rate, 47
Engineering Approach, 107
entkoppelten Methode, 348
equivalent domain integral, 264
Ergänzungsarbeit, 155
Ermüdungsbruch, 22
Ermüdungsfestigkeit, 343
Ermüdungsrisswachstum, 19, 117
Ersatzmodell, 348
EULERsche Betrachtungsweise, 375
EULER-ALMANSIscher Verzerrungstensor, 377
external load vector, 165

F

Failure Assessment Diagram, 92, 359
fatigue crack growth, 19, 117
FEM-Gleichungssystem, 166
finite deformations, 175
finite element method, 149
Finite Element Method, 15
finite Elemente, 149
Finite Elemente Methode, 15, 149
finite elements, 149
fixed grips, 49
Flächenkräfte, 382
Fließbedingung, 398
Fließgesetz, 407
Fließtheorie, 399
Formänderungsenergiedichte, 392
Formfunktionen, 163, 166
fracture mechanics, 11
fracture toughness, 44
functionally graded materials, 288
fundamental fields, 77
Fundamentalfelder, 77

G

gemischte Finite-Elemente-Formulierungen, 157
geometrical non-linearity, 175

geometrische Nichtlinearitäten, 175
geometrische Steifigkeitsmatrix, 183
Gesamtlastvektor, 165
Geschwindigkeitsgradient, 378
Gestaltänderung, 397
Gestaltänderungshypothese, 399, 404, 409
Gewichtsfunktion, bruchmechanische, 71
Gleichgewichtsbedingungen, 390
Gleitbruch, 18
Gleitungen, 380
Globalanalyse, 351, 357
globale Analyse, 125
globale Energiefreisetzungsmethode, 220
globaler Impulssatz, 390
Gradientenwerkstoffe, 288
Grenzfläche, 272
große Verschiebungen, 175
große Verzerrungen, 175

H

HAMILTONsches Variationsprinzip, 161
Hauptachsen, 381
Hauptachsenrichtungen, 388
Hauptachsensystem, 387, 388
Hauptdehnungen, 381
Hauptgleitungen, 381
Hauptnormalspannungen, 388
Hauptschubspannungen, 389
homogenisiertes Mikrorissmodell, 315
Homogenität, 391
HOOKEsche Gesetz, 393
HOOKEscher Tensor, 396
HOOKEsches Gesetz, 392, 393, 396
hybrid displacement model, 159
hybrid stress model, 158
hybride Elementformulierungen, 157
hybrides Spannungsmodell, 158
hybrides Verschiebungsmodell, 159
Hyperelastizität, 393

I

Impulssatz, 390
infinitesimale Deformationen, 296
influence functions, 238
Inhomogenität, 391
initial stress matrix, 183
inkrementell-iterativer Algorithmus, 176
inkrementelle Plastizitätstheorie, 399
innere Variable, 399
instabile Rissausbreitung, 18
instabiles Rissverhalten, 54
instationärer Riss, 18, 135, 271
interaction integral, 276
Interaction-Integral, 277
Interaction-Integral-Technik, 277
interface, 272

interface cracks, 61
interkristallin, 22
internal state variable, 399
Invarianten, 388
Inzidenzmatrix, 165
isoparametric elements, 167
isoparametrische Elementformulierung, 167
isotrope Verfestigung, 404
Isotropie, 391

J
J-Integral, 104
J-Integral-Konzept, 104

K
Kerbaufweitung, 294
kinematisch zulässiges Verschiebungsfeld, 151
kinematische Verfestigung, 405
kinematische Verfestigungsvariable, 405
KIRCHHOFFsche Plattengleichung, 420
klassische Festigkeitslehre, 10
Kleinbereichsfließen, 84
Knotentrennung, 311, 313
Kohäsionsfestigkeit, 323
Kohäsiv-Elemente, 326
Kohäsivgesetz, 323
Kohäsivzone, 322
Kohäsivzonenmodell, 321
KOLOSOVschen Formeln, 416
Kompatibilitätsbedinungen, 411
komplementäre äußere Arbeit, 155
komplementäre innere Arbeit, 155
komplexe Funktionentheorie, 416
komplexe Methode, 417
kondensierte Massenmatrix, 184
konsistente Massenmatrix, 184
Konzept der Spannungsintensitätsfaktoren, 43
Kraftgrößenmethode, 156
Kriechbruch, 19, 22
Kriterium der Formänderungsenergiedichte, 131
Kriterium der maximalen Energiefreisetzungsrate, 129
Kriterium der maximalen Umfangsspannung, 128
Kugeltensor, 381, 389
KUHN-TUCKER-Bedingung, 402

L
LAGRANGEsche Betrachtungsweise, 375
LAGRANGEscher Multiplikator, 157
LAGRANGE-GREENscher Verzerrungstensor, 377
large displacements, 175
large scale yielding, 92
large strain, 175
Lastwechsel für Lastwechsel, 125
laufender Riss, 135

LEKHNITSKII–Formalismus, 58
limit load, 83
lokale Energiemethode, 220
lumped mass matrix, 184

M
Makroriss, 117
material non-linearity, 175
Materialgesetze, 391
materielle Koordinaten, 374
materielle Nichtlinearitäten, 175
maximum energy release rate, 129
maximum tangential stress criterion, 128
Mehrachsigkeit, 100, 110
Methode der Randelemente (BEM), 16
Methode der Steifigkeitsableitung, 219
Methode der virtuellen Rissausbreitung, 218
Mikrorisse, 117
mixed hybrid model, 160
mixed mode loading, 127
Mixed–Mode–Belastung, 74
Mixed-Mode-Beanspruchung, 127, 311, 318
modified crack closure integral, MCCI, 224
modifiziertes Rissschließintegral, 224
Momentankonfiguration, 374
moving local mesh procedure, 316

N
Nachgiebigkeitsmatrix, 394
Nennspannung, 386
nichtebener Schubspannungszustand, 417
Normalenregel, 402
Normalspannung, 383

O
opening mode, 25

P
1.PIOLA-KIRCHHOFFsche Spannungstensor, 386
2.PIOLA-KIRCHHOFFschen Spannungstensor, 386
plastic constraint factor, 87
plastische Grenzlast, 83, 361
plastische Vergleichsdehnung, 404
plastische Zone, 83
plastischer Constraintfaktor, 87
plastischer Multiplikator, 402
plastisches Dissipationspotential, 402
Platte, 418
principle of minimum complementary energy, 156
principle of minimum potential energy, 155
principle of virtual displacements, 153
principle of virtual forces, 155
Prinzip der Übertragbarkeit, 10
Prinzip der virtuellen Geschwindigkeiten, 153
Prinzip der virtuellen Kräfte, 155

Prinzip der virtuellen Verschiebungen, 153
Prinzip vom Maximum der plastischen Dissipationsleistung, 401
Prinzip vom Minimum der komplementären Energie, 156
Prinzip vom Minimum der potenziellen Energie, 155
Projektionsmethode, 179

Q
Q-Parameter, 103
quarter point elements, 192
quasistatische Analyse, 21
Querkontraktionszahl, 396

R
R–Kurve, 53
radial return, 179
räumliche Koordinaten, 374
Randwertaufgabe, 410
regular standard elements, 187
Reihenfolgeeffekt, 124
Restlebensdauer, 343
reversibel, 391
Reziprozitätstheorem, 73
rheonom, 391
Richtungsstabilität, 134
Rissarrest, 19
Rissauffang, 147
Rissauffangkonzept, 147
Rissfront, 25
Rissinitiierung, 18, 146
Rissoberfläche, 25
Rissöffnung, 92
Rissöffnungsart, 25
Rissöffnungsintegral, 52
Rissöffnungsintensität, 123
Rissöffnungsmodus, 25
Rissöffnungsverschiebung, 90, 294
Rissöffnungswinkel, 295
Rissschließeffekt, 123
Rissschließintegral, 52
Rissspitze, 25
Rissspitzenelemente, 191, 316
Rissspitzenelemente, mitbewegte, 317
Rissspitzenfeld, 30
Rissspitzenöffnungswinkel, 112
Rissstopp, 147
Rissstoppzähigkeit, 147
Rissufer, 25
Rissufer–Gewichtsfunktionen, 74
Risswachstumsgeschwindigkeit, 119
Risswachstumsgesetze, 119
Risswachstumskurve, 119
Risswachstumsrate, 119
Risswiderstandskurve, 53, 109

Rückspannungstensor, 406
ruhender Riss, 135, 296

S
Schädigungsmechanik, 11
schädigungsmechanische Modelle, 329
Schädigungsvariable, 316, 329
3D-Scheibenintegral, 261
Scheiben, 413
Schnittspannungsvektor, 382
Schubmodul, 396
Schubspannung, 383
schwache Formulierung, 153
Schwellenwert, 119
Schwingbruch, 117
Separationsenergie, 323
Separationsgesetz, 323
shape functions, 163
skalare Verfestigungsvariable, 404
skleronom, 391
sliding mode, 25
small scale yielding, 84
smeared crack model, 315
spaltflächiger Bruch, 22
Spannungsauswertemethode, 191
Spannungsintensität, effektive zyklische, 123
Spannungsintensitätsfaktor, 30, 33, 37
Spannungsintensitätsfaktoren, 42
Spannungsintensitätskonzept, 44
Spannungsrisskorrosion, 19
Spannungstensor, 382
spröder Bruch, 19
stabile Rissausbreitung, 19
stabiles Rissverhalten, 54
stable crack growth, 19
Starrkörperbewegungen, 374
stationärer Riss, 18, 135, 270, 293
statisch zulässiges Spannungsfeld, 151
statische Lasten, 17
Steifigkeitsbeziehung, 165
Steifigkeitsmatrix, 165
stiffness derivative method, 219
stiffness matrix, 165
strain energy density criterion, 131
Strecktensoren, 376
stress biaxiality ratio, 280
stress corrosion cracking, 19
stress interpretation method, 191
stress work density, 259, 295
stretched zone height, 92
strip yield model, 88, 126
STROH–Formalismus, 58
subcritical, 19
subkritische Rissausbreitung, 19
Submodell, 351
Submodelltechnik, 357

Superpositionsprinzip, 69
Systemsteifigkeitsmatrix, 166

T
T-Spannung, 37
T-Spannungen, 101
tangential stiffness matrix, 177, 183
tangentiale Steifigkeitsmatrix, 177, 183
tearing mode, 25
technischer Anriss, 117
Teilungsalgorithmen, 313
Temperaturfeld, 79
Testfunktion, 153
theory of strength, 10
thermische Ausdehnungskoeffizienten, 395
thermischer Verzerrungstensor, 395
threshold value, 119
total LAGRANGEsche Methode, 184
transkristallin, 22
Trennbruch, 18
trial value, 179
triaxiality, 100

U
unstable crack growth, 18

V
v. MISES Vergleichsspannung, 400
Vergleichsspannungsintensitätsfaktor, 132
veränderliche Lasten, 17
verallgemeinerte Energieprinzipien, 156
verallgemeinerter Arbeitssatz, 152
vereinfachtes gemischtes Hybridmodell, 160
Verfestigung, 397
Verfestigungsfläche, 399
Versagensbewertungsdiagramm, 92
Verschiebungsauswertemethode, 191
Verschiebungsgrößenmethode, 156, 162
Verschiebungsvektor, 375
Verzerrungs-Verschiebungs-Matrix, 163
Viertelpunktelemente, 192
virtual crack extension, VCE, 218
virtuelle Kräfte, 155
virtuelle Rissschließmethode, 224
Volumenänderung, 397
Volumenkräfte, 382

W
wabenartiger Bruch, 22
wachsende Risse, 295
Wechselwirkungsintegral, 276
Wichtungsfunktion, 153

Y
yield criterion, 398
yield surface, 399

Z
Zähbruchmechanik, 84
Zustandsvariable, 399
zyklischer Spannungsintensitätsfaktor, 118

Aus dem Programm Technische Mechanik

Böge, Alfred
Technische Mechanik
Statik - Dynamik - Fluidmechanik - Festigkeitslehre
27., überarb. Aufl. 2006. XXII, 426 S. mit 569 Abb. u. 15 Tab. 21 Arbeitsplänen, 16 Lehrbeisp., 40 Übungen (Viewegs Fachbücher der Technik) Geb. EUR 26,90
ISBN 978-3-8348-0115-9

Dankert, Jürgen / Dankert, Helga
Technische Mechanik
Statik, Festigkeitslehre, Kinematik/Kinetik
4., korr. und erg. Aufl. 2006. XIV, 721 S. mit 1070 Abb. u. 77 Tab. Geb. EUR 49,90
ISBN 978-3-8351-0006-0

Magnus, Kurt / Müller-Slany, Hans H.
Grundlagen der Technischen Mechanik
7., durchges. und erg. Aufl. 2005. 302 S. mit 271 Abb. Br. EUR 23,90
ISBN 978-3-8351-0007-7

Wriggers, Peter / Nackenhorst, Udo / Beuermann, Sascha / Spiess, Holger / Löhnert, Stefan
Technische Mechanik kompakt
Starrkörperstatik - Elastostatik - Kinetik
2., durchges. und überarb. Aufl. 2006. 515 S. Br. EUR 32,90
ISBN 978-3-8351-0087-9

Abraham-Lincoln-Straße 46
65189 Wiesbaden
Fax 0611.7878-400
www.viewegteubner.de

Stand Januar 2008.
Änderungen vorbehalten.
Erhältlich im Buchhandel oder im Verlag.

Aus dem Programm Konstruktion

Kerle, Hanfried / Pittschellis, Reinhard / Corves, Burkhard
Einführung in die Getriebelehre
Analyse und Synthese ungleichmäßig übersetzender Getriebe
3., bearb. und erg. Aufl. 2007. XVIII, 305 S. mit 190 Abb. u. 23 Tab. Br.
EUR 29,90
ISBN 978-3-8351-0070-1

Klein, Bernd
FEM
Grundlagen und Anwendungen der Finite-Element-Methode im Maschinen- und Fahrzeugbau
7., verb. Aufl. 2007. XIV, 404 S. mit 200 Abb. 12 Fallstudien und 19 Übungsaufg. (Studium Technik)
Br. EUR 34,90
ISBN 978-3-8348-0296-5

Klein, Bernd
Leichtbau-Konstruktion
Berechnungsgrundlagen und Gestaltung
7., verb. u. erw. Aufl. 2007. XIV, 498 S. mit 276 Abb. u. 56 Tab. und umfangr. Übungsaufg. zu allen Kap. des Lehrb. (Viewegs Fachbücher der Technik)
Br. EUR 34,90
ISBN 978-3-8348-0271-2

Labisch, Susanna / Weber, Christian
Technisches Zeichnen
Selbstständig lernen und effektiv üben
3., überarb. Aufl. 2008. XIV, 306 S. mit 329 Abb. u. 59 Tab.
(Viewegs Fachbücher der Technik)
Br. mit CD EUR 23,90
ISBN 978-3-8348-0312-2

Silber, Gerhard / Steinwender, Florian
Bauteilberechnung und Optimierung mit der FEM
Materialtheorie, Anwendungen, Beispiele
2005. 460 S. mit 148 Abb. u. 5 Tab.
Br. EUR 36,90
ISBN 978-3-519-00425-7

Theumert, Hans / Fleischer, Bernhard
Entwickeln Konstruieren Berechnen
Komplexe praxisnahe Beispiele mit Lösungsvarianten
2007. XIV, 212 S. mit 136 Abb., davon 19 in Farbe (Viewegs Fachbücher der Technik) Br. EUR 19,90
ISBN 978-3-8348-0123-4

VIEWEG+TEUBNER

Abraham-Lincoln-Straße 46
65189 Wiesbaden
Fax 0611.7878-400
www.viewegteubner.de

Stand Januar 2008.
Änderungen vorbehalten.
Erhältlich im Buchhandel oder im Verlag.